工业微生物育种学

（第四版）

主编 施巧琴 吴松刚

科学出版社
北京

内 容 简 介

本书是在《工业微生物育种学》第三版的基础上修订改编而成的。新版中编入了近年来工业微生物育种所采用的新方法和取得的新成果，尤其是在分子定向进化育种、基因敲除育种和全局转录机器工程育种等方面的许多成功实例。同时，在第三版原有传统工业微生物三大育种技术——诱变育种、代谢控制育种及杂交育种的基础上，还补充了工业微生物生产菌株的培养基优化及工程菌株的高密度发酵技术等章节，完善了工程菌株目的产物的高效表达的发酵工艺过程，具有实际应用价值。

本书可用作高等院校生物工程专业或相关专业教材，也可供相关科研单位和工厂企业的科技人员与工程技术人员参考。

图书在版编目（CIP）数据

工业微生物育种学/施巧琴，吴松刚主编．—4 版．—北京：科学出版社，2013
ISBN 978-7-03-036738-9

Ⅰ.①工… Ⅱ.①施…②吴… Ⅲ.①工业-微生物学-菌种-遗传育种-高等学校-教材 Ⅳ.①Q939.97

中国版本图书馆 CIP 数据核字（2013）第 033944 号

责任编辑：席 慧/责任校对：郭瑞芝
责任印制：吴兆东/封面设计：迷底书装

科学出版社 出版
北京东黄城根北街 16 号
邮政编码：100717
http://www.sciencep.com
北京厚诚则铭印刷科技有限公司印刷
科学出版社发行 各地新华书店经销

*

1991 年 12 月第 一 版	福建科学技术出版社出版
2003 年 1 月第 二 版	开本：787×1092 1/16
2009 年 3 月第 三 版	印张：23
2013 年 1 月第 四 版	字数：574 000

2025 年 2 月第十四次印刷

定价：79.00 元

（如有印装质量问题，我社负责调换）

编写人员名单

主编

  施巧琴 工业微生物发酵技术国家工程研究中心(福建师范大学)

  吴松刚 工业微生物发酵技术国家工程研究中心(福建师范大学)

编者(按姓氏笔画排序)

  王明兹 工业微生物发酵技术国家工程研究中心(福建师范大学)

  李惠珍 工业微生物发酵技术国家工程研究中心(福建师范大学)

  杨建国 澳大利亚悉尼大学

  吴伟斌 麦丹生物集团(福州)生物工程研究院

  吴松刚 工业微生物发酵技术国家工程研究中心(福建师范大学)

  林 俊 福州大学应用基因组学研究所

  林跃鑫 宁德师范学院

  郑 毅 工业微生物发酵技术国家工程研究中心(福建师范大学)

  施巧琴 工业微生物发酵技术国家工程研究中心(福建师范大学)

  施碧红 工业微生物发酵技术国家工程研究中心(福建师范大学)

  黄钦耿 麦丹生物集团(福州)生物工程研究院

第 三 版 序

为解决日益严重的自然资源短缺、能源危机和环境污染等制约人类实现可持续发展的重大问题,全球把目光投向了工业生物技术,继医药生物技术和农业生物技术后,工业生物技术已在世界范围内掀起了生物技术革命的第三次浪潮,其最大亮点在于通过工业微生物的生物转化和生物催化,建立生物炼制技术体系,形成绿色和清洁的生产工艺,生产出各种生物化合物、生物材料和生物能源。

选育和构建工业微生物优良菌株是工业生物技术产业化的重要前提,没有优良的工业微生物菌种,工业生物技术产业就寸步难行。因此,工业微生物育种是工业生物技术最为关键的技术,也是生物工程学家最为关注的生物技术领域之一。

福建师范大学工业微生物教育部工程研究中心施巧琴教授和吴松刚教授主编的《工业微生物育种学》(第三版),是在已大量发行的第二版基础上,根据广大读者和出版者的要求,增补了工业微生物育种的前沿技术,包括:工业微生物基因组改组育种、工业微生物分子定向进化育种及工业微生物学高通量筛选技术等章节,还补充了诸多应用实例,使该书更能反映近年来工业微生物育种的最新技术。该书第三版系统地保留了前二版的理论与实践、技术与实例、原理与应用有机融合的优点,具有很强的实用性,除作为高等院校生物工程类教材外,还深受生物技术研究单位以及工厂企业的研究人员和工程技术人员的欢迎,使他们在研发和生产过程中受益。

该书是目前我国工业微生物育种领域的一部好书,我乐之为其作序,我深信该书的再版一定能进一步得到广大读者的喜爱,并将对我国工业微生物育种的发展作出更大的贡献。

于上海交通大学
2008 年 10 月

第 二 版 序

现代生物技术的进展,使愈来愈多的产品可以通过生物技术来生产,工业微生物菌种无疑是生物技术产品生产的关键。工业微生物菌种的选育,不仅可提高目的物的产量,使目的物产量上百倍上千倍的提高,大大降低生产成本,提高经济效益;通过工业微生物菌种的选育,还可简化工艺,减少副产物,提高产品质量,改变有效成分组成,甚至获得活性更高的新组分,因此工业微生物育种深受人们的广泛关注和重视。

由施巧琴、吴松刚教授编著的《工业微生物育种学》一书第一版出版以来深受广大工业微生物育种工作者的欢迎,作者不仅论述了工业微生物育种的基本理论,而且还通过许多育种的实例介绍育种的技术路线和选育的具体方法,密切联系生产实际,有很好的实用性,使该书不仅成为大学本科生和研究生的教材和参考书,而且也是工业生产第一线从事工业微生物育种的科技人员的重要参考书。该书第一版出版10年来已经为我国工业微生物的发展、提高我国生物技术产品的经济效益起到了很好的作用,我深信:施巧琴、吴松刚教授在近年来工业微生物育种取得新成就的基础上,再版该书,将受到我国新一代工业微生物育种工作者和广大读者的欢迎,也必将对我国工业微生物产业的发展、进一步提高工业微生物产业的经济效益起很大的作用。

沈寅初

2002 年 11 月 20 日

第 一 版 序

我国利用微生物酿造各种食品已有数千年历史,闻名于世界,形成了具有特色的传统发酵。新中国成立之后,不但传统酿造得到改良,而且新兴了抗生素、酶制剂、氨基酸、有机酸、核酸类物质、酒精、甾体激素、维生素、赤霉素等发酵工业,形成了工业微生物的新体系。笔者20世纪70年代以来亲历其事,深知近代工业微生物发展的原因所在。

工业微生物菌种选育所取得的成就,对微生物工业的发展起了极为重要的推动作用。例如,1929年,英国弗莱明发现青霉素后,通过菌种选育,使发酵单位提高1000倍以上。1955年,日本首先发现谷氨酸产生菌,实现了发酵法生产味精,再经选育,可以产生赖氨酸、苏氨酸发酵产品。1981年,吴松刚教授从我国土壤中分离出灰黄霉素野生型菌株4541,经耐前体抗性选育,获得D-756变株。短短6年,发酵单位提高60倍以上,跃居世界领先水平。这都说明工业微生物育种的重要性。

工业微生物育种到目前为止,仍是以使用物理诱变、化学诱变或两者复合诱变的诱变育种作为最主要的方法,原生质体融合方法较为简便,已为工业微生物育种工作者所通用。体外基因重组方法虽为先进的定向育种,但目前应用此法选育菌种尚在积极研究之中。

福建师范大学微生物工程研究所吴松刚教授和施巧琴教授有鉴于此,在多年来讲授工业微生物育种学基础上,结合他们自己的科研实践和科研论文,编写成这本《工业微生物育种学》。该书理论与实践并重,方法与实例并重,重点阐述诱变育种、杂交育种和代谢控制育种这三大育种原理和技术。该书既可作为高等院校的教科书,又可作为工业微生物生产厂家和科研单位的参考书,笔者深信此书的出版发行,对我国近代工业微生物学发展将起促进的作用。是为序。

九十二叟　　陈騊声
写于上海科技大学生物工程系
1990年6月

第四版前言

《工业微生物育种学》第三版于2008年中秋定稿,2009年3月由科学出版社出版。4年来该书已印刷三次,发行量达万册,受到了广大读者的欢迎。

考虑到这4年中我们通过建立产学研联合体,与生产企业建立了密切的合作关系,使研究成果能较快地转化为生产力,积累了一定的实际经验。同时,由于在生产中得到了成功应用,从工业微生物育种角度看,这些研究成果具有较强的实用性和较高的可用性,不但可丰富本书作为教科书的实际内容,而且对生产企业和研究单位具有实际应用价值。因此,我们决定在第三版的基础上,进行必要的补充和修改,出版第四版。

第四版主要补充了"新型物理诱变剂"、"基因的表达系统"、"载体诱变技术"、"基因敲除育种"、"全局转录机器工程育种"、"发酵培养基优化及高密度发酵技术"和"基因工程菌的保存"等具有实用性的育种技术。同时,也对个别章节作了适当调整,使其更有系统性和科学性。

福建师范大学在组建工业微生物教育部工程研究中心的基础上,获得国家发展与改革委员会批准组建工业微生物发酵技术工程研究中心,更加明确地提出要为生产企业服务,与生产企业密切合作,使企业成为科技创新的主体。因此,在第四版编写中,我们邀请了生产企业工程技术人员参加编写,同时,也适当邀请外校教师参加编写,为本书增添新鲜内容。

在本书再版编写过程中,由于时间紧迫,编著者水平有限,书中不足之处在所难免,敬请读者谅解和指正。

编著者
于福州仓山华庐
2012年中秋、国庆

第三版前言

《工业微生物育种学》(第二版)于2002年初夏定稿,2003年1月由科学出版社出版,至今已有5年。在这5年中,该书已印刷8次,发行量超过2万册,受到了广大读者的欢迎。

基于本领域5年来无论在研究技术路线、具体研究方法以及生产应用实例等方面均有很大的进展,从编写者角度看,第二版所包括的内容已不能适应工业微生物育种现有的发展现状,还需补充新鲜内容。与此同时,福建师范大学获准立项组建工业微生物教育部工程研究中心与福建省现代发酵技术工程研究中心,并与福建麦丹生物集团有限公司、厦门金达威维生素集团有限公司、国际安发科技集团以及深圳绿微康生物工程有限公司等建立产学研基地,在承担国家及省部级诸多项目攻关和研发过程中,也积累了一定的工业微生物育种的新经验和新模式,还需加以总结和归纳。正在此时,科学出版社根据本书印刷次数和发行数量的不断增加,结合近年来本学科发展的实际需要,提出本书第三版的出版框架意见,并很快付诸实施。

为此,在强化本书编写力量的基础上,除对第二版内容作必要的修改和调整外,结合编写者自身的研发实践,着重增加了"微生物基因组改组育种"、"分子定向进化育种"、"高通量筛选技术"、"极端环境微生物的分离筛选"、"生物可降解塑料菌株的分离筛选"以及"微生物发酵过程优化的响应面试验设计"等章节。

在本书再版编写过程中,中国科学院院士、上海交通大学邓子新教授给予了全程的支持和关心,并在本书第三版出版之际,为本书作序,在此深表谢意!

在本书第三版编写过程中,虽尽力注意补充最新的研究成果,收集更多研究方法并充实生产实例,但由于时间紧迫和水平有限,不足之处难免存在,敬请读者谅解和指正。

编著者

于福州仓山华庐

2008年中秋

第二版前言

《工业微生物育种学》第一版于1990年初夏定稿，1991年12月由福建科学技术出版社出版，至今已10周年。

在这10年中，本领域发生了很大的变化：

其一，工业微生物育种又有了新的进展，取得了令人鼓舞的成就，丰富了工业微生物育种学的内容。尤其基因工程菌的构建及其应用，不但有许多成功的实例，而且很具有生命力。

其二，我国本领域学者已有新作问世，如岑沛霖、蔡谨编著的《工业微生物学》、陶文沂主编的《微生物生理及遗传育种》等，相比之下，第一版书中的内容显得有局限性和陈旧感，必需修订、补充。

其三，本书第一版在我国发行10年来，读者多达数千人，包括有高等院校相关专业的教师和学生；相关研究单位的科技人员；相关工厂企业的工程技术人员以及技术管理部门的相关人员。本书既作为教科书，又作为参考书，目前已无存书。不同人群、不同专业对本书内容要求不同，但普遍认为本书基本上做到了：理论与实践、技术与实例、原理与应用三并重，具有科学性、系统性、广泛性和实用性等特点。希望能够再版，并补充新鲜的有实用价值的内容。

基于以上几点，本书再版已势在必行。正在此时，科学出版社的谢灵玲编辑给予极大的支持，构思了本书再版的框架，并付诸于实施，十分感谢！

福建师范大学生物工程学院和福建师范大学微生物工程研究所，在我国近十年的改革开放浪潮中，已培养出一批有作为的中青年骨干教师，他们既是课堂知识的传播者，又是科技成果转化为生产力的实践者，既有基础理论，又有实际经验。在本书再版之时，我们组织了本院所的16位中青年教师参加了本书再版的编写工作，希望这些补充修改的内容有助于本书质量的提高。

我国著名工业微生物学家陈骐声教授在他92岁高龄时为本书第一版写了序言。不幸在本书出版时，他离开了我们。我们时刻怀念陈骐声先生，他的渊博学识、胸怀大志、关心晚辈的高尚品质将永远留在我们心中。

在本书再版之时，承蒙我国著名工业微生物学家、中国工程院院士、浙江工业大学校长沈寅初教授为本书作序，在此深表谢意！

在本书再版编写过程中，虽经多次修订补充，但由于水平有限，缺点错误难免，敬请读者指正。

编著者
于福州仓山华庐
2002年初夏

第一版前言

工业微生物育种所取得的成就,导致了微生物工业发展的飞跃。这是已经存在的现实,并且越来越显现出巨大的生命力。

就工业微生物育种本身而言,无论其方法、内容以至技术路线,都日新月异,进展惊人,逐步形成了独立的体系——工业微生物育种学。编者希望,这本书能够以微生物遗传学为理论基础,尽可能突出工业微生物育种的主要方法和手段——诱变育种、杂交育种和代谢控制育种。至于基因工程技术,暂不列入本书的内容,拟在有较多成功实例的情况下,再另册撰写。本书力求做到既有方法,又有实例,能反映出国内外先进水平和最新进展,力争做到系统性、条理性和科学性融为一体。

本书系我们在福建师范大学生物工程学院为工业微生物专业学生和微生物生化硕士研究生讲授工业微生物育种学的基础上,参阅大量国内外有关资料并结合自己的科研实践而写成的,虽然已修改过多次,但由于水平所限,书中缺点错误难免,敬请读者批评指正。

本书编写过程中,承蒙福建师范大学微生物工程研究所陈松生副教授和李惠珍教授等提出宝贵意见。福建师大附中温青老师为本书绘制了全部插图。我国著名工业微生物学家、上海科技大学生物工程系陈騊声教授专为本书写了序言,在此一并致谢。

编著者

于福州仓山意园

1990年初夏

目 录

第三版序
第二版序
第一版序
第四版前言
第三版前言
第二版前言
第一版前言
第一章 绪论 ·· 1
　第一节 工业微生物育种在生物发酵产业中的地位 ·· 1
　第二节 工业微生物育种的进展 ·· 1
　思考题 ·· 4
第二章 遗传物质的基础 ·· 5
　第一节 染色体 ·· 5
　　一、染色体形态 ·· 5
　　二、原核生物及病毒染色体结构 ·· 6
　　三、真核生物染色体结构 ·· 7
　　四、染色体数目 ·· 7
　第二节 核酸 ·· 9
　　一、核酸 ·· 9
　　二、RNA ·· 9
　　三、DNA ·· 10
　第三节 基因的组织与结构 ·· 11
　　一、基因组 ·· 11
　　二、基因 ·· 12
　　三、遗传密码 ·· 13
　思考题 ·· 15
第三章 基因突变 ·· 16
　第一节 突变的分子机制 ·· 16
　　一、基因突变 ·· 17
　　二、染色体畸变和染色体组变 ·· 19
　第二节 突变引起遗传性状改变及突变型的种类 ·· 20
　　一、突变引起遗传性状改变 ·· 20
　　二、突变型的种类 ·· 22
　第三节 突变体的形成 ·· 25

一、突变体的形成过程 …………………………………………………… 26
　　　二、突变的修复 …………………………………………………………… 27
　　　三、突变的表型效应 ……………………………………………………… 32
　　　四、表型延迟 ……………………………………………………………… 33
　思考题 ………………………………………………………………………… 34
第四章　工业微生物育种诱变剂 …………………………………………………… 35
　第一节　物理诱变剂 ………………………………………………………… 35
　　　一、物理诱变剂的生物学效应 …………………………………………… 35
　　　二、非电离辐射——紫外线 ……………………………………………… 36
　　　三、电离辐射 ……………………………………………………………… 39
　　　四、近年来发展的新型物理诱变剂 ……………………………………… 41
　第二节　化学诱变剂 ………………………………………………………… 43
　　　一、碱基类似物 …………………………………………………………… 44
　　　二、烷化剂 ………………………………………………………………… 47
　　　三、脱氨剂（以亚硝酸为例）……………………………………………… 52
　　　四、移码诱变剂 …………………………………………………………… 54
　　　五、羟化剂（以羟胺为例）………………………………………………… 54
　　　六、金属盐类 ……………………………………………………………… 55
　　　七、其他化学诱变剂 ……………………………………………………… 55
　　　八、化学诱变剂的安全操作 ……………………………………………… 57
　思考题 ………………………………………………………………………… 57
第五章　工业微生物产生菌的分离筛选 …………………………………………… 58
　第一节　含微生物样品的采集 ……………………………………………… 58
　　　一、从土壤中采样 ………………………………………………………… 58
　　　二、根据微生物生理特点采样 …………………………………………… 60
　　　三、特殊环境下采样 ……………………………………………………… 61
　第二节　含微生物样品的富集培养 ………………………………………… 61
　　　一、控制培养基的营养成分 ……………………………………………… 62
　　　二、控制培养条件 ………………………………………………………… 62
　　　三、抑制不需要的菌类 …………………………………………………… 63
　第三节　好氧微生物的分离 ………………………………………………… 63
　　　一、稀释涂布分离法和划线分离法 ……………………………………… 64
　　　二、利用平皿中的生化反应进行分离 …………………………………… 64
　　　三、组织分离法 …………………………………………………………… 67
　　　四、单细胞或单孢子分离法 ……………………………………………… 68
　　　五、通过控制营养和培养条件进行分离 ………………………………… 69
　第四节　厌氧微生物的分离 ………………………………………………… 70
　第五节　产目的产物的野生菌的筛选和菌株鉴定 ………………………… 74
　　　一、初筛 …………………………………………………………………… 74

二、复筛 75
　　三、菌株鉴定 76
　第六节　极端环境微生物的分离筛选 76
　　一、极端环境微生物的采样、分离筛选 77
　　二、极端微生物酶分子生物学研究 80
　第七节　生物可降解塑料菌株的分离筛选 82
　　一、生物可降解塑料概况 82
　　二、获得生物可降解塑料的微生物途径和菌株分离方法 83
　　三、PHA 的合成机制和发酵特点 85
　思考题 85
第六章　工业微生物诱变育种 86
　第一节　诱变育种的试验设计和准备工作 87
　　一、诱变前对出发菌株的了解 88
　　二、全面了解菌种特性及其与生产性能的关系 89
　　三、了解影响菌种生长发育的主要因素 90
　　四、了解菌种有效产物中的各种组分在代谢合成过程中与培养条件的关系 91
　　五、建立一个准确、简便、快速检测产物的方法 92
　　六、研究最佳的菌种保藏培养基和培养条件 92
　第二节　诱变育种的步骤与方法 92
　　一、出发菌株的选择 92
　　二、出发菌株的纯化 95
　　三、单孢子（或单细胞）悬液的制备 96
　　四、诱变剂及诱变剂量 97
　　五、诱变剂的处理方法 101
　　六、影响突变率的因素 103
　思考题 105
第七章　工业微生物变株传统筛选和高通量筛选 106
　第一节　突变株的传统分离与筛选 106
　　一、突变株分离过筛选的基本环节 107
　　二、筛选的程序 107
　　三、分离和筛选 108
　　四、摇瓶液体培养 114
　　五、产物活性测定 114
　　六、摇瓶数据的调整和有关菌株特性的观察分析 116
　　七、培养基和培养条件的调整 117
　　八、变种的特性研究与鉴定 117
　　九、诱变育种实例 119
　第二节　突变株高通量筛选 121
　　一、常用仪器设备 121

二、高通量筛选技术中的常用方法 …………………………………………………… 126
　　三、高通量筛选应用实例 …………………………………………………………… 131
　思考题 …………………………………………………………………………………… 134

第八章　营养缺陷型菌株的筛选 ……………………………………………………… 135
　第一节　营养缺陷型菌株的分离和筛选 ………………………………………………… 135
　　一、营养缺陷型的诱发 ……………………………………………………………… 135
　　二、淘汰野生型菌株 ………………………………………………………………… 136
　　三、营养缺陷型的检出 ……………………………………………………………… 137
　　四、营养缺陷型的鉴定 ……………………………………………………………… 138
　第二节　通过耐结构类似物方法筛选高产菌株 ………………………………………… 142
　　一、直线合成途径 …………………………………………………………………… 144
　　二、分支途径 ………………………………………………………………………… 144
　思考题 …………………………………………………………………………………… 145

第九章　抗噬菌体变株的选育 ………………………………………………………… 146
　第一节　抗噬菌体突变株的分离与筛选 ………………………………………………… 146
　　一、烈性噬菌体及其效价的测定 …………………………………………………… 146
　　二、温和性噬菌体及溶源菌 ………………………………………………………… 147
　　三、抗噬菌体菌株的选育 …………………………………………………………… 148
　　四、抗性菌株的特性研究 …………………………………………………………… 149
　第二节　抗噬菌体菌株的选育实例 ……………………………………………………… 150
　　一、菌种 ……………………………………………………………………………… 150
　　二、培养基成分 ……………………………………………………………………… 150
　　三、噬菌体的分离纯化和原液制备 ………………………………………………… 151
　　四、噬菌体菌株的选育 ……………………………………………………………… 151
　　五、菌株抗噬菌体性能的检验 ……………………………………………………… 152
　　六、摇瓶发酵试验 …………………………………………………………………… 152
　　七、发酵罐发酵试验 ………………………………………………………………… 152
　思考题 …………………………………………………………………………………… 152

第十章　工业微生物代谢控制育种 …………………………………………………… 153
　第一节　代谢调节控制育种 ……………………………………………………………… 153
　　一、组成型突变株的选育 …………………………………………………………… 154
　　二、抗分解调节突变株的选育 ……………………………………………………… 155
　　三、营养缺陷型应用于代谢调节育种 ……………………………………………… 160
　　四、渗漏缺陷型应用于代谢调节育种 ……………………………………………… 164
　第二节　抗反馈调节突变株的选育 ……………………………………………………… 164
　　一、回复突变引起的抗反馈调节突变株 …………………………………………… 164
　　二、耐自身产物突变株选育 ………………………………………………………… 166
　　三、累积前体和耐前体突变株的选育 ……………………………………………… 167
　　四、细胞膜透性突变株的选育 ……………………………………………………… 170

思考题 …… 171

第十一章 工业微生物杂交育种 …… 172

第一节 微生物杂交 …… 172
一、微生物杂交育种的基本程序 …… 172
二、杂交过程中亲本和培养基的选择 …… 172
三、杂交育种的遗传标记 …… 174

第二节 霉菌杂交育种 …… 175
一、霉菌的细胞结构和繁殖 …… 175
二、霉菌杂交的原理和杂交技术 …… 176
三、高产重组体的筛选 …… 185

思考题 …… 185

第十二章 工业微生物原生质体融合育种 …… 186

第一节 微生物原生质体融合育种 …… 187
一、直接亲本及其遗传标记的选择 …… 187
二、原生质体制备与再生 …… 188
三、原生质体融合 …… 196
四、融合体再生 …… 198
五、融合重组体检出与遗传特性分析 …… 201
六、原生质体融合的应用 …… 204

第二节 放线菌原生质体融合育种 …… 205
一、放线菌细胞壁组成、结构及水解 …… 206
二、放线菌原生质体融合育种技术 …… 206

第三节 霉菌原生质体融合育种 …… 209
一、霉菌原生质体制备 …… 211
二、原生质体的再生 …… 213
三、原生质体融合和再生 …… 213
四、融合重组体分析与鉴定 …… 215

第四节 工业微生物基因组改组育种 …… 215
一、微生物基因组改组育种意义和原理 …… 215
二、基因组改组育种技术及应用实例 …… 218

思考题 …… 222

第十三章 基因工程育种 …… 223

第一节 概述 …… 223
一、基因工程在微生物育种中的应用 …… 224
二、基因工程原理和步骤 …… 225

第二节 基因工程载体 …… 226
一、质粒载体 …… 227
二、λ噬菌体载体 …… 232
三、柯斯质粒载体 …… 236

第三节　基因工程所用的酶 …………………………………………………… 237
　　　　一、限制性内切核酸酶 …………………………………………………… 238
　　　　二、DNA 聚合酶 …………………………………………………………… 240
　　　　三、依赖于 DNA 的 RNA 聚合酶 ………………………………………… 242
　　　　四、连接酶、激酶及磷酸酶 ……………………………………………… 242
　　　　五、核酸酶 ………………………………………………………………… 243
　　第四节　基因工程的主要步骤 …………………………………………………… 244
　　　　一、DNA 的制备 …………………………………………………………… 244
　　　　二、目的基因的产生与分离 ……………………………………………… 246
　　　　三、DNA 的连接 …………………………………………………………… 247
　　　　四、重组体导入大肠杆菌 ………………………………………………… 248
　　　　五、含重组质粒的细菌菌落的鉴定 ……………………………………… 250
　　　　六、目的基因的表达过程 ………………………………………………… 251
　　第五节　基因的表达系统 ………………………………………………………… 253
　　　　一、原核表达系统 ………………………………………………………… 253
　　　　二、真核生物表达系统 …………………………………………………… 257
　　思考题 ……………………………………………………………………………… 262

第十四章　分子定向进化育种
第一节　理性设计 ………………………………………………………………… 263
　　　　一、寡核苷酸引物介导的定点突变 ……………………………………… 264
　　　　二、PCR 介导的定点突变 ………………………………………………… 266
　　　　三、盒式突变 ……………………………………………………………… 267
第二节　非理性设计——蛋白质(酶)分子定向进化技术 …………………… 267
　　　　一、蛋白质(酶)分子定向进化的发展 ………………………………… 268
　　　　二、蛋白质(酶)分子定向进化策略 …………………………………… 268
　　　　三、定向进化文库的筛选方法 …………………………………………… 278
　　　　四、酶分子工程的应用和发展前景 ……………………………………… 279
思考题 ……………………………………………………………………………… 281

第十五章　基因敲除育种
第一节　基因敲除育种原理 ……………………………………………………… 282
　　　　一、基因敲除育种概述 …………………………………………………… 282
　　　　二、基因重组系统 ………………………………………………………… 283
第二节　工业微生物基因敲除育种技术及应用 ………………………………… 287
　　　　一、基因敲除育种技术 …………………………………………………… 287
　　　　二、基因敲除育种技术的应用 …………………………………………… 289
思考题 ……………………………………………………………………………… 291

第十六章　全局转录机器工程育种
第一节　全局转录机器工程育种的原理 ………………………………………… 292
第二节　全局转录机器工程育种实施策略及方法 ……………………………… 294

一、全局转录机器工程育种实施策略 …………………………………………………………… 294
　　　二、全局转录机器工程育种实施方法 …………………………………………………………… 295
　第三节　全局转录机器工程育种应用实例 …………………………………………………………… 295
　第四节　全局转录机器工程育种有关的其他菌种改造新方法 …………………………………… 296
　思考题 …………………………………………………………………………………………………… 297

第十七章　工业微生物生产菌的培养基优化 …………………………………………………… 298
　第一节　单因素优化方法 ……………………………………………………………………………… 298
　　　一、单因素优化方法含义 ………………………………………………………………………… 298
　　　二、试验范围与试验精度 ………………………………………………………………………… 299
　第二节　正交试验优化方法 …………………………………………………………………………… 299
　　　一、正交的含义 …………………………………………………………………………………… 299
　　　二、正交试验设计的方法 ………………………………………………………………………… 300
　　　三、正交试验结果 ………………………………………………………………………………… 301
　第三节　均匀试验设计优化方法 ……………………………………………………………………… 304
　　　一、均匀设计的特点 ……………………………………………………………………………… 305
　　　二、均匀设计在培养基优化中的应用 …………………………………………………………… 305
　　　三、均匀设计优化应用实例 ……………………………………………………………………… 306
　　　四、均匀设计的注意事项 ………………………………………………………………………… 308
　第四节　响应面优化设计方法 ………………………………………………………………………… 308
　　　一、响应面法的含义及特点 ……………………………………………………………………… 308
　　　二、响应面法的应用实例 ………………………………………………………………………… 309
　第五节　人工神经网络优化方法 ……………………………………………………………………… 314
　　　一、人工神经网络优化的含义及特点 …………………………………………………………… 314
　　　二、人工神经网络优化在培养基优化中的应用 ………………………………………………… 314
　思考题 …………………………………………………………………………………………………… 315

第十八章　工程菌的高密度发酵技术 …………………………………………………………… 316
　第一节　工程菌高密度发酵技术及其工程学基础 …………………………………………………… 316
　　　一、高密度发酵技术概述 ………………………………………………………………………… 316
　　　二、高密度发酵的工程学基础 …………………………………………………………………… 316
　第二节　工程菌高密度发酵的主要影响因素及其控制 ……………………………………………… 318
　　　一、营养成分的影响及其控制 …………………………………………………………………… 319
　　　二、温度的影响及其控制 ………………………………………………………………………… 320
　　　三、pH 的影响及其控制 ………………………………………………………………………… 321
　　　四、溶氧的影响及其控制 ………………………………………………………………………… 321
　　　五、泡沫的影响及控制 …………………………………………………………………………… 323
　　　六、抑制性代谢副产物的影响及其控制 ………………………………………………………… 324
　思考题 …………………………………………………………………………………………………… 324

第十九章　工业微生物菌种的复壮与保藏 ……………………………………………………… 325
　第一节　菌种的退化与复壮 …………………………………………………………………………… 325

一、菌种退化的原因···326
　　二、菌种退化的防止···328
　　三、菌种的复壮及其方法··331
第二节　工业微生物菌种的保藏···331
　　一、一般菌种保藏··332
　　二、菌种保藏注意事项···343
思考题··344
主要参考文献··345

第一章 绪 论

第一节 工业微生物育种在生物发酵产业中的地位

工业微生物菌种选育在生物发酵产业中占有重要地位,是决定该发酵产品能否具有工业化价值及发酵过程成败与否的关键。现代发酵工业之所以如此迅猛发展,除了发酵工艺改进和发酵设备更新之外,更重要的是由于进行了菌种的选育及其改良,为发酵工艺提供了人类需要的各种类型的突变菌株,从而使抗生素、酶制剂、氨基酸、有机酸、维生素、核苷酸、激素、色素、生物碱、不饱和脂肪酸以及其他生物活性物质等产品的产量成倍,甚至成千倍地增长,同时产品的质量也不断提高。因此,工业微生物育种对于提高生物发酵产业产品的产量和质量,进一步开发利用微生物资源,增加生物发酵产业产品的品种具有重大意义。

用于工业生产的微生物菌种要具有以下特性。

(1) 在遗传上必须是稳定的。
(2) 易于产生许多营养细胞、孢子或其他繁殖体。
(3) 必须是纯种,不应带其他杂菌及噬菌体。
(4) 种子的生长必须旺盛、迅速。
(5) 产生所需要的产物时间短。
(6) 比较容易分离提纯。
(7) 有自身保护机制,抵抗杂菌污染能力强。
(8) 能保持较长的良好经济性能。
(9) 菌株对诱变剂处理较敏感,从而可能选育出高产菌株。
(10) 在规定的时间内,菌株必须产生预期数量的目的产物,并保持相对地稳定。

具备以上条件的菌株,才能保证发酵产品的产量和质量,这是发酵工业的最大目的和最低要求。野生型菌株是不可能具备上述条件的,必须通过对野生型菌株的选育才能实现。发酵工业为人们提供了各种各样的发酵产品,而工业微生物育种为发酵工业的上述贡献奠定了必不可少的基础。

第二节 工业微生物育种的进展

工业微生物育种,无论从自然变异中选择或是人工诱变的选择,都是建立在遗传和变异的基础上。遗传和变异是生物界生命活动的基本属性之一。没有变异,生物界就失去进化的素材;而没有遗传,变异也无法积累。同样,就优良菌株的选育来讲,没有变异就没有选择的素材;没有遗传,选到的优良性状也不能进行培育。由此可见,工业微生物育种学是建立在微生物遗传学基础上,而两者是相辅相成的。

微生物本身,在漫长的进化过程中,逐渐达到适合于它的生存和繁衍的水平。野生型微生物经自然选择,能适应它的周围环境,能适应同其他物种的竞争,但却不能按照人的意志生产人们需要的物质。因此,从人类的利益出发,必须对工业微生物菌种进行改良,使之产生数量远远超出微生物本身需要的物质,或者不是它正常产生的新物质。

对工业微生物菌种进行有目的的改良,是在有关微生物遗传学知识被人们了解并掌握之后才成为可能的。同时,这种改良涉及多学科领域。

1927 年,人们发现了 X 射线诱发突变。1945 年后,各种具有诱变能力的辐射和化学诱变剂的发现,为这种改良提供了非常有用的工具。通过诱变和筛选的"随机选择",不仅在提高现有产品的发酵单位上发挥了巨大作用,而且在当前多种新发酵产品的改进方面也具有很大潜力。通过对诱变作用和 DNA 修复机制的深入了解,可以设计出所希望的突变型的最佳方案。对基因表达和代谢途径调控机制的进一步阐明,可以设计出使所需要的突变特性得以充分表达的筛选条件。自动仪表装置和微机的应用,则可使单位时间内获得分离的菌株数量大大增加。这些技术的综合应用,使获得优良菌株的概率大为提高。

工业微生物育种技术的发展大致经历如下阶段。

随着微生物学的发展,特别是发明微生物纯种培养法之后,开始了微生物纯种的自然选育,对工业微生物育种有很大的影响。当时,在酒精发酵中,推广了自然选育的纯系良种,扭转了酒精生产不稳定的现象。这是最早应用微生物遗传学原理于微生物育种实践而提高发酵产物水平的一个成功实例。自然选育方法虽已沿用多年,迄今仍是工业微生物育种的手段之一。

由于自然突变频率低,单纯依赖自然界存在的微生物群体来进行的自然选育无疑有很大局限性。继而进行了人工诱变选育,取得了很大效果。

20 世纪 40 年代初,Beadle 和 Tatum 采用 X 射线和紫外线等辐射因子来诱变红色面包霉等,获得了各种代谢障碍的变株,并于 1941 年提出"一个基因一种酶"的学说,阐述基因与酶功能的直接关系,使遗传学从细胞水平发展到分子水平,促进了工业微生物育种技术的发展。

诱变育种是以人工诱变基因突变为基础的,过去是工业微生物育种的主要方法,至今仍是世界各国行之有效的重要方法,尤其发酵工业中的各种优良高产菌株绝大部分都是以诱变育种方法获得的。例如,抗生素生产中的青霉素产生菌特异青霉(*Penicillium notatum*)是 1929 年英国的 Flemirlg 发现的。当时表层培养只有 1~2U/ml,而 1943 年美国北部地区研究所实验室分离出产黄青霉(*Pen.chrysogenum*)NRRL9551 同时伴以沉没培养成功,则达到 20U/ml,在此基础上,经过 40 多年的诱变育种,到目前已达 80 000U/ml 以上,比原始菌株的产量提高了上千倍。至于其他抗生素品种,如链霉素、土霉素、四环素、红霉素及灰黄霉素等,都由原来的几十单位提高到目前的几万单位。

除抗生素外,其他许多重要发酵产品也都由于进行了有效的菌种选育工作,在产量和质量上都取得明显的提高,其主要手段也都是诱变育种。

但是,某一菌株长期使用诱变剂处理之后,除产生诱变剂"疲劳效应"外,还会引起菌种生长周期的延长、孢子量减少、代谢减慢等,这对发酵工艺的控制是不利的。而杂交育种可以作为育种的另一手段,其成功不仅表现在种内杂交上,而且在种间杂交以至属间杂交都取得令人满意的结果。

杂交育种的最主要目的是把不同菌株的优良经济性状集中于重组体中,克服长期用诱变剂处理造成的上述缺陷,同时杂交还是增加产品新品种的手段之一。当然,杂交育种也应当建立在诱变育种的基础上,没有诱变育种,杂交菌株的产量是难以继续提高的。

代谢控制育种以 20 世纪 50 年代末谷氨酸发酵取得成功使发酵工业进入第三转折期——代谢控制发酵时期,并在其后的年代里得到飞跃的发展。

代谢控制育种活力在于以诱变育种为基础,获得各种解除或绕过了微生物正常代谢途径的突变株,从而人为地使有用产物选择性地大量生成和累积。代谢控制育种的崛起标志着诱变育种发展到理性阶段,导致了氨基酸、核苷酸及某些次级代谢产物的高产菌株大批地投入生产。

随着基因工程在工业微生物菌种选育中的应用,世界上以基因工程方法创造的各种工程菌不计其数,实现了人为的菌种选育,一切可以按照人们事先设计和控制的方法进行育种,这是一种最新的育种技术。

基因工程菌的构建和应用,已在多方面显示出其巨大的生命力。通过基因工程的方法生产药物——已获得包括治疗用药物、疫苗、单克隆抗体及诊断试剂等多种获得上市的品种;通过基因工程方法提高菌株生产能力——已获得包括氨基酸类、工业用酶制剂及头孢霉素 C 在内的工程菌;通过基因工程方法改造传统发酵工艺——如氧传递有关的血红蛋白基因克隆到远青链霉菌,降低了对氧的敏感性;通过基因工程方法提高菌种抗性等。以上诸多类型的基因工程菌构建,使工业微生物育种突破了传统的、经典的育种模式,在工业微生物育种中展示了极为光明的前景。

基因组改组(genome shuffling)是一种细胞定向进化技术。2002 年 Zhang 等在 *Nature* 上首次发表了微生物基因组改组育种报道。基因组改组是多亲本微生物之间发生重组,先用诱发突变或点突变技术产生复杂子代组合库,再利用改组技术将有利性状组合拼接,快速进化目标菌的一种选育微生物的新方法。

基因组改组技术巧妙地模拟和发展了自然进化过程,以分子进化为核心,用工程学原理加以人工设计,在实验室实现微生物全细胞快速定向进化,仅需 1~2 年就可完成自然界数百万年才能达到的进化目标,使得人们能够在较短的时间内获得性状大幅度改良的正向突变的目标菌株,成为微生物育种的前沿技术。

分子定向进化(directed molecular evolution)是一种 DNA 水平的分子定向进化技术。20 世纪 90 年代中期美国 Arnold 和 Stemmer 首先报道了蛋白质(酶)分子改造成功的例子,从此拉开了酶蛋白分子定向进化育种的序幕。分子定向进化属于蛋白质(酶)非理性设计的主要范畴,它不需要了解蛋白质的空间结构和催化机制,在实验室中人为创造特殊的进化条件,模拟自然进化机制,在体外进行酶蛋白基因的改造,并定向筛选出所需特性的突变蛋白。这样就能在较短时间内完成漫长的自然进化过程,甚至可以在几个月或几周的时间内创造出优化的酶蛋白,而在自然的进化过程中,要得到这个结果需要几千万年之久。

高通量筛选(high-throughput screening)是微生物育种技术的重要组成部分,在工业微生物育种过程中,无论是传统的诱变育种、杂交育种、基因组改组育种、现代基因工程育种及分子定向进化育种等,建库后,都要对文库进行筛选。而文库的库容量很大,各个样品的质量参差不齐,具有很大的随机性。使用传统零敲碎打的筛选方法,筛选量低,概率小,工作量大,要耗费大量的人力、物力。在这种背景下,高通量筛选技术孕育而生。

高通量筛选技术的核心,首先必须根据目的样品的特性,开发出合适的筛选模型,将样品的这些特性转化成可以用摄像头和计算机传感器识别的光信号或者电信号。此外,要有自动化或者自动化的实验操作系统,能够进行移液、接种、清洗等设备操作。而且必须具备以下特点:具有在高洁净度下工作的能力,不引起污染,可多通道一次性进行多组操作,操作速度快,具有良好的软件和硬件兼容性,能与监测设备对接,实验数据可以在多种软件平台上进行分析,能使用各种通用型规格的耗材。

随着工业微生物育种技术的不断创新,尤其分子育种的手段与方法有了崭新的进展,极大地丰富了工业微生物育种的内容。

在工业微生物生产菌种基因的表达系统方面,除了最早采用的原核表达系统和随后采用的酵母表达系统外,还实现了丝状真菌表达系统和哺乳动物细胞表达系统,为工业微生物工程菌的构建创造了创新性的技术基础。

为提高工业微生物生产菌株的产量,重组载体诱变方法已得以实现,其中质粒直接诱变可通过化学诱变剂与质粒反应时间的长短来控制突变率,筛选目的突变菌株已有成功实例。

基因敲除是通过一定的途径使机体特定的基因失活或缺失的一种分子生物学方法,它具有定位性强、插入基因随染色体DNA稳定遗传、操作方便等优点。它为定向改造工业微生物品种提供了重要的技术支撑。笔者在阐明芳香族氨基酸代谢途径的基础上,通过敲除L-色氨酸菌株的tyrA基因获得了酪氨酸营养缺陷型菌株,应用这种营养缺陷型,可使代谢支路的中间体预苯酸不流向酪氨酸生成的方向,使色氨酸的合成有充足的原料。发酵试验结果显示:工程菌的发酵液中没有酪氨酸的存在,同时L-色氨酸的产量较原始菌株提高近1倍,同样,该技术也在L-苯丙氨酸的工程菌构建中取得成功。

全局转录机器工程育种是一种通过引入全局转录扰动来获得多尺度细胞表型突变库的新方法,可以快速、高效地获得性能显著提升的细胞表型重要新技术。

工业微生物高密度培养,又称高细胞密度发酵技术,是在传统发酵技术上改进的发酵技术,利用一定的培养技术和装置,极大地改进了发酵工艺,使菌体密度较普通培养有显著提高,增加工程菌对数期的生长时间、相对缩短衰亡时间来提高菌体的发酵密度,最终提高产物的比生产率,不仅可减少培养体积,强化下游分离提取,还可以缩短生产周期,减少设备投资从而降低生产成本,极大地提高市场竞争力。

工业微生物工程菌构建成功之后,关键还在于如何在特定的装备条件下,使其目的产物高效表达最大化,其中工业微生物工程菌的培养基优化是使该工程菌株高产性状及其他优良特性高效表达的重要发酵技术,除传统的正交试验优化方法外,均匀实验设计优化方法、响应面法优化设计和人工神经网络优化方法都得到了广泛的应用,并取得了显著的效果。

纵观上述,正由于工业微生物育种技术的不断创新,促进了对生物发酵产业总体技术水平的提高,不仅使传统生物发酵产业在工艺改进、工艺创新和提高产品质量等方面起到了重要的推动作用,而且也使现代生物发酵产业建立了从被动筛选到主动合成的技术平台,促进了我国生物发酵产业的发展。

思 考 题

1. 简述工业生产的微生物菌种特点。
2. 简述工业微生物育种技术的方法及其特点。

第二章 遗传物质的基础

生物的性状由遗传物质决定。随着遗传学的发展，遗传物质的本质不断被揭示。孟德尔(G.J.Mendel)1856～1864年在从事豌豆杂交试验过程中，首先发现分离和独立分配遗传规律，认为生物性状是受细胞里的颗粒性遗传因子控制，但是，这种遗传因子只是一种逻辑推理产物，没有任何物质内容。约翰生(W.L.Johannsen)1909年用"基因"(gene)一词代替孟德尔的遗传因子概念，但也没有给出"基因"的物质内容。贝特生(W.Batson)和摩尔根(T.H.Morgan)1900～1910年期间先后在香豌豆、果蝇的遗传研究中发现性状连锁(linkage)现象。尤其是摩尔根在大量果蝇遗传研究基础上提出了连锁遗传规律，同时，结合染色体动态研究结果提出"基因位于染色体上，基因是染色体的一段片段"。限于当时的科学水平，摩尔根还不能对基因赋予实体的内容，但他预见了基因将是一个化学实体。阿委瑞(O.T.Avery)证明DNA是遗传物质。沃森(J.D.Watson)和克里克(F.H.C.Crick)于20世纪50年代前后提出DNA双螺旋结构模型，明确了DNA是遗传信息的载体，是遗传物质，基因是DNA分子上的一个片段。除了DNA外，有些动物、植物病毒和噬菌体是以RNA作为遗传物质的。

遗传物质主要分布在真核生物的细胞核、原核生物的原核中。细胞质中的某些细胞器，如叶绿体、线粒体、质体等也含有遗传物质。

随着物理、化学、分子生物学等先进技术和设备的应用，对遗传物质基本单位——基因的本质、组织结构等的认识越来越深入，也赋予基因新的内容，形成基因组学这门学科。

第一节 染 色 体

所有细胞型生物都具有携带基因的结构，这种结构称为染色体(chromosome)。然而，染色体在原核生物与真核生物之间存在差别：原核生物的染色体由环状双链和极少的蛋白质构成，细胞中仅有单个染色体，每个染色体有单一的DNA复制起始位点，染色体包含在核质体中。真核生物有若干条线性染色体，DNA与大量的蛋白质紧密结合，每一真核生物具有多个DNA复制起始位点，染色体包含在细胞核中。

一、染色体形态

根据着丝粒的位置可以把染色体分为四种典型的形态，它们分别是：①中着丝粒染色体：其着丝粒位于染色体中部附近，染色体具有几乎等长的两臂；②近中着丝粒染色体：其着丝粒位置偏离染色体中位，染色体具有长、短两臂；③端着丝粒染色体：其着丝粒位于染色体的端部，染色体只有一个臂；④近端着丝粒染色体：其着丝粒几乎位于染色体的端部，染色体有一个长臂，有一个极短的短臂(图2.1)。

所有真核生物的染色体具有着丝粒和端粒这两个重要区域。此外，某些染色体还具有核

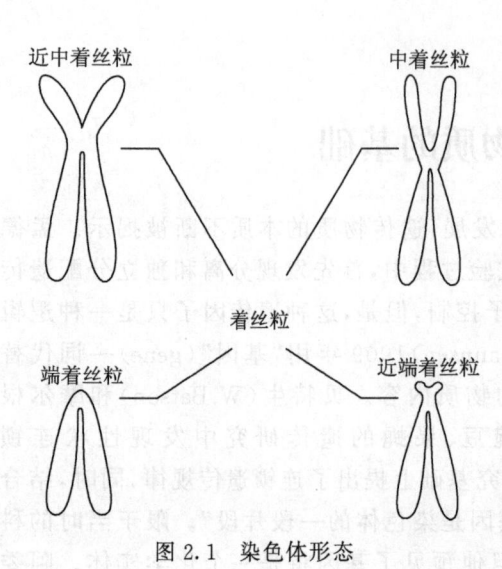

仁形成区。着丝粒在细胞分裂过程中,作为纺锤丝的附着点,缺乏着丝粒,细胞将无法进行正常的分裂。

端粒不仅是染色体末端的一个区域,它还具有特殊的结构。在端粒区域,含有DNA重复序列(repeat sequence),如人类的该序列为TTAGGG。在生殖细胞中,每个端粒含有大量的重复序列,但是随着体细胞衰老,端粒中的重复序列数量逐渐减少。维持端粒长度的恒定要靠端粒酶。研究发现,在体细胞中缺少端粒酶,但在肿瘤细胞中重新出现了端粒酶。

核仁形成区通常存在于次缢痕区。该区含有重复的rRNA基因,在细胞分裂间期,核仁形成区解凝聚,其周围形成核仁。

图2.1 染色体形态

二、原核生物及病毒染色体结构

以大肠杆菌为例来阐明原核生物染色体的结构特点。

大肠杆菌染色体以单个双链环状DNA分子构成,大约有4.6×10^6bp。这种染色体组成了大肠杆菌的拟核(核质体)。在拟核中DNA占80%,其余为RNA和蛋白质。DNA与蛋白质相互作用形成"脚手架"形结构(图2.2)。在这种结构中,DNA链形成了50~100个功能域或环。每个环都是超螺旋结构,每个环的DNA有两个端点被蛋白质固定。每个环大约有50~100kb。当用微量的DNA酶Ⅰ处理,会使少量DNA环成为松弛状态,而其他环保持超螺旋状态不变。

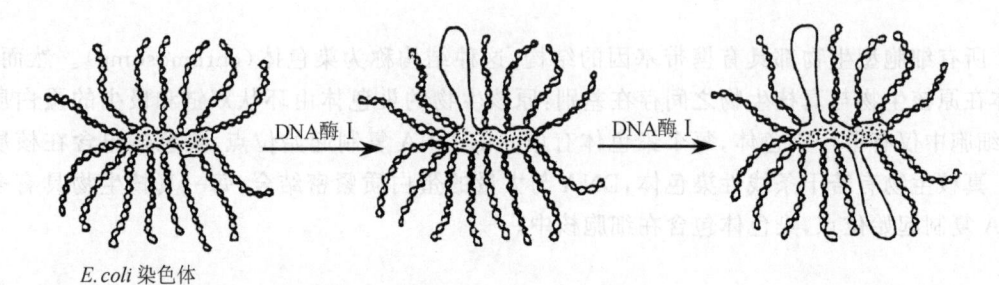

图2.2 大肠杆菌染色体的"脚手架"形结构及微量DNA酶Ⅰ作用示意图

染色体环状DNA功能域将进一步与DNA结合蛋白结合。在DNA结合蛋白质中,含量最丰富的为HU蛋白,另外还有H-NS蛋白。这些蛋白质有时也称为类组蛋白。

病毒没有典型的染色体结构。习惯上把病毒含有的RNA或DNA也称为染色体。对DNA病毒来说,不同的病毒其DNA形态结构多种多样,如DNA可以是单链,也可以是双链;可以是环状,也可以是线状。对RNA病毒来说,RNA为线状,RNA可以为单链,也可以为双链,甚至含有多条 RNA 链。ΦX174 是一种大肠杆菌噬菌体,其 DNA 为单链环状,共有 5386 个核苷酸,由于其 DNA 中含有重叠基因,故其可以编码 10 个基因(图 2.3)。

三、真核生物染色体结构

在原核生物中,构成染色体的成分主要是 DNA。真核生物染色体由高度有序的 DNA-蛋白质复合体(核蛋白)构成,这种复合体称为染色质(chromatin)。染色质中超过 50% 的成分为蛋白质,在细胞周期的不同阶段,由于染色质组织结构的变化而导致不同的染色体结构状态。

在细胞分裂中期,染色体呈高度的凝聚结构状态,而在间期则呈现弥散状态。染色体结构上的变化,均

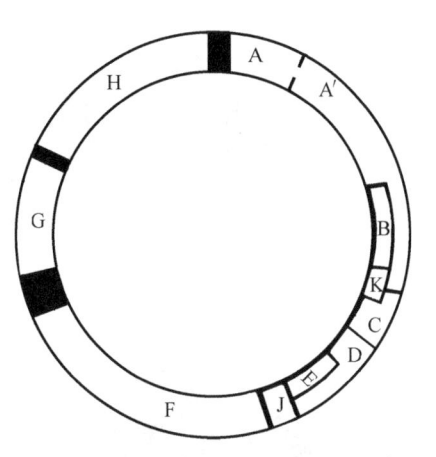

图 2.3 噬菌体 ΦX174 的重叠基因示意图
ΦX174 的 10 个基因,其中基因 E 和 D 重叠,基因 A、B、K、C 重叠,黑色部分表示基因间序列

是不同的染色质组织水平造成的。染色质中主要的蛋白质成分是组蛋白,具体包括五种类型。它们分别是 H2A、H2B、H3、H4 和 H1,而 H2A、H2B、H3、H4 又称为核心组蛋白(core histone)。它们的分子质量为 10~20kDa。H1 分子质量稍大,为 23kDa。所有组蛋白均带正电荷,蛋白质中 20%~30% 的氨基酸为碱性氨基酸,如赖氨酸、精氨酸等。由于组蛋白带正电荷,故其与带负电荷的 DNA 结合得非常紧密。

核小体是染色质结构的基本单位。核小体由核小体核心颗粒和 H1 组蛋白构成,核小体核心颗粒由 (H2A)$_2$、(H2B)$_2$、(H3)$_2$、(H4)$_2$ 组蛋白形成的八聚体和 146bp 的 DNA 构成。DNA 环绕在组蛋白八聚体上,环绕数为 1.8 个超螺旋。在核小体中,绕在八聚体上的 DNA 进出端靠组蛋白 H1 来锁定。当有 H1 存在时,绕在八聚体上的 DNA 链将加长 20bp,这样环绕在八聚体上的超螺旋达到两圈。比起 H2A、H2B、H3、H4,组蛋白 H1 较不稳定,在某些细胞类型中,组蛋白 H1 会被一种组蛋白变异体 H5 代替。组蛋白 H5 可以与 DNA 紧密结合,造成染色质结构过分致密,从而导致基因不能转录。

核小体之间靠连接区 DNA 相互连接形成"念珠"状的染色质丝。连接区 DNA 长度平均为 55bp。但是不同物种和组织之间,连接区 DNA 数目变化很大,范围一般为 0~100bp 以上。

串成"念珠"形态的核小体在组蛋白 H1 作用下,进一步形成"之"形结构,并进一步形成纤丝直径为 30nm 的纤丝,每一圈由 6 个核小体组成。30nm 纤丝进一步弯曲,并结合在核基质上形成染色体(图 2.4)。

在真核生物染色质中,有常染色质和异染色质之分。常染色质区具有基因转录活性,异染色质区没有转录活性,通常分布在着丝粒附近,异染色质区中含有重复的卫星 DNA。

四、染色体数目

真核生物多数为二倍体(diploid)生物,原核生物大多为单倍体(haploid)生物。减数分裂中染色体行为发生差错,常常引起染色体数目的变化。整倍体(euploid)是指个体中的染色体数为基数的整倍数,如一倍体、二倍体、三倍体等类型。三倍体以上叫做多倍体(polyploid)。

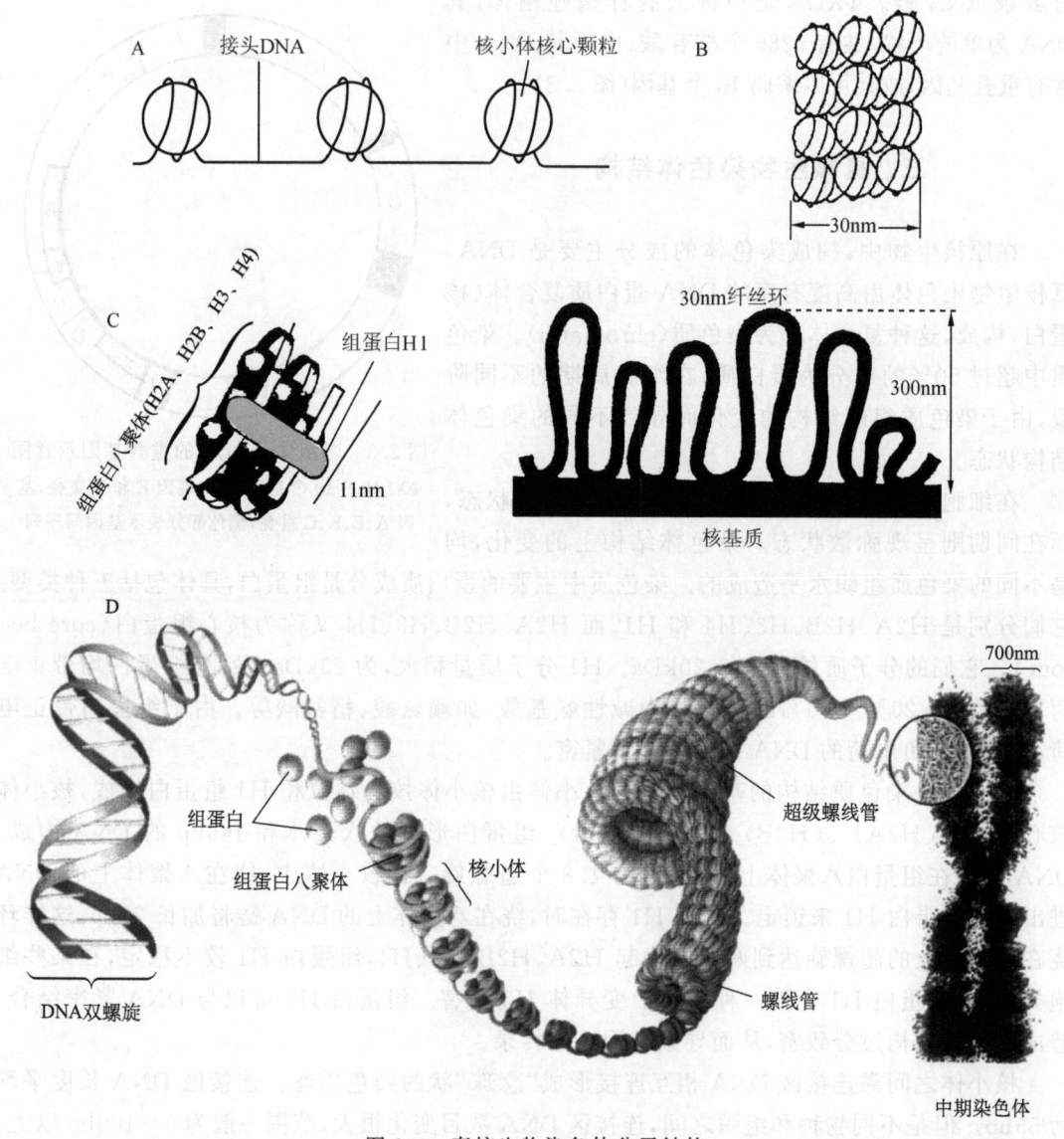

图 2.4 真核生物染色体分子结构

A. 成"念珠"状的染色质丝。B. 核小体卷曲成螺旋管。C. 左边：由 H1 组蛋白、核心组蛋白八聚体和 DNA 组成的染色质小体；右边：染色质小体结合在核基质上形成染色体，此为染色体的剖面图。D. DNA 逐级螺旋压缩最终成为染色体

以人为例，人的染色体基数为 23 条，那么二倍体细胞有 46 条染色体，三倍体细胞有 69 条染色体。多倍体现象在动物中极少见到，但是，在植物中却是常见的现象。

非整倍体（aneuploid）是指细胞核中具有非整倍数染色体，其中某一个或某几个染色体多于或少于正常二倍体染色体数，如缺对性个体、单体性个体、二体性个体、三体性个体。一个二倍体细胞中缺少某一对或某几对染色体，这类个体就叫做缺对性个体；缺少某一对或某几对染色体中的一条染色体，这种个体就叫做单体性个体，配子属于单体性个体；某一对或某几对染色体增加一条染色体，这种个体就称为三体性个体。二倍体生物的体细胞是二体性的。

第二节 核 酸

脱氧核糖核酸(DNA)是细胞中最重要的分子,它含有生物的全部遗传信息;核糖核酸(RNA)可以作为某些病毒的遗传物质。

一、核 酸

DNA 和 RNA 中的碱基是杂环芳香环。腺嘌呤、鸟嘌呤为双环结构,胞嘧啶、胸腺嘧啶、尿嘧啶为单环结构。在 RNA 结构中尿嘧啶代替了胸腺嘧啶,胸腺嘧啶与尿嘧啶不同之处在于其 5-位上有一个甲基。

戊糖环第一位碳原子(C_1)与嘧啶碱第一位 N 原子(N_1)或嘌呤碱第九位 N 原子(N_9)以 N-糖苷键相结合形成核苷。RNA 中,戊糖为核糖(ribose);DNA 中,戊糖为 2′-脱氧核糖,2′-羟基被氧替代。

核苷中的戊糖羟基被磷酸酯化,形成核苷酸(nucleotide)。核糖核苷能形成三种不同的核苷酸——2′-核糖核苷酸,3′-核糖核苷酸及 5′-核糖核苷酸。脱氧核糖核苷只形成两种核苷酸——3′-脱氧核糖核苷酸和 5′-核糖核苷酸。

在 DNA 或 RNA 分子中,一个核糖 5′-羟基与另一个核糖 3′-羟基之间形成磷酸盐基团共价连接,把核糖核苷酸或脱氧核糖核苷酸连接起来形成多聚体。这种键称为磷酸二酯键(phosphodiester bond)。每一核酸链中,有自由的 5′端和 3′端,5′端上可带有或不带有磷酸盐基团,3′端常常为羟基。在中性条件下,每个磷酸盐基团带有一个负电荷。因此核酸是高度带电荷的多聚体。

按规定,DNA 或 RNA 序列的 5′端写在左边。因此,一段 DNA 序列片段可以写作 5′-ATGGTCTC-3′或 ATGGTCTC;而 RNA 序列可以写作 5′-AUGGUCUC-3′。由于 DNA 或 RNA 链有特定的方向,故 ATAAG 与 GAATA 是不同的两个片段。

二、RNA

所有生物的细胞内都含有三种 RNA,即 mRNA、tRNA 和 rRNA。原核生物有三种 rRNA,即 5S rRNA、16S rRNA 和 23S rRNA。真核生物有四种 rRNA,即 5S rRNA、5.8S rRNA、18S rRNA 和 28S rRNA,这些 rRNA 是核糖体(ribosome)的重要成分。

生物体内存在着与 20 种氨基酸对应的 tRNA 分子,它们在蛋白质合成过程中起着接受、转运和掺入氨基酸的作用。mRNA 的功能是从 DNA 上把遗传信息接受过来,决定蛋白质的氨基酸顺序。

绝大多数 RNA 分子在细胞核内合成。核内存在各种 RNA 的前体,如 tRNA 前体、rRNA 前体和 mRNA 前体,前体 RNA 需要经过剪切、装配和修饰才能成为成熟的 RNA。

绝大多数植物病毒和 RNA 肿瘤病毒以 RNA 作为遗传物质。病毒 RNA(除负链 RNA 病毒外)包括噬菌体 RNA,既是遗传信息载体(类似 DNA 功能),也具有 mRNA 功能。类病毒没有蛋白质外壳,只有游离的 RNA 分子。

RNA 一级结构为直线形多聚核苷酸。分子质量的差别极大。tRNA 的二级结构都是呈三叶草形的结构,三叶草形结构(clover-leaf structure)由氨基酸臂、二氢尿嘧啶环、反密码环、额外环和 TψC 环五部分组成。

依靠 9 个氢键,tRNA 分子在二级结构基础上形成 L 形三级结构(图 2.5),mRNA、rRNA 在一定条件下也可形成二级结构(图 2.6)。

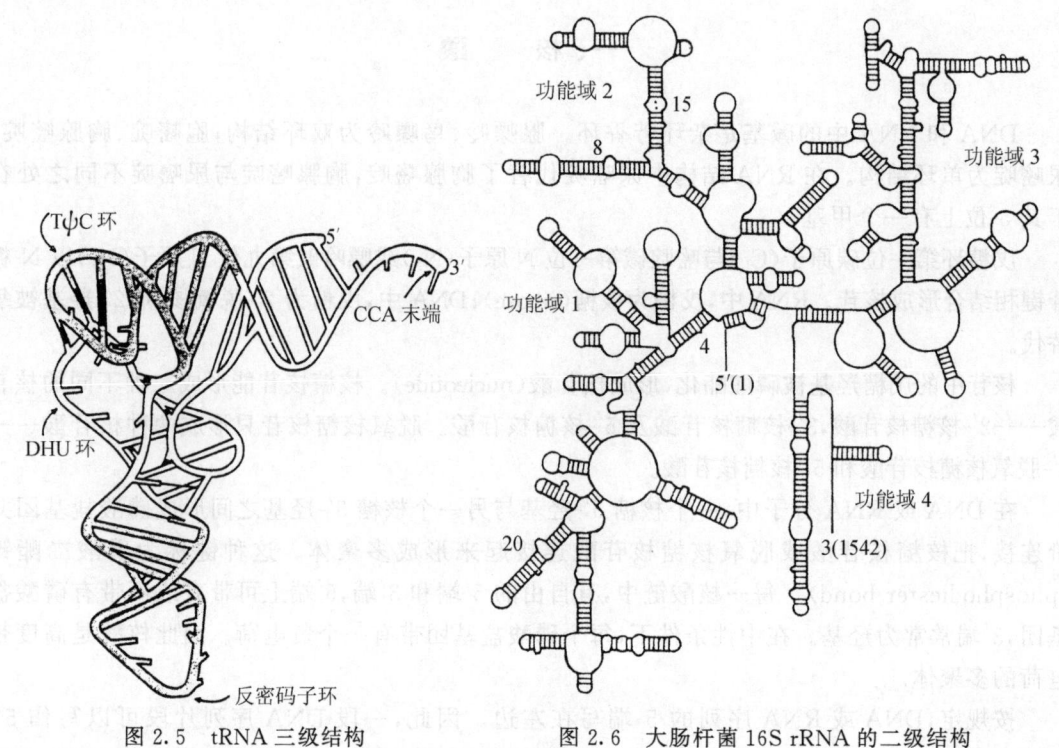

图 2.5 tRNA 三级结构　　　　图 2.6 大肠杆菌 16S rRNA 的二级结构

三、DNA

细胞型的生物及部分病毒是以 DNA 作为遗传物质的。不同生物 DNA 分子大小、结构都有一定的差异。细菌 DNA 比噬菌体大 10 倍以上,哺乳动物 DNA 又比细菌 DNA 大 1000 倍以上。高等真核生物 DNA 为双链线状结构,而细菌、线粒体、叶绿体、质粒及某些病毒 DNA 为双链环状结构。ΦX174 病毒的 DNA 为单链环状结构,而细小病毒其 DNA 为单链线状结构。λ 噬菌体,其含的双链 DNA 可以是线状,也可以是环状。DNA 的一级结构是 DNA 分子内碱基的排列顺序,它以密码子的方式蕴藏了遗传信息。任何一段 DNA 序列都具有高度的个体性或种族特异性。DNA 一级结构具有两种遗传功能,一种是编码蛋白质氨基酸顺序,另一种是参与基因的转录、翻译、DNA 复制和细胞分化等。DNA 分子中总的 A+T 与 G+C 含量相等,但在有些区段 A—T 含量很高,这些区段都与 DNA 调节功能有关。

通常两条互补的 DNA 单链可以形成 DNA 二级结构——右手双螺旋结构(图 2.7)。在双螺旋结构中,每个碱基对中的碱基在同一平面上,并且与双螺旋的轴垂直。相邻的碱基对以 36°旋转,每个螺圈 10 个碱基对。双螺旋有两个槽沟,一个大沟和一个小沟,两条链是反向平行的。一般天然（在细胞中）的 DNA 都是 B 型，但是湿度不同对 DNA 的结构有影响。在相对湿度为 75％时，DNA 为 A 型，相对湿度为 66％时为 C 型，除了 A、B、C 三种类型外，还有 D 型和 E 型。

在 DNA 中，如果有嘌呤-嘧啶相间排列的序列，当在高盐溶液中就可以采取左旋形式，即 Z 型 DNA。在 B 型 DNA 中，只要有一段是嘌呤-嘧啶交替出现，则这一段可以采用 Z-DNA 形式，而其他区段仍为 B 型 DNA。Z 型 DNA 多集中在调控区，所以认为 Z 型 DNA 多参与基因表达调控。

大多数原核生物及病毒的完整 DNA 分子是双链环状的。一个环状双链 DNA 分子可以是共价闭合环，也可以是切口环状。共价闭合环状 DNA 分子常常形成超螺旋结构，超螺旋结构有两种——负超螺旋和正超螺旋。负超螺旋形成超螺旋时，旋转方向与 DNA 双螺旋方向相反，旋转结果使 DNA 分子内部张力减少。在自然条件下的共价闭合环状 DNA 呈负超螺旋结构。正超螺旋 DNA 与负超螺旋相反，形成超螺旋时的旋转方向与 DNA 双螺旋方向相同，加大 DNA 分子内部张力。超螺旋结构中存在单链区，这些单链区是含90％以上的 A：T 区域，它的功能与起始遗传重组、起始 DNA 复制和起始 mRNA 的合成有关。

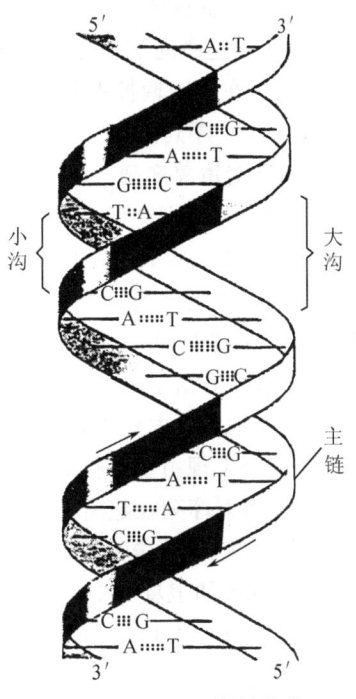

图 2.7　DNA 双螺旋结构

第三节　基因的组织与结构

一、基　因　组

基因组(genome)对于原核生物来说，就是它的整个染色体；对于二倍体的真核生物来说，是能够维持配子或配子体正常功能的最低数目的一套染色体。

原核生物基因组很小，DNA 含量低，如 $E.coli$ DNA 分子质量为 2.4×10^9 Da，相当于 4.2×10^6 bp，含有 3000～4000 个基因。SV40 病毒分子质量为 3×10^6 Da，5243bp，含 5 个基因。

真核生物基因组分子大，低等真核生物为 $10^7 \sim 10^8$ bp，高等真核生物达 $5 \times 10^8 \sim 10^{10}$ bp，哺乳动物为 2×10^9 bp。

重复序列是基因组结构的一个特点，原核生物基因组中重复序列少，真核生物基因组中重复序列多。在真核生物中，根据 DNA 重复序列多少，通常把 DNA 序列分为以下四种类型。

1. 单一序列

单一序列在一个基因组中，只有一个拷贝，真核生物的大多数基因在单倍体中是单拷贝的。

2. 轻度重复序列

轻度重复序列在一个基因组中有 2～10 个拷贝，如组蛋白基因。在某些情况下，这些序列并非一点不差地重复。

3. 中度重复序列

中度重复序列十至几百个拷贝,每个拷贝平均长度300bp。中度重复序列一般是不编码的,据认为在基因调控中起重要的作用,包括开启或关闭基因、促进或终止转录、DNA复制起始等,如 *Alu* 序列家族。

4. 高度重复序列

高度重复序列几百个到几百万个拷贝。在高度重复序列中,有一些是重复数百次的基因,如rRNA基因和某些tRNA基因,大多数为不编码的序列。例如,在果蝇染色体着丝粒附近就存在着几种高度重复序列——ACAAACT为1.1×10^7个拷贝,占基因组DNA的25%;ATAAACT为3.6×10^6个拷贝,占基因组DNA的80%。在高度重复序列中常有些A:T含量很高的简单高度重复序列,由于A:T片段浮力密度较小,因而在将DNA切断成数百个碱基对的片段进行超离心时,常会在主要的DNA带的上面有一个次要的DNA带相伴随,这就是所谓的卫星DNA。后来的结果发现由于有些高度重复序列碱基组成与整个基因组碱基组成差异不大,因而并非所有的高度重复序列在超离心时都可以形成次要的DNA带,这种DNA也称为隐蔽卫星DNA。实验表明,卫星DNA位于着丝粒附近异染色质区。卫星DNA长度通常为100~5000kb。长度为100bp~20kb的卫星DNA常称为小卫星DNA或微卫星DNA。微卫星DNA其每一个串联重复单位小于4bp。以CA为串联重复单位形成的微卫星DNA很普遍,可占到人类基因组的0.5%。单核苷酸重复序列可占到人类基因组的0.3%。

二、基 因

基因是一个遗传信息单位,其对应着一段编码多肽氨基酸顺序的不连续的DNA片段。在DNA链上,大多数基因呈散布状态,各个基因之间常被非编码的基因间DNA分隔。但有些基因却聚集成群形成基因家族。基因家族分为两种,一种是操纵子,另一种是多基因家族。操纵子存在于原核生物中,如乳糖操纵子,操纵子上的基因之间相互协同调控。多基因家族存在于高等真核生物中,多基因家族又可分为简单多基因家族和复杂多基因家族。简单基因家族中每个重复单元含有单一的转录区和非转录区(图2.8),如5S rRNA、rDNA。

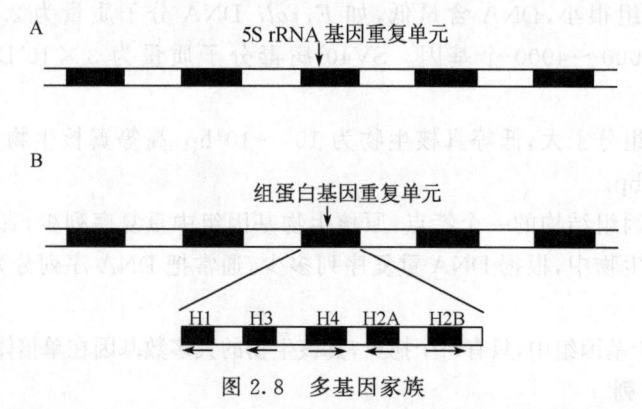

图 2.8 多基因家族

A. 简单多基因家族,如5S rRNA基因;B. 复杂多基因家族,如果蝇组蛋白基因

在复杂的多基因家族中,每个重复单元含有多个不同的转录区和非转录区。同样,在不同生物中,重复单元重复数也不同。从整个基因组结构来看,简单多基因家族包含的基因是一致的,而复杂的多基因家族包含的基因是相似的。

DNA 分子中的遗传信息贮存在碱基序列中。在基因表达过程中,DNA 转录 RNA,RNA 翻译多肽链,遗传信息是以"中心法则"进行传递的。"中心法则"指出遗传信息只能以 DNA→RNA→蛋白质这种单一方向进行传递。但反转录病毒可以发生反转录,即由 RNA 合成 DNA,这是"中心法则"的一个补充。一个细胞的功能取决于许多不同蛋白质的协同作用,细胞何时何地合成何种蛋白质取决于基因中含有的遗传信息。

现已知道大多数真核生物基因都是不连续基因。基因的编码序列在 DNA 分子上是不连续的,被一系列 DNA 片段所隔开,编码序列称为外显子(exon),把外显子割裂的 DNA 片段称为内含子(intron)。内含子的数量变化很大,不同的基因变化幅度为 0~50 个以上。内含子并非不编码氨基酸,某些内含子可以编码蛋白质,而这些蛋白质与内含子的删除或传播扩散密切相关。外显子也并非都编码氨基酸,如 tRNA 基因和 rRNA 基因。在基因中,外显子的总长不如内含子的总长。真核生物基因首先转录成前体 RNA,前体 RNA 经过剪接过程去掉内含子,留下外显子,形成成熟的 RNA,进而参与蛋白质合成。在细菌基因中,很少发现内含子。

某些基因因 DNA 序列发生变化,虽然在序列上与活性基因相似,但不具备功能、不能编码蛋白质,这种基因称为拟基因(pseudogene)。拟基因是进化过程中 DNA 序列发生改变而产生的,是进化的残遗体,如珠蛋白基因家族中的拟基因。

基因组内存在着可转移的 DNA 片段,称为转座因子(transfer factor)。转座因子是一些 DNA 序列,它能在同一细胞的不同染色体之间或者同一染色体的不同位点之间转移。这种转移不依赖于序列的同源性,在原位点上这种序列不丢失,只是它的一个新拷贝插入到新的位点上。转座因子的转座会引起多种遗传效应,如极性效应、插入突变、缺失和倒位等。转座因子两端存在末端重复序列,绝大多数转座因子可以编码一种转座酶,其功能是促进其转座。转座因子包括插入序列(IS)、转座子(transposon)和转座噬菌体。在病毒如 G4 和 ΦX174 中,还发现若干基因共用某一段核苷酸序列的现象,即基因重叠现象。在细菌和果蝇中也发现类似现象。

三、遗 传 密 码

遗传密码是指 DNA 上核苷酸与蛋白质链上氨基酸的对应关系。密码子是指 mRNA 上三个连续的核苷酸决定一个特定的氨基酸,这三个核苷酸称为密码子(codon)(表 2.1)。在 64 个密码子中,除 3 个是终止密码外,有 61 个为氨基酸密码子。但是氨基酸只有 20 种,所以许多氨基酸对应的密码子不止一种。几种密码子编码同一种氨基酸,这种现象称为简并(degeneracy)。对应于同一氨基酸的不同密码子,称为同义密码子(synonymous codon)。凡属同一氨基酸的密码子,其密码子前两个碱基相同,特异性就很强,而第三个碱基变化大,特异性就弱。在密码子中,研究认为,第二个(中间)碱基与氨基酸的极性有关。第二个碱基如果是嘌呤,该密码子编码的氨基酸具有极性侧链;第二个碱基如果是嘧啶,侧链为非极性。

表 2.1　遗传密码表

第一字母	第二字母 U		第二字母 C		第二字母 A		第二字母 G		第三字母
U	UUU UUC	苯丙氨酸(Phe)	UCU UCC UCA UCG	丝氨酸(Ser)	UAU UAC	酪氨酸(Tyr)	UGU UGC	半胱氨酸(Cys)	U C
U	UUA UUG	亮氨酸(Leu)			UAA UAG	终止信号 终止信号	UGA UGG	终止信号 色氨酸(Trp)	A G
C	CUU CUC CUA CUG	亮氨酸(Leu)	CCU CCC CCA CCG	脯氨酸(Pro)	CAU CAC	组氨酸(His)	CGU CGC CGA CGG	精氨酸(Arg)	U C A G
C					CAA CAG	谷氨酰胺(Glu)			
A	AUU AUC AUA	异亮氨酸(Ile)	ACU ACC ACA ACG	苏氨酸(Thr)	AAU AAC	天冬酰胺(Asn)	AGU AGC	丝氨酸(Ser)	U C A
A	AUG	甲硫氨酸和甲酰甲硫氨酸(Met 和 fMet)			AAA AAG	赖氨酸(Lys)	AGA AGG	精氨酸(Arg)	G
G	GUU GUC GUA GUG	缬氨酸(Val)	GCU GCC GCA GCG	丙氨酸(Ala)	GAU GAC	天冬氨酸(Asp)	GGU GGC GGA GGG	甘氨酸(Gly)	U C A G
G					GAA GAG	谷氨酸(Glu)			

无论体内、体外实验，从病毒、原核生物到真核生物，其密码子是通用的。但是后来发现线粒体基因序列中密码子的通用性有例外。

在蛋白质合成中，密码子阅读方向是沿着 mRNA $5'\to 3'$ 方向进行的。密码子按三个一框读下去，不重叠也不跑格，中间也没有标点，直到终止。起始密码子绝大部分使用 AUG，个别使用 GUG，而终止密码子 UAA、UAG 和 UGA 都被使用。某些基因中有时连用两个终止密码子才能有效地停止肽链合成。在蛋白质基因中，同样的密码子在不同蛋白质内使用频率会不同，如编码异亮氨酸的密码子有三个——AUU、AUC、AUA。在分析了许多蛋白质之后，发现大多数蛋白质基因中，编码异亮氨酸的密码子为 AUU、AUC 两种，AUA 使用频率很低。但是在个别蛋白质基因中，编码异亮氨酸的密码子却主要是 AUA。因此对大多数蛋白质基因来说，AUA 为稀有密码子。由于与稀有密码子相对应的 tRNA 数量较少，故含有稀有密码子的蛋白质基因将产生较少的蛋白质。稀有密码子在一些翻译调控中起着重要的作用。

密码子与 tRNA 分子上的反密码子配对时具有摇摆性，这样使得一种 tRNA 分子常常能够识别一种以上的同一种氨基酸的密码子。

在 mRNA 编码蛋白质时，以哪一个密码子作为起始密码开始"阅读"mRNA，从理论上说有三种可能（图 2.9）。但是在实际中，通常只有其中一种"阅读"方式才能合成蛋白质，其他两种"阅读"方式通常都会在"阅读"过程中形成终止密码子，从而终止蛋白质合成。始于起始密码子，终于终止密码子，能够正常"阅读"、编码蛋白质的一套密码子，称为可读框（open reading frame）。

可读框1　5′—AUG　ACU　AAG　AGA　UCC　GG—3′
　　　　　　　Met　Thr　Lys　Arg　Ser

可读框2　5′—AUGA　CUA　AGA　GAU　CCG　G—3′
　　　　　　终止密码 Leu　Arg　Asp　Pro

可读框3　5′—AUGAC　UAA　GAG　AUC　CGG　—3′
　　　　　　　Asp　终止密码 Glu　Ile　Arg

图 2.9　每一种 DNA 序列可以有三种可读框

思 考 题

1. 如何通过实验证明核酸是遗传物质基础？试以图示并简要说明。
2. 试分析基因、基因组及遗传密码等几个概念。

第三章 基因突变

第一节 突变的分子机制

前面已经叙及,遗传物质的基础是DNA,它是基因的载体。DNA不管是在细胞核或细胞质中,只要其分子结构发生变化,一般都会使遗传性状改变。基因突变是指DNA特定部位上核苷酸序列的变化,致使蛋白质的结构改变,最后导致个体表型的不同。基因突变形成新的基因型在一定条件下表现出来的个体性状,称为表型(phenotype)。突变结果产生新表型的个体,称为突变体(mutant)或突变型。因此,基因突变包括遗传物质改变过程和突变体的形成。突变(mutation)的概念,从广义讲,除了转化、转导、接合等遗传物质的传递和重组引起生物变异以外,任何表型上可遗传的突变都属于突变范围,如染色体整倍性和非整倍性的变化及染色体结构上的畸变等都包括在内。当然突变更多地是指基因突变,即基因内部结构或基因与基因之间的变化,如某片段DNA上核苷酸之间的转换和颠换,一定核苷酸序列的重复、缺失、倒位、易位、插入等造成基因的突变。

基因突变是微生物遗传性状改变的依据,能在生活周期中任何阶段发生。它有遗传性和非遗传性之分,突变可以发生在有性二倍体生物的生殖细胞或体细胞中。生殖细胞中发生突变可以遗传给后代,而体细胞中突变是不能遗传给后代的,只能在当代个体的形态或生理上有所改变。而生殖细胞突变的结果,等位基因是显性的,后代将表现出新的表型。如果突变发生在单倍体细胞中,其突变的等位基因不管是显性或隐性的,都能呈现出新的表型,一个突变基因细胞就能形成一个新菌株。从微生物来说,一个个体生命可以从体细胞发育而成,对一些霉菌来讲,由无性孢子或菌丝节段可以发育成一个菌株。因此,无性世代发生突变,可通过有性世代遗传下去。

突变分自发突变和人工诱发突变两大类。

自发突变(spontaneous mutation)是微生物未经人为诱变剂处理或杂交等生物工程手段而自然发生的突变。自发突变引起的原因大致有几个方面:一种是微生物生活的环境中存在着一些低剂量的物理、化学诱变因素,如宇宙间的紫外线、短波辐射及高温、病毒等,在生长过程中,由于DNA多聚化作用使复制中碱基配对错误或修复过程中发生错误而造成突变。另一种是微生物自身代谢过程中产生一些具有诱变作用的物质,如过氧化氢、硫氰化合物、咖啡碱、二硫化二丙烯等。微生物体内经常会产生这些物质并分泌到培养基中,使在培养过程或培养液存放期间微生物受到诱变作用而产生突变。在发酵工业的生产实践中常常可以利用自发突变筛选到优良菌株,如进行某发酵产品发酵时,有时偶然出现一罐发酵水平比平时高,从中有可能筛选到高产菌株。要想筛选一株抗噬菌体的自发突变株,可从噬菌体污染的发酵液或工厂周围被噬菌体寄生的污水、污泥中去分离筛选,有可能达到目的。

诱发突变(induced mutation)是人为用化学、物理诱变剂(紫外线、亚硝基胍等)去处理微生物而引起的突变。诱发突变与自发突变在效应上几乎没有差异,突变基因的表现型和遗传规律本质上是相同的。只是人工诱发突变速度快、时间短、突变频率高,一般为 $10^{-7} \sim 10^{-8}$,而自发突变速度慢、时间长、突变频率低,一般为 $10^{-8} \sim 10^{-9}$,真菌为 $10^{-7} \sim 10^{-8}$。因此,在工农业生产上进行微生物的菌种选育常常采用人工诱变育种,并已经取得惊人的效果。

突变的分子机制:突变的分子基础是 DNA 分子中的碱基序列或碱基对数目的改变,或染色体发生变化。突变可以分为基因突变、染色体畸变和染色体组变。根据 DNA 分子中序列的改变又可分为碱基置换、移码突变和易位突变三大类,碱基置换包括碱基转换和碱基颠换。

一、基因突变

基因突变(genetic mutation)也称微小突变,其 DNA 的正常结构受到损伤,碱基对发生变化,通常指基因内部分子结构或基因之间的分子结构发生改变,导致点突变。

(一)碱基置换

在 DNA 链上的碱基序列中一个碱基被另一个碱基代替的现象称为置换(replacement)。这其中,嘌呤与嘌呤(A 与 G)之间或嘧啶与嘧啶(T 与 C)之间发生互换称为转换(transition)。一个嘌呤替换另一个嘧啶或一个嘧啶替换另一个嘌呤的现象称为颠换(transversion)(图 3.1)。

碱基置换,仅仅被替换的三联密码组成发生改变,邻近的三联密码并不受影响。但就一条多肽来讲,由于其中一个密码子的变化,意味着这条肽链上的一个氨基酸的改变,因而对遗传性状具决定性作用的多肽性质也就与原来的多肽不相同,从而引起了变异。

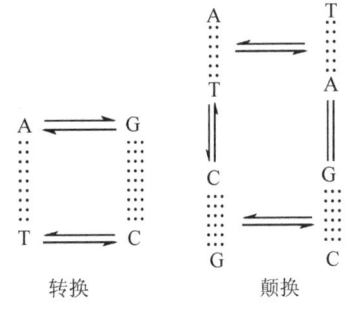

图 3.1 碱基置换

(二)移码突变

DNA 分子中的每一个碱基都是三联密码中的一个成员,而且遗传信息被 DNA 链上排列成特定序列的密码子所控制,在这种碱基序列中有一个或几个碱基增加或减少而产生的变异称为移码突变(frame-shift mutation)。移码突变分插入和缺失两种。插入是指微生物细胞复制时一个新碱基插入 DNA 分子的序列中,由于这个新碱基加入到某个密码子中,造成在它之后的 DNA 链上碱基全部往后移动,使密码子中的碱基组成发生变化,使这些密码子由 RNA 转录(transcription)的肽链也不相同,导致突变。缺失(deficiency)是在碱基序列中丢失一个或一个以上碱基,这种缺失效应同样也引起密码子移动错乱而产生突变(图 3.2)。

(三)易位突变

易位(translocation)是指 DNA 链上一个密码子中的某个碱基和邻近密码子中的一个碱基对换,造成两个密码子编写的氨基酸都发生改变,从而引起突变。有时,当基因内某个密码子中失去一个碱基,在另一个密码子中又加入一个碱基,造成碱基序列异常,也同样引起突变(图 3.3)。

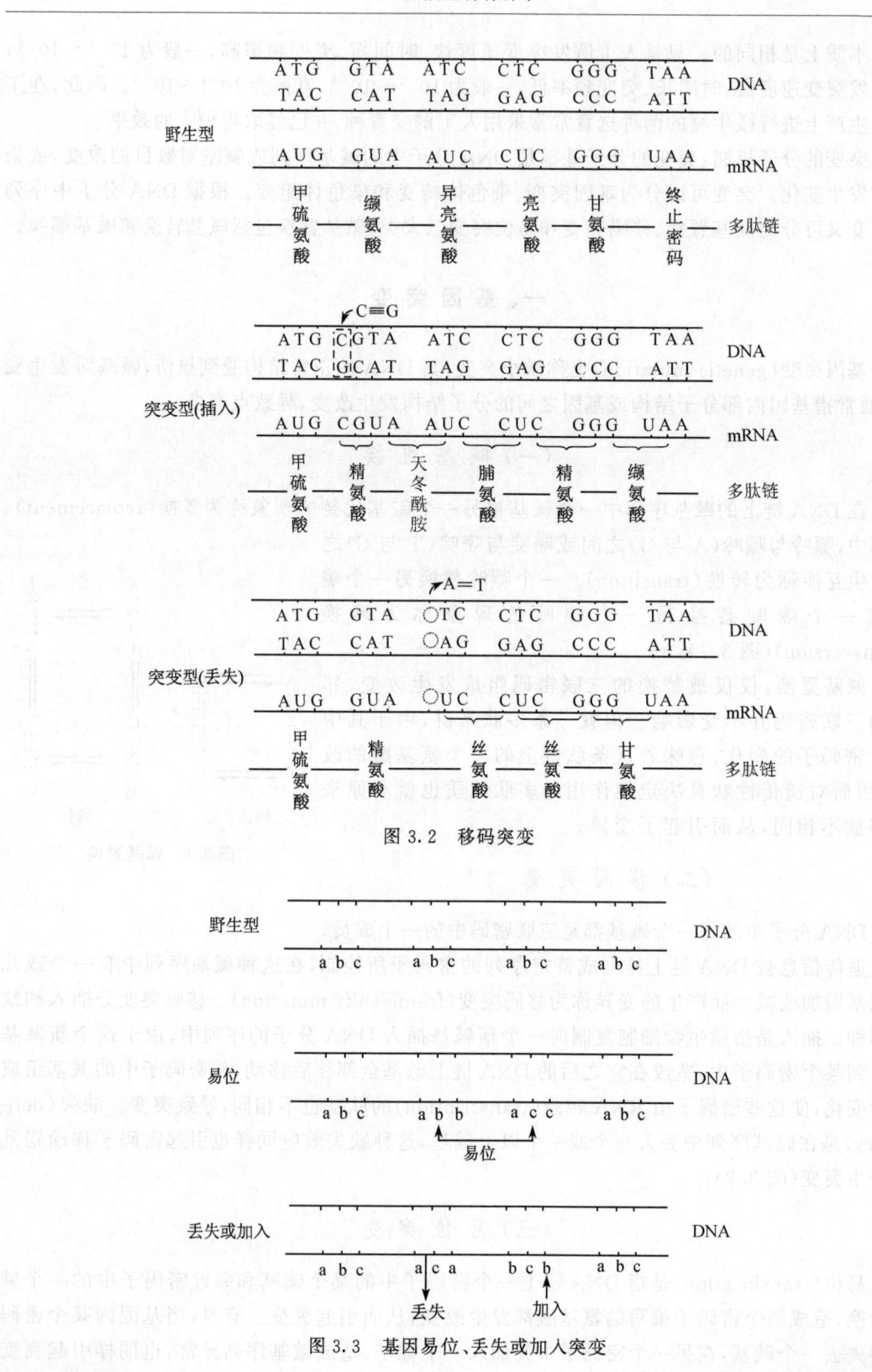

```
                ATG  GTA  ATC  CTC  GGG  TAA
                TAC  CAT  TAG  GAG  CCC  ATT    DNA
        野生型
                AUG  GUA  AUC  CUC  GGG  UAA    mRNA
                 甲    缬    异    亮    甘    终
                 硫    氨    亮    氨    氨    止
                 氨    酸    氨    酸    酸    密
                 酸          酸                  码   多肽链

                              C≡G
                ATG  CGTA  ATC  CTC  GGG  TAA
                TAC  GCAT  TAG  GAG  CCC  ATT    DNA
    突变型(插入)
                AUG CGUA AUC CUC GGG UAA         mRNA
                 甲    精    天    脯    精    缬
                 硫    氨    冬    氨    氨    氨
                 氨    酸    酰    酸    酸    酸
                 酸          胺                       多肽链

                              A=T
                ATG  GTA  ○TC  CTC  GGG  TAA
                TAC  CAT  ○AG  GAG  CCC  ATT    DNA
    突变型(丢失)
                AUG  GUA  ○UC  CUC  GGG  UAA    mRNA
                 甲    精    丝    丝    甘
                 硫    氨    氨    氨    氨
                 氨    酸    酸    酸    酸
                 酸                                   多肽链
```

图 3.2 移码突变

```
    野生型                                          DNA
              abc    abc    abc    abc

    易位                                            DNA
              abc    abb    acc    abc
                       ←——易位——→

    丢失或加入                                      DNA
              abc    aca    bcb    abc
                      ↓       ↑
                     丢失    加入
```

图 3.3 基因易位、丢失或加入突变

二、染色体畸变和染色体组变

染色体畸变(chromosomal aberration)是染色体结构的变化,它与其他突变一样可以引起遗传信息的改变,也具有遗传效应。

染色体结构改变多数是染色体或染色单体遭到巨大损伤,使它们断裂,断裂点少的一个,多的几个。断裂点位置是随机的,任何位置都可发生,每个断裂可以产生两个断裂端。根据断裂的数目、位置、断裂端连接方式等可以造成各种不同的变异,包括染色体的缺失、重复、倒位、易位等变异。这些变化有的发生在一条染色体上,有的发生在两条非同源染色体之间,但染色体数目不改变。染色体组突变(genomic mutation)是指染色体数目的变化,它可以分为整倍体和非整倍体,前者又可分为单倍体、三倍体、同源多倍体和异源多倍体等。后者有超二倍体和亚二倍体等。

(一) 缺失和重复

缺失是在同一条染色体上具有一个或多个基因的 DNA 节段丢失引起的突变,这种变异是不可逆的。缺失突变往往是有害的,会造成遗传平衡失调。重复(repetition)是在同一条染色体的某处增加一节段 DNA,使该染色体上的某些基因重复出现而产生突变。缺失和重复主要在 DNA 复制和修复系统进行修饰过程中产生错误造成的。当 DNA 进行复制时,前面链上的聚合酶掉落下来加到后面尚未复制的 DNA 上而加以复制,结果对前面链来说缺失了一个或几个基因的 DNA 节段,对后面的链子来说,由于多加了一段 DNA,相同部分出现两次,结果造成突变。

重复造成的突变,从微生物育种角度有可能获得具有人们需要的优良性状的新个体。如果控制某种代谢产物的基因,通过偶然的重复,将有可能大幅度提高产量。这种现象尤其对那些在同一条染色体上的基因之间相距很近的重复,其基因效应更加显著。

(二) 倒位和易位

倒位(inversion)是染色体受到外来因素的破坏,造成染色体部分节段的位置顺序颠倒,极性相反。当这一倒转的节段在 mRNA 复制时,则和它两端相连的染色体转录方向恰好相反,形成一段不正常的染色体。倒位可分臂内倒位和臂间倒位。前者染色体外形不会改变,后者形状发生变化。由于 DNA 损伤而隐性突变或死亡,但两者对表型影响不大(图 3.4)。

染色体畸变中也有易位现象,这种易位是指非同源染色体之间部分连接或交换。当断裂后的一节段染色体,加入到另一条非同源染色体的某个位置中。这一现象有两种情况:一种是两条非同源染色体相互间进行部分交换,叫做相互易位(reciprocal translocation)。这种染色体交换节段的长短有时差不多,有时长短不一,后者将影响染色体的外形。另一种是一条染色体的部分节段连接到另一非同源染色体上,称为单向易位。易位会造成 DNA 的变化,但由于遗传物质没有交换而难以出现新表型。

染色体组变是由于染色体数目发生变化而引起的变异。一般生物细胞中含有各种形态、大小、遗传功能不同的染色体各一条,称为染色体组。具有这样一整套染色体组,也叫做单倍体(haploid n)。含有一整套染色体组的生物,称为单倍体生物。各种生物染色体组中的染色

图 3.4 染色体畸变

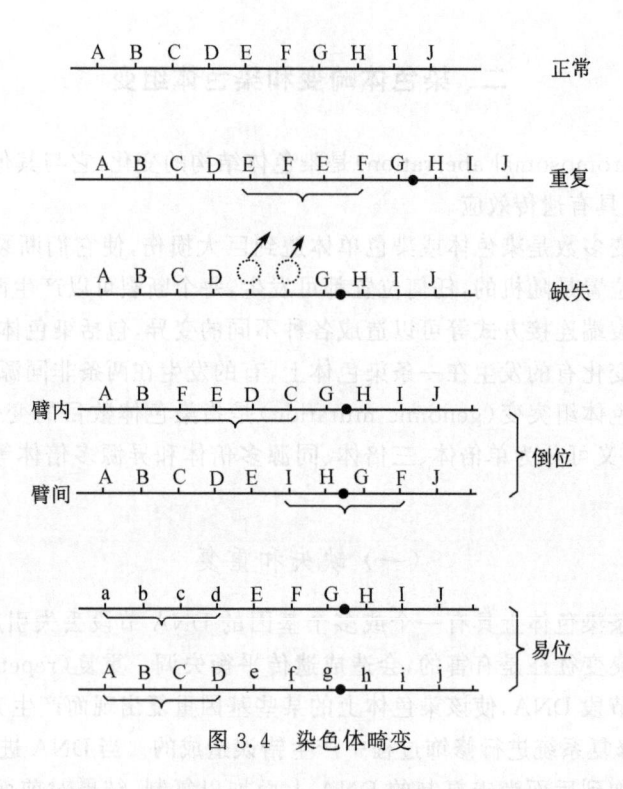

体数目是不同的。例如,人 23 条,花生 20 条,脉胞菌 7 条,霉菌 2 条以上,细菌 1 条。有的生物体细胞中含有两整套染色体组,称为二倍体(diploid,$2n$),这样的生物称为二倍体生物。有的含有三整套染色体组,称为多倍体生物。在生物界由于外界条件的变化或人工诱发均可造成细胞分裂异常而形成多倍体(polyploid)。单倍体、三倍体(triploid)和多倍体细胞内由于染色体总数是一整套,数目比正常二倍体的染色体多出一至几条或少了一至几条,称为非整倍体(aneuploid),如超二倍体($2n+1$)和亚二倍体($2n-1$)都属于此类型。整倍体(euploid)和非整倍体的染色体数目变化,一般都在细胞减数分裂和有丝分裂过程中由于环境因素异常所造成,如接触诱变剂、生长条件、代谢条件等物理、化学、生物等因素,使纺锤丝结构受到抑制或破坏,细胞形成异常,染色体数目发生各种形式的变化而导致突变。

第二节 突变引起遗传性状改变及突变型的种类

一、突变引起遗传性状改变

遗传物质的改变是突变的基础,微生物突变中尤以基因突变较常见。碱基置换、移码突变和易位突变都会引起 DNA 分子上遗传密码的改变,使构成多肽的氨基酸顺序进行重排,从而控制表型性状的蛋白质结构发生变化。但是基因突变并不是都能使蛋白质的结构改变。碱基置换引起遗传性状的变化有以下三种类型。

（一）同义突变和无义突变

同义突变和无义突变都不能引起氨基酸排列顺序的改变。所谓同义突变（synonymy mutation）是指 DNA 分子上的遗传密码由于置换而成为新的密码子，但是这种新密码子构成的氨基酸与原有密码子所构成的氨基酸相同。因此，尽管该基因中密码子组成改变了，但是构成相应的蛋白质和原来的蛋白质仍然相同。这是一种无遗传意义的突变。从密码表中可以看到，有的氨基酸是分别由几个密码子编写出来的。脯氨酸的同义密码子有 CCU、CCC、CCA、CCG。如果 DNA 分子上 CCU 中的碱基被置换而成为 CCC，由于 CCU 和 CCC 都是编码同一个脯氨酸，因此，构成多肽链的氨基酸序列没有变化，和未发生突变前完全一样（图 3.5）。

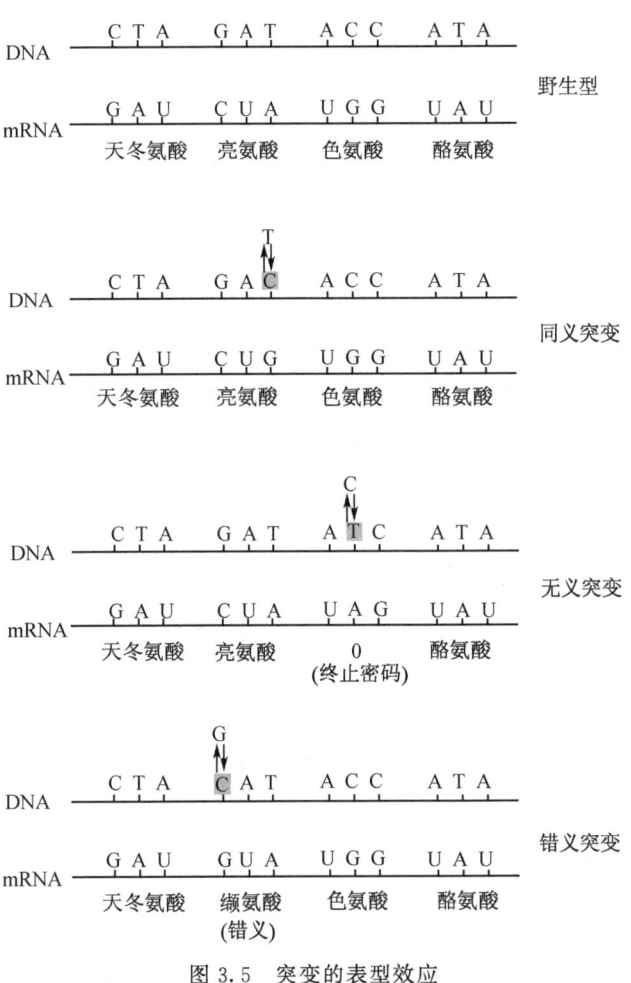

图 3.5 突变的表型效应

当 DNA 分子上遗传密码子中的碱基发生置换，结果由于决定某氨基酸的密码子被终止密码子（UAG）代替，因而 mRNA 转译多肽链过程中出现句号，使转译工作中途停止，难以完成一条完整的多肽链的合成，这种肽链是没有活性的，这种突变属于无义突变（nonsense mutation）（图 3.5）。

（二）错义突变

当 DNA 分子上密码子中的碱基被置换，新密码子编写的氨基酸与原来的密码子不相同，使多肽链的氨基酸排列顺序发生变化。因此，突变后合成的多肽链和突变前的多肽链分子结构不相同，生物表型也就不一样。如图 3.5 中，野生型 DNA 上的密码子 CUA 编码亮氨酸，经碱基置换后出现了编码缬氨酸的新密码子 GUA。于是由新密码子编写的缬氨酸替换了野生型多肽链上的亮氨酸，使新合成的多肽链与原来的多肽链在结构上有了差异，出现了相应遗传性状的表型效应。错义突变(missense mutation)通常在第一或第二个碱基发生变化时，容易引起氨基酸种类改变。但很多研究表明，这一类突变型中大多数的蛋白质仅在某一个氨基酸上与野生型蛋白质有区别，其表型基本上和正常的相近，生活能力也变化不大。

（三）移码突变

移码突变是在 DNA 分子上的密码子中添加或丢失一个或几个碱基，其结果造成从改变的碱基开始所有其后的密码子碱基都往后移动，使密码子杂乱而重新编组，显然新组合的密码子所决定的氨基酸与原先是大不相同的，使多肽链上的氨基酸序列发生很大的改变，将出现明显的遗传性状变异。

值得注意的是基因突变引起多肽链上氨基酸序列改变之后，能否有遗传信息的意义，主要取决于这个氨基酸对蛋白质功能是否有影响。如果改变了的氨基酸，正好是决定多肽链功能的主要氨基酸，那么这种突变将使微生物的遗传性状产生明显的变化；反之，如果氨基酸种类的更改并不改变多肽链的正常功能，则这种突变对遗传性状变化没有影响。

20 种氨基酸根据它们和羧酸的关系及侧链中所含的活性基团可以分为六大类；有的是中性类，如甘氨酸等；有的是碱性类，如赖氨酸等；有的是酸性类，如谷氨酸等。以上基因突变中，多肽链的氨基酸种类替换是属于类与类之间，即酸性类与碱性类或中性类与碱性类之间的氨基酸替换，这样造成分子中的正负电荷不平衡，对多肽链的折叠结构和活性有明显影响，从而改变了它们的正常功能，产生微生物的变异现象。

二、突变型的种类

根据突变的表型效应可将突变型分为以下几类。

（一）形态突变型

形态突变是一种可见突变，它包括微生物菌落形态变化，如菌落形状大小、颜色、表面结构；孢子数量、颜色；噬菌体的噬菌斑形状、大小及清晰度等。细胞形态变化，如鞭毛，荚膜，菌体形状、大小，孢子形态和大小。细胞结构变化，如细胞膜透性等。

（二）生化突变型

不管是形态突变、营养突变、条件致死突变或致死突变，都是以生物化学为基础，是相应酶的结构活性改变，引起生化代谢的变化，所以突变型都可以认为是生化突变(biochemical mutation)。其中最典型的是营养缺陷型,它从野生型基因突变形成。其特点是由于突变而失去合成某种代谢物质的能力,如氨基酸、维生素等,当环境中缺乏这种物质它就不能生长繁殖。反之,只有给它补充了这种物质,才能具有正常的生命活动。也有人把营养缺陷型归入条件致死突变型,培养基中供给必需的物质,为它创造了允许生长条件,如培养基中不提供这种物质它就不能生长发育,是一种限制生长条件。

归入生化突变型的还有糖类分解发酵突变株,色素形成突变株及有益代谢产物生产能力突变株。

(三) 条件致死突变型

条件致死突变(conditional lethal mutation)是一类遗传学分析最有用的突变型,它们的生命分界线由某种条件决定。这种突变体在允许条件下存活,在限制条件下致死。其中应用得最广的是温敏突变型,它们在一定温度下致死,在另一种温度下表现正常的生命活动。例如,噬菌体 T4 突变体在 25℃能够感染大肠杆菌并繁殖形成噬菌斑,在 42℃温度下不能感染和形成噬菌斑。温敏性的产生,主要是突变后的基因产物,提高了对高温或低温的敏感性,降低了稳定性能。高温敏感菌在低温条件下某种酶的活性增高,能够合成维持生命活动的某种物质。当温度提高到限制状态时,酶的活性丧失,相应物质难以合成,突变体不能正常生存。温敏突变型可分热敏感和冷敏感两类,通常情况下热敏感突变体较常见,以上噬菌体 T4 突变型就属热敏感类。要鉴别出这种温敏突变型,不用选择性培养基,而在合成培养基上测定高于或低于最适生长温度 5~15℃的生长情况,即可确定(见第六章)。脱敏突变,又称抑制敏感突变(sensitivity restricting mutation),也是属于条件突变型。它们在抑制基因存在时生长繁殖,而抑制基因消失时就停止生长繁殖,如耐自身产物突变体就属于这一类型。

(四) 致死突变型

各种突变都有可能使多肽链完全丧失活性,引起致死,尤其是染色体畸变更易造成这种现象,即突变使 DNA 受损的部分,恰好是决定生物致死的主要基因。通常可分为显性致死(dominant lethal)和隐性致死(recessive lethal)。杂合状态的显性致死和纯合状态的隐性致死都有致死效应。在单倍体生物中不管何种状态都能引起致死。

(五) 抗性突变型

抗性突变(resistance mutation)是最为常见的一种突变,它包括抗药突变、抗噬菌体突变、抗高温突变及抗辐射突变等。使相当数量的细菌群体生活在含有一定浓度的抗性因子环境中,其中敏感菌将大量死亡,仅有极少量的细菌能够存活并且继续生长繁殖,这就是抗性突变体。这种突变体的产生,究竟是因为细菌和抗性因子之间长期接触得到"驯化",还是因为细菌本来就具有这种抗性突变基因呢?在 1943 年之前,这一直是人们争论未决的问题。此后一些科学家完成了这方面的研究,如抗噬菌体的波动实验和涂布实验,抗链霉素的影印实验等。这些实验所得出的可靠结论终于解答了这个问题。

1. 波动实验

Luria 等于 1943 年设计并进行了如下实验(图 3.6):取对噬菌体敏感的大肠杆菌,制备含菌浓度为 1×10^3 个/ml,从中各取 10ml 分装入甲、乙两管内。甲管的菌悬液摇匀后又分装到

50支小试管,每管0.2ml,于适宜的温度培养24~36h。然后分别将每管的培养液加到含有噬菌体的平板上,进行保温培养,观察记录每皿上产生的抗噬菌体的菌落。结果50个皿之间抗性菌落相差悬殊。乙管内的10ml菌悬液没有分装小试管,在适宜温度下进行混合培养24~36h,从中分别吸取0.2ml加到含有噬菌体的各平板上,保温培养,计算每皿上产生的抗噬菌体的菌落,结果与甲组相反,各皿之间抗性菌落数相差不多(图3.6)。实验中,为了证实原始敏感大肠杆菌并没有抗噬菌体的个体存在,可以取一定浓度敏感菌加到含有噬菌体的平皿上,作为对照。

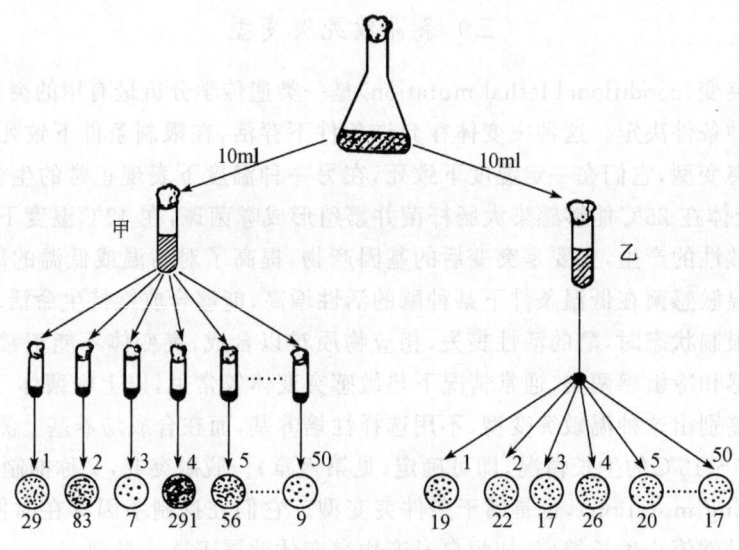

图3.6 波动实验

以上实验结果说明:大肠杆菌对噬菌体的抗性突变是在接触噬菌体之前繁殖过程中自发产生的,并能稳定地进行传代。随着生长繁殖,到一定的培养阶段,在培养物中就有大量抗性个体产生。

2. 影印培养法

影印培养法用链霉素作为选择因子,进一步证实了细菌的抗性突变的来源,其方法如下:原始敏感菌是大肠杆菌K12,经过培养繁殖了大量菌体,以一定的浓度分离到1号平皿中,培养后长出许多单个菌落。采用影印法将1号平皿中的菌落分别复印到2号和3号的平板上。影印时注意两个平皿之间位置和方向的对应性。保温培养后,2号平皿由于培养基中不含链霉素出现大量菌落,其数量和1号皿相同。3号平皿内由于含有链霉素,只有抗性细胞才能生长,平板上仅出现少量菌落。根据3号平皿和2号平皿的位置对应关系,从2号平皿上相应的抗性菌落挑取移接4号管内,进行培养,使抗性细胞能大量繁殖,再分离到5号平皿上。待长出单个菌落后,重复以上影印试验。这时把对应7号平皿的6号平皿上的抗性菌落,移接到8号管中进行培养。这时抗性细胞经以上两次分离纯化,纯度较高。8号管中几乎是一个纯的抗性细胞群体。进一步分离、影印培养的结果,9号、10号和11号平皿上的抗性菌落数几乎相等。从横向比较,不含链霉素平皿上的菌落数从左到右逐渐变少,而含链霉素平皿上的抗性菌落数是由少变多(图3.7)。实验结果说明,链霉素的抗性突变体是大肠杆菌在没有接触药物之前就存在的,是自发产生的,与周围环境中链霉素的存在毫无关系,它仅仅起着筛选检出作用。

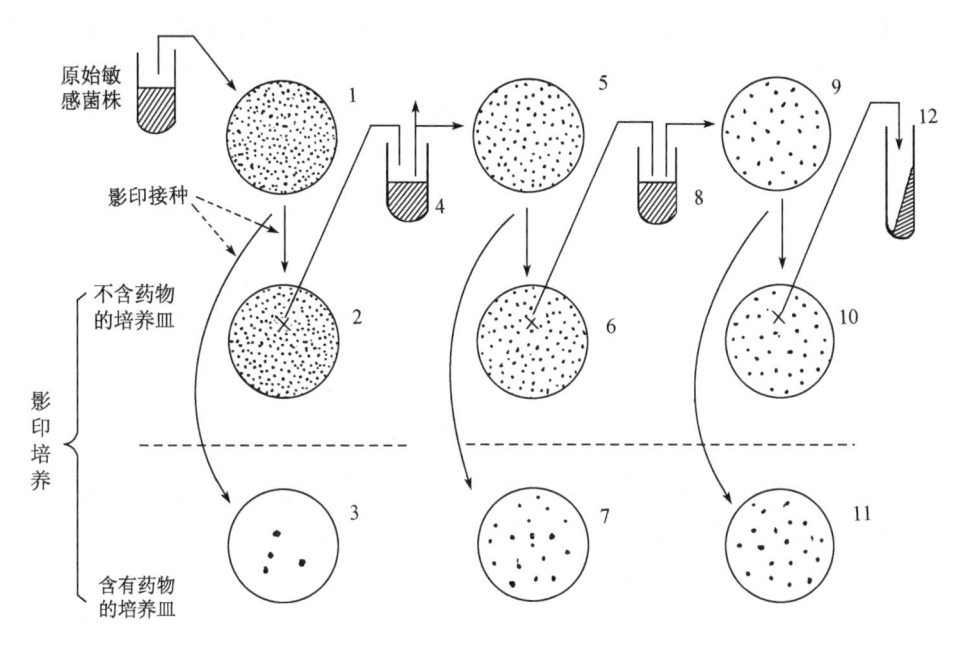

图 3.7 影印培养实验

突变是独立和随机的。在一个微生物群体中,一个细胞的突变与其他个体之间互不相干,并且一个细胞的突变不仅在时间和个体上是随机的,就是细胞内 DNA 的那个位点上的突变也是随机的。因而一个含有突变体的群体中将出现各种不同遗传性状的突变类型,如形态突变型、抗性突变型、生化突变型、抗原突变型等。

微生物抗性来源,除抗性基因突变外,还有质粒和生理适应。

质粒的分子组成是 DNA,抗药性质粒就是具有抗性基因的一片段 DNA,分子较小。抗药性质粒是通过细菌之间的接触而传递的,即敏感细菌只有和携带抗性质粒相互接触并转移才能有这种质粒,否则自己不能产生。生理适应是由于细菌长期接触某种抗性因子而具有暂时的抗药性能,但基因没有改变。生理适应抗药性与基因突变抗药性的区别在于:前者是由于抗性因子引起,但当这种细菌离开抗性因子时抗性也就消失,并且整个群体细胞都具有同一特性;后者不是由抗性因子造成,是具有抗性的细菌,即离开抗性因子不管是暂时还是长时间,都保持抗性特性,而且这种抗性突变仅发生在个别细菌中。

第三节 突变体的形成

基因突变(genetic mutation)是微生物育种的基础。基因突变的结果会影响或改变微生物某一形态或生化性状。通过细胞繁殖、分裂,这种突变形成的性状会遗传给后代,发育成为新的遗传型个体。突变的发生往往是突然的、随机的,这不仅在时间上,而且在个体上也是随机的。突变发生在哪个基因,影响哪个性状,都是不可预测的。突变现象在基因与基因之间是互不相干的。突变发生的频率极低。

某些化学、物理因素能诱发基因突变,并且通过进一步处理又可引起突变基因回复。最先发现的这种现象是在紫外线诱发突变基因的光复活作用,经过突变后的细胞暴露在可见光下,DNA 分子结构可恢复到正常状态,这说明突变是可逆转的。既然可以逆转,突变的发生并不一定意味着突变体的产生及性状的改变。由突变到突变体的形成是经历一个复杂的生物学过程。因此,直到今天,人们还不能完全定向控制诱发突变后获得的突变个体的性状。

一、突变体的形成过程

要想达到人为控制突变,除了在诱变剂方面深入研究来达到控制外,还要进一步研究诱变剂与 DNA 接触、突变发生、突变到突变体形成、突变体到表型出现等过程的机制,从而达到人们所需的目的。

(一) 诱变剂与 DNA 接触之前

当化学诱变剂处理微生物细胞时,首先和细胞充分接触,通过扩散作用诱变物质穿过细胞壁、膜及细胞质,才能达到核质体,与 DNA 接触。这个过程可能与诱变剂扩散速度快与慢,诱变效应和杀伤力强与弱,与细胞壁的结构组成成分及细胞的生理状态等有关。

诱变剂透过细胞壁后还要穿过细胞质,这个过程诱变剂也会发生一些化学变化,受到各种因素的影响,如亚硝酸和蛋白质或游离氨基酸起反应,使它们氧化脱去氨基,以此影响诱变效应。

(二) 突变发生过程

诱变剂和 DNA 接触后能否发生基因突变,与 DNA 是否处在复制状态有密切关系。而 DNA 复制活跃程度与某些营养条件和细胞生理状态有关。DNA 的复制以蛋白质合成为基础。一个氨基酸营养缺陷型的大肠杆菌菌株,如果在培养基中除去它需要补给的氨基酸,培养 1~2h,用亚硝基胍进行诱发回复突变,其诱变效应显著下降。反之,如补给所缺的氨基酸,则频率提高。诱发效应上升的先后次序是精氨酸、丝氨酸、脯氨酸。这些顺序与各个基因在 DNA 上的排列次序是相吻合的。这被解释为 DNA 在染色体上的复制由某一位点开始逐步向前,亚硝基胍最有效的诱变作用正好发生在复制的那个位置。又如大肠杆菌的 β-半乳糖苷酶结构基因 Z 的诱发效应,与培养基中加诱导物和不加诱导物有关。加诱导物以后,用亚硝基胍、硫酸二乙酯和甲基硫酸乙酯等诱变剂处理,它们的诱发效应比不加诱导物的高 6~8 倍。认为这一现象可能由于 DNA 转录时双链解开,使以上诱变剂的诱发效果处于最为有利的状态。但如果用 X 射线、5-溴尿嘧啶、2-氨基嘌呤等诱变剂来进行处理时,则是否加诱导物对诱变效果没有什么影响,这表明不同性质的诱变剂和 DNA 双链的构形对突变都会有影响。

从诱变剂进入细胞,到突变发生,会受到多种酶的作用和影响。很多实验证明,在酶的作用下,有的诱变剂诱变作用加强了,有的却减弱了,有的甚至完全变成另一种物质。显而易见,在诱变剂进入细胞后,那些对酶的活性和作用有影响的物质及培养条件都将间接地影响诱变剂的诱变效应。

(三) 突变体的形成

诱变剂和 DNA 接触后发生化学反应,继而使 DNA 上的碱基发生变化,产生突变。但是从突变到突变体的形成要经过相当复杂的过程,并且不是所有的突变都能形成突变体。当一个突变发生后,要经过复制才能成为突变体。在复制前后过程中,生物细胞有一整套修复系统进行修补,还有某些校正机能的作用及细胞中一系列酶的反应,都有可能使突变了的 DNA 结构复原,以保证遗传物质的相对稳定和生物自身准确地繁殖后代。

二、突变的修复

生物依靠它的遗传,其性状特征具有相对的稳定性。但由于生物细胞在 DNA 复制过程中的错误及所处的生长环境中某些因素的影响,尤其是人为地用某些诱变剂处理,都有可能使 DNA 的分子结构发生改变。这时生物机体为了繁衍其后代,保证遗传的稳定性,具有维持 DNA 分子结构不变异的一套修复系统,把 DNA 分子因突变造成的缺陷或损伤修补完好。因此,由于诱变因子等因素造成 DNA 结构的改变而形成突变体,实际上并不是那么容易。DNA 结构被改变后有两种可能:一种是 DNA 分子突变在复制过程中排除或克服修复系统的作用而成为突变体;另一种是经修复系统修补后恢复原有 DNA 分子结构,不能形成突变体。

微生物修复系统研究得最早的是紫外线诱发损伤的修复,可分为光修复和暗修复。暗修复又可分为复制前修复和复制后修复。

用紫外线诱发微生物 DNA 突变,主要作用是使 DNA 单股链上的邻近两个嘧啶碱基结合形成嘧啶二聚体。其中最易结合的是胸腺嘧啶二聚体(TT),其次是胞嘧啶二聚体(CC)、胸腺嘧啶和胞嘧啶二聚体(TC)。由于形成嘧啶二聚体,DNA 链的结构发生变形,失去碱基正常配对,使 DNA 复制、RNA 的转录不能正常进行,成为一条有缺口的 DNA 链。

(一) 光 修 复

光修复(photoreactivation)作用(又称光复活作用)是由 Kelner 于 1949 年首次发现。细菌经波长 220~300nm 的紫外线照射后,接着经波长 310~460nm 的可见光照射,与不经可见光照射的对照相比,其存活率大幅度提高,突变率相应地下降,此现象称光复活。此后又陆续发现许多微生物都有光复活现象。随后有人对经过紫外线照射的 DNA 用酵母抽提物进行体外光复活作用实验,证明光复活是一种酶促反应,接着进一步把酵母抽提物浓缩并处理,发现光复活酶可以将噬菌体 ΦX174DNA 单链的嘧啶二聚体分解成单体,但对因紫外线照射损伤的 RNA 没有作用。

当微生物的 DNA 经紫外线照射后形成嘧啶二聚体,这时光复活酶能和以上二聚体形成一种复合物,当这种复合物暴露在可见光下,酶即被活化,并将二聚体分解成为单体,而后酶被释放,使 DNA 链的缺口修复而恢复正常 DNA 的双链结构(图 3.8)。

(二) 切 补 修 复

切补修复(excision repair)一般可先切后补和先补后切,但目前对先切后补研究较多。这两种修复过程中都是在限制性内切核酸酶、外切核酸酶、DNA 聚合酶及连接酶协同作用下进

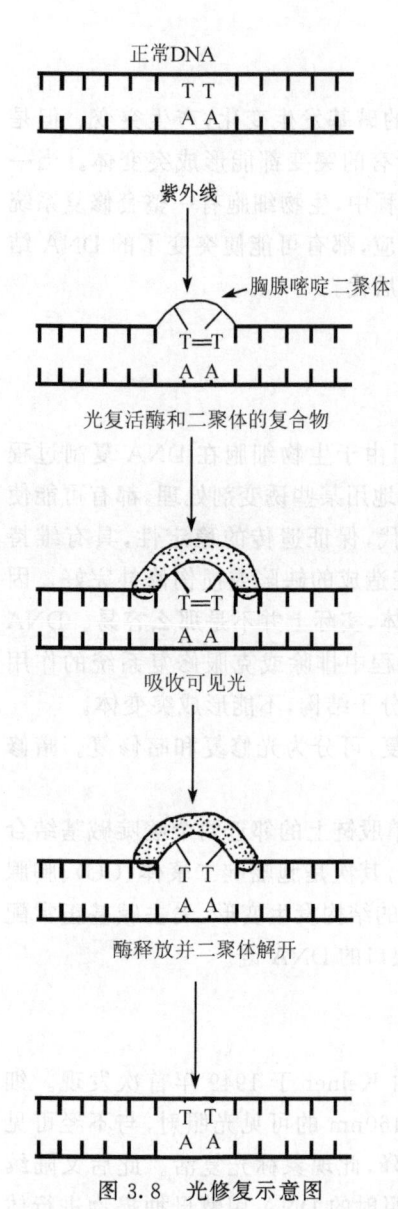

行的。整个修复过程不需要可见光,在黑暗条件下就可以修补,因此也称为黑暗修复。

复制前修复可以将 DNA 损伤部分全部切除,然后修补成正常的 DNA 结构。它不仅可切除嘧啶二聚体,还可以修补 DNA 链上的其他损伤,这一点与光修复不同。光修复仅是把 DNA 链上二聚体分解成单体。

下面以嘧啶二聚体为例来详细说明修复过程。

1. 先切后补

先切后补的过程是:当 DNA 链上出现嘧啶二聚体时,在特定的限制性内切核酸酶的作用下,把嘧啶二聚体切除(图 3.9c),接着在聚合酶的酶促下,以嘧啶二聚体 DNA 节段相对应的互补单链为模板,复制成新的 DNA 节段,补到二聚体被切除的 DNA 缺口上(图 3.9d),在连接酶催化下,把新合成的 DNA 节段连接到 DNA 链缺口的两端上去,完整地修复了 DNA 的双链结构(图 3.9e)。

2. 先补后切

先补后切的过程同样都在四种酶作用下,但与先切后补的作用次序不同,首先由具有识别嘧啶二聚体的限制性内切核酸酶从二聚体的一边切开 DNA 链,使带有二聚体的这一段 DNA 节段往一边分开而成缺口(图 3.9B)。然后在聚合酶的作用下,以相对应的一段互补单链为模板复制出新的 DNA 节段(图 3.9C),外切核酸酶把带有二聚体的 DNA 节段水解切除(图 3.9D),由连接酶把新合成的 DNA 一端和原有 DNA 被外切核酸酶水解的切口处连接,使 DNA 恢复完整的双链结构(图3.9E)。

(三) 重组修复

重组修复(recombination repair)是指损伤的 DNA 经过复制后完成修复过程。上述的光修复是把嘧啶二聚体分解成单体,切补修复是切除嘧啶二聚体来完成 DNA 分子修复的,而重组修复是在 DNA 复制过程中通过类似于重组作用,在不切除二聚体的情况下完成的。

含有两个相邻胸腺嘧啶碱基的一节段 DNA 分子,经过紫外线照射会形成嘧啶二聚体,使 DNA 分子结构变形或由其他因素造成 DNA 损伤。复制后,又可产生两个新的 DNA 分子,其中一个由含有二聚体的母链为模板,复制成一条带有二聚体的单链和对应链有缺口的 DNA 分子(图 3.10C),另一个是由含二聚体的 DNA 链的互补母链为模板复制而成,这个 DNA 分子链结构是正常完整的(图 3.10C)。以上复制后产生带有二聚体的分子链的对应单链之所以会形成缺口,是因为在复制时 DNA 分子上有二聚体的损伤部位不能起模板作用,合成新 DNA 链时只能越过该二聚体部位继续复制下去,结果留下一个空缺。

接着由限制性内切核酸酶把新合成的完整 DNA 分子(图 3.10C)中一条单链切出一个切

图 3.8 光修复示意图

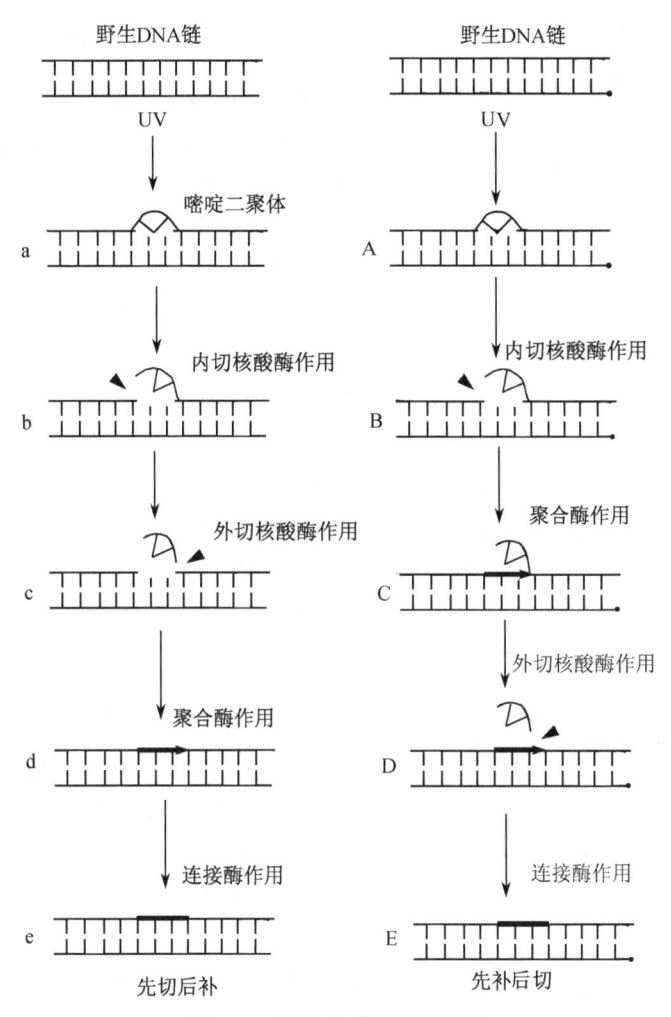

图 3.9 两种修复作用示意图

口,暴露出 5′端和 3′端(图 3.10D),在有关连接酶和聚合酶的作用下,该 DNA 链 3′端和新合成的带有二聚体的 DNA 分子中具有缺口单链的 5′端(图 3.10D)相连接。由于以上两条链的相互连接和交换结果,使原来分子结构完整的 DNA 链与 DNA 链二聚体对应部位缺了一段 DNA(图 3.10D)。于是 DNA 分子以自身的 5′→3′链为模板,合成一段互补链,弥补了以上的缺段(图 3.10E)。随后,在连接酶和聚合酶作用下把图 3.10E 中的链上新合成的 DNA 节段的 3′端和 DNA 分子中的同极性 5′端连接起来,而 5′端和同一个 DNA 分子中的同极性的 3′端连接。通过这种链之间的重组方法修复成一个完整的 DNA 分子(图3.10F)。

但是,重组修复的结果,两个 DNA 分子中一个分子链结构是完整的,另一个分子结构仍然带有母链遗留下来的二聚体(图 3.10F),修复中并没有除去二聚体。在以后的复制过程中损伤部分所产生的缺口,还是要按以上过程进行重组修复。经过多代复制后,原先的二聚体虽然还存在,但随着复制代数的增多,带有二聚体的 DNA 分子在新合成的 DNA 分子总数中的比例越来越少,以致稀释到不足以影响生物细胞的正常生理功能,成为微不足道的成分了。

图 3.10 重组修复示意图

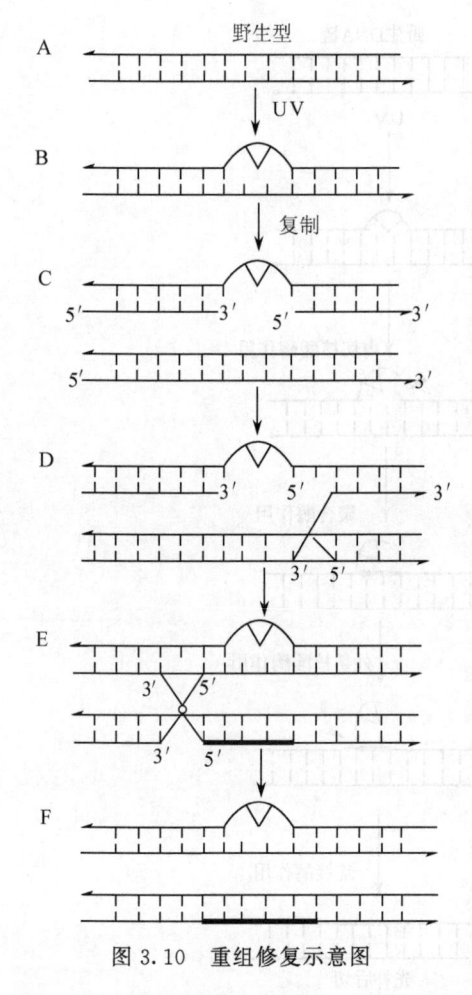

（四）SOS 修复系统

SOS 修复系统是细胞经诱导产生的一种修复系统。将经紫外线处理的 λ 噬菌体感染大肠杆菌，一部分噬菌体可以证明已被杀死，在存活的噬菌体中可以得到突变型。如果将紫外线处理后的噬菌体感染经紫外线轻度照射的大肠杆菌，那么可以看到存活噬菌体和突变型噬菌体数都增加了。这一实验结果说明，轻度的紫外线照射，使大肠杆菌细胞中出现一种对于噬菌体 DNA 的紫外线损伤进行修复的功能。但是，在修复过程中却常带来基因突变。

有关 SOS 修复的机制，有人提出了图 3.11 所示的模式，受到损伤的 DNA 发出信号，使 recA 基因的产物活化，而使 SOS 修复酶的阻遏物不活化（蛋白酶分解作用），结果使 SOS 修复酶诱导并对 DNA 损伤进行修复。

（五）DNA 聚合酶的校正作用

除了以上的修复作用外，细胞还具有对复制过程中出现的差错加以校正的功能。在大肠杆菌中，DNA 复制依赖于三种 DNA 聚合酶（polymerase）（聚合酶Ⅰ、Ⅱ、Ⅲ）的作用，这三种聚合酶除了对多核苷酸的聚合作用外，还具有 $3'\rightarrow 5'$ 外切核酸酶作用。一般认为依靠 DNA 聚合酶的这一作用，能在复制过程中随时切除不正常的核苷酸。DNA 复制是从 $5'\rightarrow 3'$ 方向进行的，如果复制过程中出现一个不正常的核苷酸，那么依靠 DNA 聚合酶的 $3'\rightarrow 5'$ 外切核酸酶作用可把它切除，复制就可以继续

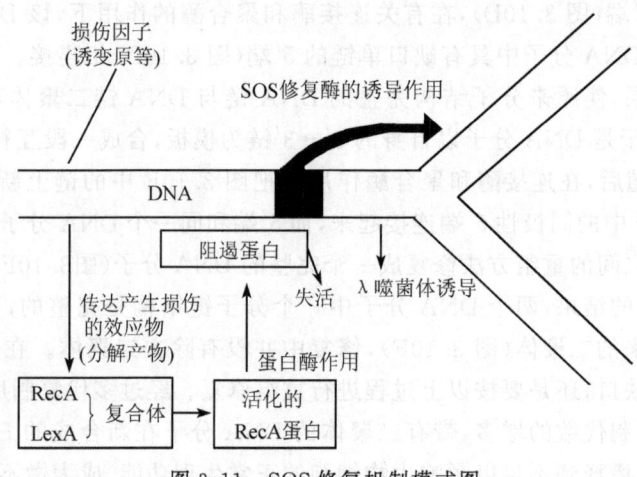

图 3.11 SOS 修复机制模式图

进行(图 3.12A、B)。图 3.12 的 C、D 表示如果 DNA 复制按 3′→5′方向进行,那么不正常核苷酸被切除以后,复制就不能继续进行。

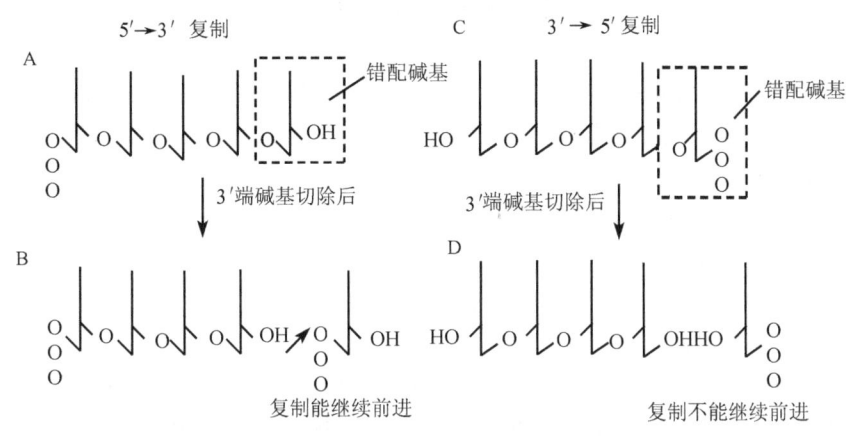

图 3.12 DNA 聚合酶在 DNA 复制过程中的校正作用

尽管上述修复系统可以校正 DNA 分子上出现的差错,但修复系统还具有引起差错的性质。例如,用同一剂量的紫外线处理 hcr$^+$ 细菌,结果在 10^7 个 hcr$^-$ 细菌中可以诱发 200 个抗链霉素的突变株,由于 hcr$^-$ 细菌丧失了切除胸腺嘧啶二聚体的能力,所以上述实验说明,在二聚体切补修复中也会出现突变,虽然在不切除二聚体的情况下可产生较多的突变。也就是说,修复也可引起差错。

以上几种修复系统是生物体普遍存在的生理现象。生物体为了生存,为了遗传特性相对地稳定,不仅对紫外线及其他电离辐射引起的损伤可以进行修复,而且对化学诱变剂引起的突变也同样可以修复。不管是结构简单的细菌,或是结构复杂的其他生物细胞内,都具有这些修复系统。

微生物由辐射处理或化学诱变剂诱发引起的变异,通常包括 DNA 受损且修复系统阻断所引起的碱基错配或错误修复引起的突变。光修复、切除修复和重组修复都属于校正错误的修复,但是生物体内修复系统的修复作用不全都是有效的,有时也会在修复过程中碱基错配而造成变异,以致生物界存在着千姿百态的物种。因此,DNA 损伤修复机制与基因突变之间有着密切关系。从微生物育种角度说,在诱发突变过程中,如何采取措施消除校正错误修复途径,维持造成校正错误的途径是个重要的课题。促使 DNA 修复基因发生突变或使用某些化学物质抑制突变的 DNA 修复都是有效的,可以导致超突变的发生。咖啡碱、异烟肼等化学物质是修复的抑制剂。咖啡碱的加入能抑制大肠杆菌切补修复而提高突变率。咖啡碱也能增加野生型带棒链霉菌的紫外线诱变频率,但也降低菌体存活率。诱发前如将菌体加入咖啡碱进行预处理,效果更好。带棒链霉菌用异烟肼处理也同样能提高紫外线的突变频率,但不影响其存活率。异烟肼对产黄青霉突变率无影响。咖啡碱和异烟肼联合用于带棒链霉菌,对紫外线诱发的频率具有增效作用。

在进行紫外线照射前的预培养中,如加入色氨酸,重组修复不能正常进行,能增加诱发频率。但是,有的物质也能加强重组修复功能。如果预培养在含有氯霉素情况下,它能抑制细胞蛋白质的合成,在蛋白质缺乏的情况下,不利于细胞复制,有利于重组修复进行,使突变的

DNA 恢复正常,导致突变频率下降。

三、突变的表型效应

由基因突变引起的变异一般会造成遗传性状改变。但有的突变不一定能产生遗传效应,如同义突变、无义突变。突变引起基因型改变,通常也引起表型上的改变。表型效应(phenotypic effect)有的可以直观辨认出来,如各种形态突变。有的表型改变是属于生理生化类型的,只能凭借遗传学方法和生理化学技术及其他方法才能检测出来。不过不是所有突变基因都有一定的表型,像二倍体细胞中显性基因的存在,会掩盖隐性突变基因的表型;不合适的环境条件也会影响突变基因的表型出现。突变能否产生表型效应有以下几种情况。

1. 突变不改变遗传性状

由于遗传密码的简并,产生了同义突变,这是一种没有遗传效应的突变。有时碱基替换结果被终止密码取代,以及变异后合成新的氨基酸没有影响多肽的正常功能等都是一些无效的变异,因此不能改变微生物的遗传性状和表型。

2. 显性突变和隐性突变的表型效应

突变引起遗传性状改变是表型效应的基础。在二倍体细胞中,突变发生在显性基因或隐性基因,其表型效应不同。在纯合体中无论是显性基因或是隐性基因突变都有表型效应。在杂合体中显性基因突变使微生物产生一定的表型,而隐性基因突变其表型和野生型相同。产生这些现象的原因要从基因原始作用方面分析,主要是一个野生型基因决定正常酶的合成,它具有维持细胞的正常功能。当突变型基因同时存在时,其基因产物是产生一种丧失酶活性的蛋白质,它是一种不具有生理功能的产物。因此,突变型基因对生物作用来说是一种次要基因或是无效基因。与起着正常生理功能的野生型基因相比,凡是在表型效应上没有生理功能的次要或是无效的等位基因都是隐性的。

显性和隐性并不是基因的属性,只是杂合体性状表型相似于亲本之一的一种遗传现象。显性和隐性随着杂合体遗传型的不同而改变,也可以随着所处的环境条件差异而不同。在单倍体微生物(如细菌、噬菌体)中,不管显性基因突变还是隐性基因突变都出现突变型的表型。

3. 突变的表型与环境

基因存在于细胞里,细胞又是生活在一定环境中。因此,基因的作用既受同在一个细胞内的其他基因影响,也受环境条件的制约。细胞内的所有基因虽然具有各自的功能,但它们的作用并不是孤立的,而是彼此协调、相互制约,且与环境相适应,共同控制着微生物的生长发育。一个基因发生突变,会使细胞内原有的协调关系打乱。这种由突变而形成的新个体对原有的环境条件适应能力降低。如果人们不去调节这种环境条件,由于环境的选择作用,不适应的个体被淘汰,保留能适应这个环境的基因,并建立新的协调关系。这说明环境并不引起突变,但由于选择作用,使基因型比例发生变化,新个体不一定能保留。此外,在不同的环境条件下微生物的基因型没有改变,但表型发生变化。基于以上道理,对一个高产突变株,要想使其优良性能充分发挥作用,产物大幅度提高,就要改变环境条件(培养基和培养条件),创造一个适合突变株充分表达的环境。其中尤其是培养基的改良和培养条件的调节,使突变体处于这样的环境中在短时间内群体遗传结构向着占优势的方向发展,表现出高产的性能。这是表型等于基因型加环境相互作用的结果。例如,灰黄霉素 F-208 耐氯变株,经 18 代诱变处理,经过培养基和培养条件的调整,产量提高 140 多倍。萨利诺霉素是一种抗原虫抗生素,经多代诱变,并不断改善培养条件,提高生产能力 600 倍。

还有很多微生物,突变后的表型是随着环境条件变化而改变,如脉胞菌生长在有光线环境中菌落颜色为红色,当移到黑暗处就变成白色。具有鞭毛的细菌,在含石炭酸培养基中培养时鞭毛消失。以上几例都表明具有突变基因的生物,其表型必须在相应的环境中才能表现。从微生物育种角度说,要选育一个高产菌种,不仅要具备一个高产突变基因,还必须有适合的培养基和培养条件来充分发挥突变株的高产性能。当然以上是基因型和环境之间的作用关系,基因型是个体特性的内因,而环境条件是外因,表型是基因型和环境综合作用的结果。

四、表型延迟

当一个生物体的基因型改变后形成一个新的遗传结构时,将出现一定的表型,但并非所有基因的变化都会出现相应的表型,因为有的基因的表现是隐性的。

表型延迟(phenotype lag)现象是指微生物通过自发突变或人工诱变而产生新的基因型个体所表现出来的遗传特性不能在当代出现,其表型的出现必须经过两代以上的繁殖复制。一般说来,表型的改变总是落后于基因型改变,产生这种现象的原因有以下几点。

(1) 与诱变剂性质和细胞壁结构组成有关,有些诱变剂渗入细胞的速度相当慢,等它们穿过细胞壁、细胞膜、细胞质,与遗传物质进行一系列反应后,才能使 DNA 分子结构发生变化。也就是说,这种变化延迟到一代以后,因此表型不可能在当代出现。

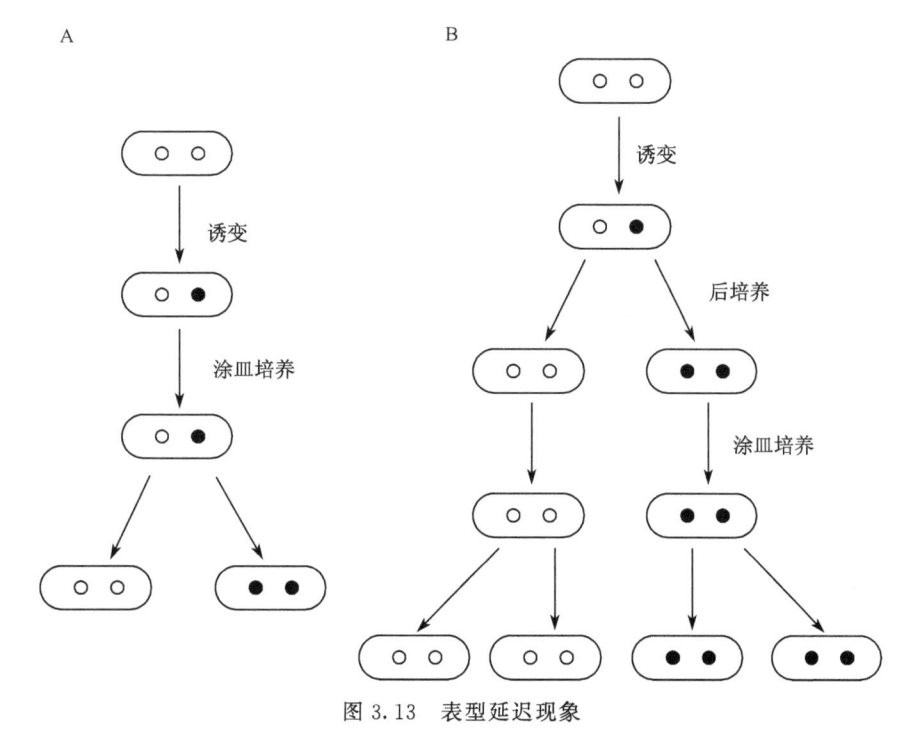

图 3.13 表型延迟现象
A. 诱变处理后不经液体后培养;B. 诱变处理后经液体后培养

(2) 当突变发生在多核细胞中的某一个核,该细胞就成为杂核细胞了。如果该核突变的基因是唯一控制突变表型的基因,那么突变是隐性的,微生物仍然会出现野生型的表型,只有通过几代繁殖分裂,等到一个细胞中所有细胞核都是含有突变基因的核质体——纯核突变细胞,才能表现出由该突变基因控制的突变表型(图 3.13)。

(3) 原有基因产物的影响。杂合细胞的突变表型往往是隐性的,经过分裂成为纯合子细胞时,一般才能出现新的表型。但并非所有的突变都如此,一个野生型的微生物细胞,其每个基因都有自己的功能产物(某种酶)聚积在细胞内,当某个基因突变后,虽然失去了产生这种功能产物的能力,但是原来已产生的功能产物仍然能起着支配野生型细胞的作用。要想使突变表型出现,必须经几代繁殖之后,使原有的基因产物在子细胞中的浓度随着繁殖逐步稀释到最低限度。这也是使突变表型落后于基因型的原因之一。

思 考 题

1. 简述基因突变的分子机制及遗传性状改变表型效应。
2. 什么是表型延迟？在选育突变株时如何应用表型延迟？

第四章　工业微生物育种诱变剂

凡能诱发生物基因突变,并且突变频率远远超过自发突变率的物理因子或化学物质,称为诱变剂(mutagen)。它们包括物理诱变剂、化学诱变剂和生物诱变剂三大类。诱变剂是自1927年用X射线诱发果蝇遗传性状变异而引起科学工作者注意的。在第二次世界大战中,又发现化学物质氮芥也能导致细菌性状变异,其效应与X射线相类似。此后陆续发现许多物理因子与化学物质都具有诱发基因突变的作用。随着基因工程技术的不断发展,蛋白质工程中点突变的重要技术——基因诱变在菌种选育中得以应用,使生物诱变剂也受到了很大的重视,并取得了可喜的发展。诱变剂能诱发多种功能不同类型的突变体,在工业微生物育种中发挥了巨大的作用。

第一节　物理诱变剂

物理诱变剂是通常使用物理辐射中的各种射线,包括紫外线、X射线、γ射线、快中子、α射线、β射线、微波、超声波、电磁波、激光射线和宇宙线等。其中对微生物诱变效果较好、应用较广泛的是紫外线、X射线、γ射线和快中子。

物理辐射可分为电离辐射(ionizing radiation)和非电离辐射(nonionizing radiation),它们都是以量子为单位的可以发射能量的射线。

电离辐射中的X射线和γ射线都是高能电磁波,能发射一定波长的射线。X射线波长为0.06~136nm,是由X光机产生的。γ射线波长为0.006~1.4nm,其实就是短波的X射线,由钴、镭等产生。X射线和γ射线之所以称为电离辐射,是因为它们在照射并穿过物质的过程中,能够把该物质分子或原子上的电子击中并产生正离子,产生的离子数量随着射线发射的能量增高而增加。快中子是不带电荷的粒子,不直接产生电离,但能从吸收中子物质的原子核中撞击出质子。

非电离辐射中的紫外线(ultraviolet radiation)是一种波长短于紫色光的肉眼看不见的"光线",波长为136~390nm。紫外线穿过物质时,使该物质的分子或原子中的内层电子级能提高,但得不到或丢失电子,因此不产生离子,故称非电离辐射。紫外线可由紫外灯管产生,设备简单,操作方便,价格低廉,诱变效果显著,故被认为是一种理想的物理诱变剂。

一、物理诱变剂的生物学效应

物理诱变剂对微生物的诱变作用主要是由高能辐射导致生物系统损伤,继而发生遗传变异的一系列复杂的连锁反应过程。其作用过程通常可以分为物理、物理-化学、化学和生物学等几个阶段(图4.1),由辐射引起的生物的基因突变都要经过以上阶段。当用射线处理生物细胞时,细胞首先接受辐射能量,穿过细胞壁、膜,与DNA接触,产生一系列的化学反应,从而使生物遗传物质——DNA发生一系列变化;紫外线照射微生物细胞,使DNA链上的两个嘧啶碱基起反应而产生嘧啶二聚体，碱基不能正常配对。在细菌中紫外线诱变作用主要促使 G：C→A：T 的转换；DNA 链发生断裂，有时是单链断裂，有时是双链断裂，并且在有关酶的作用下，使 DNA 重新排列组合；嘧啶碱基或嘌呤碱基被氧化脱去氨基；碱基分子结构中碳与碳之间的链断裂形成开环现象；辐射能击中单个核苷酸后，使碱基或磷酸酯游离出来；在 DNA 分子的一条单链碱基之间或两条链的碱基之间发生交联作用。

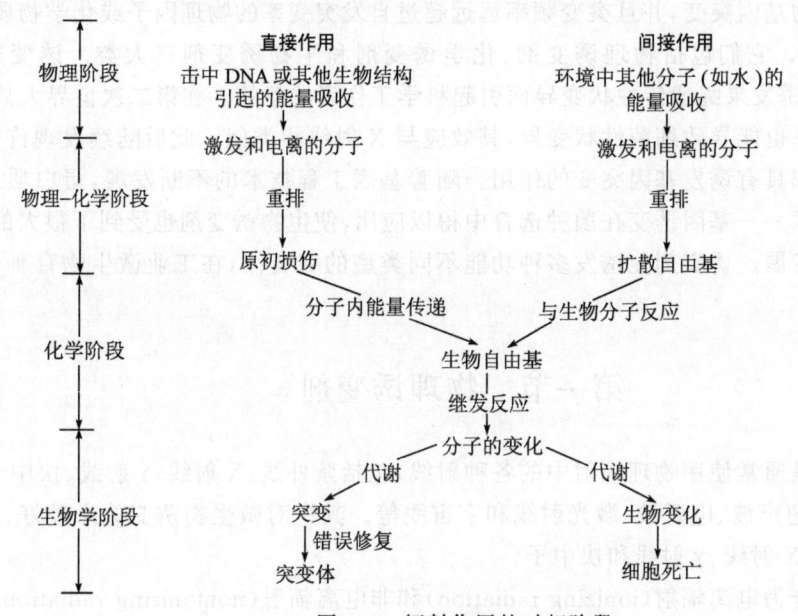

图 4.1 辐射作用的时相阶段

以上由辐射引起 DNA 分子结构变化中最常发生的是 DNA 单链或双链的断裂，且单链断裂常多于双链断裂。单链断裂易被修复系统修饰。双链断裂中的一部分也可以通过修复系统修饰，但双链断裂易使染色体发生畸变或者使微生物死亡。

辐射引起的生物效应，根据辐射种类和微生物种类不同有所差异。电离辐射主要引起 DNA 上的基因突变和染色体的畸变；非电离辐射主要导致形成嘧啶二聚体。同一种辐射线对不同微生物的效应不一样，这与每种微生物修复系统的强弱有关。它们引起微生物的变异或死亡与辐射剂量成正比。在相同的总辐射剂量的条件下，不论是一次连续照射或分次累加照射，还是高剂量短时间照射或低剂量长时间照射，其诱变效应基本上是相等的。

虽然对电离辐射的作用机制研究已有相当长的历史，但迄今还不能做出圆满解释。仍存在两种假说，即所谓的直接物理作用假说与间接化学作用（辐射裂解水分子产生自由基而起作用）假说。

二、非电离辐射——紫外线

紫外线是一种使用最早、沿用最久、应用广泛、效果明显的物理诱变剂。紫外线的诱变频率高，而且不易回复突变，在工业微生物育种史上曾经发挥过极其重要的作用，迄今仍然是微生物育种中最常用和有效的诱变剂之一。

（一）紫外线的诱变机制和 DNA 损伤修复

1. 紫外线的诱变机制

紫外线被 DNA 吸收后引起突变的原因,有的是 DNA 与蛋白质的交联,有的是胞嘧啶与尿嘧啶之间的水合作用,有的是 DNA 链的断裂,还有的是形成嘧啶二聚体。而形成嘧啶二聚体是产生突变的主要原因。嘧啶二聚体不仅可以由单链上相邻的两个胸腺嘧啶之间反应后形成,也可以产生于双链相对应的两个胸腺嘧啶之间(图 4.2)。

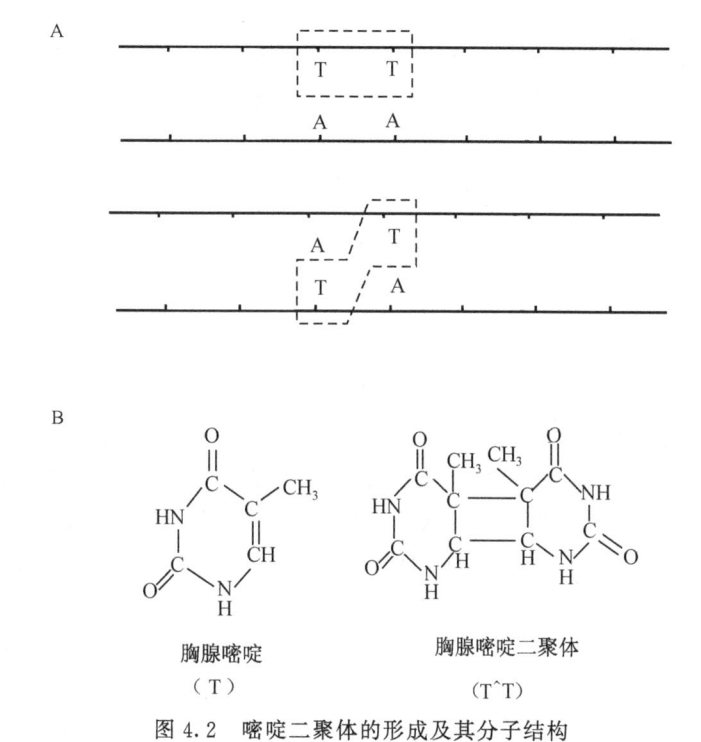

图 4.2 嘧啶二聚体的形成及其分子结构
A. 单链和双链上形成的嘧啶二聚体;B. 嘧啶二聚体的形式及其分子结构

微生物在正常生长情况下进行 DNA 复制时,首先 DNA 双链解开成为单链,然后两条单链各自与细胞内游离的碱基互补配对形成新链。如果此时双链之间有嘧啶二聚体存在,则因二聚体的交联作用,阻碍双链分开,复制到此处就无法进行下去,造成 DNA 异常状态。如果在一条单链上出现嘧啶二聚体,则会影响复制过程中碱基的正常配对。例如,当 DNA 复制到二聚体存在的位置时,可能停止进行,或者超越这一点继续复制,使子代 DNA 形成缺口,碱基错误插入该缺口,造成新链碱基序列与母链不同而引起突变。

2. DNA 损伤修复

DNA 损伤的修复对突变体的形成影响甚大。DNA 损伤包括任何一种不正常的 DNA 分子结构。到现在为止,DNA 损伤中研究较多的是由紫外线引起的胸腺嘧啶二聚体。在修复系统中研究得较多的是光修复、切补修复、重组修复和 SOS 修复系统。另外还有聚合酶的校正作用。

1）光复活　在一定剂量的紫外线照射后的突变体,在可见光下照射适当时间,约有

90%以上被修复而存活下来。这是由于在黑暗下嘧啶二聚体被一种光激活酶结合形成复合物,这种复合物在可见光下由于光激活酶获得光能而发生解离,从而使二聚体重新分解成单体,DNA恢复成正常的构型,使突变率下降。在一般的微生物中都存在着光复活作用,因此,用紫外线进行诱变时,照射或分离均应在红光下进行。

2)切补修复　切补修复是在四种酶的协同作用下进行DNA损伤修复的,这四种酶都不需要可见光的激活,在黑暗中就可修复,所以也叫做"暗修复"(dark repair)。参与切补修复的酶可以识别DNA链上嘧啶二聚体的位置。嘧啶二聚体的5′端在限制性内切核酸酶的作用下造成单链断裂,接着在外切核酸酶的作用下切除嘧啶二聚体。然后在DNA聚合酶Ⅰ和DNA聚合酶Ⅲ的作用下,以另一条完整的DNA单链作模板合成正确的碱基对序列,最后由连接酶完成双链结构。由此说明紫外线照射引起微生物突变体形成是一个复杂的生物学过程。紫外线引起DNA结构的改变仅仅使微生物处于亚稳定状态,由亚稳定到稳定的突变体的形成需要一定时间和过程,所以在实际诱变工作中要采取某些措施避免以上的修复作用,如加入某些物质提高突变的频率等。

(二) 紫外线诱变

1. 紫外线的有效光谱

紫外线的光谱范围为40～390nm,而DNA可以吸收的紫外线光谱通常为260nm,因此,能诱发微生物突变的紫外线的有效波长范围是200～300nm。最有效的波长为253.7nm(2537Å)。这一波长的诱变效应相当于波长260nm的紫外线。当紫外线照射微生物细胞时DNA大量吸收260nm光谱而引起突变或杀伤作用。一般用来灭菌消毒的30W紫外灯管,光谱分布范围广,较平均,诱变效率较差;而15W紫外灯管,放射出来的紫外线大约有80%波长集中在2537Å,因此诱变效果比30W的好。

2. 紫外线的辐射剂量

用于微生物诱变的紫外线剂量的表示方法可分绝对剂量和相对剂量。绝对剂量单位用erg[①]/mm^{2}表示,需要用一种剂量仪来测定,由于其操作比较困难,在诱变育种的实际工作中不常被采用。相对剂量单位用照射时间或者杀菌率表示。紫外线处理微生物时,其吸收射线的剂量决定于紫外灯的功率、灯管与被照微生物的距离及照射的时间。在灯的功率和灯管的距离都固定的情况下,剂量大小由照射的时间决定,即剂量与照射时间成正比关系,照射时间长,剂量就大。只要控制照射时间,就可控制剂量,因此,照射时间可以作为相对剂量单位。另外,相对剂量单位还用紫外线的杀菌率表示,用它作剂量单位比用照射时间更切合实际,可以消除由于灯管不同或者灯管使用时间长短所造成有效波长发射率差异而引起的误差。根据育种工作者长期的研究和实践经验,一般认为杀菌率以90%～99.9%效果较好。但也有报道认为较低的杀菌率有利于正突变菌株的产生,以70%～80%或更低的杀菌率为好。

紫外线对各种微生物诱变效应是不同的,它们间的差别可达上百倍,甚至上千倍。在同样15W功率的紫外灯管和固定距离为30cm的条件下照射各种微生物,使它们的杀菌率都达90%～99.9%时所需的时间因微生物种类而异,一般芽孢菌约需10min方可被杀死;照射短

---

① 1erg(尔格)=10^{-7}J。

小芽孢杆菌的营养体来获得缺陷型,需要1~3min。一般微生物营养体照射3~5min即可致死,而照射无芽孢菌和革兰阳性菌只需0.5~2min就能致死。由此可知,由某种微生物测得的最适剂量不一定适合于另一种微生物,甚至同一种微生物第一代诱变的最适剂量也不一定适合以后进一步诱变的剂量,只能作为参考。

紫外线照射剂量与杀菌率在一定范围内成正比,剂量越高,杀菌率也越高,在残存的细胞中变异幅度也大;反之剂量越低,杀菌率也越低,在残存细胞中变异幅度也小。因此,在照射过程中可加大剂量,但又要采取减少死亡率和提高诱变效果的措施。日本明治制果株式会社足炳工厂曾使用诱变效果好的低功率15W紫外灯管2支,并安装在镀铬的灯罩内,使2537Å光波集中到被处理的微生物细胞上,提高了变异率。另一种办法是把照射剂量提高到超致死量的程度,与可见光交替进行,利用光修复使损伤的细胞恢复,减少死亡率,增大变异幅度。一般采用30W紫外灯管,光复活的效果较好,或者在预培养基中增加一定量的咖啡因或蛋白胨,可以降低死亡率。

3. 紫外线诱变的步骤与方法

紫外线诱变的步骤与方法有以下几点。

(1) 出发菌株。把细菌斜面培养到对数期,霉菌或放线菌则培养到孢子刚成熟。

(2) 前培养。对细菌类以肉汤为主,适量加入核酸类物质或酵母膏等制成营养丰富的培养基,同时还可加入抑制修复的物质,如咖啡碱或异烟肼等。将菌体培养到最佳生理状态(对数期),16~24h;霉菌、放线菌培养到绝大部分孢子刚刚萌发。

(3) 制备菌悬液。离心除去培养基,用生理盐水制备菌悬液,加入玻璃珠振荡分散,以无菌滤纸或脱脂棉过滤,使形成单细胞,分散程度达90%~95%。要求菌悬液浓度:细菌约1×10^8个/ml,放线菌10^7~10^8个/ml,霉菌10^6~10^7个/ml。

(4) 紫外线照射。取以上制备好的菌悬液3ml于直径7cm的平底平皿中(直径9cm平皿,加5~6ml)。紫外灯打开预热20min,以稳定光波。将盛有菌悬液的平皿放到磁力搅拌器上,离灯管一定距离,打开皿盖,暴露紫外光下照射一定时间,边搅拌边照射,力求使细胞均匀吸收紫外线光波。以上照射过程必须在备有黄光或红光的暗室内进行,以免光修复。据国外报道,经过紫外线诱变后的菌体(特别是细菌、放线菌)转入到无菌试管内,并立即浸入冰水中1~2h,在低温条件下,细胞内参与对突变体修复的各种酶类活性受到抑制,使修复难以进行,有利于提高突变率。

(5) 后培养。根据延迟现象的原理,照射完毕的菌悬液加入到适合于正突变体增殖的培养基中,在适宜温度下培养1.5~2h。例如,有些微生物在增殖培养基中加入适量的酪素水解物、色氨酸或异烟肼等物质,可以抑制修复,有利于突变体繁殖和减少细胞悬液在贮存过程中的死亡,能明显提高突变率。

(6) 稀释涂皿。后培养结束后,从中取一定量培养物,经不同稀释,涂皿,并且以未经紫外线照射过的菌悬液作对照皿。培养后,挑取菌落,以待筛选。

三、电离辐射

1. 电离辐射的种类、特性与来源

常用于微生物诱发突变的电离辐射有快中子、X射线和γ射线等,其特性和来源见表4.1。

表 4.1　辐射的种类、特性及来源

辐射种类	放射源	性　质	能量范围	危险性	透过组织的深度
X射线	X光机	电磁辐射	通常为50～300kV	危险,有穿透力	几毫米至许多厘米
γ射线	放射线同位素及核反应	与X射线相似的电磁辐射	达几百万eV	危险,有穿透力	>1cm
中子,包括:快中子、慢中子、热中子	核反应堆或加速器	不带电子的粒子,比氢原子略重,只有通过它与被它击中的原子核的作用才能观察到	从小于1eV到几百万eV	危险性高,穿透力强	>1cm
β粒子,快速电子或阴极射线	放射性同位素或加速器	电子(带"+"或"-"),比α粒子的电离密度小得多	几百万eV	有时有危险	<1cm
α粒子	放射性同位素	氦核,电离密度大	2×10^6～9×10^6 eV	内照射,很危险	<1mm

注:1eV(电子伏)＝1.602×10^{-12}erg(尔格),1Ci(居里)＝3.7×10^{10}次衰变/s。

中子是原子核中的组成部分,是不带电荷的粒子。快中子是由中子穿过物质的原子时把原子核中的质子撞击出来而产生的。由于快中子能产生较大的电离密度,能更有效地导致基因突变和染色体畸变,因此,对微生物的诱变效果较理想。

X射线和γ射线也是最常用的微生物诱变辐射源。二者大体上具有相同的效果,但从操作简便这点来说,用^{60}Co和^{137}Cs射线源较为理想。

2. 电离辐射剂量

快中子的剂量通常以拉德(rad)[①]表示,指1g被照射物质吸收100erg辐射能量的射线剂量为1rad。也可以转换伦琴(R)为单位,即快中子照射时产生的离子数与1R射线所产生的离子数相当的剂量为1R。在诱变育种中快中子照射的致死率达到50%～85%比较合适,采用的诱变剂量为15～30krad(千拉德)。不同种类菌种最适的剂量范围是大不相同的。不少报道证实,使用快中子更有利于产生正突变,有的菌正变率可达50%左右。因此,快中子作为微生物诱变剂得到了较为广泛的应用。

X射线和γ射线的剂量单位通常以R来表示,即1cm³干燥空气在0℃,1.013×10^5Pa(760mmHg气压下)产生2.08×10^9离子时所需的能量。各类微生物对X射线和γ射线的敏感性不同,在同样的死亡率下所需的剂量相差颇大。由于X射线和γ射线穿透能力很强,对细胞致死作用比紫外线和一般的化学诱变剂表现更为强烈,因此,它们不适宜像紫外线那样进行反复多次照射。一般常用的剂量掌握在杀菌率90%～99.9%为宜,切忌用高剂量进行处理。据日本报道,通常以菌体生存率1/1000的剂量较为理想。要达到这一致死率,剂量为1万～20万R。

3. 电离辐射的照射方法

直接对平皿上生长的菌落进行照射,或者用直径6～10mm的打孔器把菌落连琼脂一同取出,置于灭菌平皿内进行照射;也可制成菌悬液,取1～2ml置于试管内并浸入冰水中(图

[①]　1rad＝10^{-2}Gy。

4.3),从上或侧面或下面进行短时间照射。试管内的菌悬液不宜过多,否则液层太厚,氧气供给不足,诱变效应和重复性都将比较差。处理完毕后,把盛有菌体细胞的试管继续冰浴2~3h。低温可降低或抑制修复酶的活性,防止突变体因修复酶的修复而还原为正常细胞。这一操作除用于 γ 射线外,也可用于紫外线和其他化学诱变剂,可以获得同样的效果。

四、近年来发展的新型物理诱变剂

近年来,诱变育种仍备受育种工作者的欢迎,而且还开发出一些新型的物理诱变剂用于微生物的诱变育种。简要介绍如下。

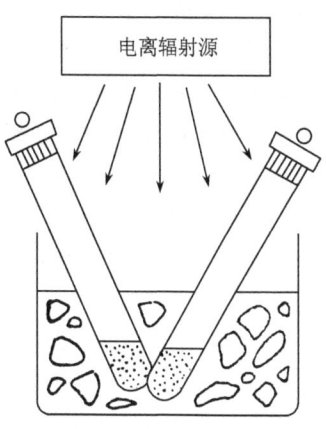

图 4.3 用 γ 射线进行照射

1. 红外射线

应用红外辐射和紫外辐射对果胶酶产生菌的原生质体和孢子进行诱变,发现红外辐射能促进菌体代谢,提高对紫外损伤的抗性。在紫外线中增加红外辐射可显著提高诱变效果。红外辐射产生的突变株产酶性能显著高于对照亲株,说明红外辐射是有效的微生物物理诱变因子。

2. 激光

激光是一种光量子流,又称光微粒。Mester 于 1968 年提出小剂量辐射对生物有刺激效应的研究理论后,激光应用于生物学领域的成就备受人们的关注。激光辐射可以通过产生闪、热、压力和电磁场效应的综合作用,直接或间接地影响生物有机体。引起 DNA、染色体畸变效应,酶的激活和钝化及细胞的分裂和细胞代谢活动的改变等。除紫外波段的激光有诱变作用外,可见光至红光波段间的激光也有诱变作用。曾有人用 He-Ne 激光照射棉病囊霉引起突变而产生核黄素;对酿酒酵母(*Saccharomyces cerevisiae*) AS 2.1189 进行 CO_2 激光诱变育种,发现对酵母菌乙醇代谢的改变有刺激效应。目前激光已经成为微生物的常用诱变剂。

3. 高能电子流

高能电子流是较强的电离辐射线,在抗生素菌种选育中都采用这种诱变剂,普遍接受的诱变剂量为杀菌率 90%~99.9%。在林可霉素产生菌林可链霉菌(*Streptomyces lincolnensis*)的诱变育种工作中,采用高能电子流诱变时,70%~90%的杀菌率为最佳剂量。用高能电子辐射果胶酶产生菌的原生质体进行诱变,选出变异株,产酶性能显著优于亲株。

4. 离子注入

离子注入是 20 世纪 80 年代初兴起的一种材料表面处理的高新技术,主要用于金属材料表面的改性。自 1986 年开始被用于农作物育种。所谓离子注入诱变,就是利用离子注入生物体引起遗传物质的改变,导致性状的变异,从而达到育种的目的。离子注入法作为一项新的生物诱变技术而引起国内外学者的极大关注。离子注入与其他常规诱变及化学诱变过程有明显的差异。其他辐射诱变仅仅是利用能量或分子基团的交换,而离子注入在诱变生物学效应上有以下明显优点。

(1) 离子束与生物体作用,不仅有能量沉积(即注入的离子与生物大分子发生一系列碰撞,大分子生物获得能量时,键断裂,分子击出原子位,留下断键或缺陷,而注入离子逐步损失能量,直到能量低于100eV为止,这个过程称为能量沉积),而且同时有质量沉积,即注入的离子与生物大分子结合成新的分子。离子束是高 LET 粒子,有 Bragg 峰,而且具有较强的电离作用,同时产生高活性的自由基团的间接损伤作用,可引起染色体的重复、易位、倒位、缺失或使 DNA 分子取代、补充、断裂等。因此,它与生物体作用可得到较高的突变率,且突变谱广,死亡率低,正突变率高,性状稳定。

(2) 由于注入离子的不同电荷数、质量数、能量、剂量的组合,可提供众多的诱变条件。通过这种电、能、质的联合作用,将强烈影响生物细胞的生理生化特征,从而引起基因突变,所以变异幅度大。

(3) 离子注入具有作用区域的选择性、种类的多样性,其作用是局部的、可控的、可对生物体进行定点区域的诱变,原则上可控制离子种类、注入参数,使注入离子的能量、动量及电荷等根据需要进行组合,为生物体的诱变提供了新的途径。

我国于 1994 年报道了离子注入链霉菌的诱变效应,证明离子注入法的高突变率,获得 26.73% 的正突变率。1995 年又有报道指出,采用 N^+ 和 C^{4+} 注入核糖霉素产生菌、卡那霉素抗性产生菌时,其中以 N^+ 的诱变效果最显著。1997 年,又有报道 N^+ 注入红霉素产生菌的诱变效应,认为离子注入产生的自由基对生物效应基本上无影响。离子注入右旋糖酐产生菌,得到产量提高 36.5% 的变株。

有关离子注入的诱变机制研究工作仍在进行,它是一类高效、方便、安全无污染的新型诱变源,将引起越来越多的育种工作者的重视。

5. 航天诱变

航天诱变是利用返回式卫星将微生物菌种带上高空,在微重力、高真空、强辐射和交变磁场等条件下使其产生遗传性变异,进而选育出新品种的技术。我国航天诱变育种技术已经达到国际水平,被广泛应用于农作物和花卉、动物和微生物品种选育。工业微生物中早期有应用于选育双歧杆菌、莫能霉素生产菌、尼可霉素产生菌、庆大霉素生产菌棘孢小单孢菌、红曲霉菌、谷氨酰胺转氨酶产生菌等。近年来其他品种也有不错的进展,如 2006 年马旭光等通过对黑曲霉航空诱变,筛选获得一株纤维素酶高产突变株 ZM-8,该菌株具有较好的产酶稳定性且各种酶均比出发菌株高达 2 倍。2007 年,王红远等利用航天技术对必特霉素基因工程菌进行选育,得到的诱变株的发酵效价提高了 14.5%。2008 年,陈继红等通过对航空诱变的多杀菌素产生菌株棘糖多孢菌进行大量筛选得到两株高产且遗传性状相对稳定的菌株 HY463 和 HY466,其多杀菌素产量分别比出发菌株提高 288% 和 151%。2009 年,崔旭等以谷胱甘肽产生菌酿酒酵母 Y-15 为出发菌株,经"实践八号"育种卫星搭载后,以放线菌素 D 作筛选标记,获得一株抗性突变体 HY-90,经摇瓶发酵,谷胱甘肽产量达到 123.04mg/L,是出发菌株的 1.7 倍,其胞内含量为 14.86mg/g,是出发菌株的 1.5 倍。

6. 微波诱变

微波是一种高频率的电磁波。其诱变的原理是刺激水、蛋白质、核苷酸、脂肪和碳水化合物等极性分子快速震动,从而引起 DNA 分子间强烈摩擦,使 DNA 分子氢键和碱基堆积化学力受损,使 DNA 结构发生变化,从而发生遗传变异。例如,肺炎杆菌具有较高的磷溶解能力,却受到其固氮能力的限制。Li 等通过微波诱变筛选得到两株遗传稳定的、具有较高固氮能力的突变株 RSM-219 和 RSM-206。其中,RSM-219 突变株的磷溶解能力和固氮能力分别是野生型的 1.59 倍和 39.25 倍。

7. ARTP

ARTP(atmospheric and room temperature plasma)是常压室温等离子体的简称,能够在大气压下产生温度为 25～40℃的、具有高活性粒子浓度的等离子体射流,包括处于激发态的氦原子、氧原子、氮原子、OH 自由基等。等离子体中的活性粒子作用于微生物,能够使其细胞壁或细胞膜的结构及通透性改变,并引起基因损伤,进而使微生物基因序列及其代谢网络显著变化,最终导致微生物产生突变。Zong 等利用 ARTP 诱变技术,对白色链霉菌诱变育种,多聚赖氨酸的产量达到 1.59±0.08mg/ml,是出发菌株的 4 倍。

8. APGD

APGD(atmospheric pressure glow discharge)低温等离子体是一种新型等离子体源,所产生的等离子体具有气体温度低、电子温度高的非平衡特性及活性粒子浓度高的特点,能作用于微生物的遗传物质,使其在短时间内致畸突变。由于等离子体温度低,不会对菌种造成热损伤,而活性粒子浓度高则可以产生明显的诱变效果,因此可以用于诱变育种。Wang 等采用 APGD 低温等离子体处理链霉菌的孢子,得到大批正向突变株,并从中筛选得到一株遗传性状稳定的高产菌株,其阿维菌素的产量比出发菌株提高了 40%。

第二节 化学诱变剂

化学诱变剂是一类能对 DNA 起作用,改变其结构,并引起遗传变异的化学物质。化学诱变剂种类很多,从简单的无机化合物到复杂的有机化合物都能引起诱变效应。这些物质有的是天然的,有的是人工合成的,但真正诱变效应大、菌体死亡率低、毒性小、有价值的诱变剂并不多。本节所介绍的化学诱变剂包括四大类:碱基类似物、烷化剂、移码突变剂及其他种类等。它们在性质上与物理诱变剂有很大区别,因此操作方法也各有特点。化学诱变剂的作用机制都是与 DNA 起化学作用,诱变效应和它们的理化特性有很大关系,使用前必须认真了解和掌握,如这些化合物的稳定性及影响其稳定性的条件,包括温度、光照、pH、化合物的半衰期以及与溶剂或增溶剂是否起反应等。此外,化合物的溶解度及其危险性等,也需要详细了解。

化学诱变剂往往具有专一性,它们对基因的某部位发生作用,对其余部位则无影响。突变大多为基因突变,并且主要是碱基的改变,其中尤以转换为多数。各种具有诱变作用的化学物质和碱基接触起化学反应,通过 DNA 的复制使碱基发生改变而起到诱变作用的。化学诱变剂对碱基作用的专一性如表 4.2 所示。

表 4.2 部分化学诱变剂作用情况

诱变剂名称	G:C→A:T	A:T→G:C	颠换	移码	缺失	回复效应
羟胺	+	+				不能被羟胺再回复
亚硝基胍	+	+				
吖啶类				+	+	可以由吖啶类再回复
亚硝酸	+	+	+		+	脱氨基后的突变可以引起回复突变,缺失突变不能被任何诱变剂回复突变
5-溴尿嘧啶	+	+		+		可以由 5-BU 再回复

化学诱变剂的剂量主要决定于其浓度和处理时间。在进行化学诱变处理时,控制使用剂量要以诱变效应大、副反应小为原则。处理时的温度对诱变效应也有一定影响。从工业微生物育种角度来说,诱变的结果希望产生更多的正向突变,诱变剂的特异性也往往表现在这方面。当用同一种诱变剂同一剂量诱发某种微生物时,其出现的各种抗性突变体(抗药物、抗噬菌体等)和各种营养缺陷型类型的频率,相差是惊人的,可达到2~3个级差。

绝大多数化学诱变剂都具毒性,其中90%以上是致癌物质或极毒药品,使用时要格外小心,不能直接用口吸,并避免与皮肤直接接触,不仅要注意自身安全,也要防止污染环境,避免造成公害。

一、碱基类似物

碱基类似物是一类和天然的嘧啶嘌呤等四种碱基分子结构相似的物质,是一种既能诱发正向突变,也能诱发回复突变的诱变剂。用于诱发突变的碱基类似物有5-溴尿嘧啶(5-BU)、5-氟尿嘧啶(5-FU)、5-溴脱氧尿嘧啶核苷(BUdr)、5-碘尿嘧啶(5-IU)等,它们是胸腺嘧啶的结构类似物;2-氨基嘌呤(AP)、6-巯基嘌呤(6-MP)是腺嘌呤的结构类似物。最常用的碱基类似物是5-BU和AP。当将这类物质加入到细菌培养基中,在繁殖过程中可以掺入到细菌DNA分子中,不影响DNA的复制。它们的诱变作用是取代核酸分子中碱基的位置,再通过DNA的复制引起突变,因此也叫掺入诱变剂。显然这一类诱变剂要求微生物细胞必须处在代谢的旺盛期,才能获得最佳的诱变效果。

(一)碱基类似物的诱变机制

正常的碱基存在着同分异构体,而碱基类似物也一样有同分异构现象,它是由电子结构改变引起的。电子结构的改变可以使键的特异性发生偶然的错误。互变异构现象在嘧啶分子中以酮式和烯醇式的形式出现,而嘌呤分子中以胺基和亚胺基互为变构的形式出现。一般互变异构现象在碱基类似物中比正常DNA碱基中频率更高。

现以5-BU为例来分析碱基类似物的诱变机制。当胸腺嘧啶分子结构中5位碳原子上的甲基被溴(Br)原子取代,就构成了5-BU的结构式(图4.4)。在正常的核酸分子中,胸腺嘧啶和腺嘌呤处在DNA两条单链的相对位置上互配成对(图4.5)。当细菌在含有5-BU的培养基中生长时,5-BU容易渗入到细胞内部,此时如细胞内缺少胸腺嘧啶,5-BU则掺入到DNA分子中代替胸腺嘧啶。此后在微生物代谢过程中,5-BU不是以酮式状态,就是以烯醇式状态存在。当它以酮式状态出现时,在一条DNA链上的5-BU结构中,6位酮基和另一条链相对位置上的腺嘌呤6位氨基的氢键连接配对(图4.6)。当DNA第一次复制时,如果5-BU恰好变为烯醇式状态,它就和鸟嘌呤6位酮基连接配对(图4.7)。当第二次DNA复制时鸟嘌呤又按照一般规律和胞嘧啶配对,结果使原来A∶T碱基对转换为G∶C碱基对,使DNA的分子结构发生改变,从而带来了某种形态或生理生化性状的改变,即发生了变异(图4.8)。这一过程是酮式状态的5-BU正常的掺入,通过错误的复制,使A∶T转换为G∶C,是一种正向突变。

从上可知,由于5-BU分子结构上5位Br原子的存在,改变了电荷的分布,影响酮式和烯醇式的平衡。每当出现烯醇式状态时,5-BU不能和腺嘌呤形成氢键,但可以和相对位置上鸟嘌呤形成氢键,互补配对。由5-BU诱发产生的突变可以发生回复突变的原理为:把突变的细菌再培养在含有5-BU的培养基上,DNA分子中某一位点上有一对A∶T碱基转换为G∶C碱基,如果它们复制时掺入到DNA分子的5-BU恰好处在烯醇式状态,于是就取代了胞嘧啶,此

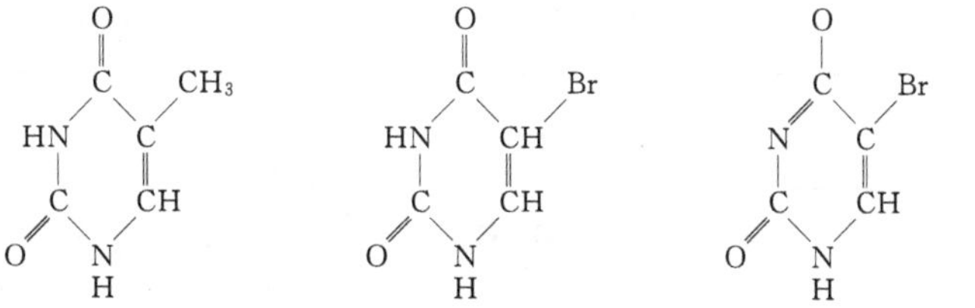

胸腺嘧啶(T)　　5-溴尿嘧啶(5-BU)(酮式)　　5-溴尿嘧啶(5-BU)(烯醇式)

图 4.4　5-BU 的结构

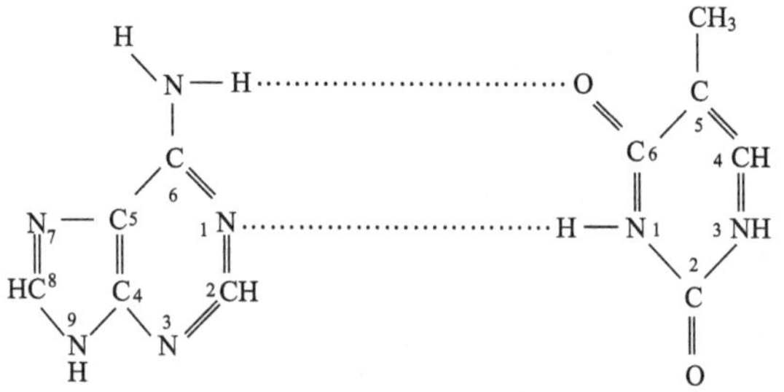

腺嘌呤(A)　　胸腺嘧啶(T)

图 4.5　正常情况下 A 和 T 互配

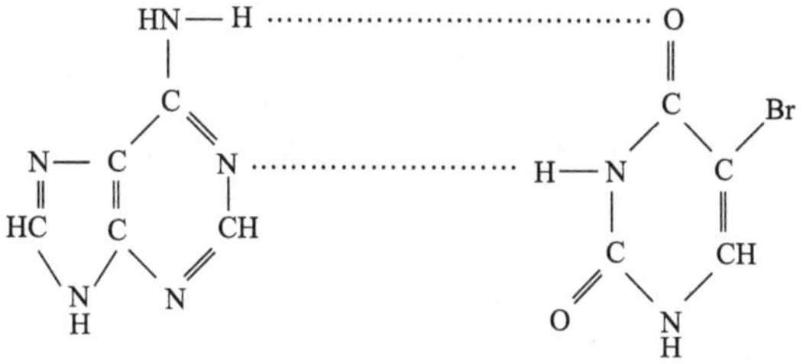

腺嘌呤(A)　　5-溴尿嘧啶(5-BU)(酮式)

图 4.6　A 和酮式 5-BU 互配

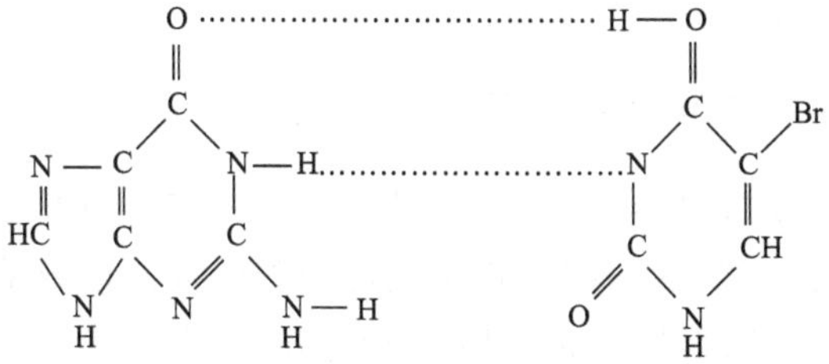

鸟嘌呤　　烯醇式鸟嘌呤

图 4.7　G 和烯醇式 5-BU 互配

时,5-BU 相对位置上是鸟嘌呤,而不是腺嘌呤。当 DNA 第一次复制时,5-BU 以酮式状态和腺嘌呤互补配对,第二次复制以后,腺嘌呤按常规和胸腺嘧啶互配,使 G∶C 碱基又转换成 A∶T碱基。这个过程是由于 5-BU 掺入 DNA 分子,通过正常复制,使 G∶C 碱基转换为 A∶T

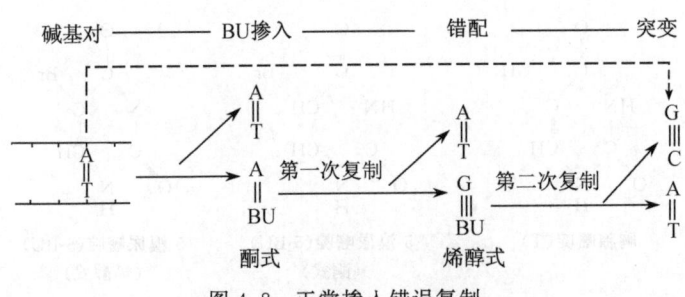

图 4.8　正常掺入错误复制

碱基(图 4.9)。以上是 5-BU 及某些化学诱变剂具有回复突变效应的原因。

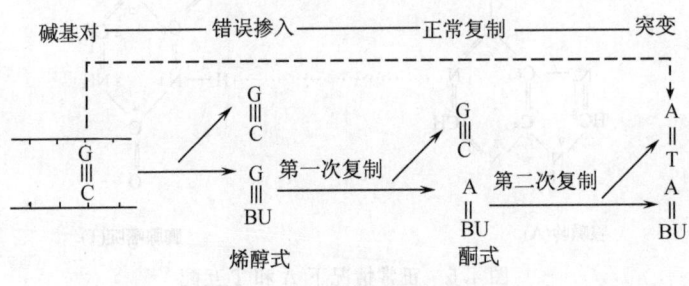

图 4.9　错误掺入正常复制

5-BU 的诱变作用是在 DNA 复制过程中实现的,因此,处在静止或休眠状态的细胞是不适合的。细菌采用对数期的细胞,霉菌、放线菌采用孢子,但要进行前培养,使孢子处于萌动状态,并要提高 5-BU 的浓度,处理过程要进行振荡培养。

从以上 5-BU 的互变异构可以看出,它们诱变作用是通过本身分子结构产生酮式→烯醇式的变化而实现的。酮式和烯醇式这种互变异构是普遍存在的,在 DNA 分子中的胸腺嘧啶和鸟嘌呤也同样会发生这种互变异构现象。

2-氨基嘌呤是腺嘌呤结构类似物,它可以和胸腺嘧啶互配,但当它出现亚氨基状态时就和胞嘧啶配对,当然这种机会仅仅是偶然的。2-氨基嘌呤也可以诱发 DNA 分子中 A∶T→G∶C 或 G∶C→A∶T 的转换而引起突变。

(二) 碱基类似物的诱变处理方法(以 5-BU 为例)

5-BU 和 5-FU 是白色结晶粉末,能溶于水或乙醇。诱变处理方法如下。

1) 单独处理　　将新鲜斜面的细菌移接到前培养的液体培养基中,培养到对数期,离心除去培养液,加入生理盐水或缓冲液,饥饿培养 8~10h,以消耗其体内的贮存物质。将 5-BU 或 5-FU 加入到以上经饥饿培养的培养液中,使最后的处理浓度为 25~40μg/ml,混合均匀,取 0.1~0.2ml 菌悬液加入到琼脂平板上涂布培养。使之在适宜温度下的生长过程中诱变处理。培养后挑取单菌落,进行筛选。如果是处理真菌、放线菌孢子,则要提高 5-FU 的浓度,通常处理浓度为 0.1~1mg/ml,加到孢子悬液后,进行振荡培养数小时(一般 6~12h),以绝大多数孢子刚刚萌发为度,分离于平皿,经适温培养,挑取单个菌落,进行筛选。

2) 与辐射线复合处理　　据报道,如果菌体先用 5-BU 等碱基类似物进行处理,使它们首先渗入到DNA分子中,然后用辐射线照射,诱变效果会比单独使用辐射线更好。因此,碱基类似物也是一种辐射诱变的增敏剂。例如,沙门氏杆菌如先用 10~300μg/ml 的 5-BU 处理,同时在培养基内加入磺胺噻唑 1mg/ml,然后用紫外线照射,可以增强对紫外线的敏感性,从而提高突变率。

二、烷 化 剂

烷化剂是诱发突发中一类相当有效的化学诱变剂,这类诱变剂具有一个或多个活性烷基,它们易取代DNA分子中活泼的氢原子,直接与一个或多个碱基起烷化反应,从而改变DNA分子结构,引起突变。

表 4.3 烷化剂的几种类型

		诱变剂	功能基团
单功能基团	亚硝基化合物	(1) 1-甲基-3-硝基-1-亚硝基胍(NTG) $\begin{array}{c}ON\\ \diagdown\\ N-C-NH-NO_2\\ /\|\|\\ CH_3NH\end{array}$ (2) 亚硝基-N-甲基尿烷(NMU) $\begin{array}{c}ON\\ \diagdown\\ N-COOC_2H_5\\ /\\ CH_3\end{array}$	$\begin{array}{c}ON\\ \diagdown\\ N-R'\\ /\\ R\end{array}$
	磺酸酯类	(1) 甲基磺酸乙酯(EMS) $CH_3SO_2 \cdot OC_2H_5$ (2) 甲基磺酸甲酯(MMS) $CH_3SO_2 \cdot OCH_3$ (3) 甲基磺酸丙酯(n-PMS) $CH_3SO_2 \cdot OCH_2CH_2CH_3$ (4) 甲基磺酸异丙酯(iso-PMS) $CH_3SO_2 \cdot OCH(CH_3)_2$	$-SO_2OR$
	硫酸酯类	(1) 硫酸二乙酯(DES) $SO_2(OC_2H_5)_2$ (2) 硫酸二甲酯(DMS) $SO_2(OCH_3)_2$	$-SO_2OR$
	重氮烷类	重氮甲烷 $N\equiv N^{+2}-CH_2^-\ (CH_3N=N)$	$N\equiv N^+-R^-$
	乙烯亚胺类	乙烯亚胺 HN$\begin{array}{c}CH\\ \diagup\\ \diagdown\\ CH\end{array}$	$-N\begin{array}{c}CH\\ \diagup\\ \diagdown\\ CH\end{array}$
双功能基团	硫芥子类	硫芥 $S(CH_2CH_2Cl)_2$	$-S-CH_2CH_2Cl$
	氮芥子气	氮芥 $CH_3\ N(CH_2CH_2Cl)_2$	$\diagdown N-CH_2CH_2Cl\diagup$

烷化剂分为单功能烷化剂和双功能或多功能烷化剂两大类(表4.3)。前者仅一个烷化基团,对生物毒性小,诱变效应大。后者具有两个或多个烷化基团,毒性大,致死率高,诱变效应较差。主要原因是双功能烷化剂(如硫芥、氮芥)的两个烷化基因特异地和DNA鸟嘌呤起反应,很容易在相对DNA链之间形成共价链而产生交联现象,妨碍双链完全分开,影响DNA复制,最后导致生物细胞的死亡。当然双功能烷化剂除了交联反应外,也具有单功能的烷化作用。

各烷化剂对微生物诱变效应是有差异的,这主要决定于功能基团作用及数目。据研究报道,甲基烷化剂(甲基磺酸盐)的反应速度比乙基烷化剂(乙基磺酸盐)要快,毒性大,死亡率高,诱变效应较差。但如果诱变剂量控制在较小死亡率的情况下,诱变效应还是可以的。综合衡量,乙基功能基诱变效应比甲基功能基要强,双功能基和多功能基烷化剂(如硫芥、氮芥等)比单功能基反应速度快。总之,烷化剂功能基越多,对微生物毒性越大,诱变作用越强;但由于死亡率高,存活率低,总的突变率也相应降低,所以诱变效应也就较差。

(一)烷化剂的作用机制

烷化剂主要是通过烷化基团使DNA分子上的碱基及磷酸部分被烷化,DNA复制时导致碱基配对错误而引起突变。碱基中容易发生烷化作用的是嘌呤类。其中鸟嘌呤N^7是最易起反应的位点,几乎可以和所有烷化剂起烷化作用;甲基磺酸乙酯主要使嘌呤N^7烷基化。此外,DNA分子中比较多的烷化位点是鸟嘌呤O^6、胸腺嘧啶O^4,这些可能都是引起突变的主要位点。其次引起烷化的位点是鸟嘌呤N^3、腺嘌呤N^2、腺嘌呤N^7和胞嘧啶N^3。这些位点引起碱基置换的仅占烷化作用的10%左右。因此,由这些位点改变所引起的突变仅是少数。

如果鸟嘌呤N^7等位点被烷化后,它和核糖结合键发生水解反应,引起鸟嘌呤从DNA分子上脱落下来,使DNA链上碱基空缺,在以后的复制过程中其他游离碱基有可能错误掺入。这时由于烷基化后的鸟嘌呤,易离子化,由原来的酮式变为不稳定的烯醇式,不能和胞嘧啶配对,而是与胸腺嘧啶错误配对,结果发生G∶C→A∶T转换及G∶C→C∶G或G∶C→T∶A颠换而导致突变。烷化剂的作用还可引起DNA分子中磷酸和糖之间的共价键断裂,而造成突变(图4.10)。

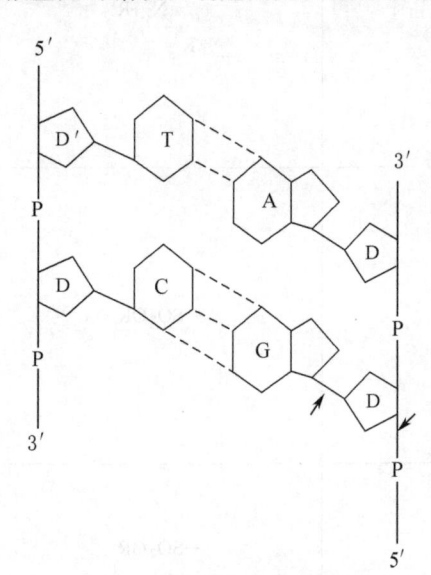

图4.10 烷化后使糖键离解和磷酸酯键断裂

烷化剂除了以上诱变作用之外,还有可能使两个鸟嘌呤N^7位点形成共价键(图4.11),一般双功能烷化剂容易引起DNA双链间的交联(图4.12),造成变异或死亡。还有可能使染色体畸变。

烷化剂的诱变机制比较复杂,有的尚未完全弄清,但是碱基转换引起错误配对,是造成基因突变的主要原因。烷化剂的诱变效应也很复杂,它们能够诱发DNA多种突变,且形成各种突变类型。其中某些诱变剂诱变效应很高,称为超诱变剂,如亚硝基胍等。

图 4.11　两个鸟嘌呤的交联作用

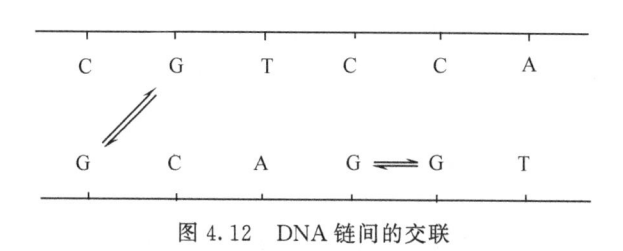

图 4.12　DNA 链间的交联

（二）烷化剂的性质

烷化剂的性质比较活泼，不太稳定，在水溶液中容易发生水解。它们大部分半衰期很短，其长短与温度、溶液 pH 关系很大。从表 4.4 看出，甲基磺酸酯类在温度 30℃，pH7.0 的溶液中，半衰期大多在 20～35h，尤为突出的是硫酸二乙酯半衰期在 20℃时为 3.34h，30℃时仅 1h。因此，化学诱变剂要现用现配。不少烷化剂见光后容易发生光化学反应，和水解作用一样，有的分解产物会失去诱变作用或具毒性。因此，保藏时要注意避光，置棕色瓶中，放在干燥器或冰箱中保存。另外，配制烷化剂溶液时，要采用合适的 pH 缓冲液。

表 4.4　一些烷化剂在水溶液中（pH7.0）的半衰期

化合物名称	半衰期/h		
	20℃	30℃	37℃
硫芥子气	—	—	约 3min
甲基磺酸甲酯	68	20	9.1
甲基磺酸乙酯	96	26	10.4
甲基磺酸正丙酯	111	37	—
甲基磺酸异丙酯	108	35	13.6
甲基磺酸正丁酯	105	33	—
硫酸二乙酯	3.34	1	3（40℃测定）

注：表中"—"表示随着温度的提高半衰期变短，到 37℃时该物质已分解成对诱变不起作用的另一种物质。

一般烷化剂杀菌率低而诱变效应高，如亚硝基类、磺酸酯类等。但烷化剂多数极毒，能致癌，所以无论在配制药品、诱变操作及诱变后器皿处理时，都要小心谨慎，注意安全，避免直接接触身体并防止污染环境。下面介绍几种常用的烷化剂。

1. 1-甲基-3-硝基-1-亚硝基胍（简称亚硝基胍，NTG 或 NG 或 MNNG）

分子式：$CH_3N(NO) \cdot C(NH) \cdot NH \cdot NO_2$

结构式：
$$CH_3-N(NO)-C(NH)-NHNO_2$$

亚硝基胍为黄色结晶状物质，性质不稳定，遇光易分解，放出 NO，颜色由黄色变为绿色，诱变效应降低。须保存在棕色瓶中，并在避光、干燥、低温条件下贮存。NTG 不溶于水，须加助溶剂，使用时现配现用。

NTG 有超诱变剂之称，能使细胞发生一次或多次突变，诱变效果好，尤其适合于诱发营养缺陷型突变株。其中处理细菌、放线菌等微生物时，不经淘汰就可以直接得到 10% 以上的营养缺陷型突变株，而用一般诱变剂处理只能达百分之几至千分之几。NTG 还能使多基因并发突变，在复制叉附近一个基因突变能诱发邻近位置的基因陆续连锁突变。

NTG 在水溶液中随着不同的 pH 将产生不同的分解产物，从而影响诱变效应。当溶液 pH 低于 5.5 时，NTG 分解成 HNO_2，HNO_2 本身就具诱变作用；当溶液 pH 在 8.0 以上时，NTG 会分解产生重氮甲烷(CH_2N_2)，对核酸起烷化作用，引起微生物突变；当溶液 pH 为 6.0 时，NTG 本身和 DNA 起烷化反应而导致突变。通常在 pH6.0 的条件下进行诱变处理。由于酸碱条件影响 NTG 的诱变效果，因此，无论是配制 NTG 溶液，还是制备菌悬液都要用适宜的缓冲溶液。常用的有磷酸缓冲液和 Tris 缓冲液。

NTG 的诱变处理方法：①取新鲜的斜面，用一定 pH 的磷酸缓冲液或 Tris 缓冲液洗下细菌制成菌悬液。如果采用细菌细胞或丝状菌孢子(真菌或放线菌)，须进行前培养，可用有关培养基代替以上缓冲液，孢子培养时间控制在大部分孢子处在萌动阶段，经离心、洗涤，则可用缓冲液制成悬液，浓度为 $10^6 \sim 10^7$ 个/ml。②配制 NTG 母液：由于 NTG 不溶于水，配制需加助溶剂甲酰胺或丙酮少许，然后加缓冲溶液，比例为 9：1(缓冲溶液 9ml：NTG 丙酮溶液 1ml)，一般 NTG 母液浓度配成 1mg/ml。使用时取母液 0.2ml，加菌悬液 1.8ml，NTG 最后处理浓度为 100μg/ml。一般处理浓度随菌种不同而异，通常细菌为 100~1000μg/ml，而放线菌、真菌孢子为 1000~3000μg/ml。③将以上菌悬液和 NTG 溶液盛于一试管内，置该菌生长适宜的温度下保温(细菌 30~35℃、真菌 25~28℃、放线菌 30~32℃)处理若干时间，一般细菌为 20~60min，孢子 90~120min。④终止反应：用冷的生理盐水稀释到 50 倍以上或在低温下进行离心洗涤，除去药液，加无菌水使沉淀悬浮并制成一定稀释度，分离于平皿。如果是细菌，把后培养基按一定浓度加入到菌体沉淀物中，振荡培养 1.5~2h，经 2~3 次细胞分裂，把表型稳定的突变细胞培养液进行稀释，分离培养在平皿上。

处理完毕后，马上把接触过 NTG 的器皿用 NaOH 或 $Na_2S_2O_3$ 浸泡处理。

NTG 除以上直接以溶液处理外，还可以按以下方法诱变处理，摇瓶振荡处理：在接菌后的培养基中加入 5~10μg/ml NTG，并加几滴吐温 80 或吐温 60，使成乳化状(注意吐温对该菌生长是否有影响)；在平皿上生长过程处理：如果将 NTG、琼脂和菌体混合制成平板，NTG 浓度为 10~50μg/ml。或将琼脂培养基制成平板，然后将 NTG 和菌体混合涂抹平板，此时 NTG 浓度为 10~20μg/ml。

经后培养的培养液，除部分进行平板分离外，剩余的培养液可以加入适量的药物，保存于冰箱内数天。例如，日本有人把经过 NTG 处理后的大肠杆菌培养液，用 50% 甘油水溶液加入 1/3 容积(最终浓度为 12.5%)于 -40℃、-80℃ 保存，在以后数天内随时可取出融化，稀释分离,突变体死亡很少。如果要把培养液直接置冰箱保存,通过试验确定一种适合低温保存的培养基,使它们在保存期间总菌数的死亡率和正突变体的死亡率都降低到最小值。

据报道,无论是用辐射线处理,还是用化学诱变剂处理后的菌悬液或后培养液,浸在冰水浴中2~3h,试验的重复性很好。认为对大肠杆菌、枯草杆菌和放线菌等可以采取这一措施来提高诱变效果。

NTG是一种强烈的致癌物质,操作时要戴橡皮手套,穿工作服,戴口罩,用称量瓶称量,最好在通风橱中进行。凡接触过NTG的器皿必须及时、单独处理,如用自来水大量冲洗或用1~2mol/L的NaOH或2%的$Na_2S_2O_3$浸泡过夜,洗净。

2. 甲基磺酸乙酯(又称乙基硫酸甲烷,简称EMS)

分子式:$CH_3 \cdot SO_2 \cdot O \cdot CH_2CH_3$

甲基磺酸乙酯是磺酸酯类中诱变效应较好的一种烷基化合物,外观呈粉末状或无色液体,难溶于水,不稳定,易水解成无活性物质。在水溶液中水解半衰期较短,30℃时半衰期为26h,37℃时10.4h,40℃时只有7.9h。因此,要低温、干燥保存。诱变效应最佳的酸碱条件为pH 7.0~7.4。配制EMS和制备菌悬液都要用一定的缓冲溶液,这不仅影响诱变剂渗透到细胞内的速度,而且也影响诱变剂的稳定性。

EMS的诱变处理方法(以处理浓度0.1mol/L为例):① EMS 0.5mol/L 浓度母液的配制。EMS有毒性,尤其在高浓度情况下,容易挥发。为了安全和防止失效,配制前将需用的器皿置冰箱内预冷,然后在冰浴中进行配制。取0.5ml EMS原液,加入到10ml pH 7.2的磷酸缓冲液中,加盖封口,并轻轻转动试管。由于在水溶液中易失效,故尽可能低温保藏,并要现用现配。②取新鲜的菌体,经前培养至对数期,离心洗涤,用缓冲液制成8ml菌悬液(10^7~10^8个/ml)。对于丝状菌孢子,则前培养至萌动期,菌悬液含菌10^6~10^7个/ml。③取EMS母液2ml,加入到以上8ml的菌悬液中,在适宜温度下处理一定时间(根据预实验结果确定)。处理的最终浓度为0.1mol/L。对于真菌孢子,则为0.2~0.5mol/L。④EMS处理一定时间后,用50倍生理盐水稀释或加入一定量的2%$Na_2S_2O_3$溶液,或多次离心、洗涤,以终止反应,然后将菌体作成一定稀释度,进行平板分离。如果是细菌,将20ml肉汤培养基加到以上菌体沉淀物中,培养1.5~2h,再稀释分离培养。

EMS是剧毒的诱变剂,在整个诱变过程,包括配制药品、操作处理、保存等都要严守安全,不能接触皮肤,所有接触过EMS的器皿,需单独用大量水冲洗洗涤,或用10%$Na_2S_2O_3$溶液浸泡过夜,再用清水冲洗干净。

3. 硫酸二乙酯(DES)

DES是无色的液体,不溶于水,溶于乙醇,具一定毒性,很不稳定。DES在水溶液中半衰期很短,20℃时为3.3h,30℃时为1h,40℃时仅0.3h。因此,要严格做到随用随配,并且要低温、干燥、避光保存。

DES诱变效应同样受酸碱条件的影响,pH中性时效应最好,配制溶液和制备菌悬液都要用0.1mol/L pH7.2的磷酸缓冲液。

DES的处理方法(以处理浓度1%为例):①取DES原液0.4ml于灭菌试管中,加入少量乙醇使其溶解,再加pH7.2的磷酸缓冲液19.6ml,配成体积分数为2%的溶液。②用同一种磷酸缓冲液将新鲜斜面的细菌或真菌孢子洗下,制成菌悬液,含菌密度与以上相同。③取以上DES溶液和菌悬液等量(如5:5)加入到无菌试管内混合,最后处理浓度为1%,在一定的温度下振荡处理20~60min。④诱变处理结束加入生理盐水稀释,或加入2‰$Na_2S_2O_3$ 0.5ml终止反应。如果是细菌,将20ml肉汤培养基加入到以上菌体沉淀物中,进行1.5~2h后培养,然后稀释、分离于平皿。

4. 乙烯亚氨

结构式：$HN{<}\genfrac{}{}{0pt}{}{CH}{CH}$

乙烯亚氨是无色液体,能溶于水,性质不稳定,易分解,其产物有毒但无活性。乙烯亚胺易挥发,有强烈的腐蚀作用,剧毒,易燃,易爆,操作时要十分小心,在避光、密封、低温条件下保存。

乙烯亚氨能与一个或多个碱基起化学反应,引起DNA复制时碱基配对错误而发生变异。由于乙烯亚胺在水溶解中易产生无诱变作用的物质,故最好采取高浓度短时间处理。使用时以无菌水配制成浓度为1/1000~1/10 000,在室温或更低的温度下处理0.5~5h,用大量生理盐水稀释,分离于平皿培养或进行后培养,然后涂布分离。

三、脱氨剂（以亚硝酸为例）

亚硝酸是一种常用的诱变剂,毒性小,不稳定,易挥发,其钠盐容易在酸性缓冲液中分解产生NO和NO_2：

$$NaNO_2 + H^+ \longrightarrow HNO_2 + Na^+$$
$$2HNO_2 \longrightarrow N_2O_3 + N_2O$$
$$N_2O_3 \longrightarrow NO\uparrow + NO_2\uparrow$$

而NO_2遇空气又变成N气体,故配制时须加塞密封,并且要现用现配。

（一）亚硝酸的诱变机制

亚硝酸可直接作用于正在复制或未复制的DNA分子,脱去碱基中的氨基变成酮基,改变碱基氢键的电位,引起转换而发生变异。例如,脱氨基的结果使腺嘌呤(A)变为次黄嘌呤(H),胞嘧啶(C)变为尿嘧啶(U),鸟嘌呤(G)变为黄嘌呤(X)。当用亚硝酸处理引起碱基脱氨基作用,由A变成H时,第一次DNA复制后次黄嘌呤不与胸腺嘧啶配对,而与胞嘧啶配对,第二次复制后A∶T转换为G∶C(图4.13);由C变成U时,第一次DNA复制尿嘧啶不与鸟嘌呤而与腺嘌呤互配,第二次复制后G∶C转换为A∶T(图4.14);当G变成X时,与以上两种情况不同,黄嘌呤仍然和胞嘧啶配对。从以上诱变机制中可以看出,亚硝酸处理微生物时,可使腺嘌呤和胞嘧啶脱氨基后引起碱基A∶T→G∶C和G∶C→A∶T,因此,亚硝酸的诱变也可以发生回复突变。

亚硝酸除了脱氨基作用外,还可引起DNA两条单链之间的交联作用,阻碍双链分开,影响DNA复制,从而导致突变(图4.15)。

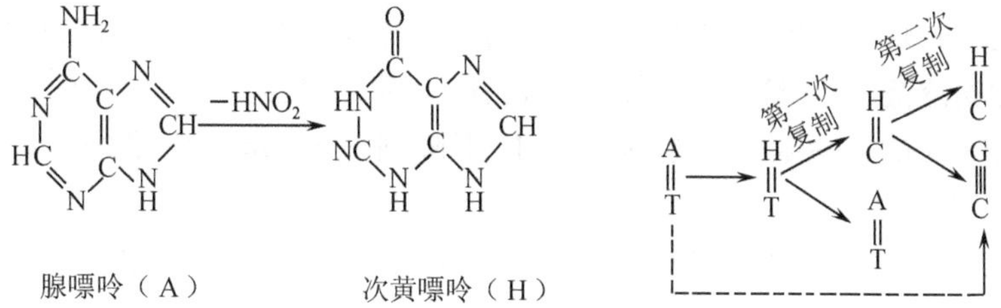

图 4.13 脱氨基后碱基转换(1)

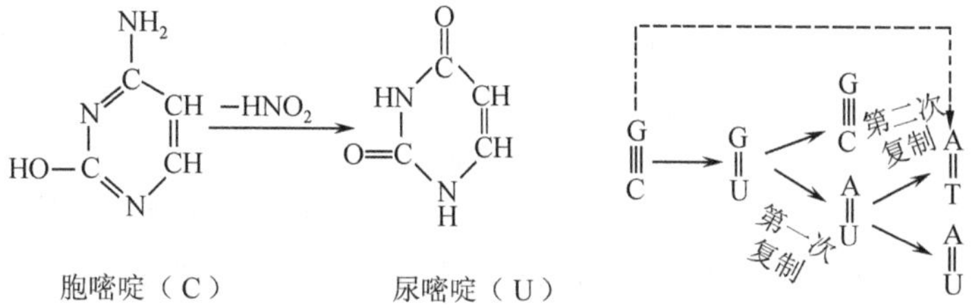

图 4.14 脱氨基后碱基转换(2)

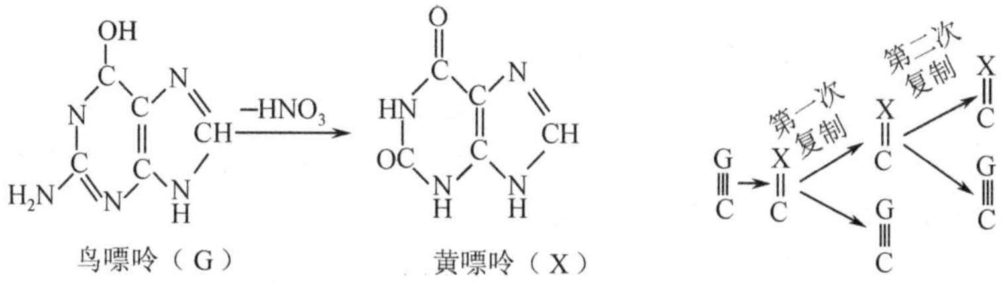

图 4.15 脱氨基后碱基不发生转换

(二)亚硝酸的处理方法

1. 试剂的配制

1) 1mol/L pH4.5 醋酸缓冲液　　称取醋酸 6.12g,加蒸馏水定容至 100ml。称取醋酸钠 8.2g,加蒸馏水定容至 100ml。将醋酸钠溶液缓缓加入到醋酸溶液中,搅拌均匀,调节 pH 至 4.5,两者之比大约为 1:1。

2) 0.1mol/L 亚硝酸钠溶液　　称取亚硝酸钠 0.69g,加蒸馏水定容至 100ml。

3) 0.07mol/L pH8.6 磷酸氢二钠溶液　　称取磷酸氢二钠($Na_2HPO_4 \cdot 2H_2O$)1.246g,加蒸馏水定容至 100ml。

以上试剂使用前均要灭菌。

2. 处理方法(以处理浓度 0.025mol/L 为例)

取孢子悬液 1ml,pH4.5 醋酸缓冲液 2ml 及 0.1mol/L 亚硝酸钠溶液 1ml,最后处理浓度为 0.025mol/L。于 25~26℃保温 10~20min,加入 0.07mol/L、pH8.6 的磷酸氢二钠溶液 20ml,使 pH 下降至 6.8 左右,以终止反应。稀释分离于平板。

如果是处理细菌,亚硝酸最后浓度以 0.05mol/L 为例:将斜面新鲜菌体移入肉汤培养基,适温培养到对数期,将培养液进行离心,弃去上清液,用生理盐水洗涤。pH4.5 醋酸缓冲液和 0.1mol/L 硝酸钠溶液 1:1 浓度加入沉淀的菌体中,使之悬浮。于 35~37℃ 处理 5~10min、加入 5 倍的 pH8.6 的磷酸氢二钠溶液,使 pH 下降到 6.8。取一定量进行后培养 1.5~2h。然后稀释分离于平板上。

在亚硝酸处理菌体或孢子时要严格控制好温度,否则会影响诱变效果。

四、移码诱变剂

移码诱变剂与 DNA 相互结合引起碱基增添或缺失而造成突变。它们主要包括吖啶黄、吖啶橙、原黄素(2,8-二氨基吖啶)、ICR-171、ICR-191 等化合物。移码诱变剂对噬菌体有较强的诱变作用,尤其是对噬菌体 T2·T4;诱发细菌、放线菌的质粒脱落比其他诱变剂效果更为显著。例如,某些产生抗生素的放线菌,用吖啶类处理后,发现产量明显下降,主要就是由于控制抗生素合成的质粒脱落造成的。

1. 吖啶化合物的诱变机制

DNA 双链上的两个碱基之间插入吖啶类化合物分子(图 4.16),使 DNA 链拉长,两碱基间距离拉宽。由于这类化合物与 DNA 结合后,使碱基插入或缺失,在 DNA 复制时造成点突变以后的所有碱基都往后或往前移动,引起全体三联密码转录、翻译错误而突变,故称这种突变为移码突变。

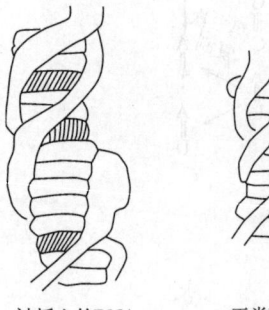

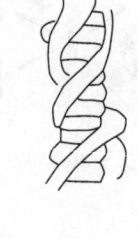

被插入的DNA　　正常DNA
图 4.16　吖啶黄分子插入到 DNA 碱基之间

2. 吖啶黄的性质和使用方法

吖啶黄是淡黄色晶体,微溶于热水,溶于乙醇和乙醚,不稳定,遇光易分解,须避光保存。

吖啶黄使用时,先用少许乙醇溶解,配成一定浓度的母液。通常处理方法是将它们加入培养基中,使最后浓度为 10~50μg/ml,混合后制成平板,将处理菌悬液分离其上,适温培养,在生长过程中处理。另外,还可将吖啶黄加入到培养液中,浓度为 10~20μg/ml,在适温条件下,振荡培养过程中处理。

五、羟化剂(以羟胺为例)

羟胺的分子式为 NH_2OH(简称 HA),常以盐酸羟胺形式存在(分子式为 $NH_2OH·HCl$),为白色晶体,溶于水,不稳定易分解,具腐蚀性,容易吸湿,故要密封、干燥保存。

1. 羟胺的诱变机制

羟胺是具有特异诱变效应的诱变剂,专一地诱发 G:C→A:T 的转换。对噬菌体、离体 DNA 专一性更强。DNA 分子上和羟胺发生反应的碱基主要是羟化胞嘧啶上的氨基。当羟胺浓度为 0.1~1.0mol/L,pH6.0 时,它专一地与胞嘧啶起反应,而羟化后的胞嘧啶与腺嘌呤配对,引起 G:C→A:T 转换(图 4.17)。当羟胺浓度为 0.1~1.0mol/L,pH9.0 时,主要与尿嘧啶反应;在低浓度,如 10^{-3}mol/L,pH9.0 时,羟胺可以与胸腺嘧啶、鸟嘌呤和尿嘧啶起反应。但据分析,羟胺与 T、G 反应的是它的产物,而不是它本身。此外,羟胺有时还能和细胞中其他物质作用产生过氧化氢，也具有诱变作用。根据诱变机制，羟胺不能使突变回复，即不能使 A∶T→G∶C 转换，进行逆向突变。

由于羟胺是诱发 G∶C→A∶T 的专一性诱变剂，因此，可以用来鉴别突变体是 A∶T→G∶C 还是 G∶C→A∶T 转换。如果用羟胺处理突变体后，产生回复转换突变体，说明原来突变是由 A∶T→G∶C 转换；如果羟胺诱发突变体的结果不产生回复突变体，说明原突变的碱基是由 G∶C→A∶T 的转换。这种鉴别常用于碱基类似物和亚硝酸等诱变剂诱发回复突变体的碱基转换。

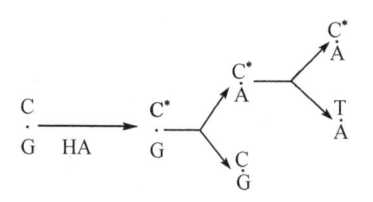

图 4.17　羟胺的诱变机制
C* 表示改变了结构的胞嘧啶

2. 羟胺的处理方法

常用浓度为 0.1%～5%，可直接在溶液中处理，时间 1～2h，然后分离培养。但一般都加到琼脂平板或振荡培养基中，然后接入孢子或细菌，在适温下培养，生长过程中处理，所用浓度比直接处理时低些。

六、金 属 盐 类

用于诱变育种的金属盐类主要有氯化锂、硫酸锰等。其中氯化锂比较常用，与其他诱变剂复合处理，效果相当显著。

氯化锂是白色粉末，易溶于水，暴露空气中易潮解，使用时通常加到培养基中。为了避免受破坏，倒平板时，当培养基温度冷却到 50～60℃ 时才加入制成平板，然后把细菌或孢子涂布分离，处理终浓度为 0.3%～1.5%。

氯化锂单独使用没有明显的诱变效果，几乎都要与其他诱变剂配合处理，因此有时也称之为助诱变剂。它在高产菌种选育史上发挥了极其显著的作用。在一些分子结构中含有 Cl^- 的有益代谢产物，如笔者选育灰黄霉素的产生菌时，用紫外线照射后分离于含氯化锂的琼脂平板上，在培养过程中处理，其诱变效果相当显著。其处理浓度随着诱变代数增加而提高，在连续 13 代的诱变中，氯化锂的浓度由 0.3% 逐步提高到 2.0%；而变株的灰黄霉素产量也不断提高，结合培养基和培养条件的改进，其发酵水平提高了 140 多倍。另外，氯化锂和紫外线的复合处理在土霉素和麦迪霉素的高产菌株选育中也取得显著效果。

七、其他化学诱变剂

1. 秋水仙碱

秋水仙碱是诱发细胞染色体多倍体的诱变剂。最先用于植物细胞的诱变，后来作为微生物诱变处理的辅助剂。秋水仙碱的主要作用是破坏细胞有丝分裂过程中纺锤丝的形成。在细胞分裂过程中，当染色体已复制成两套时，此时由于秋水仙碱的作用，阻碍了纺锤体的形成，使之具备两套染色体的母细胞难以形成两个子细胞，从而使细胞核内的两套染色体都包含在一个细胞内，导致多倍体的产生。由于多倍体细胞不稳定，在以后分裂过程中仍然要分离。因此，这一时期如果进一步使用其他较强的诱变剂处理菌体细胞，就容易获得突变体。

秋水仙碱的处理方法：秋水仙碱为白色粉末，溶于水，用时先配成浓度为 0.01%～0.2% 的母液。孢子或细菌进行前培养后，加入秋水仙碱溶液，使最后处理浓度为 $500\mu g/ml$，继续培养

表 4.5 化学诱变剂的处理与效应

诱变剂类别	诱变剂名称	诱变效应	诱变剂浓度	处理时间	缓冲溶液	终止反应法	特点与注意点
烷化剂	甲基磺酸乙酯(EMS)	在DNA上的初级效应: (1) 烷化碱基,主要嘌呤类,尤其是G; (2) 烷化磷酸基团; (3) 脱落烷化的嘌呤; (4) 糖和磷酸骨架的断裂; (5) 双螺旋DNA链交联 遗传效应: A:T → G:C 转换 G:C → A:T 转换 A:T → T:A 颠换 G:C → C:G 颠换	0.01~0.5mol/L	10~60min	pH7.0~7.2的磷酸缓冲液	2% Na₂S₂O₃ 或大量稀释	(1) 诱变作用强; (2) 常可发生多次突变,不易掌握; (3) 致癌或有毒,操作时避免与皮肤接触,防止环境污染; (4) 一般磺酸酯类和亚硝基化合物,细胞致死率较低
	硫酸二乙酯(DES)		0.5%~2%	孢子2~10h	pH7.0的磷酸缓冲液	2% Na₂S₂O₃ 或大量稀释	
			0.1%~0.5%	20~60min			
	亚硝基胍(NTG)		0.1~1.0mg/ml	孢子10~12h	pH6.0,1mol/L的磷酸缓冲液或Tris缓冲液	大量稀释	
			孢子1.0~3.0mg/ml	20~60min			
	亚硝基乙基脲(NEH)		孢子12~20μg/ml	孢子90~120min	pH6.0~7.0的磷酸缓冲液或Tris缓冲液	大量稀释	
	乙烯亚胺		0.5~5.0mg/ml	生长过程处理			
				30~60min, 孢子5~20h			
	氮芥		1/1000~1/10 000	0.5~5h	大量稀释	大量稀释	
碱基类似物	5-溴尿嘧啶	掺入到DNA代替T 有时也与G错配 偶尔G:C → A:T 转换	0.1~1.0mg/ml	1.5~2h 孢子6~12h		甘氨酸解毒或大量稀释	大多为弱诱变剂
脱氨剂	亚硝酸	A、C 脱氨基作用,DNA交联 A:T → G:C 转换,碱基缺失	10~50μg/ml	生长过程处理			
			0.01~0.1mol/L	10~60min	pH 4.5, 1mol/L 醋酸缓冲液	pH 8.6, 0.07mol/L 磷酸氢二钠溶液	在致死亡率的情况下诱变效应高
羟化剂	羟胺	同胞嘧啶起羟化反应 G:C → A:T 转换	0.1%~0.5%	数小时或生长过程处理	大量稀释		为弱诱变剂
金属盐类	氯化锂		0.5~1mol/L	20~60min			弱诱变剂无致死作用,宜复合处理
吖啶类	吖啶黄	码组移动	0.3%~1.5%	生长过程处理			较强的诱变剂
			10~50μg/ml	生长过程处理振荡培养3~4h			
秋水仙碱	秋水仙	在有丝分裂过程中破坏纺锤丝,使染色体组加倍	0.1%~0.2%				多倍体诱发剂,宜复合处理
			0.01~0.2%	数小时或生长过程处理			

一定时间(细胞分裂一次以上所需时间),然后将培养液分离于平皿上;或将培养液离心、洗涤,再用其他诱变剂复合处理,效果更好;还可以把秋水仙碱和其他诱变剂同时加到琼脂培养基中制成平板,然后将孢子或细菌分离在平板上,进行生长过程中的处理,也能取得一定效果。

2. 抗生素

作为诱变剂的抗生素主要有链黑霉素、争光霉素、丝裂霉素、放线菌素、正定霉素、光辉霉素和阿霉素等。这些抗生素都是抗癌药物,它们在微生物育种中虽有应用,但效果不如烷化剂等诱变剂显著,应用并不广泛。一般不单独使用,常与其他诱变剂一起复合使用。

八、化学诱变剂的安全操作

化学诱变剂多数是极毒的致癌药品,在进行诱变操作后的处置以及诱变剂的保藏等方面的安全防护都是极其重要的。如有疏忽,就可能对健康和环境带来恶果,万万不可麻痹。使用化学诱变剂一般要求避光、密封、低温、干燥等;尽可能不触及人体任何部位;对残余物要及时进行消毒、稀释处理。现列表加以总结,见表4.5和表4.6。

表 4.6 化学诱变剂操作安全须知

诱变剂种类	保藏方法	清除方法	危险反应
磺酸酯类和硫酸酯类	①低温、干燥、避光	①用过量 $NaHCO_3$ 粉末覆盖或 1~2mol/L NaOH 浸泡灭活,再用大量水浸泡 48~72h,用10%的硫代硫酸钠溶液浸泡清洗	与双氧水可发生激烈反应;误咽入应立即诱致呕吐,再用盐水或其他碱性溶液灌洗,并检查肾功能
亚硝基化合物类	②小单位低温保存,避免碰撞、摩擦	②用纸吸附后挖坑焚烧;水擦洗后,再用10%的硫代硫酸钠溶液擦拭	具挥发性,会伤及人眼;超过200℃时,因放热反应而发生爆炸,有机化合物存在时,低温下也可能发生爆炸;可引起人眼角膜溃痛,气喘,接触性皮炎等
亚胺的芥子气类	③于充满 NaOH 的干燥器中冷藏	③用纸吸附再焚烧,污染物品用浓肥皂水洗涤;注意避开烟雾	酸类物质存在时,可发生爆炸;变态反应,皮肤病和肺心病患者不能接触
羟胺类	④小量干燥冷藏	④用过量 $NaHCO_3$ 粉末覆盖,再用过量水冲洗	易引起呼吸道疾病和皮炎等

思 考 题

1. 常见诱变剂的类型有哪些,各有什么特点?
2. 直接作用型与间接作用型的化学诱变剂的作用机制有什么特点,在使用过程中应注意什么?
3. 根据哪些情况选择诱变剂及诱变剂量?

第五章 工业微生物产生菌的分离筛选

菌种是发酵工业的关键。只有具备了良好的菌种基础,才能通过改进发酵工艺和设备,得到理想的发酵产品。目前工业生产上应用的优良菌种,无论是抗生素生产菌,还是各种产酶菌种,绝大多数都是从自然界中分离得到,经过筛选、纯化及培养条件的研究而应用于工业生产的。例如,第一株应用于发酵工业的青霉素生产菌是从美国伊利诺斯州长霉的葡萄柚中分离出来的;第一株头孢霉素生产菌则来自意大利撒丁岛的污水中。

众所周知,微生物在自然界的分布极其广泛。地球上除了火山的中心区域外,无论是土壤、空气、水,还是动植物体及各种极端恶劣的环境,都有微生物的踪迹。且不同环境条件下生长的微生物也相应有着不同的代谢类型和独特的生理特性。据估计,迄今为止全世界详细研究过的微生物还不到其总数的1%。因此,自然界尤其土壤是取之不尽的菌种宝库。但自然环境下的微生物是混杂生长的,要想得到理想的菌株,就需要采取一定的方法将它们分离出来。

菌株分离(separation)就是将一个混杂着各种微生物的样品通过分离技术区分开,并按照实际要求和菌株的特性采取迅速、准确、有效的方法对它们进行分离、筛选,进而得到所需微生物的过程。菌株分离、筛选(screening)虽为两个环节,但却不能决然分开,因为分离中的一些措施本身就具有筛选作用。工业微生物产生菌的筛选一般包括两大部分:一是从自然界分离所需要的菌株;二是把分离到的野生型菌株进一步纯化并进行代谢产物鉴别。

在实验工作中,为了使筛选达到事半功倍的效果,总的说来可从以下几个途径进行收集和筛选。

(1) 向菌种保藏机构索取有关的菌株,从中筛选所需菌株。国内外著名的菌种保藏机构有:中国微生物菌种保藏管理委员会(CCCCM)、美国典型菌种保藏中心(ATCC)、英国国家典型菌种保藏所(NCTC)、日本的大阪发酵研究所(IFO)等。

(2) 由自然界采集样品,如土壤、水、动植物体等,从中进行分离筛选。

(3) 从一些发酵制品中分离目的菌株,如从酱油中分离蛋白酶产生菌,从酒醪中分离淀粉酶或糖化酶的产生菌等。该类发酵制品经过长期的自然选择,具有悠久的历史,从这些传统产品中容易筛选到理想的菌株。

菌株的分离和筛选一般可分为采样、富集、分离、产物鉴别几个步骤。

第一节 含微生物样品的采集

自然界含菌样品极其丰富,土壤、水、空气、枯枝烂叶、植物病株、腐烂水果等都含有众多微生物,种类数量十分可观。但总体来讲土壤样品的含菌量最多。

一、从土壤中采样

土壤由于具备了微生物所需的营养、空气和水分,是微生物最集中的地方。从土壤中几乎可以分离到任何所需的菌株。空气、水中的微生物也都来源于土壤,所以土壤样品往往是首选的采集目标。一般情况下,土壤中含细菌数量最多,且每克土壤的含菌量大体有如下的递减规律:细菌(10^8)>放线菌(10^7)>霉菌(10^6)>酵母菌(10^5)>藻类(10^4)>原生动物(10^3),其中放线菌和霉菌指其孢子数。但各种微生物由于生理特性不同,在土壤中的分布也随着地理条件、养分、水分、土质、季节而有很大的变化。因此,在分离菌株前要根据分离筛选的目的,到相应的环境和地区去采集样品。

(一) 根据土壤特点

1. 土壤有机质含量和通气状况

一般耕作土、菜园土和近郊土壤中有机质含量丰富,营养充足,且土壤成团粒结构,通气保水性能好,因而微生物生长旺盛,数量多,尤其适合于细菌、放线菌生长。山坡上的森林土,植被厚,枯枝落叶多,有机质丰富,且阴暗潮湿,适合霉菌、酵母菌生长繁殖。沙土、无植被的山坡土、新垦的生土及瘠薄土等,土壤贫瘠,有机质含量少,微生物数量相应也比较少。

从土层的纵剖面看,1~5cm 的表层土由于阳光照射,蒸发量大,水分少,且有紫外线的杀菌作用,因而微生物数量比 5~25cm 土层少;25cm 以下土层则因土质紧密,空气量不足,养分与水分缺乏,含菌量也逐步减少。因此,采土样最好的土层是 5~25cm。一般每克土中含菌数约几十万到几十亿个,并且各种类型的细菌和放线菌几乎都能分离到,如好气芽孢杆菌、假单胞菌、短杆菌、大肠杆菌、某些嫌气菌等。但总的来说酵母菌分布土层最浅,为 5~10cm;霉菌和好氧芽孢杆菌也分布在浅土层。

2. 土壤酸碱度和植被状况

土壤酸碱度会影响微生物种类的分布。偏碱的土壤(pH7.0~7.5)环境适合于细菌、放线菌生长。反之在偏酸的土壤(pH7.0 以下)环境下,霉菌、酵母菌生长旺盛。由于植物根部的分泌物有所不同,因此,植被对微生物分布也有一定的影响。例如,番茄地或腐烂番茄堆积处有较多维生素 C 产生菌;葡萄或其他果树在果实成熟时,其根部附近土壤中酵母菌数量增多;豆科植物的植被下,根瘤菌数量比其他植被下占优势。

3. 地理条件

南方土壤比北方土壤中的微生物数量和种类都要多,特别是热带和亚热带地区的土壤。许多工业微生物菌种,如抗生素产生菌,尤其是霉菌、酵母菌,大多从南方土壤中筛选出来。原因是南方温度高,温暖季节长,雨水多,相对湿度高,植物种类多,植被覆盖面大,土壤有机质丰富,造成得天独厚的微生物生长环境。

4. 季节条件

不同季节微生物数量有明显的变化,冬季温度低,气候干燥,微生物生长缓慢,数量最少。到了春天随着气温的升高,微生物生长旺盛,数量逐渐增加。但就南方来说,春季往往雨水多,土壤含水量高,通气不良,即使有微生物所需的温度、湿度,也不利于其生长繁殖。随后经过夏季到秋季,有 7~10 个月处在较高的温度和丰富的植被下,土壤中微生物数量比任何时候都多,因此,秋季采土样最为理想。

(二) 采 样 方 法

用取样铲,将表层 5cm 左右的浮土除去,取 5~25cm 处的土样 10~25g,装入事先准备好的塑料袋内扎好。北方土壤干燥,可在10～30cm处取样。给塑料袋编号并记录地点、土壤质地、植被名称、时间及其他环境条件。一般样品取回后应马上分离,以免微生物死亡。但有时样品较多,或到外地取样,路途遥远,难以做到及时分离,则可事先用选择性培养基做好试管斜面,随身带走。到一处将取好的土样混匀,取3～4g撒到试管斜面上,这样可避免菌株因不能及时分离而死亡。

二、根据微生物生理特点采样

(一) 根据微生物营养类型

每种微生物对碳、氮源的需求不一样,分布也有差异。研究表明,微生物的营养需求和代谢类型与其生长环境有着很大的相关性。例如,森林土有相当多枯枝落叶和腐烂的木头等,富含纤维素,适合利用纤维素作碳源的纤维素酶产生菌生长;在肉类加工厂附近和饭店排水沟的污水、污泥中,由于有大量腐肉、豆类、脂肪类存在,因而,在此处采样能分离到蛋白酶和脂肪酶的产生菌;在面粉加工厂、糕点厂、酒厂及淀粉加工厂等场所,容易分离到产生淀粉酶、糖化酶的菌株。若要筛选以糖质为原料的酵母菌,通常到蜂蜜、蜜饯、甜果及含糖浓度高的植物汁液中采样。在筛选果胶酶产生菌时,由于柑橘、草莓及山芋等果蔬中含有较多的果胶,因此,从上述样品的腐烂部分及果园土中采样较好。

若需要筛选代谢合成某种化合物的微生物,从大量使用、生产或处理这种化合物的工厂附近采集样品,容易得到满意的结果。在油田附近的土壤中就容易筛选到利用碳氢化合物为碳源的菌株。Hartman等曾从乙烯氯化物的工厂附近分离到一株以乙烯氯化物为碳源和能源的分枝杆菌。含1%乙烯氯化物的空气通过该菌培养可除去93%的毒性。也有人从含油污泥中筛选出能以20[#]机械润滑油为唯一碳源的3株石油降解菌菌株,分别为动胶菌属(*Zoogloea* sp.)、氮单胞菌属(*Azomonas* sp.)和假单胞菌属(*Pseudomonas* sp.)。当然,也可将一种需要降解的物质作为样品中微生物的唯一碳源或氮源进行富集,然后分离筛选。

此外,不少微生物对碳源的利用是不完全专一的,如以油脂为碳源的某些脂肪酶产生菌同样也可以分解淀粉或其他糖类物质获得能源而生长。以石油等碳氢化合物为碳源的油田微生物,也可以利用一些糖类为碳源。具有以上特性的微生物在一般土壤、水及其他样品中也会存在,不过数量较少。

(二) 根据微生物的生理特性

在筛选一些具有特殊性质的微生物时,需根据该微生物独特的生理特性到相应的地点采样。例如,筛选高温酶产生菌时通常到温度较高的南方,或温泉、火山爆发处及北方的堆肥中采集样品;分离低温酶产生菌时可到寒冷的地方,如南北极地区、冰窖、深海中采样;分离耐压菌则通常到海洋底部采样。因为深海中生活的微生物能耐很高的静水压,如从海中筛到一株水活微球菌(*Micrococcus aquivivus*),它能在600个大气压下生长。分离耐高渗透压酵母菌时,由于其偏爱糖分高、酸性的环境,一般在土壤中分布很少,因此,通常到甜果、蜜饯或甘蔗渣堆积处采样。例如,有人曾在花蜜中分离到一株能耐30%高糖的耐高渗透压的酵母菌。

三、特殊环境下采样

值得注意的是微生物的分布除了本身的生理特性和环境条件综合因素的影响之外,还要受局部环境条件的影响,如北方气候寒冷,年平均温度低,高温微生物相对较少。但在该地区的温泉或堆肥中,却会出现为数众多的高温微生物。氧气充足的土层中理论上只适合于好氧菌生长,但实际上也有一些嫌气菌生活,原因是好气菌生长繁殖消耗了土层中大量氧气,为嫌气菌创造了局部生长的有利环境,所以一般土壤中也能分离到嫌气菌。

海洋对于微生物来说是一个特殊的局部环境,尽管许多微生物也是经河水、污水、雨水或尘埃等途径而来,但由于海洋独特的高盐度、高压力、低温及光照条件,使海洋微生物具备特殊的生理活性,相应也产生了一些不同于陆地来源的特殊产物。前苏联学者发现,20%～50%的海鞘、海参体内的微生物可产生具有细菌毒性和杀菌活性的化合物。此外,美国马里兰大学也曾从海绵体内的共生或共栖的细菌中分离到抗白血病、鼻咽癌的抗癌物质。日本发现深海鱼类肠道内的嗜压古细菌,80%以上的菌株可以生产 EPA(二十碳五烯酸)和 DHA(二十二碳六烯酸),最高产量可达 36% 和 24%。笔者从鳕鱼肠道中分离到一株 pj20 细菌,产 EPA 14.78mg/L,在 15℃ 培养时 EPA 占脂肪酸的 12.7%。日本也从海洋真菌 *Thraustochvtrium aureum* 中筛选到一株产 DHA 达 290mg/L 的菌株。从海洋中采样时,可参考其中不同种类微生物的分布规律:表层多为好气异养菌,底层由于有机质丰富,硫化氢含量高,厌气性腐败菌和硫酸盐还原菌较多,两层之间则多为紫硫菌。

具有特殊性质的微生物通常分布在一些特殊的环境中。例如,得克萨斯州中南部的一个岩洞中存在着大量嗜碱性的、能进行氨氧化和产几丁质酶的微生物,其原因是这里生活着 2000 万只蝙蝠,它们每晚吃掉 25 万 lb(磅)①昆虫,其排泄物造成了洞内 10m 深的丰富营养层,这种特殊的环境对该种微生物起了选择和富集的作用。还有人从侵蚀木船的一种蠕虫肠道中分离到既能固氮又能降解纤维素的微生物。从考拉熊(Koala)肠中也曾分离到萜烯分解酶的产生菌,这可能因为考拉专吃含有高烯萜的桉树类植物,给该种微生物创造了一个适宜的生长环境。美国从用硝酸处理过的花生壳中分离到一株节杆菌,该菌以木质素为唯一碳源,它对处理过的花生壳的消化率可达到 63%,再加入酿酒酵母使其蛋白质含量达到 13.6%,可作为牛、猪、鸡饲料的添加剂。

微生物一般在中温、中性 pH 条件下生长。但在绝大多数微生物所不能生长的高温、低温、高酸、高碱、高盐或高辐射强度的环境下,也有少数微生物存在,这类微生物被称为极端微生物。生活所处的特殊环境,导致它们具有不同于一般微生物的遗传特性、特殊结构和生理机能,因而在冶金、采矿及生产特殊酶制剂方面有着很大的应用价值(见本章节第六节)。

第二节 含微生物样品的富集培养

富集(enrichment)培养是在目的微生物含量较少时,根据微生物的生理特点,设计一种选择性培养基,创造有利的生长条件,使目的微生物在最适的环境下迅速地生长繁殖,数量增加,

---

① lb=0.453 592kg。

由原来自然条件下的劣势种变成人工环境下的优势种,以利分离到所需要的菌株。

富集培养主要根据微生物的碳、氮源、pH、温度、需氧等生理因素加以控制。一般可从以下几个方面来进行富集。

一、控制培养基的营养成分

微生物的代谢类型十分丰富,其分布状态随环境条件的不同而异。如果环境中含有较多某种物质,则其中能分解利用该物质的微生物也较多。因此,在分离该类菌株之前,可在增殖培养基中人为加入相应的底物作唯一碳源或氮源。那些能分解利用的菌株因得到充足的营养而迅速繁殖,其他微生物则由于不能分解这些物质,生长受到抑制。当然,能在该种培养基上生长的微生物并非单一菌株,而是营养类型相同的微生物群。富集培养基的选择性只是相对的,它只是微生物分离中的一个步骤。

现举两例。例如,要分离水解酶产生菌,可在富集培养基中以相应底物为唯一碳源,加入含菌样品,给目的微生物以最佳的培养条件(pH、温度、营养、通气等)进行培养。能分解利用该底物的菌类得以繁殖,而其他微生物则因得不到碳源无法生长,菌数逐渐减少。此时分离将得到所需的微生物。又如要分离耐高渗酵母菌,由于该类菌在一般样品中含量很少,富集培养基和培养条件必须严密设计。首先要到含糖分高的花蜜、糖质中去取样。富集培养基为5%~6%的麦芽汁,30%~40%葡萄糖,pH3~4,在20~25℃温度下进行培养,可以达到富集的目的。

在富集培养时,还需根据微生物的不同种类选用相应的富集培养基,如淀粉琼脂培养基通常用于丝状真菌的增殖,配方为(%):可溶性淀粉4,酵母浸膏0.5,琼脂2,pH6.5~7.0。在配制时要特别注意酵母浸膏加量,过多会刺激菌丝生长,而不利于孢子的产生。

根据微生物对环境因子的耐受范围具有可塑性的特点,可通过连续富集培养的方法分离降解高浓度污染物的环保菌。例如,以苯胺作唯一碳源对样品进行富集培养,待底物完全降解后,再以一定接种量转接到新鲜的含苯胺的富集培养液中,如此连续移接培养数次。同时将苯胺浓度逐步提高,便可得到降解苯胺占优势的菌株培养液,采用稀释涂布法或平板划线法进一步分离,即可得到能降解高浓度苯胺的微生物。移种的时间既可根据底物的降解情况,也可通过微生物的生长情况确定。例如,在分离环己烷降解菌时,样品经环己烷为唯一碳源的培养基富集后,培养液由原来的无色变为混浊的乳白色。同时锥形瓶壁上也可观察到微生物的生长情况。此时可以2%的接种量移入新鲜的富集培养基中继续培养。连续富集培养的方法虽耗时较长,有时甚至需要6~7个月,但效果较好。通过该方法分离DDT(双对氯苯基三氯乙烷)、甲基对硫磷(MP)及其他一些污染物的分解菌,也都取得了满意的结果。

二、控制培养条件

在筛选某些微生物时,除通过培养基营养成分的选择外,还可通过它们对pH、温度及通气量等其他一些条件的特殊要求加以控制培养,达到有效的分离目的。例如,细菌、放线菌的生长繁殖一般要求偏碱(pH7.0~7.5),霉菌和酵母菌要求偏酸(pH4.5~6)。因此,将富集培养基的pH调节到被分离微生物要求范围不仅有利于自身生长,也可排除一部分不需要的菌类。分离放线菌时,可将样品液在 40℃恒温预处理 20min,有利于孢子的萌发,可以较大地增加放线菌数目,达到富集的目的。

微生物在自然界的分布极广,甚至在极端恶劣的环境下也有少量的微生物生长繁殖,它们对自然界的物质循环起到不可估量的作用。在筛选这类极端微生物时,就需针对其特殊的生理特性,设计适宜的培养条件,达到富集的目的。例如,在低品位矿生物滤沥及煤的脱硫等方面有重要应用前景的嗜酸微生物,生长 pH 上限为 3.0,最适生长 pH 在 1.0～2.5。在富集培养时也要相应地将 pH 调为酸性,使嗜酸菌大量增殖,便于进一步分离。同样,分离嗜冷菌时,可将样品中的微生物置于 15℃,甚至 0℃培养,使其他微生物的生长受到抑制,易于分离到所需的目的微生物。在分离筛选产生蛋白酶的低温菌时,海水样品经无菌微孔滤膜($\phi 0.2\mu m$)富集后,加入 LB 液体海水培养基,15℃振荡培养 24h,取 1ml 用无菌海水稀释,涂布于选择性平板上低温培养,易于筛选产蛋白酶的低温菌。

一般所筛选的微生物通常是好氧菌,但有时也需分离厌氧菌。因严格厌氧菌不仅可省略通气、搅拌装置,还可节省能耗。这时除了配制特殊的培养基外,还需准备特殊的培养装置,创造一个有利于厌氧菌的生长环境,使其数量增加,易于分离。

三、抑制不需要的菌类

在分离筛选的过程中,除了通过控制营养和培养条件,增加富集微生物的数量以利于分离外,还可通过高温、高压、加入抗生素等方法减少非目的微生物的数量,使目的微生物的比例增加,同样能够达到富集的目的。

从土壤中分离芽孢杆菌时,由于芽孢具有耐高温特性,100℃很难杀死,要在 121℃才能彻底死亡。可先将土样加热到 80℃或在 50%乙醇溶液中浸泡 1h,杀死不产芽孢的菌种后再进行分离。在富集培养基中加入适量的胆盐和十二烷基磺酸钠可抑制革兰阳性菌的生长,对革兰阴性菌无抑制作用。分离厌氧菌时,可加入少量硫乙醇酸钠作为还原剂,它能使培养基氧化还原电势下降,造成缺氧环境,有利于厌氧菌的生长繁殖。

筛选霉菌时,可在培养基中加入四环素等抗生素抑制细菌,使霉菌在样品中的比例提高,从中便于分离到所需的菌株;分离放线菌时,在样品悬浮液中加入 10 滴 10%的酚或加青霉素(抑制 G^+ 菌)、链霉素(抑制 G^- 菌)各 30～50U/ml,以及丙酸钠 10μg/ml(抑制霉菌类)抑制霉菌和细菌的生长。另外据报道,重铬酸钾对土壤真菌、细菌有明显的抑制作用,也可用于选择分离放线菌。在分离除链霉菌以外的放线菌时,先将土样在空气中干燥,再加热到 100℃保温 1h,可减少细菌和链霉菌的数量。分离耐高浓度酒精和高渗酵母菌时,可分别将样品在高浓度酒精和高浓度蔗糖溶液中处理一段时间,杀死非目的微生物后再进行分离。

对于含菌数量较少的样品或分离一些稀有微生物时,采用富集培养以提高分离工作效率是十分必要的。但是如果按通常分离方法,在培养基平板上能出现足够数量的目的微生物,则不必进行富集培养,直接分离、纯化即可。

第三节 好氧微生物的分离

经富集培养以后的样品,目的微生物得到增殖,占了优势,其他种类的微生物在数量上相对减少,但并未死亡。富集后的培养液中仍然有多种微生物混杂在一起,即使占了优势的一类微生物中,也并非纯种。例如,同样一群以油脂为碳源的脂肪酶产生菌,有的是细菌,有的是霉菌,有的是芽孢杆菌,有的不产芽孢,有的生产能力强,有的生产能力弱等。因此,经过富集培养后的样品,也需要进一步通过分离纯化,把最需要的菌株直接从样品中分离出来。

分离的方法很多,大体可分为两类:一类较为粗放,只能达到"菌落纯",如稀释涂布法、划线分离法、组织分离法等。前两种方法由于操作简便有效,工业生产中应用较多,组织分离法则通常是从有病或特殊组织中分离菌株。另一类是较细的单细胞或单孢子分离方法,可达到"菌株纯"或"细胞纯"的水平。这类方法需采用专门的仪器设备,复杂的如显微操纵装置,简单的可利用培养皿或凹玻片作分离小室进行分离。下面对这几种分离纯化方法分别加以介绍。

一、稀释涂布分离法和划线分离法

(1) 稀释涂布分离法:把土壤样品以 10 倍的级差,用无菌水进行稀释,取一定量的某一稀释度的悬浮液,涂抹于分离培养基的平板上,经过培养,长出单个菌落,挑取需要的菌落移到斜面培养基上培养。土壤样品的稀释程度,要看样品中的含菌数多少,一般有机质含量高的菜园土等,样品中含菌量大,稀释倍数高些,反之稀释倍数低些。采用该方法,在平板培养基上得到单菌落的机会较大,特别适合于分离易蔓延的微生物。

(2) 划线分离法:用接种环取部分样品或菌体,在事先已准备好的培养基平板上划线,当单个菌落长出后,将菌落移入斜面培养基上,培养后备用。该分离方法操作简便、快捷,效果较好。

在样品含菌量较少或某种目的微生物不多的情况下,微生物的纯种分离方法可以简化如下:第一种方法,取一支盛有 3~5ml 无菌水的粗试管或小三角瓶,取混匀的样品少许(0.5g 左右)放入其中,充分振荡分散,用灭菌滴管取一滴土壤悬液于琼脂平板上涂抹培养,或者用接种环接一环于平板上划线培养。这种方法不需要菌落计数,比以上常规稀释法简便。第二种方法,取风干粉末状的土样少许(几十毫克)直接洒在选择性分离培养基平板上或混入培养基中制成平板,置适温培养一定时间,长出菌落。例如,分离小单孢菌就可采用该方法。从河泥中取样,风干研碎,取样品粉末 20~50mg 直接加到天门冬酰胺培养基中,混合均匀制成平板,培养后长出鱼卵状菌落。这种方法有时分离不够充分,可用划线法进一步纯化。

二、利用平皿中的生化反应进行分离

这是一类利用特殊的分离培养基对大量混杂微生物进行初步分离的方法。分离培养基是根据目的微生物特殊的生理特性或利用某些代谢产物生化反应来设计的。通过观察微生物在选择性培养基上生长状况或生化反应进行分离,可显著提高菌株分离纯化的效率。

(一) 透 明 圈 法

在平板培养基中加入溶解性较差的底物,使培养基混浊。能分解底物的微生物便会在菌落周围产生透明圈,圈的大小初步反应该菌株利用底物的能力。该法在分离水解酶产生菌时采用较多,如脂肪酶、淀粉酶、蛋白酶、核酸酶产生菌都会在含有底物的选择性培养基平板上形成肉眼可见的透明圈。在分离淀粉酶产生菌时，培养基以淀粉为唯一碳源，待样品涂布到平板上，经过培养形成单个菌落后，再用碘液浸涂，根据菌落周围是否出现透明的水解圈来区别产酶菌株。例如，要分离核酸水解酶产生菌，可用双层平板法，首先在普通平板培养基上把样品悬浮液涂抹培养，等长出菌落后覆盖一层营养琼脂，内含3%酵母RNA，0.7%琼脂及0.1mol/L EDTA（乙二胺四乙酸），pH 7.0，于42℃左右培养2～4h，四周产生透明圈的菌落即为核酸分解酶产生菌。

在分离某种产生有机酸的菌株时，也通常采用透明圈法进行初筛。在选择性培养基中加入碳酸钙，使平板成混浊状，将样品悬浮液涂抹到平板上进行培养，由于产酸菌能够把菌落周围的碳酸钙水解，形成清晰的透明圈，可以轻易地鉴别出来。分离乳酸产生菌时，由于乳酸是一种较强的有机酸，因此，在培养基中加入的碳酸钙不仅有鉴别作用，还有酸中和作用。

（二）变　色　圈　法

对于一些不易产生透明圈产物的产生菌，可在底物平板中加入指示剂或显色剂，使所需微生物能被快速鉴别出来。例如，筛选果胶酶产生菌时，用含0.2%果胶为唯一碳源的培养基平板，对含微生物样品进行分离，待菌落长成后，加入0.2%刚果红溶液染色4h，具有分解果胶能力的菌落周围便会出现绛红色水解圈。在分离谷氨酸产生菌时，可在培养基中加入溴百里酚蓝，它是一种酸碱指示剂，变色范围在pH6.2～7.6，当pH在6.2以下时为黄色，pH 7.6以上为蓝色。若平板上出现产酸菌，其菌落周围会变成黄色，可从这些产酸菌中筛选谷氨酸产生菌。

在进行解脂微生物的分离时，虽然有很多精确的测定方法，如酸碱滴定法、电位滴定法、浊度滴定法、甘油滴定法及色谱分析法等，但由于步骤繁琐，不适于大规模筛选测定。为提高分离筛选效率，多采用固体平板的变色圈法，如以吐温为底物，尼罗蓝（Nile blue）作为指示剂，根据变色圈大小来判断脂肪酶活性的高低；也可用甘油三丁酸酯为底物，罗丹明B为指示剂，以荧光圈的大小来测定。最常使用的方法是把噁嗪染料中的维多利亚蓝和脂类底物混合，制成维多利亚蓝乳脂琼脂培养基平板，起始培养基调为中性，当土壤样品的悬浊液分离在平板上，具有脂解能力的菌落产生的脂肪酶水解油脂底物，使pH由中性下降到微酸性或酸性，阳性解脂反应能显示粉红到蓝色的变化。例如，培养基起始pH为碱性，则阳性解脂反应从咖啡色到蓝绿色，能使脂类底物与解脂后的脂肪酸产物区别开来。后来又由Fryer等研究出一种改良的双层法，先在平皿内倒一层营养琼脂，把一张棉纸圆片在被维多利亚蓝染了色的乳脂中浸湿，铺在已凝固的琼脂表面，然后覆盖一薄层含样品的营养琼脂，保温培养，解脂菌落就可以在棉纸中产生蓝带。分离解脂细菌的培养基为：牛肉膏0.5%、蛋白胨0.5%、琼脂2.0%、大豆油5.0%、维多利亚蓝4mg。

分离内肽酶产生菌，除了用酪蛋白作底物平板产生透明圈进行鉴别外，还可以用吲羟乙酸酯为底物加到分离培养基内，产生蛋白酶的菌落由于水解吲羟乙酸酯为3-羟基吲哚，后者能氧化生成蓝色产物，根据呈色圈便可选出平板上产蛋白酶的菌落。培养基平板由双层琼脂组成，底层含明胶1.2%，酵母汁0.1%，蛋白胨0.4%，琼脂1.5%，待凝固后在其上覆盖一层琼脂，琼脂含量为0.7%，由pH7.6的0.5mol/L磷酸氢钾缓冲液配制，配制浓度为0.083mol/L的吲羟乙酸酯溶液，取其中0.3ml加入到上层琼脂中倒平板。

分离乳糖酶（β-半乳糖苷酶）产生菌时，可把一种被乳糖酶作用后产生色素的物质加入琼脂平板，如二甲基-5-氨基异邻苯二甲酸衍生物之类，它们在蛋白酶作用下能发出荧光，该物质水解后生成带色的糖苷配基,就能分辨出生成乳糖酶的菌落。该方法的局限性是要有能发色或发荧光的添加物。

通过平板上产生的变色圈还可快速分离筛选产乙醇的菌株。在以糖为碳源的琼脂平板的菌落上,覆盖一层含有盐类物质的琼脂,该蓝色物质在醇脱氢酶和 NAD 作用下(在少量乙醇存在时)反应产生的电子脱色。因此生成乙醇的菌落便显出一个淡白色的圈,晕圈的大小可初步表示乙醇的产量(图 5.1)。

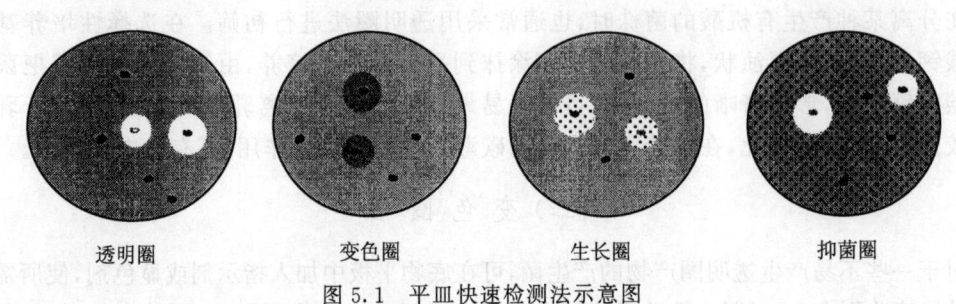

透明圈　　　　变色圈　　　　生长圈　　　　抑菌圈

图 5.1　平皿快速检测法示意图

(三) 生 长 圈 法

生长圈法通常用于分离筛选氨基酸、核苷酸和维生素的产生菌。工具菌是一些相对应的营养缺陷型菌株。将待检菌涂布于含高浓度的工具菌并缺少所需营养物的平板上进行培养,若某菌株能合成平板所需的营养物,在该菌株的菌落周围便会形成一个混浊的生长圈。例如,嘌呤营养缺陷型大肠杆菌(如 E.coli P64 或 E.coli B94)与不含嘌呤的琼脂混合倒平板,在其上涂布含菌样品保温培养,周围出现生长圈的菌落即为嘌呤产生菌。同样,只要是筛选微生物所需营养物的产生菌时,都可采用生长圈法,工具菌用相应的营养缺陷型菌株,由于得到所需营养,凡是目的微生物周围便会出现混浊的生长圈。

(四) 抑 菌 圈 法

常用于抗生素产生菌的分离筛选。通常抗生素的筛选要投入极大的人力、财力和时间。据估计,筛选 1 万个菌株才能得到一株有用的抗生素产生菌。因此,设计一个准确、迅速的筛选模型十分重要。抑菌圈法是常用的初筛方法,工具菌采用抗生素的敏感菌。若被检菌能分泌某些抑制菌生长的物质,如抗生素等,便会在该菌落周围形成工具菌不能生长的抑菌圈,很容易被鉴别出来。采用该方法已得到很多有用的抗生素,如春雷霉素和青霉素等。

在青霉素菌种选育中,还可利用加入青霉素酶来筛选青霉素高产菌株,做法如下:将产黄青霉菌孢子进行诱变处理,致死率约为 99%。分离于琼脂平板上,控制孢子浓度,使长成独立菌落,一直培养到青霉素产量达到顶峰,加入 0.106U/ml 青霉素酶于检定菌枯草芽孢杆菌(Bacillus subtilis)悬浮液中,铺张于菌落平板表面,凝固后,培养 17~20h。测量抑菌圈大小,根据有效指标(抑菌圈直径与菌落直径之比)选出高产突变株。

由于现有抗生素种类繁多,得到新的抗生素越来越难。人们除了从一些特殊的地方如极端环境中采样分离新抗生素的产生菌,也采用一些特殊的筛选方法,以期从普通土样中分离筛选到新的微生物及新的抗生素。除上述的抑菌圈法外,稀释法、扩散法、生物自显影法等也不同程度地应用于抗生素的筛选。在这些方法中,检验菌的选择十分重要,它直接关系到检出的灵敏度和筛选到的抗生素的活性和抗菌谱。例如,在筛选抗细菌的抗生素时,传统上常用金黄色葡萄球菌(*Staphyloccocus aureus*)和枯草芽孢杆菌作为检验菌来检验抗生素的抗性;现采用联合检验菌,如枯草杆菌和绿色产色链霉菌或巴氏梭状芽孢杆菌,可分离出抗菌活性低、对其他试验菌活性高的新抗生素,如黄色霉素族的抗生素,而这些抗生素在单独使用枯草杆菌作检验菌时无法检出。

海洋是新抗生素的重要来源。许多海洋生物体内都含有微生物,这些微生物为宿主抵御病害起着关键作用。因此,从鱼组织和虾消化道里分离筛选抗癌药物和抗炎症药物是一个有效的途径。已从水母体内筛到一种名为 salinamide 的抗生素,一种抗真菌抗生素 istatin 也从海洋生物体内分离得到。

在筛选抗霉菌抗生素时,需根据其特点进行筛选,因霉菌与哺乳动物细胞性质相似,为减少药物对人体的副作用,需挑选对霉菌有抗性,但对人体安全的抗生素。由于哺乳动物不含几丁质,因此,可先筛选抑制几丁质合成酶的生理活性物质,再从中筛选所需抗生素。三国霉素和多氧菌素就是通过该方法筛选得到的。抗病毒抗生素及抗肿瘤药物的筛选则可通过敏感细菌培养平板上的噬菌斑来判断。

采用抑菌圈法,不仅能筛选抗生素,还能筛选某些酶类。例如,Meevootison 等提出一套利用抑菌圈筛选青霉素酰化酶产生菌的方法。工具菌为一种对 6-氨基青霉烷酸(6APA)敏感,但对苄青霉素有抗性的黏性沙雷氏菌。这种菌只有当苄青霉素尚未被别种微生物的青霉素酰化酶转化为 6APA 时才能生长。具体做法如下:工具菌和苄青霉素混合于平板培养基中,将检验菌涂布于平皿上,适温培养,周围出现抑菌圈的菌落即为青霉素酰化酶产生菌。

三、组织分离法

组织分离法是由一些有病组织或特殊组织中分离菌株的方法。例如,从患恶苗病的水稻组织中分离赤霉菌,从根瘤中分离根瘤菌及从各种食用菌的子实体中分离孢子等。

1. 对一般有病组织的分离方法

其分离方法为切除小块含菌组织,用干净水洗去组织表面污物。以 10%漂白粉或0.1%升汞浸泡 2~5min 进行表面消毒,无菌水冲洗。将消毒后的组织移到平皿培养基上,置于适宜的温度(25~26℃)培养一定时间,即可在组织周围长出微生物。用肉眼或显微镜观察菌落,基本确认后挑入斜面培养基中培养。由这种方法挑选的菌株往往不纯,必须在琼脂平板上再分离纯化,然后挑取单个菌落于斜面,进一步筛选。

从豆科植物的根瘤中分离根瘤菌:方法基本相同,取新鲜健壮的根瘤,经漂白粉或升汞溶液等表面消毒后,用无菌镊子将根瘤压破,取流出汁液少许与分离培养基混合倒入平皿中,摊平,培养后在平板上长出菌落,经镜检观察确认典型菌落,移入斜面。

2. 食用菌孢子分离法

食用菌的孢子分离法通常有两种,即多孢子分离和单孢子分离。多孢子分离有混杂现象,不易筛选到优良稳定的菌株。因此,从育种角度最好采用单孢子分离。两种方法的分离步骤、方法介绍如下。

1)多孢子分离法　　取产量高、朵大、健壮无病并即将成熟的初生和单生子实体,用清水洗净表面污物,对子实体外有膜保护着的菇类,如蘑菇、草菇等,在0.1%～0.2%升汞溶液中浸泡2～3min,用无菌水冲洗数次。对子实体无膜外露的平菇等,不适宜用升汞溶液浸泡,要用75%的乙醇进行表面消毒,再用无菌水冲洗。食用菌的孢子着生在子实体腹面的菌褶上,成熟时会自动弹出来。孢子采集装置:用一条两端弯成钩的铁丝,一端钩着一块成熟的蚕豆大子实体,另一端挂在三角瓶的瓶口上。三角瓶内事先制备好马铃薯-蔗糖培养基平板。悬挂的子实体距离培养基平板2～3cm。适温培养1～2d,就有孢子陆续弹落于三角瓶底部的培养基上,经过4～5d,孢子萌发成菌丝,及时将菌丝尖端接入到斜面培养基上培养,然后进行生产性能对比试验。

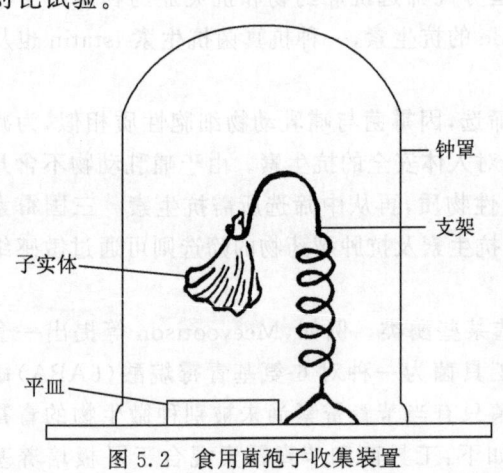

2) 单孢子分离法　取一条铁丝,弯曲成蚊香支架形状,放在已消毒的玻璃板上。将消毒后的子实体悬挂在支架上方,下方置一个已灭菌的去盖的培养皿,然后罩一个钟罩,周围缝隙用凡士林封好。将这套孢子收集器移到恒温室内培养1～2d,将有大量孢子弹到平皿上,收集孢子(图5.2)。以上操作全部在超净台或无菌室内进行。将收集到的孢子用稀释法在马铃薯-蔗糖培养基平板上进行单孢子分离,培养后把单孢子长出的菌落移接到斜面上,进行生产性能比较试验。

图5.2　食用菌孢子收集装置

四、单细胞或单孢子分离法

采用特殊的仪器设备进行单细胞或单孢子的分离。具体方法有多种,现主要介绍柠檬酸产生菌采用的小滴分离纯化方法。操作如下:将待纯化的孢子悬液稀释约为1500个/ml,用校正口径的滴管(每毫升4000滴)吸取孢子悬液并均匀滴于无菌干燥盖玻片上,将其小心翻转盖于凹玻片的孔穴上,穴内加一滴已灭菌的培养液,盖玻片和载玻片用凡士林密封。显微镜下观察每个小滴,将只有一个孢子的小滴位置做好记录,恒温培养,挑取单菌落于斜面(图5.3)。

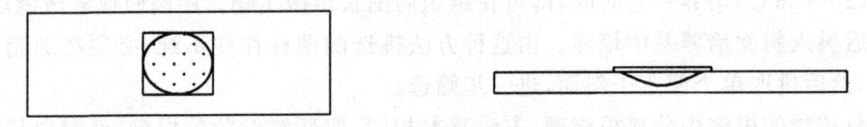

图5.3　小滴分离纯化培养

除用凹玻片,还可用滤纸进行单细胞或单孢子分离。具体作法如下:取与皿内径大小一致的滤纸3～4层,浸在培养液中,取出放在空皿内,在滤纸上滴几滴甘油以防干燥,盖好皿盖,灭菌。将稀释为1500个/ml的孢子悬液用上述滴管滴在滤纸上,每皿约点20滴,经恒温培养,每滴约出现10个菌落,将单菌落移接于斜面上。该方法能够得到单细胞或单孢子,较为精确,但操作时要细,否则不易得到理想结果。

五、通过控制营养和培养条件进行分离

各种微生物对营养要求和培养条件是不同的,在分离筛选时,若在这两个方面加以调节控制就能获得更好的分离效果。

1. 培养基的营养成分

各种微生物对碳源、氮源要求各异,有的对营养还有特殊的要求,事先了解被分离微生物的营养要求,从而设计一个合理快速的分离培养基,能够起到事半功倍的效果。

放线菌是生产抗生素和酶制剂的重要来源。在选择分离放线菌时,通常采用改良的 HV 琼脂培养基、土豆-胡萝卜水汁液培养基或淀粉琼脂培养基能取得较好的效果。但不同菌种对营养要求差别很大,如奴卡氏菌在有氧条件下用普通培养基即可分离到,而以色列放线菌则在有 CO_2 存在且有适宜培养基的情况下才能正常生长繁殖。

筛选水解酶产生菌时,通常利用以底物为唯一碳、氮源的平板进行分离,如以淀粉为碳源的培养基可鉴别菌落能否产生淀粉酶;一种含纤维素粉为碳源的分离培养基,可以鉴别纤维素酶产生菌;用含有酪蛋白为有机氮源的平板培养基,可以鉴别蛋白酶的产生菌。纯种分离时,把以上琼脂平板置于适宜的温度培养一定时间,如具有产生水解酶能力的菌株,便在菌落四周形成水解圈或呈色圈,根据圈的大小可初步判断酶活力强弱。测定水解圈直径与菌落直径之比,把比例大的菌落移入斜面保藏,供进一步筛选。

2. 培养基的 pH

细菌、放线菌的生长繁殖对 pH 一般要求偏碱,霉菌和酵母菌要求偏酸。因此,分离培养基的 pH 应该调节到被分离微生物要求范围。这不仅有利于自身生长,也可排除一部分不需要的菌类。例如,分离柠檬酸产生菌的黑曲霉就是利用调节培养基的酸碱度获得成功的。其分离方法是:取红芋粉醪20%、柠檬酸10%~20%,配成培养液,调节 pH 2.0~2.5,以一定量的培养基和土样均匀混合,用毛细吸管点种在平皿内事先覆盖的无菌滤纸上(2~3层),于30℃培养,这样可以分离到产生柠檬酸的黑曲霉。

分离碱性蛋白酶和碱性脂肪酶产生菌时,可以把培养基调到 pH9~11,在此范围内不宜生长的微生物被抑制,这对分离本身起到浓缩作用。大多数水解酶的生长最适 pH 与产酶最适 pH 基本相近,而酶的作用 pH 未必与产酶 pH 相同。

培养基的 pH 要结合营养成分和培养条件来考虑。因为微生物在生长繁殖过程中由于代谢作用会产生酸性或碱性产物,pH 发生变化,微生物生长受到抑制。一般培养基中碳氮比(C/N)高者培养后倾向于酸性,反之则倾向于碱性。无机盐的性质也会影响 pH 变化,$(NH_4)_2SO_4$ 是生理酸性无机氮源,其中 NH_4^+ 被菌体利用,留下 SO_4^{2-},培养液变成酸性。而 $NaNO_3$ 是生理碱性氮源,其中 NO_3^- 被菌体分解利用后,剩余 Na^+,使培养液变成碱性。如发酵过程缺氧,则代谢向有机酸合成方向进行,pH 下降。为了维持培养基的 pH,一般要加磷酸盐,如 K_2HPO_4、KH_2PO_4,使培养基具有一定的缓冲能力。如果培养液中的酸碱度变化很大,磷酸盐的缓冲容量不足以调节 pH 变化,则可适当加入碳酸钙,以不断地中和菌体代谢过程中产生的酸类,使培养基的 pH 能保持在恒定的范围内。此外,在分离霉菌时,加几滴乳酸不仅可以维持一定酸碱度,而且可以抑制细菌的生长。

3. 排除不需要的菌类

采取调节 pH 的方法来抑制非目的微生物的生长，虽然能起到一定的作用，但并不是对所有的菌类都有效。有些细菌和放线菌同样可以在酸性环境下生长，而个别的霉菌，也同样可以在中性或偏碱的培养基中生长。为了更有效地抑制非目的微生物的生长，要加入一些专一性的抑制剂。

（1）分离细菌时，在培养基中加入浓度为 50U/ml 制霉菌素，可以抑制霉菌和酵母菌的生长。

（2）分离放线菌时，在样品中加入 0.05% 十二烷基磺酸钠（SDS）不仅可以抑制细菌的生长，还能激活放线菌孢子的萌发。加入诺氟沙星（氟哌酸）（5mg/L）＋制霉菌素（50mg/L）＋青霉素（0.8mg/L）也可以有效地抑制细菌和真菌，而不影响放线菌的生长。

（3）分离霉菌和酵母菌时，在培养基中加入青霉素、链霉素和四环素各 30U/ml，可以抑制细菌和放线菌生长。

（4）分离根霉和毛霉时，由于这些微生物的菌丝易蔓延成片，难以得到纯化的菌落，通常在培养基中添加 0.1% 去氧胆酸钠或山梨醇防止菌丝蔓延，使菌落长得小而紧密。

一般用于分离单一目的微生物的培养基中均含有抑制其他微生物的抑制剂，这些专用的抑制剂在小型实验室配制较麻烦，现已有成品供应，只要直接加入基础培养基即可。例如，氨苄西林抑制剂的主要成分为氨苄西林，主要用于分离亲水气单胞菌。

4. 控制培养温度

控制培养温度也是一种获得目的微生物的有效措施。各类微生物生长温度不同，从大范围来看，可分三大类：第一类是高温微生物，最适温度在 50～60℃。如果要分离这类菌可将分离培养基置于 50～60℃ 温度下培养，能抑制一些嗜冷、中温微生物生长，可以有效地分离到高温菌类。第二类是中温微生物，它们的最适生长温度为 20～40℃，超过 50℃ 就停止生长。这类微生物最为常见，种类、数量都占首位。工业发酵微生物绝大多数都属于此类。其中不同类群微生物对温度要求又有所差别，一般细菌、放线菌最适温度为 25～37℃，霉菌和酵母菌最适温度为 20～28℃。第三类为低温微生物，它们的最适温度为 15℃ 或更低。当从样品中分离各种菌类时，分别置于自身最适温度下培养也可大体上抑制另一些微生物的生长。当分离某些特殊产物的微生物时，对温度的选择还需考虑某些内在的关系，如在筛选不饱和脂肪酸产生菌时，由于细胞膜中所含的不饱和脂肪酸含量越高，其凝固点越低，即细胞在较低温度下仍能表现出活力，因此在低于正常温度 10℃ 下分离效果最好。

第四节 厌氧微生物的分离

好气菌要在有氧条件下培养，嫌气菌要在厌氧状况下才能生长。工业发酵所用菌种为厌气菌的有丙酮丁醇的梭状芽孢杆菌，白酒增香用的丁酸菌、己酸菌及用于环境污水处理和水产养殖用的光合菌、反硝化菌、脱氮排硫杆菌等。它们生长于水底层及沉积物中，要从样品中分离这类菌，需采取厌气培养法，否则菌体因接触氧气而死亡。因此，培养过程中要除去氧气，现介绍以下几种去氧方法。

1. 加还原剂

分离培养基内加入还原剂，如半胱氨酸、D 型维生素 C、硫化钠等，操作时以最快的速度划线分离,然后立即置于事先已抽真空密闭的容器内(充 CO_2 或 N_2 也可),于适温培养。

2. 焦性没食子酸法

焦性没食子酸和 NaOH 互相反应除去氧气。操作时,先将焦性没食子酸放在容器中,把含有厌氧菌样品的培养皿架空放入容器内,然后加入 NaOH 溶液,立即盖上盖子,并用石蜡或凡士林密封,放到室温下培养。要除去 100ml 空气中的氧气需要焦性没食子酸固体 1g 和 10% NaOH 溶液 10ml。

3. 平皿厌气培养法

取无菌培养皿一套,在皿盖内倒上分离培养基,凝固后,皿底一侧放焦性没食子酸固体,另一侧放 10% 的 NaOH 溶液,使二者不相接触。准备完毕,在凝固的琼脂平板上迅速把含厌氧菌样品进行划线,然后盖上皿盖并密封,摇动平皿使焦性没食子酸固体和 NaOH 溶液混合,发生化学反应,除去皿内的氧气,置适温下进行培养。

4. 试管厌气培养法

可采用两头开口的玻璃管,一端用橡皮塞密封,倒入灭菌固体培养基,冷却后,采用穿刺接种法接入菌种,外加塑料盖进行培养。分离时用无菌玻棒将橡皮塞和固体培养基一起推挤出去,再移接培养。此外还可采用大小试管法,原理同上,用焦性没食子酸和 NaOH 相互反应除去氧气后再进行厌氧培养。

5. 玻璃板隔绝空气培养法

当平板培养基接种后,立即用比平皿稍小的无菌圆形玻璃板盖上,以避免培养基同空气接触,而后送入培养箱培养。在长出菌落后,除玻璃圆板周围外,美蓝的颜色会很快恢复,即处于还原状态,没有同氧起氧化作用,这说明培养基上的细菌处于缺氧状态,长出的菌落为厌氧细菌菌落。

6. 生物吸氧法

将培养有发芽旺盛的燕麦小平皿放在玻璃板上,把已接种的大培养皿倒盖在上面,以石蜡密封大平皿与玻璃板间的缝隙,置一定温度下培养至长出明显的菌落。

下面介绍几种净化环境污染的微生物的分离筛选。

1. 红螺菌的分离

红螺菌属包括红色红螺菌(或称深红红螺菌 *Rhodospirillum rubrum* Molisch)、度光红螺菌(*Rhodospirillum photometricum* Molisch)、巨大红螺菌(*Rhodospirillum giganteum* Molisch)、长形红螺菌(*Rhodospirillum longum* Hama)、纤细红螺菌种(或称细小红螺菌 *Rhodospirillum gracile* Hama)、棕黄色红螺菌(或称黄褐红螺菌 *Rhodospirillum fulvum van* Niel)。此类细菌均生长于水和淤泥中,属厌氧或微嗜氧菌,在厌氧条件下,于光亮中能合成有机物。细胞螺旋状盘绕,长度不一,有不等数蜷曲,同种细胞的大小变化很大,有端生丛毛,能运动,细胞内含有菌紫素、菌绿素和类胡萝卜素等。故细菌呈红色、褐红色、绛红色或玫瑰色不一。

1) 富集培养 　培养基成分及配制:NH_4Cl 1.0g,K_2HPO_4 0.5g,$MgCl_2$ 0.2g,NaCl 2.0g,酵母膏 0.1g,用水定容至 1000ml,灭菌。除此还需配制以下溶液并过滤除菌:10%碳酸氢钠溶液,乙醇或 4%丙氨酸溶液,0.1N[①]的磷酸溶液。

[①] $1N = 1mol/L \div$ 离子价数。

在基础培养基中加入碳酸氢钠溶液和 1.5～2.0ml 乙醇或 50ml 4％丙氨酸。用 0.1N 的磷酸调 pH 至 7.0。

富集培养：取暴露在日光下富含有机物的淤泥。放适量淤泥于 50ml 的带玻璃塞的磨口瓶中，加满液体培养基，塞好塞子，隔绝空气。置于 30℃ 的照明箱中培养，培养物放在离照明的 25W 钨丝灯 4in(英寸)[①]处。通常在 3d 内可见到深处培养基里和淤泥曝光的一侧呈现微红色的生长物。从微红色处取数毫升的富集培养物，接种于第二瓶的富集培养基中，培养 2d。

2) 分离培养　培养基成分及配制：从以上富集培养基中加酵母膏 0.2％ 及琼脂 1.5％～2.0％（但碳酸氢钠改为 2g），制法同上。另取 $Na_2S \cdot 9H_2O$ 1g，加水 10ml，灭菌，在调 pH 之前将此液加到分离培养基中，灭菌后制成平板或柱状培养基。

接种：取富集培养物于分离平板培养基上划线或涂布分离，或用摇管法于柱状培养基中分离。后者由于硫化钠在培养基深处把氧气迅速消耗，很快就形成厌氧条件。如用前一种分离法，可用焦性没食子酸和碳酸钠造成厌氧条件，或于其他的缺氧条件下培养，挑选具有此类细菌特征的菌落，作穿刺接种，管口塞紧后封蜡、培养，备用。

2. 反硝化细菌的分离

反硝化细菌的种类很多。它们主要属于革兰氏染色负反应，不生芽孢的杆菌，并都属兼、嫌气性细菌，在通气不良的情况下，可完全利用硝酸盐或亚硝酸盐中的氧来氧化所需的有机物，对硝酸盐和亚硝酸盐起反硝化作用，即还原作用。

1) 富集培养　培养基成分及其制备：KNO_3 2g，柠檬酸钠 5g，K_2HPO_4 1g，KH_2PO_4 1g，$MgSO_4 \cdot 7H_2O$ 0.2g，水 1000ml。将以上成分溶解于水，调 pH 为 7.2～7.6，分装试管或锥形瓶，灭菌。

接种与结果观察：在富集培养液的试管中分别加少量的海泥或池泥、河泥，在 20℃ 或 25～30℃ 下培养 5～15d。若培养液变混浊，有气泡产生，说明有反硝化菌生长，或检验其有无氨和亚硝酸产生，则可判定是否有反硝化细菌生长。

2) 分离培养　分离培养基成分及制备：葡萄糖 1g，酒石酸钾钠 10g，KNO_3 2g，K_2HPO_4 0.2g，$CaCl_2 \cdot 2H_2O$ 0.5g，水 1000ml，灭菌。

将上述盐类溶于水，调 pH 为 7.4～7.6，加入锥形瓶中，灭菌。

接种与结果观察：将上述培养液倾入硅酸胶平板上，于 50℃ 下烘烤至表面无水流动，不宜过干，以免破裂。用富集培养物涂布接种于烘烤后的平板培养基上。于适温、厌氧条件下培养至长出足够大的菌落。观察菌落形态，进行革兰氏染色，油镜下观察其反应及菌体形态。挑取菌落于液体培养基上培养，检验其培养液中有无硝酸盐（用二苯胺试剂检验）和亚硝酸盐（用锌-碘-淀粉或格里斯试剂检查）存在，若硝酸根或亚硝酸根消失，可确定所分离细菌属反硝化细菌。

3. 脱氮硫杆菌的分离

硫杆菌属（*Thiobacillus*），能使硫或硫酐的不完全氧化物转化成硫酸等物质，并参与水中和土壤中硫的循环作用，使土壤和水质改良，当水中积累硫化氢等有毒物质时，可在硫杆菌的作用下转化为无毒物质，利于水产养殖。

---

① 1in=0.0254m。

硫杆菌在海水、淡水、海泥、池泥及其他土壤中广泛分布。具有代表性的有排硫杆菌（*Thiobacillus thioparus*）、氧化硫杆菌（*Thiobacillus thiooxidans*）和脱氮硫杆菌（*Thiobacillus denitrificans*）等。

1) **培养基制备**　　$Na_2S_2O_3 \cdot 5H_2O$ 1.0g，K_2HPO_4 0.4g，KNO_3 0.4g，$NaHCO_3$ 0.2g，$MgSO_4 \cdot 7H_2O$ 0.12g，NH_4Cl 0.1g，$FeSO_4 \cdot 7H_2O$ 0.002g，水 200ml，pH 7～7.6，固体培养基用双倍浓度（即将水减至100ml）加琼脂2％～3％，可用紫外线灭菌。

2) **富集培养**　　将已配制的液体培养基分装于4个150ml锥形瓶中，取不同位置的海泥、池泥或河泥3～4g，分别接种于装有培养基的瓶中，摇匀，在25～30℃下培养。2～3d后培养液出现均匀混浊，并有气体从瓶底的沉淀物中陆续上升，由此两种现象可估计培养液中已繁殖不少的脱氮硫杆菌。分别将此培养液逐个倾出后，再用新的培养液充满培养瓶，如此重复直到倾入新培养液时，立即见气体从瓶底培养物中逸出，至此可认为培养液中已有足够多的培养菌。

3) **分离纯化培养**　　按排硫细菌分离方法把培养液分别接种于平板培养基上，颠倒平板与焦性没食子酸同时放入干燥器中，抽出空气，充以CO_2培养1周左右，观察菌落形态为半透明的圆形小菌落时，取少许菌落重复于平板培养基上做纯化培养。

4) **显微镜观察**　　细小杆菌，大小为$(0.5 \times 1)\mu m \sim (0.5 \times 3)\mu m$，革兰氏染色阴性，无孢子，能运动。能观察到上述各种特征者，可初步确定为脱氮硫杆菌。

4. 乳酸菌的分离

嗜酸乳杆菌是能够在人体肠道内定居的少数有益微生物之一。它在肠道中进行乳酸发酵，产生乳酸、醋酸及抗生素，如嗜酸菌素（acidophilin）、嗜酸乳菌素（acidolin）、乳酸杆菌素（lactobacillin）、乳酸杆菌乳素（lactolin）等。这些有机酸和抗生素能抑制大肠杆菌、腐败菌的异常发酵，从而具有整肠作用，对预防和治疗慢性便秘、腹泻等肠道疾病效果显著。美国等将嗜酸乳菌作为治疗肠胃病的保健乳食品已有数十年的历史。近年来还发现嗜酸乳杆菌具有降低血液中胆固醇含量和抑制某些癌细胞生长的作用，使嗜酸乳杆菌的研究和应用更为引人注目。

嗜酸乳杆菌在肠道中的存在受环境、饮食等影响，特别是近年来各种抗生素药物的使用，常对嗜酸乳杆菌的生长和增殖起抑制作用，因而导致消化道微生物菌群的紊乱和肠胃疾病的产生。因此，摄入一定量的活性嗜酸乳杆菌可保持肠道内微生物菌群的正常平衡，防止肠胃疾病的产生。

乳酸菌也是微生物饲料添加剂中研究得最多的一类。乳酸菌在动物肠道内可以产生多种抑制性化合物，包括细菌素、类细菌素物质及对抗性物质，如过氧化氢和某些有机酸等。乳酸菌产生的细菌素对革兰阳性菌有抑制作用，可以抑制微生物的生长。乳酸菌还可以黏附于肠道上，有占位性竞争和营养性竞争作用。它产生的有机酸可以降低肠道中pH，抑制肠道内病原菌，如大肠杆菌、沙门氏杆菌、梭菌的增殖，减少肠道疾病的发病率。

1) **保加利亚乳杆菌的分离筛选**

(1) 富集培养：培养基采用改良后的MRS(％)：蛋白胨1.0，牛肉浸膏1.0，酵母膏0.5，葡萄糖2.0，吐温80 0.1，磷酸氢二钾0.2，乙酸钠0.5，柠檬酸二铵0.2，硫酸镁0.005；灭菌前pH6.2～6.6，灭菌后pH6.0～6.5；40℃静置培养2d。

(2) 分离纯化:用改良的 MRS 培养基,加入 2%的琼脂,制成平板,取上述富集液用 10 倍稀释法稀释,于平板上涂布,稀释倍数以能挑取单菌落为宜。厌氧培养条件:将平板倒置于干燥皿中,干燥皿内有化学吸氧剂。焦性没食子酸在过量碱性溶液中能吸收 100ml 空气中的氧,可根据干燥皿的大小确定其用量,盖上干燥皿的盖子之前在其内点一支蜡烛,耗去大部分的氧以减少焦性没食子酸的用量,40℃培养 2d。显微观察:细短杆菌,菌体两端圆形,单个,成双呈短链排列。将平板长出的单菌落挑至装有 5ml MRS 的液体试管中,40℃静置培养 2d。

(3) 保加利亚乳杆菌的筛选:取发酵液放入 150ml 三角瓶内,加水 10ml,酚酞指示剂 1～2 滴,用 0.1mol/L NaOH 滴至微红色,选取产乳酸高的菌株。

乳酸(g/100ml)= NaOH 物质的量浓度×V×90.08×10^{-3}/ 样品体积(ml)

式中,V 代表滴定消耗 NaOH 体积(ml);90.08 代表乳酸的摩尔质量(g)。

(4) 菌种保藏:将筛选到的菌株进行穿刺培养保存,或将发酵液无菌离心,收集到的菌体悬浮在 pH4.2 的乳酸缓冲液中,制成菌浓度为 10^{23} 个/ml 的菌体悬浮液,取 10ml 装入 0.2mm 厚的聚乙烯膜袋内,用热合机封口,在 5℃下保藏 180d,菌浓度为 10^{20} 个/ml 左右。

2) 嗜热链球菌的分离筛选

(1) 富集培养:培养基为 TYC(%):酵母膏 0.5,胰蛋白胨 1.5,L-胱氨酸 0.02,Na$_2$SO$_4$ 0.01,NaCl 0.1,Na$_2$HPO$_3$·12H$_2$O 0.2,NaHCO$_3$ 0.2,蔗糖 5.0,pH 7.3,灭菌。40℃静置培养 2d。

(2) 嗜热链球菌的分离纯化:仍用 TYC 培养基,加入 1.2%的琼脂制成平板。取上述富集液用 10 倍稀释法稀释,于平板上涂布,稀释倍数以能挑取到单菌落为宜。厌氧培养条件:将平板倒置于有化学吸氧剂的干燥皿内,焦性没食子酸在碱性溶液中(如 50% Na$_2$CO$_3$)能吸收游离氧气,每克焦性没食子酸在过量的碱性溶液中能吸收 100ml 空气中的氧。可根据干燥皿的大小确定其用量,盖上干燥皿的盖子之前,在其内点燃一支蜡烛,以耗去大部分的氧气,减少焦性没食子酸的用量。40℃培养 2d。显微镜观察为球菌,成双或链状排列。挑单菌落于液体试管中:将平板上长出的单菌落挑取至装有 5ml TYC 的液体试管中,40℃静置培养 2d。

(3) 菌种保藏:与保加利亚乳杆菌相同。

第五节 产目的产物的野生菌的筛选和菌株鉴定

在目的菌株分离的基础上,进一步通过筛选,选择具有目的产物合成能力相对高的菌株。某些产生菌在分离时就可结合筛选,一般在平皿上通过与指示剂、显色剂或底物等的生化反应直接定性分离,这种方法本身就包含筛选内容的一部分。但并非所有产生菌都能应用平皿定性方法进行分离,而是需要经过常规生产性能测定,即初筛和复筛方能确定。

一、初 筛

初筛是从大量分离到的微生物中将具有合成目的产物的微生物筛选出来的过程。由于菌株多,工作量大,为了提高初筛的效率,通常需要设计一种快速、简便又较为准确的筛选方法。初筛可以分为两种情况进行。

1. 平板筛选

对那些在纯化分离阶段没有采用平皿定性法挑选出来的菌落,即随机挑选的菌株,由于数量很大,又不知是否具有目的产物的生产能力,这时只能首先采取较粗放的检测方法,如筛选产生碱性蛋白酶的地衣芽孢杆菌时,可以将分离得到的菌株点种在含有0.3%～0.4%酪蛋白的琼脂平板上,适温培养后,测量形成的水解圈直径和菌落直径的比值来表示酶活力的强弱。挑选其中产酶能力强的菌株进一步用摇瓶培养、筛选。

在筛选谷氨酸菌种时,用一种不含有机氮(如蛋白胨)的培养基,使分离得到的菌株在这种培养基上形成单菌落,用内径6～8mm的打孔器把菌落连同琼脂培养基逐个取出,放在灭过菌的滤纸上,放置一定时间,菌落产生的氨基酸会渗透并扩散到滤纸上,喷上茚三酮,出现呈色圈者即为氨基酸的产生菌。然后进一步将这些菌株进行摇瓶发酵,取发酵液进行电泳或纸层析,即可鉴别出产谷氨酸的发酵菌株。

菌种选育工作者在初筛时经常使用这种平皿快速检测法,将复杂而费时的化学测定改为平皿上肉眼可见的显色或生化反应,能较大幅度地提高筛选效率,减少工作量。如以往在分离生物表面活性剂产生菌时,常采用传统方法测定菌株的排油活性、表面张力、乳化性能等,工作量大,效率低。后来有人根据生物表面活性剂能够溶血的原理,把加入羊血的培养基作成平板,将菌株逐个点种,适温培养1～2d,挑选溶血的单菌落,达到了事半功倍的效果。

平皿法是菌种选育工作者经常使用的方法,由于它是固体培养,与液体培养的条件差距较大,筛选效果不一定令人满意。因此,如果要采用某种平皿测定法,最好事先与摇瓶培养方法做一些对比试验,比较两种方法结果之间的差距,如能找到一个效果较为一致的方法,那是可以提高筛选效率的。

2. 摇瓶发酵筛选

由于摇瓶振荡培养法更接近于发酵罐培养的条件,效果比较一致,由此筛选到的菌株易于推广,因此,经过平板定性筛选的菌种可以进行摇瓶培养。一般一个菌株接一个瓶,在一定转速的摇瓶机上及适宜的温度下振荡培养,得到的发酵液过滤后按以下方法进行活性测定:先取玻璃板16cm×26cm或18cm×28cm,制备含有鉴定菌(测定抗生素)或底物(酶制剂)等的平板。琼脂板厚约3mm,用内径5mm钢圈打孔,取以上过滤后的发酵液10μl逐个加入,放在鉴定菌或酶作用最适温度下温育一定时间,孔的周围出现透明的溶菌圈或水解圈。根据活性圈的大小决定取舍。用该法初步测定发酵液的产物活性时,为避免活性圈较大造成的误差,可用滤纸片代替。在灭过菌的圆滤纸片上滴入1～2μl发酵液,温育后测定。若水解圈仍过大,则可采取稀释发酵液或增加底物浓度或琼脂板厚度的方法,使活性圈的大小有所控制。

二、复　筛

琼脂平板活性测定法,其最大的优点就是简便、快速,因而在筛选工作量大时具有相当的优越性。该法的不足之处是产物活性只能相对比较,难以得到确切的产量水平,只适用于初筛。通过该法可淘汰85%～90%不符合要求的微生物,剩下较好的菌株则需进行摇瓶培养复筛。这时一个菌株通常要重复3～5个瓶,培养后的发酵液采用精确分析方法测定,如蛋白酶用分光光度法,脂肪酶用NaOH滴定法。虽然精确测定法可信度大,但操作繁琐,测定时间长,影响筛选工作量。因而有时把摇瓶复筛的发酵液用琼脂平板法和精确的经典检测法结合进行。具体做法:把所有摇瓶复筛菌株的发酵液用琼脂平板法测定一遍(同步重复2~3块板),将其中活性圈大而清晰的菌株发酵液进一步采用精确检测法测定,选出较优良的菌株2~3株。这种直接从自然界样品中分离出来具有一定生产性能的菌株,称为野生型菌株。

在以上复筛过程中,要结合各种培养条件,如培养基、温度、pH、供氧量等进行筛选,也可以对同一个菌株的各种培养因素加以组合,构成不同培养条件进行试验,以便初步掌握野生型菌株适合的培养条件,为以后诱变育种提供依据。

三、菌株鉴定

经复筛,目的野生菌株获得后,对菌株要进行鉴定。菌株鉴定是进一步研究微生物的基础,一般分为以下三个步骤:①获得该微生物的纯种培养物;②测定一系列必要的鉴定指标;③根据权威性的鉴定手册(如《伯杰氏细菌鉴定手册》)进行菌种鉴定。不同微生物往往有自己不同的鉴定指标,如形态特征,生理、生化、遗传特征等。通常把鉴定微生物的技术分为四个不同水平:①细胞形态和习性水平,就是用经典的研究方法,观察细胞的形态特征、运动性、酶反应、营养要求和生长条件等;②细胞组分水平,包括细胞组分、脂类、醌类、光合色素等,一般要采用红外光谱、气相色谱和质谱等分析技术;③蛋白质水平,包括氨基酸序列、凝胶电泳和血清反应等分析技术;④基因或DNA水平,包括核酸分子杂交(DNA与DNA或DNA与RNA)、基因组G+C%值的测定、遗传信息的转化和转导、16S rRNA或18S rRNA的寡核苷酸序列分析等。

第六节 极端环境微生物的分离筛选

微生物几乎存在于整个生物圈,大部分微生物适合生长于中性、温和环境,但有一些微生物适合生长于极端异常环境下。极端环境包括高温、低温、高盐、高酸、高碱、高压、高辐射等,如深海热液区、深海海底、南北极、高山冰川、盐湖、酸性热泉、温泉、火山等,还有一些特殊的环境,如矿山、油田、沙漠、干旱地带等。在这些异常环境下生存的生物以微生物为主。极端微生物又叫"嗜极菌",因其生长环境的不同,又分为各种类型的菌群,包括嗜热微生物(thermophiles)、超嗜热微生物(hyperthermophiles)、嗜冷微生物(psychrophiles)、嗜压微生物(baro/piezophiles)、嗜盐微生物(halophiles)、嗜酸微生物(acidophiles)和嗜碱微生物(alkophiles)等几种类型。它们的定义及其一些代表微生物如表5.1所示。

表5.1 极端微生物种类、生存条件和举例

种 类	最适生长条件	生存条件	举 例
嗜热微生物	45~80℃	45~80℃	*Methanobacterium*, *Thermoplasma*, *Thermus**
超嗜热微生物	>80℃	80~113℃	*Aquifex**, *Archaeoglobus*, *Hydrogenobacter**, *Methanothermus*, *Pyrococcus*, *Pyrodictium*, *Pyrolobus*, *Sulfolobus*, *Themococcus*, *Thermoproteus*, *Thermotoga**
嗜冷微生物	<15℃	−2~20℃	*Psychrobacter**, *Colwellia**
嗜盐微生物	>0.5~3mol/L NaCl	2~5mol/L NaCl	*Haloarcula*, *Halobacterium*, *Haloferax*, *Halorubrum*

续表

种　类	最适生长条件	生存条件	举　例
嗜压微生物	>10MPa	10~103MPa	*Colwellia* MT41*, *Moritella yayanosii**, *Shewanella benthica**, *Photobacterium profundum**
嗜酸微生物	pH1.0~2.5	pH<3	*Acidianus*, *Desulfurolobus*, *Sulfolobus*, *Thiobacillus**
嗜碱微生物	pH>8.0	pH>9	*Natronobacterium*, *Natronococcus*, *Bacillus**

* 为细菌，其余的为古细菌。

极端微生物的生态、分类、代谢、进化等有别于一般的微生物，并蕴藏了优异的抗逆基因资源。由于这些微生物长期适应极端环境条件的结果，它们形成独特的机能、结构、遗传基因类型和代谢产物，具有重要的研究价值和应用前景。极端微生物所处的环境与原始地球的环境相近，使得它们停留在较为原始的阶段，保留着其独特的基因类型和特殊的生理机制。极端微生物的耐受机制具有很大的应用价值，它们产生的某些特殊代谢产物将使一些新的生物技术手段进一步发展，是奠定高效率低成本生物技术新工艺的基础，极端微生物的应用将改变整个生物技术的面貌。

极端微生物研究中一个重要的领域，是从极端微生物中获得一些极端酶并投入到应用中。为了适应极端环境，极端微生物相应地合成一些有特殊性质的酶，因此，越是在极端的环境下分离到的微生物越是有可能产生极端酶。

一、极端环境微生物的采样、分离筛选

（一）极端微生物选育的主要流程

目前极端微生物或不可培养微生物选育的主要流程如图5.4所示。

（二）采集样品

根据微生物的生理特性，在筛选一些具有特殊性质的微生物时，需根据该微生物独特的生理特性到相应的地点采样，极端微生物就是一个典型的例子。例如，筛选高温酶产生菌时，通常到温度较高的南方、温泉、火山爆发处、深海火山口、热泉及北方的堆肥中采集样品。云南的腾冲热泉便是采集嗜热微生物的一个很好的环境。嗜冷菌的最适生长温度为15℃，在0℃也可生长繁殖，最高温度不超过20℃。分离低温酶产生菌时可到寒冷的地方，如南北极地区、冰窖、深海中采样；分离耐压菌则通常到海洋底部采样，因为深海中生活的微生物能够耐受很高的静水压。有人从深海中筛到一株水活微球菌（*Micrococcus aquivivus*），它能在600个大气压下生长。分离耐高渗透压酵母菌时，由于其偏爱糖分高、酸性的环境，一般在土壤中分布很少，因此通常到甜果、蜜饯或甘蔗渣堆积处采样。

（三）采集样品的方法

具体采样方法参见本章第一节。一般情况下样品取回后应马上分离，以免微生物死亡，或放置于4℃冰箱不超过1d。但有时样品较多，或到外地取样，路途遥远，难以做到及时分离，则可事先用选择性培养基做好试管斜面，随身携带，到一处将取好的土样混匀，取数克撒到试管

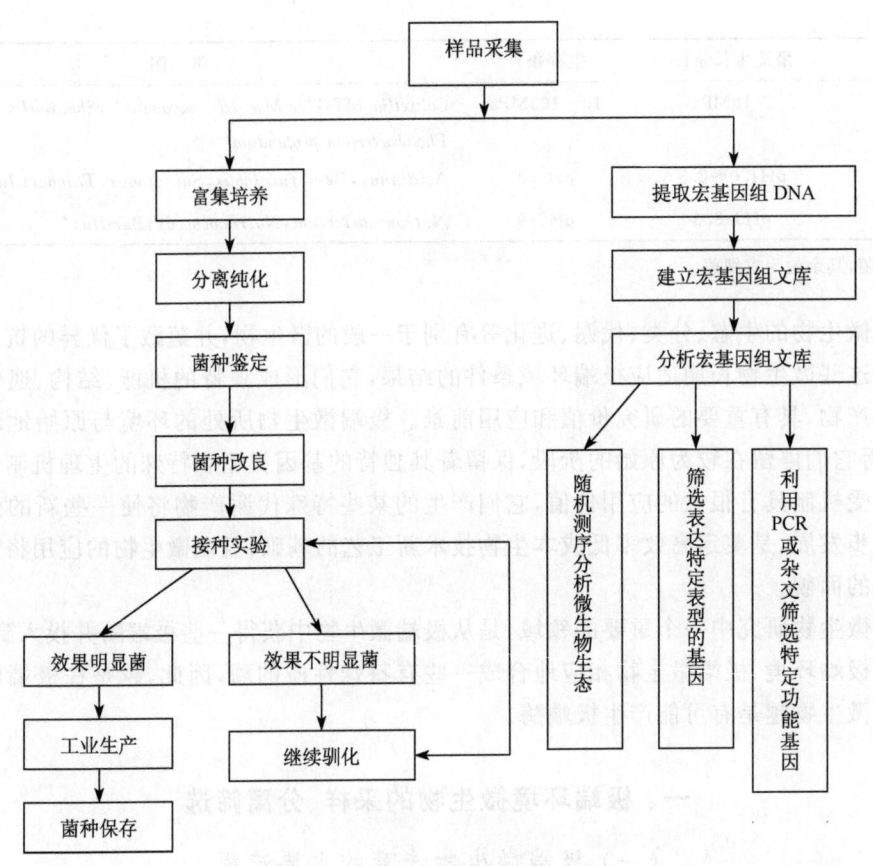

图 5.4 极端微生物选育的主要流程

斜面上,如此可避免菌株因不能及时分离而死亡。若准备做宏基因组的研究,则最好当场提取宏基因组 DNA,考虑到携带仪器不方便,可以先粗提 DNA,后再对其进行纯化处理。

(四)样品的富集培养

富集是指目的微生物含量较少时,根据微生物的生理特点,设计一种选择性培养基,创造有利的生长条件,使目的微生物在最适的环境下迅速地生长繁殖,增加数量,由原来自然条件下的劣势种变成人工环境下的优势种,以利分离到所需要的菌株。富集极端微生物时,需针对其碳、氮、pH、温度、氧等特殊生理特性,设计适宜的培养基组成和培养条件,以达到富集的目的。

(五)菌株分离

菌株分离,是指一个混杂着各种微生物的样品,按照实际要求和菌株的特性采取迅速、准确、有效的方法对它们进行分离、筛选,进而得到所需微生物。菌株分离、筛选虽然为两个环节,但却不能决然分开,因为分离中的一些措施本身就具有筛选作用。现以嗜热菌为例介绍相关分离培养基和培养方法。

各种微生物最适生长温度不同,利用培养温度的差异可分离到最适生长温度的菌株。嗜热菌是耐高温微生物,分离嗜热菌一般在 50～60℃ 培养,可使嗜冷、嗜温微生物大量淘汰。细菌芽孢是特别耐热的,能抵抗 100℃ 或更高的温度。要分离芽孢菌,可将采集样品进行短时间的巴斯德杀菌,以除去不产芽孢细菌的竞争。嗜热菌有其相应的最适特殊培养基,现将几种分离嗜热菌培养基介绍如下。

1. 嗜热好氧菌培养基

1)产淀粉酶和蛋白酶中度(65～80℃)嗜热细菌的分离培养基(%)　　$CaSO_4 \cdot 2H_2O$ 0.06,$MgSO_4 \cdot 7H_2O$ 0.1,NaCl 0.008,Na_2HPO_4 0.18,KH_2PO_4 0.036,酵母浸膏 1.0,蛋白胨 1.0,pH7.0,微量元素溶液 0.5ml,$FeCl_3$ 溶液 1ml(含 $FeCl_3$ 0.2g/L)。

微量元素溶液(g/L):$MnSO_4 \cdot H_2O$ 2.28,$ZnSO_4 \cdot 7H_2O$ 0.5,H_3BO_3 0.5,$CaSO_4 \cdot 5H_2O$ 0.025,$Na_2MoO_4 \cdot 2H_2O$ 0.025,$CoCl_2 \cdot 6H_2O$ 0.045,H_2SO_4 0.5ml。取温泉水液样 200ml/L,取少量直接涂布于平皿上,于 60℃ 培养,待菌落长出后,挑取单菌落。

α-淀粉酶选择培养基 (g/L):淀粉 10.0,$NH_4H_2PO_4$ 5.0,酵母膏 1.0,K_2HPO_4 0.1,$MgSO_4 \cdot 7H_2O$ 0.1,柠檬酸三钠 0.5,$MnSO_4$ 0.1,$FeSO_4$ 0.1,$CaCl_2$ 0.1,琼脂 20,pH 7.2。

蛋白酶选择培养基:在 α-淀粉酶选择培养基的基础上需另加 2% 酪蛋白。

2)嗜热菌(thermophiles)产生耐高温 α-淀粉酶　　斜面培养基(g/L):可溶性淀粉 2.0,胰化蛋白胨 2.0,$CaCl_2$ 0.1,K_2HPO_4 0.25,琼脂 20,pH 7.0～7.2,培养温度 60℃。

摇瓶培养基(g/L):可溶性淀粉 20.0,胰化蛋白胨 2.0,KH_2PO_4 0.25,$FeSO_4$ 0.03,$MgSO_4$ 0.25,$MnCl_2$ 0.01,$CaCl_2$ 0.1,pH 7.0～7.2,培养温度 60℃。

发酵培养基(g/L):乳糖 20.0,蛋白胨 8.0,KH_2PO_4 0.5,$MgSO_4$ 0.5,$FeSO_4$ 0.015,$CaCl_2$ 0.2,$MnCl_2$ 0.005,pH 7.0～7.2。

2. 嗜热厌氧菌培养基(70℃)

1)培养基　　采用 DSMZ 基础培养基(g/L):NH_4Cl 1.0,K_2HPO_4 0.3,KH_2PO_4 0.3,$MgCl_2$ 0.2,$CaCl_2$ 0.1,KCl 0.1,NaAc 0.5,NaCl 10.0,$NaHCO_3$ 2.0,$Na_2S_2O_3 \cdot 5H_2O$ 5.0,$Na_2S \cdot 9H_2O$ 0.42,L-胱氨酸 0.5,酵母提取物 2.0,木糖 3.0,胰蛋白酶(BBL)2.0,微量元素溶液 10ml,刃天青染料 0.5mg 作为还原指示剂。

2)微量元素溶液(g/L)　　次氮基三乙酸 1.5,$MgSO_4 \cdot 7H_2O$ 3.0,$MnSO_4 \cdot H_2O$ 0.5,NaCl 1.0,$FeSO_4 \cdot 7H_2O$ 0.1,$CoSO_4 \cdot 7H_2O$ 0.18,$CaCl_2 \cdot 2H_2O$ 0.1,$ZnSO_4 \cdot 7H_2O$ 0.18,$CuSO_4 \cdot 5H_2O$ 0.01,$KAl(SO_4)_2 \cdot 12H_2O$ 0.02,H_3BO_3 0.01,$Na_2MoO_4 \cdot 2H_2O$ 0.01,$NiCl_2 \cdot 6H_2O$ 0.025,$Na_2SO_3 \cdot 5H_2O$ 0.3mg。

3)培养基制作　　采用 DSMZ 基础培养基,先于 1L 蒸馏水中依次加入(g/L):NH_4Cl 1.0,K_2HPO_4 0.3,KH_2PO_4 0.3,$MgCl_2$ 0.2,$CaCl_2$ 0.1,KCl 0.1,NaAc 0.5,NaCl 10.0,L-胱氨酸 0.5,酵母提取物 2.0,胰蛋白酶(BBL)2.0,微量元素溶液 10ml 及刃天青染料 0.5mg,用 KOH 调 pH 至 7.3～7.4,分装,并于 121℃ 高压灭菌 20min。密封培养瓶,于去氧充气装置上充入氮气,并充分去除液体内的氧气,2h 后使培养基呈淡黄色。于细菌接种前加入(m/V):10%$NaHCO_3$,15% 木糖,25% $Na_2S_2O_3 \cdot 5H_2O$ 和 3% $Na_2S \cdot 9H_2O$,70℃ 下预热 10min。

分离厌氧菌时,除制备特殊的培养基外,还需要厌氧培养箱、厌氧罐等特殊设备,创造有利于厌氧菌生长环境。由于专性厌氧菌与分子氧接触会被杀死,所以要求微生物与空气的接触尽量少或完全隔绝。许多专性厌氧菌最初仅能生长在 150mV 或更低氧化还原电位的培养基中,为此要进行除 O_2(参见本章第四节)。

嗜热菌分离培养时注意事项以下几点。

(1) 在固体平板分离培养时,由于水分的蒸发,而使平板培养基易发生皱裂。为防止因水分蒸发,用 8~10mm 的厚平板,琼脂含量 2.5%~3.0%。接种后将平皿置于两个未接种平皿之间,用双层塑料袋包起来或倒置成摞,置于圆柱形金属筒芯,最底部放一正面平皿,其内盛 1/2 体积的水,套上金属外筒,盖好盖,置于培养箱内培养,或用封口保鲜袋将平皿包装起来进行培养,用这种方法可以在 60℃ 培养 7d 左右。但 70℃ 培养时,则要增加培养基中琼脂的数量,中途可以给最底部平皿加水。

(2) 液体培养基培养时,置于 60℃ 培养,转速高于 180r/min 以上,蒸发和通 O_2 均不会造成太大的影响。但在 70℃ 时,蒸发成为突出的问题,此时要在摇床上放一瓶无塞加水的三角瓶,利用蒸发出来的蒸汽所形成的高湿度环境,使发酵液内水分的蒸发降低,或者置于恒温恒湿培养箱内培养。

不同的微生物之间的培养方法有较大的差异,因此对极端微生物的培养不能"一刀切"。在研究培养方法时要充分借鉴其原始的生活环境和生理条件。对其获得纯培养需要突破传统的分离观念,在方法学上下工夫。某些特殊情况下纯培养难以实现,而共培养共代谢是极端环境微生物培养的一个方向。由于极端微生物的培养条件很难与一般自然环境条件一致,因此常用培养基对 95% 以上极端微生物都难以培养。

近年来,随着分子生物学技术和其他相关新技术在微生物分离检测中的应用,越来越多的极端环境微生物被检测到。随着培养方法研究的深入和技术水平的提高,人们采用模拟环境等各种新方法,对目前难以培养的微生物进行研究。应用流式细胞计数器和微囊包裹环境单细胞微生物进行高通量培养,为获取微生物多样性提供了一条有效途径。Dillespie 等 2002 年直接将环境中的 DNA 样品克隆,再从克隆库中筛选有兴趣的 DNA 进行异源表达,获得两种广谱抗菌物质 turbomcin A 和 turbomcin B。Lee 等在 2004 年从森林土表样品和池塘水样品中提取 DNA,构建宏基因文库,筛选得到脂肪酶基因;Zheng 等于 2006 年利用基因组步行的方法,成功地从富含油脂的土壤样品中克隆到两个脂肪酶基因,并实现在毕赤酵母中的分泌表达。

二、极端微生物酶分子生物学研究

(一) 极端酶基因的克隆

利用基因重组技术,克隆极端酶的编码基因,并进行序列分析,从而进一步探讨酶的结构与功能的关系。基因重组技术是目前研究极端酶的主要方法之一。

极端酶基因克隆的常规程序为:①分离纯化极端酶;②测定目的蛋白的 N 端和 C 端的氨基酸序列;③根据两端氨基酸序列推导核苷酸序列,设计简并引物;④通过 PCR 扩增目的基因;⑤构建基因组文库或 cDNA 文库;⑥通过分子杂交或目的蛋白的活性检测,从文库中筛选目的基因。极端酶基因的克隆技术与常规酶基因克隆技术差别不大。但由于极端酶和常规酶的生物学特性相差很大,蛋白质的保守序列难以确定,通过非同源探针杂交获取目的基因的方法不适用于极端酶基因的克隆。极端微生物难以培养,并且培养获得的菌体有限,这些都给基因克隆带来了一定的困难。现以海洋极端微生物酶分子生物学研究为例。

随着海洋微生物培养技术的发展,可供研究的极端微生物基因组数目不断增加,有利于新型极端酶基因的发现和鉴定。目前已有很多极端古细菌,它们之中部分细菌的基因组序列已经被测定。通过对极端微生物基因组全序列的分析,人们发现其中很多基因的开放性阅读框架和现有核苷酸序列数据库中的序列几乎没有同源性。这些基因所编码的蛋白质可能是极端微生物适应极端环境的原因,而且在这些未知基因中推测存在很多编码特殊性质酶的基因,因此具有重大应用前景。

由于单基因表达受培养基组分影响很大,所以在功能性检测中会漏掉一些重要的功能基因。而不断增加的基因资源有助于解决在活性检测中难以检测到活性酶这一困难。例如,掘越氏热球菌(*Pyrococcus horikoshii*)生存于冲绳岛附近海底约1395m的火山口,其最适生长温度为95～105℃,分类上属广古菌。它们的基因组已经被测定(Kawarabayashi et al.,1998)。根据基因组测序结果,研究人员已成功克隆得到 P. horikoshii DNA 聚合酶、α-淀粉酶、β-葡萄糖苷酶、α-甘露糖苷酶、β-甘露糖苷酶、β-半乳糖苷酶、纤维素酶和木聚糖苷酶等基因。

(二) 极端酶基因表达系统的构建

由于极端微生物生长缓慢、产酶量低,传统的生物发酵技术不能适应极端微生物酶的生产,需要特殊的设备。为了获得大量极端酶,必须研究其他方法来达到目的。研究发现许多极端酶基因在常温宿主(如 *E. coli* 和 *B. subtilis*)中高效表达可解决以上问题。采用该方法使极端酶的表达量高且易于纯化,非常经济,从而可实现产业化生产。例如,赵子如等于 2007 年将一株嗜热厌氧菌的耐高温淀粉酶基因在 *E. coli* 中得到了高效表达。其他在大肠杆菌中表达的极端酶有嗜热菌产生的 6-磷酸果糖激酶、嗜冷芽孢杆菌中的丙酮酸激酶、静止嗜冷杆菌的嗜冷脂酶、嗜冷弧菌的磷酸丙糖异构酶、嗜冷弧菌的天冬氨酸氨甲酰基转移酶、嗜盐单胞菌属的二磷酸激酶、嗜碱菌的木聚糖等,这些工作为极端酶的基础研究和应用研究奠定了基础。

在大肠杆菌中进行高效表达的分子生物学技术已经相当成熟,并且目前有许多现成的诱导型表达载体可以直接使用。而大肠杆菌中高效表达所造成的包含体问题促使人们寻找可以替代大肠杆菌的宿主系统,如原核系统 *Bacillus*、*Pseudomonas*、*Lactobacillus*、*Lactococcus* 和真核系统 *Pichia*、*Kluyveromyce*、*Candida* 和 *Hansenula* 等。若要表达经糖基化修饰后才有催化活性的极端酶时,应当首先考虑真核表达系统。

20 世纪 90 年代以后,极端微生物及其相关产物的研究,以及它们在现代生物工程中的潜在价值,逐渐引起人们的广泛关注,并成为一个新的研究热点。极端微生物多样性及应用研究的重要意义在于:①极端环境微生物的基因是构建遗传工程菌的资源宝库;②极端环境下微生物的生态、结构、分类、代谢、遗传等均有别于一般生物,使得极端微生物所产生的活性物质拥有普通微生物活性物质所不具备的优良特性,为微生物乃至相关学科的许多领域提供新的材料;③为生物进化、生命起源的研究提供新的材料。但就总体情况而言,由于条件所限,许多极端微生物的培养受到限制,极大地影响了极端微生物研究工作的进展。相信随着研究工作的深入开展,以及蛋白分子定点突变、随机突变与 DNA shuffling 等定向进化手段,蛋白组学等新的生物技术手段的运用,人们将对极端微生物及其酶类的研究意义和应用价值有更深入的认识。

第七节 生物可降解塑料菌株的分离筛选

随着塑料工业技术的迅速发展,其用途已渗透到工业、农业及人民生活的各个领域,并与钢铁、木材、水泥等成为国民经济的四大支柱材料。多年来全球都使用化学合成塑料,可以说在相当长时间内,化学合成塑料广泛地应用到各行各业和人们的日常生活中,成为社会的重要高分子材料。但由于其具有的不可降解性,使大量的化学塑料废弃物对环境造成严重的污染,加上目前废弃塑料的回收利用率又很低,因此最终"白色污染"成为全球公害,并进一步造成资源的巨大浪费。传统以末端治理为主的塑料垃圾处理方法虽然能在一定程度上减轻塑料垃圾的污染,但代价昂贵,易造成二次污染。若要从根本上解决问题,必须研究和寻找化学合成塑料替代品,即生物可降解塑料,它们经过微生物分解后生成二氧化碳和水,具有完全生物可降解性。因此,研究与开发生物可降解塑料,减轻环境污染,已是当务之急,势在必行。目前,世界发达国家积极发展生物可降解塑料,美国、日本、德国等国家都先后制定了限用或禁用非降解塑料的法规。

一、生物可降解塑料概况

生物可降解塑料,即聚-3-羟基链烷酸酯(polyhydroxyalkanoate,PHA)的研究已有近 80 多年的历史。开始人们是在真养产碱杆菌(*Ralstoniaeutropha*)中发现可溶于氯仿的物质。Lemoigne 等在 1926 年确定以聚羟基丁酸酯作为最简单的 PHA,这成为此项研究的起点。他们首次从巨大芽孢杆菌中分离到多聚羟基丁酸,到 20 世纪 60 年代发现它有着类似塑料的理化性质,此后 PHA 的研究才逐渐展开。英国帝国化学工业公司(ICI)于 80 年代初首先进行了 PHA 的生产。随着分子生物学的发展,1988 年第一个 PHA 合成基因被克隆出来,这标志着 PHA 的研究进入了分子生物学的全新时期,人们可以更自由地调控 PHA 的生物合成,许多新型 PHA 被合成出来,不同的短链和中长链羟基脂肪酸单体(HA)聚合物的合成成为现实。

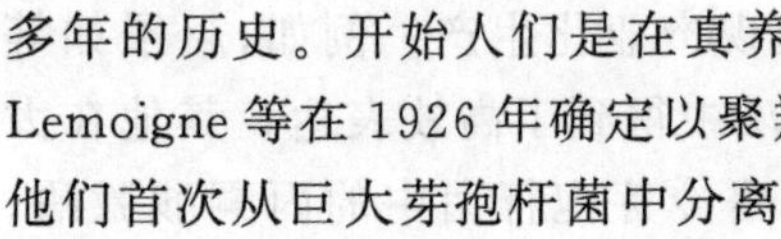

图 5.5 PHA 的结构通式
$R=H, C_1 \sim C_{11}; x=1 \sim 3; n=100 \sim 30\,000$

PHA 包括一大类物质,其骨架为 D-(—)-羟基链烷酸单体(图 5.5),随 R 基团、共聚单体、链的长短及羟基的位置而异,可形成不同的 PHA。根据单体的组成 PHA 分为三类:第一类为聚-3-羟基丁酸酯(poly-3-hydroxybutyrate,PHB),含 $C_3 \sim C_5$ 单体,是短链脂肪酸共聚体;第二类为聚-3-羟基辛酸酯(poly-3-hydroxyoctanoate,PHO),含 $C_6 \sim C_{14}$ 单体,是中等长链脂肪酸共聚体;第三类为 3-羟基丁酸酯与 3-羟基戊酸酯(poly-3-hydroxybutyrate-CO-3-hydroxy valerate,PHBV)不同单体之间形成的共聚物。这些共聚物会显著地改善 PHA 的性能,具有很多新的特性。因此它们现已成为人们研究和应用开发的热点。PHB 由于发现和研究最早、存在最广泛,加上具有较好的机械加工特性,因此是最早用作微生物发酵、转基因植物及实现商业化生产的 PHA。

生物可降解塑料是细菌合成的一种细胞内聚酯,在生物体内主要作为碳源和能源的储藏物质而存在,自然界大多数微生物都能合成聚酯。

合成 PHA 的微生物在自然界中分布极广,这些微生物主要来自光能和化能自养及异养菌,计 65~70 个属,300 多种细菌,包括芽孢杆菌属、产碱杆菌属、甲基营养菌属、假单胞菌属、红螺菌属和固氮菌属等。其中以 *Ralstoniaeutropha* 研究得最多,它在糖、有机酸等多种碳源条件下合成的 PHA 可达细胞干重的 80% 以上。

PHA 是细菌在缺乏氮、磷、镁等不平衡代谢条件下,细胞内合成的一种储藏性聚酯,是胞内的一种能量,这类储藏的聚酯相当于植物的淀粉、动物的糖原一样,当生命活动需要时可以分解利用。它们具有化学塑料相似的物理机械特性、良好的加工性能、完全生物可降解性以及较好的生物相容性,是一种应用前景十分广阔的新型热塑料。现已对它们在微生物学、生物化学及分子生物学等多方面进行了研究,积累了丰富的资料,并通过发酵法已进行了一定规模的生产。

二、获得生物可降解塑料的微生物途径和菌株分离方法

(一) 从自然界分离产生 PHA 的微生物

以下介绍两种产 PHA 微生物的分离、筛选方法。

1. 第一种分离、筛选方法

从麦田、路边土壤、海滩污泥等地采样。

富集培养基和分离培养基(%):牛肉膏 0.5,蛋白胨 1.0,NaCl 0.5,pH 7.0~7.2。

首先将 50ml 富集培养基加入 250ml 三角瓶,再加入 1g 试样,30℃摇瓶培养 19h 进行富集。吸取富集后的培养物 0.5ml,经适当稀释,取 0.1ml 均匀涂布于分离培养基平板上,于 37℃培养 19h 后,再影印到产 PHA 培养基平板上,37℃培养 48h。用常规方法制取菌落涂片,以 0.3% 苏丹黑染色液染 10min,冲洗,滤纸吸干水分,以二甲苯滴洗涂片至无色,再用 0.5% 番红染色液复染 1~2min,水洗,吸干。然后用显微镜观察,若细胞内有蓝黑色颗粒,即为产 PHA 菌株。最后进行形态及培养特征观察,以及革兰氏染色、需氧性和接触酶等测试。

2. 第二种分离、筛选方法

从不同的油井和长期被原油污染的含油废水及油田土壤采样。

细菌富集培养基——LB 培养基(%):蛋白胨 1.0,酵母粉 0.5,NaCl 1.0,pH 7.0。筛选培养基(%):$Na_2HPO_4 \cdot 12H_2O$ 0.6,KH_2PO_4 0.05,NaCl 0.1,NH_4Cl 0.02,pH 7.0。溶解后,分别加入以下单独配制的微量元素溶液(ml):1mol/L $MgSO_4 \cdot 7H_2O$ 2.0,1mol/L $CaCl_2 \cdot 2H_2O$ 1.0,10mmol/L 维生素 B_1 5.0,121℃灭菌 15min。接种前加入除菌的脂肪酸盐溶液 5ml。固体培养基加入 1.7% 的琼脂粉。

从油田废水出口附近采集废水样品。取 1ml 废水样品,加入到含有 0.2% 原油的细菌富集培养基中,37℃,160r/min 摇床富集培养 72h,在原油平板培养基上划线分离,37℃培养 24h。挑取单菌落,然后将各单菌落分别点种到以下各烷烃和脂肪酸的平板上,以单一碳源进行培养 5d 以上,观察记录生长情况。

(1) 正烷烃培养基平板(%):在以上筛选培养基的基础上加入琼脂,制成固体培养基平

板,其中分别加入2%的庚烷、十二烷、十六烷、十八烷为单一碳源。

(2) 脂肪酸培养基平板(%):在以上筛选培养基的基础上加入琼脂,制成固体培养基平板,其中分别加入辛酸钠 0.125,癸酸钠 0.125,月桂酸钠 0.075,硬脂酸钠 0.0063 为单一碳源。

选取以上各烷烃和脂肪酸为碳源平板上生长的菌落,点种到尼罗兰平板,37℃连续避光培养 2～14d,在波长 312nm 的紫外光照射下观察菌体胞内是否有亮色颗粒。

(二) 利用食品工厂活性污泥生产 PHA

利用食品工厂活性污泥发酵生产 PHA 是具有一定潜力的。食品工厂的废水含有高浓度有机物,为了排污,要除去有机物,而剩余的大量污泥进行厌氧-好氧发酵,能使存在于厌氧区的聚酯细菌成为优势菌株。这些广泛存在于生物污泥中的聚酯细菌大多数都能在体内积累 PHA。如果在生物污水处理的同时又能收集到 PHA,便可一举两得,变废为宝。有报道,厌氧-好氧法处理废水,聚酯细菌所累积的 PHA 量可达到菌体干重的 10%～20%,而剩余的污泥于人工反应器中在一定条件下培养一定时间,则可得到占菌体干重 30%～40% 的 PHA。如果在处理高浓度有机物后剩余的污泥进行聚酯细菌发酵时,添加一些碳源和无机盐,在一定条件下培养得到的 PHA,其性能可能比纯菌种合成的 PHA 更优越。利用活性污泥中的混合碳源与微生物菌群生产 PHA 是生物合成 PHA 的一条新途径,可取得可观的经济效益和社会效益。

分离筛选培养基(%):

(1) 酵母膏 0.15,葡萄糖 2.0,$MgSO_4 \cdot 7H_2O$ 0.005,KH_2PO_4 0.05,琼脂 2.0,pH 7.0。

(2) 蛋白胨 0.3,葡萄糖 1.0,琼脂 2.0,pH 7.0。

因 PHA 经苏丹黑染色后呈蓝黑色,因而可采用苏丹黑染色法对不同来源的活性污泥试样进行显微观察和筛选。选择那些活性污泥试样的细胞中含蓝黑色颗粒较多的菌群,然后利用尼罗兰平板筛选法,对活性污泥中能积累 PHA 的菌株进行分离,将分离出的纯菌株再用苏丹黑染色,细胞中呈现蓝黑色多的菌株供进一步筛选。

(三) 构建基因工程菌株合成 PHA

PHA 的生产和应用,在初始阶段,由于菌种活性和发酵技术水平较低,成本高,限制了其进一步发展。后来随着分子生物学的发展,利用基因工程技术,可以使工程菌以广泛、廉价的物质为碳源,高产率生产 PHA,从而大幅度降低生产成本。

国外把 *phbCAB* 基因转入大肠杆菌及其他可迅速有效利用廉价碳源的细菌中生产PHA,产量得到很大提高。现在国外的 PHA 生产水平已达到 200g 干细胞/L,国内 PHA 达到 65g 干细胞/L。但由于 PHA 并非大肠杆菌的自身产物,从高密度发酵到营养限制来诱发 PHA 合成是不易预测和控制的,因此必须根据不同的外源基因摸索不同的重组微生物发酵工艺。

随着重组 DNA 技术的发展,促使转基因植物生产 PHA 的兴起。目前 PHA 基因已在拟南芥、马铃薯、大白菜等作物的叶片及油菜种子中得到表达。

三、PHA 的合成机制和发酵特点

微生物发酵法合成可降解塑料是指微生物把某些有机物作为营养来源,由微生物发酵合成 PHA 时,在碳源过量和某些营养物质,如氮、磷、镁或氧气等缺乏条件下,许多微生物的正常代谢途径被破坏,在其细胞内合成某种结构的 PHA,成为碳源和能量的储存物质。

PHA 可以通过多种微生物以多种物质为碳源经发酵而成。PHA 发酵特点如下。

1. 碳源

细菌合成 PHA 的全过程都要有足够的碳源,发酵初期提供丰富的碳源、氮源及充足的氧气,是促使菌体大量生长繁殖,使细胞数量达到相当高的密度,后期仍然需要过量碳源,才有利于 PHA 合成。

具有合成 PHA 能力的微生物在不同碳源培养基中发酵时,其累积 PHA 的量和组成结构不同,有的细菌在单糖为碳源的培养基中合成的是 PHB 或以 HV 为主的 P(HV-HB)共聚物。但如果在培养基中加入其他碳源,则可以形成 HB 与其他羟基烷酸的共聚物;另一些细菌一般情况下并不积累 PHA,但特殊物质为碳源时能累积单链长度为 5~12 的 PHA。

乙酸有利于细菌合成 PHA;在 PHA 合成中,利用工业废水和城市废水中丰富的有机物质作碳源,可降低成本,但其合成效率不高。如果加入有机酸或有机酸盐等,可以提高 PHA 的产率。在细菌发酵中,加入乙酸作为共底物时,能够提供细胞生长的能量,从而提高了 PHA 的产率。

2. 氮源

培养基中氮源的量对 PHA 累积的影响因菌种而异。在发酵初期应提供丰富的氮源,使菌体大量生长,此时的 PHA 合成量很少,当细胞浓度达到一定程度后,减少氮源的供给,逐渐提高 C/N 比,有利于 PHA 的合成。

3. 溶氧

为了使菌体大量合成 PHA,对溶氧有一定的要求。当菌体生长时,需要较充足的氧气,当菌体要合成 PHA 时,较低的溶氧量是合成 PHA 的一个重要因素。

4. pH、温度及无机元素

pH 和温度对 PHA 合成直接影响的报道较少,它们一般只是通过影响菌体生长速度,从而间接影响 PHA 的合成总量。而无机元素对 PHA 的合成是有一定影响的,据报道,某些微生物,如 *Alcaligenes eutrophus*,在发酵后期如果限制磷、硫、镁的含量,能提高 PHA 的合成量。

以下以油田样品中分离得到的细菌菌株为例,进一步说明 PHA 合成的发酵特点:以葡萄糖为碳源通过发酵合成具有不同结构单元的生物可降解性聚合物。在 C/N 高于 5 的限氮条件下,菌株就能在其体内合成 PHA;在碳源过量,N/P 低的情况下,得到的聚合物是一种具有长侧链的聚羟基辛酸 co-羟基癸酸的共聚物,为一种热塑性弹性体;当培养基中 C/N 为 20 的情况下,合成的热塑性弹性体的平均分子质量为 1.16×10^5,分子质量分散指数为 2.43;在 N/P 高时,则合成热塑性塑料 PHB。

思 考 题

1. 从环境中分离、筛选工业微生物产生菌基本环节有哪些?每一环节注意点有哪些?
2. 分离样中采用哪些措施实行目标微生物的富集培养?
3. 野生菌的菌株鉴定主要有哪些方法?基本的过程是什么?

第六章　工业微生物诱变育种

微生物菌种选育是建立在遗传和变异基础上的。一个菌种生物合成的产量和质量由遗传结构和功能所决定,而功能由遗传结构所控制,改变遗传结构,就影响功能,功能的改变使生物合成产物的化学结构、合成能力和活性也随之改变。微生物的诱变育种,是以人工诱变手段诱发微生物基因突变,改变遗传结构和功能,通过筛选,从多种多样的变异体中筛选出产量高、性状优良的突变株,并且找出发挥这个变株最佳培养基和培养条件,使其在最适的环境条件下合成有效产物。工业微生物育种过程分为三个阶段:菌种基因型改造;筛选菌种,确认并分离出具有目的基因型或表型的变异株;产量评估,全面考察此变异株在工业化生产上的接受性。简言之,工业微生物育种就是经由改变和操纵微生物的基因,进而选育出适合工业化生产的菌种的一种综合技术。

基因突变是微生物变异的主要源泉。人工诱变又是加速基因突变的重要手段。以人工诱发突变为基础的微生物诱变育种,具有速度快、收效大、方法简单等优点,它是菌种选育的一个重要途径,在发酵工业菌种选育上具有卓越的成就,迄今为止国内外发酵工业中所使用的生产菌种绝大部分是人工诱变选育出来的。诱变育种在抗生素工业生产上的作用更是无可比拟,几乎所有的抗生素生产菌都离不开诱变育种的方法。我国抗生素工业的发展,是与菌种选育工作的开展紧密相关的。目前生产用的抗生素,如青霉素、链霉素、金霉素、四环素、土霉素、红霉素、灰黄霉素等,都随着菌种选育取得了重要成就,从而使发酵工业生产得以发展、扩大和提高。时至今日,诱变育种仍是大多数工业微生物育种上最重要,而且最有效的技术。

从自然界分离所得的野生菌种,不论在产量上或质量上,均难适合工业化生产的要求。理想的工业用菌种必须具备:遗传性状稳定;纯净无污染;能产生许多繁殖单位;生长迅速;能于短时间内生产所要的产物;可以长期保存;能经诱变,产生变异和遗传;生产能力具有再现性;具有高产量、高收率等特性。在微生物发酵工业中,菌种通过诱变育种不仅可以提高有效产物的产量,改善生物学特性和创造新品种,而且对于研究有效产物代谢途径、绘制遗传图谱等方面都有一定的用途,归纳起来有以下几个方面。

1. 提高有效产物的产量

提高有效产物的产量包括提高野生菌种和改造菌种的代谢产物或中间产物的产量。目前在发酵工业生产上所使用的菌种,几乎都是经过诱变育种获得的变种。对于新分离的野生种,由于发酵水平极低,必须通过多次诱变育种才能不断提高其发酵水平。对生产中已经应用的菌种也要通过人工诱变提高产量,使之适应大规模工业化生产的需要。目前生产上使用的主要抗生素生产菌,其原始亲株发酵单位很低,经过诱变育种,不断提高发酵水平,产量增加上千倍,甚至上万倍,效果十分显著。

2. 改善菌种特性、提高产品质量

通过诱变育种,除了获得高产突变株之外,还可以选育到一些具有良好性状的变株,包括改善产品质量、提高有效组分比例、简化工艺、缩短周期以及适合工业化发酵工艺要求的变株。通过诱变育种带来产品质量提高的典型例子是青霉素。青霉素的原始产生菌是产黄青霉 Wis

Q-176，它在深层发酵过程中产生黄色素，在提炼过程中很难除去，影响产品质量，后经过诱变育种，获得一株无色突变株 DL3D10，改进了青霉素的产品质量，也简化了提炼工艺，降低了成本。

通过诱变提高有效组分也是屡见不鲜的。大多数抗生素都是多组分的，而其中除了有效组分外，有不少是无效组分，甚至是有毒组分。通过诱变育种可以消除人们不需要的组分。例如，麦迪霉素产生菌 *Streptomyces hygroscopicus* 经过人工诱变 30 代以后，发酵水平由原始菌株 20U/ml 提高到 4500U/ml。此时有效组分仅有 40%，后经连续 10 代的人工诱变，选育出耐缬氨酸变株，有效组分由 40% 提高到 75%。

3. 简化工艺条件

通过诱变改善菌种特性，选育出更适合于工业化发酵要求的突变株。例如，选育孢子生长能力强、孢子丰满的突变株，以降低种子工艺难度；泡沫少的突变株，既可节省消泡剂，也可增加罐投料量，提高罐的利用率；发酵液黏性小的突变株，有利于改善发酵过程溶氧，增强发酵液的过滤性能；抗噬菌体变株，免受噬菌体侵染而倒罐；要求空气量低的变株；无油的突变株；发酵低热突变株等。这些突变株可以简化工艺，降低成本，提高发酵工艺的效率。

4. 开发新品种

通过诱变育种可以获得各种突变株，其中不难分离到改变产物结构的、去除多余的代谢产物，改变原有代谢途径，合成新的代谢产物的新品种。例如，诱变柔红霉素产生菌，筛选出能产生抗癌的阿霉素突变株；青霉素产生菌经诱变，曾分离到能显著提高青霉素有效组分的变株。1974 年，我国四环素产生菌——金色链霉菌，经过诱变，获得能合成去甲基金霉素的变株。诱变新霉素产生菌——费氏链霉菌，分离出脱氧链霉胺的营养缺陷型，进而选出用链霉胺代替脱氧链霉胺，最后获得几种抗生素。

第一节 诱变育种的试验设计和准备工作

在诱变育种试验设计之前，要进一步了解高产菌株诱变育种的特点，为以后试验工作提供依据。

诱变是采用某些诱变剂以人工的方法使微生物遗传物质结构改变，从而破坏细胞的自控系统，引起细胞物质代谢障碍，使其产生人们所需要的产物，这就是变异。这种变异对微生物本身来说使其代谢向着异常方向发展，必然引起菌体基本代谢失调，此时菌体虽然具有生活能力，但细胞的某些功能却显著地降低了。例如，孢子数量由多变少，生活周期延长，偶然也使某些目的产物（抗生素、酶等）的产量提高，这都表现了高产菌株的特征。细胞生理代谢失调，菌体本身具有自我调节能力，如果由于 DNA 损伤引起失调，那么将对 DNA 进行自我修复。菌体自我调节和修复的结果，可能恢复原有遗传类型和生理状态，也可能发生对产量不利的回复突变或新的负变而使产量下降，称为负变。从总体来看，后者概率要比前者多。

高产突变型是一种数量性状的遗传变异，是由多基因决定的。例如，控制初级代谢产物的基因、目的产物代谢途径上的结构基因、调节基因及渗透基因、辅助基因等，这些基因不可能通过一次诱变全部引起突变。即使有这种可能，菌体 DNA 由于一次性改变太大，细胞代谢严重失调，而失去生存的可能性。高产菌株的产量提高，是通过多代诱发突变逐渐积累的结果，只有那些每次诱变后有 1~2 个控制产量的基因突变，使产物合成稍有增加，又能维持其最起码代谢平衡的菌株才能生存下来。当然对突变后的高产菌株来说,由于某些基因突变,原有基因间的协调关系被打乱,对环境的适应能力将降低,这时育种工作必须注意调整环境条件,以达到新的平衡,否则将不能生存或被淘汰。

诱变育种工作包括诱发突变、突变株的筛选和高产变株最佳环境条件的调整。诱发突变包括出发菌株、诱变剂及其剂量的选择、影响诱变效果的因素。突变株的筛选包括筛选条件(培养基和培养条件)及选择一个简便、快速、有效的筛选方法。环境条件调整是突变株的最佳培养条件改变。以上是决定诱变育种成败的三个方面,在育种开展之前,根据试验目的紧紧围绕三个环节制订试验方案。

选育菌种的目的是为发酵工业生产服务,不断为大生产提供优良菌株。但具体要选育怎样的菌种,在诱变育种前,应该对大生产的设备和工艺具有相当的知识和全面的了解。例如,现有生产设备结构和存在的问题,原材料来源、供应、质量和菌种适应情况,现有菌种的生产能力,对原材料、空气溶氧及其他工艺的要求。从大生产发展需要,宜筛选怎么样的菌种,包括低空气量、发酵低热、缩短周期、减低黏度、有利节省能源、简化设备、降低成本等。在了解以上情况的前提下,制订菌种选育的试验设计方案,方能使选育出来的菌种推广到大生产中去,否则脱离生产,闭门造车,结果徒劳无功。

以上已谈到诱变育种工作量大,周期长,对一般周期为 7~10d 的抗生素菌种来说,一代诱变需 2~3 个月。对此,事先一定要作好充分准备,如全面了解菌种培养特征和生化特征,以及有关培养条件对其影响等,最后再进行严密的设计,以确立正确的选育程序和方法。

一、诱变前对出发菌株的了解

每个菌株在特定的培养基和培养条件下,具有特异性的菌落和培养特征。在不同的培养基和培养条件下菌落形态是不一样的。霉菌、放线菌的菌落形态特征包括:菌落大小、形状、高度、放射线多少、外观组织结构(粉状、绒毛状、絮状等)、孢子多少和色泽、可溶性色素情况等。细菌菌落形态特征包括:菌落大小、形状、边缘结构、高度、颜色、光泽、黏性、表面结构、可溶性色素等。

1. 区分不同菌落类型

一般情况下在同一种培养基和培养条件下往往会出现多种形态类型的菌落(有 2~5 种),不同类型的菌落其代谢产物的生产能力有较大的差异,但在特定的培养基和培养条件下,每个菌种都有其占优势的菌落类型,这种主要类型的菌落形态、特征、生理生化性状及其生产能力基本上决定了该菌种的特性,称这种菌落类型为正常型菌落。土霉素产生菌(*Stroptomyces rimusus*)不同菌落类型的形态特点及其在不同培养基中的发酵单位如表 6.1 所示。

2. 出现不同菌落类型原因

出现不同菌落类型的主要原因是由遗传因素决定的。例如,由核基因或染色体外遗传物质引起自发突变就是常见的一种现象。某些高产突变菌株,在传代过程中产生回复突变,由杂交或原生质体融合获得的二倍重组体在繁殖过程中产生分离子。对丝状菌来说,由于繁殖过程不同基因型的菌丝接触、吻合产生异核体,从异核体菌落上形成的孢子进行分离,都会出现遗传性状不同的菌落。

表 6.1　土霉素产生菌不同菌落类型的形态及在不同培养基中的效价

菌落类型	菌落形状和大小 /cm	气生菌丝	菌落特征	摇瓶效价/(U/ml) 培养基Ⅰ	培养基Ⅱ
1	龟背形	0.8	棕色	浅灰→浅黄	3 730	不长
2	梅花形	0.7	浅棕色	白色,有放射线气生菌丝盖满全菌落	14 180	不长
3	颗粒形	0.5～0.6	浅棕色	气生菌丝只占菌落中间0.3cm	18 700	16 500
4	车轮形	约0.7	分成两圈	先在中圈有白色或浅灰色气生菌丝	18 500	28 900
5	草帽形	约0.7	中间凸起浅棕色	凸起处有白色或浅灰色气生菌丝		30 650

注:培养基Ⅰ(%):淀粉8、糊精4、黄豆饼粉2、玉米浆0.4、硫酸铵1.2、碳酸钙1.2、氯化钠0.4、磷酸二氢钾0.01、氯化钴10μg/ml、玉米油2.5;培养基Ⅱ(%):除糊精7、硫酸铵1.4、碳酸钙1.4、合成消泡剂0.02～0.03代替玉米油,其他成分与培养基Ⅰ相同。

由此可见,由遗传因素造成的不同类型的菌落是一种变异现象,是属不同遗传特性的个体,而且可以遗传给下一代。在生产实践中,不少优良菌种发生退化现象,需要经常进行纯化分离。诱变系谱中,每代供诱变的出发菌株也同样要进行纯化,使菌种留强去弱,留纯去杂,保持遗传稳定性。

但值得注意的是,在实际工作中常常因为培养基组成或培养条件等的改变,引起菌落形态的变化,同样也会出现不同的菌落类型,暂时造成与遗传因素引起的菌落类型难以分辨的情况。不过,由这种非遗传因素产生的"变异"是一种假变异,它们是不能遗传的,当菌种离开这种环境,重新移植到原来培养基和培养条件下,其形态又可恢复原状。

由非遗传因素引起的菌落形态变化的原因很多,如培养基组成不同;用于培养基配制的药品、原材料的来源、规格、质量的差别;培养基平板厚薄不一而引起营养、水分分配不均;平板上菌落密度稀稠限制了营养物质的供应;菌落不同的生长阶段其形态特征也不一样。为了研究遗传因素引起的不同菌落类型,在实验中要尽量避免那些由非遗传因素引起的菌落形态变化,以免鱼目混珠、干扰试验结果。

通过区分特定菌株的菌落类型之后,从中加深了以生产性能高的正常型菌落特征和生产能力低的非正常型菌落特征的认识,以增进识别诱变后分离在平板上的变异菌落,或纯化分离中的具有优良特性的菌落。

区分和识别不同菌落类型的生物学特征及其生产能力对生产用菌和提供改良的出发菌株尤为重要。

二、全面了解菌种特性及其与生产性能的关系

首先要多方面考察菌种的生活史,了解它们的形态、生理、生化等生物学特性,以及这些特性与代谢产物合成的关系。例如,土霉素产生菌,在诱变育种前,通过该菌的单菌落生长发育阶段系统全面的考察,使菌种选育工作有突破性的进展。土霉素原菌种用于生产的斜面孢子在37℃下生长8d,用于纯化等研究的单菌落要培养12d。后来对该菌种单菌落的生长进行全面系统的观察研究,发现培养12d的菌落是包含三代的生活周期。第一代是从接种的孢子萌

发成菌丝,到形成孢子3~4d,第二代是由第一代孢子萌发长成菌丝和孢子,约需7d,第三代是由第二代孢子长成菌丝又产生孢子,计9~10d。然后将三代孢子分别进行传代、保存、埋沙土,并测定生产性能,结果第一代孢子能保持90%的原高产特性,第二代孢子保持50%的原高产特性,而第三代孢子仅有10%。由此看出,第一代孢子制备斜面、同步性好、高产特性强、周期短,由原来9~10d缩短到3~4d,这样的孢子供进一步诱变育种就容易获得性能好的高产菌。

另外,还要研究菌种的某些生物学特性与产量合成的相关性,即对提高菌种产量某些有益的特性,如有的学者研究头孢菌素C产生菌顶头孢霉菌(*Cephalosporium acremonium*)时,发现其抗生素的产量是随着节孢子体积增大或数量增加而提高,即使菌种不同或外界环境发生变化都遵循该规律。据Nash等报道,节孢子合成头孢菌素C的能力较菌丝体高40%。在合成培养基中加入甲硫氨酸后可增加抗生素产量和节孢子数量。另外还发现基质菌丝颜色的变化和菌落直径的大小与产量也有一定的关系。凡菌落由大到小并伴随着由深至浅时,产量又逐步提高,这样交替变化使产量不断上升。因此,节孢子的大小、多少与头孢菌素C的产量具有明显的相关性,而菌落的大小和基质菌丝的颜色也与产量有一定的关系,这些均可以作为筛选时的参考标志。例如,灰黄霉素产生菌荨麻青霉(*Penicillium patulum*)D-756在平皿上形成的菌落会产生紫色素,色素越深,灰黄霉素产量越低。除此之外还要了解菌种的最佳培养基(包括斜面培养基及一、二级发酵培养基)。如果是野生种,要了解所需碳、氮源的种类,以及较为合适的培养基,为以后研究诱发突变提供依据。

三、了解影响菌种生长发育的主要因素

菌种选育过程中,要不断进行移接、培养,如果不了解试验菌株培养过程中影响其生长代谢的主要因素,那么,即使摆在眼前的高产菌株也因某些因素的干扰而掩盖原有的形态和其他生物学特性,结果造成漏筛或高产特性难以发挥,甚至发生变异、退化。为此在诱变育种前及试验过程中,对这个问题要加以重视。主要影响因素有以下几个方面。

1. 培养基

培养基是影响菌种和孢子形成的重要因素之一,其中碳、氮源的种类、浓度、比例影响很大。对孢子菌来说,营养是控制生长和孢子形成的主要因素,营养过于丰富无益于孢子的形成,尤其是氮源,太丰富时促使菌丝大量生长,却不利于孢子产生。不同微生物菌种对斜面培养基的要求不完全一样。放线菌类性喜微碱性,孢子培养基的碳、氮源要低些,其中碳源约1%,氮源不超过0.5%。通常有机氮为麸皮、蛋白胨、黄豆汁或豌豆浸出汁,还可加适量的无机氮。霉菌类微生物性喜偏酸,孢子培养基要求碳源高一些,氮源低些。因为碳源在微生物生长过程中会产生有机酸一类代谢产物,会使培养基变为微酸性,常用的有麦芽汁和土豆汁培养基。细菌喜欢生长在偏碱环境,一般要求氮源丰富而碳源低的培养基。

2. 斜面培养基制备技术

一个好的培养基配方固然很重要,但忽视配制技术也会造成菌种生长不良,甚至发生变异、退化,直接影响菌种质量和生产水平。通常配制培养基时,要注意药品的原材料质量、规格,并要相对稳定;培养基蒸汽消毒时,压力、时间要适宜,不能超压、超时灭菌,否则不仅破坏营养成分,造成养分之间因受热过高而发生反应,使原有成分减少,影响生长和代谢,而且还会

产生对菌体生长代谢有毒的物质。加入的琼脂数量因条件不同灵活变动,当琼脂质量较差或培养基中碳源多、pH 呈酸性时,琼脂量要略为增加。琼脂加量根据季节不同也要做适当变动,夏季天气热、温度高,比冬季要多加一些。培养基加入到试管中的量不能过多,琼脂平板不能过厚,否则仅有利于菌丝生长,而无益于孢子形成。斜面培养基表面冷凝水不宜过多,移种前可置于 37℃ 下 24h,一方面除去冷凝水,同时还可检查培养基的无菌情况。

3. 移种的密度

对丝状菌来说,密度控制尤为重要。接种量过密,不同菌落间的菌丝交织在一起,容易吻合产生异核体,变异菌株增多,菌种发生退化,生产能力下降。所以菌种从沙土管中移接到母瓶斜面时,接种量宜小,大约使一个斜面上的菌落基本能单独生长,以便从中能识别出正常型菌落,然后再把它们单个地移接到子瓶斜面上培养,以维持菌种优良性状和稳定性。宜稀不宜密,每个子瓶的孢子 40 亿~50 亿个,使每粒孢子生长饱满,有利发芽。

4. 温度

温度对菌种影响很大,在培养过程中温度高,生长快,但超过适应范围会使生产能力显著下降,甚至引起变异,对菌种优良性状的不良影响,高温永远比低温要大。

5. 湿度

湿度对菌种生长和孢子形成的影响也不可忽视,对比某些菌如放线菌,相对湿度高,生长慢;相对湿度低,则生长快。这一点在恒温室培养菌种时要特别注意,因为恒温室要经常通入循环空气,而空气的相对湿度是随自然季节变化的,雨季湿度大,冬季湿度小。冬季室内加温以维持培养温度,但湿度变得更小,这无疑会影响菌种的质量。例如,一般产抗放线菌在不同相对湿度下培养斜面菌种时,孢子形成的数量有明显的影响,当相对湿度为 40%~50% 时,每支斜面的孢子数为相对湿度 5%~20% 的 4 倍左右。通常真菌要求相对湿度高,约 70%;放线菌则偏低,为 40%~50%。

6. 药品和原材料质量

药品规格和原材料来源不同,原材料如黄豆饼粉、麦麸、大米等由于产地、品种不同,都会影响菌种的质量。不少丝状微生物以麦麸为主制备斜面培养基,小麦麸含磷量高,各种氨基酸也丰富,能促使孢子萌发,并有利于菌丝生长。红皮小麦制备斜面总比黄皮小麦要好,主要是孢子形成率高,特别对庆大霉素、四环素、金霉素产生菌。为了使斜面菌种质量保持稳定,培养期间除了恒温、恒湿外,药品规格和原材料的质量也应相对稳定,如有变动,要适当调整配比。

四、了解菌种有效产物中的各种组分在代谢合成过程中与培养条件的关系

由棘孢小单孢菌(*Micromonospora echinospora*)产生的庆大霉素,其中 C_1 是有效的组分;C_2 是无效的。在发酵过程中加入适量的磷或蛋白胨,以及加大通风量都有利于 C_1 的合成;反之,C_2 的比例就上升。另外,发酵周期中的不同阶段,有效组分和无效组分合成的比例也有较大的差异。就庆大霉素产生菌 A-1 菌种来说,当发酵培养到 130~135h,C_1 组分最高,但在此时期前后 C_2 相应比例也增加,此后 C_2 逐步下降,为了尽量不影响产品质量,该菌最适发酵周期应控制在 130~150h。了解有效组分比例与培养条件的关系,便于在培养过程中对

菌种控制,使菌种优良特性充分发挥。

五、建立一个准确、简便、快速检测产物的方法

由于诱发突变频率极低,需要从相当数量的诱变分离菌株中筛选,才有可能获得较理想的突变株。限制筛选量的主要因素除了摇瓶量之外,检测方法也是重要因素,所以建立一个适应于大规模筛选的、有效的检测方法是十分必要的。

六、研究最佳的菌种保藏培养基和培养条件

一个优良菌种的获得往往要花费巨大的人力、物力和时间,是非常不容易的,不能随便采用某个培养基、培养条件和保藏方法进行培养和保藏。否则,容易发生回复突变,使菌种特性衰退,优良特性消失,结果将前功尽弃。因此,事先研究一个最佳的培养基、培养条件和适宜的保藏方法是相当重要的。

第二节 诱变育种的步骤与方法

诱变育种在工业发酵菌种史上创造了辉煌业绩,它具有方法简单、投资少、收获大等优点,但它最大缺点是缺乏定向性。对此,除了深入开展诱变机制研究外,在诱变育种过程中应注意出发菌株、诱变剂及诱变剂量的选择、诱变处理方式方法的应用,以及结合有效的筛选方法等来弥补不足,以提高诱变育种的效率。

诱变育种的步骤和方法包括:出发菌株的选择,出发菌株的纯化,单孢子(或单细胞)菌悬液的制备,诱变剂及诱变剂量的选择及诱变的处理方法。

一、出发菌株的选择

出发菌株是用于每代诱变的试验菌株。出发菌株的选择是决定诱变效果的重要环节。长期育种经验证明,诱变处理前选择怎样的出发菌株,以及对出发菌株的生物学特征的全面了解是很重要的。特别对菌种的遗传背景、稳定性、纯一性及形态、生理、生化等特性研究,都有利于提高诱变效果。

(一) 对一般出发菌株的要求

(1) 从自然界样品中分离筛选出来的野生菌株,虽然产量较低,但对诱变因素敏感,变异幅度大,正突变率高。

(2) 在生产中使用的,具有一定生产能力,并且在生产过程中经过自然选育的菌株。

(3) 采用具有有利性状的菌株,如生长速度快、营养要求低及产孢子早而多的菌株。

(4) 由于有些菌株在发生某一变异后会提高对其他诱变因素的敏感性,故有时可考虑选择已发生其他变异的菌株作为出发菌株。例如,在金霉素生产菌株中,曾发现以分泌黄色色素的菌株作出发菌株时,只会使产量下降,而以失去色素的变异菌株作出发菌株时,则产量会不

断提高。

（5）采用一类被称为"增变菌株"的变异菌株，它们对诱变剂的敏感性比原始菌株大为提高，更适宜作为出发菌株。

（6）在选择产核苷酸或氨基酸的出发菌株时，应考虑至少能累积少量所需产物或其前体的菌株，而在选择产抗生素的出发菌株时，最好选择已通过几次诱变并发现每次的效价都有一定程度提高的菌株作为出发菌株。

（二）选择具备一定生产能力或某种特性的菌株作为出发菌株

选择出发菌株时，首先从遗传方面考察该菌种是否具有人们所需要的特性。作为出发菌株对目的产物具有一定生产能力，或至少能少量产生这种产物，说明该菌株原来就具有合成该产物的代谢途径，这种菌株进行诱变容易得到较好的效果。如果直接为某工厂提供优良菌株而开展此项工作，最好采用生产上使用过的、适应于该厂发酵设备条件的生产菌种作为出发菌株，通过诱变育种手段，进一步提高生产能力，这样选育出来的菌种易于推广到工业生产。

（三）选择纯种作出发菌株

用于诱变的菌株，其遗传性状应该是纯的，就是指细胞在遗传上应该是同质性的。诱变中要选择单倍体、单核或少核的细胞作为出发菌株。因为诱变剂处理后的变异现象，有时只发生在双倍体中的一条染色体或多核细胞中的一个核，而变异性状同质性的菌株就不会出现这种现象。因此，纯培养和纯种是决定诱变效果关键问题。纯种可以通过自然分离或显微单细胞分离技术获得。

（四）选择出发菌株应考虑其稳定性

用作出发菌株除考虑纯种外，还要尽可能挑选生物合成能力较高的、遗传性状比较稳定的菌株，使育种工作在较高的水平线上起步。但应注意避免选用对诱变剂不敏感、产生"饱和"现象的高产菌株，因为这类菌株的突变率远不如野生菌株或产量低的菌株高。主要是高产菌株诱变系谱复杂，潜在突变位点已经不多，因此，从表面上看，它对诱变剂具有抗性、性状稳定化，不再容易诱发突变。

一般认为高产量的菌株不一定是继续提高产量潜力最大的菌株。在这种情况下应设法通过杂交、原生质体融合手段，使遗传物质重新组合，产生新的重组体，改变遗传类型，提高菌种对诱变剂的敏感性，诱变后可以显著提高正突变率。笔者采用霉菌碱性脂肪酶产生菌扩展青霉（*Penicillum expansum*）的原生质体进行诱变，获得发酵水平提高 57% 的变株。

也有学者认为，如果选育目的是希望获得一个具有某些优良特性、组分或发酵水平高的变株，那么应该选择遗传性状不太稳定的、含有较多菌落类型的菌株作为出发菌株。在诱变处理前，将该菌株进行自然分离，根据平皿上单个菌落的形状、大小、色素、孢子多少、孢子颜色、菌落结构致密度等形态特征及生长速度，可归纳为几个菌落类型。考察哪种菌落类型具有所需的优良特性和一定的发酵水平，将其确定为出发菌株。经过诱变剂处理后，从中筛选出所需的变异菌株，再经自然分离，调整培养基和培养条件，使所需的菌落类型在数量上不断增加，以致达到 90% 以上，从遗传结构上成为占优势的正常型菌落，达到选育目的。

(五)连续诱变育种过程中如何选择出发菌株

由于突变株的产量是数量遗传,只能逐步累加,一次性大幅度提高发酵水平不太容易。在选择出发菌株时,应挑选每代诱变处理后均有一些表型上改变的菌株,如发酵单位有一定程度的提高、形态上发生过一次变异或产生过回复突变的菌株等,以利于突变率的增加。例如,灰黄霉素产生菌荨麻青霉 D-756 变株(表 6.2)和头孢菌素 C 产生菌顶头孢霉菌 C-20 变株(表 6.3),它们的系谱中充分表明这一点。几乎每代出发菌株分别在发酵单位、菌落大小、菌落结构或颜色、基质菌丝颜色、可溶性色素及生长速度等表型发生过变异,继续经诱变因子处理,产量又有显著的提高。这些表型上改变了的菌株,说明已动摇了遗传稳定性,继续处理,对诱变剂的敏感性就提高了,因而容易发生变异,易于达到育种目的。

表 6.2 灰黄霉素高产菌 D-756 诱变系谱菌株表型变异与产量递增的关系

菌 号	诱变代数	菌落直径/cm	菌落表面结构	菌落颜色	可溶性色素	变株效价提高/%
4541	1	1.3	平滑疏松	龟背灰绿	赭石	100
71046	10	0.8	平滑紧密	白	火泥棕	2011
B-53	11	0.6	平滑紧密	白	海螺橙	2642
C-04	自然分离后	0.5	平滑紧密	白	淡可可棕	3547
D-756	13	0.4	平滑紧密	白	鱼鳃红	6911

表 6.3 头孢菌素 C 产生菌 C-20 诱变系谱菌株表型变异与产量递增关系

菌株编号	抗生素产量/%	菌落直径/mm	基质菌丝颜色	其他
C-1	100			组织松,生长速度快
C-2 UV	213			组织紧密,生长速度较慢
C-3 NM	548		乳白	生长速度快
C-4 X射线	829	8~11.5	柠檬黄	菌落表面不规则纹密集
C-7 UV+Lφ	1120	7~8	柠檬黄	沉没培养形成菌团
C-8 UV	1610	6~8	柠檬黄	菌苔变厚,纹变疏
C-15 NTG	2630	4~5	鹅黄	菌落边缘不规则,生长较慢
C-17 EMS	3028	4.5~5.2	鹅黄(边缘柠檬黄)	菌苔稍增厚
C-19 NS	3223	8~9	乳黄	菌苔厚,边缘规则,放射纹疏
C-20 EMS	4000	8~9	粉玉色	菌苔扁薄,边齐,放射纹密

在微生物中还存在一类"增变菌株",它们具有极高的自发突变率,是由一种"增变基因"控制的。若这种基因发生突变,那么 DNA 分子上多数基因都非常容易发生突变,结果导致有关细胞和整个生物体各种特性的自然变异率接连增加。存在增变基因的菌株具有对射线诱变因子敏感性增强的特性,主要是它们缺乏 DNA 修复机制(如 DNA 聚合酶的突变引起),不能正确修复。如能得到这种增变基因的变异菌株作为出发菌株,对大幅度提高突变率是有利的。

（六）选择出发菌株的其他因素

要选择具有产孢子较多、不产或少产色素、生活能力强、生长速度快、周期短及糖氮利用快、耐消泡、黏度小等性状的菌株作为出发菌株，总之，要尽量符合育种所需要的生物学和代谢的特性。

（七）采用多出发菌株

以上已经谈到，可供选择的出发菌株很多，有的是野生型的低产菌株，有的是经过长期诱变的中产菌株或高产菌株，它们的诱变系谱、遗传稳定性和对诱变剂的敏感性各不相同。在我们没有详细研究特定出发菌株敏感性的条件下，而且又不能单纯用生产能力高的菌株作为唯一出发菌株时，应选择多种遗传类型的菌株作为出发菌株比较稳妥，容易在较短时期内达到育种目的。

诱变育种工作中，一般采用3～4个出发菌株，在逐代处理后，将产量高、特性好的菌株留作继续诱变的出发菌株。

当一个菌株经长期诱变后，产量仍然得不到明显的提高，应考虑更换或重新筛选野生型菌株，或许会收到更大的效果。例如，灰黄霉素产生菌，原有菌种 Rt18 是一个具有复杂诱变系谱的菌株，其发酵需以乳糖、玉米浆作为碳、氮源，发酵水平仅 5000～8000U/ml。为提高发酵单位和改变原料路线，笔者从土壤中筛选一株荨麻青霉野生型作为出发菌株，经过连续 13 代的诱变育种，发酵单位比野生型菌株提高 100 多倍，发酵水平达到了 30 000～40 000U/ml，并且彻底改变了原有乳糖玉米浆的原料路线，以廉价大米和少量无机盐即可大规模工业化生产。

（八）菌种代谢特点

了解菌种代谢特点有助于选择有效的出发菌株。有人曾研究过肌苷酸产生菌的代谢特性，发现肌苷酸的生物合成过程与肌苷、肌苷酸降解酶及核苷酸、磷酸化酶的活性有关，如果从产生肌苷酸野生型的枯草杆菌中筛选到降解酶活性低而磷酸化酶活性强的作为诱变出发菌株，一般能得到良好的诱变效果。

二、出发菌株的纯化

确定诱变出发菌株之后，就要进行纯化。因为微生物容易发生变异和染菌。一般丝状菌的野生菌株多数为异核体。生产菌在不断移代过程中，菌丝间接触、吻合后，易产生异核体、部分结合子、杂合二倍体及自然突变产生变株等。这些都会造成细胞内遗传物质的异质化，使遗传性状不稳定。如果一个菌种遗传背景复杂，即不稳定，用诱变剂处理后的变株中，负变率将增加。特别对诱变史长的菌株，采用强烈诱变剂处理，又不进行纯化分离，诱变效果是很差的，发酵单位反而变得更低。因此，微生物菌种选育之前的出发菌株和新变种获得之后，都要进行自然分离，即所谓的菌种纯化。通过菌种纯化分离，从单菌落中挑选所需要的优良菌株，与具有其他性状的菌株分离开来，从中获得遗传性状基本一致的，并且稳定的变种。纯种分离方法常用划线分离法和稀释分离法。

单纯采用以上两种分离方法，有时还不能达到育种的要求，因为操作技术的误差会掩盖菌种不纯的特性。应该进一步提高纯化技术,如采用显微镜操纵器分离单孢子,培养形成单菌落,这样可以得到完全真实的纯菌株。日本东洋酿造公司介绍青霉菌单孢子分离的同时,还要结合延长培养时间,使孢子趋向老年阶段,使遗传性状分化充分并趋向稳定,从中筛选到高产的突变株。

在诱变育种中,出发菌株的纯化虽然是辅助手段,但它是不可缺少的技术步骤,其效果是显著的,如从表 6.2 中看到,灰黄霉素变种 B-53,经过自然分离,获得的变株 C-04 的产量比前者显著提高。

三、单孢子(或单细胞)悬液的制备

在诱变育种中,所处理的细胞必须是单细胞、均匀的悬液状态。这样,一方面分散状态的细胞可以均匀地接触诱变剂,另一方面又可避免长出不纯菌落。

菌悬液是直接供诱变处理的,由出发菌株的孢子或菌体细胞与生理盐水或缓冲液制备而成,其质量将直接影响诱变效果。对菌悬液的制备有如下的要求。

1. 供试菌株的孢子或菌体要年轻、健壮

供试细胞要新培养的,细胞生理活性方面既要同步,又要处在最旺盛的对数期,这样突变率高,重现性也好。对细菌来说,常常通过前培养达到要求。菌悬液中的菌体应该是单细胞或单核的孢子,不但能均匀地接触诱变剂,还可减少分离现象发生。通常丝状菌菌株由于遗传分离产生不纯现象,一个多核细胞经诱变剂处理后,某个核发生有益的突变易被其他尚未突变的核竞争性地抑制,多核菌体会降低单位存活菌的突变率。所以制备菌悬液时要采取分散法,使细菌或孢子团块在培养液或悬浮液中充分分散,力求 90% 以上为单孢子,并务必除去菌丝片段,因为一般菌丝是多核的。菌悬液的浓度,要求霉菌孢子浓度为 10^6 个/ml,放线菌孢子浓度为 $10^6 \sim 10^7$ 个/ml。菌悬液的孢子或细菌数可用平板计数、血细胞计数器计数或光密度法测定。制备菌悬液通常采用生理盐水。如果用化学诱变剂处理时,应采用相应的缓冲液配制,以防处理过程中 pH 变化而影响诱变效果。

2. 菌悬液制备方法

菌种培养、菌悬液的制备是依赖于斜面培养来提供孢子或菌体的,细菌常通过预培养供给年轻的细胞。斜面或预培养的质量对诱变效果有较大的影响,为此,培养基和培养条件都要经过试验确定。培养的菌龄要适中,细菌宜在对数期,孢子应选择成熟,并且要求新培养的细胞。

预培养及菌悬液的制备:如果是细菌,最好在诱变处理前进行摇瓶振荡预培养,这样不仅使菌体分散,得到单个细胞,还可以利用温度和碳源控制其同步生长,取得年轻的、生理活性一致的细胞,这样细胞对诱变剂的敏感性和 DNA 复制都是有利的,易于造成复制错误而增加变异率。在预培养中可补给嘌呤、嘧啶或酵母膏等丰富的碱基物质,为加速 DNA 复制提供营养而增加变异率。同步化的预培养方法:细菌经 20~24h 培养的新鲜斜面,移接到盛有基本培养基的三角瓶中,于 35~37℃振荡培养到对数期,再于 6℃培养 1h,使之同步生长,然后加入一定浓度的嘧啶、嘌呤或酵母膏,继续振荡培养 20~60min。置于低温(约 2℃)10min,离心洗涤,用冷生理盐水或缓冲液制备菌悬液,放在盛有玻璃珠的三角瓶内振荡 10min,令其分散,用无菌脱脂棉或滤纸过滤。通过菌体计数,调整菌悬液的浓度供诱变处理。

如果是产孢子的菌类进行诱变,处理的材料是孢子,而不是菌丝,因为孢子一般是单核的

(如青霉和黑曲霉），菌丝是多核的。孢子是处于休眠不活跃状态的细胞，在试验中应尽量采用成熟而新鲜的孢子，并且置于液体培养基中振荡培养到孢子刚刚萌发，即芽长相当孢子直径 0.5~1 倍。离心洗涤，加入生理盐水或缓冲液，振荡打碎孢子团块，以脱脂棉或 G_3-G_5 玻璃过滤器过滤，用血细胞计数法进行孢子计数，调整菌体浓度，供诱变处理。当然有的真菌孢子对诱变剂比较敏感，不一定都要培养萌芽，可以直接用斜面孢子诱变处理。

对某些不产孢子的真菌，可直接采用年幼的菌丝体进行诱变处理。有三种方法：第一，菌丝尖端法。取灭菌后的玻璃盖片或玻璃纸，紧贴于平皿的营养琼脂平板上，其上滴上数滴培养基，接上菌丝，培养后菌丝生长延伸到盖片以外的培养基上，揭去盖片及其上的菌丝，使盖片周围部分尖端菌丝断裂而留在平皿培养基上，然后对这些菌丝进行诱变处理。第二，处理单菌落周围尖端菌丝。通过自然分离，平皿上挑选数个单独生长的菌落，利用紫外线对菌落四周延伸的菌丝尖端进行照射或加入杀菌率低的一定浓度化学诱变剂处理。培养一定时间，经过繁殖使突变的遗传性状统一、稳定，挑取顶部尖端一小段菌丝于斜面，培养后进一步摇瓶筛选。第三，混合处理法。常用于化学诱变剂，取培养后相当年幼的菌丝体，用玻璃匀浆、过滤，取小段菌丝的菌悬液进行处理。

3. 制备原生质体作诱变材料

在采用原生质体融合技术的同时，还可利用原生质体本身的特点结合传统诱变育种技术来提高菌种的性能和生产能力。用原生质体进行诱变比细胞直接诱变更易获得高产菌，是育种的一种新途径。以原生质体作为材料进行诱变有以下几个方面的优点。

（1）在丝状真菌中，由于菌丝有不同程度的分化，去壁后的原生质体是异质的，即各原生质体的生理、生化、分化程度等相异，为育种提供了各式各样的诱变原材料，增加了突变的可能性。

（2）微生物细胞具有细胞壁，其中的一些成分，如黑色素会吸收紫外线、γ 射线和 X 射线的能量，进而减缓了这些因子对细胞的损伤作用，降低了诱变效果。原生质体没有细胞壁的保护，外界的理化因子可以直接进入细胞，使细胞核内 DNA 碱基结构发生变化，因而对外界理化因子较孢子或菌丝敏感，可增强诱变效果。

（3）有些丝状菌在一般培养条件下不产生孢子，育种时只能以多核菌丝体及碎片作为材料。用这些材料进行诱变，往往因遗传分离而产生不纯或不稳定现象。因此，对这类微生物采用原生质体作为诱变材料，可能会增强诱变效应。

利用原生质体进行诱变已受到微生物育种工作者的青睐，并在育种中取得成功，李庆余等用紫外线对阿氏假囊酵母原生质体进行诱变，使维生素 B_{12} 产量提高 1 倍；笔者用 NTG（亚硝基胍）诱变扩展青霉原生质体使碱性脂肪酶发酵水平提高了 57%。

四、诱变剂及诱变剂量

（一）诱变剂种类的选择

诱变剂的选择主要决定于诱变剂对基因作用的特异性和出发菌株的特性。实践证明并非所有的诱变剂对某个出发菌株都是有效的。一种诱变剂对 A 菌株有较高的诱变效应，对 B 菌株则可能相反。不同微生物对同一种诱变剂敏感性有很大区别，这不仅是细胞透性的差异，也与诱变剂进入细胞后相互之间作用不一致有关，诱变效果也就不一样了。所以，目前育种专家还无法做到在诱变工作中用某种诱变剂来达到定向改变某一性状的目的。

一个菌种的产物多少并非由单基因控制,尤其抗生素乃是次生代谢产物,代谢机制复杂,其产量是由多基因决定的,诱变后产量提高是多基因效应的结果,而且诱变剂引起生物体的变异机制是异常复杂的。诱变剂进入细胞,与 DNA 作用引起突变,但不一定都形成突变体。原因是菌体为了生存,具有一套自我修复系统。不同菌株修复能力是不同的,能力弱的菌株,对已形成的突变进行复制而被遗传下去,表型上成为突变体。修复能力强的菌株,由于自身修复而回复到原养型状态,即回复突变,或新的负变。因此,诱变剂的诱变作用,不仅取决于诱变剂种类的选择,还取决于出发菌株的特性及其诱变史。

1. 选择诱变剂

选择诱变剂时要注意如下一些方面:诱变剂主要对 DNA 分子上基因的某一位点发生作用。例如,紫外线的作用是使两个嘧啶之间聚合,形成嘧啶二聚体;亚硝酸的作用点主要在嘌呤和嘧啶碱基上;5-氟尿嘧啶、5-溴尿嘧啶的作用主要在复制过程中取代 DNA 分子上相同结构的碱基成分。根据诱变剂作用机制,再结合菌种特性来考虑选择哪种诱变剂进行诱变。例如,灰黄霉素野生菌使用氯化锂和紫外线作为诱变剂,取得了惊人的诱变效果;头孢菌素 C 产生菌有效的诱变剂是紫外线、氯化锂、甲基磺酸乙酯;博莱霉素、四环素族产生菌常用一些具有氨基、硝基、亚硝基还原性质的亚硝酸、羟胺、氯化锂等诱变剂,突变率较高;青霉素生产菌以亚硝基胍、氮芥、乙烯亚胺等具有活泼烷化基团的烷化剂更为适合。

2. 根据菌种特性和遗传稳定性来选择诱变剂

对遗传稳定的出发菌株最好采用以前未使用过的、突变谱较宽的、诱变率高的强诱变剂进行复合处理,使 DNA 结构发生严重损伤,造成大的变异,然后再采用一些作用较缓的诱变剂处理;对遗传性不稳定的出发菌株,它们的遗传背景是复杂的,为了提高这类菌株的产量,常可采取这样的选育路线:首先进行自然分离,划分菌落类型,从中选择效价高的、性能好的一类菌落作为诱变处理的出发菌株。采用温和诱变剂或对该类菌在诱变史上曾经是有效的诱变剂进行继续处理,使 DNA 结构发生微小突变,从中筛选突变体,并结合自然分离和环境条件的改变,使有效的菌落类型不断增加,成为正常型菌落。例如,笔者选育的金霉素产生菌金色链霉菌($Streptomyces\ aureofaciens$)H-502 遗传性能不够稳定,当用它作为出发菌株时,首先进行纯化分离,发现有 5 个菌落类型,经过生产性能和生化特性的考察,其中草帽形产量最高,作为出发菌株。经过紫外线、氯化锂复合诱变,选育出 F-303 变株。结合自然分离和种子发酵培养基调整和强化补料、改造设备等培养条件的改变,使发酵单位比出发菌株提高 16.7%。发酵周期由原来的 170~175h 缩短到 100~110h。大幅度提高发酵指数,获得很大的诱变效应,是一株高产短周期的优良变株。

3. 参考出发菌株原有的诱变系谱来选择诱变剂

诱变之前要考察出发菌株的诱变系谱,详细分析、总结规律性。有的菌株对某种或某一组合诱变因子是敏感的,特别是诱变史短的或野生型菌株,如灰黄霉素产生菌 D-756 变株是由荨麻青霉 4541 野生型菌株经过紫外线与氯化锂连续 13 代的诱变处理选育出来的,其各代的出发菌株对紫外线、氯化锂都具有相当高的敏感性。诱变效应表现在变株的形态特征、生理特性及发酵单位均发生显著的变化,这在其他菌种诱变史上是少见的。对诱变史很长的高产菌株来说,如果长期多次使用某一诱变因子,可能会出现对该诱变剂的"钝化"反应,即所谓的"饱和现象"。例如,土霉素 T-1001 变株选育中,最初用紫外线对龟裂形菌落进行照射,出现产量较高的梅花形菌落,说明紫外线诱变效果较好,但将钝化后的梅花形菌株继续使用紫外线处理时,诱变效果大不如以前了。因而改用氯化锂诱变,结果又从梅花形菌落中出现产量更高的颗粒形菌落。继续用氯化锂诱变,使颗粒状菌落数不断增加,通过自然分离,颗粒形菌落占了优势,并上升为正常型菌落,土霉素产量不断提高。

为了成功地选育具有某种特性的生产菌种,就要选择一种最佳的诱变剂。对此,事先需要做预备试验,可采用生产能力分类法来直接比较其效果。

通常的做法是:取几种诱变剂,各取不同剂量做一系列诱变试验,挑选上千个处理后的菌落,进行生产能力的测定,做出生产能力分布状况。然后分别统计它们的正突变株、负突变株和稳定株的频率。也有人在青霉素菌种选育过程中发现,凡能诱发营养缺陷型菌株的诱变剂,往往也是高产菌株良好的诱变剂。

(二) 最适诱变剂量的选择

诱变的最适剂量,应该使所希望得到的突变株在存活群体中占有最大的比例,这样可以减少以后的筛选工作量。Rowlands 就突变率和剂量作坐标(图 6.1)来说明它们之间的关系。如果以单位存活数中突变数为纵坐标作图,从曲线 B 看出,当群体中残余存活细胞比较高时,其突变率随着剂量的增加而提高。当剂量达到一定阈值后,再继续增高时,突变率开始下降。认为高效价的突变株往往在存活率较高(或剂量较低)的曲线 B 的峰值处。高剂量处理时,单位存活菌数中产生的突变数减少,并且还会增加不良性状的继发性突变的概率。任何一种诱变处理都可以得到类似于曲线 A 或 B 的结果。

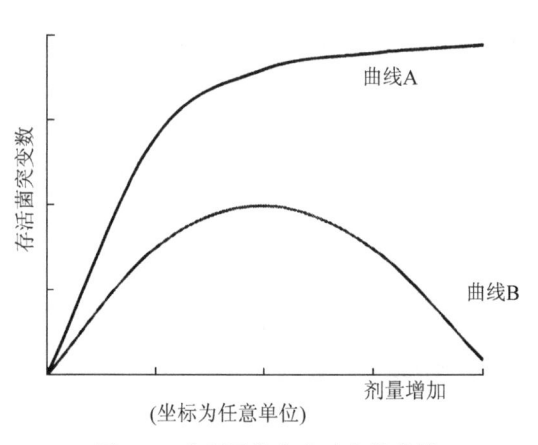

图 6.1 典型诱发突变动力学曲线

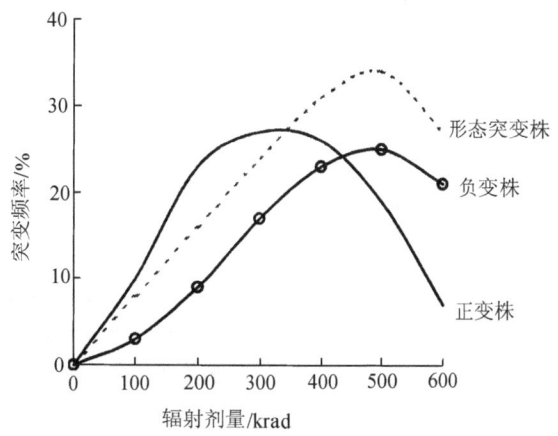

图 6.2 亚热带链霉菌的白霉素高产菌 39#X 射线辐射量与变异的关系

由于各种微生物间遗传特性的差异,不同微生物或同一种微生物的各个菌种对同一种诱变剂的最适剂量是有区别的。在实际育种工作中,具体到某个菌种对某种诱变剂最适剂量的确定,作突变剂量曲线是比较可靠的。检测产量性状突变,包括诱变后各个菌落的生产力分布、致死率和形态变异率,但由于该法测定工作量大,具体做起来比较困难。有人主张用诱变后的形态变异率为剂量指标,这种方法测定虽然比较容易,但对某些菌株,尤其是高产菌株剂量达到一定程度时,形态变异率和正变率的最适剂量是不一致的,与负变率是相吻合的。所以,最大形态变异率的剂量不一定是诱发正变的最适剂量(图 6.2),而是明显超过最适正突变的诱变剂量。不过根据经验,在高产菌株选育中,正突变的最适剂量采用最高形态变异剂量的1/3还是可行的。

在判断诱变剂量时,采用抗药性突变是比较可靠的。因为抗药性突变表型明显,易于在平皿上测定,同时其突变机制主要是基因突变,对诱变效应具有代表性。

筛选抗药性突变株时,取细胞浓度为 $10^6 \sim 10^8$ 个/ml 的菌悬液,用待测诱变剂处理后,分离在含药物(抗生素)的培养基平板上。培养后出现的菌落多为抗性菌落。同时,将未经诱变剂处理的细胞悬液分离在同一种培养基平板上,只出现少数自发抗性突变菌落,以此作为对照,作出诱变剂剂量曲线,确定最适剂量。

剂量的大小常以致死率和变异率来确定。诱变剂对产量性状的诱变作用,大致有如下趋向:处理剂量大,杀菌率高(90%~99%),在单位存活细胞中负变菌株多,正变菌株少。但在不多的正变株中可能筛选到产量提高幅度大的变株。经长期诱变的高产菌株正突变率的高峰多出现在低剂量区,负变率在高剂量时更高(图6.3A)。高剂量处理时,形态突变率和负变株出现多,两者的高峰值几乎是相平行的,正变株出现少(图6.2),并且往往负突变大于正突变。但对诱变史短的低产菌株来说,情况恰好相反,正变株的高峰比负变株高得多(图6.3B)。用小剂量进行诱变处理时,杀菌率为50%~80%,在单位存活细胞中正突变株多,然而大幅度提高产量的菌株可能较少。其他一些具有较长诱变史的高产菌株和低产野生菌株,与以上趋向大致相似。

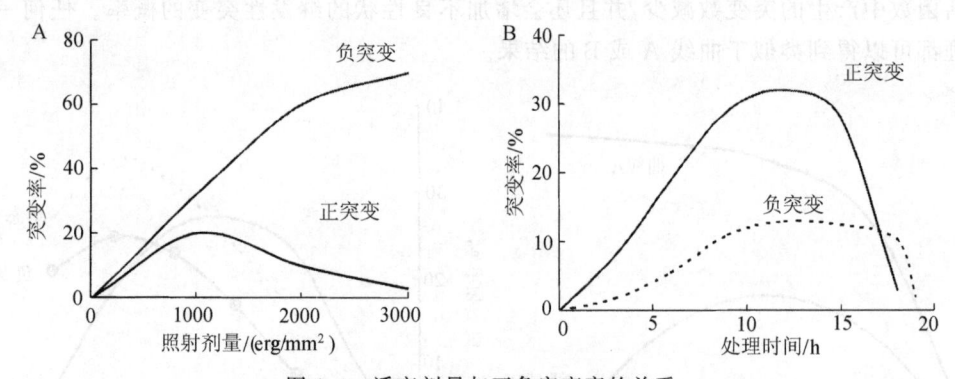

图 6.3 诱变剂量与正负突变率的关系
A. 龟裂链霉菌的土霉素高产菌 293# 紫外线照射剂量与变异的关系;
B. 低产的 B_{12} 产生菌乙烯亚胺处理时间与变异的关系

诱变剂量选择是个复杂的问题,不单纯是剂量与变异率之间的关系,而是涉及很多因素,如菌种的遗传特性、诱变史、诱变剂种类及处理的环境条件等。试验中要根据实际情况具体分析。前人的经验认为,经长期诱变后的高产菌株,以采用低剂量处理为妥;对遗传性状不太稳定的菌株,宜用较温和的诱变剂和较低的剂量处理。因为对这样的菌株,仅要求在正常型菌落中能筛选到一些较高单位的菌株,达到发酵单位有所提高就可以了。但是当选育的目的是要求筛选到具有特殊性状的菌株,或较大幅度提高产量的菌株,那么可用强的诱变剂和高的剂量处理,使基因重排后产生较大的变异,容易出现新特性或产量有突破性提高的变异菌株;对诱变史短的野生低产菌株,开始也宜采用较高的剂量,然后逐步使用较温和的诱变剂或较低的剂量进行处理;对多核细胞菌株,采用较高的剂量似乎更为合适,因为在高剂量下容易获得细胞中一个核突变、其余核可能被致死的纯变异菌株。低剂量处理时，在多个细胞核中可能仅有个别核突变，使之成为异核体，形成一个不纯的菌株，给以后育种工作带来很多麻烦。另外，用高剂量处理菌株，容易引起遗传物质较大幅度的变异，这样的菌株不易回复突变，遗传特性比较稳定。

对一个菌株来说，不仅要选择一个有效的诱变因子，还要确定一个最适的剂量。实际诱变处理中如何控制剂量大小，化学诱变剂和物理诱变剂不太一样。化学诱变剂主要是调节浓度、处理时间和处理条件（温度、pH等）。物理诱变剂主要控制照射距离、时间和照射过程中的条件（氧、水等），以达到最佳的诱变效果。

五、诱变剂的处理方法

诱变剂的处理方法可分为单因子处理和复合因子处理。

单因子处理，是采用单一诱变剂处理。一般认为单因子不如复合因子处理效果好，这已经被很多事实所证实。但当一种诱变剂对某个菌株确实是有效的诱变因子，那么单因子处理同样能够引起基因突变，效果也不错。例如，笔者在选育碱性脂肪酶的扩展青霉（*Penicillum expansum*）野生型菌株 S-596（表 6.4）时，采用紫外线、亚硝基胍单因子分别连续处理，酶的生产能力提高 8 倍多。单一诱变剂处理，还可以减少菌种遗传背景复杂化、菌落类型分化过多的弊病，使筛选工作趋向简单化。当然单因子处理，一般情况突变率比复合因子要低，而且突变类型也比较少。

表 6.4　碱性脂肪酶产生菌 S-596 采用单因子和复合因子处理后的诱变效果

育种代数	诱变因子与剂量	处理方式	致死率/%	酶活提高倍数
野生种 S-596 对照		未处理	0	0
1	UV 5min	单因子	97.0	2.2
2	NTG 100μg/ml	单因子	84.1	8.6
3	NS	自然分离	—	9.1
4	UV 2min+5-BU 25μg/ml	复合因子	96.1	10.0
5	NTG 400μg/ml+HA 0.1%	复合因子	84.6	12.1
6	UV 90s+秋水仙碱 600μg/ml	复合因子	98.0	15.4
7	NS	自然分离	—	16.6

复合因子处理是指两种以上诱变因子共同诱发菌体突变。各种诱变因子的作用机制不一样，主要是 DNA 分子上的不同基因位点对各种诱变剂吸收阈值有较大差异，即不同诱变剂对基因作用位点有其一定的专一性，有的甚至具有特异性。因此，多因子复合处，可以取长补短，动摇 DNA 分子上多种基因的遗传稳定性，以弥补某种不亲和性或热点饱和现象，容易得到更多突变类型。复合因子适合于遗传性稳定的纯种及生活能力强的菌株处理，能导致较大的突变。复合因子处理具体又可分为以下几种处理方式。

1. 两个以上因子同时处理

两个以上因子同时处理即不同的诱变剂同时处理菌体，诱发其突变。

2. 不同诱变剂交替处理

通常以化学因子和物理因子交替进行效果较好。碱性脂肪酶产生菌和头孢菌素 C 产生菌的诱变育种中连续数代采用物理和化学诱变剂交替处理,都获得了产量提高数倍的优良菌株。产量的提高是由多基因作用的结果。采用多种不同机制的诱变剂交替使用,可以动摇多种基因的稳定性,造成各种基因功能重新调整而产生丰富多彩的突变类型,提高变异率。交替处理时,诱变剂量宜适中或偏低。

3. 同一种诱变剂连续重复使用

经过一种诱变剂处理后的菌悬液,培养数小时之后(细菌或酵母),使细胞分裂 1~2 代,接着再处理,有时还可反复多次,最后进行分离筛选。诱发能力强的、对基因作用较为广谱的诱变剂可连续重复使用,有益于变异率的提高。但是单因子连续使用的代数不能过多,否则也会出现"钝化"现象。因为它作用于基因上的位点是有限的,有的甚至只作用于单一位置,造成突变类型少的弊病。

4. 紫外线光复活交替处理

经紫外线照射后的菌体或菌悬液,暴露在日光中一定时间,接着用剂量更大的紫外线继续照射,然后再让其光照复活,经多次紫外线照射和光照复活交替,可以增加变异率,提高变异幅度。光照复活有利于突变发生的原因,主要是通过光激活酶的修复作用,导致嘧啶二聚体解体而恢复原来 DNA 结构,甚至一些接近死亡的菌体也会恢复基本生活能力,但它们中的某些代谢失调现象不一定能得到调整。也就是说,群体中那些只能勉强维持其生活所必需的代谢平衡的突变体将保留下来,从而提高了变异率。

5. 诱变剂处理时间与诱变效应的关系

在头孢菌素 C 产生菌选育中用甲基磺酸乙酯低浓度、长时间处理与高浓度、短时间处理的诱变效应是不同的。在致死率大致相同的情况下,前者比后者不仅正突变率高,而且提高的幅度也大(表 6.5)。

表 6.5 头孢菌素 C 产生菌 EMS 处理时间与诱变效应关系

EMS 处理条件	死亡率/%	产量正突变株出现频率/%	产量提高幅度/%
0.1mol/L 24h	98.75	54.1	150.0
0.2mol/L 4h	98.0	10.0	114.9
0.4mol/L 2h	95.97	18.5	115.0

复合因子处理中,为了提高诱变效果,在具体使用时要注意诱变剂的协同效应,先用弱诱变因子,后用强诱变因子处理往往具有协同效应,反之,则使变异率下降,处理之前要根据不同菌种做预备试验或参考前人的经验来决定。

诱变育种中,诱变处理的方式有多种,这可根据诱变剂性质和菌种情况决定,常用的有下面几种方式:①直接处理方式,将菌悬液用物理、化学因子处理,然后分离。具体方法见第四章第一、二节的紫外线和亚硝基胍的处理。直接处理是最常用的方式。②生长过程处理,适用于诱变作用强的而杀菌率较低的诱变剂,或在分裂过程中只对 DNA 起作用的诱变剂,如 NTG、LiCl、秋水仙碱等。具体做法:首先将诱变剂加入到培养基中,混匀,倒入平皿制成平板,将诱变后的菌悬液分离其上,培养,生长过程中诱发菌体突变。另一种方式,先把培养基制成平板,将一定浓度的诱变剂和菌体加入平板,涂抹均匀,接菌,培养,生长过程中诱发突变。对那些价格昂贵的诱变剂更适合后一种方式。生长过程处理的第三种方式是采用摇瓶振荡培养处理,即在摇瓶培养基中加入一定量的诱变剂。菌体随着振荡培养,不断地和诱变剂接触,它们之间的作用远比平板生长过程处理充分得多,所以诱变剂浓度不宜高。为达到诱变目的,诱变剂可以分次加入。对某些不溶于水的 EMS、DES 等诱变剂,可事先用少量 75% 乙醇或吐温 80 溶解,但要注意不能影响菌体生长。

笔者以产碱性脂肪酶的扩展青霉变株 PF-868 为出发菌株,经多代单因子或多因子复合诱变,获得产酶水平平均提高 3.5~4.5 倍的变株 FS1884-1,酶活达 7500~8500U/ml,最高达 11 200U/ml,其诱变过程如图 6.4 所示。

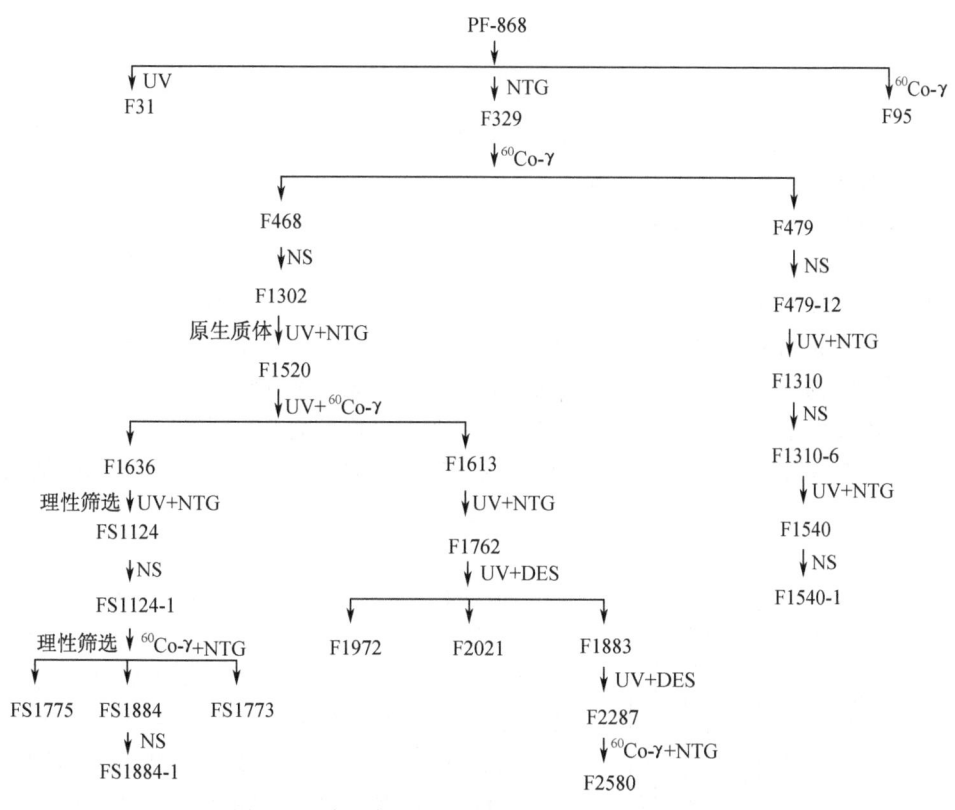

```
                              PF-868
              ↓UV              ↓NTG              ↓⁶⁰Co-γ
              F31              F329              F95
                                ↓⁶⁰Co-γ
                    ┌────────────┴────────────┐
                  F468                       F479
                   ↓NS                        ↓NS
                  F1302                     F479-12
            原生质体↓UV+NTG                   ↓UV+NTG
                  F1520                     F1310
                   ↓UV+⁶⁰Co-γ                 ↓NS
              ┌────┴────┐                  F1310-6
            F1636      F1613                ↓UV+NTG
     理性筛选↓UV+NTG    ↓UV+NTG              F1540
            FS1124      F1762                ↓NS
             ↓NS        ↓UV+DES             F1540-1
           FS1124-1  ┌───┼───┐
  理性筛选↓⁶⁰Co-γ+NTG F1972 F2021 F1883
    ┌──────┼──────┐              ↓UV+DES
  FS1775 FS1884 FS1773          F2287
         ↓NS                     ↓⁶⁰Co-γ+NTG
       FS1884-1                 F2580
```

图 6.4　碱性脂肪酶产生菌 FS1884-1 的选育系谱

六、影响突变率的因素

突变率不仅与菌种的遗传特性、生理性状有关,而且其表达还受细胞所处环境的影响。

(一)菌种遗传特性不同

各种菌种因遗传特性不同,对诱变剂的敏感性也不一样,菌种的生理状态对突变率影响较大,有的诱变剂仅使复制时期的 DNA 发生改变,对静止或休眠细胞并不起作用,如 5-溴尿嘧啶等碱基类似物就属于这一类。而紫外线、电离辐射、烷化剂、亚硝酸等诱变剂不仅对分裂的细胞有效,而且对静止状态的孢子或细胞,甚至对离体 DNA 也能引起基因突变,只是突变率不如前者高。

(二)菌体细胞壁结构

菌体细胞壁结构也会影响诱变效果。丝状菌孢子壁的厚度及表面的蜡质会阻碍诱变剂渗入细胞,减弱与 DNA 的作用。例如,小单孢菌的孢子壁很厚,多年来诱变育种工作进展慢,成效小,有人采用比常规浓度高 10 倍的诱变剂量对萌发的孢子进行处理,效果会好一些。有的微生物细胞壁含有蜡质,常用一定浓度的洗衣粉、脂肪酶或表面活性剂处理,除去蜡质,诱变剂则能正常进入细胞,提高诱变效果。

(三)环境条件的影响

出发菌株在诱变前后的培养条件和诱变处理过程中的环境条件对突变率有相当的影响,归纳起来影响的因素有如下几个方面。

1. 诱变前预培养和诱变后培养

实验证明,出发菌株不管在诱变前或诱变后进行培养时,营养丰富的培养基中出现变株的数量总是比营养贫乏的培养基中多。一个菌株在诱变剂处理前通常要进行预培养,特别是细菌和酵母菌。在预培养基中加入一些咖啡因、蛋白胨、酵母膏、吖啶黄、b-重氮尿嘧啶、嘌呤等物质,能显著提高突变频率。反之,如果在培养基中加入氯霉素、胱氨酸等还原性物质(保护细胞作用),会使突变率下降。后者对电离辐射处理的微生物影响尤为明显。

有人在诱变处理产黄青霉孢子悬液中加入一定浓度的咖啡因或蛋白胨,可以降低死亡率,有利突变率增加。

后培养是指诱变后的菌悬液不直接分离于平板,而是立即转移到营养丰富的培养基中培养数代。原因是诱变处理后发生的突变通过修复、繁殖,即 DNA 的复制,才能形成一个稳定突变体。用于后培养的培养基,其营养成分对突变体的形成和繁殖产生直接的影响。一般培养基中加入足量的酪素水解物、酵母膏等富含各种氨基酸、生长因子和 ATP 的营养物质,有利于突变体重新调节代谢,以维持其代谢平衡所需的能量和物质,特别对那些高产突变的,但平衡严重失调的菌体进行修饰,可以提高突变率和增加变异幅度(图 6.5);后培养的另一个重要作用,根据突变体表型延迟现象,DNA 的损伤通过修复或成原养型或成突变体,但它们遗传性状均已稳定,表型都得到充分表达。后培养通常是将诱变处理后的菌体转移到适宜的培养条件下,培养几小时,让突变细胞繁殖几代,通过传代过程遗传性状分离作用,使突变后的遗传性状逐渐趋向稳定,形成一个纯的变异菌株。后培养对化学诱变剂处理和紫外线照射后

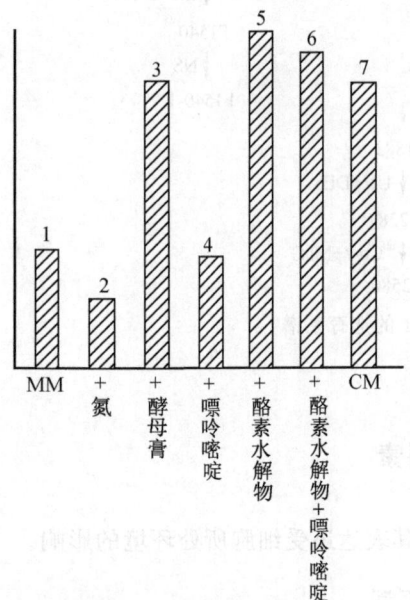

图 6.5 在不同成分培养基中后培养 1h 对变异率的影响
2~6 号是在 MM 基础上加各营养物质

的菌体突变率影响较大,对电离辐射处理的影响不明显。

诱变处理后保存于冰箱中的菌体悬液成分会影响突变体的成活率,应加一些使正突变个体和总菌数的死亡率减低的物质,如酪素水解蛋白、色氨酸等。有人在后培养的培养物中加入一定量的氯化锰,可以增加菌株的稳定性,在获得最高突变率的同时,减少自发突变率。

2. 温度、pH、氧气等外界条件对诱变效应的影响

温度的影响是随着菌种特性和诱变剂种类不同而异。化学诱变因子的反应速度在一定范围内随着温度的提高而加速。化学诱变剂与细胞内的遗传物质作用时,需要在最适的、稳定pH 范围才表现出良好的诱变效应。某些诱变剂在不同 pH 下会形成各种分解产物,如亚硝基胍在 pH6.0 时可分解成亚硝酸,在 pH8.0 以上会形成重氮甲烷,因而产生不同的诱变效应。一些辐射因子和紫外线的诱变效应与供氧有密切的关系,如 X 射线辐射大肠杆菌时,在相同的剂量条件下,供氧充足时,与 DNA 作用剧烈,损伤力大,反之则损伤小。为此,用于辐射的菌悬液液层宜薄不宜厚,或尽可能采用搅拌提供氧气。

3. 平皿密度效应

诱变处理后的菌悬液分离在平皿上的密度要适中,不能过密。实验证明,随着加入到平皿中原养型菌数的增加,营养缺陷型的回复突变体概率将减少。密度过大,还会影响突变体的检出。

思 考 题

1. 诱变育种的基本环节有哪些？关键是什么？
2. 举例说明在诱变育种过程,采取哪些高效的筛选方案？

第七章　工业微生物变株传统筛选和高通量筛选

第一节　突变株的传统分离与筛选

不管是传统的诱变育种还是现代的基因工程育种,在通过各种手段改变菌体的遗传性状之后,如何将具有所要特性的菌种从数量庞大的菌体族群中筛选出来,常常是育种上至关重要也是最耗时费力的工作。因此育种策略与方法的成功与否,常可视优良菌种选育的时间长短加以评估,一般而言,可由提高突变品质、筛选品质和使用与工业化生产关系密切的筛选条件来克服此瓶颈。

在提高筛选品质方面,由于过去对菌体生理了解不够,只能以随机筛选(random selection)的方式,大量筛选无特定标志的变异株(即变异株并未经过特殊筛选,便径自筛选所要性状的变异株),因此筛选效率不佳,往往必须筛选上万株菌才能找到一株较好的变异株。其后由菌株的生理研究,以及由实际研发的经验,发展出合理的定向筛选(rational selection)技术,先筛选具有某一特性的变异株,再由其中筛选出高产的菌株,大大提高筛选品质与效率。赖氨酸生产菌的育种就是一个应用定向筛选成功的典范。

微生物通过诱变因子处理,群体中产生各种类型突变体,其中有正突变型、负突变型和稳定型,需要经过分离筛选,逐个地挑选出来。对每代筛选出来的好菌株都要结合调整培养基和培养条件。经过连续数代诱变选育,才有可能选育出一个优良的菌种。对抗性突变株或营养缺陷突变株,常常用选择性培养基进行筛选。但对产量突变来说,由于高产菌株和负变菌菌株都能在同一个培养基上生长,难以采用选择性培养法进行筛选。经过一次诱变而引起的产量突变的菌株,其菌落形态的表型几乎和出发菌株相同,没有明显指示性。高产突变频率极低,产量提高幅度不大,为5%~15%,然而筛选中的实验误差约有10%以上,常常会掩盖变异株提高的幅度范围,要想从庞大的群体中一个个筛选出来,有如大海捞针,工作量大,周期长,假如筛选方法不合理、不科学,筛选工作成效甚小。

突变是随机不定向的,但是筛选是定向的。筛选的条件决定选育的方向,因为突变体高产性能总是在一定的培养条件下才能表现出来。在一个适于突变株繁殖的特定条件下可以筛选到具有新性状的菌株,其他原养型菌株则逐步被淘汰。所以,培养基和培养条件是决定菌种某些特性保留或淘汰的"筛子"。

为了有效地选出突变株,必须采用使新个体表型得以充分表达的筛选条件。首先要设计一个良好的筛选培养基和确定适合的培养条件。培养基无论从组成的成分、浓度、配比、pH都要有利于突变株优良性状的表现。同时培养基和培养条件应尽量力求和大生产一致,才能使选育的菌株应用于工业大生产。实际工作中经常有这种现象,同样一个菌株在摇瓶条件下生产性能好,但推广到工业化发酵中未必能充分发挥高产性能。其原因除了空气质量等因素之外,往往由于小试验的筛选是采用实验室的精制原材料和摇瓶进行的,而大生产发酵罐上是用较粗放的工业原料和供氧良好的条件下进行的,两者有较大差距。

筛选突变株,首先根据筛选目的进行。由于微生物正突变概率极小,仅0.05%~0.2%,产量提高10%以上突变株也只有1/300,所以挑选的菌落越多,概率就越高,但工作量也越大,特别是产物的测试工作。一个高产菌株的获得要通过连续多代累积诱发才能达到目的。为了加快选育进度,缩短每代的周期,如何提高筛选效率,建立一个简便、快速和准确的检测方法是迫在眉睫的事。常规法虽然精确度较高,但相当繁琐,不适应大量菌株的测试任务,是限制筛选量的最大问题,高产菌株出现的概率,也因此受到影响。筛选要根据主次,分为初筛和复筛。初筛以多为主,即大量挑选诱变处理后平板分离的菌落,尽量扩大筛选范围。例如,春雷霉素采用琼脂块法,在一年内挑取琼脂块菌落65万块,进行筛选而获得成功,产量提高10倍。复筛以质和精为主,即把经过初筛获得的少量较优良的菌株进一步筛选。这种复筛要反复进行几次,并结合自然分离,最后才能选育出高产或其他优良菌株。

为了提高育种效率,在大的布局上,应采用快速循环筛选法,即几条循环线进行筛选。如果完成一次循环需要40d,那么每隔10d进行一条筛选线,使4条循环线交错进行,每条循环线使用不同的出发菌株、诱变剂及不同的培养条件。

一、突变株分离过筛选的基本环节

诱变育种的具体操作环节很多,且常因工作目的、育种对象和操作者的安排而有所不同,但其中最基本的环节却是雷同的。以产量变异为例。

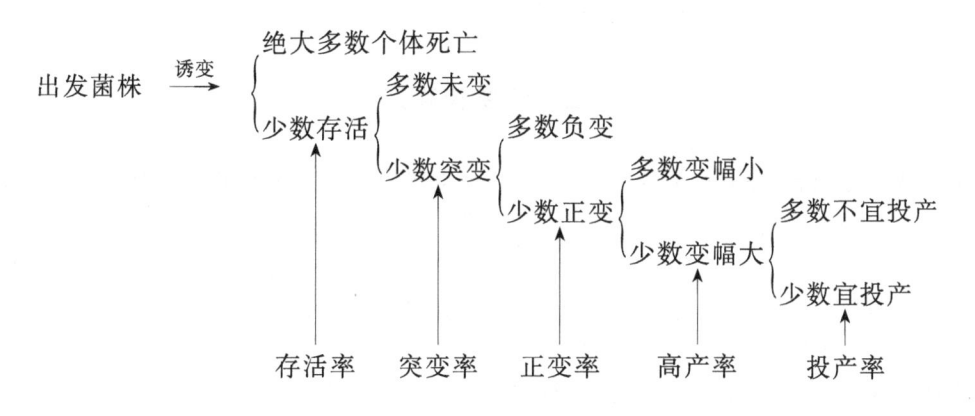

二、筛选的程序

筛选程序分为常规法和简便法。

1. 常规筛选程序

这是传统选育中常用的方法,挑选的菌落直接接入摇瓶培养,产物用常规法测定。

第一代:出发菌株 →诱变→ 分离到平皿上(有时还结合指示剂,呈色剂或底物等) → 挑选菌落 200个 →初筛 1瓶/株→ 50株 →复筛→ 3~5株(提供第二代诱变出发菌株)

第二代:出发菌株 4株 →诱变→ 分离到平皿上(有时还结合指示剂,呈色剂或底物等) →挑菌落→ {100个菌落, 100个菌落, 100个菌落, 100个菌落} →初筛 1瓶/株→ 50株 →复筛→ 3~5株(提供第三代诱变出发菌株)

第三代、第四代……直到选育到符合要求的优良菌株。

2. 简便筛选程序

简便筛选是在常规筛选法基础上进一步改进：一方面分离在平皿上的菌落采用琼脂块法，每代诱变处理后打 1000～3000 块琼脂菌落，甚至更多；另一方面，初筛摇瓶发酵液中产物分析，采用简便、快速的琼脂平板测定法或其他简便方法。

第一代：出发菌株 $\xrightarrow{诱变}$ 分离在平皿上 → 打琼脂块菌落 1000～3000 块 → 检定板上挑取5%～10% 透明圈、呈色圈、抑菌圈大的菌落

$\xrightarrow[1～2瓶/株]{初筛}$ 30～50 株 $\xrightarrow[3～5瓶/株]{复筛}$ 3～5 株（提供第二代诱变的出发菌株）

第二代：出发菌株 4 株 $\xrightarrow{诱变}$ 分离平皿上 → 打琼脂块 1000～3000 个菌株 → 检定板上挑取5%～10% 透明圈、呈色圈、抑菌圈大的菌落或结构类似物

$\xrightarrow[1～2瓶/株]{初筛}$ 30～50 株 $\xrightarrow[3～5瓶/株]{复筛}$ 3～5 株（提供第三代诱变的出发菌株）

第三代、第四代……直到选育到符合要求的优良菌株。

三、分离和筛选

菌种诱变处理后，分离在琼脂平板上，由一个突变的单细胞或孢子发育为菌落而形成一个变异菌株。突变类型很多，归纳起来有两大类：第一类为形态突变株，包括菌落形态、菌丝形态、分生孢子形态；另一类是生化突变株，包括抗性突变型、营养缺陷型、条件致死突变型、产量突变型、糖分解突变型等。以上突变株都混合在诱变处理后的微生物群体中，根据筛选目的，从群体中一个一个地分离筛选出来。

高产突变株频率低，实验误差又在所难免，因而筛选工作常采用多级水平筛选，有利于获得优良菌株。多级水平筛选的原则是让诱变后的微生物群体相继通过一系列的筛选，每级只选取一定百分数的变异株，使被筛选的菌株逐步浓缩。由于筛选准确性的提高只正比于试验重复次数的平方根，因此，初期应该从分离平板上挑取大量菌落，这只能采用较粗放的平板筛选法才适于这种需要。平板筛选法，实际上是一种初筛的预筛，准确性虽然不太高，但通过预筛可以淘汰大量低产菌株，留下的菌株再经过初筛、复筛、再复筛或小型发酵罐试验，优良变株也随之不断地筛选，最后获得高产菌株。

多级水平筛选中经过平板筛选，留取 5%～10%，约挑选 200 株；第二阶段是摇瓶初筛，选取 25%～30%；第三阶段摇瓶复筛，即连续进行几次复证，选出 1～3 株高产变株。有条件再进行小型发酵罐试验，为投入大生产摸索有关发酵的重要参数，提供初步发酵条件。

在多级筛选过程中，各个阶段筛选的环境条件虽然很难做到完全一致，但要力求基本相同，特别对那些影响产量的因子，在培养条件重新调整之前的各个阶段都要一致，这样可以避免因培养条件不一致而造成漏筛。

常用的筛选方法有随机筛选和平板菌落筛选两大类。

（一）随机筛选

随机筛选也称摇瓶筛选。该法主要是随机挑选平板菌落进行摇瓶筛选。具体做法是：将诱变处理后的菌体分离在琼脂平板上，培养后随机挑选菌落，一个菌落移入一支斜面，然后一支斜面的菌体接入一支锥形三角瓶，放置在摇瓶机上振荡培养，根据测定产物活性的高低，决定取舍。这种筛选法的优点是：不管种子或发酵过程的生产条件、生理条件如何，都与发酵罐大生产条件相近，可以模拟进行。摇瓶中的通气量可以通过调整转速、装量和瓶内加挡板等方法加以控制。

在突变概率小的情况下，如果菌落挑取少了，很难筛选到理想的突变株。根据笔者工作经验，高产菌株概率越低筛选菌落数量就越大，如果突变频率为1%，那么初筛挑选菌落起码要200个。

（二）平板菌落预筛

在随机的突变群体中，有益突变率极低，为了获得高产或者具有优良特性变异株，大量菌株的筛选是十分必要的。初筛用摇瓶发酵培养，不仅要花大量人力物力，而且周期长，限制了筛选量，影响高产菌株的筛选率。因此，在诱变育种中，育种工作者常常根据特定代谢产物的特异性，在琼脂平板上设计许多巧妙的筛选方法和活性粗测方法。大量菌落经过平板预筛，可保留5%~10%的初筛菌株（约200株），再进行摇瓶发酵培养，复证被筛菌株的重演性，同时从200株优良菌株中筛选出更高产量的突变株。

平板菌落筛选是在培养皿或特制玻璃框平板上进行的，是用于诱变后从试样中检出突变体的一种琼脂平板筛选法。实际上是摇瓶初筛前的一种预筛，应该说是初筛的一部分。通过预筛可以淘汰那些低产菌株。平板筛选技术种类很多，有的是根据菌落形态淘汰低产菌株，有的则利用每个菌落产生的代谢产物与培养基中检定菌、底物或指示性物质作用后，在其周围形成抑菌圈、呈色圈或其他特异性反应圈，通过测量反应圈直径与菌落直径之比值，来衡量突变株的产量高低。

平板菌落预筛法无疑比随机挑选菌落的效率高得多。在平皿分离阶段就有目的地筛选所需要的菌株，在同样的时间内能大幅度地扩大有效筛选量，提高筛选工作效率。下面介绍几种平板菌落筛选方法。

1. 根据形态筛选变株

部分微生物菌株经过诱变处理后，变异菌株的菌落形态与生理特性、生产性能变化有一定的相关性，如赤霉素产生菌，诱变后产生色素由暗红色变红色的菌落产量下降；红霉素产生菌，若突变株是带色素的，往往都是低产株，类似这样的菌株，应该加以淘汰。一些产孢子的菌种，突变后成为不产孢子的变异菌株，从生产角度出发，也应避免挑选。还有一些遗传性状不稳定的变株挑选时也要慎重。除此之外，在菌落形态变化方面还有这样的趋向：原来具有较高发酵水平的菌种作为出发菌株时，由突变引起形态剧烈变化的菌落是一些代谢严重失调的菌株，常常负变株占多数，而突变的高产菌株其菌落形态往往处在常态的正常范围内，因为它们的遗传物质仅受到微小损伤，还保留了正常代谢的基本功能。

一个菌株的高产性能是经过多代微小突变累积的，一代诱变后的菌落形态与直接亲本之间形态变化一般不明显。但是经长期多代诱变后，高产菌株与其最原始的亲代在形态特征上还是有显著差异的,如菌落生长速度变慢、菌落直径逐渐变小、菌落表面由平坦变成皱折或相反、孢子由多变少、孢子颜色由一种变成另一种颜色。图 7.1 是灰黄霉素 D-756 变株的菌落形态演变情况,经 13 代诱变后,所获得的高产变株形态特征较原始菌株有了很大变化,孢子颜色由灰绿色变成白色,菌落表面由松散变紧密,孢子量由多变少。图 7.2 是一株解除反馈阻遏和反馈抑制的产碱性脂肪酶变株 FS-1884,与出发菌株 S-14 相比,生长慢,分支少,孢子多,颜色深绿,菌落背面有一个约为菌落面积 2/3 大的象牙黄核区,该区随着酶活单位提高逐渐变大,而出发菌只有一个金黄色的小核区。黄色核区大小与酶活有正相关性。从正面看,出发菌株 S-14 孢子堆粗糙,表面有水球渗出,而变株菌落表面孢子堆细腻且无水渗出。

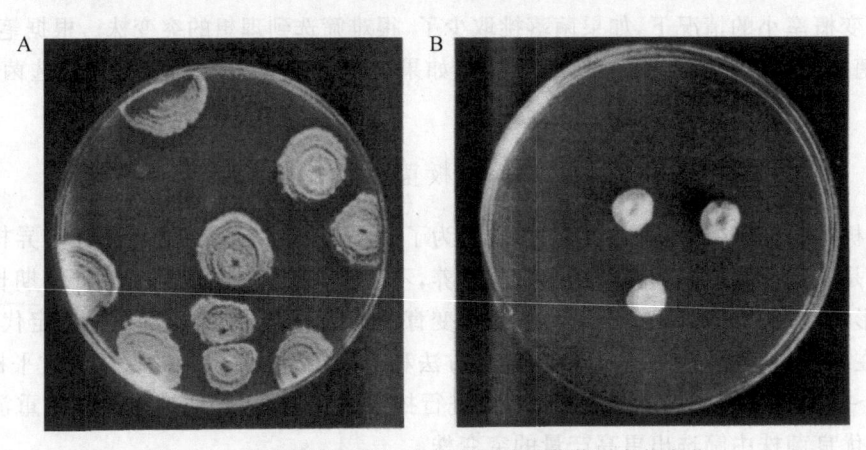

图 7.1 灰黄霉素 D-756 变株变异前后菌落形态的变化
A. 野生菌株;B. 变异菌株

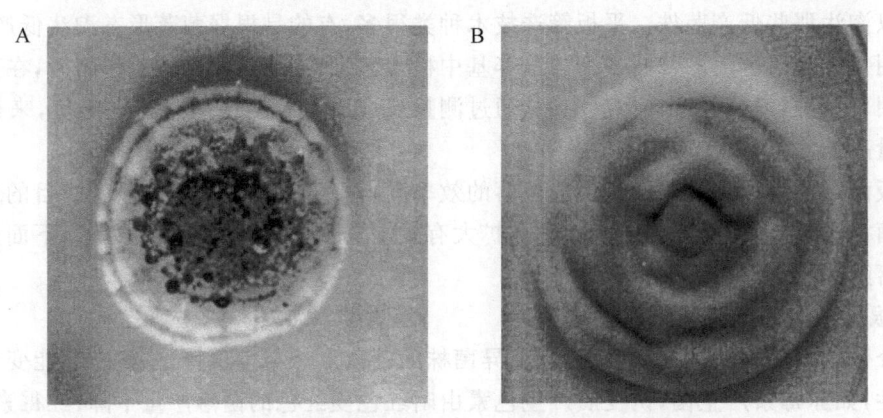

图 7.2 碱性脂肪酶变株 FS-1884 变异前后菌落形态比较
A. 野生菌株;B. 变异菌株

根据形态挑选菌落仍然具有随机性,但是在淘汰大量低产菌株的基础上挑取约 200 个菌落,进行摇瓶培养复证,这样比直接摇瓶筛选法获得高产菌株的概率大得多。

2. 根据平板菌落生化反应筛选变株

本书之前的内容已较详细介绍通过琼脂平板上的透明圈、呈色圈、抑制圈及混浊圈等生化反应来筛选水解酶、有机酸及抗生素等有益代谢产物。这些方法可直接在琼脂平板上定性和半定量检测出微生物产物,它们不仅可用于野生种的筛选,而且也可用于诱变后高产突变株的筛选,这里不再介绍。

3. 采用冷敏感菌筛选抗生素变株

Giuseppe等从人的病原菌中经诱变分离出低温敏感菌变异株(下称冷敏菌)。在20℃下这种冷敏菌不能生长,但一般产生抗生素的放线菌则能良好地生长。作为检验菌的冷敏菌和诱变后的放线菌孢子悬浮液混合,分离在同一培养基平板上,置于20℃培养3~4d,抗生素产生菌生长不受干扰,能正常形成菌落,而冷敏菌不生长或极微弱生长。当放线菌菌落已经成熟,并且抗生素产量已达高峰,将培养皿移至冷敏菌生长最适的温度(37℃)下培养18~20h,冷敏菌迅速生长,而此时在抗生素产生菌菌落周围的冷敏菌因生长受到抗生素的抑制而形成抑菌圈。根据菌落直径与抑菌圈直径之比的有效值,可以直接筛选出抗生素高产突变株。

冷敏菌可根据菌种选育目的进行选择,可选用那些对抗生素产生耐药性的微生物,也可以筛选至今尚无有效抗生素对付的微生物,如酵母菌的冷敏菌等作检验菌。该法用于从土壤试样中分离新抗生素产生菌也是十分方便和理想的。

4. 浓度梯度法

一个菌株合成抗生素的水平与其耐自身产物能力大小有关。野生菌或低产菌总是比高产菌株耐自身抗生素能力差。也就是说,菌株产生抗生素水平受到它自身所产抗生素数量的制约,耐受性越高,抗生素产生能力也就越强。为此,诱变后分离突变株时,可以在平皿中加入该菌株所产生的抗生素,用双层法制成浓度梯度平板,其上分离一定稀释度的菌体细胞或孢子,培养后长出菌落,挑取高区域抗生素浓度的菌落,易于筛选到抗性变株。梯度平板的制备方法:在10ml培养基中加入一定量抗生素(超越现有生产水平的量),倒入培养皿内,立即用一小棍放在平皿底部的一边,使平皿倾斜,培养基凝固后,抽取小棍,将培养皿放平,在其上面加入10ml不加抗生素的同一培养基,制成浓度不同的梯度平板(图7.3A)。将诱变后的菌悬液涂布培养基表面,置适温中培养,长出单个菌落(图7.3B)。培养皿内由于抗生素浓度按梯度分布,所以菌落生长情况显然也有很大差异,浓度低的一边,布满菌落,随着抗生素浓度逐渐增高,由于受到抑制,菌落生长数量也逐步减少,在高浓度一边,只有极少数具有抗性的菌落生长。通常要挑选高浓度区域那些生长迅速的菌落,即抗性强的突变株。进一步用摇瓶发酵复证,择优留取。

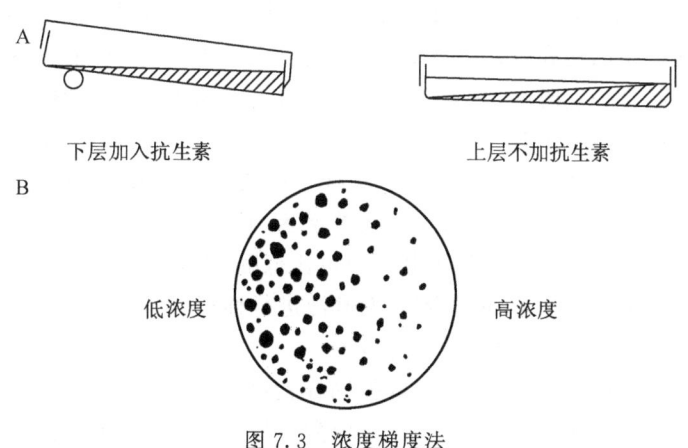

图7.3 浓度梯度法

A. 梯度培养皿平板制备;B. 梯度培养皿平板制备上菌落生长情况

5. 应用复印技术快速筛选变株

应用复印技术从平板上可直接筛选产脂野生株和具有高脂含量的突变株,是产脂微生物的简便检测方法。采用该方法时,平板上的单个菌落必须具备高脂含量,然后寻找一种可选择的染色方法,使染料既不能被细胞吸收利用,又能渗入细胞的油滴内,同时可指示脂肪累积的浓度。下面介绍 Evans 等用复印技术测定不同酵母菌落胞内脂肪含量的简单定量法。采用该法时要注意筛选培养基的合理设计,因为一般产脂酵母只有在生长培养基中氮素耗尽并且有过量碳素用于脂类合成时,才能在细胞内累积较多的脂类。复印和染色方法如下:①采用诱发产脂的限氮培养基制成平板,接种菌体后置于 30℃ 温度下培养 3~4d,至菌落完全成熟和足够大小,为 2~3mm(称母皿);②在母皿上覆盖一张滤纸(直径 9cm,1 号),用"丝绒印模"轻轻一压,然后取出已复印菌落的滤纸,置于 50℃,干燥 20min;③将滤纸浸入含有苏丹黑(质量体积比为 0.08%,溶剂 95%乙醇)溶液的平皿内,使其染色 20min;④取出滤纸,在放入盛有 95%乙醇的平皿中洗去多余染料,轻轻摇动 3min;⑤再将滤纸放入第三只含有 95%乙醇平皿中,使其脱色 5min;⑥使滤纸干燥,高脂酵母菌落呈现深蓝色或紫色,而低脂菌落为浅蓝色或无色。

该法能直接显示微生物细胞脂的含量,它不仅可以筛选自然界存在的不同产脂微生物,而且同样可以筛选高脂的突变株和杂交的重组体,能适用于大规模高脂酵母或其他微生物变株初筛。

6. 琼脂块大通量筛选变株

琼脂块大通量筛选变株是日本学者八木建立的,而 Ichikawa 等在春雷霉素选育中得到应用,取得令人满意的效果。在我国也广泛应用于抗生素和酶类等突变株的筛选。笔者应用琼脂块法筛选碱性脂肪酶高产变株,产酶水平由 75U/ml 提高 7800U/ml,增加 104 倍。由于琼脂块法应用巧妙的实验技术,其筛选的准确性比直接平板上特异性反应圈更加可靠,而且方法较为简便,尤其令人欢迎的是筛选量很大,一次可筛选琼脂块上的菌落达 1000~3000 个或更高。

如图 7.4 所示,选择一种既有利于菌体生长,又能满足产物形成的培养基(一般可用改进后的发酵培养基)20ml 倒入底部平整的平皿内,待凝固后,将诱变后的菌悬液分离于平板上。每皿控制菌落 30~50 个,在适宜的温度下培养,待刚刚长出针尖样菌落时(尚未产生抗生素之前),用内径 6mm 的打孔器,连同下面的琼脂一起取出,转移到无菌空白平皿内。于适温培养至大约所有菌落的产物已达高峰期,将琼脂块移到检定板上(抗生素用敏感的检验菌,酶类可用其相应的底物),温育一定时间,测量并比较琼脂块周围所形成的抑菌圈或水解圈大小和清晰度,挑选出生产能力高的菌株,进一步进行摇瓶筛选。通过此法,可以在分离阶段淘汰约 95% 低产菌株,取其中 5% 左右上摇瓶复筛,这样可提高筛选工作效率 15~20 倍。采用琼脂块法需注意一个问题,当一个菌株随着诱变代数增多,其突变后产物的数量也不断累加,到一定代数后,琼脂板上的活性圈太大,超出其有效可比范围,以至分辨不出真实的活性大小,易造成漏筛。在这种情况下可以采取如下措施:发酵液进行稀释、增加底物浓度(或检定菌的浓度)或琼脂板的厚度,使活性圈大小限制在一定范围。

琼脂块法用于酶类产生菌预筛时,也取得同样良好效果。具体方法基本相同。不同的是把检验菌改为酶类的相应底物。例如,筛选蛋白酶变株时,用酪素作底物,脂肪酶产生菌的底物为油脂类。把所有琼脂块上的菌落培养到产酶高峰期,移至由底物制成的琼脂平板上,置于

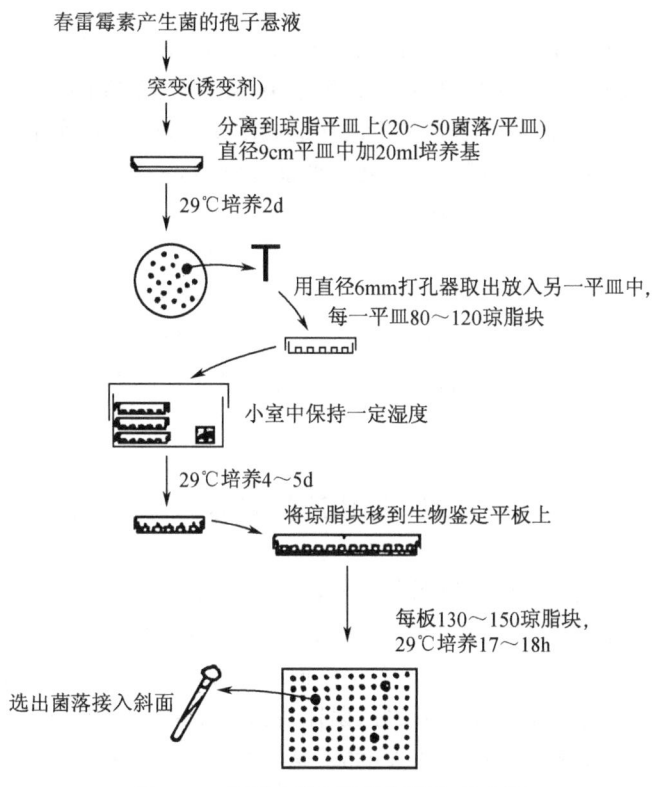

图 7.4　春雷霉素琼脂块预筛法示意图

酶水解的适温下培育 15~20h。根据透明圈出现的快慢、大小及清晰度来决定取舍。

琼脂块法用于头孢菌素 G 的高产菌株选育。它是采用"菌丝尖端切块"法进行的,即把诱变处理后的孢子,分离在琼脂平板上,待长成单独的成熟菌落后,将周围延伸的顶端菌丝切一块转移到琼脂平板上,培养至菌落抗生素达到高峰,在琼脂平板上喷射 *Alcaligenes faecalis* ATCC8750 检定菌,培养 17~20h,"抑菌圈÷菌落直径"为有效指标,选出高产突变株。但由于"菌丝尖端切块法"操作麻烦,时间较长,并不是理想的方法。后来,有人在青霉素菌种选育中,利用加入青霉素酶来筛选青霉素高产菌株,显得更为简便。

琼脂块产量测定:除了测量检定板上扩散圈的直径外,还可以把琼脂块中的产物用水或有机溶剂抽提出来,然后采用该产物的常规测定法,测定抽提液中的含量。琼脂块扩散圈和溶剂抽提产物的数量检测各有利弊。扩散圈直径测量法的优点是操作方便、效率高、筛选量大。不足之处是产物的产量与其形成的扩散圈直径之间,在浓度高时不成线性关系。也就是说,随着诱变代数增加,产量不断提高,扩散圈不能按比例增加,因而容易造成漏筛。所以琼脂块法只适用于大量筛选的初级阶段。为了提高准确性,最好用活性圈放大仪测量反应圈,可以减少误差。更理想的方法是采用图像识别技术测定扩散圈的面积。产物抽提法的优点是用定量分析法测定抽提液中产物含量准确性高,但操作繁琐,工作量大,限制了筛选量。

琼脂块法要注意一点,诱变后在琼脂平板上会出现大小不同的菌落。一般总认为,由小菌落产生的扩散圈是比较小的,由大菌落形成的扩散圈是比较大的,实际上并不完全如此,具体工作时,易忽视前者,挑选后者,造成漏筛。为避免这一现象,有的研究者用菌落直径与扩散圈直径的比值来衡量。

琼脂块法比直接分离在平皿上判断活性圈要准确。首先,它限制了所有菌落都在同一面积的琼脂块上生长,避免相互间的干扰;其次,每个菌落的产物都在同一体积的琼脂块中,从环境中摄取的营养是一致的,避免由于扩散不同而造成的误差,这样能较准确地比较每个菌落的生产能力。琼脂块更大的好处是可以大幅度地增加筛选量,一般一个出发菌株诱变后可以打琼脂块菌落上千块,比常规的筛选量提高15~20倍。

琼脂块法的不足之处,主要是培养条件与发酵条件有较大距离,容易造成优良菌株的漏筛。为此,采用该法时,某些培养条件尽量缩小差距,如制备琼脂块的培养基,通常要用发酵培养基。琼脂块法尽管有一些缺点,但由于比直接摇瓶筛选增加10多倍的筛选量,所以还是颇受育种工作者欢迎的。日本人用琼脂块法作为春雷霉素变株的初筛,共筛选60多万个菌落,提高产抗能力10倍多。

四、摇瓶液体培养

常规随机筛选的全过程都要通过摇瓶培养,而平板菌落筛选是经过平板菌落预筛后,弃去大量低产菌株,被挑选的菌落移入试管斜面,然后再进行摇瓶液体培养,才能逐步地筛选出高产菌株。摇瓶培养是依赖摇动振荡,使培养基液面与上方的空气不断接触,供给微生物生长所需的溶解氧。其优点是通气量充足,溶氧好,菌体在振荡培养过程中,不断接触四周培养基而获得营养和溶解氧。其培养条件接近于发酵罐,是好气工业微生物菌种实验的重要手段,可以作为发酵工艺模拟试验,这样选出来的变株易推广到大生产中去。

摇瓶培养通常可分初筛和复筛。初筛由于菌株数较多,常以一株菌接入一个锥形瓶或大号试管,置于摇瓶机上,调节一定转速和温度,进行连续一个周期的振荡培养。当目的产物达到高峰时期,终止发酵,逐个进行活性测定。凡是生产能力比出发菌株高10%以上的菌株,放入4℃冰箱或用沙土管、冷冻管保藏。待初筛菌全部结束后,再从冰箱或沙土管中移入斜面,采用新鲜培养的菌体或孢子进一步摇瓶复筛,一个菌株重复3~5个试验瓶,以提高重演性。必要时还要用两个以上培养基进行筛选,以防漏筛。

选育菌种的目的是要应用到大生产,因此,摇瓶培养条件要尽量与大生产发酵条件相近。大多数抗生素工业化发酵过程是要补料的,摇瓶培养却是很难做到这一点。加上摇瓶和发酵罐的设备差距甚大,要完全统一两个体系的工艺条件有一定难度,通常人们以选择溶氧系数相等为依据来确定工艺条件。

此外,摇瓶筛选实际上是各变异株之间的对比试验,有关摇瓶的各种条件要力求一致,如摇瓶型号、装量、瓶塞厚度、摇瓶转速、温度等。同时还要注意试验瓶在摇瓶机上的层次、位置及室内的相对湿度,因为它们都会不同程度影响试验结果。

五、产物活性测定

活性测定是菌种筛选工作的重要组成部分,也是决定筛选效率的主要因素。根据一般突变规律,一个出发菌株通过一次诱发突变,生产能力提高5%的变株约1/50,而生产能力提高10%以上的变株仅在1/300左右。由此可见,初筛的菌株越多,优良菌株漏筛的概率越少。扩大筛选量是提高育种效率很重要的一个方面。通常诱变一代至少要挑选1000株以上,经平皿预筛后,约保留200株进行摇瓶初筛,这时产物活性测定的工作量还是相当大的。常规检测方法中,每种代谢产物都有各自的经典方法,如蛋白酶测定采用分光光度法,脂肪酶测定采用NaOH滴定法。这些方法本身是精确的,在样品少、发酵试样连续一次性检测的情况下,具有相当的可信度。但经典法往往操作繁琐,从样品处理到测定完毕要花费较长的时间。有的方法在一天内仅能测试几个样品,如一次30~50试样,不可能在一天内完成测试任务,结果使产物失活而带来误差,失去可比性。要避免这种情况,只能减少摇瓶培养的菌株数,这样势必推迟筛选进度。根据育种工作者长时间的实践经验,要想使突变育种产量大幅度地提高,最有效的方法是多次累积诱变处理,这就需要加快筛选速度,缩短每次处理的周期才能在较短时间内达到目的。因此,在筛选工作中寻找并建立一个简便、快速又较准确的检验方法显得十分重要。现介绍几种常用于摇瓶初筛阶段测定产物的简便、易行的方法。

1. 琼脂平板活性圈法

该法是在特制的玻璃框琼脂平板上进行的,以检验菌或底物与一定量的琼脂制成平板,用专制的打孔器取出琼脂块,在留下的圆孔中加入发酵液,或用圆滤纸片浸透发酵液直接覆于琼脂平板上,在适合温度下培养一定时间,测量圆孔或滤纸片周围形成的抑菌圈或水解圈,根据活性圈的大小挑选高产菌株。

具体做法:如用于脂肪酶的突变株的筛选。将一定量的底物乳化液和1.6%~1.8%琼脂做成厚约3mm的平板(用26cm×16cm玻璃板),待凝固后,用内径5mm的特制不锈钢打孔器取出琼脂块,使平板上留一个圆孔。一块玻璃板可打50~60孔,然后加入过滤或离心后的发酵液10μl。每个菌株编号,置于底物作用温度下培育20~25h,在圆孔四周出现稳定的水解圈。根据活性圈的大小和清晰度决定取舍。应用该法时,如果发酵液中产物浓度控制在一定范围内,其水解圈的大小与产物的活性是呈线性关系的,结果比较准确。通常每天可测试100~200个样品,甚至更多,适合于大量菌株筛选。但该法终究是比较粗放的,试样活性只能和出发菌株对比,难以测出绝对值,所以一般仅适合大量样品的初筛阶段。而复筛样品的检测,可以和常规法结合起来进行,即摇瓶发酵液先用琼脂板活性圈法把所有试样分析一遍,从中淘汰低活性菌株,而活性圈大的菌株发酵液,再用常规法测定,这样既提高筛选效率,又保证相当的准确性。

2. 纸片法

随着诱变代数的增加,有效产物浓度不断提高,当发酵液中产物浓度相当高时,活性圈大小与产物浓度之间失去线性关系,掩盖了菌株的高产性能而被漏筛。此时可改用纸片法。具体做法是:取直径0.5cm圆纸片,灭菌后覆于含底物或检菌的琼脂板上,准确取发酵液1~2μl于滤纸片上,置于一定温度下培养20~25h,测量水解圈大小。如果活性圈仍然很大(直径15mm以上),则可将发酵液稀释,或者增加底物的浓度和琼脂板的厚度,使水解圈控制在一定范围内。

3. 琼脂薄层纸片法

该法更适合抗真菌抗生素和农业抗生素野生菌的初筛和诱变菌株的初筛,适合对大量菌株和多种产孢子的真菌、病原菌为对象的综合筛选,也是一种与生物相关性较强的室内初筛方法。其具体做法为:将制备病源菌的孢子悬液加入到温度为45~50℃的真菌培养基中,混匀倾入到玻璃板(26cm×16cm)上,均匀摊平,制成厚度约1mm的薄层琼脂板。将圆滤纸片依次覆于薄层琼脂板上,用加样器加入1~2μl发酵液,每块玻璃板可排5行,每行15~18个,编号。在玻璃板两端底部各放上一块条状的玻璃,作垫子,上盖一块灭菌过的玻璃板。然后,把它们放入底部置有浸湿纱布的搪瓷盘,以便保湿。加盖,于适宜的温度下培养3~4d。置于解剖镜或立体显微镜下观察孢子萌发,菌丝形态,并测量抑菌圈大小。

琼脂薄层法可以根据孢子不发芽、芽管或菌丝不伸长、芽管或菌丝畸形、孢子不形成等进行分类,作为抑菌试验的有效标志。琼脂薄层法具有灵敏、简便和微观性,在初筛中可以初步筛出抗生素产量较高的变株。

不容忽视的是,一个简便、快速和准确的检测方法,固然对加速育种工作的进度十分有利,但在筛选前首先应该对该法的分析误差进行研究。对于琼脂板活性圈法和纸片法最好采用活性圈放大仪来测量,以减少误差。

在初筛阶段如果建立一个适宜的快速、简便、准确的方法,那么每次摇瓶培养的数量则可大大增加,这时如果锥形瓶培养不能满足数量增加的需要,可改用大试管发酵,它可以容纳上百个菌株的振荡培养,能适应大规模的初筛试验。

为了提高筛选效率,国外主要是借助生化仪器和自动化设备进行筛选。例如,日本发明了自动点菌机,可以将单一菌落点种到不同平板上,节省许多人力与时间。再者流式细胞计数(flow cytometry)的发展,亦使菌体族群可以逐一检视,还原虾红素(astaxanthin)的高产菌株即是利用此仪器筛选出来的。此外,自动分析仪对菌体或其产物的检测上,较过去人工方法快了许多倍。然而并非所有产物或菌体的筛选均能自动或半自动化,一般常用的以具有颜色变化,吸光度变化及生长变化为主。

筛选菌种为一种重复性和计量性的工作,所以必须应用统计方法,区别并肯定其产量上的差异,以便进行下轮育种的评估。

六、摇瓶数据的调整和有关菌株特性的观察分析

不管是常规随机筛选法,还是平板菌落直接筛选法,最后都要通过摇瓶培养、复证。摇瓶发酵液的测试数据是否准确直接关系到高产菌株筛选频率。一个菌株产量的检测总会存在两种误差,一种是摇瓶培养条件变化影响遗传特性的表达,另一种是检测过程中的误差。虽然严格地控制摇瓶和检测中试验条件,可以使试验误差减少,但无法完全避免。例如,要完成大量菌株的摇瓶培养,在一台摇瓶机上要进行多批试验或同时使用多台摇瓶机试验,在这种情况下,不同的批次或不同的摇床都会造成系统误差,致使数据之间处于不可比的状态。所以,对摇瓶发酵液的测试数据要尽量应用生物学统计方法来处理,以便从复杂的差异中去伪存真,由此及彼,抓住本质,找出其中真正的规律性。

在分离、筛选的整个试验过程中,每个阶段都要周密地观察菌株特性,诱变后分离在平板上的菌落生长情况,如生长快慢、菌落形态、大小、颜色等,要一一详细记录。菌落移入试管斜面后的生长情况、接入到摇瓶种子和发酵培养基后,其培养过程中的糖、氮利用、生长速度、pH变化、颜色、黏度等,都要及时观察,结合镜检、测定产物活性,进行详细记录。然后综合菌落的形态特征、培养特征及生化特征作为初筛时挑选菌落的依据。另外,还要对筛选过程中摇瓶产量数据的分布做全面分析,以便帮助判断诱变剂、诱变剂量及筛选条件的选择是否恰当。如果菌株在初筛时产量数据分布具有明显差异,说明诱变剂、剂量和筛选条件是可行的,若几乎所

有菌株都与出发菌株相差无几,则要考虑重新调节和更换诱变剂或筛选条件。摇瓶复筛是经过初筛得到的较优良菌株进一步复证,考察其产量性状的稳定性,从中再淘汰一部分不稳定的、相对产量低的或某些遗传性状不良的菌株。

七、培养基和培养条件的调整

一个突变株因基因突变,失去生理特性的平衡,同时也因此降低了与原来环境条件的适应能力。由于这种环境因素的选择作用,不适应的突变株优良性状不能表达,甚至被淘汰。在实际工作中,当筛选到一个优良变株时,要改变环境条件,即调整培养基配方和培养条件,使变株处于一个适应的环境中得到充分表达的机会,使高产性状及其他优良特性完全发挥出来,这就是表型等于基因型+环境的作用。基于这一道理,对诱变1~2代后的优良菌株要进行培养基和培养条件的调整,使它在短时间内的群体遗传结构占优势,从而表现出更高的生产性能,发酵单位达到最佳水平。例如,一种抗真菌抗生素产生菌 S.SP. M-106,经过 6 代诱变,并结合改进培养基和培养条件,产量由原来的 $75\mu g/ml$,提高到 $9500\mu g/ml$,增加 125 倍(表 7.1)。盐霉素产生菌诱变 4 代,结合培养基和培养条件改良,使盐霉素产量提高 600 倍(图 7.5)。因此,把这种选育法也称为突变和饰变选育法。

表 7.1　抗霉素 A 产生菌在不同环境条件下的生产能力($\mu g/ml$)

菌株号	培养基和培养条件组合编号						
	1	2	3	4	5	6	7
M-101	65	120		204	316		
M-106	240	530		646	1938		
M-206		690		856	3164		
M-306		870	1260	1960	4492		
M-406			1672	2070	4952		
M-506					5512	7180	7500
M-606						7800	9500

八、变种的特性研究与鉴定

高产菌株选育之后,为了在工业化生产中应用,需要研究菌种的纯度、遗传稳定性、菌落类型、群体的形态、生活能力、产孢子多少、保藏培养基及保藏方法;研究菌种碳、氮源利用情况、菌丝生长速度、菌丝量、发酵液黏度、过滤难易状况;注意考察菌种抗生素的组分变化、色素等质量问题;研究最适移种期、移种量、通气搅拌、温度、pH 等。这些重要发酵条件,一般先进行摇瓶试验,再摸索小型发酵罐的一些相关重要参数,为工业化生产提供更为接近的发酵工艺。

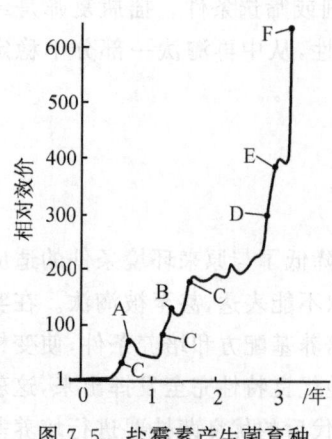

图 7.5 盐霉素产生菌育种过程产量提高情况
A.营养改良；B.培养基调整；C.采用新菌种；D.菌种改良；E.调整营养，增加种量；F.培养基调整

高产菌株选出后，要及时用适宜的方法妥善保藏，然后进行中间试验，最后投入大生产。

一个高产菌株不仅要具有高产性能，还要具有遗传性状稳定，生活能力强，产孢子丰富，发酵性能好，周期短，有效组分高，能广泛适应环境条件等优良特性。

优良菌株选育后，还应该从分子水平进一步对变株的生理生化特性加以鉴定，以全面了解菌株各种属性，这是考核菌株基因突变的重要指标，也是为菌株进一步的研究和应用提供有指导意义的参考数据。例如，变株的同工酶特征，同工酶（isoenzyme）是指同一种属中，由不同基因位点或等位基因编码的多肽链单体，纯聚体或杂聚体，其分子的一级结构及理化性质和生理功能不同，而催化功能相同的多种形式的酶类。同工酶几乎存在所有生物中，是细胞生物化学的一个重要方面。

近代分子遗传学的发展，认为生物体内任何一种酶蛋白分子的氨基酸排列顺序都是由特定的核苷酸链（DNA）决定的，而在蛋白质的合成过程中又受到 DNA 分子的调控顺序影响，它决定着蛋白质合成的数量、空间、位置和时间。因此，在不同的品种间、不同的器官间及同一器官的不同发育时期和同一细胞的不同空间位置上形成不同分子形式的同工酶。当生物体受到各种理化因素处理后，首先是敏感性最强的 DNA 分子上发生某些碱基的替换、移码等现象。使 DNA 分子的碱基排列顺序部分或局部地发生改变，表现为某些同工酶的数量和种类的变化。因此，在诱变育种工作中，我们有可能把同工酶作为一种生化指标，研究各种突变体，以便从分子水平上去分析研究一些突变体的实用价值和理论意义。

应用同工酶技术可进行基因定位的工作。1989 年，王泽生应用 6 种同工酶标记检测双孢蘑菇三种典型栽培菌株（高产菌株 H、优质菌株 G、中间型菌株 HG）的有性子代——单孢子分离物的同工酶电泳表型，推定产生 H、G、HG 三种质体可育的变异株是调节基因变异所致。假设了双孢蘑菇的天然生殖体系、遗传变异的酯酶体系。

利用同工酶技术预测杂种优势是其中一种较新的方法。许多实验证明，具有优势的杂种常出现新的、为双亲所不具备的不同酶带。利用同工酶分析可以令人信服地鉴定体细胞融合杂种。

通过改良菌种，人们可以得到各种类型的优良菌株。例如，由链霉菌产生的金霉素，发酵周期一般在 170～180h。笔者采用紫外线，氯化锂复合处理数代，结合饰变选育方法获得 F-303 变株，改变了遗传特性。变株具有孢子萌发率高，同步性好，代谢速度快，要求较高浓度的碳、氮、磷及较高 pH，因而整个发酵过程通氨早，用量大。通过培养基、溶氧、移种量、氮磷浓度等有关营养和培养条件调节，发酵周期由 170～175h 缩短到 100～110h，金霉素产量增加 16％以上。提高设备周转率，大幅度降低成本，具有显著经济效益。又如庆大霉素产生菌 A-1，孢子萌发率低，一般新培养的斜面孢子仅 5％～10％，低温贮存一个月的斜面孢子也只有 20％～30％。为了保证大生产的移种量，只好采用三级发酵。笔者以 A-1 为出发菌株，经过紫外线、亚硝基胍、氯化锂四代复合处理，获得一株 S-09 变株。调整了培养基成分，增加了甘氨酸、组氨酸、丝氨酸、缬氨酸等含量高的原材料，使其发芽率提高到 85％～93％。这样，把有史以来采用的三级发酵改为二级发酵有了可能性,有利于缩短周期,提高设备利用率,降低成本。

九、诱变育种实例

30多年来,国内工业微生物育种工作中,包括抗生素、酶制剂、氨基酸等产生菌。通过诱变育种都取得卓越的成效,有不少成功例子,现以碱性脂肪酶高产变株FS-1884的选育和灰黄霉素耐前体变株D-756的选育为例加以介绍。

(一) 碱性脂肪酶高产变株FS-1884的选育

碱性脂肪酶是在碱性条件下水解天然油脂的酶类,它在洗涤、轻工、食品等方面有着广泛的用途。随着国民经济的发展,人们对脂肪酶的需求越来越大。笔者在扩展青霉FS868的基础上,经过多代诱变育种,设计了抗阻遏和抗反馈抑制的筛选模型和大通量的琼脂块筛选方法,并结合饰变育种最终获得一株抗阻遏和高渗透型的高产变株FS-1884。采用的主要方法如下。

1. 原生质体作为诱变材料

通过对溶壁酶系统、作用条件、稳定剂、培养基等原生质体形成和再生的研究,确定在以下条件制备原生质体,用0.6% 纤维素酶+0.6% 蜗牛酶处理3h,0.6% NaCl+0.3% CaCl$_2$作稳定剂,可获得原生质体浓度$2.56\times10^7 ml^{-1}$。采用麸皮+琼脂粉作为再生培养基,再生率达到81.32%。

将菌体制备成原生质体后,用UV、^{60}Co-γ 和He-Ne激光进行诱变。经筛选统计,发现原生质体对诱变剂的敏感性要比孢子大得多,这是由于去除细胞壁这一屏障,使外界的诱变因子易于直接进入细胞,使DNA发生突变,从而提高了突变率。

2. 采用定向控制的理性筛选——抗阻遏和解除反馈抑制筛选模型

突变是随机不定向的,但筛选是定向的,在特定条件下,可以筛选到具有某些特定性状的变株,因此,设计一个有效筛选模型是十分重要的。脂肪酶和其他水解酶类同样受终点产物或分解代谢产物阻遏的调节,琥珀酸钠是脂肪酶的底物类似物,是该酶合成的阻遏物结构类似物,因此,可以用琥珀酸钠来筛选抗阻遏突变株。筛选高渗透性菌株以解除胞内产物反馈抑制作用,从而达到提高酶产量的目的。制霉菌素能抑制真菌细胞膜麦角固醇的合成,引起膜透性的改变,可以用它筛选高渗透型突变株。将琥珀酸钠和制霉菌素分别以一定浓度加入到分离平板,有抗性的菌落陆续长出,这样大幅度的浓缩了所要筛选的菌株,加速育种的进度。

3. 初筛采用的琼脂块法

在随机的突变群体中,有益的突变率很低,一般仅为0.05%~0.1%。初筛的菌株越多,优良菌株漏筛的概率越小,扩大筛选量,是育种成功与否的一个关键。为此必须建立一个简便、快速和准确的初筛方法。琼脂块法是行之有效的方法之一。将它用于产脂肪酶变株的初筛,可取得事半功倍的效果。把琼脂块上的菌落培养到产酶高峰期,然后移至油脂乳化液作为底物的鉴定平板上,在一定温度下培育后,根据透明圈出现快慢、大小及清晰度来决定取舍。每代诱变后可挑取菌落1000~3000个,在初筛阶段可淘汰约95%的低产菌株,这样大大提高了筛选的工作效率。发酵水平由野生种S-59的75U/ml逐步提高到7800U/ml,增加了104倍。

4. 结合饰变育种

饰变育种是对具有高产基因型变株进行外界环境条件——培养基和培养条件的调整。一个基因发生突变的菌株，其细胞内原有协调关系被打乱，失去生理特性的平衡，降低了对原有环境条件的适应能力。由于环境因素的选择作用，突变体不宜生长或优良性状得不到表达而被淘汰。因此当筛选得到一个有价值的变株时，需进行自然分离、调整培养基和培养条件，使变株的优良性状得以充分表达，并使它们在短时间内群体遗传结构占优势，表现出更高的生产性能。经过多代诱变获得的碱性脂肪酶高产变株 FS-1884，通过对种子培养基和发酵培养基的调整和优化组合，产酶水平比未调整前提高了 98%。

（二）灰黄霉素耐前体变株 D-756 的育种

灰黄霉素是一种抗真菌抗生素，主要治疗皮肤浅层丝状真菌感染疾病。D-756 变株的原始出发菌株是从我国土壤中分离出来的野生型菌株，编号为 4541。对其采用定向（用大米代替乳糖和玉米浆为原料）和耐前体（耐氯）的诱变技术，经过包括自然分离在内的连续 13 代诱变育种，配合不同诱变阶段的培养基组分的正交试验，摇瓶发酵单位从原始出发菌株效价 265U/ml，逐步提高到 30 000U/ml，发酵罐效价达 37 316U/ml，变株比原始亲株的产量提高 140 多倍。整个育种过程主要根据以下定向选育路线和方法。

（1）为达到不用乳糖和玉米浆为原料的定向筛选要求，共设计了 108 种不同组分的培养基配方，控制发酵周期在 200h 左右。经数百次对比试验和五次正交试验，选出了以大米粉为碳氮源的种子和发酵培养基（表 7.2）。

表 7.2 不同诱变阶段主要培养组分的变化

培养基组分/%		野生种	4	5	6	7	9	10	13	17
种子培养基中主要组分	葡萄糖	1.0	1.0	同前	同前	1.0				
	淀粉	3.0	3.0			3.0				
	花生饼粉	1.0	1.0			2.0				
	糊精	1.0	1.0			1.0				
	玉米浆	2.0	2.0							
	大米						6.0	6.0	6.0	6.0
	7种无机盐	全部	全部			全部	全部	全部	全部	全部
发酵培养基中的主要组分	大米		10.0	13.0	11.0	11.0	11.0	11.0	11.0	11.0
	葡萄糖	2.0								
	蔗糖	4.0								
	糊精	2.0								
	玉米浆	1.0								
	花生饼粉	0.4								
	KCl	0.1	0.1	0.7	0.7	0.7	0.7	0.7	0.7	0.9
	NaCl	0.2	0.4	0.4	0.4	0.4	0.4	0.4	0.8	1.1
	KH_2PO_4	0.4	0.5	0.7	0.7	0.6	0.6	0.6	0.6	0.6
	其他无机盐	全加	全加	全加	全加	全加	全加	全加	全加	全加
发酵/(U/ml)		265	665	885	1 725	1 755	5 350	9 400	17 316	37 316

(2) 对 27 种单一和复合诱变剂进行处理比较试验,确定了诱变剂和诱变方法,确认以紫外线+氯化锂复合处理的效果最好。这是由于灰黄霉素化学结构中含有 Cl^- 的基团,它是合成灰黄霉素的前体。LiCl 作为一种诱变剂加入培养基,其实也是作为前体 Cl^- 的供体,从中筛选出耐 Cl^- 的变株,使该变株接受高浓度的 Cl^-,参与灰黄霉素的合成,达到提高产量的目的。表 7.2 说明,诱变第 17 代与 10 代相比,在其他条件相同的情况下,随着氯化物浓度由 1.1%提高到 2.0%以上,产量增加了 294.3%。

(3) 4541 菌对紫外线+氯化锂具有高度的敏感性,连续处理 13 代,形态特征发生明显变化,获得了白色孢子变株,单位产量从出发菌株的 265U/ml 递增到 37 000U/ml 以上。

(4) 筛选过程的挑菌标准,应挑选营养菌丝色素为浅色者,色素越浅产量越高。

(5) 通过 2000 多株菌的定向筛选,最后选出了不用乳糖和玉米浆为原料,发酵周期为 207h,发酵单位在 37 000U/ml 以上的高产变株。

第二节 突变株高通量筛选

在工业微生物育种过程中,无论是传统的诱变育种、杂交育种、现代基因工程育种及近几年出现的定向进化技术育种,建库后都要对文库进行筛选。而文库的库容量很大,各个样品的质量参差不齐,具有很大的随机性。使用传统零敲碎打的筛选方法,筛选量低,概率小,工作量大,要耗费大量的人力物力,在这种背景下,高通量筛选技术(high-throughput screening)孕育而生。本节拟对近几年出现的高通量筛选技术做一简单介绍。由于高通量筛选并无统一的模式程序,要想做好筛选,必须根据实验室具备高通量筛选仪器设备、技术及自身样品的实际情况,将前人的各种方法有机结合,摸索出适合自己的一套筛选方法。

高通量筛选技术的核心思想有两个:第一,必须根据目的样品的特性(理化特性、生物学特性等)开发出合适的筛选模型,将样品的这些特性转化成可以用摄像头和计算机传感器识别的光信号或者电信号;第二,要有自动化或者自动化的实验操作系统,能够进行移液、接种、清洗等设备操作,而且必须具备以下特点:具有在高洁净度下工作的能力,不引起污染,有多通道一次性进行多组操作,操作速度快,具有良好的软件和硬件兼容性,能与监测设备对接,实验数据可以在多种软件平台上进行分析,能使用各种通用型规格的耗材。

目前世界上对于高通量筛选的研究主要集中在"药物高通量筛选"和"工业微生物技术高通量筛选"两个领域,虽然同为高通量筛选,主要思路相同,但是由于筛选物质的不同,故在具体的筛选方法上也有一些区别。本节主要介绍"工业微生物技术高通量筛选"。

一、常用仪器设备

工欲善其事,必先利其器。高通量筛选技术在很大程度上依赖于自动化、高效率的实验室仪器装备,从而提高工作效率,将实验员从传统、繁重的手工操作中解放出来,并且提高筛选数量。以下简要介绍一些高通量筛选中常用的器设备仪。

(一) 微 孔 板

微孔板是一种透明塑料板,板上有多排大小均匀一致的小孔。微孔板上的每个小孔可盛放几十到几百微升的溶液(图7.6)。其常见规格有96孔板、384孔板等多种,在现代高通量筛选中甚至出现了1536孔和3456孔的微孔板。不同的仪器选用不同规格的微孔板,对其可进行一孔一孔或者一排一排地检测。微孔板具有统一的规格,可以使用多通道移液器或者机器人臂、全自动移液工作站实现移液操作。

图7.6 微孔板(引自www.bio-equip.com)

在微孔板上,可以直接加入灭菌培养基,接种微生物,进行培养。微孔板也可直接放入酶标仪,对每个孔中液体的OD值进行测定。

(二)微孔板恒温振荡培养器

微孔板中的微生物需要培养时,可以放在微孔板恒温振荡培养器上进行培养(图7.7)。

图7.7 微孔板恒温振荡培养器　　　　　图7.8 多通道移液器
(引自www.bio-equip.com)　　　　　　(引自www.bio-equip.com)

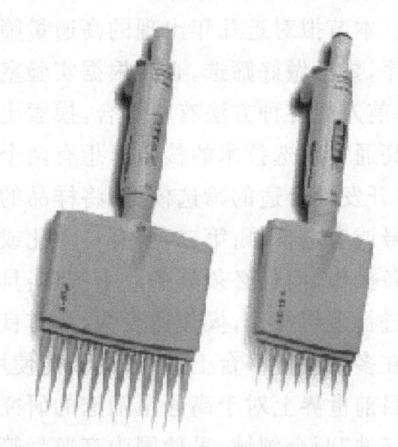

(三)多通道移液器

多通道移液器在国内的实验室较为常见,可以一次性实现多道移液,且道间距符合微孔板尺寸(图7.8)。

(四)连续移液器

连续移液器可以一次性吸取较大量的液体,然后每次按动按钮,仅释放出小量等体积的液体,可将大量的液体等体积分装于容器中(图7.9)。与传统的移液器每次操作都需要"吸+放"相比，连续移液器只需"吸"一次，就可以"放"数十次，大大提高了液体的分装速度和实验效率。

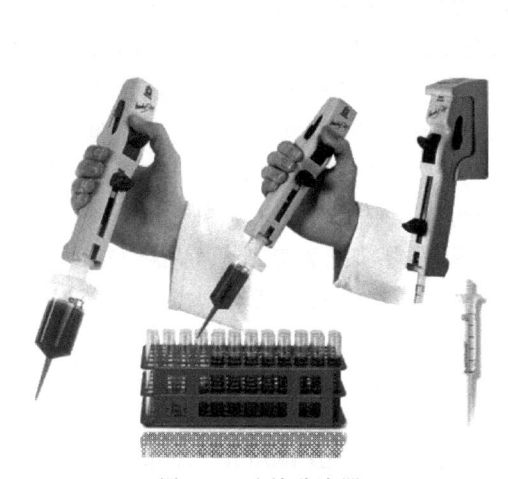

图 7.9 连续移液器
（引自 www.bio-equip.com）

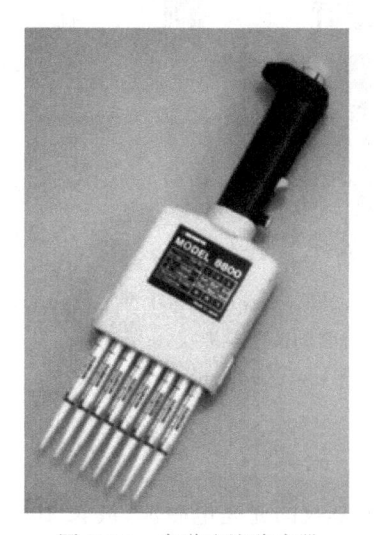

图 7.10 多道连续移液器
（引自 www.bio-equip.com）

（五）多道连续移液器

多道连续移液器的外观酷似多通道移液器，但是与其相比，具有连续移液功能，即每道均可以一次性吸取较大量的液体，然后每次按动按钮，仅释放出小量等体积的液体（图 7.10）。由于是多通道，其工作效率又比普通的单道连续移液器高出许多，尤其适合于多孔板移液工作。

（六）全自动移液工作站

全自动移液工作站是自动化程度相当高的现代科技产物。可以在无人值守下自动工作，是真正意义上的高通量设备。

以贝克曼公司 Biomek 3000 实验室全自动移液工作站（图 7.11）为例，它具有如下特点。

（1）主机体积适中，可放置于生物安全柜中，能够防止危险物品对操作人员的伤害，也可以防止样品遭受污染。

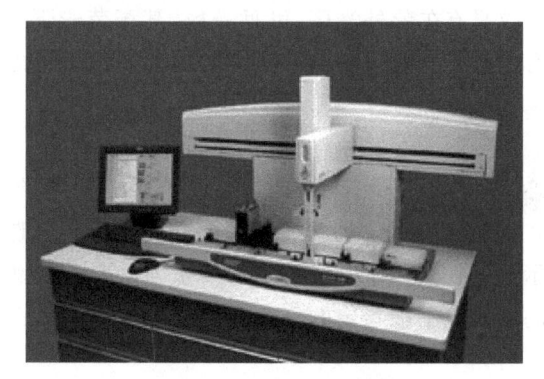

图 7.11 Biomek 3000 实验室全自动移液工作站
（引自 www.beckman.com）

（2）同一板面可放置 5 种不同的工具。有多种加样工具可供选用，工具根据指令自动更换，无需人手干预，而且加样范围广。

（3）所有加样工具都具有液位跟踪能力，移液后可计算并追踪液面高度。其配备的单通道加样器具有液面感应检测功能及超声探测功能，用普通 Tips 即可完成液面探测，不需昂贵的专用 Tips。

（4）具有清洗、温控、条码识别、磁力搅拌等装置，并随着使用者的需要可以不断升级。

（5）自动挑取菌落仪。在微生物育种的过程中，常常需要进行大量的微生物菌落挑种工

图 7.12 Microtec PM-1 型自动菌落挑取仪
（引自 www.bio-equip.com）

作，而自动菌落挑取仪则可以帮助实验员从繁重的接种工作中解放出来。

以 Microtec PM-1 型自动菌落挑取仪（图 7.12）为例，它采用 400 万像素彩色 CCD 相机拍摄图像，结合计算机，可实现菌落识别。具备自动开盖、关盖机构、传送功能、自动培养皿板和排出机构。可以自动识别菌落，也可以手动选择菌落。可将菌落自动挑选到多孔板上，可以将一块微孔板上菌落捡拾到多块目的微孔板上，也可以实现 4 块 96 孔微孔板与 384 孔微孔板之间的集中、分散。机器内部配置紫外灭菌器，并带定时功能。接种针可以自动清洗，清洗方式有酒精刷、酒精淋洗槽、加热灭菌（标准 600℃）3 种。

（七）酶标仪（微板光度计）

酶标仪的光是电磁波，波长 100nm～400nm，称为紫外光；400nm～780nm 之间的光可被人眼观察到，称为可见光；大于 780nm，称为红外光。光通过被检测物前后的能量差异，即被检测物吸收掉的能量，特定波长下，同一种被检测物的浓度与被吸收的能量成定量关系。每一种物质都有其特定的波长，在此波长下，此物质能够吸收最多的光能量。如果选择其他的波长段进行测定，就会造成检测结果的不准确。

酶标仪实际就是一种多通道，可同时测定多个样品的分光光度计（图 7.13）。其样品槽可放置多孔板。现代的酶标仪具有在紫外光区、可见光区，甚至荧光下工作的能力。有些型号的酶标仪还具有温浴功能，能够使样品保持在恒温条件下进行测定。

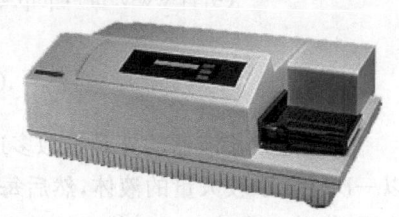

图 7.13 酶标仪
（引自 www.thermo.com）

（八）流式细胞仪

流式细胞仪是对细胞进行自动分析和分选的装置（图 7.14）。它可以快速测量、存贮，显示悬浮在液体中分散细胞的一系列重要生物物理、生物化学方面的特征参量，并可以根据预选的参量范围把指定的细胞亚群从中分选出来。

图 7.14 流式细胞仪（引自 www.beckman.com）

一般需要在分散细胞群体后,对待测的某种组分进行染色,然后将悬液中的细胞一个一个地通过流式细胞仪,此时检测器可测出并记录每个细胞中待测成分的含量,然后根据要求,将成分含量不同的细胞分离出来。如果染色不影响细胞活性,那么分离出来的细胞还可以继续培养。

流式细胞仪的分选功能是由细胞分选器来完成的。总的过程是:由喷嘴射出的液柱被分割成一连串的小水滴,根据选定的某个参数由逻辑电路判明是否将被分选,而后由充电电路对选定细胞液滴充电,带电液滴携带细胞通过静电场而发生偏转,落入收集器中,其他液体则被当作废液抽吸掉。也有一些类型的仪器采用捕获管来进行分选。

(九) 条 形 码

条形码技术是在计算机应用和实践中发展起来的一种广泛应用于商业、邮政、图书管理、仓储、交通及工业生产过程控制等领域的技术。条形码也是迄今为止最经济、实用的一种自动识别技术。

条形码技术具有以下几个方面的优点。

(1) 输入速度快,与键盘输入相比,条形码输入的速度是键盘输入的 5 倍,并且能实现"即时数据输入"。

(2) 可靠性高,键盘输入数据出错率为三百分之一,利用光学字符识别技术出错率为万分之一,而采用条形码技术误码率低于百万分之一。

(3) 采集信息量大,利用传统的一维条形码一次可采集几十位字符的信息,二维条形码更可以携带数千个字符的信息,并有一定的自动纠错能力。

(4) 灵活实用,条形码标识既可以作为一种识别手段单独使用,也可以和有关识别设备组成一个系统,实现自动化识别,还可以和其他控制设备连接起来实现自动化管理。

另外,条形码标签易于制作,对设备和材料没有特殊要求,识别设备操作容易,不需要特殊培训,且设备也相对便宜。

在高通量筛选系统中使用条形码,可以取代传统的手写标签纸,使用一张小小的条形码,可以对样品的名称、编号、制备时间、性质、成分等信息进行标示,大大提高了工作效率以及对样品标示的准确度,而且样品数据可以直接输入计算机,进行处理。

(十) 数据分析软件

1. SAS

SAS(Statistical Analysis System)是由美国 North Carolina 州立大学 1966 年开发的统计分析软件。1976 年 SAS 软件研究所(SAS Institute Inc)成立,开始进行 SAS 系统的维护、开发、销售和培训工作。期间经历了许多版本,并经过多年来的完善和发展,SAS 系统在国际上已被誉为统计分析的标准软件,在各个领域得到广泛应用。

SAS 是一个模块化、集成化的大型应用软件系统。它由数十个专用模块构成,功能包括数据访问、数据储存及管理、应用开发、图形处理、数据分析、报告编制、运筹学方法、计量经济学与预测等。SAS 系统基本上可以分为四大部分:SAS 数据库部分,SAS 分析核心,SAS 开发呈现工具,SAS 对分布处理模式的支持及其数据仓库设计。SAS 系统主要完成以数据为中心的四大任务:数据访问、数据管理、数据呈现、数据分析。

2. SPSS

SPSS 是世界上最早的统计分析软件之一,由美国斯坦福大学的三位研究生于 20 世纪 60 年代末研制。它能应用于经济学、生物学、心理学、医疗卫生、体育、农业、林业、商业、金融等各个领域。迄今 SPSS 软件已有 30 余年的成长历史。全球约有 25 万家产品用户,它们分布于通讯、医疗、银行、证券、保险、制造、商业、市场研究、科研教育等多个领域和行业,是世界上应用最广泛的专业统计软件。

SPSS 有如下特点。

(1) 操作简单:除了数据录入及部分命令程序等少数输入工作需要键盘键入外,大多数操作可通过"菜单"和"对话框"来完成。

(2) 无需编程:具有第四代语言的特点,告诉系统要做什么,无需告诉怎样做。只要了解统计分析的原理,无需通晓统计方法的各种算法,即可得到需要的统计分析结果。

(3) 功能强大:具有完整的数据输入、编辑、统计分析、报表、图形制作等功能。自带 11 种类型 136 个函数。SPSS 提供了从简单的统计描述到复杂的多因素统计分析方法,如数据的探索性分析、统计描述、列联表分析、二维相关、秩相关、偏相关、方差分析、非参数检验、多元回归、生存分析、协方差分析、判别分析、因子分析、聚类分析、非线性回归、Logistic 回归等。

(4) 方便的数据接口:能够读取及输出多种格式的文件。

(5) 灵活的功能模块组合:SPSS for Windows 软件分为若干功能模块。用户可以根据自己的分析需要和计算机的实际配置情况灵活选择。

SPSS 和 SAS 是目前应用最广泛,国际公认且标准的统计分析软件,二者各擅其长。SAS 是功能最为强大的统计软件,有完善的数据管理和统计分析功能,是熟悉统计学并擅长编程的专业人士的首选。与 SAS 比较 SPSS 则是非统计学专业人士的首选。

3. Excel

Microsoft Excel 是微软公司的办公软件 Microsoft Office 的组件之一,是由 Microsoft 为 Windows 和 Apple Macintosh 操作系统的电脑而编写和运行的一款试算表软件。直观的界面、出色的计算功能和图表工具,再加上成功的市场营销,使 Excel 成为最流行的计算机数据处理软件。在 1993 年,作为 Microsoft Office 的组件发布了第五版之后,Excel 就开始成为所适用操作平台上的电子制表软件的霸主。Excel 在国内的应用非常广泛,可以进行很多常规的数据分析。

二、高通量筛选技术中的常用方法

(一) 微孔板的使用和光学检测法

微孔板在现代高通量筛选技术中占有重要地位,它不但可以用于培养细胞,而且可以直接对其中的内容物进行光学检测。微孔板具有统一的规格,可以与多种仪器设备配套使用。每块微孔板可以放置几十到几百个样品,甚至更多,与传统的摇瓶法相比,大大提高了工作效率。至于检测,通常的做法是充分利用待筛选物质的一些特性,将其转换成光信号,而该信号必须与待筛选物质的数量或某些性能具有确定的函数关系。通过测定光信号,并使用数学工具,可得到待筛选物质的信息。光信号可以是可见光区或者紫外光区的光信号,也可以是荧光信号。

(二) 工程菌菌体裂解

在分子定向进化的研究中,常常需要把靶蛋白在微生物宿主中进行表达。靶蛋白都是在细胞内合成的。在合成之后,有些种类的靶蛋白可以通过细胞膜分泌到细胞外,而有些则无法通过细胞膜,只能滞留在细胞内。对于这些滞留在细胞内的产物,需要使用一些特殊的方法,将其转移到胞外,以便检测和筛选。常规的做法是裂解细胞,使产物释放出来,比如用大肠杆菌作为基因工程宿主菌,表达胞内非分泌蛋白时,可以使用溶菌酶,以裂解大肠杆菌,将胞内物质分泌到胞外,也可以使用超声波等物理方法或者化学裂解法。但是这些方法中有些价格昂贵,不适合大规模使用,如溶菌酶,而有些则操作繁琐,无法达到高通量。比较巧妙的办法是开发建立菌体自裂解表达系统,在环境因素的诱导下(如温度、紫外线照射等)可以启动裂解基因的表达,从而达到裂解自身菌体的目的。

林章凛等报道了一套适合大肠杆菌使用的热诱导自溶性载体(heat-inducible autolytic vector)。该课题组将 λ 噬菌体中的 SRRz 裂解基因盒(SRRz lysis gene cassette)放到大肠杆菌热诱导启动子的下游。野生型热诱导启动子 cI857/pR 在诱导温度为 28~38℃时,可启动 SRRz 裂解基因盒的表达,自溶裂解菌体。但是在此温度范围不利于大肠杆菌的生长。于是,该课题组通过突变技术获得了一个突变的热诱导启动子,命名为 cI857/pR(M)。该启动子能在诱导温度为 35~42℃时,启动 SRRz 裂解基因盒的表达,自溶裂解菌体。将 cI857/pR(M) 启动子和 SRRz 裂解基因盒组成一个自溶裂解单元,插入到 pUC18 中,构建成热诱导自溶性载体。使用该载体在大肠杆菌中诱导表达来自一种枯草芽孢杆菌的脂肪酶基因时,热诱导菌体自溶裂解后,在培养基中能检测到 93.7% 的脂肪酶活性。

(三) 报 告 基 因

报告基因(reporter gene)是一种编码可被检测的蛋白质或酶(报告蛋白)的基因,也就是说,是一个其表达产物非常容易被鉴定的基因。把它的编码序列和基因表达调节序列或者其他目的基因相融合,可以形成嵌合基因。在调控序列控制下进行表达,可以利用报告基因的表达产物来判断目的基因的表达与否,以及表达量的大小。

作为报告基因,在遗传选择和筛选检测方面必须具备以下几个条件。

(1) 已被克隆且全序列已测定;

(2) 表达产物在受体细胞中不存在,即无背景,在被转染的细胞中无相似的内源性表达产物;

(3) 其表达产物能进行定性和定量测定。

如果表达产物难以被检测,此时可以将目的产物与报告基因串联表达,形成融合蛋白分子,即一个蛋白质分子是由目的产物和报告蛋白融合而成的。通过检测报告蛋白的存在与否以及产量,就可以得知目的蛋白是否存在及其产量信息。

但要注意的是,选择的报告基因不可影响目的蛋白分子的活性、宿主细胞正常生长和代谢活动。

常见的报告基因有绿色荧光蛋白(GFP)、β-半乳糖苷酶(LacZ)、氯霉素乙酰转移酶(CAT)、荧光素酶(luc)、碱性磷酸酯酶(SEAP)、β-葡萄糖醛酸酶(GUS)等。以下介绍两种较为常用的报告基因。

1. 绿色荧光蛋白(GFP)

1962 年 Shimomure 等首先从维多利亚水母(*Aequorea victoria*)中分离出 GFP(green-fluorescent protein)。1994 年 Chalfie 等首次在大肠杆菌细胞和线虫中表达了 GFP,开创了 GFP 应用研究的先河。GFP 吸收的光谱,最大峰值为 395nm(紫外),并另有一个副峰,峰值为 470nm(蓝光)。发射光谱最大峰值为 509nm(绿光),并带有峰值为 540nm 的侧峰。GFP 是一个分子质量较小的蛋白质,易与其他一些目的基因形成融合蛋白,且不影响自身的目的基因产物的空间构象和功能。GFP 与目的基因融合,将目的基因标记为绿色,即可定量分析目的基因的表达水平。

一些基因在异源宿主中表达时,表达产物可能会形成包含体或由于无法正确折叠,蛋白质分子不能形成具有生物活性的空间结构。使用定向进化技术改造这些基因,则有可能获得既能在异源宿主中正确表达,又能保持原有的生物学特性和功能的新基因。然而,在筛选这些基因的表达产物时,识别被筛选者是否具有正确的空间折叠结构往往比较困难。美国科学家在 20 世纪 90 年代末期,开发了一种专门针对这种情况的筛选方法。他们发现,将目的基因产物融合于 GFP 的 N 端上游表达时,只有当上游的目的多肽正确折叠后,下游的 GFP 才能具有荧光特性。在抗癌新药核苷二磷酸激酶的异源表达与定向进化及筛选研究中,就采用了上述方法。将其基因克隆到大肠杆菌构建工程菌时,基因表达产物是否正确折叠、是否具有生物学活性难以检测,因此采用了 GFP 作为报告基因。将 GFP 基因与核苷二磷酸激酶基因串联,构建表达载体,转入到大肠杆菌中,诱导表达融合蛋白,使用 488nm 的紫外光照射检测时,可检测到已成功表达并正确折叠的融合蛋白的菌落,从中筛选荧光亮度高的菌落(图 7.15),进入复筛。

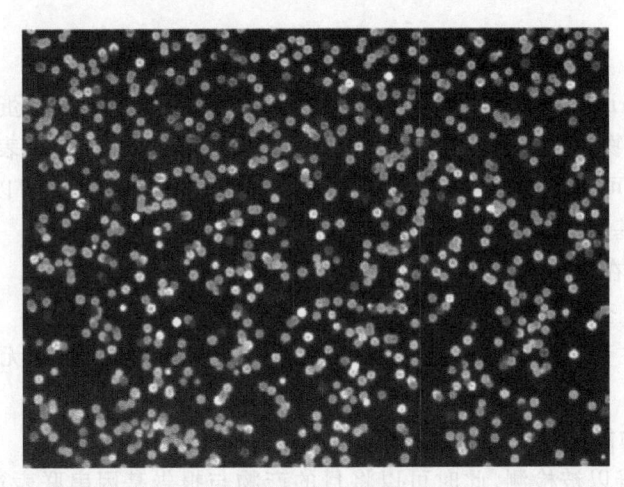

图 7.15 绿色荧光蛋白在紫外线下激发荧光(引自 Frances et al., 2003)

2. β-半乳糖苷酶(LacZ)

lacZ 是大肠杆菌的标志基因,它编码 β-半乳糖苷酶(β-galactosidase, β-gal),在其催化作用下,乳糖经水解作用得到半乳糖。β-半乳糖苷酶非常稳定,对蛋白水解作用抗性强,且容易测试。因此 β-半乳糖苷酶成为目前最常用的报告基因之一。邻硝基苯基-β-D-半乳糖苷(o-nitrophenyl-β-D-galactopyranoside, ONPG)是一种无色底物,以替代乳糖,在β-半乳糖苷酶的催化下,水解成无色的半乳糖和亮黄色的邻硝基酚(o-nitrophenol, ONP),通过420nm波长的吸光值分析,可用来测定β-半乳糖苷酶的活性单位。

3. 表面展示技术

噬菌体表面展示技术在1989年分别由英国剑桥的Winter研究组和美国加州的Lernerd研究组同时创立。其后,细菌表面展示技术和酵母表面展示技术等也相继发展起来。

1) 噬菌体展示技术　　噬菌体展示技术是以改造过的噬菌体为载体,将所筛选的基因片段整合到噬菌体或者是噬菌粒的基因组中,使外源多肽或蛋白质以融合蛋白的形式与噬菌体的表面蛋白共同表达于噬菌体表面。利用噬菌体展示库所固有的基因型和表现型之间的相互关系,进行分离并选出我们所需要的突变蛋白及其编码基因。利用该技术进行筛选时主要是通过亲和作用来实现的。一种策略是利用突变体将可溶性底物水解得到相关产物,而产物可通过电荷作用耦合到噬菌体颗粒上,再通过一个能亲和最终产物的层析柱,将带有产物的噬菌体分离出来;另外一种策略是将底物连接到表达目的酶的噬菌体上,有活性的突变转化子与噬菌体连接的底物形成产物,而这种产物依然和噬菌体表面连接,通过能够特异吸附产物的层析柱,将带有活性酶的噬菌体分离出来。

该技术于1985年由Smith等建立以来,由于其操作简便,筛选通量高,已成为生物学后基因组时代研究蛋白质相互作用的重要工具。McCafferty等在1991年成功地在噬菌体上展示了具有活性的碱性磷酸酶后,陆续有许多例子报道。例如,Cesaro-Tadie等利用该技术经两轮筛选,从超过10^9的突变库中得到一个催化活性提高1000倍的突变体;Sumilion等将枯草杆菌蛋白309展示在噬菌体表面后,以合成抑制剂类似物进行亲和筛选,得到了底物特异性改变的突变蛋白。近几年也有人将腺苷酸环化酶展示于噬菌体表面,可将连接在噬菌体上的ATP催化成cAMP,用抗cAMP的抗体进行固相吸附,获得了活性提高70倍的突变体等。

2) 细胞表面展示技术　　在噬菌体表面展示技术发展过程中发现存在着一些缺陷。比如将蛋白质或多肽与噬菌体外壳蛋白融合表达时,存在不可预料的偏性,展示蛋白质的大小受到限制,蛋白质太大则影响噬菌体的装配和感染能力等,细胞表面展示技术由此孕育而生。

细胞表面展示技术(surface display on cell)是把外源基因与细胞表面结构蛋白基因融合,使目的蛋白锚定于细胞表面并获得活性表达的一种技术。细胞展示技术可分为革兰氏阴性菌表面展示技术、革兰氏阳性菌表面展示技术和酵母表面展示技术。

目前已经报道用于外源蛋白展示的载体有大肠杆菌体系的多种外膜蛋白(LamB、OmpA、PhoE)、菌毛蛋白、脂蛋白等;葡萄球菌体系中的SpA信号肽和细胞表面结合区;链球菌系统中的原纤维M蛋白类似区域;酵母体系中的α或a凝集素等。Holler等利用该技术,对TCR(T细胞受体)进行直接的体外进化,分别获得亲和力和热稳定性均提高的突变株。

将细胞表面展示技术与荧光激活细胞筛选仪(fluorescence activated cell sorting, FACS)或流式细胞筛选仪相结合,是非常有效的高通量筛选方法。目前比较成熟的是利用革兰氏阴性菌表面带有高负电荷,结合荧光共振能量转换(fluorescence resonance energy transfer, FRET)底物的多阳离子尾巴,使底物附着在大肠杆菌表面,此时展示在细菌表面的酶将底物淬灭基团剪切掉,从而获得荧光产物,再利用FACS检测,就可以筛选得到所需要的突变蛋白酶。

3) 酵母表面展示技术　　由于噬菌体和原核细胞展示技术对于真核蛋白质的表达存在着不可预测的偏差,故发展出真核展示技术——酵母表面展示系统。该系统是将目的蛋白分别与a或α凝集素融合而展示于酵母细胞表面。

酵母表面展示系统是继噬菌体展示技术创立后发展起来的真核展示系统。酵母的蛋白质折叠和分泌机制与哺乳动物细胞非常相似,对真核生物的蛋白质表达和展示具有很大的优越性。酵母细胞颗粒大,可以用流式细胞仪进行筛选和分离。

脂肪酶是一种水解酶类,广泛地运用于洗涤剂、油脂与食品加工、有机合成、皮革与造纸等领域。表面展示技术已经成功地将脂肪酶分子展示于噬菌体、细菌及酵母表面。涉及的载体有丝状噬菌体、大肠杆菌、枯草芽孢杆菌、肉葡萄球菌、毕赤酵母、酿酒酵母等。

4. 核糖体展示技术

核糖体展示技术(ribosome display,RD)是在体外合成蛋白质分子并进行筛选的新技术。该技术应用于功能蛋白、多肽及酶分子定向进化改造等领域。基本原理就是通过 PCR 扩增,获得 DNA 突变文库,置于具有偶联转录、翻译的系统中,由于翻译到终止密码子 mRNA 末端后,核糖体仍停留在 mRNA 的 3'端而不脱离,使目的基因的翻译产物展示在核糖体表面,形成"mRNA-蛋白质-核糖体"的三元复合物,将基因型和表现型直接偶联起来,利用免疫学检测技术对复合体进行分析和筛选,并利用 mRNA 的可复制性,使目的蛋白得到有效的富集。

核糖体展示技术具有库容量大、操作简便的优点。由于该技术完全在体外进行,不受克隆和转化效率的影响,突变库容量可以达到 $10^{12}\sim10^{13}$,超过噬菌体展示库的容量(10^9)。Schaffitzel 等利用该方法进行单链抗体可变区 scFv 片段表达文库的筛选,得到了亲和能力提高 40 倍的突变体。

5. 体外区室化

体外区室化(in vitro compartmentalization,IVC)是最近发起来的一种表面展示技术。它将突变基因库的水溶液和转录翻译系统均质化后,混入到一个油-表面活性剂体系中,产生油包水型乳浊液。突变基因和表达系统被包含在这种乳浊液的小液滴中,平均每个液滴包含单个基因。由于周围油相惰性较大,限制了基因和蛋白质在不同区室的扩散,这样小液滴中就含有了具活性的表达蛋白,使得基因型和表型联系起来,就可以进行基因文库的高通量筛选。

IVC 首先应用于 DNA 甲基化转移酶的选择上。Cohen 等进行 IVC 改造后,获得了对原先识别序列(GGCC)活性提高 9 倍的突变体。Griffiths 对细菌磷酸丙糖脂酶经两步区室化后,用加有荧光标记的抗体进行结合检测,通过 FACS 进行筛选,从 10^7 突变库中筛选获得 Kcat 提高的突变体。

（四）流式细胞术

在本节之前已经介绍了流式细胞仪的工作原理,在这里主要介绍一下流式细胞术中的一些常用术语及分析方法。

当细胞悬浮液通过检测小室时,细胞被激光激活,在散射一部分激光的同时,细胞也发出荧光。光信号和荧光信号均被收集并进行分析。通常情况下,流式细胞仪会对以下几个参数进行测定。

1) 0 前向散射光强度(FSC)　　是激光在 0°方向上较强衍射光的信号,该值的大小几乎与细胞直径成正比,可用于从荧光数据中排除死亡细胞、聚集细胞和细胞碎片所造成的影响。

2) 侧向散射光强度(SSC)　　是激光在 90°方向上的反射光、折射光为主的光信号,其强度几乎与细胞内颗粒结构的质量成正比,反应细胞内颗粒的大小和多少。

3) 荧光参数 1～3(FL1～FL3)　　是激光在 90°方向上收集的荧光参数,是经过一系列光学元件的分离后才得到的荧光信号,它反映了荧光探针所标记的细胞内不同物质性质的差异。

任选 FSC、SSC 或 FL1～FL3 中的两个参数为 x、y 轴坐标作图,即成为一个二维点图,二维点图上的每一个点就代表一个细胞。不同性质的细胞会在二维点图上形成不同的小区,称为细胞亚群。

流式细胞仪的数据分析是通过与适当的阴性对照进行比较,分析样品中表达标记物的细胞百分数而实现的。其术语为"设门"(gating),设门一般根据前向和侧向信号来确定。

(五) 蛋白质芯片

蛋白质芯片(protein array)是蛋白质组学研究中兴起的一种新的方法,它类似于基因芯片,是将蛋白质分子点样到固相支持物上,然后将其与要检测的组织或细胞等进行"杂交",再通过自动化仪器分析得出结果。这里所指的"杂交"是指蛋白质与蛋白质分子之间(如抗体与抗原)在空间构象上能特异性地相互识别的能力。蛋白质芯片是一种高通量的研究方法,能在一次实验中提供相当大的信息量,使我们能够全面、准确地研究蛋白质表达谱,这是传统的蛋白质研究方法无法做到的。蛋白质芯片灵敏度高,它可以检测出蛋白质样品中微量蛋白的存在,检测水平已达纳克级。

蛋白质芯片技术还面临着诸多挑战,未来的发展重点将集中在以下几个方面。

(1) 建立快速、廉价、高通量的蛋白质表达和纯化方法,高通量制备抗体并定义每种抗体的亲和特异性。第一代蛋白检测芯片主要依赖于抗体和其他大分子。显然用这些材料制备复杂的芯片,尤其是规模生产会存在很多实际问题,理想的解决办法是采用化学合成的方法大规模制备抗体。

(2) 改进基质材料的表面处理技术,以减少蛋白质的非特异性结合。

(3) 提高芯片制作的点阵速度;提供合适的温度和湿度,以保持芯片表面蛋白质的稳定性及生物活性。

(4) 研究通用的高灵敏度、高分辨率检测方法,实现成像与数据分析一体化。另外,微流路芯片、芯片实验室与微阵列芯片技术并驾齐驱,是生物芯片技术的三驾马车,并逐步实现产业化。目前已经商品化的生物芯片多为微阵列芯片,而微流路芯片和芯片实验室正处于研究阶段。

三、高通量筛选应用实例

(一) 漆酶的筛选

漆酶(laccase,EC 1.10.3.1)是一种借助氧将对苯二酚(氢醌)氧化成对苯醌的酚氧化酶,亦称为对苯二酚氧化酶,可用于环境保护。因最先在漆树的树液中发现,故命名为漆酶,它也分布在微生物中。漆酶基因已在酿酒酵母(S. cerevisiae)中成功表达。

以下例子介绍国外筛选漆酶定向进化文库的主要流程(图 7.16)、微孔板及光学检测法的实际应用。

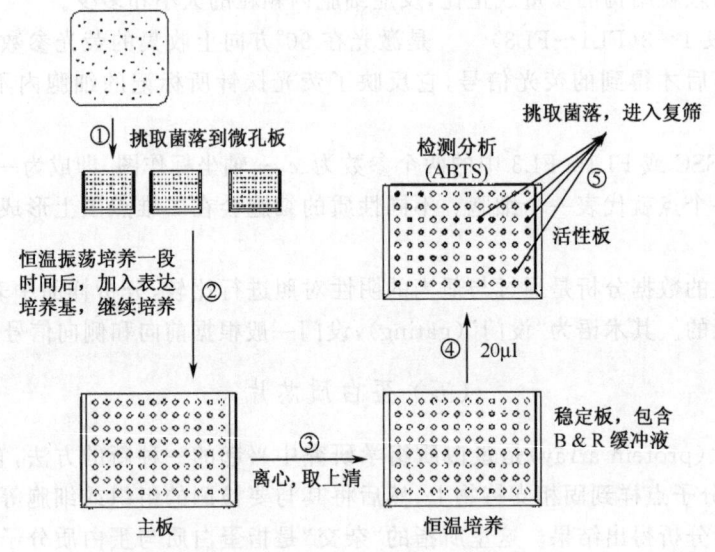

图 7.16 筛选漆酶定向进化文库的主要流程(引自 Frances et al.,2003)

(1) 将突变后的漆酶基因连接到载体,再转化到酿酒酵母,构建待筛选文库。涂布于 SC-drop-out 培养基平板上培养,至长出单菌落。

(2) 在 96 孔板上以每孔 25μl 的体积,使用多通道移液器,加入基本培养基(液体),使用自动菌落挑取仪挑取 SC-drop-out 培养基平板上的单菌落到多孔板上。另外,每块板上还应接种一株亲本(未突变)菌株,作为对照,此板命名为"主板"。

(3) 恒温振荡培养一段时间。

(4) 使用自动移液工作站加入 80μl/孔的表达培养基,继续培养。

(5) 另取新的 96 孔板,以每孔 80μl 的量加入 B & R 缓冲液,此板命名为"稳定板"(用于测定酶的稳定性)。

(6) 将上述的"主板"直接离心,再用自动移液工作站转移"主板"上 40μl/孔的上清液(含有表达酶)到"稳定板",混匀,然后再转移"稳定板"上 20μl/孔的液体到新的 96 孔板。此新板命名为"活性板"。

(7) 将"稳定板"恒温培养。

(8) 活性测定:加入 180μl 的 ABTS 分析溶液(能引起颜色变化,用酶标仪测定吸光度)到"活性板"上的每个孔中,混匀,马上用酶标仪测定其在 418nm 下的吸光度。然后在室温下温浴至其呈现绿色,再在 418nm 下测定吸光度一次。

(9) 计算相对活性:根据 2 次吸光度的差值,以及 2 次测定时间的差值,并结合对照,进行计算。

(10) 测定稳定性:吸取"稳定板"上 20μl/孔的液体到新的 96 孔板。然后重复第(8)、(9)

步,测定残留活性。

(11) 计算"稳定板"在温浴前后的活性差别。挑取菌落,进入复筛。

此例使用了第一节中的微孔板、多道移液器、全自动移液工作站、酶标仪等几种类型的仪器以及第二节中的光学检测法。

(二) OmpT 蛋白酶的筛选

OmpT 蛋白酶存在于大肠杆菌的细胞外膜上,能够选择性地切断氨基酸之间的肽键。它可以用于从融合蛋白分子中直接测出生理活性肽、蛋白质及其衍生物。通常野生型 OmpT 蛋白酶的切点是 Arg-Arg 之间的肽键。但是除了 Arg-Arg 这个位点外,在实际应用中,我们还需要切开其他位点的蛋白酶。为了获得切点是 Arg-Val 之间肽键的 OmpT 蛋白酶,科研工作者使用定向进化技术对 OmpT 蛋白酶进行改造,构建文库,以期获得底物特异性被改造的 OmpT 蛋白酶。国外在其筛选过程中使用了流式细胞术。虽然在 20 世纪 60 年代末人类就发明了流式细胞仪,但是长期以来,它主要应用于医学检测,如临床免疫学、血液学、肿瘤学等。将流式细胞仪应用于筛选文库,是这几年刚刚出现的新方法,而且效果良好。

由于 OmpT 蛋白酶存在于大肠杆菌的细胞外膜上,所以可以直接使用流式细胞仪进行检测。如果目的蛋白是胞内产物,应使用本章第二节提到的表面展示技术,将其表达并展示于宿主细胞表面,才能被流式细胞仪识别。

用流式细胞仪做筛选时,建立合适的对照及"设门"非常重要。将不表达 OmpT 蛋白酶的菌株用于对照,并在 SSC/FSC 二维点图上设一个矩形门 R1(图 7.17)。门内的信号点包括所有生理状态良好的细胞,然后再在 R1 内,在健康细胞密集区域设一个椭圆形门 R2(图 7.17)。R2 包括大量健康的对照细胞,因此在后面的实验中,R2 门内区域为可用区域,R2 内的细胞群为候选细胞群,可以不考虑 R2 门外的信号。

在筛选过程中需要用两种荧光探针,一种探针与 Arg-Val 偶联,当 Arg-Val 被切割时,放出荧光信号,该荧光信号被流式细胞仪检测后,用 FL1 表示;另外一种荧光探针与 Arg-Arg 偶联,当 Arg-Arg 被切割时,放出另外一种波长的荧光信号,该荧光信号被流式细胞仪检测后,用 FL2 表示。因此,当一个细胞的 FL1 值高,而 FL2 值低时,说明该细胞表面的酶切割 Arg-Val 的能力强,而切割 Arg-Arg 的能力弱,该细胞就有可能是我们需要的目的细胞,即图 7.18 所示的 R3 区域,然后将这些细胞分离出来,进行复筛。

以上介绍了两个高通量筛选实例的主要流程。第一个实例是基于微孔板的高通量筛选,微孔板在高通量筛选中使用广泛,是比较经典的高通量筛选技术,易于在普通的实验室实施。第二个实例则是基于流式细胞术,是这几年刚刚发展起来的技术。与微孔板相比,其筛选量更大、自动化程度更高、操作简便,优越性显而易见。流式细胞仪虽然价格昂贵,但是随着我国经济的发展,国内也有很多科研单位和实验室配备了流式细胞仪。将流式细胞术运用于工业生物技术的高通量筛选比较少见。而且由于技术上的局限性,如合适探针的开发和选择、样品细胞的预处理、检测的准确性等,都是需要突破的技术难题。因此,现阶段流式细胞术在工业生物技术高通量筛选领域的应用范围还不够广。但是笔者相信,随着时代和科技的发展,一旦解决了这些制约它发展的技术难题,充分发挥流式细胞术的优越性,其发展前景必定非常广阔。

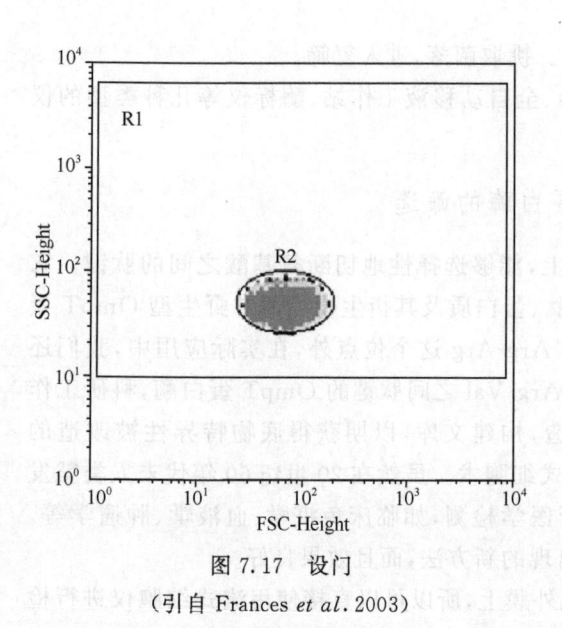

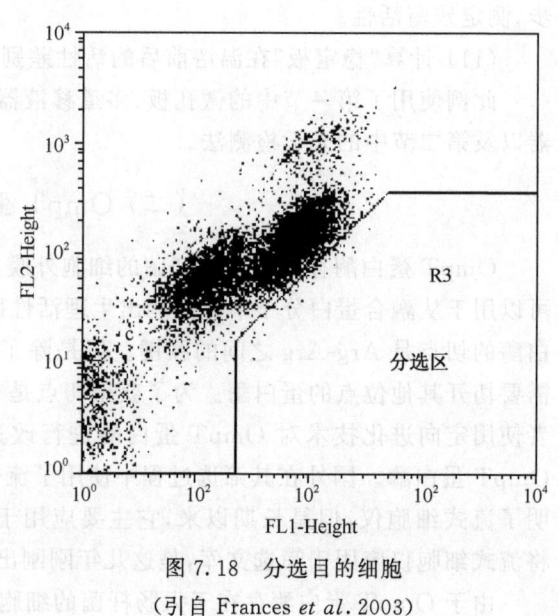

图 7.17 设门
（引自 Frances et al. 2003）

图 7.18 分选目的细胞
（引自 Frances et al. 2003）

思 考 题

1. 简述传统筛选技术与高通量筛选技术的区别？
2. 简要叙述高通量筛选技术的原理？
3. 常用的高通量筛选技术有哪些？

第八章　营养缺陷型菌株的筛选

从自然界分离到的微生物在其发生突变前的原始菌株,称为野生型菌株(wild type strain)。野生型菌株经过人工诱变或自然突变失去合成某种营养(氨基酸、维生素、核酸等)的能力,只有在基本培养基中补充所缺乏的营养因子才能生长,称为营养缺陷型(auxotroph)。营养缺陷型菌株经回复突变或重组变异后产生的菌株,其营养要求在表型上与野生型相同,称为原养型(prototroph)。

营养缺陷型是一种生化突变株,它的出现是由基因突变引起的。遗传信息的载体是一系列为酶蛋白编码的核酸序列,如果核酸序列中的某碱基发生突变,由该基因所控制的酶合成受阻,该菌株也因此不能合成某种营养因子,使正常代谢失去平衡。

在筛选营养缺陷型株中,与之有关的培养基有三类。① 基本培养基(minimal medium, MM):仅能满足微生物野生型菌株生长需要的培养基,称为基本培养基,有时用符号"[一]"来表示。不同微生物的基本培养基是不相同的。② 完全培养基(complete medium, CM):凡可满足一切营养缺陷型菌株营养需要的天然或半组合培养基,称为完全培养基,有时用符号"[＋]"表示。完全培养基营养丰富、全面,一般可在基本培养基中加入富含氨基酸、维生素和碱基之类的天然物质配制而成。③ 补充培养基(supplemental medium, SM):凡只能满足相应的营养缺陷型生长需要的组合培养基,称为补充培养基。它是在基本培养基中加入该菌株不能合成的营养因子而组成的。根据在基本培养基中加入的是 A 或 B 等营养因子代谢物而分别用[A]或[B]等来表示。

第一节　营养缺陷型菌株的分离和筛选

营养缺陷型菌株的筛选一般包括诱发突变、淘汰野生型菌株、检出缺陷型、鉴定缺陷种类等步骤。

一、营养缺陷型的诱变

营养缺陷型的诱变方法和所用的诱变因子与普通诱变育种基本相同,只是由于营养缺陷型属于单一基因突变,各种诱变剂的功能不同,有的不宜作为营养缺陷型诱变剂。例如,电离辐射易引起染色体巨大损伤,所产生的缺陷型菌株不能用作杂交育种和原生质体融合育种的亲本,否则其杂交后代所形成的杂合二倍体不易发生有丝分裂交换及单倍化,不利于重组体形成。用于诱发营养缺陷型的诱变剂有亚硝基胍、紫外线、亚硝酸等。其中亚硝基胍诱发频率极高,一般可达10%以上。影响缺陷型突变率的因子很多,除诱变剂种类之外,与诱变剂量也有很大关系,一般随处理剂量的提高突变频率也增加。如果在诱变处理后的群体中缺陷型的频率极低,则可将诱变后的菌体进行后培养,直到变异细胞表型稳定,以减少筛选中由于遗传分离造成不纯现象。

二、淘汰野生型菌株

在诱变后的存活菌体中营养缺陷型菌株的数量很少,一般仅占存活菌体的百分之几或千分之几,而野生型细胞却大量存在,因而要采取一些措施,尽量淘汰野生型细胞,使缺陷型菌株得以富集,以利于检出。常用的方法有抗生素法和菌丝过滤法。

1. 抗生素法

抗生素法常用于细菌和酵母菌营养缺陷型菌株的富集,前者用青霉素法,后者用制霉菌素法。青霉素法的原理为:细菌细胞壁的主要成分为肽聚糖类,而青霉素能抑制细胞壁肽聚糖链之间的交联,阻止合成完整的细胞壁。处在生长繁殖过程的细菌对青霉素十分敏感,因而被抑制或杀死,但不能抑制或杀死处于休止状态的细菌。将诱变处理后的菌悬液分离在加有抗生素的基本培养基上,培养后野生型细胞由于正常生长繁殖而被杀死,营养缺陷型细胞因不能生长而被保留下来,达到富集目的。制霉菌素法适用于丝状真菌。制霉菌作用于真菌细胞膜上的甾醇,引起细胞膜的损伤,杀死生长繁殖过程的真菌,起到富集营养缺陷型菌株的作用。下面是采用青霉素淘汰细菌野生型细菌的方法和步骤。

(1) 将诱变处理后的菌体用完全培养液振荡培养2~3代以结束表型延迟现象,达到稳定的表型和生理状况。

(2) 将经完全培养基培养后的菌体进行离心、洗涤,转移到基本培养中进行饥饿培养4~6h,以消耗从完全培养基中摄取并储存在体内的氮素营养,使其停止生长,防止被以后加入的青霉素杀死。

(3) 再转移到含无机氮的培养基中培养3~4h,使野生型细胞刚刚进入对数期,加入一定浓度的青霉素。一般革兰阴性菌为600~1000μg/ml,革兰阳性菌约50μg/ml。为了找出最佳的浓度,可以并行设立以10倍级差三种浓度于试管,培养数小时,分别涂抹在完全培养基和基本培养基上,剩余菌液保存在冰箱内。在处理过程中,由于青霉素的加入,致使大量野生型细胞壁瓦解、死亡,释放出细胞内的许多物质,其中有的被缺陷型菌株作为营养利用而生长繁殖,最终也被青霉素破坏,造成缺陷型筛选率大为下降。为防止这一情况发生,可以在基本培养基中加入20%蔗糖以提高渗透压。阻止细胞原生质体破裂外渗,使缺陷型菌株免遭杀伤。然后再把培养物移入到不含青霉素的低渗溶液中,稀释,涂皿分离。

(4) 经涂抹培养后,统计完全培养基和基本培养基平皿上菌落的差数,确定哪一种青霉素浓度的样品中含缺陷型数量最大,则可从该试验中进一步分离营养缺陷型。

2. 菌丝过滤法

真菌和放线菌等丝状菌的野生型孢子在基本培养基中能萌发长成菌丝,而营养缺陷型的孢子则不能萌发。把诱变处理后的孢子移入到基本培养液中,振荡培养10h左右,使野生型孢子萌发的菌丝刚刚肉眼可见,用灭菌的脱脂棉、滤纸或玻璃漏斗除去菌丝。继续培养,每隔3~4h过滤一次,重复3~4次,最大限度地除去野生型细胞,然后稀释,涂皿分离。

3. 高温杀菌法

利用芽孢菌类的芽孢和营养体对热敏感性的差异,让诱变后的细菌形成芽孢,然后把处在芽孢阶段的细菌转移到基本培养液中,振荡培养一定时间,野生型芽孢萌发,而营养缺陷型芽孢不能萌发。此时将培养物加热到80℃,维持一定时间,野生型细胞大部分被杀死,缺陷型则得以保留,起到了浓缩作用。

三、营养缺陷型的检出

诱变后的微生物群体虽然浓缩后野生型细胞和营养缺陷型细胞数量比例发生了很大变化,但终究还是个混合体,要设法把缺陷型从群体中分离检出,有关方法介绍如下。

1. 点植对照法

诱变后的孢子或菌体,经富集培养,涂布分离在完全培养基平板上进行培养,待菌落孢子成熟后,用灭菌的牙签或接种针把每个菌落上的孢子或菌体分别接到基本培养基和完全培养基平板上的相应位置,每皿点接 30~40 点,同时培养,然后观察对比菌落生长情况(图 8.1)。如果基本培养基上不生长而完全培养基相应位置上生长的菌落,可能为营养缺陷型。挑取孢子或菌体分别移接到基本培养基和完全培养基斜面上,进一步复证。该法可靠性强,但工作量很大。

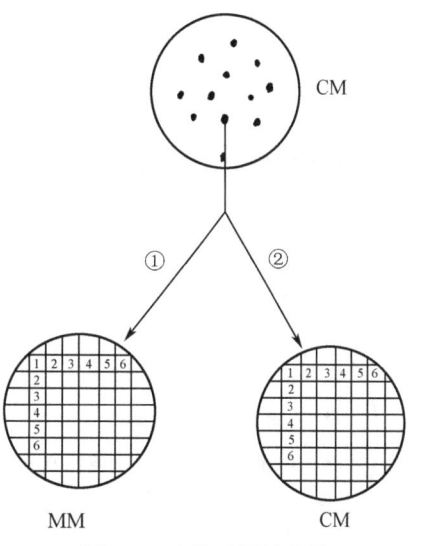

图 8.1　点植对照检出法

2. 影印法

经富集后的孢子或菌体分离在完全培养基上培养至菌落成熟(称母皿),用灭菌后的特制"丝绒印模"在母皿平板的菌落上轻轻一印,再转印到方位相同的另一基本培养基②和完全培养基③的平板上(图 8.2)。培养后观察比较菌落生长情况。凡是在基本培养基上不生长,而在完全培养基上生长的菌落,分别移接到以上两种培养基的斜面上进一步复证。另外,还可采用更简化的办法,即以上印模从母皿中沾上菌体细胞后,仅影印在基本培养基平板上,培养后,生长的菌落情况与存放于冰箱的母皿菌落比较即可检出营养缺陷型。

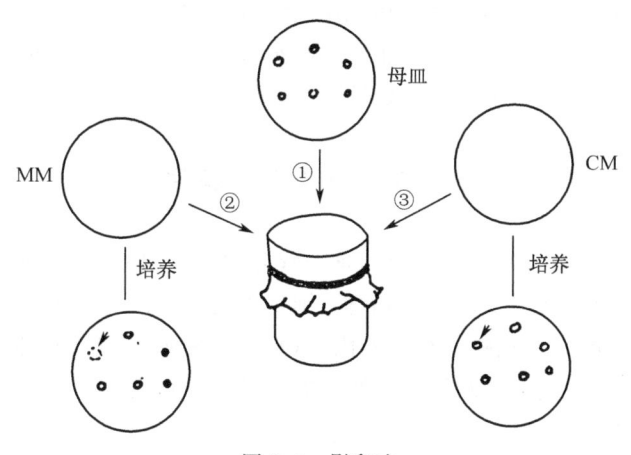

图 8.2　影印法

"丝绒印模"是由直径 8cm、高 10cm 的铜柱或木柱,一端蒙上一块 13cm×15cm 的丝绒布,并用圆形金属卡子固定制成的,使用前进行灭菌。

采用影印法检出霉菌营养缺陷型时,要注意两点。第一,防止菌落扩散和蔓延,可以在培养基中加入0.5%左右的脱氧胆酸钠,或在基本培养基中用山梨糖作为碳源,再加入适量蔗糖使菌落长得小而紧密;第二,为了克服孢子扩散而带来不纯现象,在操作方法上可做如下改进:当诱变后分离在完全培养基上的菌落尚未形成孢子之前,用一张灭菌的薄纸覆盖在琼脂平板上,继续培养,待菌落的菌丝长到纸上后,把纸转移到基本培养基平板上。此时薄纸上的菌丝向基本培养基表面生长,便在相应位置上长出菌落。该法也有不足之处,薄纸易带有完全培养基成分,会把部分营养带到基本培养基中,易造成误差,故要进行几个平皿的重复试验。该法适用于细菌、酵母菌,其次对小型菌落的放线菌和霉菌也适用。

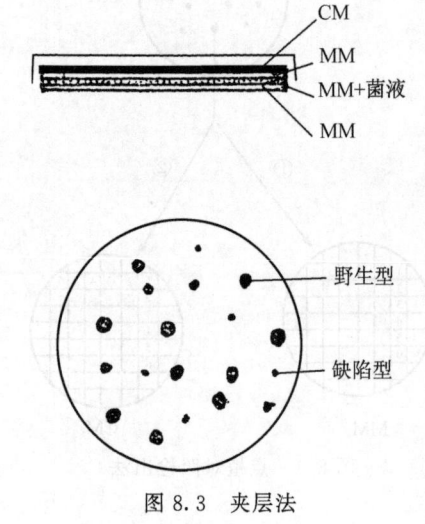

3. 夹层法

夹层法也称为延迟补给法。先在培养皿底部倒入一层基本培养基,凝固后,倒入含有菌体细胞的基本培养基,待凝固后,继续加第三层基本培养基。培养后平板上首先出现的菌落为野生型菌落。此时在平皿底部做好颜色标记。接着加上一层完全培养基(图8.3),经培养,如果在基本培养基上不长而在完全培养基上生长的小型菌落,可能是营养缺陷型(图8.4)。进一步复证确认。该法虽然操作简便,但可靠性差。在完全培养基上长出的菌落中除缺陷型之外,有的可能是生活能力弱的生长缓慢的原养型菌落。如果是丝状菌落,个别菌落可能是由菌丝片断形成的,所以,该法用于细菌更为合适。

图8.3 夹层法

4. 限量补充培养法

限量补充培养法有两种情况,如果试验的目的仅是检出营养缺陷型菌株,则其方法是将富集培养后的细胞接种到含有0.01%蛋白胨的基本培养基上,培养后,野生型细胞迅速地长成大菌落,在平皿底部做好颜色标记,而生长缓慢的小菌落可能是缺陷型,此称为限量培养;如果试验目的是要定向筛选某种特定的缺陷型,则可在基本培养基中加入某种单一的氨基酸、维生素或碱基等物质,称为补充培养。补充这些物质的数量可根据已有缺陷型进行测定后加以确定。

四、营养缺陷型的鉴定

通过营养缺陷型检出,仅仅了解突变体属于营养缺陷型菌株,而只有通过鉴别测定,才能确定菌株属于哪一类营养缺陷型(如氨基酸类、维生素类、核酸类、碳源或氮源类及无机盐类营养缺陷型等)或更具体的是缺陷哪一种营养因子(缺哪种氨基酸或哪种维生素)。所以缺陷型菌株的鉴定实际上就是测定营养缺陷菌株所需的生长因子种类。

1. 鉴定方法

营养缺陷型的鉴定方法可分成两大类:第一种方法是在一个平皿中加入一种营养物质以测定多株缺陷型菌株(10~50株)对该生长因子的需求情况;第二种方法是在同一平皿上测定一种缺陷型菌株对许多种生长因子的需求情况,称为生长谱法。

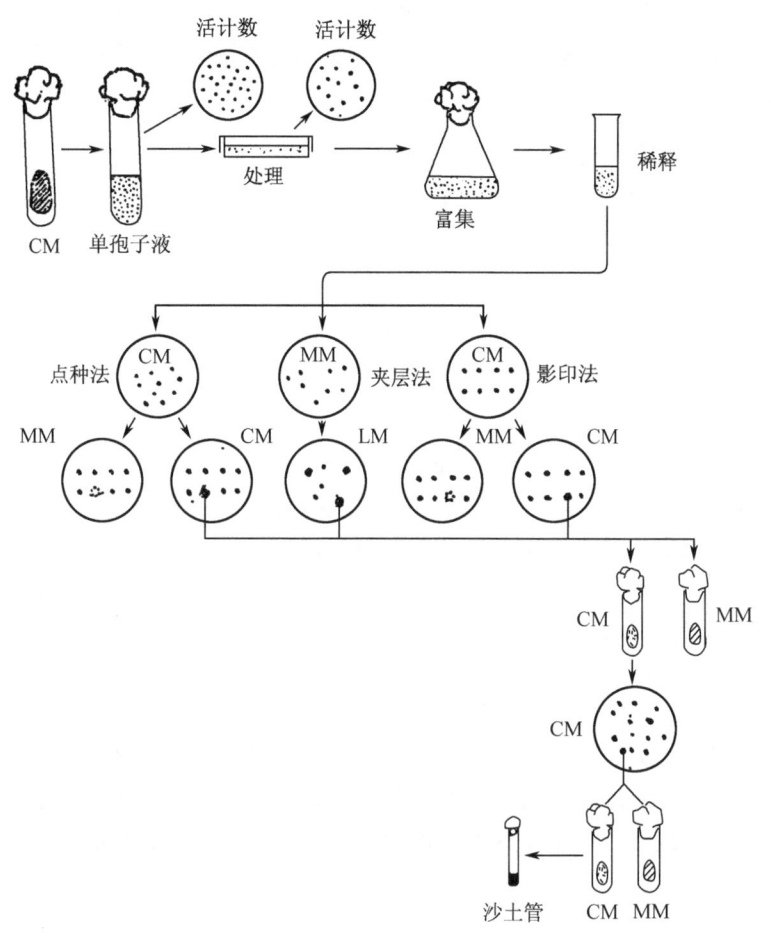

图 8.4 营养缺陷型的筛选方法

2. 营养缺陷型鉴定步骤

测定缺陷型菌株所需生长因子的类别→具体测缺陷该类别物质中的哪种生长因子→用单一生长因子进行复证试验。

1) 缺陷型类别的测定　　先选择缺陷型菌株所需用的类别代表物质。用于营养缺陷型测定的氨基酸有 21 种。一般用 L-型氨基酸,而 DL-型氨基酸虽然也可以使用,但要增加 1 倍的浓度。D-型氨基酸由于微生物难以吸收利用,不能使用。用于鉴别缺陷型菌株的维生素约有 15 种。核酸碱基有 7 种,包括腺嘌呤、鸟嘌呤、黄嘌呤、次黄嘌呤、尿嘧啶、胞嘧啶及胸腺嘧啶。通常分别用以下物质来代表氨基酸、维生素、核酸碱基:

(1) 氨基酸混合物、酪素水解物或蛋白胨,代表氨基酸类;

(2) 酵母浸出液,其中氨基酸、维生素、嘌呤、嘧啶均具有;

(3) 维生素混合物,代表维生素类;

(4) 核酸碱基混合液或酵母核酸(0.1%碱水解物),代表嘌呤、嘧啶类。

将待测微生物从斜面上用生理盐水或缓冲液刮洗下来,离心洗涤,制成浓度为 $10^6 \sim 10^8$ 个/ml 的菌悬液,取 0.1ml 加入到基本培养基中,混匀倒入平皿,制成平板。凝固后,用圆滤纸分别浸湿蘸取以上四类代表物质,覆于平板标定的位置上。培养后,观察圆滤纸片周围菌株的生长情况,如出现混浊的生长圈(图 8.5),就可初步确定缺陷型所需的生长因子属于哪一类别,进一步复证。

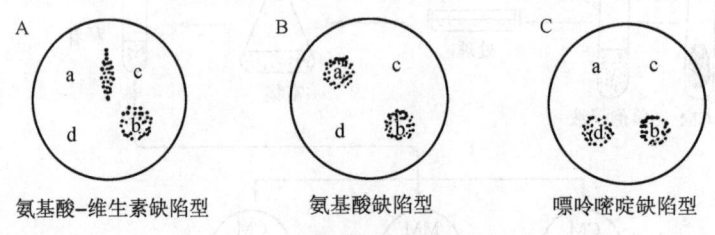

A 氨基酸-维生素缺陷型　　B 氨基酸缺陷型　　C 嘌呤嘧啶缺陷型

图 8.5　营养缺陷型类别测定

2) 缺陷型所需生长因子的测定　　缺陷型菌株经过鉴定,确证缺陷哪一类生长因子之后,接着就要具体鉴定其缺陷哪一单一生长因子,或哪两种或三种生长因子。

假如要鉴定单缺氨基酸或维生素的营养缺陷型,较为简便的方法是分组测定法。把 21 种氨基酸,组合 6 组,每 6 种不同氨基酸归为一组(表 8.1、表 8.2)。如果以 15 种氨基酸或维生素进行测定,则把 5 种不同氨基酸或维生素归为一组,共 5 个组合(表 8.3)。生长因子的配制方法:把同一组的氨基酸粉末混合置于洁净的瓶中,加入灭菌的蒸馏水,充分溶解,置冰箱保存。配制浓度:用于放线菌测定的氨基酸约 1mg/ml;用于霉菌测定的约 10mg/ml;维生素一般 0.1mg/ml;生物素、维生素 B$_{12}$ 约 0.01mg/ml。测定方法:缺陷型菌株和基本培养基混合制成平板,把 5 组或 6 组生长因子直接点加于同一琼脂平板上,或用滤纸片蘸取后覆于琼脂平板上,培养后,观察哪一组或哪两个组区产生混浊生长圈,即可确定该菌株缺陷的生长因子。

表 8.1　21 种氨基酸组合设计

组　别	组合的生长因子	生长组合	要求的生长因子
		一	1
		二	2
		三	3
		四	4
		五	5
		六	6
一	1　7　8　9　10　11	一与二	7
二	2　7　12　13　14　15	一与三	8
三	3　8　12　16　17　18	一与四	9
四	4　9　13　16　19　20	一与五	10
五	5　10　14　17　19　21	一与六	11
六	6　11　15　18　20　21	二与三	12
		二与四	13
		二与五	14
		二与六	15
		三与四	16
		三与五	17
		三与六	18
		四与五	19
		四与六	20
		五与六	21

表 8.2　21 种氨基酸组合组

组别	氨基酸组合组					
1	赖氨酸	精氨酸	蛋氨酸	胱氨酸	亮氨酸	异亮氨酸
2	缬氨酸	精氨酸	苯丙氨酸	酪氨酸	色氨酸	组氨酸
3	苏氨酸	蛋氨酸	苯丙氨酸	谷氨酸	脯氨酸	天冬氨酸
4	丙氨酸	胱氨酸	酪氨酸	谷氨酸	甘氨酸	丝氨酸
5	鸟氨酸	亮氨酸	色氨酸	脯氨酸	甘氨酸	谷氨酰胺
6	胍氨酸	异亮氨酸	组氨酸	天冬氨酸	丝氨酸	谷氨酰胺

表 8.3　15 种维生素组合组

组别	维生素组合组				
1	维生素 A	维生素 B_1	维生素 B_2	维生素 B_6	维生素 B_{12}
2	维生素 C	维生素 B_1	维生素 D_2	维生素 E	烟酰胺
3	叶酸	维生素 B_2	维生素 D_2	胆碱	泛酸钙
4	对氨基苯甲酸	维生素 B_6	维生素 E	胆碱	肌醇
5	生物素	维生素 B_{12}	烟酰胺	泛酸钙	肌醇

现以 15 种生长因子组合为例,根据图 8.6 平皿上的生长情况,对照表 8.4 右方的"生长组合"和"要求生长因子"一栏可知:A 皿中的第三组生长因子区形成混浊圈,说明该突变株缺陷生长因子 10;B 皿中混浊圈出现在二与三组之间,说明该突变株缺陷生长因子 7;C 皿中分别在四、五两组各产生混浊区,说明该突变株缺陷生长因子 14。以上是测定少数几个缺陷型菌株时常用的方法。如果要测定数十或上百个缺陷型菌株时,则可改成一个平皿中加入一种生长因子,制成平板,在翻转平皿底部,划几十个方格子,把每株缺陷型按编号移接到琼脂平板格子中。培养后,根据混浊圈出现情况,则可确定哪些缺陷型菌株是缺这种生长因子的。该法只能鉴别单缺菌株,无法测定双缺或多缺的菌株。要想鉴别双缺的菌株,可以采用每一培养皿中都缺一种生长因子方法。例如,采用 15 种生长因子编号为 a、b、c、d……,制配 15 套培养皿的平板,每个平皿中都少加一种生长因子,将缺陷菌株接到平板上,培养后,如果某个菌株在未加 a 生长因子的平皿上不生长,而在缺 b、c、d 等生长因子的平皿上都能生长,说明该缺陷型菌株是缺 a 生长因子。如果该菌株在未加 a 和 b 生长因子的培养皿上都不能生长,而在加其他生长因子的培养皿上都能生长,可知它不能合成 a 和 b 生长因子,需要从外界补充这种物质方能生长,为一株 a、b 缺陷型菌株。

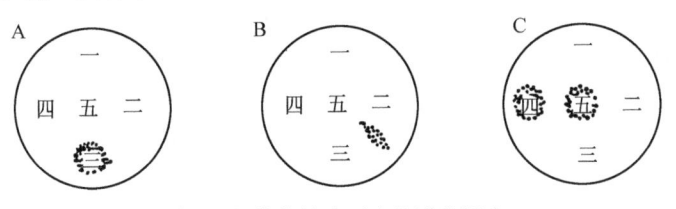

图 8.6　营养缺陷型生长谱的测定

表 8.4 15 种生长因子编组

组 别	组合的生长因子	生长组合	要求生长因子
		一	1
		二	6
		三	10
		四	13
		五	15
一	1 2 3 4 5	一与二	2
二	2 6 7 8 9	一与三	3
三	3 7 10 11 12	一与四	4
四	4 8 11 13 14	一与五	5
五	5 9 12 14 15	二与三	7
		二与四	8
		二与五	9
		三与四	11
		三与五	12
		四与五	14

第二节 通过耐结构类似物方法筛选高产菌株

所谓结构类似物(亦称代谢拮抗物)是指那些在结构上和代谢终产物(氨基酸、嘌呤、维生素等)相似的物质(表 8.5)。它们和终产物一样能够和变构酶的调节蛋白结合,起共遏物作用,使酶变构引起反馈阻遏。两者不同的是,终产物与酶结合是可逆的,而类似物由于不是真正掺入细胞结构,酶活性不会恢复,因而是"假反馈抑制"。它不像代谢产物氨基酸那样能作为合成生物体的原料。它在细胞中的浓度是不变的,对微生物具有致死或抑菌作用。因此,在含有结构类似物的培养基中野生型细胞不能生长,抗结构类似物突变株则能生长,这样的变株不再受到代谢终产物的反馈阻遏和抑制,也就是说在终产物大量累积情况下仍然可以不断合成这一产物。

表 8.5 主要氨基酸的结构类似物

积累的物质	结构类似物
Arg	刀豆氨酸
Arg	2-噻唑丙氨酸
Arg	D-精氨酸
Phe	对-氟苯丙氨酸
Phe	噻恩基丙氨酸
Trp	5-甲基色氨酸
Trp	6-甲基色氨酸
Trp	5-氟色氨酸
Trp	6-氟色氨酸

续表

积累的物质	结构类似物
Val	α-氨基丁酸(α-AB)
Val	2-噻唑丙氨酸(2-TA)
Val	2-氨基-3-羟基戊酸(AHV)
Ile	缬氨酸
Ile	S-2-氨基乙基-L-半胱氨酸(AEC)
Ile	磺胺胍(SG)
Ile	2-氨基-3-羟基戊酸(AHV)
Ile	乙硫氨酸(ETH)
Ile	α-氨基丁酸(α-AB)
Ile	异亮氨酸氧肟酸(IleHx)
Met	α-氨基-4-乙硫基丁酸
Lys	S-2-氨基乙基-LQ-半胱氨酸(AEC)
Thr	2-氨基-3-羟基戊酸(AHV)
His	2-噻唑丙氨酸(2-TA)
Met	α-氨基-4-乙硫基丁酸
Tyr	对氟苯丙氨酸
Tyr	D-酪氨酸
Tyr	3-氨基酪氨酸
Pro	磺胺胍(SG)
瓜氨酸	磺胺胍(SG)
尿嘧啶	5-氨尿嘧啶
腺嘧啶	2,6-二氨基嘌呤
对氨基苯甲酸	磺胺
吡哆醇	异烟肼

抗结构类似物突变株的选育已广泛应用于氨基酸发酵中,并且取得成功。结构类似物对微生物具有抑菌或致死作用,在含有结构类似物的培养基上野生型是不能生长的,而抗结构类似物的变株则能生长。此类变株已经解除了反馈阻抑机制,这种机制无论对结构类似物还是对终产物都是有效的。和大多数抗性育种一样,在这里结构类似物是作为一种选择性标记,按此模式筛选到的突变株为抗反馈调节突变株。

抗结构类似物育种是最早采用并取得显著成效的代谢育种方法。从 20 世纪 50 年代以来在发酵工业上提高氨基酸、核苷酸、维生素的产量已经取得相当成效,成为初级代谢产物,尤其是氨基酸产生菌育种的重要方法之一。较之营养缺陷型的方法,它有以下优点:如果能找到适当的结构类似物,用此种选育法简单易行且效果显著;采用营养缺陷型菌株发酵,解除代谢调节是通过控制培养基中所需的营养物浓度来实现的,并没有从遗传上根本解除代谢调节,由于所需求的营养物质的量不易控制,往往使代谢产物不稳定,而抗结构类似物变株的代谢调节被解除,生产操作方便,产量稳定;抗性突变株易于保存,而且不发生回复突变,只要在保存培养基中加适量结构类似物,就可防止回复突变。选育实例如下。

一、直线合成途径

利用抗结构类似物的方法,可以直接累积终产物,如抗刀豆氨酸的突变株 A1R,可有效地积累精氨酸。日本人中心好田等以谷氨酸棒状杆菌作为出发菌株,筛选到一株突变株,可积累精氨酸浓度达 19.6mg/ml。

二、分支途径

典型的例子是黄色短杆菌的抗苏氨酸、赖氨酸和异亮氨酸的结构类似物突变株选育。例如,2-氨基-3-羟基戊酸(AHV)是苏氨酸的结构类似物,在黄色短杆菌的赖氨酸、苏氨酸和异亮氨酸生物合成中选育抗苏氨酸结构类似物突变型(图 8.7),得到一株具有抗反馈抑制突变株,高丝氨酸脱氢酶(HD)抗性提高 1300 倍,能累积苏氨酸 14g/L,这是工业上最早利用的抗结构类似物突变株。虽然在该菌中对天冬氨酸激酶(AK)的控制仍是正常的,但是由于苏氨酸优先合成,结果使赖氨酸保持于低浓度水平,不发生对 AK 的协同反馈抑制。

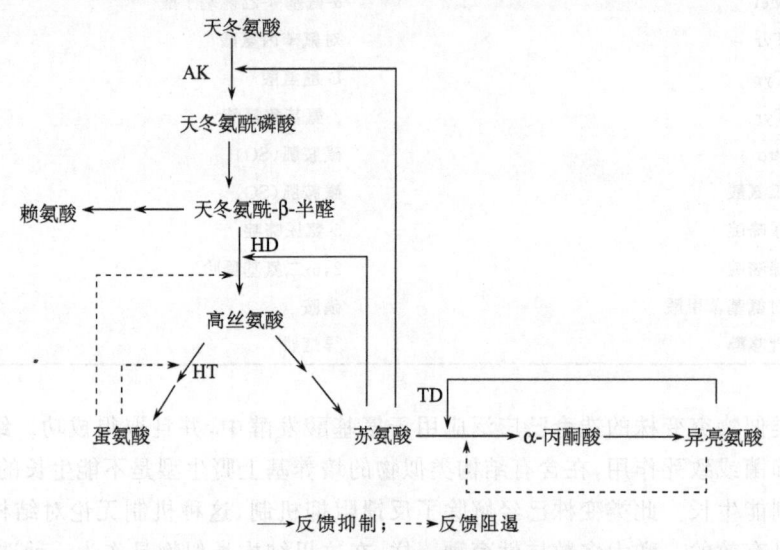

图 8.7 抗苏氨酸和异亮氨酸结构类似物的突变型

HT. 高丝氨酸转乙酰酶,HD. 高丝氨酸脱氢酶;AK. 天冬氨酸激酶;TD. 苏氨酸脱氢酶

又如,选育抗赖氨酸类似物 S-(2-氨基乙基)-L-半胱氨酸(AEC)的突变株,从中获得一株抗反馈抑制突变株,其抗性提高 150 倍,积累赖氨酸盐达 30g/L。由于该菌株对高丝氨酸脱氢酶的反馈控制仍然处于正常状态,不积累苏氨酸。进而再由该菌株选育出抗 AHV 突变株,具有抗反馈抑制的 HD。变株与亲株相反,不积累赖氨酸,而积累苏氨酸,其量为 15g/L,这是由于苏氨酸优先合成的结果。另外,从苏氨酸生产菌(AECR+AHVR)进一步诱变选育抗乙硫氨酸突变株,使苏氨酸脱氢酶(TD)不受异亮氨酸抑制而被激化,得到了合成异亮氨酸 11g/L 的变株。产肌苷酸的枯草杆菌的腺嘌呤缺陷型,经诱变处理选育出抗 8-氮鸟嘌呤突变株,大

量产生肌苷酸和鸟苷酸。筛选方法:把结构类似物作为筛选的遗传标记,通常是把结构类似物和培养基混合制成平板,诱变后菌体分离其上,经培养,那些被解除反馈调节的突变株可以选择性地生长,并在细胞内合成相应的氨基酸。变株的菌落在生长过程把氨基酸分泌到培养基中,促使菌落周围敏感菌的生长,形成一个混浊的增殖圈,挑取增殖圈大而明显的菌落,进一步试验复证。抗代谢类似物的筛选方法,一般采用浓度梯度法,即把结构类似物加入到培养基中,制成梯度琼脂平板,将诱变剂处理后的菌体分离在琼脂平板上,经培养,从结构类似物浓度高的平板区域挑取菌落于斜面,进一步纯化并进行液体发酵试验。浓度梯度法最早用于抗异烟肼的酵母菌吡哆醇高产株的选育。具体做法如图 8.8 所示。

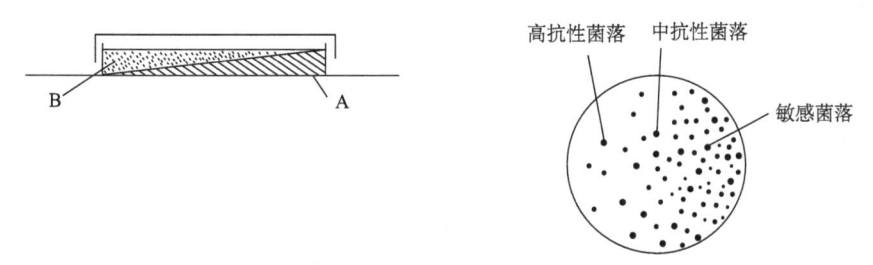

图 8.8　用梯度培养法定向筛选抗性突变体
A. 下层加入不含异烟肼培养基;B. 上层加入含异烟肼培养基

在培养皿中加入 10ml 培养基,再在其上倒 10ml 含有适量异烟肼的培养基。如此制成了由浓到稀的异烟肼浓度梯度,然后在平板表面涂布大量诱变后的菌体,经培养后,低浓度区域长满了菌落,大部分为敏感菌,高浓度区域部分微生物受到抑制,只有中间区域和高浓度区域长出少数抗性菌落。酵母菌用该法获得吡哆醇产量提高了 7 倍的菌株,应用同样的方法还获得了许多其他高产菌株。浓度梯度法已普遍应用于氨基酸、核苷酸、维生素、抗生素等高产株选育,并取得了良好效果。该法用于抗自身产物和耐前体变株选育时,可将异烟肼改成自身产物和前体物,其他操作不变。

思 考 题

1. 试论述一下筛选营养缺陷型菌株的主要步骤和方法。
2. 试举例说明营养缺陷型菌株的选育有哪些用途?

第九章 抗噬菌体变株的选育

第一节 抗噬菌体突变株的分离与筛选

噬菌体是寄生于微生物细胞内的一种病毒。它是自然界最小的生物,通常没有细胞结构、细胞核和细胞质。噬菌体广泛存在于自然界中,至今在绝大多数原核生物中都发现了相应的噬菌体。噬菌体只能寄生于活细胞内进行繁殖、代谢,而不能离开活细胞进行独立代谢活动。噬菌体的生活史与一般微生物不同,它的一生是寄生于宿主细胞中,其繁殖过程可分为对寄主的吸附、侵入、增殖、成熟和裂解五个阶段。

一、烈性噬菌体及其效价的测定

如果在短时间内能连续完成生活史的五个阶段而实现其繁殖和裂解寄主的噬菌体,称为烈性噬菌体(virulent phage)。由于烈性噬菌体侵蚀宿主细胞并在宿主内大量繁殖,释放出许多子代噬菌体,进而感染四周细胞,使其裂解死亡,形成一个肉眼可见的空斑,即噬菌斑。噬菌体种类不同,形成的噬菌斑也不一致。噬菌斑大小在0.1~0.2mm,形态有的是晕圈的,有的是多重同心圆斑,有的是圆形或近似于圆形。一般情况下每种噬菌体所形成噬菌斑的形态是相对稳定的,但有时也随着寄主生理状态、菌龄及培养条件不同而变化。噬菌斑的这些形态特征可以作为鉴定指标,也可利用其进行纯种分离和计数。每毫升试样中所含有的侵染性的噬菌体粒子数称为效价。以下是几种噬菌体的分离和效价测定方法。

1. 重层琼脂法

重层琼脂法是检查、分离噬菌体常用的方法。具体做法:分别配制琼脂为1%和2%的宿主培养基。取其中琼脂为2%的培养基,倒入平皿,制成底层,凝固后待用。再取含噬菌体待测样品0.1mm和宿主的培养液混合,制成一定稀释度,吸取其中0.1mm加入到盛有3~4mm 1%琼脂培养基(已冷却至40~50℃)的试管中,充分混匀,立即倒入平皿底层的培养基上,制成重层平板,然后置于宿主适宜的温度下培养16~20h。如有噬菌体时,在重层琼脂的上层形成透明的噬菌斑(图9.1)。重层法的制备虽然麻烦一些,但具有以下优点:①加了底层培养基后,使原来底面不平的培养皿得到了弥补。所形成的全部噬菌斑都在同一平面上,因此,不仅每一噬菌斑的大小接近、边缘清晰,而且不致发生上下噬菌斑的重叠现象。②因上层培养基中琼脂较稀,故形成的噬菌斑较大,更有利于计数,因而该法成为一种常用的方法。

2. 单层平板法

有时为了大概了解样品中是否存在噬菌体而并不要求计数,可以把重层法简化为单层法,即把待测样品、敏感菌与上层培养基混合,直接倒入平皿制成平板,培养后,观察结果。

如果要检查空气中的噬菌体,可以事先制备好重层或单层平板培养基,然后在待测空气中打开平皿盖数分钟,于适温培养,观察结果。

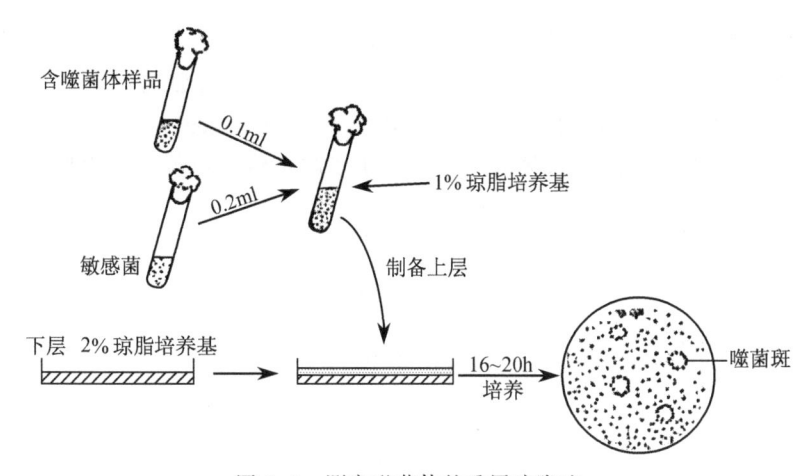

图 9.1　测定噬菌体的重层琼脂法

3. 快速测定法

将噬菌体和对数期宿主细胞悬浮液与含有 0.5%～0.8% 的琼脂培养基混合,加到无菌载玻片上摊平凝固,经培养后(数小时),在显微镜、解剖镜或扩大镜下观察噬菌斑并计数。根据该法测定金黄色葡萄球菌效价,只需 2.5～4h 即可观察结果。这种方法可以达到早期检查的目的,尤其适合于工业发酵过程中检查噬菌体的侵蚀情况。

4. 斑点试验法

斑点试验法具体操作为:将宿主制成菌悬液,涂布于培养基平板上,45℃左右倒置于温箱中一段时间,至平板表面不留水膜为止。将不同稀释度的待试样依次用接种环点于平板上,培养数小时之后,根据噬菌斑的形成与否,即可初步判断试样中噬菌体的效价。

二、温和性噬菌体及溶源菌

如果侵入宿主后,噬菌体的 DNA 只整合在宿主的核染色体组上,并长期随宿主 DNA 的复制而复制,在一般情况下不进行增殖和引起宿主细胞裂解,则称之为温和噬菌体(temperate phage)。温和性噬菌体存在着几种形式:①具有完整的颗粒形态,对细胞具有感染力的游离状态;②侵入细胞后,DNA 与宿主染色体结合,成为不具感染力的原噬菌体(prophage)状态;③原噬菌体脱离寄主染色体,在细胞内成为具有独立繁殖能力的营养期噬菌体。

核染色体上整合有前噬菌体并能正常生长繁殖而不被裂解的细菌称为溶源菌(lysogen),如图 9.2 所示。溶源菌存在几个显著特性:①自发裂解,在溶源菌的分裂过程中,有极少数溶源性细胞中的原噬菌体脱离细菌染色体,进入营养期进行繁殖,引起细菌裂解,释放成熟噬菌体。以上过程是自发的且频率较低,为 10^{-1}～10^{-4},所以游离噬菌体很少。②诱导,除了自发的产生游离体外,还可以人工诱导,采用某些物理、化学诱变因子处理后,诱导溶源性细胞内噬菌体大量产生,它们进入营养期不断增殖并释放出噬菌体。③复愈,在细胞繁殖过程中,溶源性细菌以偶然的机会也会失去原噬菌体而成为非溶源性细菌,这个过程称为复愈。④免疫性(immunity),溶源性细菌对于同一类噬菌体具有免疫性,表现在释放的成熟噬菌体,即使附着于溶源性细胞壁上,或者已经侵染,但不能在细胞内繁殖,这种现象称为免疫性。免疫性具有专一性,表现在溶源性细菌除了对同一类噬菌体可以免疫以外,对其大部分变异菌株也具有免疫性。溶源性细胞之所以具有免疫性,主要决定于原噬菌体。当细胞一旦失去原噬菌体就成为对温和性噬菌体敏感的非溶源性细胞了。⑤溶源转变(lysogenic conversion),指少数溶源菌由于整合了温和噬菌体的原噬菌体而使自己产生了除免疫性以外的新表型的现象。

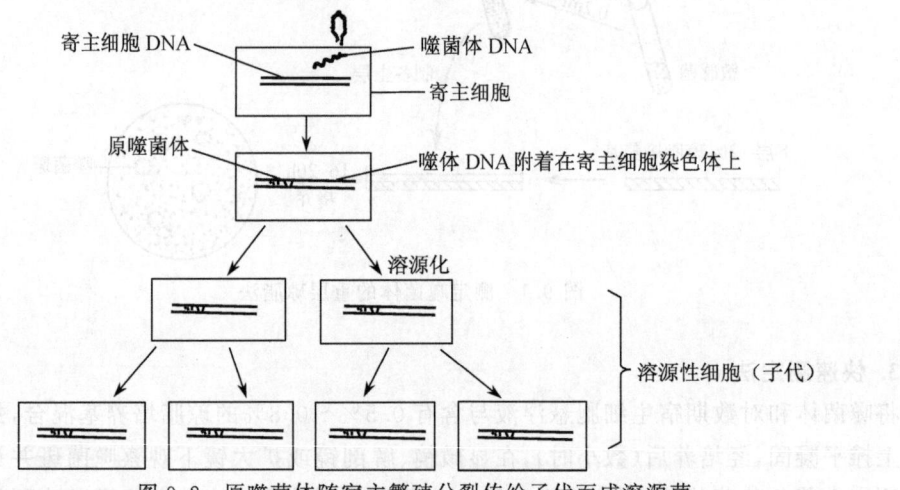

图 9.2 原噬菌体随宿主繁殖分裂传给子代而成溶源菌

微生物中溶源菌广泛存在于细菌中,如芽孢杆菌、大肠杆菌、假单孢菌、棒状杆菌、沙门氏菌、葡萄球菌、弧菌、链球菌、变形杆菌、乳酸菌等。不仅如此,在其他微生物中也具有溶源现象,放线菌中就存在很多属。所以综合起来看,在发酵生产中也不可忽视温和性噬菌体的感染,尤其在选育抗噬菌体菌株时,要注意区别真正抗性菌株和溶源性菌株。

检验溶源菌的方法是将少量溶源菌与大量的敏感性指示菌相混合,加入琼脂培养基倒平板。培养一段时间后,溶源菌长成菌落。由于溶源菌分裂过程中有极少数个体会发生自发裂解,其释放的噬菌体可不断侵染溶源菌周围的敏感菌,所以会产生一个个中央有溶源菌的小菌落、四周有透明圈的特殊噬菌斑。

三、抗噬菌体菌株的选育

在微生物发酵工业中,除设备和环境中存在大量噬菌体外,生产菌种也常遭受污染而严重退化。凡是受到烈性噬菌体或温和噬菌体感染的都会使生产水平受到影响。特别是烈性噬菌体感染,其后果是毁灭性的。在工业生产中受噬菌体危害的范围很广,除谷氨酸等氨基酸经常发生外,在抗生素生产中,如红霉素、金霉素、四环素、庆大霉素、卡那霉素、万古霉素等都会受到噬菌体的感染。

从育种角度,一个优良的抗性菌株,应该同时具有抗性和高产量的特性才是有价值的。噬菌体对寄主有严格的专一性,选育一个抗性菌株,只能对相应的噬菌体有效。噬菌体本身在传代过程中还会不断发生自发突变,致使原来的抗性菌株对噬菌体的新变种又成为敏感菌。这样对新出现的噬菌体需要再选育抗性菌株。所以选育一个菌株不是一劳永逸、一成不变的,而是要不断收集工厂周围环境中各种不同的噬菌体,然后针对这些噬菌体选育相应抗性菌株,才能保证生产正常稳定地进行。

抗噬菌体菌株的选育程序为:专一性噬菌体获得和纯化→高效价噬菌体原液制备→菌株诱发突变→分离在含有噬菌体的平皿上→挑取抗性菌落和摇瓶筛选(加入噬菌体)→分离到含噬菌体的平皿上→挑取抗性菌落→抗性菌株的特性试验。具体方法如下。

1. 专一性噬菌体的获得和纯化

选育抗噬菌体菌株需要相应专一性噬菌体作为选择因子。首先要分离获得噬菌体,并且加以纯化,然后设法制备高浓度的噬菌体原液。具体做法:在培养皿上挑取被噬菌体侵染后形成的噬菌斑,移接到含有1‰蛋白胨培养液(pH7.0)中培养,然后用重层法连续多次进行分离,直至出现的噬菌斑形状、大小基本一致,说明对宿主菌专一性的噬菌体得到了纯化。

2. 高效价噬菌体原液的制备

将已纯化的噬菌体移接到已培养7~8h,处于对数期的敏感菌培养液中,继续培养10h左右,此时已有较多噬菌体释放。将培养液离心,取含有噬菌体的上清液,再次移接到处于对数期的宿主菌培养液中,适温培养一定时间,待噬菌体大量释放,用细菌滤器过滤,可以得到高效价噬菌体原液。

3. 噬菌体原液效价测定

原液浓度以效价作为指标。测定噬菌体效价的方法:用含有1‰蛋白胨溶液作为稀释剂,按常规法稀释至$10^{-7} \sim 10^{-8}$,采用重层琼脂法进行定量测定,要重复3~5个平皿。噬菌体原液效价要求达到$10^{-10} \sim 10^{-11}$ U/ml,保存备用。

$$效价(U/ml) = 平均每皿噬菌斑数 \times 稀释倍数 \times 取样量$$

4. 菌株诱发突变和分离

与常规诱变育种相同。用理化因子处理宿主菌,以提高抗性突变体的频率。然后把悬浮液分离在含有噬菌体的平皿上,经培养后,如果出现菌落,注意挑选那些生长速度与正常菌落相差无几的菌落移接到斜面培养,这些菌落可能具有不同程度的抗性。进一步复证抗噬菌体的能力。此后在噬菌体存在条件下还要通过液体培养,观察菌体生长及发酵产物积累情况。

5. 液体摇瓶振荡培养

从平皿上经过初步筛选的抗性菌株,进一步在摇瓶中进行沉没培养。在一定温度下,培养到对数期(若丝状菌,孢子萌发后长成菌丝体),加入一定量高效价($10^{-10} \sim 10^{-11}$ U/ml)噬菌体原液。继续培养,观察菌体消失,而后又重新再生。此时,将再生菌体移入到新的培养基中,继续培养到对数期,加入高效价噬菌体原液,再培养。如此反复3~4次,然后分离在含有噬菌体的平皿上,挑取生长速度快的单菌落移入斜面,并在斜面上滴加噬菌体原液,经培养后,观察滴加原液处菌苔生长的情况。选取生长正常的菌苔,再进行摇瓶复筛。经观察和测定,选取生长正常、酶活力或产物产量高的菌株,保存,供特性试验等。

6. 进一步考察抗性菌株对周围环境中存在的各种噬菌体的抗性

由于噬菌体在生活过程中会不断变异,一个工厂的周围环境中很难断定仅有一种噬菌体。因此,要收集分离工厂环境中的各类噬菌体,进一步验证抗性菌株究竟对哪几种噬菌体具有抗性,哪几种没有抗性。

四、抗性菌株的特性研究

1. 抗性菌株稳定性试验

抗性菌株稳定性主要指已选育的菌株对噬菌体的抗性和经过传代后的抗性是否稳定,需要进一步观察。抗性菌株要分别移接到含有高浓度噬菌体的斜面培养基、种子培养基和发酵培养基进行培养,然后,采用重层法测定。如果不出现噬菌斑,说明抗性是稳定的。另外,将选育的抗性菌株,连续移接数代,再测定其抗性,如果也不出现噬菌斑,说明此抗性具有良好遗传稳定性。

菌株抗性产生的原因,有的是基因突变引起细胞结构改变,使噬菌体难以吸附和入侵,有的是引起细胞生理代谢的改变,即使噬菌体入侵,也不能在细胞内繁殖。总之,遗传特性发生改变才是真正的抗性。在实际工作中,有时会把细胞的溶源性引起的免疫性误认为抗性。为了区分两者关系,常常可以采用诱变因子诱导菌株,如果是溶源菌,则可释放噬菌体,如果是抗性菌株,就不会有这种现象出现。

2. 抗性菌株的产量性能

抗噬菌体菌株,除了在遗传特性方面具有抗性外,其产物的产量基本上要保持和敏感亲株相同,甚至更高。已知一个菌株由不具抗性到具有抗性是由基因突变引起的,在代谢过程中某些酶活性也必然有所改变,所以抗性菌株在发酵特性方面,如碳、氮源的利用,温度,通气量等适应性,与亲株相比都有可能发生变化,需要进一步进行调整,使抗性变株能发挥最大的生产性能。

随着筛选技术不断发展提高,Joseph 发现抗赖氨酸突变株由于细胞壁结构发生改变也具有抗噬菌体的特性。以往抗噬菌体菌株选育经验表明,应用噬菌体作为选择因子来选育抗性菌株,往往使它们的细胞壁结构发生变化,因而渗透性也随之改变,减弱菌体在培养基中吸收营养物质的性能,造成生长缓慢。Joseph 在筛选抗噬菌体菌株时,不用噬菌体作为选择因子,而是利用细菌细胞壁里的成分,即赖氨酸作为选育抗噬菌体菌株的标记。当使用赖氨酸的浓度为抑制生长的因子时,若能筛选到耐受这种抑制量的菌株,常常是细胞壁结构发生了改变,使菌株对噬菌体具有抗性,但并不影响菌体细胞对营养物质吸收的性能,变株在复合培养基中能正常生长。该技术用于细菌、链霉菌选育都得到良好的结果。

第二节 抗噬菌体菌株的选育实例

一、菌 种

金霉素链霉菌(*Streptomyces aureofaciens*)849 号菌株。该菌株用于生产四环素,作为选育抗噬菌体菌株的出发菌株。

二、培养基成分

玉米浆、蛋白胨琼脂培养基(%):葡萄糖 1,NaCl 0.5,CaCO$_3$ 0.05,蛋白胨 0.5,玉米浆 0.5,溶于蒸馏水后调节 pH 到 7.2~7.4,滤纸过滤。

用于平板下层的琼脂为 2%,上层为 1%。

增殖培养基(%):葡萄糖 2,牛肉膏 0.5,蛋白胨 0.5,酵母膏 0.5,玉米浆 0.5,NaCl 0.25,CaCl$_2$ 0.05,蒸馏水配制,pH7.2,滤纸过滤。

肉汤培养基(%):蛋白胨 1,牛肉膏 0.5,NaCl 0.5,蒸馏水配制,pH 7.0~7.2。

斜面培养基(%)：麸皮 3,MgSO$_4$ 0.005,KH$_2$PO$_4$ 0.01,(NH$_4$)$_2$HPO$_4$ 0.015,琼脂 2.0,蒸馏水配制,自然 pH。

分离培养基(%)：下层淀粉 2,蛋白胨 0.05,KH$_2$PO$_4$ 0.08,琼脂 2；上层用麦芽糖 1 代替淀粉,其他同下层,蒸馏水配制,pH6.5～6.8。

摇瓶种子培养基(%)：淀粉 4,黄豆饼粉 2,酵母粉 0.5,蛋白胨 0.5,(NH$_4$)$_2$SO$_4$ 0.3,CaCO$_3$ 0.4,NaBr 0.2,MgSO$_4$ 0.025,KH$_2$PO$_4$ 0.02,自来水配制,自然 pH,500ml 三角瓶装液 50ml。

摇瓶发酵培养基(%)：淀粉 9,黄豆饼粉 3,蛋白胨 1.5,酵母粉 0.3,(NH$_4$)$_2$SO$_4$ 0.3,CaCO$_3$ 0.5,NaBr 0.25,MgSO$_4$ 0.025,糊精 1,花生饼粉 1,M-促进剂(2-巯基苯丙噻唑) 0.0025,自来水配制,自然 pH,500ml 三角瓶装液 40ml。

以上培养基均在 120℃ 灭菌 25min。

三、噬菌体的分离纯化和原液制备

取不正常发酵液,经 3500r/min 离心 15min 后,将上清液用肉汤培养基适当稀释,取金霉素链霉菌 849 号菌株的孢子悬浮液与其混合,铺双层平板,28℃ 培养 1～2d,平板上即长出单个噬菌斑。用接种针穿刺噬菌斑后洗入肉汤培养基中,适当稀释后再铺双层平板,又可出现单个噬菌斑,如此重复 5 次,得到形态均一噬菌斑。用无菌滴管取一个噬菌斑接种到寄主菌 849 号菌株培养液中(用增殖培养基 28℃ 振荡培养 8h),再振荡培养 16h,此时培养液由微浑浊变为澄清,得到噬菌体裂解液。将此裂解液先后用无菌滤纸和微孔滤膜(孔径 0.45μm)过滤,滤液的噬菌体效价约在 10^{10}U/ml 以上。增殖噬菌体时,寄主菌的孢子悬液与噬菌体的比例一般为 100∶1。寄主菌的斜面在 37℃ 培养 4～5d,孢子成熟后在冰箱中保存备用。

四、噬菌体菌株的选育

用噬菌体处理敏感菌株往往可以得到抗性突变株。链霉素、红霉素、利福霉素、制酵母菌素、卡那霉素等的生产菌的抗噬菌体菌株都是这样选育的。HF 噬菌体烈性很强、噬菌斑非常透明,涂了大量噬菌体和寄主菌孢子悬液的平板,28℃ 培养 15d 以上,不再能看到菌落。用液体培养,即在增殖培养基中接种寄主菌的孢子(浓度为 10^6 个/ml),28℃ 振荡培养 8h 后加效价为 $1×10^8$U/ml 的 HF 噬菌体,继续振荡培养 6～9d,有时长达 18d 才能见到菌体轻微生长。将长了菌的培养液稀释,用分离培养基分离,37℃ 培养 5～10d 后在平板上长出菌落。这些菌落大多形态不规则,大小不齐,少数菌落不生孢子,有些菌落与 849 号菌株的形态相似。经抗噬菌体性能检查,除极少数外,都是敏感菌株。

用 N-甲基-N′-硝基-N-亚硝基胍(简称 NTG)诱变处理。根据相关经验,用 NTG 处理,常可使菌株对噬菌体的敏感性改变。先将 849 号菌株的孢子悬液用功率为 500W 的超声波破碎机处理(频率为 18～20kHz)2min,得到浓度为 $1.9×10^9$ 个/ml 的均匀分散的孢子悬液,再用溶于 pH6,0.1mol/L 的三羟甲基氨基甲烷和顺丁烯二酸缓冲液中,用浓度为 0.1～3mg/ml 的 NTG 处理,调节孢子悬液浓度为 10^7 个/ml。28℃ 振荡保温 2h,离心收集孢子,用无菌水洗 2 次,适当稀释后与噬菌体一起加入融化的上层分离培养基中,均匀混合后倒入下层分离培养基平板上,使之凝固。上层培养基中噬菌体的效价不低于 10^9 U/ml。平板在 28℃ 培养 5～10d 后,长出的菌落大多为白色,较 849 菌株的菌落小,菌落中央光秃,无气生菌丝,少数菌落产生灰色孢子。将长孢子的菌落移入斜面,检查对噬菌体的抗性,发现约 20% 的菌株为抗性菌株。

NTG 诱变并结合噬菌体处理,按上述方法经 NTG 处理,取洗涤后 849 菌株的孢子悬液(浓度与未处理前相同)2～5ml,加入 50ml 增殖培养基或种子培养基中,同时加入效价 10^{10} U/ml 的 HF 噬菌体液 1ml,28℃ 振荡培养 2～8d,可见到菌体明显生长,取培养液用分离培养基分离,平板上层中加有 10^9 U/ml 的 HF 噬菌体。28℃ 培养 5～8d 后,生长出的菌落多数与 849 号菌株形态相似,有一些菌落生孢子较少,将菌落接种在加有 10^{10} U/ml HF 噬菌体的斜面上,待菌落长好后,检验其抗噬菌体性能,约有 50% 的菌株为抗性菌株。

五、菌株抗噬菌体性能的检验

将经过处理后获得的菌株孢子悬液,与上层分离培养基一起铺成平板,凝固后将效价为 10^4～10^7 U/ml 的噬菌体液滴在平板表面,28℃ 培养 1～2d。敏感菌株或局部抗性菌株在平板上出现噬菌斑,乃至融合为裂解区,抗性菌株则正常生长。不出现噬菌斑,经平板检验为抗性菌株后,再作液体培养检验。

液体培养检验的方法是:将待试验菌株的孢子接种到增殖培养基中,同时加入不同浓度的噬菌体(10^6～10^{10} U/ml)。以不加噬菌体的作为空白对照。28℃ 振荡培养 1～5d,每天观察菌的生长情况。如空白对照中菌株生长,加入噬菌体后不生长或生长差的即为敏感菌株或局部抗性菌株,如加噬菌体与不加噬菌体后均生长良好的即为抗性菌株。

六、摇瓶发酵试验

将选出的抗性菌株与亲株进行发酵试验。除少数菌株因在种子培养基中不生长而未获结果外,从大量抗性菌株中选得较原始菌株的四环素产量稍高或相当的菌株 9 株。将产量较高的菌株用砂土管保藏。这 9 株菌在相同的试验条件下,它们产四环素的能力比原始菌株高 10%～20%。

为了弄清培养基中存在噬菌体时是否影响抗性菌株的四环素产量,取 124 和 146 两株菌进行了试验。发酵结果表明,在发酵培养基中加入 10^5～10^8 U/ml 的 HF 噬菌体,不影响四环素的产量。

七、发酵罐发酵试验

用抗噬菌体菌株 125 和 146 进行发酵罐生产四环素试验,生产工艺与用敏感菌株时相同。由于抗性菌株生长较慢,故将种子培养温度提高至 32℃,以便使其生长速度和敏感菌株相接近。41 罐批抗性菌株进行的发酵试验结果表明,抗性菌株生产四环素的能力不低于敏感菌株。

思 考 题

1. 抗噬菌体菌株筛选过程基本步骤有哪些?注意点有哪些?
2. 试举例说明如何区分抗噬菌体菌株与溶源菌株?

第十章 工业微生物代谢控制育种

以 1956 年谷氨酸发酵成功为标志,发酵工业进入第 3 个转折期——代谢控制发酵时期,其核心内容为代谢控制发酵技术,并在其后的年代里该技术得到了飞跃的发展和广泛的应用,取得了引人注目的成就。代谢控制发酵大体过程如下:以生物化学和遗传学为基础,研究代谢产物的生物合成途径和代谢调节的机制,选择巧妙的技术路线,通过遗传育种技术获得解除或绕过了微生物正常代谢途径的突变株,从而人为地使有用产物选择性地大量合成和累积。代谢控制发酵的关键,取决于微生物代谢调控机制是否能够被解除,能否打破微生物正常的代谢调节,人为地控制微生物的代谢。代谢控制育种和发酵过程的代谢控制培养是实现这一目标的两个手段,其中,代谢控制育种为主要支柱技术。

纵观工业微生物发展史,可以看到经典的诱变育种具有一定盲目性,而代谢控制育种将微生物遗传学的理论与育种实践密切结合,先研究目的产物的生物合成途径、遗传控制及代谢调节机制,然后进行定向选育。它的兴起标志着微生物育种技术发展到理性育种阶段,实现人为的定向控制育种。该技术的广泛应用,使氨基酸、核苷酸及某些次级代谢产物的高产菌种大批推向生产,大大促进了发酵工业的发展。

代谢控制发酵的出现与发展,与以下几个方面是密不可分的:生物化学的发展,确立了代谢图谱,同时发现了代谢过程中的各种调节机制;分子生物学和分子遗传学的发展,可以人为地在 DNA 分子水平上改变微生物的代谢,多方面利用微生物的代谢活性,使微生物的菌学特性按人为的目标变化;合理控制环境,采用过程控制方法,完善受控参数,对发酵过程进行最优化控制,使目的产物大量积累。

本章将重点探讨微生物代谢调节的基本原理与机制,以及工业微生物中的典型的代谢控制育种思路。

第一节 代谢调节控制育种

从工业微生物育种史来看,诱变育种曾取得了巨大的成就,使微生物有效产物成百倍、乃至成千倍地增加。但是诱变育种工作量繁重,盲目性大。多年来,由于应用生物化学和遗传学原理,深入研究了生物合成代谢途径及代谢调节控制的基础理论,人们不仅可进行外因控制,通过培养条件来解除反馈调节而使生物合成的途径朝着人们所希望的方向进行,即实现代谢控制发酵;同时还可进行内因改变,通过定向选育某种特定的突变型,以达到大量积累有益产物的目的,即所谓的代谢控制育种。内因是变化的根据,所以改变微生物的遗传型往往是控制代谢更为有效的途径。代谢控制育种可以大大减少传统育种的盲目性,提高了效率。代谢控制育种很快在初级代谢产物的育种中得到广泛的应用,成就也十分显赫,几乎全部氨基酸和多种核苷酸生产菌株都被打上了抗性或缺陷型遗传标记。初级代谢产物的育种之所以这么活跃是与初级代谢途径与调节机制清楚的研究有关。然而,在次生代谢方面,由于比初级代谢复杂,理论的阐明跟不上实际需要,则相对比较落后。尽管如此,代谢控制育种在初级代谢产物中获得成功对抗生素生产来讲大有借鉴之处。

代谢调节控制育种通过特定突变型的选育,达到改变代谢通路、降低支路代谢终产物的产生或切断支路代谢途径及提高细胞膜的透性等目标,使代谢流向目的产物积累的方向进行。表 10.1 列出微生物代谢控制育种措施。

表 10.1 微生物代谢控制育种措施

调节体系	育种措施
诱导 分解阻遏 分解抑制	1. 组成型突变株的选育 2. 抗分解调节突变株的选育 • 解除碳源分解调节突变株的选育 • 解除氮源分解调节突变株的选育 • 解除磷酸盐调节突变株的选育
反馈阻遏 反馈抑制	3. 营养缺陷型突变株的选育 4. 渗漏型缺陷型突变株的选育 5. 回复突变株的选育 6. 耐自身代谢产物的突变株 7. 抗终产物结构类似物的突变株的选育 8. 耐前体物突变株的选育 9. 条件突变株的选育
细胞膜渗透性	10. 营养缺陷型突变株的选育 • 生物素缺陷型 • 油酸缺陷型 • 甘油缺陷型 11. 温敏突变株

一、组成型突变株的选育

组成型突变株是指操纵基因或调节基因突变引起酶合成诱导机制失灵,菌株不经诱导也能合成酶,或不受终产物阻遏的调节突变型。这些菌株的获得,除了自发突变之外,主要是由诱变剂处理后的群体细胞中筛选出来的。组成型突变株在没有诱导物存在的情况下就能正常地合成诱导酶。这种突变株,有的是调节基因突变,使其不能形成活性化的阻抑物;有的是操纵基因突变,使其丧失与阻抑物结合的亲和力。故可以一些易同化碳源或价廉易得的碳源为基质生产所需的诱导酶类。下面将介绍几个常见的筛选方法及应用实例。

1. 限量诱导物恒化培养

将野生型的菌种经诱变后移接到低浓度诱导物的恒化器中连续培养。由于该培养基中底物浓度低到对野生型菌株不发生诱导作用,所以诱导型的野生型菌株不能生长,而突变株由于不经诱导就可以产生诱导酶而利用底物,因而很快得以生长成为组成型菌株。培养过程中严格控制培养时间,使组成型突变株得以繁殖,而诱导型菌株则被淘汰。例如,在低浓度乳糖恒化器上连续培养大肠杆菌,其中组成型突变株不需要加诱导物也能合成 β-半乳糖苷酶,把乳糖分解成葡萄糖和半乳糖作为能源和代谢原料,得以迅速生长,但野生型菌株因缺少诱导物和相应的酶,不能利用乳糖而被淘汰。

2. 循环培养

要解除诱导的菌株,移接到含有诱导物和不含诱导物的培养基上交替连续循环培养。由于组成型突变株在两个培养基上都能产酶,生长逐渐占优势。例如,把诱导型的野生菌株经诱变剂处理后,先移接到含葡萄糖培养基中进行培养。这时,野生型菌株和组成型突变体都能生长。将此培养物移接到含诱导物培养基中培养,此时组成型菌株立即开始生长,而诱导型野生菌株须经一段停留时间(诱导酶合成时间)才开始生长,只要细心控制在含诱导物培养基中的培养时间,反复交替培养,组成型就会逐渐占优势,而诱导型被淘汰。

3. 鉴别性培养基的利用

如将诱变孢子悬液涂布在甘油作唯一碳源的平板上,培养后长出菌落。然后在菌落上喷上 O-硝基苯酚-β-D-半乳糖苷(ONPG),组成型呈黄色,诱导型呈白色。这是由于组成突变株在没有诱导底物存在时仍能产生 β-半乳糖苷酶,将无色试剂水解,放出 O-硝基苯酚,因而很容易挑选。此方法为目测法,可免去上述几种方法的浓缩富集过程。

4. 筛选

经诱变剂处理后的菌体移接到含有诱导能力低,但能作为良好碳源的诱导物的培养基中培养,突变体能良好生长,野生型不能生长。例如,利用苯-β-半乳糖(PG)筛选 β-半乳糖苷酶组成型突变株。

二、抗分解调节突变株的选育

抗分解调节突变就是指抗分解阻遏和抗分解抑制的突变。在实际生产中,最常见的是碳源分解调节、氮源分解调节和磷酸盐分解调节(尤其在次级代谢)。

微生物的分解代谢阻遏现象在初级代谢或次级代谢中都有存在,是指代谢过程中酶的合成往往受高浓度的葡萄糖或其他易被迅速分解利用的碳源或氮源所抑制。例如,以甘油和铵盐培养产气杆菌时,能产生组氨酸,若采用葡萄糖代替甘油作为碳源,则酶的合成受抑制。易迅速利用的碳源对次级代谢的影响也很大,特别是对抗生素。

微生物次级代谢的特点,在菌体细胞旺盛生长期抗生素合成酶尚未形成,或者即使形成也处在被抑制状态,不能产生抗生素。待菌体生长期结束,培养基中某些营养物质特别是磷酸盐等基本耗尽时,才开始产生抗生素合成酶,然后产生抗生素等次级代谢产物。培养基中过多的糖、磷是合成抗生素关键酶的阻抑物。假若选育有关抗分解调节的突变株(如碳源分解调节、氮源分解调节和磷酸盐分解调节),其实就是筛选合成酶的产生不受碳、氮、磷的代谢阻遏或抑制的突变株,使抗生素提前到菌体生长期开始合成,从而延长产抗期而提高产量。

(一)解除碳源调节突变株的选育

易分解的碳源,如葡萄糖的中间产物,阻遏难于分解碳源的分解酶合成,其结果是造成"二度生长"现象,这在初级代谢中极为普遍。而在次级代谢生产中,如在抗生素发酵中也经常出现。许多微生物在抗生素生产过程中存在不同的生理阶段,即快速生长阶段和抗生素合成阶段。已经证实,高浓度的葡萄糖对青霉素转酰酶、链霉素转脒基酶和放线菌色素合成酶等抗生素产生的关键酶均具有分解阻遏作用。由于葡萄糖分解产物的积累,阻遏了抗生素合成的关键酶，从而抑制了抗生素的合成。在实际生产中，采用流加葡萄糖或应用混合碳源可以控制分解中间产物的累积，以减少不利影响，但最根本的办法则是筛选抗碳源分解调节突变株，以解除上述调节机制，达到增产的目的。相关的筛选方法与实例如下所述。

1. 循环培养法

将诱变剂处理后的微生物移接到快速利用的碳源和慢速利用的碳源培养基上进行交替培养，然后筛选需要的突变株。例如，将大肠杆菌先在葡萄糖培养基中培养，后转移到乳糖等慢速利用的碳源培养基上培养，会出现一个生长的延缓期，此时由于突变株解除了阻遏现象，在葡萄糖的培养基上生长时已合成乳糖分解酶，故在含乳糖的培养基上很快就能形成菌落，而野生型菌株转接到乳糖培养基中，需要花去一定时间去合成乳糖分解酶，其生成速度比突变株慢得多，控制培养时间，可以筛选到目的变株。

2. 鉴别性培养基

假若筛选抗乳糖分解阻遏的菌株，把诱变后的菌体分离在含有葡萄糖的琼脂平板上，长成菌落后，喷上 ONPG，抗分解阻遏的菌落呈黄色，野生型则呈白色。

3. 特殊氮源

用葡萄糖为碳源，受阻遏酶的底物作为唯一氮源配制成培养基，连续移接诱变后的产气杆菌（*Aerobacters aerogenes*），可以选出不受葡萄糖阻遏的组氨酸酶突变株。野生型菌株合成组氨酸酶被葡萄糖阻遏，而突变株则可产生组氨酸酶，能迅速生长形成菌落。

4. 葡萄糖结构类似物

近年来，人们找到了葡萄糖结构类似物的化合物，并发现抗这种物质的菌株，常常是分解阻遏脱敏的突变株。有人认为这一方法可普遍应用于筛选分解阻遏脱敏的突变株。

用于筛选抗分解阻遏突变体的葡萄糖结构类似物有 2-脱氧葡萄糖（以下称2-dG）和 3-O-甲基葡萄糖（以下称 3-mG），它们的结构式为：

$$\begin{array}{ccc}
\text{CHO} & \text{CHO} & \text{CHO} \\
\text{H}-\text{OH} & \text{H}-\text{H} & \text{H}-\text{OH} \\
\text{HO}-\text{H} & \text{HO}-\text{H} & \text{H}_3\text{C}-\text{O}-\text{H} \\
\text{H}-\text{OH} & \text{H}-\text{OH} & \text{H}-\text{OH} \\
\text{H}-\text{OH} & \text{H}-\text{OH} & \text{H}-\text{OH} \\
\text{CH}_2\text{OH} & \text{CH}_2\text{OH} & \text{CH}_2\text{OH} \\
\text{葡萄糖} & \text{2-脱氧葡萄糖} & \text{3-}O\text{-甲基葡萄糖}
\end{array}$$

2-dG 和 3-mG 具有以下特性：它们的结构与葡萄糖类似，既不被微生物同化，也不能作为微生物生长的碳源；它们不被微生物代谢，也不阻抑微生物生长，在葡萄糖培养基中添加低浓度 2-dG 或 3-mG，微生物可以正常地生长；由于它们的结构类似葡萄糖，和葡萄糖一样会阻遏诱导酶的合成，其阻遏作用甚至比葡萄糖还要强。

正因为 2-dG 和 3-mG 既不被微生物代谢又具有分解阻遏作用，因此应用含 2-dG 或 3-mG 的琼脂培养基平板可筛选抗分解阻遏的突变株。

1）筛选方法　将诱变处理后的微生物涂布在琼脂培养基平板上。此培养基要求含有应该具备的氮源、无机盐、生长因子、低浓度 2-dG 或 3-mG 及一种生长碳源。这种碳源必须经相应的诱导酶的水解才能被微生物同化利用。由于平板中所含的 2-dG 或3-mG 会阻遏诱导酶合成，对分解阻遏敏感的野生型菌株就不能同化利用培养基中的碳源，难以生长和形成菌落，仅抗 2-dG 或 3-mG 的突变株才能在平板上生长并形成菌落。例如，淀粉诱导橘林油脂酵母

(*Lipomyces kononenkoae*)合成 α-淀粉酶，由于 2-dG 会阻遏酶的诱导合成，故将酵母涂布在含玉米淀粉、酵母膏、蛋白胨及含有 0.01% 2-dG 的琼脂平板上，培养后野生型菌株不能合成α-淀粉酶，也就不能分解利用淀粉，因而在这种平板上不能产生菌落，仅抗 2-dG 突变株才能形成菌落并在其周围形成透明圈。又如，纤维素诱导木霉合成纤维素酶，将木霉涂布在含酸膨胀纤维素、蛋白胨、无机盐、胆汁、Phosphon-D(防菌落扩张剂)及一定量 2-dG 的琼脂平板上，野生型菌株不能合成纤维素酶，不能分解纤维素，因而不能形成菌落，仅抗 2-dG 才能形成菌落并在其周围形成透明圈。同样，纤维二糖能诱导 *Talaromyces emersonii* 产生纤维素酶，将菌涂布在含 1%纤维二糖和 0.2% 2-dG 的平板上，仅抗 2-dG 菌株能生长形成菌落。再如，木糖诱导暗产色链霉菌(*Streptomyces phaeochromogenes*)合成葡萄糖异构酶，该酶能将木糖转化为木酮糖，木酮糖经磷酸戊糖支路而被进一步同化，所以，木糖能作为唯一碳源供链霉菌生长，但由于 3-mG会阻遏葡萄糖异构酶的诱导合成，可以将链霉菌涂布在含 0.5μmol/L 木糖和 6μmol/L 3-mG的琼脂平板上，野生型菌株不能合成葡萄糖异构酶，不能将培养基中的木糖转化为木酮糖，因而不能在这种平板上生长，仅抗 3-mG 突变株才能生长形成菌落。此外，还有一个成功的例子，棉子糖诱导酿酒酵母合成转化酶和麦芽糖酶，转化酶水解棉子糖生成蜜二糖和果糖，麦芽糖酶水解棉子糖产生半乳糖和蔗糖，蜜二糖和半乳糖又被进一步水解成葡萄糖。所以，棉子糖能作为唯一碳源供酵母生长。但 2-dG 阻遏转化酶和麦芽糖酶的合成，将酵母涂布在含棉子糖、酵母膏、蛋白胨和 1.5~3.0μmol/L 2-dG 的琼脂平板上，野生型菌株不能合成转化酶和麦芽糖酶，不能水解棉子糖为单糖，因而不能在这种平板上生长；而仅抗 2-dG 突变体则能生长形成菌落。

2）抗性突变株的性质　　在 2-dG 或 3-mG 平板上生长的菌落接入斜面，对它们在含阻遏物和不含阻遏物培养基中的产酶能力进行比较，结果表明，大部分变株是抗分解阻遏突变型，并发现它们在去除阻遏物的培养基中酶活力往往高于野生型菌株。所以应用 2-dG 或3-mG 不仅可以定向选育分解阻遏脱敏突变株，也可有效地分离到高产菌株。

Zimmerman 以 4 株遗传背景不同的酵母进行诱变，各分离到几十株抗 2-dG 的突变株。将这些突变株接入含葡萄糖的液体培养基中，结果表明，大部分突变株能合成转化酶和麦芽糖酶。表 10.2 是其中两个出发菌株的试验结果。

表 10.2　抗分解阻遏突变的酶合成能力比较

	试验菌株	麦芽糖酶/(μ/ml)	转化酶/(μ/ml)
A	对照菌株活力	13.0	42.0
	突变株活力	147~529	376~1465
	突变株平均活力	302	769
B	对照菌株活力	10.0	10.0
	突变株活力	690~1058	1645~2321
	突变株平均活力	966	1905

Vden 分离到 32 株抗 2-dG 油脂酵母，将这些突变株培养在含 0.4%可溶淀粉、0.2%葡萄糖的培养基中，于 28℃振荡培养 30h，测定 α-淀粉酶活力及淀粉的利用情况。结果表明，其中32 个抗 2-dG 突变株中，28 株的 α-淀粉酶的合成是抗葡萄糖分解阻遏。

Vden 又将其中 5 株突变株培养在不含阻遏物葡萄糖，而以 0.5%淀粉为唯一碳源的发酵培养基中,于28℃分别振荡培养20h和30h后,测定α-淀粉酶活力。表10.3说明在非阻遏情况下,突变株的酶活力普遍高于野生型菌株,最高者活力约为野生型菌株的4倍。

表10.3 解除葡萄糖阻遏的α-淀粉酶的活力

试验菌株	α-淀粉酶的活力/(μ/ml)	
	20h	30h
野生型菌株	4.8	7.8
突变株A	11.9	19.9
突变株B	11.7	27.6
突变株C	11.0	18.5
突变株D	10.7	11.6
突变株E	10.2	10.8

Ghose用UV诱变木霉QM9414后获得M-65,用NTG诱变M-65获得抗2-dG突变株D1,再用NTG-UV复合诱变处理D1,获得能抗更高浓度2-dG的突变株D1-6,分别将QM9414和D1-6接入含阻遏物(5%甘油)和不含阻遏物的纤维素(1%Solka Folc)培养基中,测定其滤纸分解活力。由于甘油的分解阻遏作用,野生型菌株QM9414几乎不合成纤维素酶。而抗性突变株D1-6的酶活力接近于QM9414在不含甘油培养基中的活力,说明D1-6的分解阻遏机制被解除。在不含阻遏物的培养基中D1-6的纤维素酶活力是QM3414的2.5倍左右。

(二) 解除氮源分解调节突变株的选育

氮源分解调节主要指含氮底物的酶受快速利用的氮源阻遏。细菌、酵母、霉菌等微生物对初级代谢产物的氮降解物具有调节作用。次级代谢的氮降解物的阻遏主要指铵盐和其他快速利用的氮源对抗生素生物合成具有分解调节作用。

筛选芽孢杆菌中耐氨基酸菌株,是提高蛋白酶产量的一种有效方法。因为高浓度氨基酸会抑制芽孢的形成,并且也阻遏蛋白酶的合成。有人把诱变后的蜡状芽孢杆菌(Bacillus cereus)中的产芽孢菌,培养在9种含量各为1.5mg/ml的氨基酸和10mg/ml水解蛋白的培养基中,挑取能在高浓度下生长的菌落,经培养获得了蛋白酶的高产菌株。其他试验显示,若从高浓度葡萄糖培养基中筛选高产蛋白酶芽孢杆菌,也能得到同样效果。

(三) 解除磷酸盐调节突变株的选育

磷酸盐在许多抗生素、有机酸、核苷酸的发酵中,既是初级代谢中菌体生长的主要制约因子又是不可缺少的营养成分,但磷酸盐过量存在对合成某些产物是不利的,特别是抗生素。在培养液中只要磷酸盐存在,菌体总是处于生长状态,抗生素就不能合成,只有磷酸盐基本耗竭,抗生素合成才开始。所以抗生素的发酵是在磷的限制条件下进行的。

磷酸盐对次生产物的调节和碳、氮源分解调节一样,同属环境调节,不过在本质上完全不同。有关抗生素合成的磷酸盐调控机制,Martin已有详尽的综述。

磷酸盐对抗生素有明显的代谢调节作用。已报道对四环素类、氨基糖苷类、肽类、多烯大环内酯类等32种抗生素生物合成都有阻遏和抑制。通常0.3~300mmol/L的磷酸盐浓度能维持菌体生长,但浓度在10mmol/L以上则阻遏抗生素合成。然而,过多地限制磷酸盐又使菌体数量减少,导致产量下降,一般在发酵生产中将磷酸盐浓度控制在"亚适量"水平。

磷酸盐的调节作用还表现在抗生素合成往往在培养基中磷酸盐耗尽后才开始,如果磷酸盐初始浓度高,耗尽时间拖后,则抗生素合成时间亦延长。

1. 磷酸盐对次生产物的调节机制

磷酸盐对次生产物的调节机制相当复杂,不同种类的抗生素,由于合成途径不一样,其调节机制也不相同,大致包含如下几个方面。

通过初级代谢的变化影响次级代谢:加强初级代谢,推迟抗生素合成的起始。磷酸盐是许多初级代谢反应酶的效应物。它控制初级代谢,对 DNA、RNA 和蛋白质的合成,对糖的代谢、细胞呼吸、ATP 浓度等均有影响,有利于菌体的生长,结果是 DNA 合成速度的增高及延续时间的推后,导致抗生素合成时间也相应推后;改变糖类分解代谢途径,磷酸盐有利于糖酵解,从而降低了戊糖途径的活力,导致某些以戊糖途径为先导的抗生素合成受抑制,如四环素类中的四环素、金霉素、土霉素及竹桃霉素等;限制抗生素合成中的诱导物,如甲硫氨酸是头孢霉素和磷霉素的诱导物,色氨酸是麦角碱的诱导物;抑制或阻遏磷酸酯酶类的合成,链霉素、紫霉素、新霉素等生物合成中,某些中间代谢需经磷酸化,因而从中间产物到终产物需由磷酸酯酶来分解,而磷酸盐抑制或阻遏磷酸酯酶的合成。例如,磷酸盐可以明显抑制链霉素的生物合成,主要是通过抑制形成链霉胍的三步磷酸盐分解反应。

磷酸盐对 ATP 的调节:磷酸盐可能通过调节细胞内的效应物 cAMP、ATP 等来控制抗生素的基因表达。Demain 等利用灰色链霉菌静息细胞研究磷酸盐对杀假丝菌素合成的影响。当加入 10mmol/L 磷酸盐后,5min 内 ATP 量增加 2~3 倍,15min 后发现抗生素合成受抑制。

磷酸盐调节是十分重要调节机制:在发酵过程中,它作为培养基的成分,其添加浓度要严格限制在亚适量的水平(表 10.4)。但最主要的是要选育解除磷酸盐调节的突变型。

表 10.4 合成抗生素的正常磷酸盐浓度

抗生素	产生菌	磷酸盐允许浓度/(mmol/L)
链霉素	灰色链霉菌	1.5~15
新生霉素	雪白链霉菌	9~40
金霉素	金色链霉菌	1~5
土霉素	龟裂链霉菌	2~10
万古霉素	东方链霉菌	1~7
杆菌肽	地衣型芽孢杆菌	0.1~1
放线菌素	抗生素链霉菌	1.4~17
四环素	金色链霉菌	0.14~0.2
卡那霉素	卡那霉菌	1.2~5.7
短杆菌肽 S	短小芽孢杆菌	10~60
两性霉素 B	节状链霉菌	1.5~2.2
杀假丝菌素	灰色链霉菌	0.5~5
制霉菌素	诺尔斯链霉菌	1.6~2.2

2. 抗磷酸盐突变株的筛选方法

Martin 建立了一种直观的筛选磷酸盐抑制脱敏突变株的方法,如图 10.1 所示,磷酸盐敏感菌只产生很小的抑菌圈,而脱敏突变株的抑菌圈则显著增大。

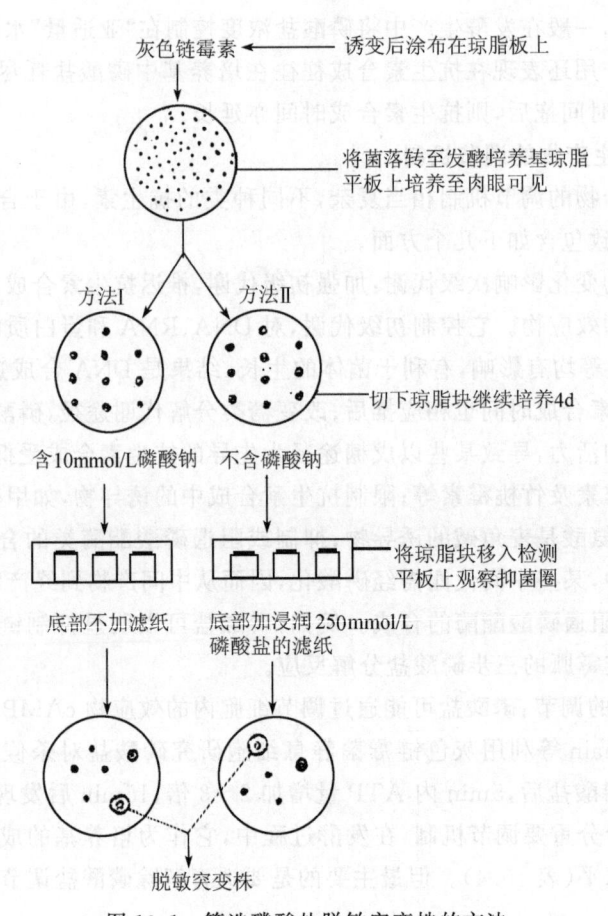

图 10.1 筛选磷酸盐脱敏突变株的方法

例如,杀假丝菌素产生菌灰色链霉菌经诱变后在含有磷酸盐的脂肪平板上进行直接筛选,所得突变株在加或不加磷酸盐培养基中,产量都比野生型高,不加者提高70%,加者提高1~3倍。又如,余震等通过紫外线处理和高浓度磷酸盐选择分离到静丝霉素的耐磷高产变株311-60,在10~30mmol/L磷酸盐条件下,抗生素的积累明显超过了亲本菌株,在正常发酵条件下可达45.2%。

三、营养缺陷型应用于代谢调节育种

营养缺陷型在微生物遗传学上具有特殊的地位,不仅广泛应用于阐明微生物代谢途径,而且在工业微生物代谢控制育种中,利用营养缺陷型协助解除代谢反馈调控机制,已经在氨基酸、核苷酸等初级代谢和抗生素次级代谢发酵中得到有价值的应用。

营养缺陷型属代谢障碍突变株,常由结构基因突变引起合成代谢中一个酶失活,直接使某个生化反应发生遗传性障碍,使菌株丧失合成某种物质的能力,导致该菌株在培养基中不添加这种物质,就无法生长。但是缺陷型菌株常常会使发生障碍的前一步的中间代谢产物得到累积,这就成为利用营养缺陷型菌株进行工业发酵来累积有用的中间代谢产物的依据。

在营养缺陷型菌株中,由于生物合成途径中某一步发生障碍,合成反应不能完成,从而解除了终产物反馈阻抑。外加限量需要的营养物质,克服生长的障碍,使终产物不至于积累到引起反馈调节的浓度,从而有利于中间产物或另一途径的某种终产物的积累。

(一)营养缺陷型应用于初级代谢调节育种

氨基酸、核苷酸等是初级代谢中的主要产物。它们的生物合成过程由反馈抑制和反馈阻遏的调节机制所控制。在工业微生物育种中,可利用营养缺陷型来阻断代谢流或切断支路代谢,使代谢途径朝着有益产物合成方向进行。还可通过营养缺陷型解除协同反馈效应,降低终产物的数量,以累积支路代谢中某一末端产物。

1. 在直线式生物合成途径中

营养缺陷型突变株不能积累终产物,只能累积中间产物。一个典型的例子是谷氨酸棒状杆菌的精氨酸缺陷型突变株进行鸟氨酸发酵(图10.2),由于合成途径中酶⑥(氨基酸甲酰转移酶)的缺陷,必须供应精氨酸和瓜氨酸,菌株才能生长,但是这种供应要维持在亚适量水平,以使菌体达到最高生长,又不引起终产物对酶②(N-乙酰谷氨酸激酶)的反馈抑制,从而使鸟氨酸得以大量分泌累积。

2. 在分支式生物合成途径中

营养缺陷型突变导致协同反馈调节某一分支途径的代谢阻断,使这一分支途径的终产物不能合成。若控制供应适量的这一终产物,满足微生物生长,将使合成代谢流向另一分支途径,有利于另一终产物的大量积累。例如,谷氨酸棒杆菌生物素缺陷型是以葡萄糖或乙酸作为碳源,其生物合成途径如图10.3所示。棒状杆菌经诱变处理后,基因发生突变,不能合成相应的酶,导致乙酰辅酶A和生物素之间的合成反应受到阻断,切断了支路代谢,代谢只能向着谷氨酸合成方向进行,因而产物得到积累。又如,硫胺素缺陷型是在α-酮戊二酸与硫胺素之间的反应发生阻断,也使谷氨酸产量大幅度增加。再如,次黄嘌呤核苷酸(肌苷酸)产生菌是棒杆菌和短杆菌的腺嘌呤缺陷菌株,其合成途径中酶③失活,控制限量补给腺核苷酸,可解除腺核苷酸对酶①的反馈调节,由于腺核苷酸和鸟核苷酸对酶①协同反馈调节,故代谢流偏向鸟苷酸这一分支途径(图10.4)。

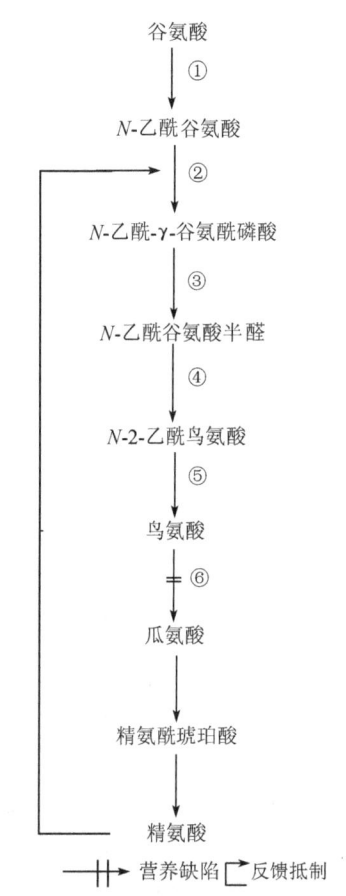

图10.2 利用氨基酸缺陷型突变株进行鸟氨酸发酵
①乙酰谷氨酸合成酶;②乙酰谷氨酸激酶;③乙酰谷氨酸半醛脱氢酶;④乙酰鸟氨酸转氨酶;⑤乙酰鸟氨酸酶;⑥氨基酸甲酰转移酶

我国工业生产赖氨酸的菌株曾是一株高丝氨酸缺陷型菌株,由生产谷氨酸北京棒状杆菌AS1.299经硫酸二乙酯处理后获得。从图10.5可知,苏氨酸、高丝氨酸、赖氨酸的前体是天冬氨酰半缩醛,诱变后,促使高丝氨酸脱氢酶的基因发生突变,导致合成高丝氨酸的代谢途径阻断,消除了苏氨酸和赖氨酸天冬氨酰激酶的协同反馈抑制,因而天冬氨酰半缩醛由原来负责合成3个氨基酸,而转成代谢流完全导向赖氨酸方向进行,使赖氨酸产量大量累积。

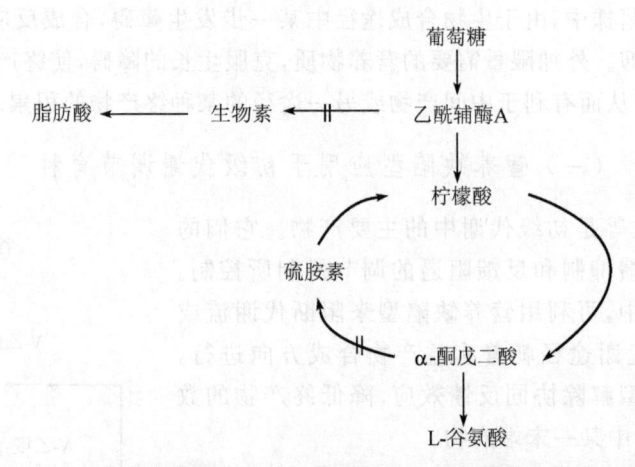

图 10.3 谷氨酸棒状杆菌营养缺陷型产生 L-谷氨酸的生物合成途径

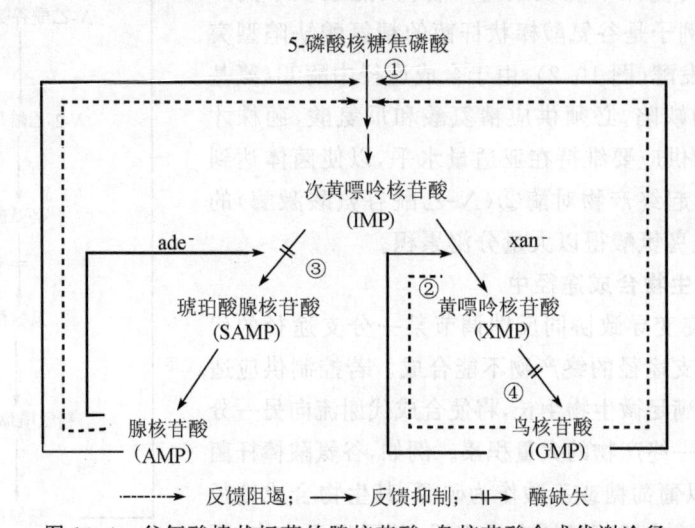

图 10.4 谷氨酸棒状杆菌的腺核苷酸、鸟核苷酸合成代谢途径
①磷酸戊糖焦磷酸激酶；②IMP(次黄嘌呤)脱氢酶；③腺苷酸代琥珀酸合成酶；④GMP(鸟苷酸)合成酶

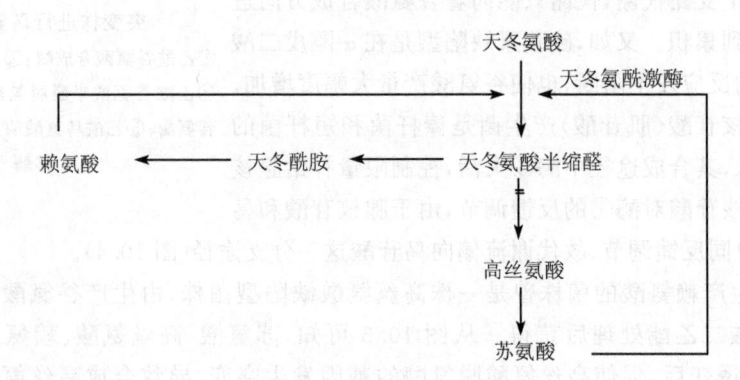

图 10.5 高丝氨酸营养缺陷型菌株赖氨酸的合成途径

（二）营养缺陷型应用于次级代谢调节育种中

营养缺陷型不仅在氨基酸、核苷酸等初级代谢菌种选育中起着重大作用，在次级代谢的某些抗生素产生菌中也占有一定地位。

由于营养缺陷型导致初级或次级代谢途径阻断，所以抗生素产生菌的营养缺陷多数生产能力是下降的。然而，在初级代谢产物和次级代谢产物的分支代谢途径中，营养缺陷型切断初级代谢支路有可能使抗生素增产（表10.5）。

表 10.5 提高抗生素生产能力的营养缺陷型变株

菌 株	缺陷型	产物	产 量/(μg/ml)
灰色链霉菌	维生素 B_{12}	链霉素	1000～2000
抗生链霉菌	丝氨酸	放线霉素	100～200
生绿链霉菌	蛋氨酸	金霉素	3～12 倍
利波曼霉菌	亮氨酸	头霉素	2.9 倍
金黄色假单胞菌	色氨酸	硝吡咯	
灰色链霉菌	色氨酸	杀假丝菌素	
米曲霉	缬氨酸	曲酸	1000～4350

据报道，四环素、制霉菌素产生菌的脂肪酸缺陷型可增加抗生素（图10.6）。其机制是脂肪酸合成途径被切断，使更多的分叉中间体——丙二酰辅酶 A 用于合成抗生素。另一个说明问题的例子是诺斯氏链霉菌产生制霉菌素和放线菌，共同前体是丙二酸，从产生菌1475得到突变株52/152，又从 52/152 得到两个菌株 54/126 和 54/465，其产量说明54/126的代谢障碍发生在共同前体之前，两种抗生素都大大减产；而 54/456 的遗传障碍则发生在共同前体到放线酮之前。因此，有更多的前体供给制霉菌素的合成。

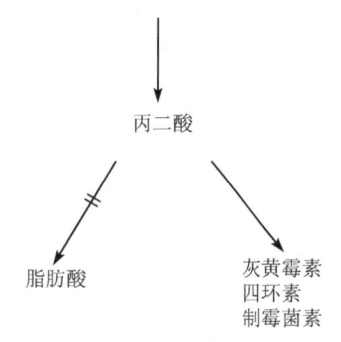

图 10.6 抗生素产量受脂肪酸代谢途径的影响

又如氯霉素、灰黄霉素等变株，其中氯霉素产生菌初级代谢途径中的色氨酸、酪氨酸、苯丙氨酸中的任何一个氨基酸发生营养缺陷突变，都会使氯霉素产量增加。

有的营养缺陷型菌株还可以产生新产品。例如，去甲基金霉素，该抗生素毒性低，药效长。金霉素第六位碳原子上甲基是由甲硫氨酸供应的，如果获得甲硫氨酸缺陷型，就会阻断甲硫氨酸的这一区段的合成，导致次级代谢中甲基供给受到限制，结果产生去甲基金霉素，而不产生金霉素，类似的例子还见于四环素等。四环素合成中，首先由乙酸和丙二酸连接起来，然后经甲基化、环化和氨基化等作用而成，甲基化酶缺失，便形成了去甲基四环素。

营养缺陷型除直接应用于工业发酵生产外，还给遗传研究提供标记菌株，是微生物遗传研究和代谢控制与调节研究不可缺少的工具。

四、渗漏缺陷型应用于代谢调节育种

渗漏缺陷型是一种特殊的营养缺陷型,是遗传性代谢障碍不完全的突变型。其特点是酶活力下降而不完全丧失,并能在基本培养基上少量生长。获得渗漏缺陷型的方法是把大量营养缺陷型菌株接种在基本培养基平板上,挑选生长特别慢而菌落小的即可。

利用渗漏缺陷型既能少量地合成代谢终产物,又不造成反馈抑制的现象。筛选抗反馈调节突变株,其原理类似于营养缺陷型,只是不必添加限量的缺陷营养物。

例如,利用渗漏型曾经育成天门冬氨转甲酰酶活力提高 500 倍的菌株。这是一株局部双倍体大肠杆菌的尿嘧啶渗漏缺陷型。当培养基中少量的尿嘧啶被消耗后,被尿嘧啶所反馈抑制的天门冬氨转甲酰酶活力在 1.5h 内增加约 50 倍,在 20h 内约增加 500 倍。

第二节 抗反馈调节突变株的选育

抗反馈调节突变株是一种解除合成代谢反馈调节机制的突变型菌株。其特点是所需产物不断积累,不会因其浓度超量而终止生产,如果由于结构基因突变而使变构酶成为不能和代谢终产物相结合的,便是失去了反馈抑制的突变,称为"抗反馈突变型",若是由于调节基因突变引起调节蛋白不能和代谢终产物相结合而失去阻遏作用的,称为"抗阻遏突变型"。操纵基因突变也能造成抗阻遏作用,产生类似于组成型突变的现象。

一般来说,抗阻遏突变有可能使胞内的酶成倍地增长,而抗反馈突变的胞内酶量没有什么变化。从作用效果上讲,二者都造成终产物大量积累,而且往往两种突变同时发生,难以区别,通常就统称为"抗反馈调节突变型"。

在实际应用中,抗反馈调节突变株的选育可以通过以下几个方面进行:从遗传上解除反馈调节,如各种抗性和耐性育种,回复突变子的应用等;截流或减少终产物堆积,如借助营养缺陷型或采用渗漏缺陷型;移去终产物,如借助膜透性的突变。

一、回复突变引起的抗反馈调节突变株

回复突变是一种可逆性突变。微生物细胞从野生型基因经自然突变或人工诱发突变成为有益突变型基因,称为正向突变。突变是稳定的,有时又是可逆的。当具有突变型基因的个体通过再突变又成为野生型表型,此过程称为回复突变。例如,一株不具抗噬菌体的野生型菌株经诱变形成具有抗噬菌体的突变型,再经诱变又恢复对噬菌体敏感的野生型表型。

1. 初级代谢途径障碍性回复突变

采用回复突变方法来筛选抗反馈调节突变株是根据"原养型→营养缺陷型→原养型"选育途径进行的。原养型菌株经过诱变剂处理后,使代谢途径中有关酶的合成阻断,成为营养缺陷型菌株。然后该菌株再经诱变,使其发生第二次突变,突变可能发生两种情况:一种是在原位点发生回复突变,恢复野生型酶活力;另一种在原突变位点以外位置回复突变,这时也可以使缺陷型的酶活力恢复,抗反馈调节突变株的筛选正是利用了后一种原理。这种回复突变体,其表型虽然与原养型相似,但基因型不同,它并不是原有结构基因的恢复,而是反馈调节变构酶

的调节中心发生突变造成的。突变后的调节中心与活性中心相互影响，催化位点得以恢复酶活力，由于调节位点已发生突变，它不能再和阻遏物结合，因此，回复突变解除了反馈调节机制，使有效代谢产物大量累积。

如图 10.4 所示，腺核苷酸（AMP）和鸟核苷酸（GMP）的合成通过一个共同前体次黄嘌呤核苷酸（IMP），其中，次黄嘌呤脱氢酶受 GMP 反馈抑制。从谷氨酸棒状杆菌中筛选到一株腺苷酸缺陷型（ade⁻）由于③处阻断，所以能累积肌苷酸，但不能累积鸟苷酸，因为②处次黄嘌呤脱氢酶受 GMP 反馈抑制。如果筛选腺苷酸和黄嘌呤核苷酸的双重缺陷型（ade⁻ xan⁻），由于②处和③处合成酶都被阻断，于是肌苷酸累积得更多。该菌株若进一步再诱变，可以得到一个黄嘌呤回复突变株（ade⁻ xan⁺），使②处代谢流疏通，它既能累积 IMP，也能产生 GMP。这一现象可以解释为次黄嘌呤脱氢酶的结构基因突变使酶的调节位点结构改变而失去和终产物结合的能力，具有抗反馈调节的特性，活性中心正常地和底物结合，恢复了催化位点的功能，GMP 大量地累积。

由芽孢杆菌产生的蛋白酶，首先选取低产菌株获得一部分嘌呤和嘧啶缺陷型，再进一步筛选得到回复突变型菌株，使蛋白酶产量提高 5～10 倍。

2. 次级代谢途径障碍性的回复突变

在抗生素产生菌回复突变株中，曾获得不少高产菌株，抗生素营养缺陷型菌株产量较低，而"零变株"是完全失去产生抗生素的能力，可是它们的回复突变株的产量往往比亲株高。

次级代谢回复突变是一种初级代谢途径或次级代谢途径障碍性回复突变型，如金霉素回复突变是利用"原养型→营养缺陷型→原养型"选育途径进行的，获得了增产。金霉素分子结构上第六位碳原子上的甲基是由甲硫氨酸供给的。筛选金霉素回复突变株时，把产生金霉素原养型亲株进行诱变，用影印法分别分离在完全培养基和基本培养基上，经过检出、鉴定、选出营养缺陷型 5 株。再经诱变，将菌悬液分离在相同的基本培养基上，每个缺陷型菌株挑取回复突变菌落 100 个，经产量测定，其中甲硫氨酸缺型的回复突变中 88% 变株的产量比亲株增加 1.2～3.2 倍。在链霉菌中曾经筛选到亮氨酸和缬氨酸营养缺陷型回复突变株，其中有 4 个菌株的放线菌素的产量比原养型亲株提高 58%～98%。

除放线菌外，真核微生物获得高活性的回复突变的例子不多。曾有报道产黄青霉的 4 个营养缺陷回复突变，青霉产量高于亲株 13%～20%。

回复突变的选育途径也可以应用"零变株"的回复突变型来达到超产目的。其选育途径是原养型→零变株→回复突变型。"零突变"可以发生在初级代谢，也可以发生在次生代谢途径中，总之是失去了产量的代谢障碍突变。由这一途径提高产量方面的例子已有报道，特别是放线菌，已成功地应用于筛选高产菌株。例如，Dulaney 等将一株不产金霉素的绿色链霉菌的缺陷型诱发回复突变为原养型菌株，使金霉素的产量比亲株提高 6 倍。Demain 等认为，抑制不产抗生素的突变株使其回复生产能力，可能是一个重大的战略措施。

"零变株"的回复突变株的筛选：将"零变株"进行诱变处理后的菌悬液和完全培养基混匀，倒入平板底层，上层覆盖含有敏感的检验菌。或者用琼脂块法，培养到适当时候将琼脂块移到含有敏感检验菌的琼脂板上，培养后，根据菌落周围形成的透明圈的情况，挑选菌落中恢复产抗的回复突变株，挑取的菌落进一步摇瓶筛选。

以上数例有一个共同趋向，即发生障碍性突变的营养缺陷型，抗生素产量大多数都比亲株低，而回复突变株往往比原养型亲株高。产生这种现象的原因主要是以上缺陷型菌株中几种不能合成的氨基酸都是参与相应抗生素生物合成的。例如,甲硫氨酸是金霉素合成的甲基供体,亮氨酸和缬氨酸是合成放线菌素的原料。基因突变的结果使菌体丧失参与合成这些氨基酸的某种酶的活力,导致有关抗生素合成过程因缺乏这些氨基酸而产量下降。

回复突变除原变异位点发生逆转突变而使野生型基因重建外,有时还会发生原突变位点之外的基因内抑制或抑制基因突变。它们的功能是抑制第一次突变效应的表现,或补偿了原有突变的效应。如果回复突变恰好发生在氨基酸反馈调节酶的调节基因位点,解除了反馈调节抑制,使有关氨基酸产量大量累积,为抗生素的合成提供了更多的前体,于是抗生素产量大幅度增加。类似这样的回复变株仅是部分活性的恢复,基因型已发生了变化,仅是野生型表型重建而已。

二、耐自身产物突变株选育

自身代谢产物,包括初级代谢产物和次级代谢产物。微生物控制初级代谢产物的反馈机制是相当严格的。对次生产物,如抗生素,反馈调节机制也起重要作用,要使这些产物适量生产,必须绕过这一调节机制。耐次级代谢产物在工业发酵中十分重要,大多数抗生素合成的水平往往受抗生素本身的反馈调节,特别是氨基糖苷类抗生素的产生菌。一个菌株的生产能力与耐自身抗生素的浓度是呈正相关的。真正的高产菌株必须具备很强的对自身产物的耐受性,因此,抗自身产物能力是高产菌株的特性之一。为了提高抗生素发酵水平,除了增强对发酵条件的耐受性外,主要是选育对自身抗生素敏感性低、钝化酶活性高的突变株。这种抗性变株在高浓度的自身抗生素存在下,不仅菌体生长繁殖不受影响,而且抗生素产量也能不断累积,因而,筛选耐自身产物突变株来提高抗生素的产量是一种有效的方法。

例如,Unowsky 等获得耐 *Aurodox* 的突变株,能消除 *Aurodox* 生物合成反馈抑制。笔者认为,要使 *Steptomyces goldiniensis* 对 *Aurodox* 产生耐受性,必须先与 *Aurodox* 接触,耐受性菌株克服 *Aurodox* 生物合成的反馈抑制的能力要比非耐受性菌株强。另外,由于 *Aurodox* 敏感菌株中的高产突变株受 *Aurodox* 生物合成反馈抑制而不能生长,而能克服反馈抑制的高度耐受性菌株,却能对常规诱变产生经得起考验的正变效果。

筛选方法:从土壤中分离产生 *Aurodox* 的野生菌株,其生产能力极低,仅为 20~40mg/L,经常规菌种选育及培养基的改良,其生产能力的提高始终超不过 500mg/L。进行紫外线照射后,获得大量不产 *Aurodox* 突变株,变异率为 0.5%,再经紫外线处理后,不产 *Aurodox* 突变株得到一株回复突变株 3296-102/9,其生产能力比亲株提高 20%。

将发酵 6~8 天的 *S.goldiniensis* 菌丝涂布于含不同浓度(最高为 2g/L)的 *Aurodox* 平板上,置 28℃培养 10d,把菌落上的菌丝体移至组织研磨器中研磨,所得匀浆用无菌水稀释,涂布于含有上述相同浓度或更高浓度的 *Aurodox* 平板上,把这样逐级获得不同程度的自身耐受性变株接种到斜面,并考查抗生素的生产能力(表 10.6)。

表 10.6 *S.goldiniensis* 菌株生产能力与 *Aurodox* 浓度的关系

	谱系	*Aurodox* 的产量/(g/L)	耐受能力/(g/L)
2602-80-B1	原始菌株(UV)	0.5	0.05

	谱系	Aurodox 的产量/(g/L)	耐受能力/(g/L)
295-83-22E	不产抗生素菌株(UV)	0	0.05
3296/102/9	回复突变株(SR)	0.6	0.05
4081-104/79	耐 Aurodox 菌株 SR	1.6	0.4
4084-128/87	耐 Aurodox 菌株 SR	2.1	0.9
5187-44/102	耐 Aurodox 菌株 SR	2.3	1.3
5187-74/53	耐 Aurodox 菌株 SR	2.5	2.0

引人注目的新表现是：这些 Aurodox 自身高度耐受性变株却对常规诱变产生了良好的反应。基于此得到 Aurodox 生产能力高于 3g/L 的变株。

除耐自身产物之外，还可以考虑与以下情况结合进行。第一，抗 Mg^{2+} 突变，根据以氨基糖苷类抗生素为材料的研究，Mg^{2+} 可提高产生菌的自身耐受性。Mg^{2+} 的作用可能是提高钝化酶的活性，同时抑制所产抗生素与菌体的结合，从而限制体外抗生素进入胞内，有助于反馈抑制的解除。Mg^{2+} 在控制发酵中已取得成效，以此设想筛选抗高浓度 Mg^{2+} 的突变株，如卡那霉素、新霉素、链霉素等培养基中加入 5~20mmol/L Mg^{2+} 能显著提高产生菌的自身耐受性。第二，许多抗生素的钝化酶已知作为选择性标记，设想筛选高活性钝化酶的变株，其自身耐性亦会提高。因为抗生素的钝化酶是氨基糖苷类产生菌自身耐受机制中的一个因素，钝化酶和抗生素合成酶一样是抗生素合成中不可缺少的。在氨基糖苷类抗生素合成过程中，自身抗生素对抗生素合成的抑制作用，认为是钝化酶反馈调节作用的结果。

三、累积前体和耐前体突变株的选育

用一系列平皿作成梯度浓度，用于涂皿培养。此法浓度跨度大，有一定价值。前体物对抗生素生物合成的产量影响包括以下三点：其一作为组成成分掺入生物合成；其二导致反馈调节；其三引起"毒性"。解除前体物毒性的根本办法是筛选耐前体突变株。

1. 耐"毒性"前体突变株的选育

有些抗生素发酵时，加入前体物可以显著增产，但当达到一定浓度时，前体对产生菌的生长就有抑制作用，甚至是抑制终产物的生物合成。为了提高发酵水平，可以筛选以前体为标记的耐前体高产突变株。它不仅可以解除毒性，而且使前体直接掺入抗生素的生物合成而提高产量。

典型的例子是灰黄霉素耐前体突变株 D-756 的选育。灰黄霉素生物合成的前体物质是氯化物，但高浓度的氯化物对菌体的生长不利。吴松刚曾从土壤中分离得到野生型的灰黄霉素产生菌 4541，采用抗性选育手段，逐步提高培养基中的氯化物浓度，经过连续 18 代的诱变选育，筛选出耐前体——氯化物的高产突变株 F-208，在几年应用中，其产量比野生型提高 140 多倍(图 10.7)。

该突变株在培养基中氯化物浓度由野生型的 0.3% 提高到 2.0%，不仅解除了高浓度前体的毒性，而且使前体大量掺入抗生素的生物合成，从而大幅度提高产量。

随着氯化物浓度的不断提高，产量可以继续上升，耐受性在氯化物浓度为 3.0% 的范围内，

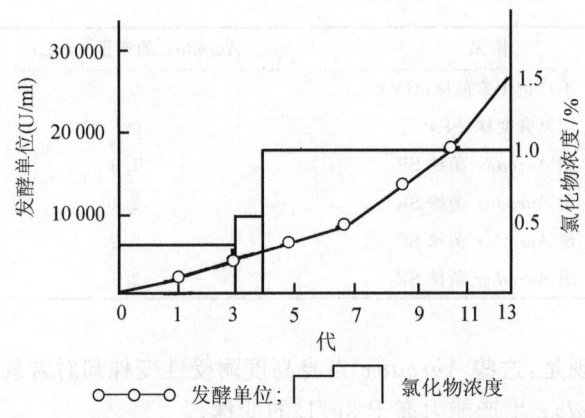

图 10.7 灰黄霉素耐前体突变株 D-756 的产量与前体浓度的变化

前体物越多,产量也越高(表 10.7)。这与发酵过程中采用补 Cl^- 工艺所取得的结果是一致的。

表 10.7 提高耐氯变株 D-756 氯化物浓度对产量的影响

氯化物的浓度/%	灰黄霉素相对发酵单位/%(以 1.5%氯化物浓度为 100%)
1.5	100
2.0	105
2.5	114
3.0	125
4.0	105

同时还须指出,变株 D-756(第 13 代变株)在平板氯化物浓度高达 10%的情况下,其孢子存活率仍达 54%,而变株 B-53(第 11 代变株)仅有 36%。

又如日本东洋酿造公司在选育耐 1%～3%苯氯乙酸突变株时,青霉素发酵单位曾获得高达 5000U/ml 的发酵水平的菌株。

以上例子说明,抗生素产量和提高前体浓度间确有相关性,高产菌株一般具有较强的耐前体能力,在化学结构比较明确的抗生素中,采用此法是相当有效的。

2. 耐前体结构类似物突变株的选育

前已述及,次生产物以初级代谢产物为前体。不少抗生素以某些氨基酸构成其分子结构的一部分。在生物合成中,这些氨基酸过量累积时常会出现反馈调节作用,抑制途径中有关酶的合成,导致抗生素产量下降。而外源增加氨基酸在大生产中又不可能。由于初级代谢中某一段造成的反馈阻抑而影响次生产物的产量现象,可以通过耐前体结构类似物的突变加以消除,使突变株能不断产生参与合成抗生素的氨基酸,产量因而得到提高。这种选育法显然是初级代谢抗结构类似物育种延伸的结果。Elander 最早把这种方法用于硝吡咯菌素产生菌荧光假单胞菌耐 5-氟色氨酸和 6-氟色氨酸变异株的选育。L-色氨酸是合成这种抗生素的前体物(图 10.8)。

Elgnder 等先后用含有 5-氟色氨酸和 6-氟色氨酸平板分离到抗性突变株 10331-7 和

10331-8,其产量比亲株提高 2～3 倍。变株消除了色氨酸的反馈抑制,在外源前体不增加的情况下,其抗生素产量可不断提高。下列实验提示了细胞内源色氨酸浓度是硝吡咯菌素合成的限制因素。利用含 ^{14}C 标记的 DL-色氨酸培养基分别培养变株 10331-5、10331-7 和 10331-8,所得到的硝吡咯菌素"比放射标记强度"分别为对照的 18%、13.4% 和 2.4%,进一步证明突变体解除了色氨酸的反馈抑制。

又如,β-内酰胺类抗生素的抗性选育,也应用上述的类似方法取得了成功。多种氨基酸是合成 β-内酰胺抗生素母核 6-氨基青霉烷酸(6-APA)的前体,如图10.9所示。Godefiey 筛选到若干抗这些氨基酸结构类似物的利波曼链霉菌(*Streptomyces lipmanii*),其甲氧头孢菌素的产量提高 6 倍,所用的缬氨酸结构类似物是三氯亮氨酸。

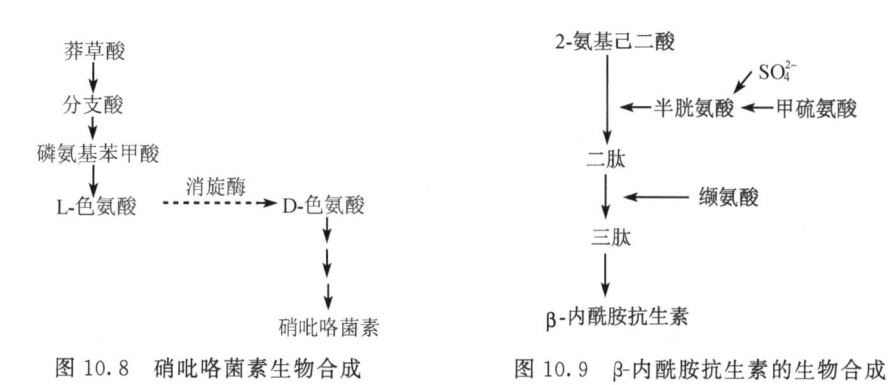

图 10.8 硝吡咯菌素生物合成

图 10.9 β-内酰胺抗生素的生物合成

Chang 等对顶孢头孢菌的头孢菌素 C 的生物合成研究表明,采用抗氨基酸结构类似物突变体取得优良菌株的频率比随机选择的频率要高得多。

Matsamura 分离一株抗硒代甲硫氨酸的顶头孢菌突变株 SAR-13,其头孢菌产量是出发菌株 GW-19 的 3 倍。笔者分析了亲株和突变株细胞内 19 种氨基酸的浓度,发现甲硫氨酸的浓度发生显著变化,证明 SAR-13 是一株甲硫氨酸合成反馈抑制脱敏的调节突变株。同时还发现,对于亲株在培养基中添加 4g/L 的 DL-蛋氨酸时,头孢菌素 C 的产量最高,而突变株只需添加 0.5g/L 就可达到高峰值。

3. 耐前体的有关代谢物突变株的筛选

通过选育抗前体有关代谢物突变株,提示了筛选细胞内累积大量氨基酸的变株可使抗生素高产,十分有趣的例子是 Kenichiro 等发现添加异亮氨酸或天冬氨酸等可促进麦迪霉素 A_1 的生物合成。发现低浓度缬氨酸能完全抑制产生麦迪霉素的吸水链霉菌(*Streptomyces hygroscopicus*)的生长。据此,将诱变菌株涂布在 200U/ml 缬氨酸的平板上,结果分离到数百株抗缬氨酸的突变体,其中 10 株麦迪 A_1 的产量是亲株的 1.5～2 倍。研究进一步指出,这些突变株可使麦迪霉素 6 个组分中的最有效组分——麦迪 A_1 的成分由原来的 40% 提高到 75%。

根据麦迪霉素的生物合成途径(图10.10),异亮氨酸是麦迪 A_1 的丙胱基团的共同前体。所以,异亮氨酸可视为麦迪 A_1 的前体,而缬氨酸则与异亮氨酸的合成代谢有密切关系,缬氨酸反馈抑制了异亮氨酸的生物合成,但抗缬氨酸突变株可解除这一作用机制。

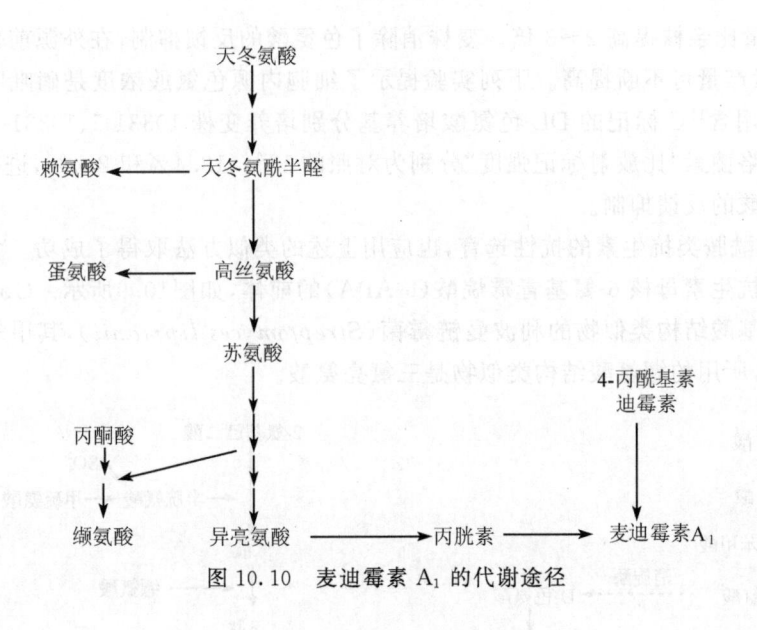

```
                天冬氨酸
                   ↓
  赖氨酸 ← 天冬氨酰半醛
                   ↓
  蛋氨酸 ← 高丝氨酸
                   ↓
                苏氨酸                    4-丙酰基素
                   ↓                      迪霉素
       丙酮酸      ↓                        ↓
          ↓   ↓
  缬氨酸      异亮氨酸 ——→ 丙胱素 ——→ 麦迪霉素A₁
```

图 10.10　麦迪霉素 A_1 的代谢途径

四、细胞膜透性突变株的选育

影响细胞通透性的表面结构是细胞与环境进行物质交换的屏障。细胞借助于这种通透性实现的代谢控制方式是整个代谢中重要的一环。如果细胞膜通透性很强,则细胞内代谢物质容易往外分泌,降低胞内产物的浓度,直到环境中该物质的浓度达到抑制程度,胞内合成才会停止,这样大大提高了产物的生成量。反之,细胞膜通透性较差,则胞内代谢产物难以分泌到胞外,使胞内终产物浓度大量增加而引起反馈调节,影响终产物的积累。

1. 营养缺陷型突变株的选育可改变细胞膜透性

选育某些营养缺陷型突变株,通过控制发酵培养基中的某些化学成分,达到控制磷脂、细胞膜的生物合成,使细胞处于异常的生理状态,以解除渗透障碍。

生物素缺陷型的突变株:生物素作为催化脂肪酸生物合成最初反应的关键酶——乙酰CoA 羧化酶的辅酶,参与脂肪酸的合成,进而影响磷脂的合成,最终改变细胞膜的结构。生物素缺陷型菌株发酵时,通过控制培养基中生物素的浓度来达到控制细胞膜的渗透性。例如,谷氨酸发酵中,亚适量控制生物素($5\sim10\mu g/L$),当磷脂合成减少到正常量的 1/2 左右时,细胞变形,谷氨酸向膜外漏出,解除胞内反馈抑制,达到高产目的。

油酸缺陷型的突变株:由于油酸缺陷型突变株切断了油酸的后期合成,丧失了自身合成油酸的能力,即丧失脂肪酸合成能力,必须由外界供给油酸才能生长,故油酸含量的多少,直接影响磷脂合成量的多少和细胞膜的渗透性。通过控制培养基中油酸的含量,使磷脂合成量减少到正常量的 1/2 左右,细胞变形,形成渗漏型的细胞,使谷氨酸大量累积。

甘油缺陷型的突变株:甘油缺陷型的遗传障碍是丧失 α-磷酸甘油脱氢酶,即丧失 L-甘油-3-磷酸 NADP 氧化还原酶,所以不能合成 α-磷酸甘油和磷脂,必须由外界供给甘油才能生长。在限量供给甘油的条件下,也可获得渗透型的细胞,有利于产物的累积。

综上所述,通过选育以上营养缺陷型的变株,而获得渗透型的细胞。这也是多年来谷氨酸生产常用的三种缺陷型菌株。这里必须指出,这些菌株的使用必须与代谢控制培养相结合,才能达到高产的目的。例如,甘油缺陷型谷氨酸生产菌,必须控制培养基中的甘油量,尤其限量控制产酸期的甘油量,才能保证合成的谷氨酸及时渗出细胞,降低胞内谷氨酸所产生的反馈抑制,达到高产的目的。

2. 温度敏感突变株的选育

温度敏感突变株是指正常微生物(通常可在20~50℃正常生长)诱变后,只能在低温下正常生长,而在高温下却不能生长繁殖的变株。突变位置多是发生在细胞膜结构的基因上,一个碱基为另一个碱基所置换,这样控制细胞壁合成的酶,在高温条件下失活,导致细胞膜某些结构的异常。例如,使用典型的温度敏感突变株 TS-88 发酵生产谷氨酸时,控制发酵温度由 30℃提高到 40℃,可在富含生物素(高达 33μg/L)的天然培养基中高产谷氨酸达 20g/L。控制该菌合成产物的关键是在生长期转换温度,保证完成从谷氨酸非积累型细胞向谷氨酸积累型细胞的转变。

3. 溶菌酶敏感突变株的选育

溶菌酶敏感突变株,取溶菌酶分别配成每毫升培养基中浓度为 0.5mg、1mg、2mg、4mg、6mg,制成琼脂平板,把诱变剂处理后的菌体细胞分离在平板上,培养后,观察菌落生长情况,假若在溶菌酶浓度 1mg/ml 或小于 1mg/ml 的平皿上不能形成菌落,则有可能筛选到细胞渗透型突变株。

思 考 题

1. 简述抗反馈抑制变株选育的原理及意义。
2. 简述磷酸盐对微生物次级代谢产物合成的影响及解除磷酸盐变株的意义和简要方法。
3. 微生物代谢调节控制育种的主要类型有哪些?如何实现相应的育种目标?

第十一章 工业微生物杂交育种

第一节 微生物杂交

工业微生物育种有多条途径,除了诱变育种外,还包括以基因重组为基础的杂交育种。杂交(hybridization)育种包括常规杂交、控制杂交和原生质体融合等方法。本章主要介绍工业微生物杂交育种和原生质体融合育种的原理和技术。

微生物杂交的本质是基因重组,但是不同类群微生物导致基因重组的过程不完全相同。其中,原核生物中的细菌和放线菌由于细胞核结构大致相同,基因重组过程也很相似,杂交过程是两个亲本菌株细胞间接合,染色体部分转移,形成部分结合子(merozygote),最后经交换、重组直至重组体的产生;真菌是通过有性生殖(sexual reproduction)或准性生殖(parasexual reproduction)来完成的,后者是一种不通过有性生殖的基因重组过程,即两亲本菌丝体细胞间接触、吻合、融合产生异核体(heterocaryon),杂合二倍体(heterozygous diploid),经过染色体交换后形成重组体。真菌中不完全菌纲是微生物准性生殖中最典型的一类微生物,因为它们不具有有性生殖,只有无性生殖。而藻状菌纲、子囊菌纲都具有有性生殖和无性生殖循环,也存在准性生殖形式。

微生物学和遗传学的研究表明,杂交现象广泛存在于微生物界,利用杂交方法培育新品种一直受到人们的重视。

一、微生物杂交育种的基本程序

微生物杂交育种的一般程序(图11.1):选择原始亲本→诱变筛选直接亲本→直接亲本之间亲和力鉴定→杂交→分离到基本培养基或选择性培养基培养→筛选重组体→重组体分析鉴定。

二、杂交过程中亲本和培养基的选择

(一)亲本菌株的选择

1. 原始亲本

原始亲本是微生物杂交育种中具有不同遗传背景的优质出发菌株,主要根据杂交的目的来选择。从育种角度出发,通常选择具有优良性状,如产量高、代谢快、产孢子能力强、无色素、泡沫少及黏性小等发酵性能好的菌株为原始亲本。它们可以来自生产用菌或诱变过程中的某些符合要求的菌株,也可以是自然分离的野生型菌株。原始亲本还应具有野生型遗传标记,如具有一定的孢子颜色、可溶性色素或抗性标记等明显不同的性状。

2. 直接亲本

在杂交育种中具有遗传标记和亲和能力而直接用于杂交配对的菌株,称为直接亲本。它

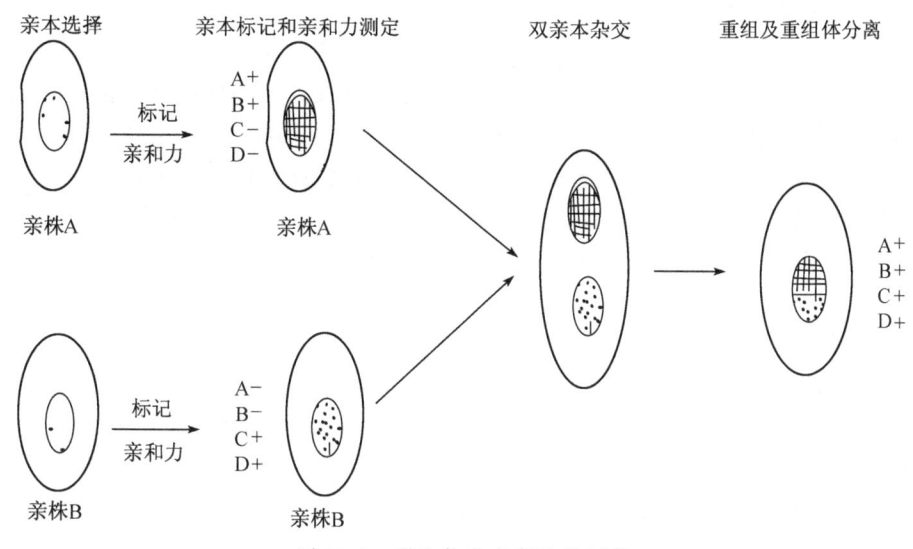

图 11.1 微生物杂交育种的程序

是由原始亲本菌株经诱变剂处理后选出的具有营养缺陷型标记或其他遗传标记,又通过亲和力测定的直接用于杂交的菌株。

杂交的目的在于使双亲或多亲的遗传物质重新组合,以获得综合双亲优良性状的新品种。因此,选择直接亲本菌株时要求各自的优良性状突出,经过重组后两亲株之间优良性状能集中于一体,而不良性状能全部或部分排除,使新菌株产生杂种优势。同时,两亲株间遗传特性差异要大,这样遗传物质重组后相应变异也大,有利于达到菌种选育的目的。

根据一些学者的研究,如要获得高产的重组体,最好采用具有明显遗传性状差异的近亲菌株为直接亲本。远缘亲株间杂交虽然同样也能得到二倍体和重组体,但它们的后代会产生严重的遗传分离现象,筛选高产、稳定的新变种难度较大。

(二) 培 养 基

杂交过程中常用的培养基有完全培养基(CM)、基本培养基(MM)、有限培养基(limited medium,LM)和补充培养基(SM)。

(1) 完全培养基:是一种营养成分复杂而丰富的培养基。其主要原材料都来自于天然有机物。氮源有蛋白胨、牛肉膏、麦芽浸汁等,碳源有淀粉水解液、葡萄糖、甘油等。完全培养基含有各种氨基酸、糖类、维生素、核酸及其他一些成分。它除了含有天然有机物之外,也有一定比例的无机盐及微量元素等。由于营养全面,野生型的原始亲本和缺陷型的直接亲本都能利用它,以供生长需求。完全培养基是各种菌株正常生长繁殖不可缺少的培养基,在杂交育种过程中利用它和基本培养基配合来检出重组体。

(2) 基本培养基:是营养成分简单而贫乏的一种培养基。其配制的原材料基本上都是无机化合物。氮源主要是无机盐,不含氨基酸、维生素和核酸等有机物,碳源是葡萄糖或蔗糖等,除此还有一些无机盐。基本培养基由于营养成分不全面,只能允许野生型的原始亲本及其他原养型菌株生长,而营养缺陷型的直接亲本菌株不能利用它来生长。

基本培养基在杂交育种过程中相当重要,不论是营养缺陷型的筛选,还是重组体的检出、鉴别,它都是不可缺少的一类培养基。

(3) 有限培养基:是专供异核体菌株生长使用的培养基。通常在基本培养基或蒸馏水中加入适量(10%~20%)的完全培养基,加入的量只限两直接亲本菌株稍许生长,以提供相互接触、吻合的菌丝体需要。若加量过多,菌丝体也随之增多,会影响异核体菌株的检出。

(4) 补充培养基:又称鉴别培养基或选择培养基,是供鉴别重组体类型的培养基。通常在基本培养基中加入已知成分的各种氨基酸、维生素和核酸类物质,配制成不同类型的补充培养基。

(5) 发酵培养基:用于测定杂交菌株的发酵产物的产量,可采用一般实验用的发酵培养基。

上述各种培养基配制时除完全培养基外都有特殊的要求,尤其对原材料品质、器皿清洁度要求较高,必须按以下要求进行。制备培养基所用的药品采用化学纯以上,葡萄糖和蔗糖等有机物也要纯净。琼脂须事先处理,以除去有机物或可溶性物质,具体方法如下所述:称取琼脂,放入桶内,用自来水清洗几次,然后置自来水龙头下流水冲洗 24h,双手挤压,反复冲洗挤压几次,最后用蒸馏水清洗 2~3 遍,于 37℃晾干,装入洁净塑料袋中保存备用。凡是配制上述培养基和试验过程中所需的器皿,都要非常洁净,不能有任何有机物,包括氨基酸、维生素和核酸类物质,否则会使试验遭到失败,通常有关器皿专一使用。

三、杂交育种的遗传标记

由于杂交育种重组频率极低,一般为 10^{-7} 左右。杂交后的混合体系中除了极少数重组体外,还存在大量的未杂交亲本及无效杂交后代,增加重组体筛选难度。为了提高效率,加快重组体的筛选和检出,让杂交亲本带上不同的遗传标记是十分重要的。一般杂交亲本用营养缺陷型或抗药性突变型等遗传标记,作为选择重组体的标准和依据。除此之外,还要利用亲本菌株本身具有的某些特殊遗传性状作为辅助标记。遗传标记菌株的获得,要通过诱变剂处理,按常规筛选方法进行,具体参见诱变育种相关章节。下面是微生物杂交中常用的几种遗传标记。

1. 营养缺陷型标记

这是一种传统而有效的标记方法,人工诱变使杂交双亲本分别带上不同的营养缺陷型标记,双亲杂交后分离到基本培养基上培养,其中未杂交的两亲本由于不能合成某种营养因子而无法再生,而只有经杂交后的后代因遗传物质互补而能够在基本培养基上生长。例如,Ledeberg 和 Tatum 应用大肠杆菌 K_{12} 营养缺陷型菌株杂交,其中,A 品系为甲硫氨酸和生物素缺陷,B 品系为苏氨酸、亮氨酸和硫胺缺陷型。双亲本都不能在基本培养基上生长,但杂交后代基因重组后产生营养互补的原养型重组体可在基本培养基上生长。营养缺陷型标记可选择单缺、双缺或多缺,但为了避免回复突变干扰,通常采用双缺陷型标记。缺陷型,特别是多缺型对菌株活力和代谢产物合成会产生不利影响。

应用营养缺陷型标记选择重组体存在一些不足,因为它一般由诱变获得,操作过程较复杂,需要花费大量人力、物力和时间,更为不利的是,多数缺陷型标记会影响重组菌株产量和孢子形成,甚至造成一些优良性状丢失。此外,标记基因所在的 DNA 片段可能远离优良的有益性状基因,导致许多有益重组体漏筛。据抗生素育种资料分析,大多数放线菌的抗生素合成基因在染色体上位于遗传图谱的下半区,而营养缺陷有关基因却在遗传图谱的上半区。所以有时必须结合其他方法来消除这些不利影响。

2. 抗性标记

利用不同微生物的抗性差异及其他菌株特性选择重组体。这类标记比较多，如抗逆性(高温、高盐、高 pH)和抗药性等，其中抗药性标记最为常用。不同微生物对某一药物的抗性程度不一，这是其遗传物质决定的。利用这种差异能在相应药物的选择性培养基上获得重组体，其筛选原理和方法与缺陷型标记相同。有时也把抗性标记与营养缺陷型标记结合使用，从而提高育种效率并消除不利影响。

3. 温度敏感性标记

有人在制备耐盐酵母时，亲本之一选择酿酒酵母 UCD522，它能在 37℃生长，但不耐高渗；另一亲本德巴利酵母(*Debaryomyces* sp.)可耐高渗，但对温度敏感，不能在 37℃下生长，利用高渗培养基在 37℃下就能检出两者杂交后的重组体。

4. 其他性状标记

其他性状标记，如孢子颜色、菌落形态结构、可溶性色素含量、代谢产物产量高低和代谢速度快慢等，以及利用的碳源、氮源种类，杀伤力等其他性状都可以作为重组体检出的辅助性标记。

选择确定杂交亲本的遗传标记是十分重要的，其方法多种多样。总之，微生物种类不同，适用方法不一样。标记菌株的筛选在杂交育种中是重要的组成部分，工作量也很大，如何针对不同菌种，快速、有效地选得标记菌株对提高重组体筛选效率，加速整个杂交育种的进程是十分重要的。

第二节 霉菌杂交育种

霉菌在自然界分布很广，与人类生活有密切相关，如产黄青霉(*Penicillium chrysogenum*)、荨麻青霉、扩展青霉等是抗生素和酶制剂工业上的重要生产菌种。

真核微生物杂交的发现是在细菌之后。1953 年报道了构巢曲霉(*Aspergillus nidulans*)的准性生殖。此后利用真菌的准性生殖进行杂交的研究得到很大发展，尤其是不完全菌纲中的微生物繁殖方式主要是准性生殖，而其中许多霉菌又都是发酵工业产品的主要菌种。杂交对提高菌种发酵水平，改善品质具有重要意义。迄今为止，杂交仍是研究真菌遗传与变异的基本手段，不完全菌纲准性生殖过程的发现为遗传研究和菌种选育开辟了新途径，使得在不产生有性孢子的真菌中，也有可能将不同菌株的优良性状集中于一个新个体中，它为霉菌的杂交育种奠定了理论基础。构巢曲霉(*A. nidulans*)发现重组以后，产黄青霉(*P. chrysogenum*)的遗传重组也相继获得成功。

本节以青霉菌为例，分析霉菌的杂交育种过程。

一、霉菌的细胞结构和繁殖

1. 霉菌细胞结构

霉菌由许多分枝状菌丝组成，分为基质菌丝和气生菌丝，基质菌丝主要摄取培养基中的营养，气生菌丝上产生孢子。霉菌的菌丝较粗长，形成绒毛状菌落，孢子呈蓝绿色、墨绿色、黑色和白色等多种颜色。霉菌的菌丝是多细胞的丝状体，细胞间有隔膜。

霉菌菌丝的细胞由细胞壁、细胞膜、细胞质、细胞核及其他内含物组成。细胞壁主要由几丁质、纤维素组成。几丁质是一种由 N-乙酰葡萄糖胺通过 β-1,4 糖苷键连接的多聚体。其细胞和高等植物相似，具有完整的细胞结构，细胞核有核膜、核仁，为真核生物，但没有质体。

2. 霉菌的繁殖

霉菌主要通过无性繁殖和准性繁殖来完成繁衍后代的过程。有时菌丝片段也可以长成新菌丝。例如，青霉菌不产生有性孢子，缺乏有性生殖，但是在无性生殖过程中，它的菌丝体会发生类似于有性生殖的遗传现象，即在菌丝体生长过程中，两个不同遗传类型的菌丝细胞接触融合，形成异核体、杂合二倍体，最后经染色体相互交换，产生一个具有新遗传特性的菌株，该过程被称为准性繁殖。

准性繁殖包括单倍体和双倍体的转变，这一点和有性生殖相同，但它们之间有本质区别。准性生殖不是通过减数分裂而是借助有丝分裂达到重组的，而有性生殖恰好相反，是通过减数分裂进行重组的。

准性生殖中体细胞交换和染色体减半都会导致分离。这种分离是指亲代的隐性基因在子代中出现，这种分离发生在形态相同的细胞中，也称为体细胞分离。

二、霉菌杂交的原理和杂交技术

霉菌杂交育种是利用准性生殖过程中的基因重组和分离现象，将不同菌株的优良特性集合到一个新菌株中，然后筛选出具有新遗传结构和优良遗传特性的新菌种。霉菌杂交育种过程主要有以下几个重要环节。

（一）异核体的形成与获得方法

两个基因型不同菌株的菌丝体在培养过程中紧密接触，继而接触部分的细胞壁溶解、联结、融合、细胞质交流，在共同的细胞质中存在着两个细胞核，这种细胞称为异核体。一般有两种情况：一种是在一个共同细胞里存在着两种或两种以上不同基因型的细胞核；另一种是在一条菌丝里或一条菌丝的不同细胞里，只有同一种基因型的细胞核，称为同核体，由这种细胞发育起来的菌株称为同核体菌株。

异核体产生的原因，除了两种不同基因型菌丝细胞融合产生之外，还包括同核体的细胞偶然发生。但不是任何两个亲本菌丝体接触都能形成异核体，只有那些具有交配型（即感受态）的菌株之间才能形成异核体。

异核体细胞质中的两个细胞核处于游离状态，是独立的，相互间没有发生融合和交换，而细胞质却是融合互换了。异核体具有营养互补作用，也就是说，在异核体中两个直接亲本携带的不同营养缺陷的基因之间可以互补，能在基本培养基上生长。

所谓异核体互补作用，是指两个基因型不同细胞核处在同一个细胞质里，在生长过程中由对方提供所缺陷的营养因子，因而营养得到互补。有时两个具有不同营养标记的亲本同时接种在一个培养基上，互相间没有接触，但十分靠近，在生长过程中，双方产生的代谢产物都为对方提供不能合成的营养物质，通过培养基渗透扩散，得到补充，可以在基本培养基上生长繁殖形成菌落，这种现象称为喂养或互养。尽管在同一基本培养基上异核体和由喂养形成的菌落都能生长，但它们之间具有本质上的不同。在进行异核体检出时，要特别注意排除喂养产生的菌落。

由于准性生殖是霉菌的繁殖方式之一,可想而知,在自然环境中,霉菌异核体的出现是屡见不鲜的现象。同样道理,那些用于发酵工业的霉菌菌种,在不断移代的过程中,会经常出现异核体菌株,使菌株特性不稳定,在生长繁殖过程中发生分离,导致菌种不纯,甚至退化,最后造成发酵产物的产量下降。下面介绍几种获得异核体的方法。

1. 选择直接亲本

与常规杂交育种一样,选择那些亲和力强又携带明显营养标记和辅助标记的菌株作为杂交直接亲本。

霉菌直接亲本的亲和力试验可采用衔接法或混合法:将两个配对菌株共同接种于基本斜面或基本液体培养基中,若能形成异核体菌丝丛或呈絮状生长,则表明此两菌株具有亲和力,该组合即可用于杂交试验。

2. 异核体合成方法

合成异核体首先要将两个直接亲本菌株的分生孢子或菌丝体进行混合接种、培养,使两个配对菌株的细胞彼此接触,进而细胞壁融合和细胞质交流。异核体合成的方法不少,现将几种主要方法介绍如下。

1) **完全培养基的混合培养法**(图 11.2)　将配对菌株新鲜孢子混合接种于液体完全培养基中,适温培养 1~2d,待长出年轻的菌丝后,用生理盐水洗涤,离心数次,除去黏附的培养基,用无菌镊子把菌丝撕碎,并摊布于基本培养基平板上,培养 7~8d 后,长出异核体的菌丝丛,挑取其上孢子于基本培养基斜面保存。此法特别适合应用于两个直接亲本的分生孢子不易融合的情况下,易获得异核体。

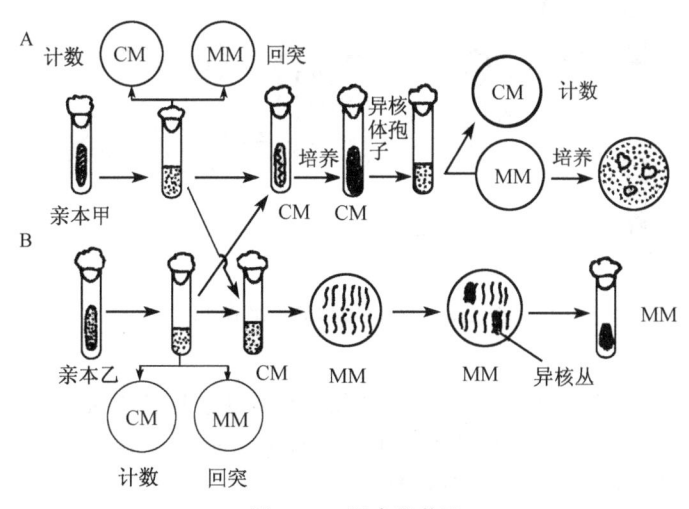

图 11.2　混合培养法
A. 斜面混合培养;B. 液体混合培养

此外,还可以把两个直接亲本菌株的分生孢子混合接种于完全培养基斜面,培养 5~8d,形成为数很少的异核体,进一步纯化分离,移接到基本培养基斜面保存。

2) **基本培养基衔接法**(图 11.3)　从新鲜斜面取两个配对菌株的分生孢子,用生理盐水洗涤数次,制成高浓度的孢子悬液,用灭过菌的少量脱脂棉裹在接种针的前端,蘸取适量两亲本的孢子悬液,分别从下至上和从上至下涂接到基本培养基斜面上。接种长度约为斜面的

2/3,而两菌株接种的衔接部分约1/3,适温培养后,衔接部分长出异核体菌丝丛。进一步考证、纯化,移入斜面保存。据报道,该法获得异核体的概率最高。

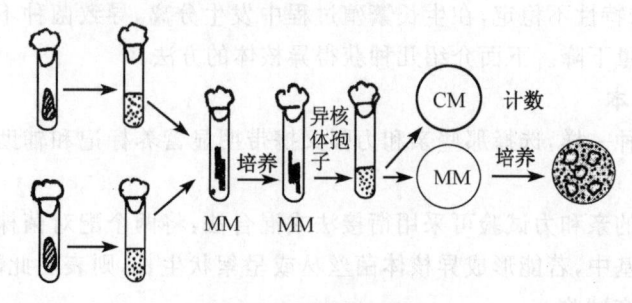

图 11.3 斜面衔接法

除此之外,还可以把两个配对菌株的分生孢子,用以上同一方法洗涤数次,制成混合孢子悬液。用穿刺法将混合孢子接种到基本培养基平板上,经适温培养,挑取异核体菌丝丛孢子,进一步纯化,移至基本培养基斜面保存。

3) 有限培养基培养法　　有限培养基(LM)是由完全培养基和基本培养基以 1∶9 组成。异核体检出,可分液体静止培养法和固体平板培养法两种。液体静止培养法是在盛有液体有限培养基的试验瓶内接入两个配对菌株的分生孢子,培养 1～2d,将长出的年轻菌丝撕碎,摊布于基本培养基平板上,培养 6～8d,将长出的异核体菌丝丛移入斜面保存(图 11.4)。

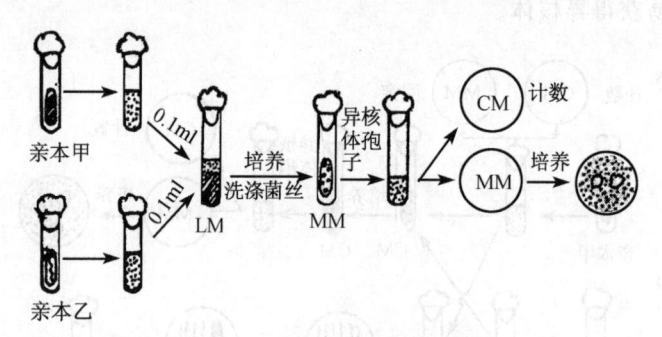

图 11.4 有限液体静止培养法

该法获得异核体的概率仅次于基本培养基衔接培养法。固体平板培养法是将琼脂有限培养基制成固体平板,取两个配对菌株的等量孢子制成混合孢子悬液,分离到以上平板上,每个培养皿的孢子密度控制在 60～80 个菌落,置适温培养 6～8d,在两个亲本菌落间形成异核体菌丝丛(图 11.5)。

异核体的检出:采用以上几个混合接种法,在基本培养基平板上长出的菌丝丛,有的是异核体菌丝,有的可能是同核菌丝,有的或许都不是异核菌丝,而是由喂养现象产生的互养菌丝。在完全培养基和有限培养基上,携带营养标记的两个直接亲本也同样能生长,所以在这两个培养基上生长的菌丝丛不一定都是异核体,还要进一步复证。

为了检出真正的异核体,可以根据异核体的一些特点采用相应的方法:把以上异核体的菌丝,单独一条一条地挑取,置于基本培养基上,凡是能重新形成菌落的即为异核体菌株,这可以排除互养菌株。由于异核体中的 A、B 两亲株的细胞核尚未结合,异核体属不稳定菌株,它们

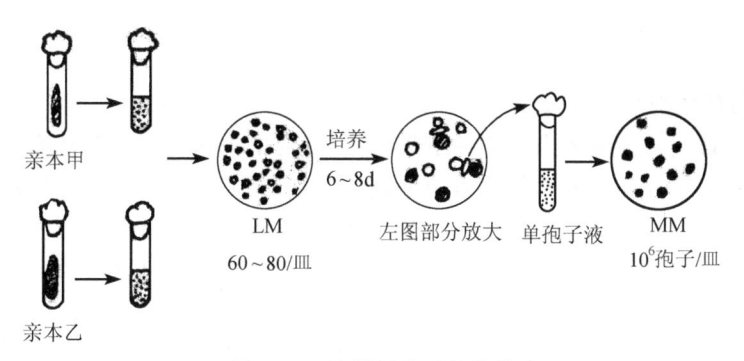

图 11.5 有限固体平板培养法

所产生的分生孢子会分离成 A、B 两种亲本型，不能在基本培养基上生长，仅有细胞核融合后的杂合二倍体的分生孢子在基本培养基上萌发形成菌落。为进一步确证异核体，可以把异核体菌落上的大量分生孢子涂布到基本培养基平板上，能形成少量的杂合二倍体菌落，则为真正的异核体菌株。或者将以上初步获得的异核体菌落培养一定时间，在特有的异核体孢子颜色（灰黄色）的菌落上，出现类似野生型孢子颜色（黄绿色或浅绿色）角变或斑变的杂合二倍体，说明该菌落确是由异核体形成的。把异核体菌落上的分生孢子涂抹在完全培养基平板上，经培养后能出现两个直接亲株典型的淡绿色和白色孢子菌落（假如杂交直接亲本分生孢子颜色为淡绿色或白色的话）。

通过以上各种杂交方法，可以检出真正的异核体菌株，表 11.1 是笔者进行的青霉素产生菌产黄青霉和灰黄霉素产生菌荨麻青霉经杂交后获得的异核体菌株及其特性。

表 11.1 异核体菌株来源和特性

异核体编号	杂交方法	杂交组合	营养标记	孢子颜色	生长情况 CM	生长情况 MM
N1	MM 平板	8519-⑥×B-53-15	B2/Arg	灰黄色	+++	+
N2	LM 液体	8519-⑥×B-53-51	B2/Met	白色	+++	+
N4	CM 平板	8519-④×B-53-15	Lys/Arg	绿白色	+++	+
N6	CM 平板	8519-④×B-53-15	Lys/Met	白色	+++	+
N23	LM 平板	8519-⑥×B-53-51	Met/Arg	深灰色	+++	+
S3	MM 平板	8519-④×B-53-15	Met/Arg	灰白色	+++	+++
S6	MM 平板	8519-⑥×B-53-41	B2/Met	灰白色	++	+++
S15	CM 平板	8519-④×B-53-51	Lys/Met	灰白色	+++	+++
S21	LM 平板	8519-⑥×B-53-41	B2/Met	白色	+++	++
S34	MM 平板	8519-④×B-53-41	Lys/Met	白色	++	+++
S105	CM 平板	8519-④×B-53-51	Lys/Met	灰白色	+	+++

注：+++表示生长速度快；++表示生长速度中等；+表示生长速度慢。

(二) 杂合二倍体的形成和检出

1. 杂合二倍体的形成和诱发

前面已述及,霉菌的细胞核内只有一组染色体,即为单倍体。由两个直接亲株融合后形成的异核体细胞,细胞质内存在着两个单倍的细胞核。把这种异核体的菌丝移接到基本培养基上培养,繁殖过程中,偶然的机会两个基因型不同的细胞核发生融合形成杂合二倍体。如果两个直接亲株来源于一个原始亲本杂交形成二倍体细胞,则为纯合二倍体;如果两个直接亲株来源于两个原始亲本杂交形成二倍体细胞,则为杂合二倍体。因此,杂合二倍体显然是由两个不同遗传型的单倍体细胞核融合产生的。杂合二倍体核在异核体的菌丝内和其他单倍核一起繁殖,直到异核体形成菌落并产生分生孢子,杂合二倍体就在异核体菌落表面上形成与异核体颜色不同的(一般类似野生型)角变(扇形)或斑变(斑点)分生孢子。挑取角变或斑点上的孢子,进行分离纯化,得到纯杂合二倍体的菌株。杂合二倍体并不是两个单倍细胞核简单地加倍,而是已经具有杂种的特性。它们虽然比较稳定,但在繁殖过程中,随着基因的重组和分离,即染色体交换、重组和单倍化,会产生少量的各种不同类型的重组分离子。从后代产生多种重组体可以看出,二倍体菌株确是杂合的,它包含着两个直接亲株的全部隐性基因。严格地说,真正的杂种应该是杂合二倍体的重组型分离子,而不是杂合二倍体本身,获得重组体才是霉菌杂交的目的。杂合二倍体用 AB/ab 或 AB:ab 来表示。

异核体内自发核融合而形成杂合二倍体的概率极低,一般为 10^{-6}。常以人工诱变方法来提高概率。采用天然樟脑蒸气熏蒸或紫外线照射异核体是常用的方法,还有用高温培养等都能促进核融合,可获得高频率的杂合二倍体。以上方法具体操作时要取异核体的尖端菌丝进行处理。如果是用天然樟脑熏蒸的话,可将菌丝尖端接到基本培养基上,樟脑放在皿盖内,倒置平皿,置于一定温度下处理 10~20h 后,将倒置平皿恢复原状,继续培养一定时间,以促进核融合。不同培养基种类也可影响杂合二倍体的形成,有人认为在有限培养基上进行杂交有利于核融合。不过,人工诱发得到的杂合二倍体,染色体易发生畸变,不适宜作为育种或遗传分析的材料。

2. 杂合二倍体的表型

杂合二倍体和异核体相似,作为标记的突变基因一般都是隐性的。杂合二倍体的营养要求、生长习性、孢子颜色或菌落形态结构都相似于野生型。就构巢霉菌杂交过程孢子颜色变化来看,野生型亲本孢子为绿色,从中获得的直接亲本孢子为黄色、白色,杂交后,异核体的孢子为黄白混合色,细胞核融合后的杂合二倍体孢子颜色又变为绿色。而产黄青霉和荨麻青霉杂交产生的杂合二倍体除了孢子颜色类似于野生型,菌落质地、菌落结构都与原始亲本相似。

以笔者进行产黄青霉和荨麻青霉杂交为例,杂合二倍体的菌落形态与亲本有所不同(表11.2),同时,杂合二倍体的分生孢子体积比直接亲株几乎大1倍。孢子形状也发生变化(表11.3),DNA含量为直接亲株的2倍(表11.4)。杂合二倍体的产量与两直接亲本生产能力有关,如果直接亲本产量高,杂合二倍体产量也相应高,反之,直接亲本产量低或不具有,那么杂合二倍体产量也低或不具有生产能力(表11.5)。

异核体形成杂合二倍体的频率也很低,有学者实验证实,人工合成异核体的方法对形成杂合二倍体的概率有明显影响,如采用基本培养基衔接培养法合成异核体时,有利于提高杂合二倍体的概率。

表 11.2 原始亲本、直接亲本和杂合的菌落形态特征

菌 株	菌 号	菌落表面	菌落质地	菌落边缘	生长速度	基质菌丝可溶色素
野生型	4541	浅绿色 黄绿色	纤毛状 绒毛状	纤毛状 全缘	快 快	浅黄色 火泥棕
原始亲本	8519 B-53	淡色 白色	纤毛状 毡状	纤毛状 全缘	慢 快	亮黄色 棕褐色
直接亲本	8519-⑥ B-53-15	淡绿色 白色	毡状 毡状	纤毛状 全缘	快	亮黄色 棕褐色
异核体	N1	灰黄色	毡状 毛状	纤毛状 全缘	慢	黄褐色
杂合二倍体	N-1-1-3 N-1-2-5	黄绿色 黄绿色	纤毛状 纤毛状	纤毛状 纤毛状	慢 慢	淡黄色 淡黄色

表 11.3 原始亲本、直接亲本和杂合二倍体孢子特性比较

菌 株	菌 号	类 型	基因型	供测孢子数/个	孢子形状	孢子颜色	孢子体积/μm^3
原始亲本	8519	产黄青霉	野生型	100	圆球	淡绿色	25.06
	B-53	展青霉	野生型	100	圆球	白色	17.87
直接亲本	8519-⑥	产黄青霉	B2	100	圆球	淡绿色	28.90
	B-53-51	展青霉	arg	100	圆球	白色	16.05
杂合二倍体	N-1-2-5	8519-⑥×B-53-15	原养型	100	椭圆形	黄绿色	95.70
	N-1-1-3	18519-⑥×B-53-15	原养型	100	椭圆形	黄绿色	106.10

表 11.4 原始亲本、直接亲本和杂合二倍体的 DNA 含量

菌 株	菌 号	类 型	基因型	孢子 DNA 含量/($\times 10^7 \mu g$) 1	2	3	平均	倍性
原始亲本	8519	产黄青霉	野生型	0.43	0.35	0.33	0.37	n
	B-53	展青霉	野生型	0.22	0.26	0.32	0.27	n
直接亲本	8519-⑥	产黄青霉	B2	0.38	0.42	0.42	0.41	n
	B-53-15	展青霉	arg	0.28	0.32	0.21	0.26	n
杂合二倍体	N-1-2-5	8519-⑥×B-53-15	原养型	0.90	0.78	0.93	0.87	$2n$
	N-1-1-3	18519-⑥×B-53-15	原养型	0.88	0.80	0.83	0.84	$2n$

表 11.5　原始亲本、直接亲本和杂合二倍体的青霉素、灰黄霉素效价测定

菌　株	菌　号	滤液青霉素相对效价/%	菌丝体灰黄霉素相对效价/%	代谢产物类别
原始亲本	8519	100	0	青霉素
	B-53	0	100	灰黄霉素
直接亲本	8519-⑥	41.50	0	青霉素
	B-53-15	0	30.5	灰黄霉素
杂合二倍体	N-1-2-5	46.2	67.1	青霉素＋灰黄霉素

3. 杂合二倍体的检出

杂合二倍体常常在异核体菌落上以角变或斑点形态出现,这种角变或斑点往往是野生型亲本的孢子颜色或菌落结构而区别于异核体。因此,很容易用接种针挑取它们上面的分生孢子,用自然分离法进行分离、纯化,即可获得杂合二倍体。还可以把异核体菌丝撕碎,分离于基本培养基平板上,经培养后,在长出的异核体菌落上借助放大镜寻找原养型的角变或斑点,挑取分生孢子。进一步进行分离、纯化,得到杂合二倍体,也可以把异核体或异核丛上的分生孢子(1×10^6 个/皿)分离于基本培养基平板上,经培养,在形成的菌落中发现似野生型原养性的角变或斑点,移接分生孢子,进行分离、纯化后得到杂合二倍体。

杂合二倍体是霉菌准性循环过程中的重要部分,也是杂交育种的关键性一步。由于杂合二倍体都是从异核体菌落或异核体菌丝丛上挑出来的,常常带有两直接亲株分生孢子,作为杂交育种和遗传分析材料,必须事先进行多次分离、纯化。或用显微操作器做单孢子纯化,以保证不混杂其他菌株。当获得纯杂合二倍体菌株后,还要对它的形态、生理和遗传等特性进行研究。

(三) 体细胞交换、分离和单倍化

1. 体细胞交换

所谓体细胞交换(somatic crossing-over)是指杂合二倍体核在有丝分裂过程中的交换现象。也就是说,杂合二倍体核在繁殖过程中,细胞分裂处在四线期时两条染色体之间发生交换而产生部分标记现象。

当杂合二倍体细胞在繁殖过程中进行有丝分裂,一条同源染色体中的一条单体与另一条同源染色体的一条单体间不发生交换而是同时移向细胞一极形成子细胞,同源染色体上的基因仍然保持亲代的杂合状态,如杂合二倍体 DAB/dab,有丝分裂后的子细胞也是 DAB/dab,这是属于体细胞不发生交换的情况。

如果杂合二倍体进行细胞交换,即在有丝分裂过程中,同源染色体两条单体在着丝点一侧的节段进行交换,结果使两条带有相同基因(B/B 或 b/b)的染色体移向细胞一极,形成一个子细胞,导致这一节段染色体部分基因同质化,同时,染色体交换的结果还可能产生连锁基因颠倒的分离子(图 11.6)。

2. 体细胞分离

对正常细胞来说,所谓分离是指细胞在减数分裂过程中,一对来自父本和母本的同源染色体的分开。对杂合二倍体细胞来说,其分离是指无性繁殖后的子代中,由于隐性基因同质状态的出现而表现出隐性性状的现象。杂合二倍体在有丝分裂过程中,细胞核内的同源染色体以

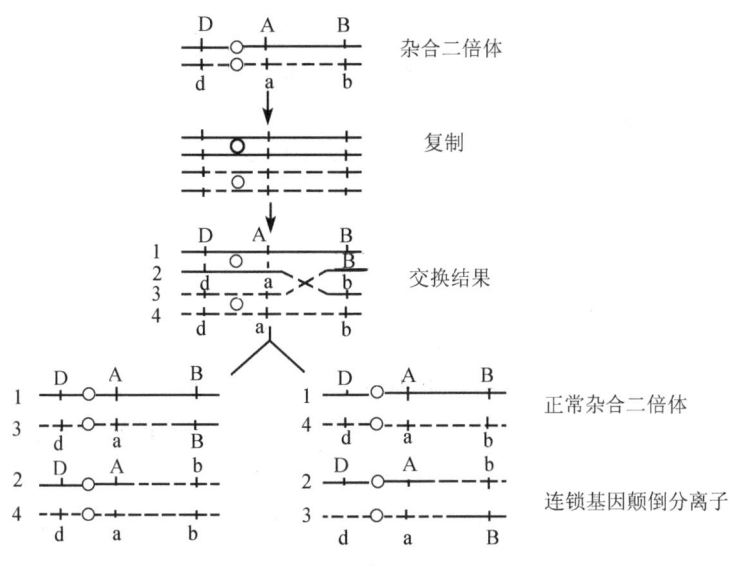

图 11.6 体细胞分离及其分离子

偶然的机会发生交换,而引起局部染色体上基因种类发生变化,从而产生基因型不同的后代,称为体细胞分离,其结果是产生多种类型的分离子。

由此可知,体细胞交换仅在部分染色体节段内进行,它们交换的产物主要是相同染色体节段同源结合的二倍体同质分离子和异质分离子(包括连锁基因相颠倒的分离子和正常杂合二倍体细胞)。不过体细胞交换和单倍化不同,它分离的结果,只能得到二倍体分离子(图 11.16)。

3. 单倍化

单倍化是指杂合二倍体细胞在增殖过程中,基因借助整条染色体的随机交换而得到单倍重组体或单倍的亲本分离子。单倍化细胞内的染色体是单倍的,杂合二倍体中的两直接亲本的染色体遗传到单倍分离子时是随机的,只有 50% 的重组机会。

单倍化和体细胞交换,其意义是相同的,都是发生标记的分离,最终达到基因或染色体的重组。但它们之间是两个独立的过程。单倍化是杂合二倍体整条染色体重新组合和丢失,从而产生各种类型的单倍分离子和二倍分离子。体细胞交换则是局部同源染色体之间的交换而进行重组,只能产生二倍体分离子。

对单倍化过程,下面介绍 Karfer 的 *Aspergillus nidulans* 不分离体和单倍体形成模式(图 11.7)。

单倍化过程的开始是发生在体细胞有丝分裂时期,染色体正处在分离阶段。由于某种原因,以偶然的机会使 4 条染色体不能分开,称为不离开作用,即 4 条染色单体中的 3 条移向一极,而另一条染色体单体移向相反一极,分别形成两个子细胞。其中一个细胞多了一条染色体,变成 $2n+1$,称为超二倍体,从而使该细胞里的某一染色体具有 3 份(a/a/A),又称为三体型;另一个细胞少了一条染色单体,成为亚二倍体,使该细胞里的某一染色体只有 1 份(A),称为单体型。这两种类型的细胞都是非整倍体,是很不稳定的。超二倍体在细胞分裂过程中,失去多余的染色体成为二倍体。其中,有的是纯合二倍体(a//a b//B c//C),称为不分离体;有的是正常杂合二倍体(a//A b//B c//C)。亚二倍体在有丝分裂过程中逐步失去保持二倍体

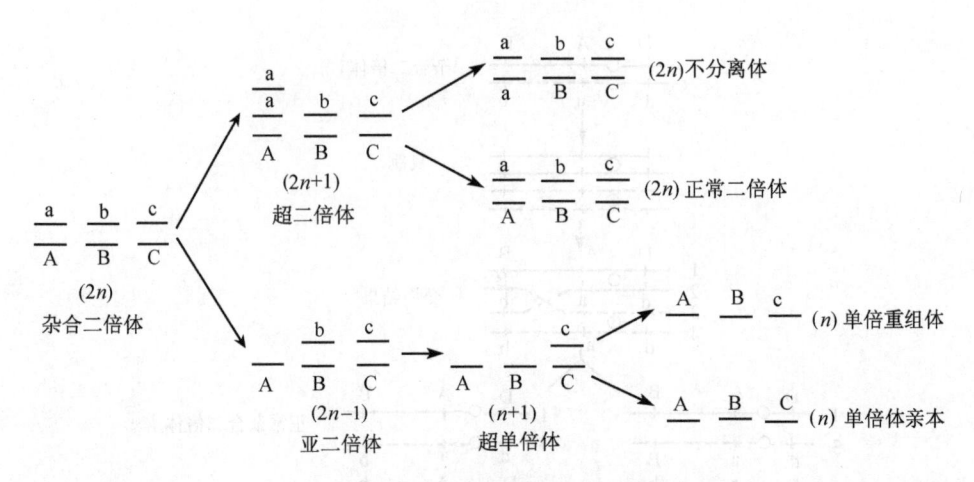

图 11.7　不分离体和单倍体形成示意图

型染色体中的任何一条单体而变成单倍体分离子。这个过程由于不存在显性基因,而使隐性状态表现出来,这种遗传现象也属分离的一种。由于每对染色单体中任何单体的失去都是不能选择的,导致形成的单倍分离子具有多种多样的类型。随机组合的分离子,其中包括亲本型和重组型的分离子。把这种单倍体形成的过程称为单倍化。

4. 分离子

杂合二倍体经过以上体细胞交换和单倍化后产生的子细胞,称为分离子(segregant)。分离子种类很多,根据不同情况可分为以下几类。

亲本分离子、原养型分离子和异养型分离子:这些分离子是根据它们的营养要求、菌落或孢子颜色等表型进行分类的。亲本分离子,它的营养要求、孢子颜色都和直接亲本相同,基因型和亲本也一样。原养型分离子,在培养过程中表现出不缺少两直接亲本所缺陷的营养,能在基本培养基上正常生长,菌落孢子颜色一般是野生型的。从基因型分析,这种分离子由于重新组合,或许已不带有营养缺陷的隐性标记,或者营养缺陷标记仍然存在,但处在隐性状态不表现出来。异养型重组体,在培养过程中表现出与两直接亲本部分相同的营养缺陷,说明基因型虽然是重建了,但还是带有部分原有营养缺陷标记。原养型分离子和异养型分离子由于基因型发生了重建,故又称为重组型分离子。

二倍分离子、单倍分离子和非整倍分离子:它们是根据分离子细胞核内染色体的倍性情况进行分类的。二倍分离子,细胞核内包含两组染色体;单倍分离子,细胞核内仅有一组染色体,它是一种稳定分离子,在以后传代中不再有分离现象;非整倍分离子,细胞核内含有非整数染色体组,如超二倍体、亚二倍体和超单倍体等都属于这一类。二倍分离子和非整倍分离子都是不稳定的,在以后的子代中还会产生分离现象,称为次级分离子。

5. 分离子的检出和测定方法

杂合二倍体经过诱变因子或重组剂的诱发而提高分离子产生的频率,但总的数量仍然很少。单倍体的频率约为 10^{-3},体细胞交换的频率约为 10^{-2}。

分离子检出方法:检出分离子常用的方法是将杂合二倍体菌落产生的分生孢子分离在完全培养基平板上,经过培养,在大量菌落中找到个别菌落上出现带有颜色隐性标记突变的角变或斑变，挑取其上的分生孢子移接到完全培养基斜面，进一步分离、纯化，供测定鉴别分离子；如果要检出抗性分离子，可以将杂合二倍体孢子分离在选择性的培养基平板上，则可筛选到抗药性分离子。例如，要筛选抗对氟苯丙氨酸的分离子，可把大量杂合二倍体孢子分离在含有 0.01mol/L 对氟苯丙氨酸完全培养基平板上，经过培养，凡带有抗药性隐性突变基因的分离子（纯合二倍体 fpa/fpa 和单倍体 fpa）能形成菌落，而对药物敏感的二倍体孢子（一个抗性突变株与一个敏感突变株合成的二倍体）不能在其上生长，这样就能把需要的分离子逐个检出。

分离子测定：从杂合二倍体中检出的分离子，必须进行分离纯化，然后对它们的特性进行全面测定分析，其内容包括菌落形态、营养要求、孢子颜色和大小、孢子 DNA 的含量，以及代谢产物生产水平。

确定分离子表型和基因型：重组型分离子或亲本型分离子都携带特殊的隐性标记，它们可以通过鉴别性培养基进行测定。例如，要测定营养标记采用影印法，把获得的分离子点种在完全培养基平板上，培养后长出菌落作为总平板，然后分别影印到各种鉴别培养基平板上，培养后生长的菌落就是相应的分离子。鉴别培养基的配制原则：在基本培养基中除去两亲本之一的一种营养要求，或加入一种药物。

采用鉴别性培养基测定分离子的同时，还要结合可见标记，如孢子颜色、菌落形态等，以便进一步确定分离子的表型和基因型。

二倍分离子、单倍分离子的形态特征：从杂合二倍体菌落上以异色的扇面或斑点中不仅可以分离到二倍分离子、单倍分离子，还可得到非整倍体分离子。非整倍体菌落结构紧密，较小，孢子稀少，生长也较慢，易产生角变，从中易分离到单倍分离子或二倍分离子。二倍分离子的孢子大，单倍分离子孢子小，非整倍体的分生孢子大小不一。

三、高产重组体的筛选

杂交育种的目的是要获得具有高产性能的、稳定的新型重组体菌株。通过杂交技术得到的杂交二倍体在遗传特性方面是不稳定的，在繁殖过程中要发生染色体交换、基因重组和分离。根据这种特性，可以结合诱变育种和代谢调节来达到杂交育种的目的。此选育路线上要注意以下几个方面。杂交亲本选择，不仅要具有优良的性状，而且最好是近亲配对组合，这样易获得产量高的重组体，远亲杂交虽然也能得到杂合二倍体，但经诱变处理后，会发生严重的遗传分离现象，产量将大幅度下降，难以达到育种的目的；采用适合的诱变剂处理杂合二倍体，使其适应酶系统代谢调控；重组体在摇瓶筛选阶段，应做到摇瓶培养条件和大生产条件尽量接近，以便新菌种能推广到大生产中去，特别对少数有价值的菌株在小型罐上试验有关发酵参数，以指导大生产。

产黄青霉通过杂交和诱变相结合的选育方法，曾获得较好的效果。不同遗传特性菌株杂交后，结合连续数代的诱变育种，曾选得杂种 3-25-103 和杂种 125-31 菌株，在大生产中增产 810%。

思 考 题

1. 微生物杂交育种的基本环节是什么？各环节应注意什么？
2. 霉菌杂交原理是什么？如何实现筛选高产重组体？

第十二章　工业微生物原生质体融合育种

原生质体融合(protoplast fusion)是20世纪70年代发展起来的基因重组技术。用水解酶除去遗传物质转移的最大障碍——细胞壁,制成由原生质膜包被的裸细胞,然后用物理、化学或生物学方法,诱导遗传特性不同的两亲本原生质体融合,经染色体交换、重组而达到杂交的目的,经筛选获得集双亲优良性状于一体的稳定融合子。多少年来,该技术已成为生物界颇受瞩目的研究领域,是细胞生物学中迅速发展的方向之一。Fodor和Schaeffer于1976年分别报道了巨大芽孢杆菌和枯草芽孢杆菌种内原生质体融合,微生物原生质体融合现象得到证实,并建立起了相应的实验体系。从此,原生质体融合育种广泛应用于霉菌、酵母菌、放线菌和细菌,并从株内、株间发展到种内、种间,打破种属间亲缘关系,实现属间、门间,甚至跨界融合。

两个具有不同遗传性状的菌株,通过一定的遗传途径实现基因的交换和重组,是产生多种新基因型的一种重要手段。至今研究表明,由聚乙二醇(PEG)诱导的原生质体融合是微生物获得高频重组的主要方法,种内的融合频率可高达27%,种间的融合频率也可达10%,比常规的杂交重组频率提高数千倍以上。最近出现的电场诱导融合又将融合率提高10倍。

与常规杂交相比,原生质体融合具有多方面的优势,如下所述。

第一,大幅度提高亲本之间的重组频率。细胞壁是微生物细胞之间物质、能量和信息交流的主要屏障,同时也阻碍了细胞遗传物质交换和重组。原生质体剥离了细胞壁,去除了细胞间物质交换的主要障碍,也避免了修复系统的制约,加上融合过程中促融合剂的诱导作用,重组频率显著提高。不少链霉菌通过原生质体融合,其后代的重组率达1%左右,比准性重组率高20~20 000倍。如果融合前结合紫外线处理,重组频率可达20%~30%。霉菌和放线菌的融合重组率为10^{-1}~10^{-3},酵母为10^{-4}~10^{-5},细菌为10^{-5}~10^{-6}。

第二,扩大重组的亲本范围。常规杂交的亲本间必须具有感受态,有些菌株由于其表面结构缘故而无法用常规方法进行杂交重组。原生质体由于完全或部分去除了细胞壁,因此,它可以实现常规杂交无法做到的种间、属间、门间等远缘杂交。

第三,原生质体融合时亲本整套染色体参与交换,遗传物质转移和重组性状较多,集中双亲本优良性状的机会更大。常规杂交仅为供体与受体菌株间部分遗传物质的转移,形成部分结合子,参与交换和重组的染色体片段较短,优良性状的整合率低。原生质体融合时除了染色体交换和重组外,还能传递细胞质,产生更丰富的性状整合。除双亲融合杂交之外,还能进行多亲融合。

由于原生质体融合比常规杂交育种具有更大优越性,故颇受人们重视,它除了能显著提高重组频率外,与常规诱变育种途径相比,还具有定向育种的含义。不足之处是原生质体融合后DNA交换和重组随机发生,增加了重组体分离筛选的难度。此外,细胞对异体遗传物质的降解和排斥作用,以及遗传物质非同源性等因素也会影响原生质体融合的重组频率,使远缘融合杂交存在较大困难。

随着研究深入和技术进步,利用各种遗传标记可以显著提高筛选和分离重组体的效率,采用新型电融合技术又能进一步提高融合重组率。

原生质体融合杂交的原理和融合程序(图12.1)如下所述。原生质体融合的本质是二亲本菌株去除细胞壁后的一种体细胞杂交育种方法。其遗传本质和杂交原理与常规杂交育种是相同的。两个具有不同基因型的细胞，采用适宜的水解酶，剥离细胞壁后，在促融剂诱导作用下，两个裸露的原生质体接触，融合成为异核体，经过繁殖复制进一步核融合，形成杂合二倍体，再经过染色体交换产生重组体，达到基因重组目的，最后对重组体进行生产性能、生理生化和遗传特性分析。

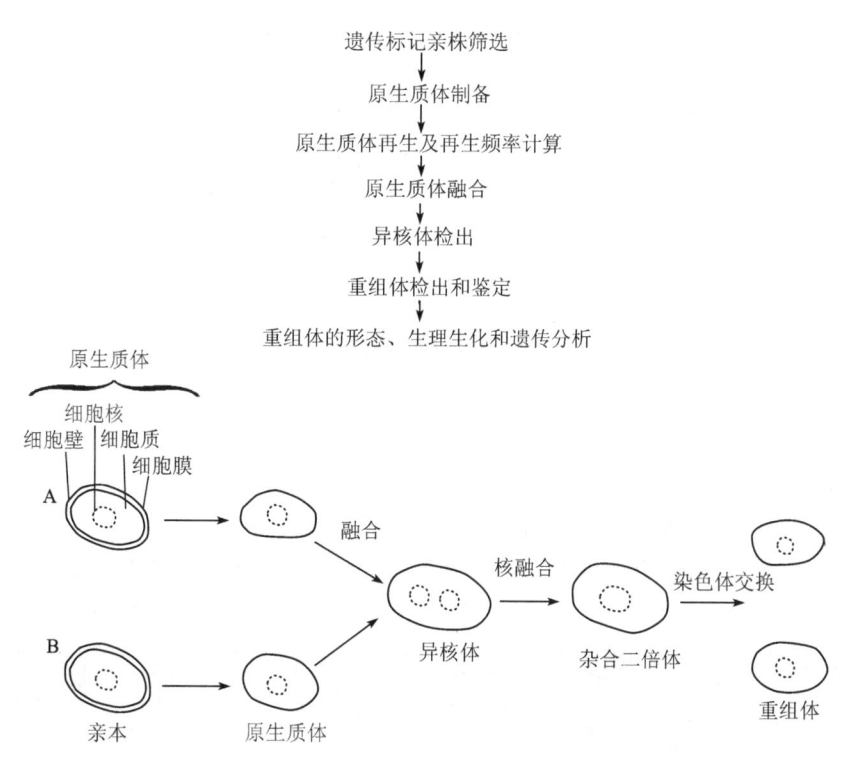

图 12.1　微生物原生质体融合程序及基因重组示意图

第一节　微生物原生质体融合育种

原生质体融合育种一般分成五大步骤：直接亲本及其遗传标记的选择，双亲本原生质体制备与再生，亲本原生质体诱导融合，融合重组体（称为融合子）分离，遗传特性分析与测定。

一、直接亲本及其遗传标记的选择

根据融合目的不同，选择适宜的直接亲本。从育种角度，一般把诱变系谱中筛选获得的不同"正突变株"作为直接亲本进行融合，通过交换、重组，使优良性状集中在重组体中，以加快育种速度。现在一般认为原生质体融合的亲本应采用具有较大遗传差异的近亲菌株，重组后的新个体具有更大的杂种优势。

作为原生质体融合的二亲本菌株都应该带有一定的遗传标记，便于重组体的检出。遗传标记除常用的带隐性性状的营养缺陷和抗性标记之外，也可采用热致死（灭活）、孢子颜色和菌落形态等作为标记。实际应用时究竟采用哪种遗传标记，可以根据试验目的确定。如果原生质体融合目的是为了进行遗传分析,应该采用带隐性基因的营养缺陷型菌株或抗性菌株;如果从育种角度进行原生质体融合,由于多数营养缺陷型菌株都会影响代谢产物的产量(尤其对一些抗生素产生菌),选择营养标记时,应尽量避免采用对正常代谢有影响的营养缺陷型。但在实际工作中很难得到符合要求的标记菌株,而且筛选这些遗传标记菌株要耗费大量的时间和人力。在这种情况下,最好采用灭活,把双亲中任何一方的原生质体用热灭活(如 50℃,2h 或 60℃,5min)或用紫外线、药物灭活,使细胞内的某些酶或代谢途径钝化,然后和另一方具有正常活性的原生质体融合而获得重组体。前者为供体,后者为受体,这样可以省去营养缺陷型的遗传标记。采用灭活标记融合频率较低,但重组体产量较高。

最近发展的一些新的原生质体融合筛选方法,在育种中具有重要意义,如荧光染色标记就是一种非人工遗传标记。它是在双亲原生质体悬浮液中分别加入不同的荧光色素,离心除去多余染料后,将带有不同荧光色素的亲本原生质体融合,然后挑选同时具有双亲染色的两种荧光色素的融合体。此外,复合使用不同选择标记的方法替代人工标记,可提高融合频率。

二、原生质体制备与再生

(一)原生质体制备

制备大量具有活性的原生质体是微生物原生质体融合育种的前提。活性原生质体制备过程包括原生质体的分离、收集、纯化、活性鉴定和保存等操作步骤。

为制备原生质体,必须有效地除去在细胞外面的细胞壁。细胞去壁后,原生质体从中释放出来,此过程为原生质体分离(图 12.2)。去壁的方法有三种:机械法、非酶分离法和酶法。采

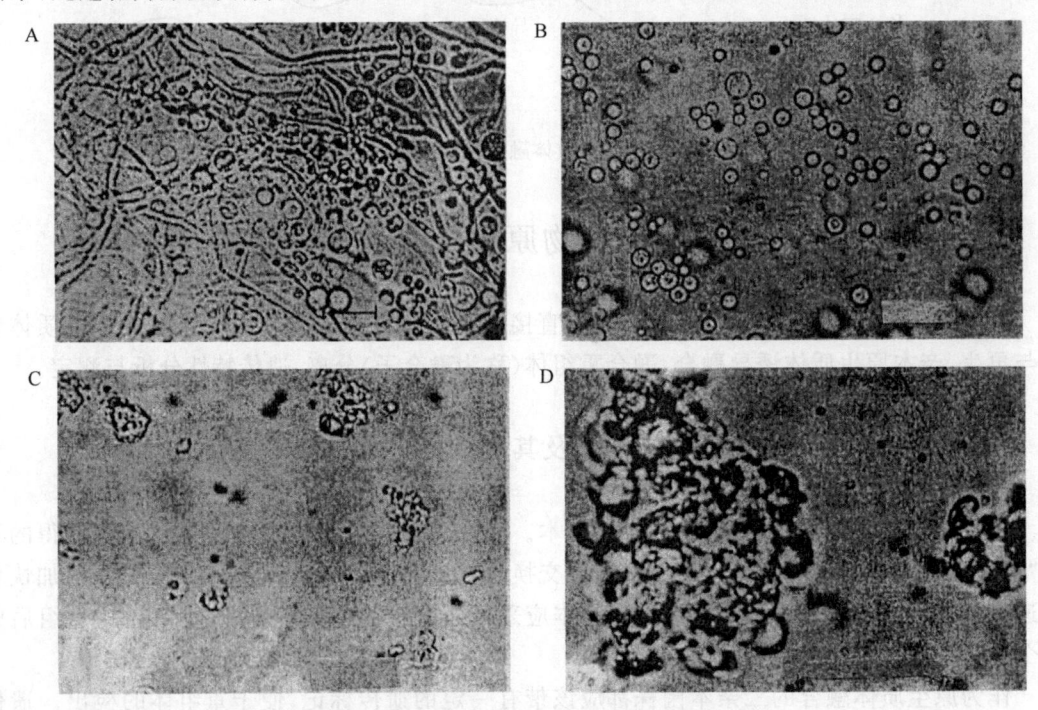

图 12.2 微生物原生质体分离、释放和破裂过程
A.原生质体从菌丝体中释放;B.分离的单个原生质体;C.原生质体膨胀破裂;D.原生质体及裂片团

用前两种方法制备的原生质体效果差,活性低,仅适用于某些特定菌株,因此并未得到推广。在实际工作中,最有效和最常用的是酶法,该法时间短,效果好。到目前为止,适合于原生质体分离的各种酶类已经得到开发和应用。

酶法分离原生质体的方法如下所述。首先选择原始亲株,经过遗传标记筛选,得到直接亲本,采用培养皿平板玻璃纸或摇瓶振荡法培养,取年轻的菌体转入到高渗溶液中,加入有关水解酶,在一定条件下(温度、pH等)酶解细胞壁。酶解后释放的原生质体和残存菌丝片段的混合液经G-2或G-3砂芯漏斗过滤,除去大部分菌丝碎片。滤液进一步低速离心10min,洗涤后弃去上清液,沉淀悬浮于同一种高渗溶液中,即可得到纯化的原生质体。酶法分离原生质体的本质是以微生物细胞壁为底物的酶水解反应,作为底物的细胞壁,其组成与结构又与培养基成分、培养条件、菌龄和预处理等因素有关。

1. 酶法分离原生质体的影响因素

1) **培养基组成** 用酶法分离微生物原生质体,首先要培养菌体或菌丝体。用于培养的不同培养基会明显影响原生质体的分离。Musilkova等研究发现,黑曲霉(*Aspergillus niger*)在限制性培养基或综合性培养基中分离原生质体的数量会显著地增加。一般放线菌只有在加入甘氨酸的培养基中培养后,才能使酶类易于渗入和瓦解细胞壁,释放原生质体。甘氨酸加入的浓度,通常控制在明显抑制菌丝生长,并可获得适量的菌丝体为度,即亚适量。据Musilkova等报道,黑曲霉在Czaplk-Dox培养基上菌丝生长很慢,加酶后极易除去细胞壁,获得较多的原生质体。而在麦芽汁培养基上虽然菌丝体生长很丰满,但释放的原生质体容易破裂。又如,白地霉(*Geotrichum candidum*)采用同一菌龄的不同培养基产生的菌丝体来分离原生质体时,对蜗牛消化液瓦解细胞壁的敏感性也不同。

2) **菌体培养方式** 菌体培养,有的用平板玻璃纸法,有的用振荡沉没培养法,还有把振荡培养的菌丝体采用匀浆器或超声波破碎法,使菌丝断裂或细胞壁松弛。丝状菌常用平板玻璃纸法,细菌和酵母菌多用振荡沉没培养法。菌种不同,培养方式也不一样。产黄青霉采用前两种方式都能取得良好的效果,而有的真菌采用平板玻璃纸法比液体振荡法分离原生质体效果更好,所以正式试验之前,应做预备试验,研究确定哪种培养方式最佳。

平板玻璃纸法,在培养菌丝体的培养基平板上,覆盖一张略比平皿大的灭过菌的玻璃纸,紧贴培养基表面,用涂布棒轻轻压实,除去气泡。在其上点种50～80滴孢子液或直接将孢子划线接种,在适温培养一定时间(产黄青霉在25℃培养40h),长成年轻菌丝后,用镊子掀起玻璃纸,将纸上的菌丝洗于酶液中,置适温,让其酶解,释放原生质体。一些放线菌常用摇瓶振荡培养菌丝体,如弗氏链霉菌(*Streptomyces fradiae*) C373 和 *Streptomyces griseofuscus* ATCC23916 两个菌株,在240r/min水浴旋转式恒温摇床上,温度为34℃下液体振荡培养24～48h,待菌丝体形成后,于组织捣碎机中进行匀浆,使大片段的菌丝断裂成几个到几十个细胞的小片段,再进一步用超声波处理,使之成为更小的片段。把这些碎菌丝片移接到新的培养基中,继续培养16～24h,碎片长成菌丝,直到对数期。笔者认为,经过以上匀浆和超声波处理后的碎片对溶菌酶的敏感性比大片段菌丝要大得多,原生质体的产率也相应提高。

3) **菌体菌龄** 微生物生理状态是决定原生质体产量的主要因素之一,特别是菌龄,明显地影响原生质体释放的频率。丝状真菌以年轻的菌丝用来分离原生质体最佳,尤其是菌丝体尖端细胞。微生物菌龄随着菌种和培养条件而异,如制备白地霉的原生质体时,认为对数期的前期和对数期效果最好;产黄青霉原生质体释放分别在对数期和静止期出现两个高峰期;酿酒醇母在对数期时菌体细胞壁易被瓦解,而静止期对酶渗入细胞有较大的抗性,这种抗性作用由对数期到静止期迅速增加。如果此阶段用氯霉素或5-氟尿嘧啶处理细胞,其抗性不会增加。酵母菌制备原生质体时,要使菌体同步化,才能大幅度地提高制备率;放线菌制备原生质体,以对数期到静止期的转换期比较理想,不仅制备量多,而且细胞壁再生能力也比较强;细菌适合在对数期分离原生质体。

大多数丝状菌用菌丝作为分离原生质体的材料,极个别菌株也可用孢子获得原生质体。但不同的培养方式获得的孢子,对释放原生质体频率是有差别的。例如,Moore等从黄曲霉菌摇瓶沉没培养的孢子中得到原生质体,而从斜面培养的孢子却很难分离到原生质体。

4) 稳定剂　　原生质体由于剥除了细胞壁,失去其特有的保护作用,细胞对外界环境变得十分敏感,尤其对渗透压。如果把它悬浮在蒸馏水或等渗溶液中,会吸水膨胀并破裂,所以必须在一定浓度的高渗溶液中进行酶解、破壁,才能形成和保持稳定的原生质体,这种高渗溶液称为稳定剂。作为稳定剂的有无机盐和有机物。无机盐稳定剂包括 NaCl、KCl、$MgSO_4$、$CaCl_2$ 等;有机物中有糖和糖醇,如蔗糖、甘露醇、山梨醇等。已证实无机盐对丝状真菌效果较好,而糖和糖醇对酵母更为合适,细菌多使用蔗糖或 NaCl,放线菌中的天蓝色链霉菌(*Streptomyces coelicolor*)菌株用 0.3mol/L 蔗糖,而弗氏链霉菌采用 10% 的蔗糖。各种稳定剂的 pH 应保持在一定范围之内,这需要适宜的缓冲液配合使用,以保证酶活性和菌体本身活性维持在最高的水平。稳定剂是一种高渗溶液,但浓度也不能过高,否则会使原生质体皱缩,一般为 0.3~1.0mol/L。具体试验中,最佳的浓度随菌种而异。概言之,稳定剂的作用,不仅能防止原生质体的破裂,控制并达到最大的数量,而且对提高酶的活性,促进酶和底物结合都具有相当的优越性。例如,无机盐中的 Ca^{2+} 的功能,主要是对酶的激活作用,而 $MgSO_4$ 的作用根据 Vries 等的试验,认为用于丝状真菌具有突出的优点,其作用除了维持渗透压之外,能够使菌丝在酶的作用下,释放出很多的带有大液泡的原生质体,离心后由于液泡的存在而漂浮在上层,极易与其他残存碎片菌丝分离开来。不同的稳定剂对原生质体的释放和保护作用是不同的,一般认为易于渗入质膜或易于被原生质体及菌体分解的物质不宜作为稳定剂。

5) 酶解前的预处理　　用酶类来水解细胞壁,首先要使酶溶液渗透到细胞壁中去。但生物体都具有保护自身的一套严密的结构,不是任何物质都可随意进入。为此,在用酶类处理之前,最好根据细胞壁的不同结构和组成加入某些物质先行预处理,以抑制或阻止某一种细胞壁成分的合成,从而使酶易于渗入,提高酶对细胞壁的水解效果。SH-化合物(如 β-巯基乙醇)广泛应用于酵母菌和某些丝状真菌中,效果很好。这主要是因为这类化合物能还原细胞壁中蛋白质的二硫键(S—S键),使分子链切开,酶分子易于渗入,促进细胞壁的水解,易于释放原生质体;在腐霉中,如加入 TritonX-100 或脂肪酶后,可以去除细胞壁上的脂肪层,促进酶分子进入细胞壁,有利提高原生质体的释放频率;酵母菌常用 EDTA(乙二胺四乙酸)或 EDTA 加巯基乙醇进行预处理,在粟酒裂殖酵母(*Schizosaccharomyces pombe*)的年轻细胞中加入 2-脱氧-D-葡萄糖做前处理,抑制葡聚糖层的重新合成,促使酶液渗入细胞壁;在放线菌培养液中加入 0.2%~4% 的甘氨酸,有利于原生质体的释放,其作用是在细胞壁合成过程中,甘氨酸错误地代替分子结构相类似的丙氨酸而干扰细胞壁网状结构合成,使酶液趁机而入,有助于瓦解细胞壁。甘氨酸加入的时间随菌种而异,有的放线菌开始培养时就要加入,有的菌株前期培养不加甘氨酸,让菌丝充分生长后,再加入,继续培养 18~24h,再进行酶处理,效果良好;细菌通常加入亚抑制量的青霉素,以抑制细胞壁中黏肽等大组分的合成,有益于酶对细胞壁的水解作用。

其中,革兰氏阴性菌细胞壁中含有脂多糖及多糖类,须用 EDTA 预处理,时间约 1h,然后加入溶菌酶。

6) 酶系和酶的浓度　　各种微生物,由于细胞壁组成不同,用于水解细胞壁的酶种类也不相同,原核微生物中的细菌和放线菌细胞壁的主要成分是肽聚糖,可以用溶菌酶(lyxozyme)来水解细胞壁。真菌类细胞壁组成较为复杂,其中霉菌主要为纤维素、几丁质,酵母菌为葡聚糖、几丁质。用于水解真菌类细胞壁的酶类有蜗牛酶(snailase)、纤维素酶(cellulose)、β-葡聚糖酶(glucosidase)等。其中最常用的是蜗牛酶,它是一种以纤维素酶为主的混合酶,含有 20 多种酶类,30 多种成分,适合水解真菌细胞壁中的多种组分。国外常用的是欧洲大蜗牛酶(helicase)与美洲蜗牛酶(glusulase)。我国学者常使用褐云螺与环口螺中提取的消化液酶类。青霉菌采用 0.5% 玛瑙蜗牛酶和 0.5% 纤维素酶,或单独用 1% 纤维素酶瓦解细胞壁均可获得理想的结果。分离构巢霉菌原生质体时,在复合溶菌酶中加入美洲蜗牛酶,可以加速原生质体的释放;制备酿酒酵母原生质体时,一般采用 50μl EDTA 和 5μl 巯基乙醇及 1% 纤维素酶高渗磷酸-甘露醇缓冲液处理,原生质体的获得率达 99%。而彭贝裂殖酵母是在蜗牛酶液中加入 α-1,3 葡聚糖酶和 β-1,3 葡聚糖酶,能显著增加原生质体产量;放线菌通常以甘氨酸和溶菌酶配合使用可达到预期目的。但不同菌种品系要求的浓度不尽相同。例如,弗氏链霉菌菌株在含有 0.4% 甘氨酸的培养基中培养到对数期至静止期之间,取出菌体用 1mg/ml 溶菌酶溶液处理 15～60min,大部分细胞可转化为原生质体。又如,*Streptomyces coelicolor* 菌株甘氨酸的浓度在 0.5%～4%,而 *Streptomyces coeticotor* A₃ 菌株甘氨酸的浓度为 1%,然后加溶菌酶 1mg/ml,能获得满意的结果;细菌类通常用溶菌酶水解细胞壁,酶的浓度控制在 0.02～0.5mg/ml,而用于枯草芽孢杆菌的溶菌酶浓度为 0.1～0.25mg/ml。细菌处于不同生理状态时,要求酶的浓度也不一样,枯草芽孢杆菌处在对数前期酶的浓度要高些,后期则反之。大肠杆菌在对数期溶菌酶的浓度为 0.1mg/ml,而在饥饿状态时则需 0.25mg/ml 才能达到理想的结果。总之,用于水解细胞壁酶的浓度要适当,酶量过低,作用不彻底,不利于原生质体形成;浓度过高,处理时间过长,会影响原生质体数量和活性,致使再生频率下降。

7) 酶的作用温度和作用 pH　　不同的酶具有各自不同的最适温度,这在水解细胞壁时是首先要考虑的。同时还要注意菌株生长最适的温度,以避免因温度不当而导致原生质体活性降低,甚至被破坏。确定酶解温度时以上二者均要兼顾。总的来说,细菌类酶解温度可高些,而霉菌、酵母菌则要低些,放线菌介于二者之间。通常细菌如大肠杆菌、枯草芽孢杆菌,水解细胞壁的温度在 35℃ 左右,一般放线菌的温度在 30～32℃。但不同菌种要求也不相同,如小单孢菌在 37℃ 下释放原生质体最合适。产黄青霉采用蜗牛酶和纤维素酶的混合酶液维持在 28～33℃,须霉最适温度为 25℃,酵母菌多在 28～30℃。酶解时的最适 pH 也随着酶的特性和菌种的特性而异。青霉原生质体分离时 pH 维持在 5.4～6.5,放线菌 pH 为 6.5～7.0,而枯草杆菌在 pH 5.8～6.7 都能释放原生质体。采用 0.067mol/L,pH 7.5 的磷酸缓冲液制备原生质体效果良好。

8) 菌体密度　　为了提高原生质体的获得率,除了掌握以上条件之外,还要注意酶液中的菌体密度。如果是丝状菌,酶解混合液中的菌丝体量要加以控制,一般 3ml 酶液中加入 300mg 新鲜菌丝体,过多或过少都难以得到最大量的原生质体。

9) 酶解方式　　酶解方式也同样会影响原生质体的释放。在细胞壁酶解过程中要经常轻微摇动混合液,这样不仅能使菌体不断地接触新鲜酶液,而且能补充氧气,保持良好的通气条件,有利于正常的生理活动,这对原生质体释放数量和活性都是有益的。酶解时保持较好的通气条件和适当振荡,可促进原生质体释放和分离,这些细节一般被忽视。笔者在进行酵母与微藻原生质体分离时,曾对比了试管、锥形瓶和培养皿等容器对原生质体分离影响的试验,结果表明使用培养皿时原生质体分离效果最好,原生质体制备率均高于试管或锥形瓶3～5倍,这可能与溶氧有关。

在实际工作中,由于菌种本身的差异,分离原生质体的各种条件都要经过反复试验才能最后确定下来。判断这些条件是否适合分离原生质体,可通过测定、计算原生质体的形成率。鉴于原生质体在低渗的蒸馏水中比正常细胞容易破裂,而且在普通营养琼脂培养基(相对低渗)中培养时也难以再生细胞壁和形成菌落,因此,可采用多种测定原生质体形成率的方法。

适合于细菌和酵母菌的测定方法:用血细胞计数板分别计数蒸馏水加入之前(以 A 代表)和蒸馏水加入之后(以 B 代表)的原生质体化和未原生质体化细胞总数,原生质体形成率(%)=$(A-B)/A \times 100\%$。或把加入蒸馏水之前(A)和加入蒸馏水之后(B)的菌体混合液,分别涂布于高渗再生培养基上,计数比较菌落数,原生质体形成率(%)=$(A-B)/A \times 100\%$。

适合于霉菌和放线菌等丝状菌的方法:由于这些菌类酶解后的原生质体成串成堆,而未脱壁细胞又是丝状体,都不宜直接用血细胞计数板计数,可用如下两种方法测定。第一种是把酶解后多数已经原生质体化的混合液,分别等量悬浮于高渗溶液(A)和蒸馏水(B)中,然后涂布于高渗的再生培养基上,长出菌落,计数二者的菌落数,原生质体形成率(%)=$(A-B)/A \times 100\%$。第二种是把酶解后的菌体混合液悬浮于高渗溶液中,分别涂布于高渗再生培养基(A)和普通琼脂培养基(B)上,培养后,计数二者的菌落数,原生质体形成率(%)=$(A-B)/A \times 100\%$。

据研究报道,原生质体与未脱壁的正常细胞相比,在生理和生化方面有一定差异,如酵母细胞原生质体化之后,合成蛋白质、RNA 和 DNA 速率比较低;构巢霉菌的原生质体在高渗透压的培养基内起初变得皱缩,然后恢复正常,但代谢活动受到抑制;从呼吸活性看,在同样条件下,起初原生质体呼吸强度比菌丝高,而后却降低了。

2. 原生质体的鉴定

水解酶作用于菌体后,必须定时取样观察原生质体分离的程度,以确定酶解终点。一般地,在普通光学显微镜或相差显微镜下直接观察,计数。要进一步鉴定原生质体时,可用如下方法。

1) 低渗爆破法 直接在显微镜下观察原生质体在低渗溶液中吸水膨胀、破裂的过程,细胞壁去除完全的原生质体吸水破裂后细胞彻底解体,没有残骸;如果原生质体破壁不完全,还有部分剩余细胞壁,则原生质体从无细胞壁处吸水,膨胀破裂并留下一个残存的细胞形态;对于那些正常细胞或酶解程度不彻底的细胞,吸水后由于细胞壁的保护作用,不会胀裂,能维持正常形态。

2) 荧光染色法 原生质体混悬液用 0.05%～0.1% 的荧光增白剂(VBL)染色,离心弃染料,洗涤后在荧光显微镜下观察(波长用 3600～4400Å),如发出红色光则为完全原生质体,如发出绿色光则表明还有细胞壁成分存在。

3. 原生质体的收集和纯化

原生质体大量从菌体细胞中释放后,酶解结束,必须将原生质体与酶液和未酶解的残余菌体及碎片分开,通常采用离心的方法以提高原生质体纯度,满足融合的要求。纯化方法有以下几种。

1)过滤法　　适用于丝状微生物(如放线菌、霉菌及丝状微藻等),根据细胞大小,选用孔径略小于细胞的砂芯漏斗,过滤。原生质体由于外层细胞膜柔软可变形,可以由比它小的微孔中穿过,而未酶解细胞或细胞团却不能,由此原生质体和正常细胞分离而得到纯化。对一些细胞较大的微生物(如微藻),也可采用微孔径网筛来过滤原生质体。

2)密度梯度离心法　　用蔗糖或氯化铯等制成浓度梯度溶液,由于密度差别,经离心后原生质体漂浮于上部,未酶解细胞和细胞碎片沉于溶液下部。

3)界面法　　将原生质体分离液置于两种液体的混悬液中,这两种液体密度有区别,上层密度小于下层密度,离心后原生质体就集中在两层液面交界处而得到纯化。

4)漂浮法　　适用于一些细胞较大的微生物,原生质体与细胞密度不同,原生质体的密度小于细胞,能在一定渗透浓度的溶液中漂浮在液面上,从而得到纯化。

4. 原生质体的活力鉴定

分离纯化后的原生质体,用作再生或融合等育种的出发材料,必须具有活力及再生能力,因此,需要进行活力鉴定。原生质体活力鉴定方法很多,现介绍几种染色鉴定法。①荧光素双乙酸盐(FDA)染色法。FDA本身不发荧光,被细胞吸收后产生具有荧光的极性物质。荧光物质不能透过质膜,存在活细胞中,这样就可通过观察原生质体是否发生荧光来判断其活性有无,能发出荧光的原生质体具有活性。②酚藏花红染色法。用0.01%浓度的染料染色,活性原生质体能吸收酚藏花红染料而呈红色,无活性的死细胞不能吸收染料呈白色。③伊文思蓝染色法。用浓度为0.25%的伊文思蓝染色,活性原生质体不吸收染料为无色,死的无活性细胞吸收染料呈蓝色。

5. 原生质体的保存

原生质体的新鲜程度与其活性有关,一般都是将新制备的原生质体立即进行融合或其他方式育种。如果不是立即使用,则必须在低温下保存。在一般冷藏条件下保存时间很短,有些种类几小时就失活。在液氮中超低温状态下或-80℃ 15%甘油管中保存时间可长一些,方法是加入5%的二甲亚砜(DMS)或甘油等其他保护剂,迅速降温保藏。

(二)原生质体再生

原生质体具有细胞全能性,但其本身不能立即进行分裂、增殖,首先必须重新合成细胞壁物质,恢复至完整细胞形态,才能进一步生长、分裂和增殖,这一过程就是原生质体的再生。原生质体再生大致分为三个阶段:首先是大分子合成与原生质体生长,这一时期原生质体主要是合成细胞器成分,表现为原生质体的体积增大;第二阶段是细胞壁合成与再生,此时期主要合成细胞壁物质,组装、恢复成完整细胞(图12.3);第三阶段是分裂能力恢复并开始分裂繁殖成为正常的细胞形态和菌落(图12.4)。

1. 原生质体再生的影响因素

原生质体在稳定的再生培养基上,重新形成细胞壁,恢复正常细胞形态并继续生长繁殖,直至形成菌落,这是融合育种重要的步骤和必要条件。在进行原生质体融合试验前必须摸索出最佳的再生条件并完成再生试验,为融合体再生和复原做好准备。原生质体的再生是在含稳定剂的再生培养基中进行的,只要稳定剂及培养基组成浓度合适,是不难再生的。但由于菌种类别、特性、酶解条件、再生条件及原生质体结构等因素影响,再生的频率相差很大。

原生质体再生主要与其再生能力、菌种本身特性、原生质体分离及保存条件、再生培养基

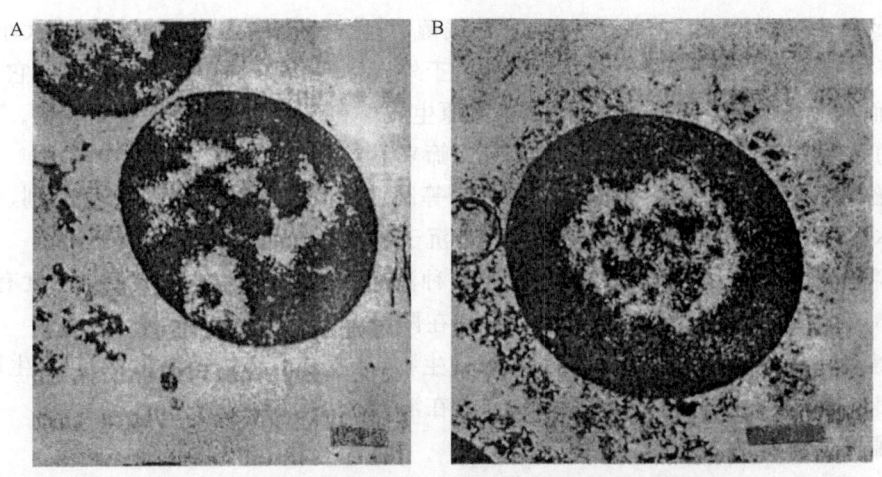

图 12.3 原生质体再生过程中细胞壁合成和重建阶段
A. 再生原生质体；B. 再生过程中的原生质体，其周围逐渐聚集新合成的细胞壁物质

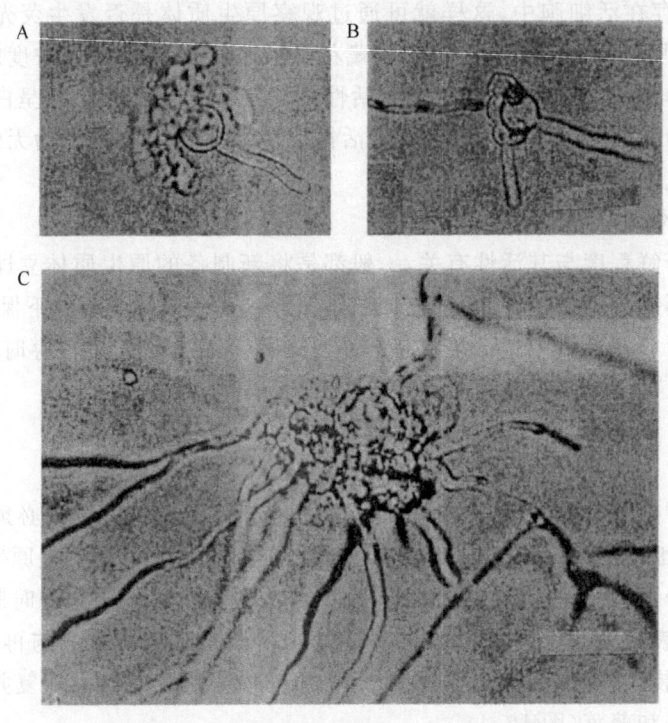

图 12.4 原生质体再生形成正常菌丝阶段
A. 重建的原生质体长出芽管；B. 芽管伸长成为新菌丝；C. 再生的菌丝体

和再生条件等有关系。以下是再生过程中的主要影响因素。①菌体生理状态，就丝状菌来说，一般年轻细胞再生能力比衰老细胞要强，菌丝不同部位细胞释放的原生质体也有差异，顶端菌丝比老菌丝产生的原生质体再生能力要强。②稳定剂，原生质体由于渗透压敏感性，在蒸馏水或低渗溶液中易于破裂，所以再生培养基必须是高渗的。细菌、放线菌和酵母菌多用糖醇系统的稳定液，如放线菌常用10%~15%蔗糖溶液；霉菌常用盐溶液系统，如 NaCl、KCl、MgSO$_4$

等组成的稳定液,浓度为 0.3～1.0mol/L。③酶浓度和酶作用时间,酶解混合液中的酶浓度不宜过大,处理时间也要适当,过长、过浓均会使原生质体脱水皱缩,活性下降而影响再生率。④再生培养基组成,培养基中的碳源会影响微生物原生质体的复原率。丝状真菌、酿酒酵母等的原生质体仅能在固体培养基上再生,在液体培养基中细胞壁再生不彻底,不能完全复原。再生培养基要用稳定剂配制,还需含有 Ca^{2+} 和 Mg^{2+},浓度和原生质体形成时的酶解液相类似,菌种不同稍有差别。磷酸盐浓度要控制适当,如放线菌一般为 0.01%～0.001%,不宜过高,否则影响再生率。不少学者研究发现,再生培养基中加入 0.1%水解酪蛋白,可以促进细胞壁的再生,提高原生质体再生率。此外,加入某种菌体细胞壁提取物有利于原生质体细胞壁的再生,如法国的 Schaelle 在再生培养基中加入大肠杆菌细胞壁制剂或热灭活大肠杆菌细胞壁浓缩液(取肉汤中培养的大肠杆菌经 110℃,20min 灭活,离心,洗涤,然后浓缩 20 倍),使细菌原生质体再生频率增加 10 倍。⑤残存菌体的分离,酶解后的混合液中既有原生质体,也有相当多的未酶解细胞。在再生培养前一定要将它们过滤或离心除去,否则再生培养时这些活力强的细胞会优先长出菌落而抑制原生质体的再生及菌落形成。⑥原生质体密度,在再生培养基上分离原生质体的密度不能过密,否则先长出的菌落会抑制后生长的菌落,影响再生频率。⑦排除再生培养基上的冷凝水,因为水分可以降低渗透压,致使原生质体破裂。采取的措施是将琼脂平板置于硅胶干燥器内 2h,或用灭菌滤纸吸干。⑧再生方法,因为去壁后的原生质体不能承受较强的机械作用,否则易于破裂,不宜用玻璃棒在平板上涂抹分离。一般采用双层平板法:其下层为再生培养基,琼脂含量约 2%,制成平板后除去冷凝水,取原生质体悬浮液 0.1ml 加到平板上,然后上层加入含琼脂 0.8%或琼脂糖 0.4%的半固态同一成分的培养基 3～10ml(要求上层培养基的温度不超过 40℃,以防原生质体失活),迅速摊布均匀,使原生质体植于固体培养基中,有利于再生。酿酒酵母和产朊假丝酵母(Candida utilis)等出芽酵母的原生质体在液体培养基中难于再生,只有埋在固体培养基中才能达到理想效果。

放线菌和霉菌原生质体再生也可直接分离到单层再生培养基平板上,能得到较好效果。有些微生物还能在液体再生培养基上再生。

原生质体再生还与其结构有关,有不少原生质体细胞结构不完整,如缺乏细胞器或没有细胞核,这些原生质体本身已失去活性,不能再生;有些原生质体细胞壁降解过于彻底,缺少细胞壁再生时所需的引物,也难以再生;有些原生质体具有残留细胞壁,比完全剥除细胞壁的更易于再生。

2. 再生率及其计算

各类微生物的再生频率是不相同的。细菌原生质体再生频率在 90%以上,放线菌的频率为 50%～60%,真菌为 20%～70%。就同一种微生物来说,其再生频率的波动也是很大的,可为百分之零点几到百分之几十。通过再生率测定,可以检验并进一步找出最佳的原生质体制备和再生条件及再生培养基。

原生质体再生频率的计算公式为

再生频率(%)=(再生培养基上总菌落数-酶处理后未原生质体化菌落数)/原生质体数×100% = $[(C-B)/(A-B)] \times 100\%$

式中,A 为总菌落数,即未经酶处理的菌悬液涂布于平板生长的菌落;B 为未原生质体化细胞,即酶解混合液加蒸馏水破坏原生质体,涂布平板后生长的菌落;C 为再生菌落数,即酶解混合液加高渗溶液,涂布于再生培养基上生长的菌落。

三、原生质体融合

早在 20 世纪 70 年代之前,微生物虽然用酶法除去细胞壁而获得原生质体,但当基因型不同的亲本原生质体混合培养时却极少融合或不能融合。直到 Cao 等在 1974 年研究植物原生质体时,发现了聚乙二醇(PEG)能大幅度诱导原生质体融合。此后在动物、植物和微生物领域盛行起来,并得到迅速发展。丝状真菌采用 PEG 之后,融合率达到 0.1%~4%,提高 1000 倍以上。链霉菌融合率超过 1%。天蓝色链霉菌在不需要已知性因子 SCP 与 SCP_2 的情况下,最高融合重组率可达 17%,而不用 PEG 的原生质体融合率仅有 $10^{-6} \sim 10^{-7}$。因此,PEG 融合剂的发现,极大地推动了原生质体融合技术的发展。

(一) 原生质体融合过程

从野生型或突变型菌株中选择两亲本菌株培养并收集菌体,加酶水解后获得原生质体。以 $10^7 \sim 10^8$ 个/ml 的浓度混合,加入 30%~50%PEG 及适量的 $CaCl_2$、$MgCl_2$。维持在一定 pH 的渗透压稳定剂中,适温(20~30℃)处理 1~10min,立即用再生培养基稀释 4~5 倍。以低速离心(1000g 或 2000g)数分钟,除去 PEG,沉淀重新悬浮,然后分离在各种选择性培养基上,使之再生细胞壁或分离在完全培养基上,先再生细胞壁,然后分离到各种选择性培养基上进行检出。电场诱导融合过程与此类似。

细胞融合的生物学过程:以霉菌为例,两亲株原生质体混合于高渗透压的稳定液中,在 PEG 的诱导下,两个或两个以上凝聚成团,相邻原生质体紧密接触的质膜面扩大,相互接触的质膜消失,细胞质融合,形成一个异核体细胞,异核体细胞在繁殖过程中发生核的融合,形成杂合二倍体,通过染色体交换,产生各种重组体,称为融合子(fusant)。

(二) 原生质体融合的影响因素

原生质体融合是生物体互相结合的复杂过程,其融合效率受到众多因素的影响,现将主要影响因素介绍如下。

1. 融合剂

现在普遍采用的融合手段是 PEG 介导的化学融合法。有学者研究认为低浓度 PEG 有稳定原生质体和促进核分裂的作用,也有利于细胞壁的形成和再生。关于促融机制,一般认为 PEG 本身是一种特殊的脱水剂,它以分子桥形式在相邻原生质体膜间起中介作用,进而改变质膜的流动性能,降低原生质膜表面势能,使膜中的相嵌蛋白质颗粒凝聚,形成一层易于融合的无蛋白质颗粒的磷脂双分子层区。在 Ca^{2+} 存在下,引起细胞膜表面的电子分布的改变,从而使接触处的质膜形成局部融合,出现凹陷,构成原生质桥,成为细胞间通道并逐渐扩大,直到两个原生质体全部融合。

PEG 的相对分子质量可分为几种,适用的相对分子质量为 1000~6000,不同种类微生物对 PEG 分子质量的要求不尽相同。放线菌适用相对分子质量常为 1000~1500,也有人使用 4000~6000,真菌一般采用 4000~6000,细菌用 1500~6000。PEG 常用浓度为 30%~50%,但随微生物种类不同而异,实际工作中要做预备试验。真菌在 30% 左右效果较好,低于 20% 失去稳定性,导致原生质体破裂,高于 30% 会引起原生质体皱缩,过高还会产生中毒现象。链霉菌适宜浓度为 0~50%。

此外，电场和激光是原生质体融合中较常用的物理融合剂。

(1) 电融合。电融合是由 Senda 等于 1979 年提出的，Zimmerman 等于 1980 年创立了电融合方法。电融合主要分为两个阶段：首先是将原生质体悬浮液置于大小不同的电极之间，然后在交流 (AC) 非均匀电场作用下，细胞受到电介质电泳力 F 的作用，根据双向电泳现象，原生质体向电极的方向泳动。与此同时，细胞内产生偶极化，促使原生质体相互粘连，并使细胞沿电力线方向排列成串，待融合细胞之间形成紧密接触（图 12.5）；然后在外加瞬间高频直流强电压作用，以 50μs 的时程脉冲冲击原生质体粘连点，扰乱原生质体膜的分子排列，使之穿孔，然后发生原生质体膜复原过程，相连接的原生质体发生融合（图 12.6）。

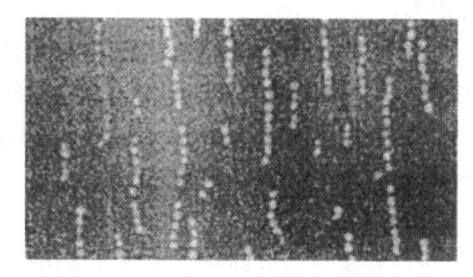

图 12.5　原生质体在电场作用下沿电力线方向排列

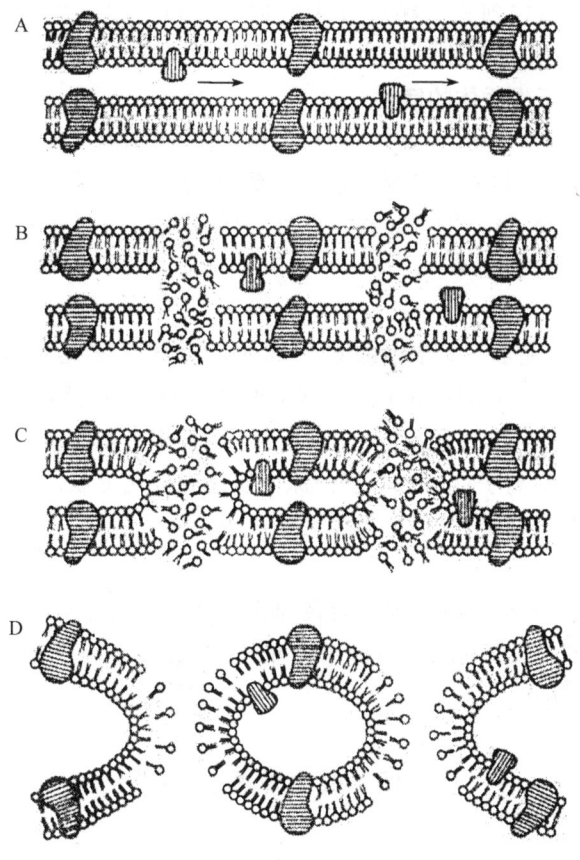

图 12.6　电场作用下原生质膜被击穿的过程
A. 原生质体膜相互粘边；B. 外加电压下，质膜分子排列扰乱；C. 粘连原生质膜在强电压下分子排列严重受扰；D. 最终导致原生质体膜穿孔，相连原生质体间形成通道

研究表明，电脉冲幅度、宽度、波形和个数等因素对质膜通透性变化都有较大影响。电融合适用于动物、植物和微生物等各类细胞，而且融合效率高、无残余毒性、参数容易控制，还能

直接在显微镜下观察融合过程。电融合频率可比 PEG 法提高 10 倍以上，在育种中的应用日益增多。

(2) 激光诱导融合。激光诱导融合是让细胞或原生质体先紧密贴在一起，再用高峰值功率密度激光对接触处进行照射，使质膜被击穿或产生微米级的微孔。由于质膜上产生微孔是可逆过程，质膜在恢复过程中细胞连接小孔的表面曲率很高，处于高张力状态，细胞逐渐由哑铃形变为圆球状时，说明细胞已融合了。影响原生质体融合的关键是要控制微束激光的能量级，应使其稍低于质膜上产生明显微孔的能量密度。激光融合优点是毒性小，损伤小，定位性强，还可在融合前或融合后有选择地用激光对细胞的某个细胞器施加作用。

2. 温度

温度对原生质体融合率有一定的影响，有学者研究认为，高温会降低 PEG 黏度，增加质膜流动性，有利于融合。丝状真菌适宜融合的温度约为 30℃；而细菌原生质体融合的适温往往偏低，据认为 4℃ 或 20℃ 比 37℃ 更好；放线菌通常在常温（约 20℃）下进行融合。总的来说，在 20～30℃ 下进行融合效果较理想。融合处理时间从 1min～1h，但绝大多数微生物在 1～10min，处理时间过长，原生质体因脱水而失活，时间过短则融合率低。

3. 亲株的亲和力和原生质体的活性

这两方面与融合率关系密切，因此，事先对亲株特性、亲和能力的研究，以及制备具有高活性的原生质体十分重要。亲和力是指双亲亲缘关系，最好是亲缘关系近些，远缘融合染色体交换后重组体不稳定，易分离，影响融合效果。此外，对亲株原生质体先进行紫外线照射处理，然后再融合，也能显著提高融合频率。

4. 无机离子

在 PEG 介导融合时，通常一定浓度的 Ca^{2+} 和 Mg^{2+} 能更有效地促进融合。通常所用浓度为 $CaCl_2$ 0.05mol/L，$MgCl_2$ 0.02mol/L。各种菌类又有所不同，丝状真菌融合时 $CaCl_2$ 浓度以 0.001～0.01mol/L 为佳，酵母菌以 0.05mol/L 时融合率最高。

电场融合时，混合液中离子存在对电场及原生质体偶极化形成偶极子有一定影响，会干扰融合，一般采用糖或糖醇为稳定剂，尽量减少无机离子。

5. 其他条件

两亲株原生质体融合时，需要达到一定的细胞密度。一般具有活性的原生质体浓度为 10^7～10^8 个/ml，不少于 10^6 个/ml，并且应采用年轻的、含残余菌丝少的原生质体进行融合，这些都有助于提高融合频率。

四、融合体再生

(一) 融合后子代的再生

双亲融合后形成的融合体不等于重组体，以霉菌来说，可能是异核体或杂合二倍体或重组体，它们融合后营养互补，经过再生，均可在基本培养基上形成菌落。

融合体的再生，包括融合体细胞壁合成、重建和融合体的再生，具体过程与一般原生质体再生相同。细胞壁的重建只是再生过程中的一步，当完成原生质体再生后，进而发育形成菌落。整个过程称为复原，复原的含义，不仅指原生质体本身形成细胞壁，而且还包括从原生质体细胞上长出有细胞壁的菌丝体。原生质体的再生、复原过程是一个复杂的生物学过程,其中包括细胞本身的调节和修复。以酿酒酵母为例,细胞壁成分的生物合成是伴随着体积的增大和细胞核的分裂进行的,其再生过程为:先在原生质体表面形成纤维网状物,然后逐一沉积其他成分。这一期间由于原生质体脱去细胞壁,而停止了核分裂和胞质形成的同步性,在细胞壁再生过程中,只有核的复制,而细胞质不分裂。经过培养,从该细胞上一处或多处长出第一代芽管,接着长成菌丝并产生分枝。细胞的形状不一定典型,可能形成一个多核细胞。继续培养十多个小时,长出第二代芽管,经过有丝分裂和胞质分离,回复到原来细胞形态,呈典型的椭圆形酿酒酵母细胞,并再生形成菌落(图12.7)。

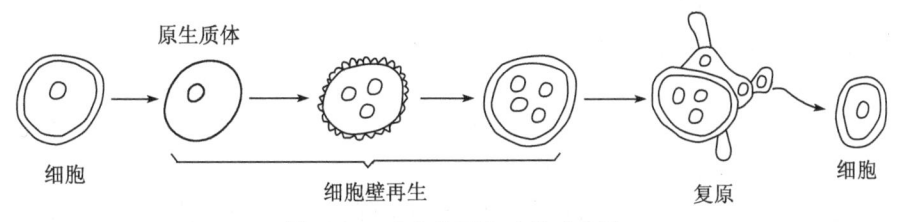

图 12.7 融合体再生过程示意图

原生质体复原后,细胞的生理和生物学特性可恢复正常状态。但其中对一些质粒是有影响的,尤其对该菌某些代谢功能调节方面不是必需的质粒,如控制合成抗生素的质粒等,在细胞中可能消除。据报道,由天蓝色链霉菌分离的原生质体,经再生,回复到正常细胞时,往往脱落大部分质粒。

融合原生质体与非融合原生质体一样对外界条件异常敏感,必须悬浮于一定的高渗溶液中。再生培养基中要加入某些物质作为渗透压的稳定剂,这与制备原生质体时是相同的。再生培养基可以采用添加 Ca^{2+}、Mg^{2+} 的完全培养基,或者是高渗基本培养基。含有融合原生质体的悬浮液分离在完全培养基上,不管已融合的还是非融合的原生质体都有可能再生而长出菌落。在基本培养基上则只有那些营养得到互补的融合体才能得到再生和形成菌落,但由于营养贫乏,再生速度慢,频率低。酵母菌、细菌的融合原生质体再生方法常用双层平板法,这与融合前原生质体再生率测定相同。以 *Saccharomyces* 酵母为例,在含有 0.6mol/L KCl 的琼脂板上,加入经融合后的悬浮液 0.1ml,接着在其上倾入保持 40~45℃的同一种培养基10ml,混合均匀,于30℃培养 7d,使融合体再生并形成菌落。霉菌和放线菌除了用双层平板法外,也可把原生质体直接分离到高渗培养基平板上,同样能得到再生菌落。

(二) 融合体的检出与分离

融合体中除重组体外,还有异核体或部分结合子、杂合二倍体或杂合系,这些都会在平板上形成菌落,检出融合体的方法有多种,在育种工作中可根据实验目的和微生物不同加以选择,下面是在原生质体融合育种中经常采用的方法。

1. 利用营养缺陷型标记选择融合体

这是一种传统而有效的选择方法,其检出设计的原则是在分离的培养基上只有融合体生长而不能让双亲本原生质体形成菌落。融合的双亲带有不同营养缺陷型标记,原生质体融合处理后的混合物直接分离到基本培养基上就可检出融合体。其原理是缺陷型的双亲由于丧失了合成某种物质的能力,它们在基本培养基上不能生长、繁殖,部分单亲原生质体的同源融合体也不能在基本培养基上形成菌落,只有双亲原生质体的融合体因营养物质互补而形成菌落。

融合亲本也可以一方为营养缺陷型而另一方具有抗药性或其他性状,此法较为准确可靠,在基本培养基上长出的菌落即可初步判断为融合体,缺点是易使部分表型延迟的融合体漏选。为了避免遗漏,可事先将融合体在完全培养基上诱导一段时间,使其活力得以恢复,然后除去完全培养基后,再转入到基本培养基上培养,分离。

此法除以上不足之外,工作量大,且营养缺陷型标记会使亲本的优良性状丧失或降低。

2. 利用抗药性选择融合体

微生物的抗药性是菌种的重要特性,是由遗传物质决定的。不同种的微生物对某一种药物的抗性存在差异,利用这种特性也可用于融合体筛选。Bradshaw 和 Perdy 于 1984 年首先采用这种方法检出融合体。他们以 *Apergillus nidulans*(营养缺陷型,吖啶黄抗性)和 *Apergillus rugulosus*(原养型,吖啶黄敏感)为双亲本,经原生质体融合处理后在含有 25μg/ml 或 50μg/ml 吖啶黄的基本培养基上检出融合体。

应用此法要注意药物的浓度,过高会使融合频率降低,过低则会使亲本生长,影响融合体的检出。

3. 用灭活原生质体检出融合体

产朊假丝酵母原生质体与酿酒酵母原生质体融合时,用碘乙酸处理亲本之一的产朊假丝酵母原生质体灭活,然后双亲原生质体融合,利用形态差异选择融合体。除药物灭活之外,还可以采用紫外线或温度灭活。

灭活法有一个不足之处,制备原生质体过程中由于菌丝酶解不彻底往往混有一些菌丝碎片或完整细胞,它们在灭活时比原生质体具有更强的抗性,当与融合体一起在选择培养基上生长时会优先形成菌落,从而抑制融合体生长。因此,用于融合的原生质体纯度要高,必须经过一定的方法分离纯化,除去菌丝残片。

4. 利用荧光染色法选择融合体

荧光染色法是事先使双亲染色而携带不同荧光色素标记,然后在显微操作器和荧光显微镜下,挑取同时带有双亲原生质体荧光标记的融合体,直接分离到再生培养基上再生,最后得到融合体。

具体方法如下所述。制备原生质体时,在酶解液中加入荧光色素,使双亲原生质体分别携带不同的荧光色素标记。它对原生质体活力无影响,携带色素的原生质体能正常进行融合并具有再生能力。融合处理时,在荧光显微镜下能观察到融合过程,并通过显微操作仪,直接挑选出已发生融合而带有两种荧光色素的融合体。使用这种方法时,两种荧光染料的区分要明显,并注意染料的浓度和处理时间。此法简便易行,保持了亲本的优良遗传特性,是融合体选择法的发展趋势,但对仪器设备要求高,有条件的实验室采用此法能提高育种效率。融合体确定的主要依据:通过特定波长的激发光,用分光镜及滤波器观察,有三种情况出现:个体上同时观察到双亲的两种荧光色素,即可判断为融合体;个体上只表现双亲中一种染色的荧光色素,是没有融合的原生质体;个体上不发出荧光色素,可能是失活原生质体。

利用荧光染色技术进行融合体选择时应注意几点:首先应选择对原生质体形成、再生无影响的荧光色素,同时用于双亲染色的两种荧光物质颜色分辨上要有明显的差别;各种荧光色素在使用前要确定合适的有效浓度;色素的有效处理时间不能超过 24h。

5. 双亲对碳源利用不同而检出融合体

利用亲株对各种碳源的利用差异,结合其他特性分离筛选融合体。例如,酿酒酵母 89-1 为呼吸完整,不能利用木糖,对放线菌酮敏感。另一亲株能利用木糖,经诱变剂处理,挑选失去线粒体的呼吸缺陷型菌株,抗 $20\mu g/ml$ 放线菌酮。双亲的原生质体融合后,在含有木糖和 $20\mu g/ml$ 放线菌酮的选择培养基上检出融合体。因为双亲原生质体都不能生长,只有重组后的融合体才能在选择培养基上生长。此法适应的种类范围相对较小。

6. 融合体的其他选择方法

除上面这些方法可以较准确地选出融合体外,还有一些辅助性方法用于融合体的检测。虽然依靠这些方法单独定论是否为融合体证据不充分,但它们各自都从不同方面证实融合发生,因而常被用作非人工标记鉴别融合体的辅助性方法。①对昆虫的毒力测定进行融合体的选择,至今还未见到利用毒力变化进行融合体检测的报道,但是在金龟子绿僵菌等虫生真菌常规育种时,利用杂交双亲的毒力与重组体毒力的不同进行后代的选择;②利用形态差异选择,通过形态差异进行融合体选择,这一方法首先要求所采用的菌株具有可供肉眼直接观察的形态学差异,目前只有在青霉的育种过程中采用了此方法;③生化测定指标选择融合体,通常测定的生化项目有 DNA 含量、氨基酸含量、酸性磷酸酶、同工酶和电泳等。

DNA 含量的测定有两种方法:一是提取 DNA 后,以紫外分光光度计测定其含量;二是直接以显微分光光度计测定孢子或菌丝的 DNA 含量。一般来说,融合子的 DNA 含量高于任何一个亲本的 DNA 含量,但却少于双亲 DNA 含量之和。一般情况下,比较融合子与双亲氨基酸含量百分比,电泳测定亲本和融合子酸性磷酸酶同工酶和酯酶同工酶酶谱,两者的酶谱存在着一定的差异。

以上都是一些常见的融合体选择方法,实际应用中往往是将上述这些方法结合使用,如将营养缺陷型与抗药性或抗药性与原生质体灭活等相结合选择融合体。融合体检出后,还要结合一些生化分析方法对其进一步鉴定。

五、融合重组体检出与遗传特性分析

在检出融合体的基础上进一步从中分离重组体,并试验其遗传稳定性。检出和鉴别融合重组体细胞的主要依据是亲本的遗传标记,同时还要结合 DNA 的含量和孢子形态等遗传学和形态学方面特性加以确定。常用的方法有:菌体或孢子形态和大小的比较,DNA 含量的测定比较,同工酶电泳谱带的比较,酶活性的测定,代谢产物组成和产量的分析比较与测定,对营养物质的利用及超微结构的变化等。另外,还要对重组体含染色体的拷贝数及稳定性进行研究,综合研究其各种性质,从而判断它是异核体、杂合二倍体,还是重组的二倍体或单倍体。

(一) 重组体的检出和鉴别的方法

1. 直接选择法

把 PEG 处理或经电场处理的融合产物直接分离在基本培养基上或选择性培养基平板上,其中,融合体由于营养互补,经过再生,长出的菌落为融合菌落,同时还涂布于完全培养基上,以作对照,则可直接检出融合细胞(图 12.8)。一般丝状真菌核融合需要基本培养基的强制培养,都是采用直接选择法。此法虽简便易行,但难以检出那些表型延迟而基因却已重组的融合重组体。

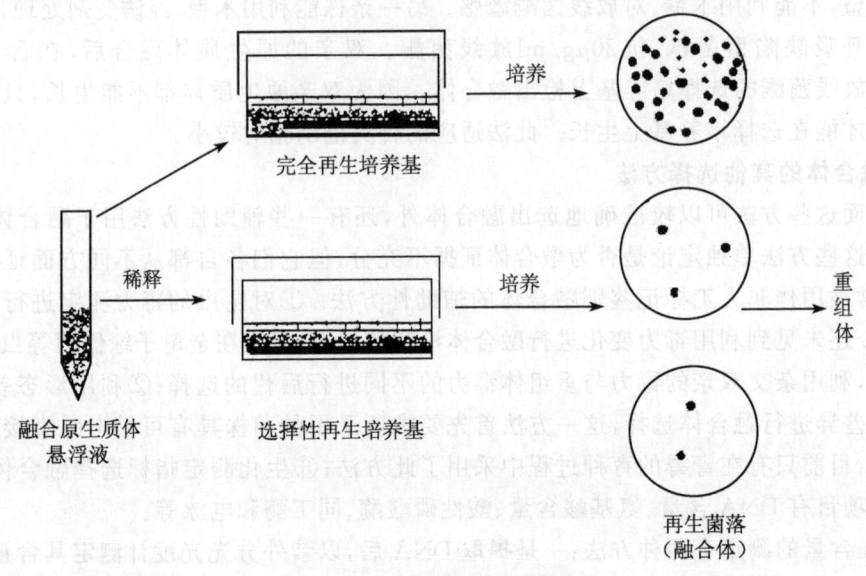

图12.8 直接法选择分离融合体

2. 间接选择法

把融合产物先分离到完全培养基上,使原生质体再生形成菌落。但是在该培养基上融合体和非融合的亲本原生质体都会生长。所以需要把再生菌落上的孢子进一步用影印法,分离到各种选择性培养基上,从长出的菌落分离重组体(图12.9)。这种方法连表型延迟的融合体也能检出来,但对融合频率低的菌株来说,在完全培养基上产生的绝大多数菌落是由没有融合的原生质体形成的,要检出重组体需要花相当多的时间和人力。

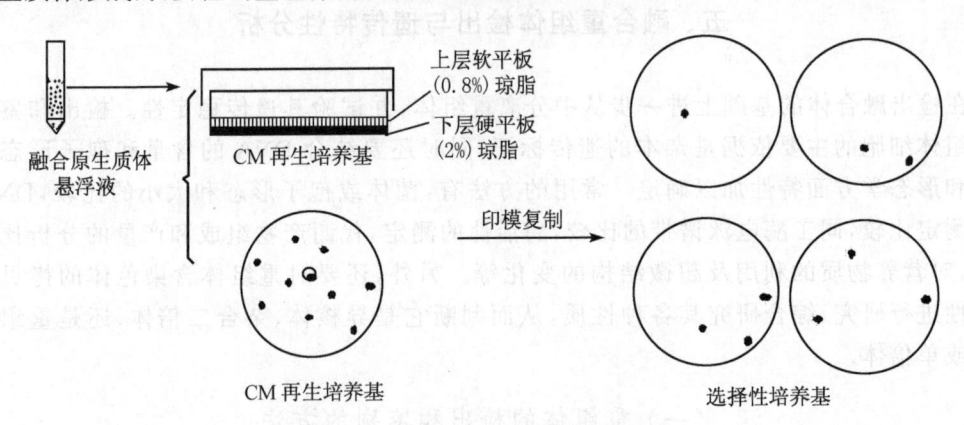

图12.9 间接选择法分离融合重组体

3. 钝化选择法

钝化选择法即指用灭活原生质体和具活性原生质体融合。直接选择法和间接选择法各有优缺点,直接选择法只需要一步就可得到重组体,而且大多数重组体是稳定的,缺点是表型延迟的重组体不能检出。而间接选择法能让细胞壁更好地再生,表型延迟重组体容易检出,但需要两步才能检出重组体,而且复制平板得到的重组体是不太稳定的。不管直接选择法还是间接选择法,通常都要用营养缺陷型作为遗传标记,它们融合后获得的重组体不一定能提高目的产物的产量。为了弥补它们的不足,又发展了钝化选择重组体的方法。先把亲本中的一方原生质体在50℃热处理2~3h,使融合前原生质体代谢途径中的某些酶钝化而不能再生和形成菌落,但其部分遗传物质(标记基因)可以和另一未灭活的亲株(营养缺陷型)原生质体融合而得到重组体。由于灭活亲株原生质体和营养缺陷型亲株原生质体在基本培养基上都不能生长,所以只有融合体才能形成菌落。在融合过程中灭活的一方是供体,另一方则是受体,遗传物质从供体传递到受体中。灭活方法除加热外,还可用紫外线照射或某些药物处理。亲株中任何一方或双亲原生质体都可以灭活而作为供体。灭活可作为仅有少数标记基因和另一个是原养型亲本融合选择重组体的一种有效方法。

(二) 融 合 率

如采用直接法,融合率的计算公式为

融合率(%)=基本培养基上再生的菌落数/完全培养基上再生的菌落数×100%

如采用间接法,融合率的计算公式为:

融合率(%)=重组体后代总数/所有后代总数×100%

各类微生物之间融合频率差别很大,即使是同一个种的不同菌株也不一样。霉菌、放线菌融合率为0.1%~10%,细菌和酵母菌为10^{-3}~10^{-6}。异种间融合率比同种间又低得多,如霉菌种间融合率为0.1%~1%,酵母菌、放线菌为10^{-5}~10^{-7}。

各类微生物原生质体再生和融合率如表12.1所示。

表12.1 各类微生物的原生质体再生和融合

菌 种	原生质体再生频率/%	融合方法	重组体检出方法	融合频率
霉菌	20~70	PEG 4000~6000,30%	直接法	0.1%~10%
细菌	90~100	PEG 6000,35%~40%	间接法 直接法	10^{-3}~10^{-6}
放线菌	50~60	PEG 4000~6000,40%~50%	间接法 直接法	0.1%~10%
小单孢菌	50	PEG 6000,40%	间接法	10^{-3}~10^{-4}
天蓝色链霉菌	1~10	PEG 1000,43%	间接法	5%~20%
弗氏链霉菌	50	PEG 6000,36%	直接法	0.3%
枯草杆菌	1~10	PEG 6000,36%	间接法	10^{-5}~10^{-6}
大肠杆菌	0.1~1	PEG 6000,约40%	直接法	10^{-3}
酵母菌	20~31	PEG 6000,30%~35%	钝化灭活法	10^{-6}~10^{-7}
曲霉	70~80	电融合	直接法	0.1~0.2
放线菌	—	电融合	钝化灭活法	10^{-3}~10^{-4}
生米卡链霉菌	—	电融合	直接法	10^{-2}

（三）DNA 含量及孢子形态测定

1. DNA 含量测定

通过某些生化指标及孢子形态测定，可以进一步帮助鉴别重组体。通常测定的项目是二倍体和单倍体亲株的 DNA 含量，通过显微分光光度计直接测定孢子或菌丝细胞核中的 DNA 含量；也可用生化方法提取 DNA 后用二苯胺或紫外分光光度计测定其含量。

2. 单倍化

霉菌原生质体融合产物中除含有杂合二倍体、重组体外，还会产生一种暂时融合的菌株，即异核体。以上三种融合产物都会在基本培养基上生长成为菌落。但异核体菌株是不稳定的，在繁殖过程中会分离成亲本分离子，有时异核体可延续几代。要获得真正的重组体，从再生培养基上挑取的融合体细胞，必须进行连续几代的自然分离、纯化，才能获得表型稳定的重组体，也可使用单倍化剂（重组剂）处理，打破二倍体的相对稳定性。

3. 有关酶活性及孢子体积测定

酶活性方面，主要检测重组体与双亲本的淀粉酶、蛋白酶等水解酶及脂肪酶、氧化酶等的同工酶酶谱。孢子体积测定是用显微测微尺测定和比较它们的大小。

此外，菌落形态及颜色变化在重组体检出与鉴定中也是一个重要指标，以显微摄影照片及电镜片记录下菌丝、细胞或孢子的形态变化。

4. 分子生物学方法

比较亲本与重组体的 DNA 限制性内切核酸酶酶解片段或进行核苷酸片段的序列分析。前者通过比较电泳图谱，后者可用核酸序列分析仪测定，比较核酸片段的核苷酸组成与排列。

以育种为目的的融合，代谢产物的产量或质量是检测的重要依据。

六、原生质体融合的应用

原生质体融合技术在微生物育种中的应用已经相当广泛，应用范围主要包括以下几方面。

1. 提高产量或质量，合成新物质

在抗生素的研究中，原生质体融合技术不但可用于提高抗生素的产量，同时还可利用重组体产生新的抗生素。国内学者通过诺卡氏菌原生质体融合，发现有 4 株重组体产生亲本不具有的甾体转化中间体，还有三株能合成亲本没有的抗生物质，另外还得到一株甾体转化活力比亲本明显提高的融合重组体。对这一现象，Hopwood 等的解释为：在链霉菌中可能存在着大量的没有表现遗传功能的沉默基因，若能使这些基因得到表达，这类微生物就有可能合成更多的次级代谢产物。研究表明，突变、外源 DNA 片段的插入及种内或种间的杂交都可能使某些链霉菌产生原来没有的新物质。

2. 改良菌种遗传特性

通过原生质体融合技术使两个亲本菌株的遗传物质得到重组，从而获得兼具两个亲本优良性状的新菌株。例如，苏云金杆菌以色列变种能产生杀虫毒素，主要毒杀双翅目昆虫，而苏云金杆菌库斯塔基变种产生的毒素蛋白主要杀鳞翅目昆虫。应用原生质体融合技术，可得到对鳞翅目昆虫和双翅目害虫都具毒杀能力的重组菌株。酿酒酵母是酿酒生产的菌种，在发酵后期，那些能凝集并形成絮状的酵母称为凝集性酵母，而那些沉淀性不好的酵母称为粉状酵母。具有良好凝集性的酵母可使酿酒发酵液澄清速度加快，降低酵母分离时的能量消耗，并且还可防止酵母在发酵液中长时间悬浮，导致细胞自溶而影响啤酒的风味。酿酒酵母的凝集特性由其本身的遗传特性决定，一般凝集性较好的酿酒酵母往往发酵度偏低。如果应用原生质体融合技术就能选育出既有较高的发酵度又具有较强的凝集性的融合重组菌株。有研究者利用β-淀粉酶高产菌株多黏芽孢杆菌（Bacillus polymyxa）和产耐热性β-淀粉酶，但活性低的芽孢杆菌菌株进行融合，得到了一株产酶能力介于两亲株之间，而酶的热稳定性较高的融合株。

3. 优化菌种发酵特性

许多微生物能在较高的温度下生存，有的能在 45～65℃甚至更高温度下生长，有的耐热菌可在 98℃的温泉中生长繁殖。这种耐热特性在工业上具有很重要的应用价值。储如，在酒精酿造中，酿酒酵母在 40℃时产酒率明显下降，要降低发酵液的温度，必须消耗大量能源。因此，将酿酒酵母 396（能利用甘蔗糖蜜生产酒精）和假丝酵母 C6（45℃生长良好）原生质体融合，筛选得到在 40℃条件下培养，原料利用率达 94.3%，乙醇产量为 59.7g/L 的属间融合株。

4. 质粒转移

微生物可通过转化、转导、接合和转染等多种方式传递遗传信息，但有些微生物不具备这些条件，它们的遗传物质传递研究和育种工作皆受到一定的限制。由于原生质体融合可在种内、种间甚至更为远缘之间进行，因而通过原生质体融合有可能将质粒转移到非感受态菌株中，为基因转移和育种提供了新的途径。

5. 原生质体与细胞核融合

现在还发展了细胞核与原生质体融合的方法，实现细胞核的直接转移。该法首先制备营养缺陷型亲株的原生质体，然后使其在低渗溶液中破裂而释放出细胞核，通过蔗糖密度梯度离心，收集细胞核。将细胞核与受体菌原生质体混合，在 PEG 和 Ca^{2+} 存在下进行融合，分离到基本培养基上选择融合子。这一转移机制为：在 PEG 和 Ca^{2+} 存在条件下，受体菌原生质体在融合过程中，随着细胞膜的融合，捕获了供体菌的细胞核并将其摄入原生质体中。应用这一技术可研究核与核、核与胞质之间的相互关系，并为育种工作提供了新的模式。

6. 进行遗传分析

对于基因组研究较少的微生物，在进行遗传作图时，要建立连锁群，并研究各连锁群之间的相互关系，原生质体融合是微生物遗传交换染色体作图的重要方法。

原生质体融合技术由于不完全受亲缘关系的影响，遗传信息传递量大，不需要很详细了解双亲的遗传背景，因而便于操作。这一技术为遗传操作、分子生物学和遗传学基础理论研究提供了一种重要工具，也是遗传育种的一条有效途径。

第二节 放线菌原生质体融合育种

放线菌是抗生素、酶制剂、免疫调节剂等多种代谢产物的重要工业生产菌。原生质体融合不仅打破了异源亲本间的遗传障碍，而且可以提高抗生素的产量，改变多组分抗生素的比例，甚至产生新的代谢产物。Okanishi 等于 1974 年首先报道用溶菌酶制备链霉菌原生质体的方法，并在再生培养基上获得再生，为放线菌的原生质体融合奠定了基础。第一例放线菌原生质体融合的报道是 Hopwood 等在 1977 年发表的。此后，这项育种技术在放线菌的遗传育种中得到迅速发展，特别在抗生素产生菌的优良菌种选育中得到广泛应用。随着原生质体技术的发展,其已成为放线菌菌种选育的有效方法。例如,余柏松等用电融合方法,使用紫外线灭活生米卡链霉菌(*Streptomyces myarofaciens*)高产菌株与另一脯氨酸缺陷型菌株的原生质体融合,获得高产重组子,麦迪霉素产量提高77%,并使有效组分 A_1 的比例增加。

一、放线菌细胞壁组成、结构及水解

(一) 细胞壁组成和结构

放线菌细胞壁组成和结构类似于革兰氏阳性菌,但不同种类有差别,培养基成分和培养条件也对菌丝生理状态和细胞壁组成与结构影响极大,导致菌丝细胞壁对水解酶敏感性差异。如在培养基中加入甘氨酸,对许多放线菌制备原生质体都有促进作用。因为甘氨酸对细胞壁肽聚糖交联有抑制作用,使细胞壁结构更疏松,有较多的菌丝体断裂成碎片,便于水解酶渗透和降解细胞壁。甘氨酸浓度常用0.1%~2%,不同菌种之间差别较大,一般还须通过预备试验摸索。蔗糖也有类似作用,它是通过干扰生长代谢,使其生长不正常。蔗糖加量为10%,如果二者复合处理则均需适当降低浓度。

(二) 细胞壁水解

1. 水解酶

放线菌细胞壁主要成分为肽聚糖,最有效的水解酶为溶菌酶。也有报道称除溶菌酶外,再加入消色肽酶效果更佳。酶液浓度一般为0.1%~1%。

2. 酶解环境条件

酶解条件对原生质体制备和再生影响很大,它一方面关系到水解酶的活性能否有效发挥,另一方面关系到形成的原生质体活性的稳定,理想的酶解环境应该是两者兼顾并取得平衡。

由于原生质体去除了外周的细胞壁,仅剩一层原生质膜包被,对渗透压特别敏感,故酶液采用含有维持稳定作用的高渗溶液。放线菌的稳定剂浓度一般为0.3~0.5mol/L 蔗糖或琥珀酸二钠。同时,在酶液中往往添加对原生质膜有保护作用的 Ca^{2+} 或 Mg^{2+},浓度均为0.01%。有时还添加一些对酶具有激活作用的激活剂或促进剂,如金属离子、微量元素等。此外,为了维持水解体系中的pH稳定,常用缓冲溶液配制酶液。所有这些构成了复杂的酶解化学环境,众多的化合物对酶和原生质体活性有着正面或负面影响,应综合考虑,将不利影响降至最小。

此外,原生质体制备过程中酶解系统的温度、振荡频率、酶解器具、通气状况和细胞密度等构成原生质体制备的物理环境,它们对原生质体形成和活力都有影响。

二、放线菌原生质体融合育种技术

(一) 培养基与试剂

1) P 溶液(g/L)　蔗糖 103,* KH_2PO_4 0.05,* $CaCl_2 \cdot H_2O$ 3.68, K_2SO_4 0.25, $MgCl_2 \cdot 6H_2O$ 2.02,微量元素母液 2ml,* TES 5.73 。

微量元素母液配方(mg/L): $ZnCl_2$ 40, $FeCl_3 \cdot 6H_2O$ 200, $CuCl_2 \cdot 2H_2O$ 10, $MnCl_2 \cdot 4H_2O$ 10,

Na$_2$B$_4$O$_7$·10H$_2$O 10,(NH$_4$)$_6$Mo$_7$O$_{24}$·4H$_2$O 10。

2) P3 溶液(g/L)　　蔗糖 171,*CaCl$_2$·H$_2$O 0.73,MgCl$_2$·6H$_2$O 1.00,NaCl 4.13,*TES 缓冲液(pH 7.2,0.025mol/L) 10ml。

3) R2 培养基(g/L)　　蔗糖 103,MgCl$_2$·6H$_2$O 10.12,*CaCl$_2$·H$_2$O 2.95,K$_2$SO$_4$ 0.25,葡萄糖 10,水解酪蛋白 0.1,*KH$_2$PO$_4$ 0.05,L-脯氨酸 0.3,*TES 缓冲液(0.25mol/L,pH 7.2) 10ml,NaOH(1mol/L) 0.5ml。

4) R5 培养基(g/L)　　蔗糖 103,K$_2$SO$_4$ 0.25,MgCl$_2$·6H$_2$O 10.12,葡萄糖 10,水解酪蛋白 0.1,微量元素母液 2ml,*TES 5.73。

5) S 培养基(%)　　葡萄糖 1.0,蛋白胨 0.4,酵母膏 0.4,MgSO$_4$·7H$_2$O 0.05,KH$_2$PO$_4$ 0.2,K$_2$HPO$_4$ 0.4,pH 7.0。

以上加 * 成分表示分开灭菌。

(二) 菌体培养及预处理

放线菌为丝状原核微生物,制备原生质体所需的菌丝可以采用液体摇瓶培养或固体平板玻璃纸法培养。

1. 液体培养法

新鲜制备的孢子悬液按 10% 接种量接入 S 培养基,于 28℃ 振荡培养,培养周期为 24～48h,然后移入含预处理剂(0.2%～4% 甘氨酸)的 S 培养基中,移种量为 20%,培养条件同上,培养 24h,约为对数中、后期,取样离心,转速为 3000r/min,离心 15min。弃上清液,得菌丝体。用 P 高渗溶液洗涤,离心。

2. 玻璃纸培养法

制备 S 培养基固体平板,培养基中含适量甘氨酸。玻璃纸浸于蒸馏水中灭菌,然后取出铺于平板上,用玻璃涂布棒挤出气泡。吸取新鲜制备的孢子悬液,点种于玻璃纸上,28℃ 下培养 24～36h。用 P 高渗溶液洗下玻璃纸上的菌丝体,离心收集。也可直接将玻璃纸剪成小片,进行酶解,制备原生质体。

(三) 原生质体制备

用 P 高渗溶液溶解水解酶,经无菌的 G6 型砂芯漏斗或 0.45μm 孔径醋酸纤维膜过滤除去杂菌。

将以上经过培养取得的菌丝体和无菌酶液加入到无菌培养皿中(玻璃纸法培养时可直接将玻璃纸放入酶液中),用 P 高渗溶液调成一定浓度,30℃ 恒温水浴 60min,慢速振荡酶解,每隔 15min 取样镜检,观察原生质体形成和释放情况,以确定酶解终点。用 10ml 吸管吹吸数次以加快原生质体释放,然后加入 P 缓冲液,再吹吸几次,用棉花或数层擦镜纸过滤,离心沉淀原生质体,P 高渗溶液悬浮,计数、再生或 −20℃ 保存备用。

放线菌菌丝较细,原生质体也相应较小,用一般染色法在光学显微镜下较难观察。要观察其原生质体释放过程和进行计数必须借助于相差显微镜。大多数放线菌经过溶菌酶保温酶解处理 15～60min,就可见到原生质体释放,注意酶解时间的控制,在大部分菌丝都已原生质体化后即应终止酶解,否则可能造成再生率下降。

某些放线菌菌株用溶菌酶处理 1h 以上也未见原生质体释放,此时则应考虑以下的影响因素:溶菌酶浓度是否太低,可将菌悬液离心后,菌丝沉淀重悬浮于更高浓度的酶解液中;菌丝的菌龄和生理状态不适合;预处理药物浓度和处理条件及时间未掌握好等。在理想条件下,各种放线菌经溶菌酶处理后的原生质体悬液在显微镜下观察,大部分是球状体。

(四) 原生质体再生

把已制备的原生质体悬液,分别以 P 高渗稳定液及无菌水稀释,涂布于再生培养基平板上,于 28℃保温 5~6d,待长成菌落后分别计数。

原生质体再生频率的测定:经 P 液稀释后长出的菌落数(A)代表原生质体制备中的细胞总和;经无菌水稀释后长出的菌落数(B)代表非原生质体化的细胞,即未酶解的细胞数。这样可以求得真正原生质体数和原生质体再生率。

P 液中的 TES(三羟甲基氨基乙烷磺酸)或 Tris(三羟甲基氨基甲烷)对原生质体再生有一定影响。目前国内用的 TES 均为进口,价格昂贵,常用 Tris 作为 TES 的代用品,加入 P 液和再生培养基中。Tris 通常用量为 2%,在较低浓度范围内,Tris 对原生质体再生的影响不大。

放线菌原生质体在 −20℃冷冻保存对其再生有一定的不良影响,但一个月内,其影响不是很大。在实验中,应尽量使用新鲜的原生质体进行融合。

(五) 原生质体融合与再生

1. PEG 诱导融合法

PEG 相对分子质量有效范围为 1000~6000,浓度为 25%~50%,在一定范围内浓度大的更为有效,一般认为 50%对放线菌最为适合,分子质量大小影响不大,浓度的影响较大。溶液黏度随分子质量增加而提高,渗透压随分子质量降低而增加。不同菌株原生质体融合的最适 PEG 分子质量及浓度有所不同,必须通过预备试验加以确定。放线菌 PEG 诱导融合操作如下。用 P 高渗溶液稀释两亲株原生质体,等量混合。原生质体混匀后 3000r/min 离心 15min,弃上清液,原生质体沉淀加少量 P 液悬浮,加入 50% PEG,混匀,在室温下融合 3min,加 P 液 5ml,洗涤、离心、重洗涤一次。融合的原生质体梯度稀释后接种于 R 再生培养基上,培养。

2. 电融合法

电融合法是最常用的物理方法,国内外都有先进的电融合仪和无菌电极杯出售,使用十分简便,取双亲本原生质体等量混合,转入电极杯中,接通电融合仪电源,选择合适的电容、电阻、脉冲电流后就可启动电场诱导融合。不具备条件的实验室也可自制简易电融合仪。融合过程如下所述。先将电极杯或简易融合室灭菌处理,置于超净工作台内进行融合操作。两亲本原生质体以 1:1 的比例混合(若冷冻保存,要在 30℃迅速解冻),取其少许注入电极杯或融合室中,接通主机,检查原生质体密度、溶液的稳定性等。融合条件为原生质体浓度 10^8 个/ml,然后接通高频电流,1min 后,启动脉冲电流,冲击数次,混合后,再次启动脉冲电流冲击数次,之后吸取原生质体悬液稀释分离于干燥处理过的 R 再生培养基平板上,28℃培养至菌落孢子出现,影印或挑取孢子到基本培养基上,检出融合体。同时取样分离到完全培养基上再生,以计算融合率。

电融合法的主要影响因子有以下几点。

(1) 缓冲液的盐离子浓度:有研究表明,单独采用蔗糖溶液,或者加入 $MgCl_2$ 溶液,原生质体由于渗透压低而不稳定。原生质体在电场中的泳动和细胞链的形成随着缓冲液中的盐离子浓度增加而增强，P 缓冲液加入 $MgCl_2$ 作为电融合的缓冲液，能达到较好的电融合效果。

（2）脉冲电压：为了使原生质体融合，相邻的原生质体的接触部位的质膜经电刺激穿孔或者局部破裂是必要的。未破裂的原生质体随着脉冲电压的增高而减少，并且当加入 $MgCl_2$ 后，其破裂程度增大，因此，融合液中的离子浓度也要控制。

电融合不但使融合频率增加，而且会使遗传物质的交换重组机会增加，融合子的选择性状变异范围增大，有利于选择具有优良特性的重组子。

总之，放线菌原生质体电融合技术，要掌握好电融合条件，如细胞浓度、高频交流电场电压、细胞电介质电泳时间、直流电脉冲电压、幅度和时间等。

（六）融合体的检出

研究发现，许多放线菌融合后，融合体再生时可能出现"自我抑制"作用，先长出的再生菌落抑制它们周围融合体的再生，要克服此种现象，可采用提高 10%~20% 浓度的 R5 培养基，将再生时间缩短，以减少或消除"自我抑制"，提高融合体再生率。此外，在再生平板上分离密度要尽可能稀些，避免相互干扰。

融合体检出可以采用直接法或间接法。直接法是将融合原生质体悬液适当稀释后直接分离于选择性再生平板上，长出的菌落可能是融合体菌落。用同一方法将双亲本分别涂布于同样再生培养基上作为对照，在该平板上长出的菌落为回复突变型菌落；间接法是将融合原生质体适当稀释后分离于非选择性再生培养基（完全培养基）上，28℃培养，形成菌落并产生孢子，将孢子洗下制成单孢子悬液，无菌水洗涤两次，3000r/min 离心 15min。沉淀混悬液于无菌水中适当稀释，分别分离于选择性和非选择性培养基平板上，鉴别融合菌株。双亲本原生质体也分别用相同方法进行分离，以测定回复突变率。

由于间接法能反映各类重组体频率的真实情况，也利于表型延迟菌株的生长，做遗传分析时更适于用间接法。

筛选得到的融合体经培养长成菌落，制备单孢子悬液，适当稀释后分离在非选择性培养基平板上，生长的菌落影印到各种类型的选择性培养基上，以检出各种重组体并鉴定其遗传稳定性。如果传代后随机重复测定 100 个以上菌落，均为同一种类型重组体，基本可认为该菌株是遗传稳定的重组体。

由于放线菌形态的特殊性，亲本和重组体细胞大小分析和验证较为复杂。形态方面可多侧重于菌落形态、孢子大小、颜色等性状分析。孢子 DNA 含量和同工酶分析也是常用于比较的性状。此外，放线菌，特别是链霉菌属的许多种类是抗生素等活性物质的产生菌，对亲本和重组体中这些活性成分组成与含量的鉴定也是重要指标。

第三节　霉菌原生质体融合育种

利用霉菌的准性生殖进行常规杂交已在工业微生物育种上得到应用，但重组频率低。采用原生质体融合技术也是获得霉菌融合体和重组体的有效方法，而且重组频率比常规杂交育种高得多，没有准性生殖方式的霉菌或亲和力小的菌株之间也能进行融合，扩大了杂交育种范围。第一例霉菌原生质体融合成功报道是由 Ferenczy 等首先发表的，他们通过离心法使白地霉原生质体融合。离心法使两亲本原生质体紧密贴合到一起而融合,这种方法比较原始,而且融合率极低。其后,Peberdy 等用 *Penicillium chrysogenurn* 和 *Penicillium cyanefulvum* 的原生质体进行融合,得到青霉属种间融合杂种;用同样的手段 Keve 和 Peberdy 获得 *Aspergillus nidulans* 和 *Aspergillus rugulosus* 原生质体融合杂种。以后发展迅速,由霉菌种内扩

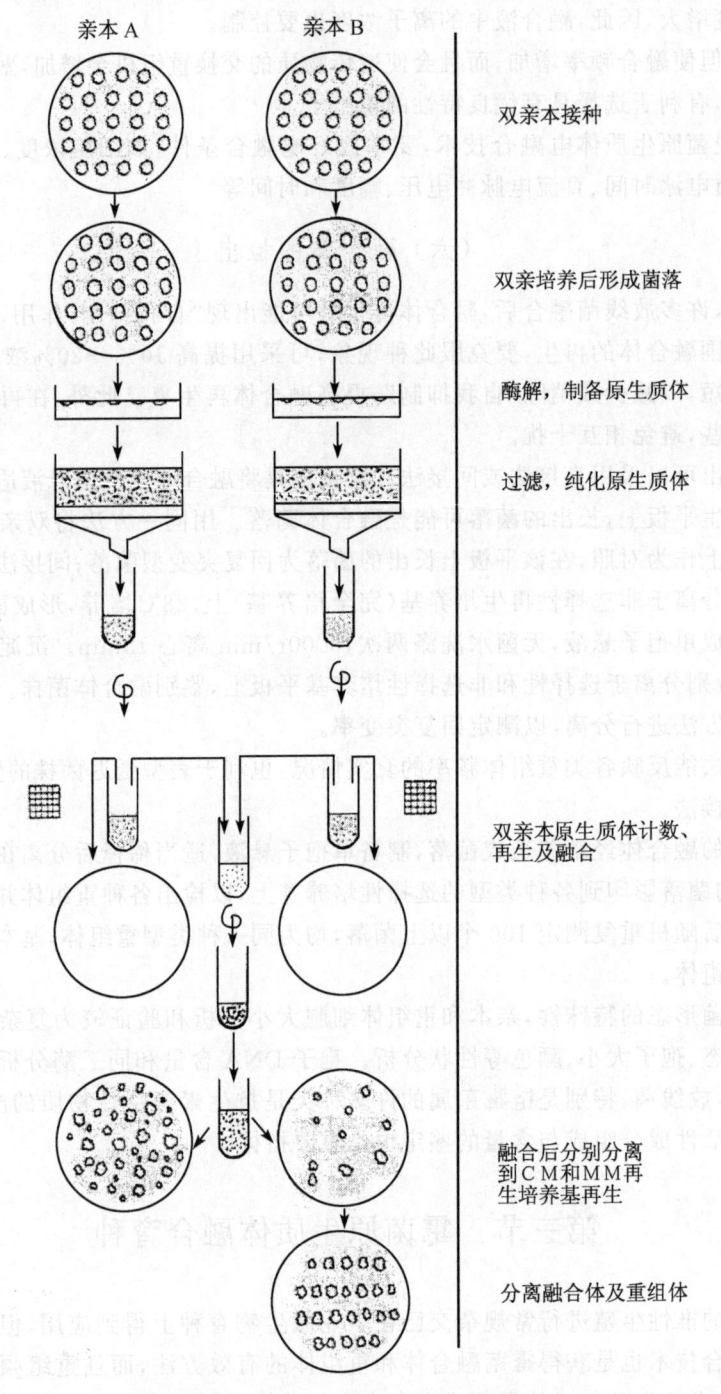

图 12.10　霉菌原生质体融合操作程序示意图

大到霉菌和酵母菌融合。实验技术从 PEG 化学促融发展到电场融合。例如,用电融合法,使产生中性与碱性蛋白酶的黑曲霉 3350 和产生酸性蛋白酶的米曲霉 3042(*Aspergillus oryzae*)菌株融合,得到优良的酱油酿造菌。

霉菌原生质体融合的基本步骤包括亲本菌株的选择和遗传标记;亲本原生质体制备和再生;双亲本原生质体融合;融合体再生和分离;融合子分离和遗传分析(图 12.10)。

培养基及相关试剂包括以下 5 种。

(1) 查氏培养基:菌丝生长培养基。

(2) 再生培养基组成(RM):同产菌丝体培养基,其中含 NaCl 浓度为 0.8mol/L。

(3) 酶溶液:蜗牛酶和纤维素酶,用 0.7mol/L NaCl 配制,G_6 砂芯漏斗抽滤除菌。有时还要使用果胶酶。

(4) 缓冲溶液:pH5.8~6.8 磷酸氢二钠-柠檬酸溶液。

(5) 高渗溶液:0.6mol/L NaCl 溶液。

用于原生质体融合的出发菌株选择十分重要,可以根据不同的融合目的采用产量高、产孢子能力强、生长快、发酵周期短等不同优势菌株为融合的亲本,通过融合后的优势互补,获得具有双亲本优良特性的重组菌株。

融合的亲本菌株还必须经过诱变方法获得选择性遗传标记,如营养缺陷、抗药性等标记;最好还带有一些非选择性标记,尤其是亲本自身形态及生理生化方面特有的生物学特性。

影响霉菌原生质体融合率的关键步骤是亲本原生质体制备、再生和融合,下面着重从这三个方面进行介绍。

一、霉菌原生质体制备

霉菌菌丝细胞壁结构对其原生质体分离和再生很重要,它的主要成分如表 12.2 所示。从物理形态和生物功能来看,组成的化学物质分为两大类:一类是纤维状物质,是由 β-(1,4)多聚物构成的微纤维,包括纤维素和几丁质,它使细胞壁具有刚性的物理机能;另一类是无定型物质,如一些蛋白质、β-1,3-甘露聚糖、β-1,6-甘露聚糖和 α-1,3-葡聚糖,它们填充在上述纤维状物质构成的网状结构之间。不同种类的霉菌细胞壁成分有所不同(表 12.3),低等的水生菌株的细胞壁成分与藻类相似,含有较多的纤维素,高等的和陆生菌株的细胞壁主要成分为几丁质。

表 12.2 霉菌细胞壁大分子组成

大分子	组 成
1. 骨架成分	
几丁质	N-乙酰-D 葡萄糖胺(以 β-1,4 糖苷键连接的同聚物)
β-葡聚糖	D-葡萄糖(以 β-1,3 和 β-1,6 糖苷键连接的同聚物)
2. 基质成分	
α-葡聚糖	葡萄糖 α-1,3 同聚物
糖蛋白	

续表

大分子	组 成
3.其他成分	
脱乙酰几丁质	
D-半乳聚糖	D-葡萄糖胺的 β-1,4 多聚物
黑色素	
脂类	

表 12.3 不同种类霉菌细胞壁组成

霉菌类型	纤维素	β-葡聚糖	甘露聚糖	脱乙酰几丁质	几丁质
鞭毛菌亚门	+	+			+
接合菌亚门			+	+	
子囊菌亚门		+	+		+

注:+表示存在该物质。

霉菌原生质体制备时,菌丝体破壁常用蜗牛酶、纤维素酶、葡聚糖酶、几丁质酶、蛋白酶或脂肪酶等水解酶。由于种类各异,细胞壁组成与结构差别大,故采用的水解酶也有所不同,必须根据所用材料加以选择。例如,青霉菌细胞壁主要成分以几丁质和葡聚糖为主,蜗牛酶就可使它们降解。蜗牛酶中还含有纤维素酶、葡萄糖苷酶、果胶酶、蛋白酶和脂肪酶等三四十种水解酶,如笔者制备扩展青霉原生质体时采用蜗牛酶和纤维素酶获得了大量活性原生质体。一般情况下利用蜗牛酶、纤维素酶或两者混合使用均可取得良好效果。纤维素酶常用日本产的 Onozuka,它有 P_{1500} 和 P_{500} 和 R-10 等型号,主要含有纤维素酶 C_1(作用于天然的和结晶的纤维素)、纤维素酶 C_x(作用于无定形纤维素),它还含有纤维二糖酶、葡聚糖酶、果胶酶、脂肪酶、磷脂酶、核酸酶和溶菌酶等杂质,不同厂家、不同批号所含杂质有变化。

双亲本菌株筛选遗传标记后可采用液体摇瓶培养法或平板玻璃纸法培养菌丝体。为了在短时间内获得大量的原生质体,通常用后一种方法,因为该法良好的通气条件可以促进菌丝繁殖。而且玻璃纸上仅有菌丝生长,而没有其他固形培养基,因此,收集的菌丝体十分干净,免去洗涤、离心等手续,减少对菌丝的伤害和杂菌污染,是一个简便有效的方法。用硫醇类化合物对霉菌菌丝体进行预处理,可提高原生质体产量。它们是使细胞壁中蛋白质的二硫键还原、打开,从而使酶容易进入细胞壁,加快细胞壁酶解作用。

原生质体分离操作如下所述。取 10^7 个/ml 孢子浓度悬液,涂布于平板表面的玻璃纸上,28℃培养后,用无菌镊子将培养 40~48h 菌丝体的玻璃纸转移并倒在已配好的酶液内,轻轻抖动玻璃纸,菌丝体即散落酶液中,然后去除玻璃纸,在 28℃下酶解,轻微振荡,定时取样观察原生质体释放情况。霉菌在酶解液中原生质体的释放过程为:酶解 15~20min 后,菌丝顶部首先膨大,形成一个小球状体,菌丝内原生质通过孔道不断流向球状体,使球状体逐渐变大,当增大到一定程度,纤细的孔道支持不住,球状体开始晃动,最后从孔道上脱落,成为游离在溶液中的原生质体。有时,在菌丝中部也与菌丝顶部相同的方式释放原生质体。一段时间后,整条菌丝的细胞壁几乎呈模糊状态,原生质体三五成群地串联或者凝集在一起。刚刚释放时,体积较小,直径仅 2.1~5.5μm,数小时后,体积变大,直径达到 13.7μm。原生质体有很小的泡囊及高密度的糖蛋白体、线粒体、核和内质网。有的原生质体内有液泡,有的不具有。原生质体内核的数量也各不一样,有的为2~3个,有的含1~2个,也有的是无核。

酶解1~2h,将培养皿内破碎菌丝体和原生质体混合液用吸管吹吸数次,再用G-2或G-3砂芯漏斗过滤,使原生质体与破碎菌丝体碎片分开,滤液进一步于1500~2000r/min离心10min,洗涤后弃去上清液,沉淀悬浮于同一种高渗溶液中,即可得到纯化的原生质体。含有原生质体的滤液用RM液洗涤三次,以清除酶液,然后用保存液悬浮,血细胞计数板计数,继续进行原生质体融合或冷藏备用。

原生质体荧光染色鉴定:取原生质体保存液,离心弃上清,沉淀加0.1%的荧光增白剂溶液混匀,染色10min,然后离心。原生质体沉淀用保存液洗涤三次,并用该液重新悬浮,制片,于Nikon倒置显微镜下观察,结果失去细胞壁的真菌原生质体不会发出绿色荧光,而未酶解的菌丝及菌丝碎片则发出强烈的绿色荧光。由此可证明所形成的球状体确为原生质体,已证实绿色荧光强度与细胞壁中的几丁质含量成正比。

二、原生质体的再生

将上述纯化了的原生质体分别用保存液和无菌水适当稀释后分离于固体再生培养基平板上,双层平板法,分布均匀。28℃培养5~7d再生,计算原生质体再生率。

有人研究了不同霉菌菌种的原生质体再生能力,相差较远。其中,曲霉原生质体的再生能力最强,青霉次之,而木霉再生率较低。

原生质体再生过程有延缓现象,原生质体分离于再生培养基上培养,它再生成菌落的速度较一般孢子发芽形成的菌落要慢,各种真菌的原生质体再生速度也有差异。霉菌原生质体在液体培养基中再生时,据观察有三种再生形式:第一种是原生质体发展成酵母状细胞的短链;第二种情况是原生质体上的一个芽发展成一条旋绕的缺乏隔膜的菌丝,培养时间延长时,其顶端被胀破;第三种方式是原生质体膨胀,从其上的一个或多个方向上长出芽管。融合体的再生情况与纯粹原生质体再生情况相类似。

三、原生质体融合和再生

1. 化学融合法

对于所有种类的真菌而言,PEG诱导的融合条件基本一致,PEG相对分子质量为4000~6000,浓度为40%左右,在Ca^{2+}存在的情况下(10~100mmol/L)融合率可以进一步提高。

带有不同遗传标记的亲本菌株原生质体以1:1混合在30%~50%PEG中,振荡数秒,原生质体凝聚,然后以2000r/min离心10min,沉淀物以0.7mol/L的NaCl高渗液洗涤2~3次,清洗除去PEG,最后将沉淀物悬浮在0.7mol/L的NaCl溶液中。将此混合物涂布在选择性培养基上,28℃培养后,产生异核体菌落。将异核体的分生孢子继续分离在基本培养基上培养,产生杂合二倍体菌落。进一步选择、纯化、分离融合重组体。

要获得高融合率,应注意以下几个问题。①尽量使用新制备的和年轻菌丝形成的原生质体进行融合,从而使融合时间缩短,提高融合率;②原生质体要尽可能的纯,因残余菌丝体、各种粒子、大分子或小分子物质与$PEG-Ca^{2+}$反应或干扰融合,会大大降低融合效果;③高渗稳定剂的最适浓度选择和控制;④用于融合的两菌株原生质体的浓度一般为 10^8 个/ml,溶液中两个亲本菌的原生质体总量比例为1∶1。

2. 电融合法

电融合法的操作方法如下所述:双亲本原生质体按 1∶1 比例混合,加入融合室中,接通融合仪,在交变电场作用下,原生质体间形成紧密接触,然后在瞬间高压电脉冲作用下,使紧密接触区范围内的细胞膜发生可逆性电击穿,产生原生质体间的相互融合。细胞膜上外加电压,若高于膜可承受的电压,导致不可逆性电击穿,则使原生质体解体,融合率下降。细胞解体时释放出含有大量电解质的胞内物质,也会严重干扰融合的过程。电融合时的原生质体悬液中,用糖醇等非电解质的稳定液为宜,除极微量的 Ca^{2+} 外几乎不含其他阳离子。原生质体在这样的环境下,仍不可避免地会受到一定程度的损伤,所以在电融合过程中,以不影响融合子在悬液中的稳定性为前提,应尽可能地缩短原生质体在这种环境中的存留时间。

要提高电融合率应注意:①选择确定最优化的电场频率、幅度,以及击穿电脉冲的时程和幅度;②选择适当的融合液,注意融合液的电导率;③选择适当的原生质体悬浮密度。

3. 融合体再生与检出

原生质体融合后悬液分离在各种选择性培养基上,使之再生细胞壁,或先分离在完全培养基上使细胞壁再生后,再分离到各种选择性培养基上进行检出。融合体和非融合原生质体一样,对外界条件异常敏感,必须悬浮于一定的高渗溶液中。再生培养基中要加入某些基质作为渗透压的稳定剂,这与制备原生质体时是相同的。再生培养基可以采用添加 Ca^{2+}、Mg^{2+} 等离子的完全培养基,或者是高渗的基本培养基。含有融合原生质体的悬浮液分离在完全培养基上,不管已融合的和非融合的原生质体都有可能得到再生而长出菌落。在基本培养基上只能使那些营养得到互补的融合体才能再生和形成菌落,但由于营养贫乏,再生频率低。真正稳定的杂合二倍体是极少数的,大多数都形成亲本型的分离子。因而,原生质体融合后,必须选择高效方便的方法,分离具有新的优良性状的融合重组体。

霉菌在工业上是酶制剂、有机酸、抗生素等的生产菌,分离融合体除了标记外,还可设计高通量的快速筛选模型。例如,笔者在选育碱性脂肪酶高产菌株中就设计出琼脂板法,通过比较琼脂板上透明圈大小迅速挑选正变菌株,不至于漏筛(图12.11)。不同产物可分别设计出透明圈、染色圈和抑菌圈等方法进行大批量快速初筛。初筛获得的少数优良菌株再分批进行复筛,最后分离出综合双亲优势的重组体。

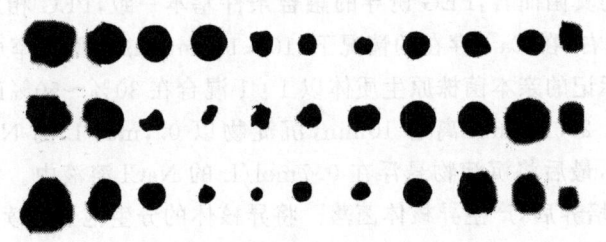

图 12.11 碱性脂肪酶初筛时琼脂板上透明圈的比较

四、融合重组体分析与鉴定

1. 细胞与菌落形态

菌落大小、形状、颜色及菌丝体形态与遗传结构有很大关系,亲本与融合体形态学上的差异是融合重组体鉴定的一个重要指标。但需区分一些由于培养条件引起的形态变化。

2. DNA 含量

常选择孢子为材料,二苯胺法测定亲本与融合体的 DNA 含量,融合体一般介于双亲本之间。

3. 产物(如酶活性能)

霉菌是工业生产酶制剂、抗生素等的重要生产菌,育种的主要目的之一是提高这些代谢产物的产量,因为产物表达水平是基因的反映,直接比较产物合成及发酵水平也是重组体鉴定的重要依据。

4. 孢子大小及红外光谱

显微测微尺测定孢子直径,计算孢子体积,观测孢子数至少要 100 个以上,取平均值。一般来说,孢子大小与其所含 DNA 量之间呈一定的正比例关系。研究还发现霉菌孢子与其核内遗传物质的红外吸收光谱有较好的吻合度和相似性。红外吸收光谱并非单纯反映核内 DNA 的特征,而是全面反映核内染色体物质的吸收光谱。真核生物染色体除 DNA 外,尚有蛋白质,因此,孢子红外吸收光谱能较准确地表达遗传物质的化学组分特性。

第四节　工业微生物基因组改组育种

一、微生物基因组改组育种意义和原理

(一)基因组改组育种概述

微生物育种工作是在不损坏细胞基本生命活动的前提下,采用物理、化学、生物学或各种工程学方法,改变微生物细胞的遗传结构,打破或绕过其原有代谢调控机制,选育成为"浪费型"菌株,从而按照人们的需要和设计安排,过量生产目的产物,最终达到产业化目标。经典的诱变育种技术操作简便、技术门槛低,曾有效地推动微生物工业的建立、发展与繁荣,目前仍是最常用的菌株改良手段,当前产业界仍依赖其提高产量。对一个目标产物生产菌,每年平均筛选 50 000 个菌株,才能以平均 10% 的速率提高产量,工作量繁重,效率较低。

产业竞争和学科发展对微生物育种提出了更大目标,不仅要求高效性和定向性,还要求理性化、通量化和自动化。随着分子生物学的发展渗透,基因组学研究的不断深入,各种组学和代谢工程工具的成熟,传统的微生物育种方法正在发生根本性转变,仅仅依靠诱变育种获得工业化应用菌株的方式已经远不能满足生物高新技术的研发需要,因此,微生物育种进入了一个新时代。从 20 世纪 90 年代开始,随着代谢工程(途径工程)的提出和发展,微生物育种学逐渐开始与代谢工程、化学工程和进化工程相结合,同时也孕育着新的飞跃。美国加利福尼亚州的生物技术公司 Maxygen 是这方面的先驱,他们在 90 年代初就萌发了 DNA 改组(DNA shuffling)和基因组改组(genome shuffling)育种思路。Stemmer 于 1994 年发表了首例采用 DNA

改组育种技术改造酶分子的成功报道,拉开了分子定向进化育种的序幕。基因组改组技术,却在 8 年后才取得突破,2002 年在 Nature 上发表了首例成功报道。Nature Biotechnology 同时特邀代谢工程重要奠基人 G. Stephanopoulos 教授撰写了一篇热情洋溢的有关基因组改组在代谢工程上广阔应用前景的评述论文。

在分子水平上体外定向进化的思想,最早由 Spiegelman 等在 1967 年提出,当时他们定向进化的对象是 RNA。Arnold 研究组于 1993 年应用分子进化的原理创造性地改进酶,提出易错 PCR(error-prone PCR,epPCR)技术。Stemmer 在 1994 年提出了 DNA 改组方法,1999 年他又把 DNA 改组技术延伸到家族改组(family shuffling),扩大了顺序空间,进而提出分子育种(molecular breeding)。现在定向进化已从基因和蛋白质→基因组和蛋白质组→代谢途径和病毒,甚至全细胞方向发展,基因组改组实际上就是一种全细胞定向进化技术。

进化是一个连续的遗传改变和表型选择过程。发生于一个特定群体内的交换重组,可以增加群体遗传多样性,从而改良群体中个体性能。基因组改组就是将这种重组模式用于快速改造生物学系统,在微生物全基因组改造中应用。传统杂交育种也涉及整个基因组,但它只在两个亲本之间发生重组,相反地,基因组改组涉及多个亲本之间的重组,来自多个亲本的"复杂子代",加速了定向进化过程。因此,基因组改组是传统育种方式与改组相结合,从而产生复杂子代组合库,快速选育微生物的方法。采用基因组改组技术,产生的新组合扩大了种群的遗传多样性,提高了种群内个体的作用。用 Del Cardayré 的话说:"它们原本就是在自然界中实实在在发生的事情,我们只是帮助这些菌株打破了它们之间的界限,加快了它们的遗传物质组合在一起的速度"。

(二)基因组改组育种技术基本原理

基因组改组技术巧妙地模拟和发展了自然进化过程,以工程学原理加以人工设计,以分子进化为核心在实验室实现微生物全细胞快速定向进化,仅需 1~2 年就可完成自然界数百万年才能达到的进化目标,使得人们能够在较短的时间内获得性状大幅度改良的正向突变目标菌株,成为微生物育种的前沿技术。该技术不仅在理论上大大丰富了现代育种学和进化工程的内容,而且可以预见,其将在微生物工程上发挥重大作用,带来巨大的经济效益。

传统诱变育种技术是用不同的诱变剂处理微生物的细胞群体,以诱发菌株发生遗传突变,从中选择所需要的突变菌株,连续地随机突变和筛选的无性定向进化过程。变异是随机的,各种有利和有害突变都可能产生。菌株基因组中不同部位变异所形成的类型也各不相同,有些位点发生正突变,另一些位点发生负突变或零突变,相互影响和抵消各自遗传效应。因此,每代变异菌株不仅正变率低,而且正变幅度也较小,几乎不可能在短期内获得优良性状大幅提高的菌株(图 12.12A)。为了获得一个高产变株,一般需要数年,甚至数十年时间高强度地分离和筛选。

诱变通常产生各种突变菌株,构成一个庞大突变菌库。在这些突变菌株中,大部分是性状不如出发菌株中的负变菌株,只有少量的性状更优的正变菌株。传统育种过程通常选择其中最优或次优的正变菌株进入下一轮诱变,而将其他菌株弃之不管。这种过程相当于无性繁殖的重复循环,各菌株独立进化,缺乏重组和信息交流,故积累有益变异的效率极低。事实上,其他正变幅度较小的菌株在遗传结构上也与出发菌株不同,其基因组中某些基因已发生了有益变异,但可能因其他一些基因位点发生了有害突变而抑制了正变幅度。而传统育种过程中难

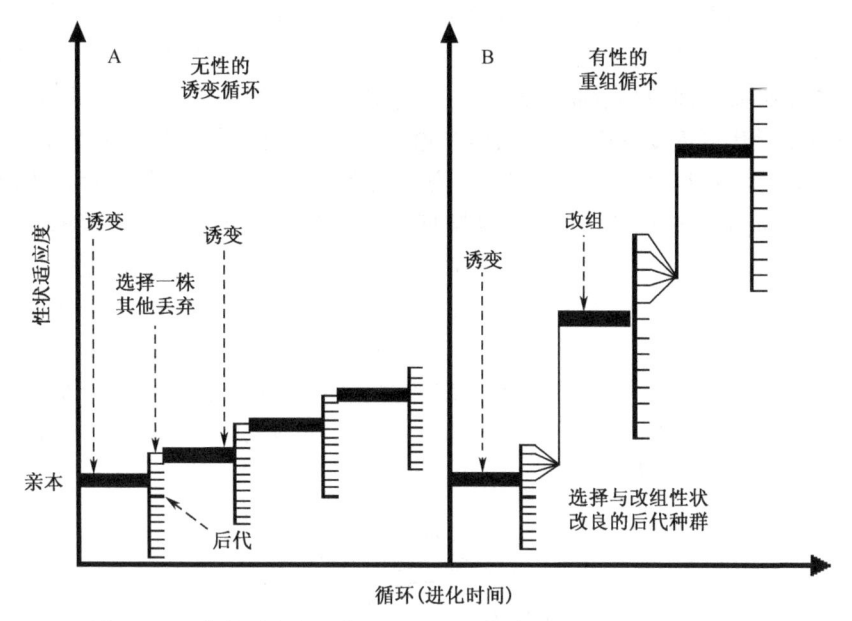

图 12.12 传统诱变育种与基因组改组育种比较(引自 Zhang,2002)

免会淘汰这类含有部分有益变异的菌株。在自然进化过程中,常常通过有性生殖和基因重组来合理利用突变菌库中的基因差异,高效地积累和强化有益变异,消除并淘汰有害突变,因此可产生跳跃性的进化。基因组改组技术正是模拟这种自然进化过程,合理地利用了突变菌库中的大部分正变菌株,将这些带有不同有益变异基因的多个亲本融合重组,在全基因组范围内交换重组遗传信息,通过同源重组,剔除基因组中的有害或中性变异基因,积累并综合突变库中所有亲本大部分有益变异基因,达到跳跃性的人工进化目标(图 12.12B)。

可见,基因组改组技术基本原理就是将诱变育种和原生质体融合育种相结合。首先对出发菌株进行人工诱变,选择目标性状超过出发菌株的正突变体,构成一个由各种变异体组成的突变库。接着把突变库中的这些正向变异菌株制备成原生质体,按等比例混合后,进行多亲本原生质体融合,让这些突变体随机融合后,在全基因组交换重组,然后从中筛选出性状优化的重组体,构成重组体库,这样就完成了一轮基因组改组(图 12.13)。如果经一轮基因组改组后操作性状变异仍不够理想,还可将重组库中各正变菌株再制备原生质体,进行多次递推式原生质体融合(recursive protoplast),最后筛选出具有多重正向进化标记的目标菌株。

因此,前面章节所述的诱变育种与原生质体融合是基因组改组的技术基础,只是对传统育种技术的发展和延伸。基因组改组过程,包括菌株诱变和融合改组两个

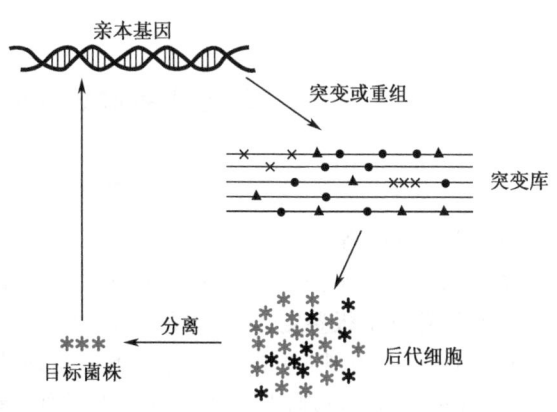

●表示中性突变,×表示有害突变,▲表示有益突变

图 12.13 基因组改组基本过程(引自 Chatterjee and Ling, 2006)

阶段。融合过程有些不同,传统原生质体融合过程是两个亲本单轮融合,然后选择综合了双亲优良性状的重组子,而基因组改组为多亲本递推式融合,具有两个显著特点:①多亲融合,即参与融合的是多个带有不同遗传性状的亲本,一般采用4~11个亲本;②递推式(即循环性或重复性),融合重组后代可重复进行第二轮、第三轮,甚至更多轮融合。多亲性是为了增加突变位点和进化范围,扩大重组的广度,而递推式是为了提高重组效率,两者结合后产生跳跃性进化结果。例如,Zhang等以弗氏链霉菌营养缺陷型重组为例,4株带有不同营养缺陷型的亲本通过4轮递推式融合,后代重组效率极高,重组2个标记的(即两个遗传位点重组)高达60%、3个标记的达17%、综合了4个标记的可高达2.5%。相比而言,若将4个亲本采用传统方式融合,能重组上2个标记的后代才8.4%,3个标记重组后代仅0.73%,4个标记均综合的后代才0.000 045%(图12.14)。可见,采用基因组改组技术,如果选择遗传变异足够丰富的诱变突变菌株进行原生质体递推式融合,即可获得综合所有亲本优势突变的菌株,概率很高,进化效率惊人,育种速度大大加快。

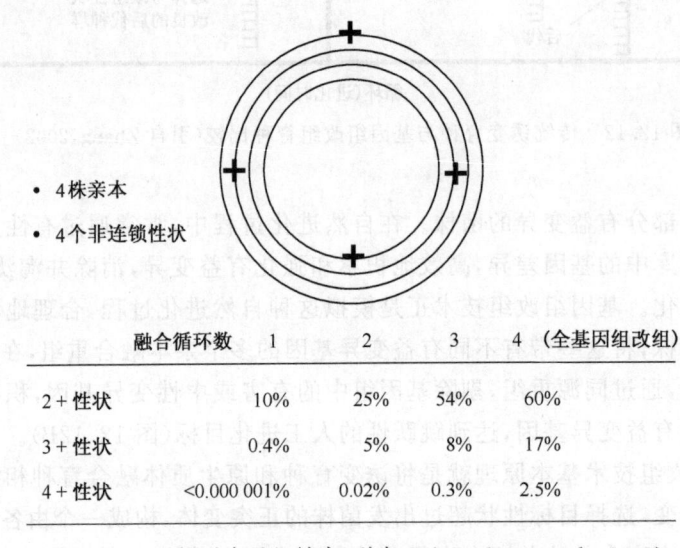

- 4株亲本
- 4个非连锁性状

融合循环数	1	2	3	4 (全基因组改组)
2+性状	10%	25%	54%	60%
3+性状	0.4%	5%	8%	17%
4+性状	<0.000 001%	0.02%	0.3%	2.5%

图12.14 递推融合重组效率(引自Del Cardayre et al.,2001)

二、基因组改组育种技术及应用实例

(一)基因组改组育种技术

Del Cardayre等建立了一套完整的基因组改组技术路线。先用诱变剂如紫外线(UV)或化学诱变剂中的亚硝基胍(NTG)等处理微生物细胞,随机引发菌株突变,然后将诱变细胞分离到高通量筛选平板鉴定,第一轮从100 000个克隆中分离到10 000个(占10%)进入二次筛选,再从中选择100株(占0.1%)进入下一轮筛选,第三轮筛选出性状表现最佳的10~20个菌株,构成突变库,分别制备它们的原生质体,等比例原生质体融合,进行基因组改组(图12.15)。

为了以最少的工作量,在最短的时间内取得最大的筛选效果,要求设计并采用效率高的科学筛选方案和手段。其中,高通量筛选(high throughput screening)方法是将许多模型

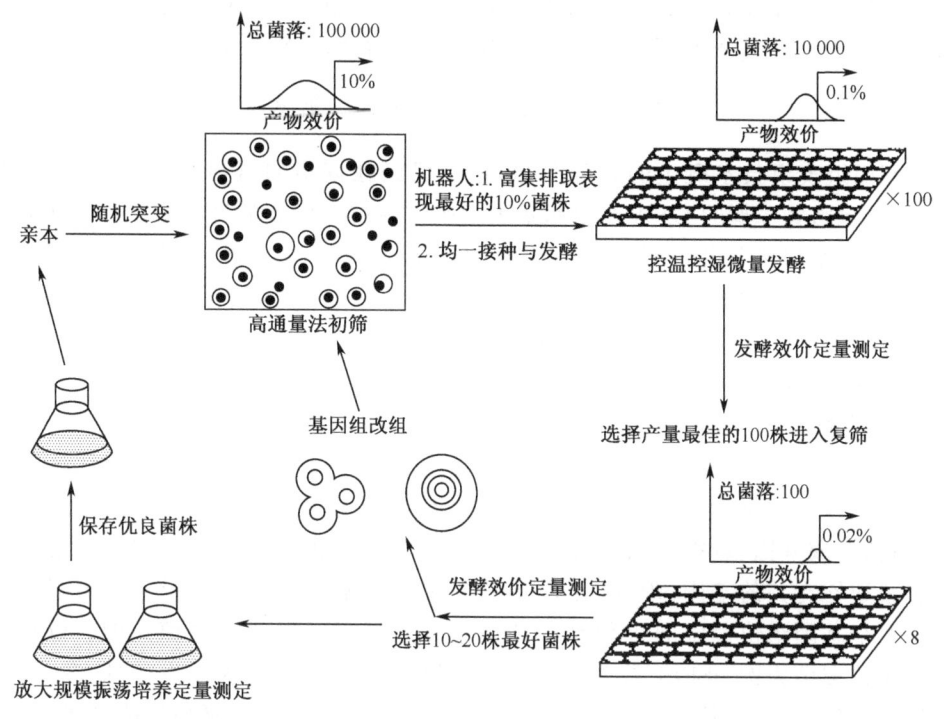

图12.15 基因组改组育种技术一般流程(引自 Del Cardayre et al.,2002)

固定在各自不同的载体上,用机器人加样,培养后,用计算机纪录结果,并进行分析,使筛选从繁重的劳动中解脱出来,实现快速、准确、微量,一个星期就可筛选十几个、几十个模型,成千上万个样品。高通量自动筛选仪器的优点是培养基可自动灌注、清洁,可在短时间里进行大量筛选,从而提高了工作效率。随后,使用机器人、计算机数据处理分析,优选出所需的目的变种。不过,自动筛选仪器的一次性设备投资费用很大,特别是机器人的使用,设备的保养费和软件的费用也不菲。因此,突变株的分离和筛选是关键,体现了突变不定向性和筛选定向性。

原生质体融合前用紫外线、羟胺或抗生素等使原生质体失活或使 DNA 片段化,用失活原生质体作为供体细胞,便于后续识别基因组杂交后的融合细胞。供体细胞中的 DNA 片段化可激发它与受体 DNA 重组。使用多种方法来提高重组频率,如受体和融合细胞采用紫外线短暂的非致死性照射,以刺激基因重组或过量表达。大肠杆菌 recA 或其他重组基因、酵母 rad 基因或其他物种的同源变异基因产物也能促进基因重组。原生质体融合后的异核体中所含的两个细胞核融合,并且在基因组间进行同源重组。染色体也可能发生非对称性分离,结果导致再生的原生质体失去或得到全套染色体。融合原生质体转接到再生培养基再生,这种培养基和培养条件不仅要适合再生细胞的细胞壁合成,还要适于融合原生质体间基因重组和异核体的重组、基因分离成重组体及重组基因的表达。

递推式原生质体融合也可以修改成如下方法。前一轮选择/筛选分离的优良变株一部分用于制备原生质体,另一部分用于制备基因组 DNA 库,将第二部分细胞制备的 DNA 转化到第一部分细胞制备的原生质体中,双方基因组发生重组,将这种原生质体再生成细胞后,筛选或选择突变株。还可重复进行一轮新的突变,用以上方法制备一组核酸片段构成新 DNA 库,再转入上轮筛选出来的融合细胞制备的原生质体中,进行第二轮改组。

(二) 基因组改组育种技术应用实例

虽然基因组改组技术诞生的时间很短,但是已经在许多领域显示了诱人的应用前景。Maxgen 公司已将其掌握的 DNA 改组和基因组改组新技术代表的进化育种技术平台及其所拥有的 70 多个专利独立出来,成立了一个新的独立的 Codexis 公司,这个刚独立的公司表现不俗,已与道尔、礼莱、罗氏等十几家化工和制药寡头结成战略同盟,美国生化与工程杂志上对它的新闻评语很高:"Codexis 找到了赚钱工具的革新技术"。

下面以现有文献报道的几个实例介绍这一技术应用。

1. 提高目的代谢产物产量

泰乐星(tylosin)产生菌是由 Codexis 公司与礼莱公司(Eli Lilly)合作对弗氏链霉菌进行基因组改造获得的。微生物产生抗生素的整个代谢过程需要数十个,甚至数百个基因参与,其中包括合成基因、调控基因、抗性基因等直接相关基因,还有与产物转运、前体供应速度和细胞膜透性有关的基因,因此,用简单的常规方法来提高产物产量并不容易。基因组改组技术在全基因组快速定向进化和改造微生物提高产量的效率是惊人的。以泰乐菌素产生菌弗氏链霉菌为例:SF21 是美国礼莱公司以野生型的 SF1 为出发菌株,花了 20 年时间,经过 20 轮传统诱变,从一百万个突变菌株中分离得到的泰乐菌素高产菌株(图 12.16A);而 Maxgen 公司将野生型菌株 SF1 先进行了一轮常规诱变,从 22 000 个菌株中分离了 11 个正变菌株,这 11 个变株经过一轮基因组改组,从 1000 个菌株中就可以得到产量高于 SF21 的菌株,通过第二轮基因组改组,从 1000 个菌株中分离的 7 个变异菌株产量均大大高于 SF21(图 12.16A 和图 12.16B)。通过两轮基因组改组得到了传统诱变技术需要 20 年 20 轮才能得到的结果,筛选菌株量从 1 000 000 降至 24 000,育种周期从 20 年缩短为 1 年。基因组改组大幅度地缩短菌株选育周期,明显地提高了菌株的进化速率,扩大了变异范围,增加了获得高产突变菌株的机会,可使目的菌株更快地投产和产生经济效益,为快速开发和利用丰富的微生物资源提供了一条捷径。

2. 优化微生物发酵特性

道尔公司(Cargill Dow)是 Codexis 的另一个重要合作伙伴。道尔公司采用乳酸杆菌发酵生产乳酸,进一步合成聚乳酸。聚乳酸是性能优异的功能纤维和热塑性可降解材料,具有良好的成膜和成纤维的能力,可以用作包装材料和纺织材料。聚乳酸的生产主要是通过生物工程方法将葡萄糖转化成乳酸,然后再通过化学法进行高分子聚合反应,生成聚乳酸。乳酸菌在培养时,易于受环境变化的影响,特别是产酸后因环境酸性降低,乳酸菌活性和产量均受影响。微生物的大部分表型由多基因控制,乳酸杆菌(*Lactobacillus* sp.)对 pH 耐受性至少由 18 个基因座上的 60 多个基因调控,传统育种技术很难将遍布于基因组中如此众多不同座位上基因同时改造。R. Patnaik 等利用 Codexis 公司的基因组改组技术平台,提高了一株工业用乳酸菌的耐酸性。经改组后的乳酸菌在液体和固体培养基上均比出发菌株的 pH 耐受性更高,可耐受 pH 3.8,在 pH 4.0 时产生的乳酸的量比出发菌株高出 3 倍。可见,基因组改组不仅可以提高乳酸产量,而且可以提高乳酸杆菌对环境的耐受性,这对解决微生物对环境的适应性及改良其他发酵特性具有重大意义。

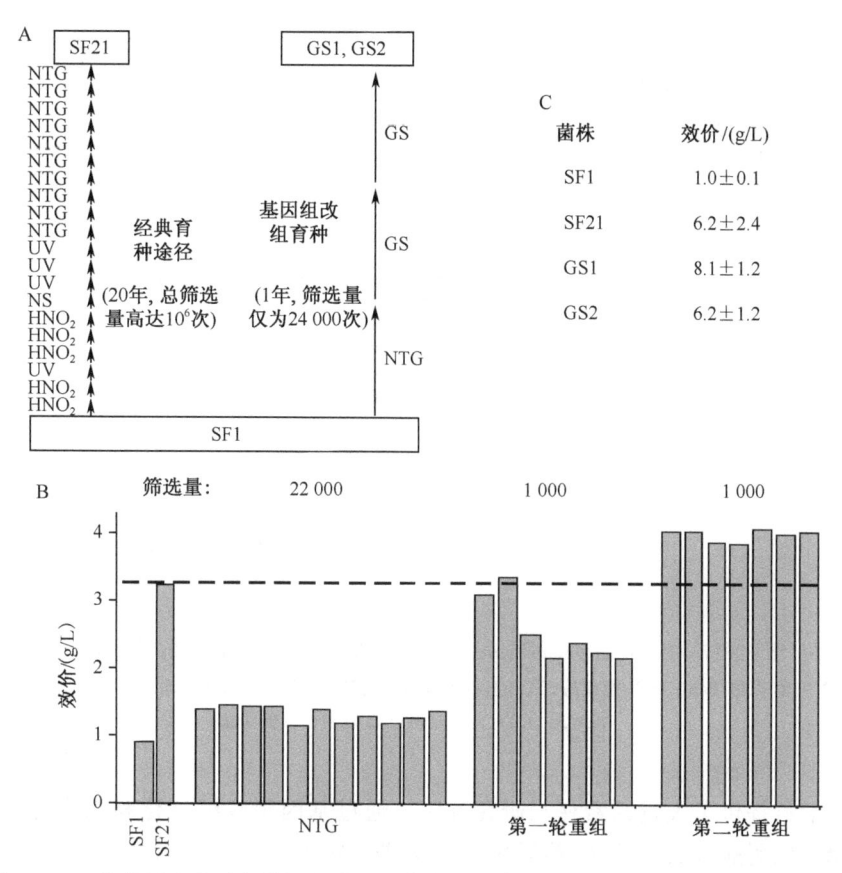

图 12.16 传统诱变育种与基因组改组选育泰乐星高产菌株效率比(引自 Zhang,2002)

除了耐酸性外,还可用于改造微生物对碱、热、光、辐射等的耐受性,以适应不同微生物发酵过程或化工过程。

3. 改造微生物代谢途径

化学工业出现以来,人类合成了许多难以分解的非天然化合物,有相当部分是难降解的有毒物质。因为进化时间短,目前自然界中虽然存在能降解这些化合物的微生物,但降解能力非常弱,因此需要利用基因组改组技术构建新的代谢途径,提高与改良这类微生物,用于降解这些有毒的人工合成化合物,这是环境工程和代谢工程的一个重要方面。例如,五氯苯酚是人工合成的一种杀虫剂,1936 年才进入自然界,自然分离到能降解它的微生物 *S. chlorophenolicum*,不过进化时间太短,降解能力极低。*S. chlorophenolicum* 降解 PCP 途径,如图 12.17 所示,主要有 4 个酶参与,五步降解反应构成。编码 PCP 降解反应酶的基因位于染色体的两个片段上,组成两个连锁群。Dai 等通过三轮基因组改组,将 *S. chlorophenolicum* 对剧毒杀虫剂五氯苯酚的耐受浓度提高了 10 倍以上,并可将培养基中所含的 3mmol/L 的五氯苯酚完全降解。基因组改组将多种有益的突变组合在一起,其中包括菌体生长速率的提高、五氯苯酚降解酶的组成型表达和对五氯苯酚耐受性的提高。

4. 在代谢工程和功能基因组研究中的应用

基因组改组的意义不仅仅局限于育种和应用,它为代谢工程、功能基因组学、蛋白组学和

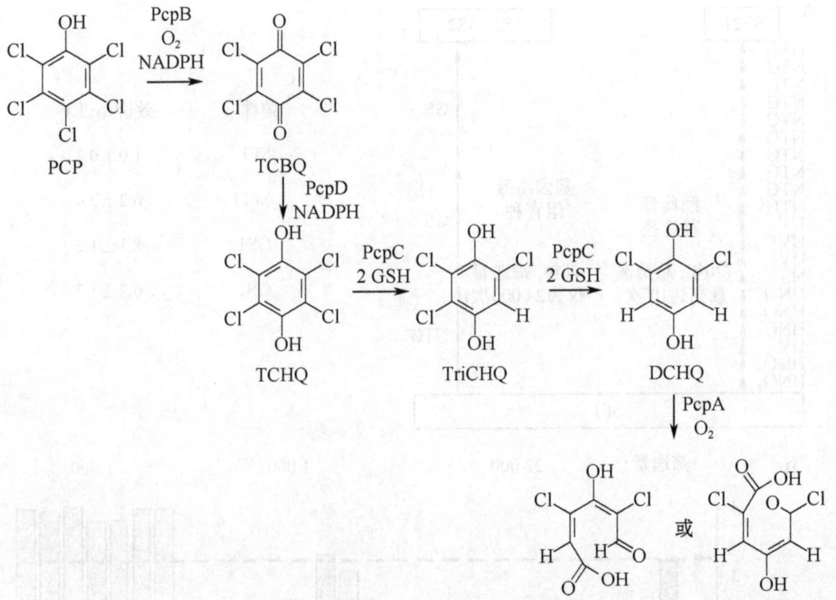

图 12.17 *S. chlorophenolicum* ATCC 39723 菌株对五氯苯酚的降解途径

PCP,五氯苯酚;PcpB,PCP 羟化酶;TCBQ,四氯苯醌;PcpD,TCBQ 还原酶;PcpC,TCHQ 脱卤素酶;
PcpA,2,6-DCHQ 双加氧酶;GSH,谷胱甘肽

转录组学等学科提供了大量的素材和研究方法。通过基因组改组进化和强化特定性状,如产物产量、耐酸碱、耐盐等表型性状,然后用芯片法或差异比较法,系统比对突变菌与原始菌株分子差异,有可能从大范围,甚至全局寻找控制生物性状的相关基因,成为功能基因组学和系统生物学的强大武器。

基因组改组技术由于只需要在了解微生物遗传性状的基础上就可实现微生物的定向育种,获得大幅度正突变的菌株,成为微生物发酵工程中的一种有效的工具。有学者预言:"该技术的建立与成熟,将引起传统微生物育种及发酵生产的一场革命"。同时该技术在理论上和技术上均存在巨大的发展空间,要扩大其应用范围,还需发展和完善相关技术体系。

思 考 题

1. 不同微生物在制备原生质体的基本环节有哪些?各自有什么特点?
2. 微生物原生质融合育种一般程序有哪些?各有哪些注意要点?
3. 如何保证融合重组体检出,常用的融合子遗传特性分析方法有哪些?
4. 简述微生物基因组改组和改组育种技术的原理。

第十三章　基因工程育种

第一节　概　　述

回顾微生物育种的历史，可发现育种的手段和技术在不断地发展。最早人们认为微生物可"驯化"，出现了定向培育技术。后来随着对遗传变异现象认识的深化，出现了诱变育种技术，通过诱变剂促进诱变频率的提高。但这种方法有很大的盲目性，基因变异的程度也有限，特别是经过长时间的诱变处理，产量上升变得越来越缓慢，甚至无法继续提高。几乎与诱变育种同一时期，在对微生物有性生殖、准性生殖、转化及转导接合等现象的研究基础上，出现了杂交育种技术。因为是在已知不同性状亲本间的杂交，所以方向性和自觉性比诱变育种更好。但杂交育种方法较复杂，它要求亲本间应具有能互补的优良性状且亲本间有性的亲和性。

1976年开始，出现了原生质体融合技术，这是杂交育种技术的进一步发展。它可使一些未发现有转化、转导和接合等现象的原核生物之间，以及微生物不同种、属、科甚至更远缘的微生物的细胞间进行融合，获得新物种。但原生质体融合的难度也很大，并非每次都能成功。

Cohen和Boyer 1973年首次成功地完成了DNA分子的体外重组实验，宣告基因工程（genetic engineering）的诞生，也为微生物育种带来了一场革命。与传统育种方法不同的是，基因工程育种不但可以完全突破物种间的障碍，实现真正意义上的远缘杂交，而且这种远缘既可跨越微生物之间的种属障碍，还可实现动物、植物、微生物之间的杂交。同时，利用基因工程方法，人们可以随心所欲地进行自然演化过程中不可能发生的新的遗传组合，创造全新的物种。这是一种自觉的、像工程一样事先进行设计和控制的育种技术，是最新、最有前途的育种方法。

广义的基因工程育种包括利用DNA重组技术将外源基因导入到微生物细胞，使后者获得前者的某些优良性状，或者利用后者作为表达场所来生产目的产物。由于微生物是单细胞，且结构简单，是基因工程理想的表达载体，所以许许多多来自于不同界别的物种（动物、植物等）的基因都被成功地克隆到微生物细胞中并获得表达。因此而发展的各种获得异源基因并表达异源基因产物的微生物细胞（工程菌）都是新物种，都是微生物基因工程育种的产物。自1973年以来，世界上以基因工程方法创造的各种工程菌多得难计其数，仅用工程菌表达并已获批准的新型药物就超过40种。

然而，真正意义上的微生物基因工程育种应该仅指那些以微生物本身为出发菌株，利用基因工程方法进行改造而获得的工程菌，或者是将微生物甲的某种基因导入到微生物乙中，使后者具有前者的某些性状或表达前者的基因产物而获的新菌种。

一、基因工程在微生物育种中的应用

(一)通过基因工程方法生产药物

许多具有很强生理活性的物质,如胰岛素、红细胞生成素等,具有很高的药用价值。这些药物的生产一直是从人血或胚胎中提取,或从动物中提取类似物。由于原料来源有限,提取工艺复杂而且得率很低,这类药物不仅价格昂贵,而且在临床上得不到普遍使用。利用基因工程方法从人或动物中分离出有关基因,通过体外重组再转入到微生物细胞中,使微生物细胞获得表达这些外源基因的能力,成为新的工程菌。通过工程菌的发酵来生产这些药物,不仅可以实现大规模生产,而且大大降低了生产成本,使原本十分昂贵的药物变成可以在临床上普遍使用的廉价药物,这是几十年来基因工程领域取得的最显著的成果。到目前为止,全世界利用基因工程生产并获得批准上市的药物已经超过40种。这些药物主要包括以下类别。

1. 治疗用药物

治疗用药物主要是活性蛋白质和多肽类药物,如人干扰素、人胰岛素、人白细胞介素、人生长素、动物生长素、松弛素、抑长素、红细胞生成素、肿瘤坏死因子、表皮生长因子、集落刺激因子、血小板生长因子、凝血因子、超氧化物歧化酶、尿激酶、葡激酶等。

2. 疫苗

疫苗如甲肝疫苗、乙肝疫苗、丙肝疫苗、疟疾疫苗、伤寒及霍乱疫苗、出血热疫苗、避孕疫苗等。

3. 单克隆抗体及诊断试剂

单克隆抗体及诊断试剂如前列腺磷酸酶、T细胞及其亚群、狂犬病毒、风疹病毒、沙眼衣原体、T_4、IgE、HCG-β、抗肝癌、胃癌、肺癌、白血病等。

(二)通过基因工程方法提高菌种的生产能力

提高微生物初级代谢产物的生产能力可以通过多种途径来实现。自20世纪80年代以来,利用基因工程提高菌种生产能力已经在很多发酵领域获得成功。尤其是氨基酸发酵方面取得了很大的进展。例如,日本 Tauchisa 等在1981年就成功地利用 pBR322 作载体分别将一种大肠杆菌的基因转入到另一种大肠杆菌,使受体菌的甲硫氨酸和脯氨酸的生产能力分别从 0.02g/L 提高到 0.30g/L(Met)和 0.25g/L(Pro)。日本 Ajinomoto 公司1985年利用 pAJ1844 作载体成功实现苏氨酸基因的转移,使无苏氨酸生产能力的供体菌基因在工程菌中获得 1.08g/L 的表达产量。前苏联 Debalov 等报道利用 pBR322 作载体进行基因转移,将苏氨酸产量从供体菌的 3g/L 提高到工程菌的 86.4g/L。中国科学院微生物研究所用基因工程方法构建了基因工程菌 M151,该菌在基础培养基上培养色氨酸酶比活力较野生型菌高98倍。以吲哚和丝氨酸为底物,添加磷酸吡哆醛进行细胞转化,吲哚摩尔转化率高达92%,酶促反应液中可产 L-色氨酸 160g/L 以上。目前已构建工程菌表达的氨基酸包括苏氨酸、精氨酸、甲硫氨酸、脯氨酸、组氨酸、色氨酸、苯丙氨酸、赖氨酸和谷氨酸等。

基因工程生产的另一类重要的微生物初级代谢产品是工业用酶制剂。丹麦 Novo Nordisk 公司自1988年以来以基因工程方法先后构建不同工程菌生产工业用酶制剂。洗涤剂用脂肪酶和纤维素酶、酿造用乙酰乳酸脱羧酶、面包制造用淀粉酶、纺织用淀粉酶和造纸用脂肪酶等都已先后投放市场。

像抗生素这样的微生物次级代谢产物,由于其合成的基因和机制比初级代谢产物要复杂得多,所以在基因工程方面的研究起步较晚,但也取得了可喜的成果。1989年美国礼来公司首次报道,成功地把带有头孢菌素C生物合成途径中编码关键酶基因的杂合质粒转化到头孢菌素C的工业生产菌中,获得了5株高产工程菌,其中一株工程菌在中试规模中头孢菌素C的生产能力比原菌株提高15%。随着人们对微生物次生代谢产物基因和机制的深入认识和了解,应用基因工程方法来提高次生代谢产物菌种生产能力的成功事例也越来越多。

(三) 通过基因工程方法改进传统发酵工艺

传统发酵工艺生产微生物代谢产品往往需要耗费大量的动力,尤其是好氧微生物发酵过程要提供大量的无菌空气和大功率搅拌来满足菌体发酵对溶解氧的需求,否则其代谢产物的生产能力将大大下降。国外已有报道将与氧传递有关的血红蛋白基因克隆入远青链霉菌,改造后的工程菌发酵时抗生素效价对氧的敏感性大大降低。通气不足时其目的产物放线红菌素的产量提高4倍。还有报道将血红蛋白基因克隆入头孢菌素C产生菌顶头孢菌,使该菌种在摇瓶发酵时对氧的消耗量明显降低,且有效地增加了头孢菌素C的产量。

(四) 通过基因工程方法提高菌种抗性

酵母菌是食品工业的重要菌种,在面包制造和啤酒生产等行业具有广泛用途。由于酵母菌是有活性的微生物菌体,其保存和运输必须在低温下进行。我国科技人员利用基因工程技术成功地构建了活性干酵母和耐高温酵母,使酵母菌种可以在干燥条件下常温保存和运输,大大地降低了生产成本,提高了劳动生产率。

发酵工业中面临的一个重要问题是过程污染。其中噬菌体污染曾造成大量的倒罐,在大吨位的发酵生产如谷氨酸发酵中造成巨大的经济损失。中国科学院上海植物生理研究所构建了抗63株噬菌体的谷氨酸抗性生产菌4-210,该菌株在严重污染情况下仍能维持正常生产。

此外,利用微生物生长繁殖快、适应性强的特点,将来源不同的目的基因转入微生物细胞中,构建超级工程菌,用来处理工业废料和垃圾,消除环境污染和海面石油污染;利用工程菌分解工业原料或废料生产生物能等也取得了许多令人振奋的进展。所有这些使得微生物的基因工程育种成为具有广泛应用前景的崭新的育种途径。

二、基因工程原理和步骤

基因工程是用人为的方法将所需的某一供体生物的遗传物质DNA分子提取出来,在离体条件下进行"切割",获得代表某一性状的目的基因,把该目的基因与作为载体的DNA分子连接起来,然后导入某一受体细胞中,让外来的目的基因在受体细胞中进行正常的复制和表达,从而获得目的产物。由于该受体细胞既包含了原有的一整套遗传信息,同时也含有外来基因的遗传信息,是一个"杂交体",因此它是一个自然演化中根本不存在的全新的物种。

基因工程的主要过程包括以下几个步骤:①目的基因的获得;②载体的选择与准备;③目的基因与载体连接成重组DNA;④重组体的筛选。图13.1示基因工程的主要过程。

目的基因被克隆后,为了提高其表达产率进而提高生产能力,还可以用不同的方法进行操纵,如控制基因剂量和控制基因表达等。

基因剂量的控制主要通过载体来实现。不同质粒在细菌中的拷贝数不同,有时会相差很大。这种差异使质粒载体携带外源基因进入宿主细胞后自主复制能力出现差异,自然影响了目的基因的表达量。一般来说,单基因高数量拷贝的质粒可提高菌株生产力。然而,有时某单一基因的高拷贝数量有利于细胞调节机制的自动平衡,不一定能保证提高菌株生产力,甚至可能有害。理想的情况是结构基因具有高拷贝数,而调节基因则保持低拷贝。当涉及多基因的产物时,克隆多拷贝质粒上的几个基因或整个操纵子 DNA 是比较有利的。

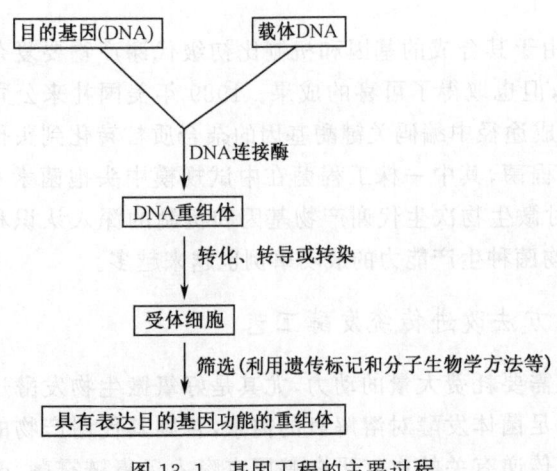

图 13.1 基因工程的主要过程

就某一特定基因而言,其表达水平的高低是由操纵子起始端的启动子和末端的终止区控制的。启动区结构直接控制 DNA 聚合酶与核糖体结合的效率。通过对 DNA 序列的操纵可以改变启动区的活性。首先鉴定出基因的启动区,然后通过点诱变或置换技术将启动区进行改造,使启动子的启动效率大大加强,从而提高目的基因的表达量,达到提高菌株生产力的目的。

理想的微生物基因工程育种的方案包括分离目的基因,选用合适的载体克隆目的基因片段,并将其转化到受体菌中。为提高受体菌产物的表达水平,可通过基因操作来提高基因剂量水平或强化启动子功能,最后达到提高菌株生产力的目的。

第二节 基因工程载体

载体(vector)是携带目的基因并将其转移至受体细胞内复制和表达的运载工具。载体一般为环状 DNA,能在体外经酶切和连接而与目的基因结合成环(重组 DNA),然后经转化进入受体细胞,并在受体细胞中进行大量复制及表达。作为载体 DNA 分子,应该具备以下一些基本性质。

(1) 在宿主细胞中具有自主复制和表达能力,即具有复制起始点,使重组 DNA 能在受体细胞内进行复制,达到无性繁殖的目的;

(2) 能与外来 DNA 片段结合而又不影响本身的复制能力;

(3) 载体本身的分子质量要尽可能地小,这样既可在宿主细胞中复制成许多拷贝,又便于与较大的目的基因结合,也不易受到机械剪切;

(4) 载体上最好有两个以上容易检测的遗传标记(如抗药性基因),以赋予宿主细胞不同表型,便于检测;

(5) 载体应具有两个以上限制性内切核酸酶的单一切点。单一酶切位点越多,就越容易从中选出一种在目的基因上没有该切点的酶,使它保持完整性。

到目前为止,人们已经研究和设计出许多不同的载体。这些载体视其来源、结构和大小的不同分别用于不同的目的。根据来源,载体可分为质粒载体、λ噬菌体载体和柯斯质粒载体三种类型。

一、质 粒 载 体

细菌质粒(plasmid)是双链、闭环的 DNA 分子,其大小从 1kb 至 200kb 不等。已经在各种不同的细菌类群中发现质粒,这些质粒都是独立于细菌染色体之外进行复制和遗传的辅助遗传单位。然而,它们又依赖于宿主编码的酶和蛋白质来进行复制和转录。质粒通常含有编码某些在一定的环境下对细菌宿主有利的酶的基因。由质粒 DNA 编码产生的表型包括对抗生素的抗性、产抗生素、降解复杂有机化合物及产生大肠杆菌素、肠毒素和限制酶与修饰酶等。

(一)质粒载体的选择标记

一些质粒 DNA 编码的表型为基因工程提供了很好的选择标记。质粒 DNA 可以通过人工转化过程将其导入细菌之中。然而即使在最佳条件下,也只有少数细菌能够稳定地接受质粒。而要鉴定哪些细菌细胞接受了转化体,就需要利用质粒编码的可选择标记。这些标记可产生一种新的表型,因此,可以把转化成功的细菌挑选出来。

最常用的选择标记是抗生素抗性基因,包括氨苄青霉素、四环素、氯霉素和卡那霉素(或新霉素)等。

1) 四环素　四环素与核糖体 30S 亚基的一种蛋白质结合,从而抑制核糖体的转位。pBR322 质粒上带有一个四环素抗性(tet^r)基因,它编码一个有 399 个氨基酸的膜结合蛋白,可阻止四环素进入细胞。

2) 氨苄青霉素　氨苄青霉素可与细菌膜上的一些与细胞壁合成有关的酶类结合并抑制其活性。质粒携带的氨苄青霉素抗性(amp^r)基因编码一个酶,该酶可以分泌进入细菌的外周质腔中,并在腔内催化 β-内酰胺环水解,从而解除了氨苄青霉素的毒性。

3) 氯霉素　氯霉素与核糖体 50S 亚基结合并抑制蛋白质合成。目前使用的质粒载体上所带的氯霉素抗性(cat^r)基因来源于转导性 P1 噬菌体,该噬菌体带有转座子 Tn9。cat 基因编码一个四聚化氯霉素羟乙酰氧基衍生物,该产物不能与核糖体结合。氯霉素乙酰转移酶的表达对分解代谢的产物敏感,若细菌利用除葡萄糖以外的碳源生长时,氯霉素乙酰转移酶的表达量可增加到原来的 5~10 倍,在 cAMP 分解代谢产物基因激活蛋白存在下,依赖于 DNA 的 RNA 聚合酶在体外与 cat 基因启动子结合的能力明显增强。

4) 卡那霉素和新霉素　卡那霉素和新霉素是可以与核糖体成分相结合并抑制蛋白质合成的脱氧链霉胺氨基糖苷。这两种抗生素均可被氨基糖苷磷酸转移酶 APH 灭活,该酶的分子质量为 25 000Da,位于外周质腔。这些抗生素的磷酸化干扰了它们向细胞内的主动转移。

(二)质粒载体的发展

最早用作载体的质粒是 pSC101、ColE1 和 pCR1,这些质粒要么复制效率低,要么带有不合适的选择标记。其中没有一个质粒含有两个以上可供克隆的限制酶切位点。后来人们构建了比较理想的质粒 pBR313。它可进行松弛型复制,并有两个选择标记(tet^r 和 amp^r)和一些有用的限制酶切位点。在此基础上，人们很快构建了更加理想的pBR322质粒，该质粒去掉了pBR313中的大部分非必需序列，很快便成为应用最为广泛的克隆载体。现在使用的许多质粒载体都是由pBR322衍生而来的。

质粒构建的发展趋势主要是调整载体的结构，提高载体的效率。首先是将载体的长度减至最小，以扩充载体容纳外源DNA片段的能力，以便于接受各种限制酶切割后产生的片段。质粒载体越小越受欢迎的主要原因是：①质粒越小，可以容纳的外源DNA的区段就越长；②质粒越大，用限制酶切图来进行鉴定的难度越大；③质粒越大，复制的拷贝数就越低，外源DNA的产量就有所降低，且利用杂交进行菌落筛选时，所得信号的强度也有所减弱。因此，一些pBR322的衍生质粒剔除了与控制拷贝数和转移性有关的辅助序列以减少质粒的核苷酸数目，使质粒变得更小。最典型的如pTA153、pXF3和pBR327等。

其次是增加质粒载体内有用的限制酶切点的数目，而且使分布更加合理。现在几乎所有的载体都含有一个人工合成的密集排列的系列克隆位点，称为"多衔接物"、"限制酶切点库"或"多克隆位点"，系列克隆位点由常用的限制酶所识别的序列组成。在大多数情况下，这些限制酶切点在质粒载体内是独一无二的。例如，pUC19载体上的多克隆位点由串联排列的以下13个限制酶切点组成：$Hind$ Ⅲ、Sph Ⅰ、Pst Ⅰ、Sal Ⅰ、Acc Ⅰ、$Hinc$ Ⅱ、Xba Ⅰ、$BamH$ Ⅰ、Sma Ⅰ、Xma Ⅰ、Kpn Ⅰ、Sac Ⅰ、$EcoR$ Ⅰ。

最后是在质粒中引入多种用途的辅助序列，使它们可以用于以下目的：通过组织化学检测方法肉眼鉴定重组体、产生用于序列分析的单链DNA、体外转录外源DNA序列、重组克隆的正选择和外源蛋白质的大量表达等。

1. 可用组织化学方法鉴定重组体的质粒载体

这类载体中最著名的是pUC载体。它们带有一个来自大肠杆菌的lac操纵子的DNA区段，这一区段编码β-半乳糖苷酶氨基端的一个片段。异丙基-β-D-硫代半乳糖苷（IPTG）可以诱导该片段的合成。而该片段能与宿主细胞所编码的缺陷β-半乳糖苷酶实现基因内互补（α互补）。暴露于诱导物异丙基-β-D-硫代半乳糖苷的细菌，可同时合成该酶的两种片段，铺在含有生色底物5-溴-4-氯-3-吲哚-β-D-半乳糖苷（X-gal）的培养基上，将形成蓝色菌落。外源DNA插入质粒的多克隆位点后可使β-半乳糖苷酶的氨基端片段灭活，破坏了α互补作用。因此，带有重组质粒的细菌将产生白色菌落。

2. 带有单链噬菌体复制起点的质粒载体

人们已构建了一些带有来自单链丝状噬菌体（如M13噬菌体）基因组的复制起点的质粒载体。这样可大量地得到质粒DNA两条链中的一条链，从而满足测序及制备单链放射性标记探针的需要。

3. 带有噬菌体启动子的质粒载体

很多质粒载体在多克隆位点的邻近位置上带有来源于T3、T7和SP6噬菌体的启动子。因此，将线状重组质粒DNA、相应地依赖于DNA的RNA聚合酶及核苷酸前体同时温育时，插入限制酶切点的外源DNA可以在体外得到转录。如果在多克隆位点的每一端都有一个相同的启动子，同时又有相应的RNA聚合酶，就可以从外源DNA的每一端和每条链上转录RNA。以这种方式产生的RNA可用作杂交探针，也可以在无细胞蛋白质合成体系中进行翻译。

4. 可对重组体进行正选择的质粒载体

人们已设计出一些选择系统来对重组体进行正选择。这些系统中所用的质粒能表达一种可使宿主菌致死的基因产物,而外源 DNA 的插入又可以使致死产物的基因失活。例如,带有可使编码 tet^r 的质粒载体的转化细菌死亡,而在 tet^r 基因内带有外源 DNA 区段的重组质粒可以生长的选择系统。其他的选择系统取决于若干基因的插入失活,这些基因如编码 λ 噬菌体阻抑物的基因和大肠杆菌素 E3 基因。

过去几十年人们构建了大量含有强启动子的质粒载体,这些载体有的可以直接表达独立的外源蛋白;有的则表达融合蛋白,融合蛋白的一部分由载体编码,而另一部分则由外源 DNA 所编码。

(三) 常用质粒载体

1. pBR322

pBR322 是由一系列大肠杆菌质粒 DNA 通过 DNA 重组技术构建而成的双链 DNA 载体,共 4362bp,有四环素和氨苄青霉素两个抗药性标记,一个复制起始点,复制子为 ColE1,松弛型复制,细胞生长在氯霉素环境中能够形成高拷贝数,便于制备。该载体有 8 个限制性内切核酸酶单一切点,适合于多方面的克隆用途(图 13.2)。多年来,pBR322 一直是质粒载体中使用的最为广泛的载体,但随着载体构建的进展,其他更完善、更有效的载体已经取代了 pBR322 的统治地位。

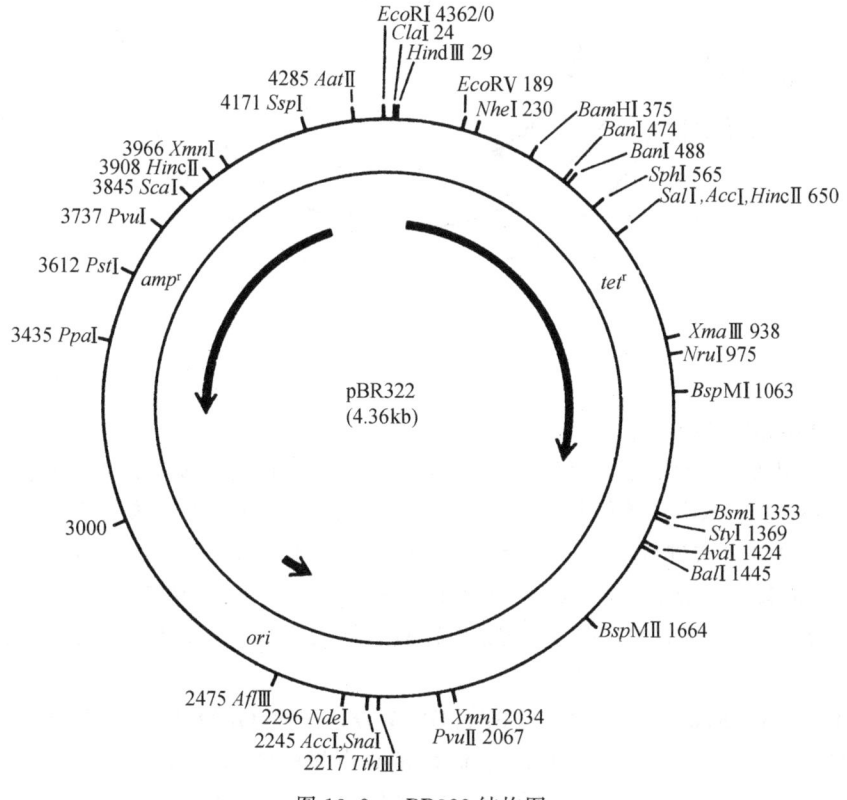

图 13.2　pBR322 结构图

2. pUC18、pUC19

pUC 系列是由大肠杆菌 pBR 质粒与 M13 噬菌体改建而成的双链 DNA 载体。这两个质粒长度均为 2674bp，除多克隆位点以互为相反的方向排列外，两个载体在其他方面完全一致（图 13.3）。pUC 载体含氨苄青霉素抗性基因，一个复制起始点。pUC 质粒缺乏与控制拷贝数有关的 *rop* 基因，使得这些质粒复制的拷贝数要比带有 pMB1（或 ColE1）复制点的质粒高得多。pUC 载体含表达 *lacZ* 基因产物（β-半乳糖苷酶）的氨基端片段，在相应的宿主中可出现 α 互补。因此，可以用组织化学筛选法鉴定重组体。

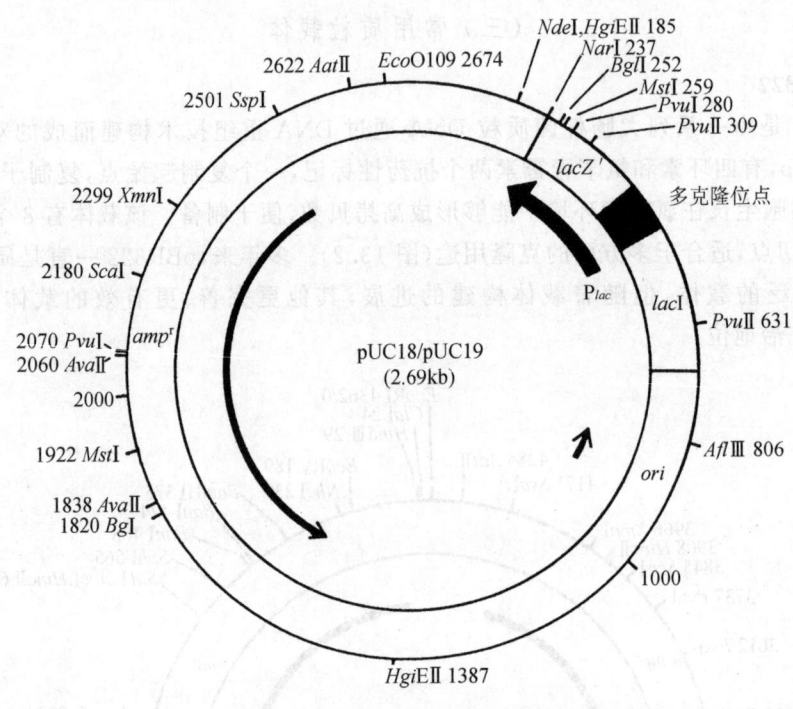

图 13.3 pUC18/pUC19 结构图

3. pUC118、pUC119

pUC118、pUC119 分别来自 pUC18、pUC19。它们带有 M13 噬菌体 DNA 合成的起始与终止及 DNA 包装进入噬菌体颗粒所必需的顺式序列。这些载体可以接受外源 DNA 区段，并像质粒一样以常规方式进行增殖。当带上这些质粒的细胞被适当的丝状噬菌体感染时，可合成质粒 DNA 的其中一条链，并包装进入子代噬菌体颗粒。可以从噬菌体颗粒中分离单链 DNA，以作为测定外源 DNA 序列、进行寡核苷酸引导的突变，以及合成链特异性探针的模板（图 13.4）。

4. pSP64、pSP65、pGEM-3、pGEM-3Z、pGEM-3Zf(-)、pGEM-4、pGEM-4Z

这些载体是由 pUC 质粒衍生而来，它们都带有由噬菌体编码的依赖于 DNA 的 RNA 聚合酶转录单位的启动子（图 13.5）。现已设计一些 pSP64 和 pSP65 的衍生质粒（pSP64CS 和 pSP65CS），可便于用 Maxam-Gilbert 方法进行 DNA 序列测定。

5. πAN13

πAN13 是来自 πAN7 的一个小质粒载体，该载体含有 pBR322 复制起始点、pUC13 多克

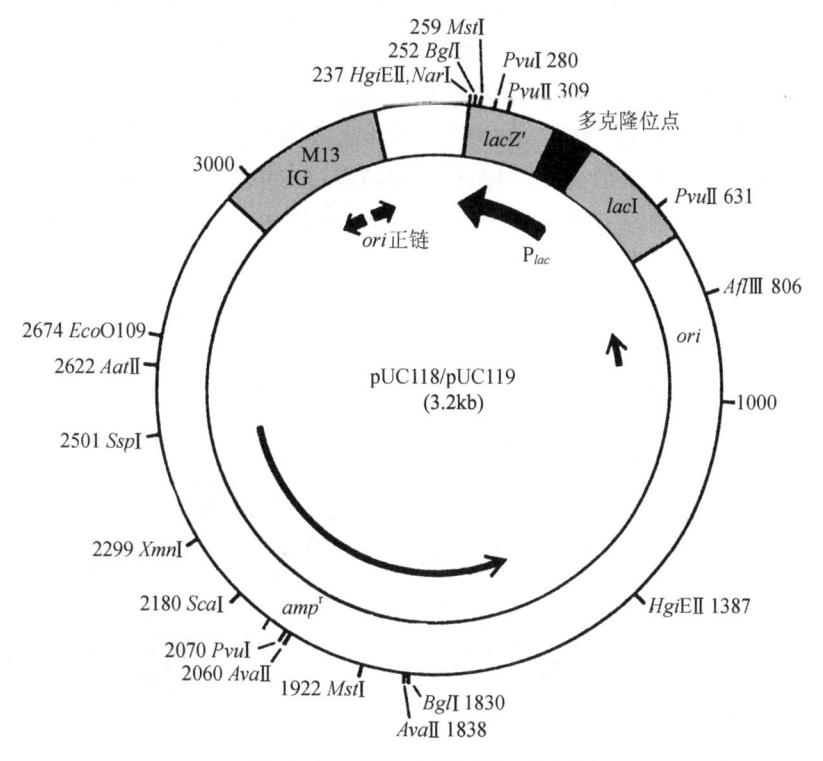

图 13.4　pUC118/pUC119 结构图

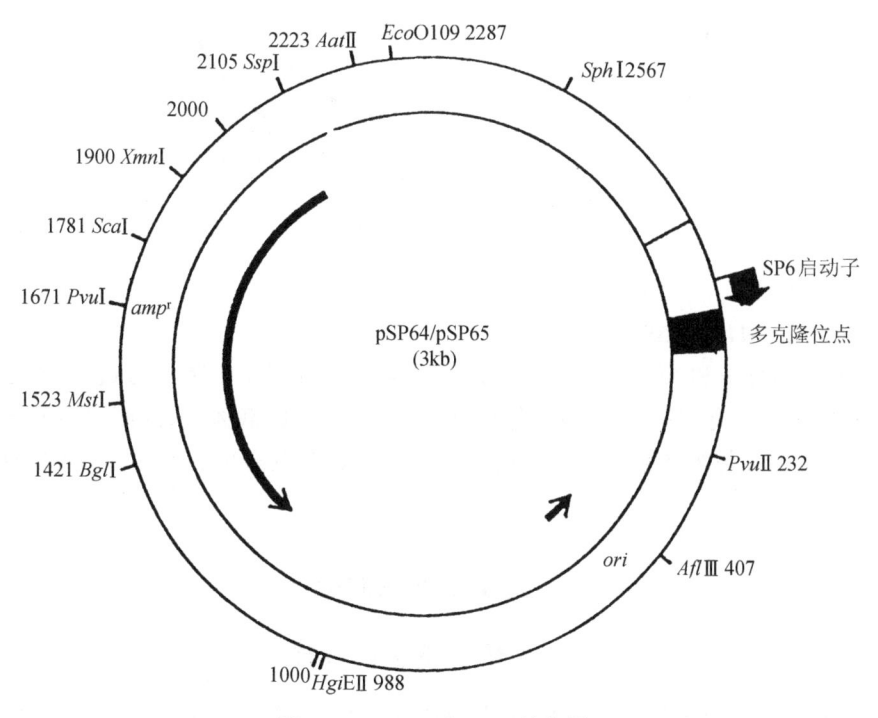

图 13.5　pSP64/pSP65 结构图

隆位点和一个 *supF* tRNA 基因(图 13.6)。将探针序列克隆于 πAN13,然后将重组质粒导入大肠杆菌,利用在必需基因(如 Syrinz2A)中带有若干个琥珀突变的 λ 噬菌体载体构建的文库可以在含有重组质粒的细菌中生长。如果所感染的噬菌体的 DNA 序列与 πAN13 中的探针序列同源,则可通过体内的同源重组,将质粒插入到噬菌体中。在所得到的共合体中,πAN13 的 *supF* 基因抑制噬菌体的琥珀突变,因而在非抑制型宿主中可形成噬菌斑(plaque)。借此可挑选多基因家族的成员、编码 cDNA 的基因以及多个基因组 DNA 文库中的基因座。早期使用的"重组探针"质粒 πVX 的拷贝数较低,新设计的 πAN13 增加了拷贝数,因此提高了重组频率。

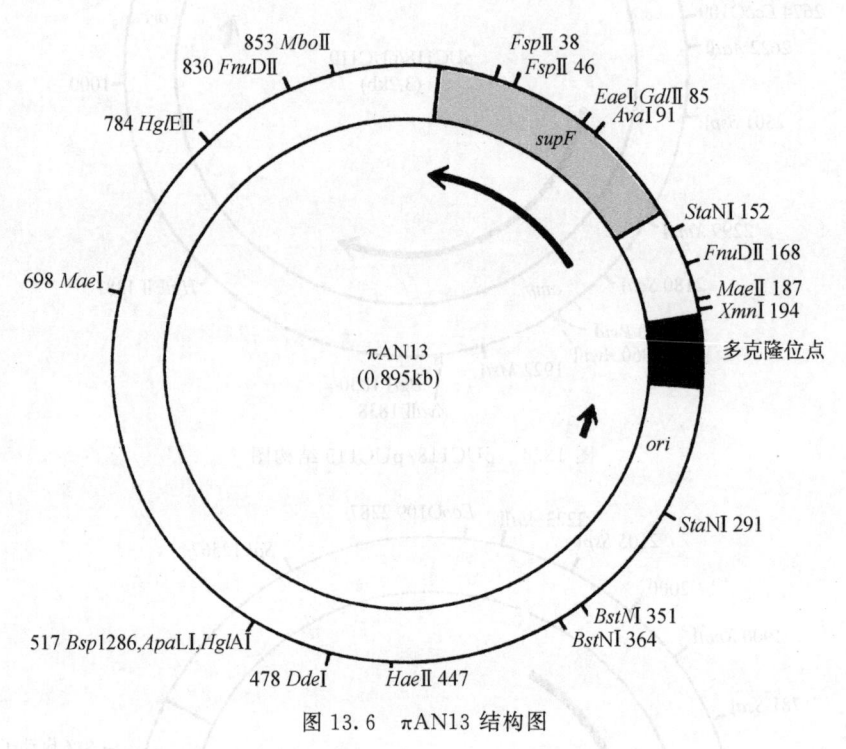

图 13.6　πAN13 结构图

6. Bluescript M13+、M13−

Bluescript M13+和 M13−是一对带有 M13 噬菌体 DNA 复制点的载体,该起点以互为相反的方向插入到含有 T3 和 T7 噬菌体启动子 pUC 质粒的载体中,因而这些载体可在体内产生单链 DNA 或在体外产生 RNA,这些产物与插入到多克隆位点的外源 DNA 双链中任意一条链互补(图 13.7)。

二、λ 噬菌体载体

(一) λ 噬菌体载体的特点

λ 噬菌体(λ-phage)是最早使用的克隆载体,在分子克隆中始终起着重要的作用。在对 λ 噬菌体的遗传学和生理学做过广泛深入分析的基础上,人们构建了许多复杂的多用途载体。

λ 噬菌体载体有一个庞大而复杂的基因组,它的基因组 DNA 中含有许多常用限制酶的多

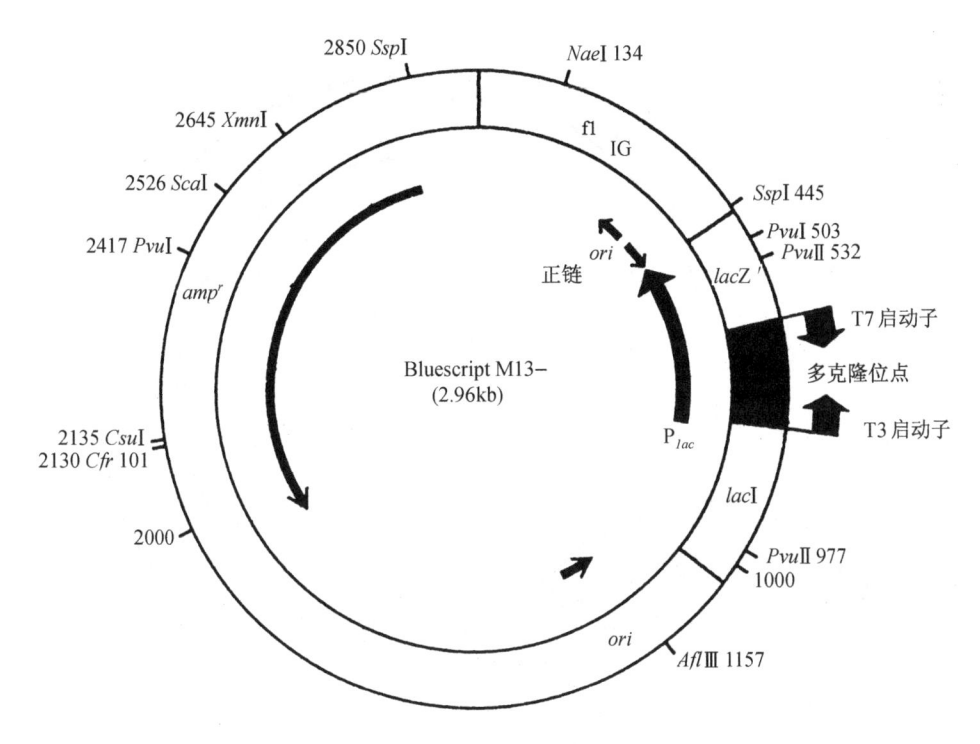

图 13.7　Bluescript M13 结构图

个酶切位点,这些酶切位点常常位于病毒基因组内对病毒的裂解性生长必不可少的区域中,而且,λ 噬菌体载体颗粒不能容纳比噬菌体基因组本身大得多的 DNA 分子,故只适合作外源 DNA 小片段的载体。

由于在噬菌体基因组中约占基因组 1/3 的区域是裂解性生长的非必需区,如位于 J 基因和 N 基因之间的这一区域可被许多不同的大肠杆菌 DNA 区段替换。人们首先筛选出去除病毒基因组必需区内所有 EcoR I 位点的 λ 噬菌体衍生株,将这样的噬菌体交替转染到含有或不含有编码 EcoR I 的质粒的宿主菌内培养,就可以分离出在基因组非必需区内带有一两个 EcoR I 位点的 λ 噬菌体突变体。以适当的方法人们获得了适于不同限制酶的新载体和含有特定组合形式的限制酶切位点的 λ 噬菌体载体。近年来,已采用合成寡核苷酸来构建特殊设计的 DNA 片段,然后再将该 DNA 片段插入 λ 噬菌体基因组中去。用这种方法将限制酶切位点插入特定部位的效率远远大于以前所采用的方法。用不同方法构建的 λ 噬菌体载体,可以接纳并使被各种限制酶切成的外源 DNA 片段增殖。

图 13.8 示 λ 噬菌体基因结构及其调控。

噬菌体载体分为插入型载体(insertion vector)和置换型载体(replacement vector)两类。只有一个限制酶切位点可供插入外源 DNA 的载体称为插入型载体;在可被外源 DNA 置换的 λ 噬菌体 DNA 非必需区两侧有一对限制酶切位点的载体称为置换型载体。

(二) 常用的 λ 噬菌体载体

1. λgt11

λgt11 全长 DNA 为 43 700bp,对应于野生型的 19 400~23 000bp 置换出 $lacZ$ 片段,克隆

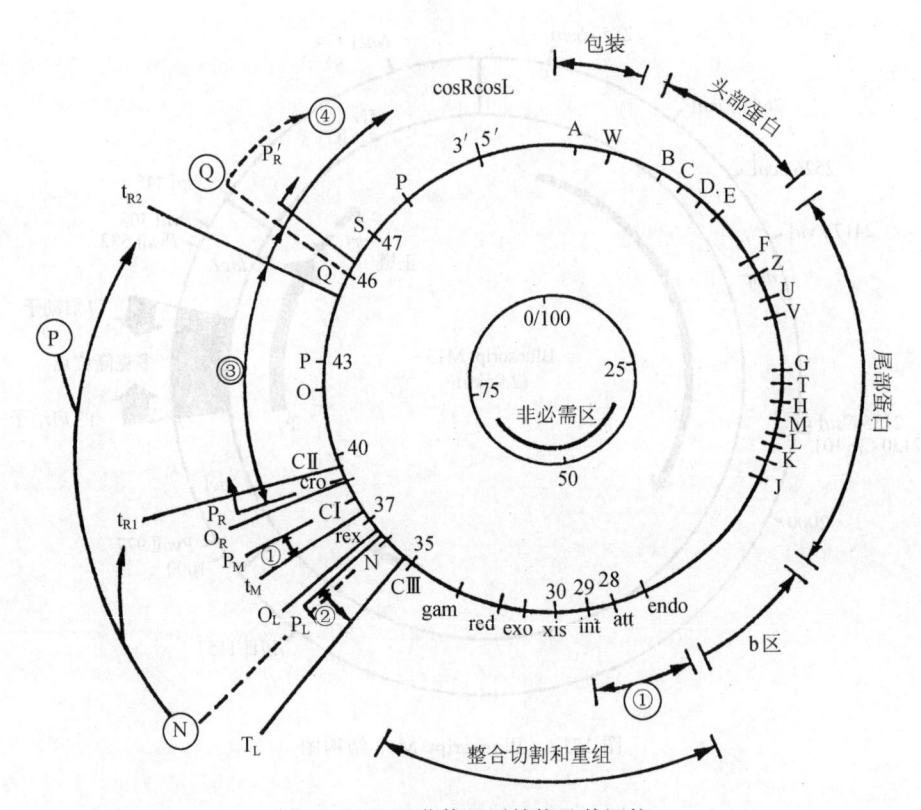

图 13.8 λ噬菌体基因结构及其调控

位点为 $EcoR\text{I}$,位于 19 600bp,插入克隆最大片段可达 7.2kb,插入片段与 lacZ 基因阅读框架相符时,可以表达出 β-半乳糖苷酶与该片段编码的融合蛋白,蛋白质产物可用免疫学方法筛选。

2. Charon 系列载体

Charon 系列噬菌体载体是为克隆大片段 DNA 而设计的载体。早期构建的 Charon4 主要用于构建真核基因文库的置换型载体,而 Charon21 是一个用来克隆长达 9kb 的外源 DNA 片段的插入型载体。后来构建的 Charon32~35 系列比 Charon4 和 Charon21 可接纳更大的 DNA 片段且具有更多可利用的限制酶切点,如 Charon32 可接纳 19kb 的外源 DNA 片段,而 Charon34、35 则可接纳长达 21kb 的外源 DNA 片段。新近构建的 Charon40 则在野生型的 19 200~32 800bp 间填充了 lac 操纵基因与腺病毒 237bp 的多聚体 DNA 片段,在多聚体两端分别设置了 16 个反向重叠的限制酶克隆位点。多聚体片段可被 $Nae\text{I}$ 消化为碎片,并且很容易用聚乙二醇沉淀法将碎片除尽。这也是该载体得天独厚的优点。

λ噬菌体构建的其他载体还有 EMBL 系列载体、λ2001 载体、λDASH 载体、λFIX 载体、λORF8 载体和 λZAP 载体等,这些载体大多用于克隆大片段外源 DNA,也可用于 cDNA 克隆等其他目的。

部分噬菌载体的特性见表 13.1。

表 13.1 部分噬菌体载体的特性

载体名称	载体类型	克隆位点	克隆能力/kb	重组体的识别
λBV2	IN	*Bam*H I	0～10.1	—
λNM540	IN	*Hin*d II	0～9.3	—
λNM590	IN	*Hin*d III	0～11.3	清亮噬菌斑
λNM607	IN	*Eco*R I	0～8.5	清亮噬菌斑
λNM641	IN	*Eco*R I	0～9.7	清亮噬菌斑
		Xba I	0～11.6	—
λNM1149	IN	*Eco*R I	0～8.5	清亮噬菌斑
		*Hin*d III	0～8.5	清亮噬菌斑
Charon4	RE	*Eco*R I	7.9～18.8	Lac$^-$, Bio$^-$
Charon10	RE	*Eco*R I	8.8～19.7	Lac$^-$, Bio$^-$
		Sac I	0.8～12.3	Lac$^-$, Bio$^-$
	IN	*Hin*d III	0～7.7	Lac$^-$, Bio$^-$
λEMBL3	RE	*Bam*H I	10.4～20.1	Spi$^-$
		*Eco*R I	10.4～20.1	Spi$^-$
		Sal I	10.4～20.1	Spi$^-$
λgtWES.λb′	RE	*Eco*R I	2.4～13.3	—
		Sac I	2.4～13.3	—
λgtWES.T5-622	RE	*Eco*R I	2.4～13.3	对 ColIb 不敏感
λ147	RE	*Eco*R I	9.4～18.9	Spi$^-$
		*Hin*d III	7.8～17.3	Spi$^-$
		*Bam*H I	5.2～14.7	Spi$^-$
λ1059	RE	*Bam*H I	8.0～21.0	Spi$^-$
λ1127	RE	*Bam*H I	3.3～12.0	—
		*Hin*d III	3.3～12.0	—
λ1129	RE	*Eco*R I	3.0～12.7	—
		*Bam*H I	5.7～15.4	—
λ1130	RE	*Eco*R I	3.6～13.3	—
		*Bam*H I	5.7～15.4	—
		Sal I	3.6～13.3	—
λ2001	RE	*Bam*H I	10.4～20.0	Spi$^-$
λ2001	RE	*Eco*R I	10.4～20.0	Spi$^-$
		*Hin*d III	10.4～20.0	Spi$^-$
		Sac I	10.4～20.0	Spi$^-$
		Xba I	10.4～20.0	Spi$^-$
		Xho I	10.4～20.0	Spi$^-$

续表

载体名称	载体类型	克隆位点	克隆能力/kb	重组体的识别
Charon27	IN	BamH I	0~6.7	—
		EcoR I	0~6.7	—
		Hind III	0~6.7	—
		Sal I	0~6.7	—
		Xho I	0~6.7	—
Charon30	RE	BamH I	6.9~16.6	Spi$^-$
		EcoR I	5.3~15.0	—
		Hind III	0~9.1	—
		Sal I	0~9.7	—
		Xho I	0~9.1	—
Charon35	RE	BamH I	9~18.6	—
		EcoR I	9~18.6	—
		Hind III	9~18.6	—
		Sac I	9~18.6	—
		Sal I	9~18.6	—
		Xba I	9~18.6	—

注:"—"表示混浊噬菌斑。

三、柯斯质粒载体

λ噬菌体载体接受外源DNA的能力要比细菌质粒大得多,其最大接受容量可达23kb。在一般情况下,这样的外源DNA容量已经足够容纳一个基因包括基因两侧的序列。但是在实际工作中还会遇到更大的基因,其DNA长度要超过40kb。对于这种长度的基因,细菌质粒和噬菌体载体都不能将其容纳,必须构建具有更大克隆能力的新型载体。柯斯质粒(cosmid)就是这类专门用来克隆大DNA片段的人工构建的新载体(图13.9)。

如图13.9所示,柯斯质粒是由λ噬菌体DNA的黏性末端位点和pBR322质粒所构成的,因而兼具两者的特性。第一,它可以在克隆了长度适合的外源DNA,并在体外被包装成噬菌体颗粒之后,有效地转入对噬菌体敏感的大肠杆菌寄主细胞,在寄主细胞内按照λ噬菌体DNA的方式环化,但由于缺少噬菌体溶菌作用的全部必要基因,在受体菌内它无法形成子代噬菌体颗粒。第二,它具有质粒复制子和抗生素抗性基因,既可以像质粒DNA一样进行自主复制,又可以提供重组体分子的表型选择标记。第三,具有高容量的克隆能力,克隆极限可达45kb。

表13.2列出了部分柯斯质粒载体的基本特性。

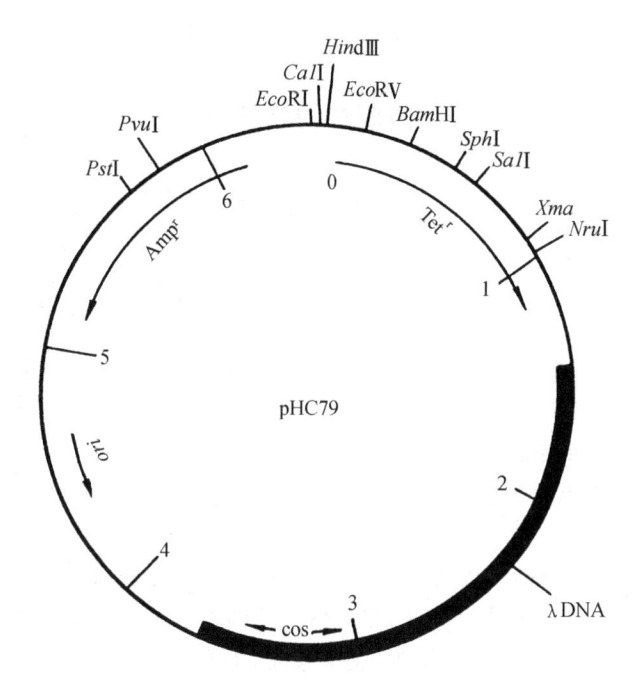

图 13.9 柯斯质粒载体 pHC79 形体图

表 13.2 部分柯斯质粒载体的基本特性

柯斯载体	复制子	分子大小/kb	选择标记	克隆位点	克隆能力/kb
C2XB	pMBI	6.8	Amp^r,Kan^r	BamH I,Cla I,EcoR I,Hind Ⅲ,Pst I,Sma I	32～45
pHC79	pMBI	6.4	Amp^r,Tet^r	EcoR I,HindⅢ,Sal I,BamH I,Pst I,Cal I	29～46
pHS262	ColE1	2.8	Kan^r	BamH I,EcoR I,Hinc Ⅱ	34～50
pJC74	ColE1	15.8	Amp^r	EcoR I,BamH I,Bgl Ⅱ,Sal I	21～37
pJC75-58	ColE1	11.4	Amp^r	EcoR I,BamH I,Bgl Ⅱ	16～42
pJC74km	ColE1	21.0	Amp^r,Kan^r	BamH I	16～32
pJC720	ColE1	24.0	Elimm,Rif^r	HindⅢ,Xma I	11～28
pJC81	pMBI	7.1	Amp^r,Tet^r	Kpn I,BamH I,HindⅢ,Sal I	30～46
pJB8	ColE1	5.4	Amp^r	BamH I,HindⅢ,Sal I	31～47
MuA-3	pMBI	4.8	Tet^r	Pst I,EcoR Ⅱ,Bal I,Pvu I,Pvu Ⅱ	32～48
MuA-10	pMBI	4.8	Tet^r	EcoR I,Bal I,Pvu I,Pvu Ⅱ	32～48
pTL5	PMBI	5.6	Tet^r	Bgl Ⅱ,Bal I,Hpa I	31～47
pMF7	pMBI	5.4	Amp^r	EcoR I,Sal I	32～48

第三节 基因工程所用的酶

基因工程的一个重要的方面是将 DNA 分子进行切割和连接。这方面的工作是由酶来完成的。基因工程所用的酶有很多种类，大致可分为以下几种类型。

一、限制性内切核酸酶

限制性内切核酸酶(restriction endonuclease)简称限制酶，可特异性地结合于一段特殊 DNA 序列内或其附近的特异位点上，并在此切割双链 DNA。它可分 3 类，即 Ⅰ 类、Ⅱ 类和 Ⅲ 类。

Ⅰ 类和 Ⅲ 类限制酶兼有修饰（甲基化）作用以及依赖于 ATP 的切割活性。Ⅲ 类限制酶在识别位点上切割 DNA，然后从底物上解离；而 Ⅰ 类限制酶覆盖结合于识别位点，但却随机地切割回转到被结合酶处的 DNA。在基因工程中 Ⅰ 类和 Ⅲ 类限制酶都不常用。

Ⅱ 类限制酶来源于同类的限制-修饰系统，该系统是由两种酶分子组成的二元系统：一种为限制酶，它切割某一特异性的核苷酸序列；另一种为独立的甲基化酶，它修饰同一识别序列。迄今人们已经分离出大量 Ⅱ 类限制酶，其中许多已应用于分子克隆中。

绝大多数 Ⅱ 类限制酶识别长度为 4～6 个核苷酸的特异序列，但有少数酶识别更长的序列或简并序列。切割位点因酶而异：一些酶在对称轴处同时切割 DNA 的两条链，产生带平头末端的 DNA 片段；而另一些酶则在对称轴两侧相类似的位置上分别切断两条链，产生带有黏性末端的 DNA 片段。例如，最早被发现和使用的限制酶 Eco Ⅰ 识别双链 DNA 的以下序列：

$$G\ A\ A\ T\ T\ C$$
$$C\ T\ T\ A\ A\ G$$

并切割如下：

$$5'G\downarrow A\ A\ T\ T\quad C\ 3'$$
$$3'C\quad T\ T\ A\ A\uparrow G\ 5'$$

带黏性末端的片段在适当的条件下保温，可互相退火，被切割的磷酸二酯键又可用 DNA 连接酶重新封合。因为凡被 Eco Ⅰ 切割的片段都带有相同的 5' 黏性末端，因此它们又能以新的组合方式互相结合。

如果限制酶在二重对称轴的 3' 侧切割每条 DNA 链，则 DNA 双链交错断开，产生带突出的 3' 黏性末端的 DNA 片段。例如，Pst Ⅰ 识别双链 DNA 的以下序列：

$$C\ T\ G\ C\ A\ G$$
$$G\ A\ C\ G\ T\ C$$

并切割如下：

$$5'C\quad T\ G\ C\ A\downarrow G\ 3'$$
$$3'G\uparrow A\ C\ G\ T\quad C\ 5'$$

切割后产生两片段：

$$5'C\ T\ G\ C\ A\qquad pG\ 3'$$
$$3'G p\qquad A\ C\ G\ T\ C\ 5'$$

任何由 Pst Ⅰ 切割后产生的带黏性末端的片段都能与带相同黏性末端的片段相连接。

如果限制酶在二重对称轴上同时切割 DNA 的两条链，则产生带平头末端的片段。例如，Hae Ⅲ 识别双链 DNA 的以下序列：

$$G\ G\ C\ C$$

并切割如下：

$$5'\ G\ G\ \downarrow C\ C\ 3'$$
$$3'\ C\ C\ \uparrow G\ G\ 5'$$

切割后产生带平头末端的片段：

$$5'\ G\ G\quad\ pC\ C\ 3'$$
$$3'\ C\ Cp\quad\ G\ G\ 5'$$

以这种方式产生的平头末端可用 T4 噬菌体 DNA 连接。平头末端之间的连接效率比黏性末端之间的连接效率要低，但因平头末端连接具有普遍的适应性，所以还是非常有用。例如，限制酶 HaeⅢ 产生的平头末端不仅能与 HaeⅢ 或其他限制酶产生的平头末端连接，而且能与补平后的 3′ 凹端或削平后的 3′ 及 5′ 突出端连接。平头末端连接还可应用于将合成的 DNA 衔接物（含一个或多个限制酶切割位点）连接到 DNA 的末端。

在通常情况下，不同的限制酶有不同的识别序列。然而，有许多不同来源的限制酶可切割同一靶序列，这些酶称为同裂酶（isoschizomer）。此外，还发现一些识别四核苷酸序列的酶。在某些情况下，这种四核苷酸序列包含于另一些酶的六核苷酸识别序列中。例如，MboⅠ 和 Sau3AⅠ 识别以下序列：

$$5'\ \cdot\downarrow G\ A\ T\ C\ \cdot\ 3'$$
$$3'\ \cdot\ C\ T\ A\ G\uparrow\cdot\ 5'$$

而 BamHⅠ 识别：

$$5'\ G\downarrow G\ A\ T\ C\ C\ 3'$$
$$3'\ C\ C\ T\ A\ G\uparrow G\ 5'$$

部分限制酶的特性见表 13.3。

表 13.3 部分限制酶的特性

酶名称	识别序列	同裂酶	同尾酶	切割位点数目 λ	SV40	pBR322
AvaⅠ	C↓PyCGPuG		SalⅠ,XhoⅠ,XmaⅠ	8	0	1
BamHⅠ	G↓GATCC	BstⅠ	BclⅠ,BglⅡ,MboⅠ,Sau3A,XhoⅡ	5	1	1
BclⅠ	T↓GATCA		BamHⅠ,BglⅡ,MboⅠ,Xsu3A,XhoⅡ	7	1	0
BglⅡ	A↓GATCT		BamHⅠ,BclⅠ,MboⅠ,Sau3A,XhoⅡ	6	0	0
ClaⅠ	AT↓CGAT		AccⅠ,AcyⅠ,AsyⅡ,HpaⅡ,TaqⅠ	15	0	1
EcoRⅠ	G↓AATTC			5	1	1
EcoRⅡ	↓CC(A/T)GG	AtuⅠ,ApyⅠ		>35	16	6
HaeⅢ	GG↓CC	BspRⅠ,BsuRⅠ		>50	19	22
HgaⅠ	GACGC(N)₅↓ CTGCG(N)₁₀↑			>50	0	11

续表

酶名称	识别序列	同裂酶	同尾酶	切割位点数目 λ	SV40	pBR322
Hha I	GCG↓C	*FnuD* III, *HinP* I		>50	2	31
Hinc II	GTPy↓PuAC	*Hind* II		34	7	2
Hind II	GTPy↓PuAC	*Hinc* II, *HinJC* I		34	7	2
Hind III	A↓AGCTT	*Hsu* I		6	6	1
Hpa I	GTT↓AAC			13	4	0
Hpa II	C↓CGG	*Hap* II, *Mno* I	*Acc* II, *Acy* I, *Asu* II, *Cla* I, *Taq* I	>50	1	26
Hph I	GGTGA(N)₆↓ CCACT(N)₇↓			>50	4	12
Kpn I	GGTAC↓C		*Bam* H I, *Bcl* I, *Bgl* II, *Xho* II	2	1	0
Mbo I	↓GATC	*Dpn* I, *Sau* 3A I		>50	8	22
Pst I	CTGCA↓G	*SalP* I, *Sfi* I		18	2	1
Pvu II	CAG↓CTG			15	3	1
Sac II	CCGC↓GG	*Csc* I, *Sat* II		>25	0	0
Sal I	G↓TCGAC	*HgiC* III, *HgiD* II	*Ava* I, *Xho* I	1	0	1
Sau 3A	↓GATC	*Mbo* I	*Bam* H I, *Bcl* I, *Bgl* II, *Mbo* I, *Xho* II	>50	8	22
Sma I	CCC↓GGG	*Xma* I		3	0	0
Sst I	GAGCT↓C	*Sac* I		2	0	0
Xba I	T↓CTAGA			1	0	0
Xho I	C↓TCGAG	*Blu* I, *PaeR7* I	*Ava* I, *Sal* I	1	0	0
Xma I	C↓CCGGG	*Sma* I	*Ava* I	3	0	0

二、DNA 聚合酶

基因工程中的许多步骤都涉及 DNA 聚合酶(DNA polymerase)。最常用的依赖于 DNA 的 DNA 聚合酶是大肠杆菌 DNA 聚合酶 I（全酶）、大肠杆菌 DNA 聚合酶 I 大片段（Klenow 片段）、T4 和 T7 噬菌体编码的 DNA 聚合酶、经修饰的 T7 噬菌体 DNA 聚合酶（测序酶），以及耐热 DNA 聚合酶（*Taq* DNA 聚合酶）。反转录酶（依赖于 RNA 的 DNA 聚合酶）能以 RNA 为模板催化合成双链 DNA，在构建 cDNA 文库时也被用到。此外，还有一种 DNA 聚合酶，它根本不对模板进行拷贝，而只是将核苷酸加到已有的 DNA 分子的末端，这种 DNA 聚合酶叫做末端脱氧核苷酸转移酶或末端转移酶（terminal transferase）。

1. 大肠杆菌 DNA 聚合酶 I

DNA 聚合酶 I 由单条多肽链组成，它具有 3 种活性，即 $5'\to3'$ DNA 聚合酶活性，$5'\to3'$ 及 $3'\to5'$ 外切核酸酶活性，同时它还具有 RNA 酶 H 活性，这种活性是大肠杆菌细胞存在所必需的，但在分子克隆中并未用到此活性。DNA 聚合酶 I 在基因工程中有以下几方面的用途。

(1) 用切口平移方法标记 DNA。在所有聚合酶中只有大肠杆菌 DNA 聚合酶 I 能用于此反应,因为它具有 5′→3′外切核酸酶活性。可以在聚合酶沿 DNA 链推进之前,从 DNA 链上去除核苷酸。

(2) 用于 cDNA 克隆中合成第二链。

(3) 用于对 DNA 分子的 3′突出尾进行末端标记。首先利用 3′→5′外切核酸酶活性去除 DNA 的 3′突出尾而产生 3′凹端。然后,在高浓度放射性标记的核苷酸前体的存在下,外切降解反应与 dNTP 掺入 3′端的反应达到平衡。上述反应包括从凹端或平头末端 DNA 上周而复始地去除并置换 3′端核苷酸,故有时称为交换反应或置换反应。现在人们更喜欢使用 T4 噬菌体 DNA 聚合酶,因为它具有更强的 3′→5′外切核酸酶活性。

2. 大肠杆菌 DNA 聚合酶 I 大片段(Klenow 片段)

由于大肠杆菌 DNA 聚合酶 I 的 5′→3′外切核酸酶活性在使用时会降解结合在 DNA 模板上的引物的 5′端,人们利用蛋白酶对该酶做有限的消化,从全酶中去除 5′→3′外切核酸酶活性,而聚合酶活性及 3′→5′外切核酸酶活性均不受影响。对蛋白酶有限消化后的大肠杆菌 DNA 聚合酶 I 产物称为聚合酶 I 大片段,即 Klenow 片段。目前,商品提供的大肠杆菌 DNA 聚合酶 Klenow 片段,是用枯草杆菌蛋白酶裂解完整的 DNA 聚合酶 I 而产生或者通过克隆技术而得到的单一多肽链(分子质量 76 000Da)。Klenow 片段在基因工程中有以下多种用途。

(1) 补平限制酶切割 DNA 产生的 3′凹端。

(2) 用 ^{32}P dNTP 补平 3′凹端,对 DNA 片段进行末端标记。

(3) 对带 3′突出端的 DNA 进行末端标记。

(4) 在 cDNA 克隆中用于合成 cDNA 第二链。

(5) 在体外诱变中,用于从单链模板合成双链 DNA。

(6) 应用 Sanger 双脱氧链终止法进行 DNA 测序。

(7) 早期用于消化某些限制酶作用后产生的 3′突出端。不过这一功能近来已被具有更强 3′→5′外切酶活性的 T4 噬菌体 DNA 聚合酶取代。

(8) 早期用于聚合酶链反应,现已被 *Taq* DNA 聚合酶取代。

3. T4 噬菌体 DNA 聚合酶

T4 噬菌体 DNA 聚合酶与大肠杆菌 DNA 聚合酶 I Klenow 片段相似,都具有 5′→3′聚合酶活性及 3′→5′外切核酸酶活性,而且 5′→3′外切酶活性对单链 DNA 的作用比对双链 DNA 更强。然而,T4 噬菌体 DNA 聚合酶的外切核酸酶活性要比 Klenow 片段强 200 倍。由于 T4 噬菌体 DNA 聚合酶不从单链 DNA 模板上置换寡核苷酸引物,因此在体外诱变反应中,它的效率比大肠杆菌 DNA 聚合酶 I Klenow 片段更强。T4 噬菌体 DNA 聚合酶在基因工程中有以下几种用途。

(1) 补平或标记限制酶消化 DNA 和产生的 3′凹端。

(2) 对带有 3′突出端的 DNA 分子进行末端标记。

(3) 标记用作探针的 DNA 片段。

(4) 将双链 DNA 的末端转化成平头末端。

(5) 使结合于单链 DNA 模板上的诱变寡核苷酸引物得到延伸。

4. T7 噬菌体 DNA 聚合酶

T7 噬菌体 DNA 聚合酶是所有已知 DNA 聚合酶中持续合成能力最强的一个。T7 噬菌体 DNA 聚合酶所催化合成的 DNA 的平均长度要比其他 DNA 聚合酶催化合成的 DNA 的平均长度大得多，这在某些情况下，如用 Sanger 双脱氧链终止法测定 DNA 序列时，具有很大的优势。

5. *Taq* DNA 聚合酶及 Ampli *Taq*™ DNA 聚合酶

Taq DNA 聚合酶是一种耐热的 DNA 聚合酶。它最初是从极度嗜热的栖热水生菌（*Thermus aquaticus*）中纯化而来的。该酶具有 $5'\rightarrow 3'$ DNA 聚合酶活性，最佳作用温度为 75~80℃时聚合酶活性剩 1/2，于 37℃时活性仅剩 1/10。然而在许多情况下，需要在低于最适温度的条件下起始聚合反应，以免引物从模板上解离。*Taq* DNA 聚合酶可用于对 DNA 进行测序及通过聚合酶链反应（PCR）对 DNA 分子的特定序列进行体外扩增。

6. 反转录酶

商品化的反转录酶（reverse transcriptase）有两种：一种来自禽成髓细胞瘤病毒（AMV），另一种则是从鼠白血病病毒（Mo-MLV）反转录酶基因的大肠杆菌中分离得到的。两种酶都无 $3'\rightarrow 5'$ 外切核酸酶活性，并能催化以 RNA 为模板合成互补 DNA 链的反应。

反转录酶主要用于将 mRNA 转录成双链 cDNA，后者可再插入到原核载体中。在单链 DNA 或 RNA 模板参与下，也可用反转录酶制备杂交用探针。反转录酶还可用于标记带 $5'$ 突出端的 DNA 片段（补平反应）。当其他酶（如大肠杆菌 DNA 聚合酶 I Klenow 片段）的使用结果不理想时，反转录酶也用于双脱氧链终止法测定。

7. 末端转移酶

末端转移酶是仅存在于前淋巴细胞及分化早期的类淋巴样细胞内的 DNA 聚合酶。该酶具有特殊的功能，即在二价阳离子存在下催化 dNTP 加于 DNA 分子的 $3'$ 羟基端。受体 DNA 可短至 3 个核苷酸。如使受体 DNA 与核苷酸的比例得当，则可掺入数千个核苷酸。

三、依赖于 DNA 的 RNA 聚合酶

1. SP6 噬菌体 RNA 聚合酶

SP6 噬菌体可合成依赖于 DNA 的 RNA 聚合酶，该酶识别双链 DNA 模板上相应的噬菌体特异性启动子，并沿此双链 DNA 模板起始 RNA 的合成。利用该酶可以在体外合成大量与外源 DNA 一条链互补的 RNA。

2. T7 和 T3 噬菌体 RNA 聚合酶

T7 和 T3 噬菌体也能合成依赖于 DNA 的 RNA 聚合酶，该酶识别双链 DNA 模板上适当的噬菌体特异启动子，并沿此双链 DNA 模板起始 RNA 的合成。RNA 聚合酶在基因工程中可用于合成单链 RNA 以作为杂交用探针、体外翻译系统中的功能性 mRNA 或体外剪接反应的底物。

四、连接酶、激酶及磷酸酶

基因工程中最常用的连接酶（ligase）是 T4 噬菌体连接酶，该酶主要作用于 $5'$ 端带磷酸基

团的 DNA 底物。如果 DNA 缺乏所需的磷酸基因,可用 T4 噬菌体多核苷酸激酶处理,使 DNA 磷酸化。相反,用磷酸酶除去 5′ 磷酸基团后,DNA 便不能再连接起来。

从 T4 噬菌体中还分离到一种 RNA 连接酶。该酶能使含 5′ 磷酸末端及 3′ 羟基端的单链 RNA(或 DNA)共价连接起来。其主要用途是对 RNA 进行 3′ 端标记,也就是将 ^{32}P 标记的 3′,5′-二磷酸单核苷加到 RNA 的 3′ 羟基端。

五、核 酸 酶

1. BAL31 核酸酶

BAL31 的主要活性为 3′ 外切核酸酶活性,它可从线状 DNA 两条链的 3′ 端去除单核苷酸,BAL31 还是一个内切核酸酶。该酶有以下几种用途。

(1) 通过可控方式去除双链 DNA 的末端核苷酸。缩短后的分子具有多种用途,如产生缺失、对启动子或其他调控序列附近的目的序列进行定位,或将合成衔接物插入 DNA 上的某一目标位点。

(2) DNA 的限制酶切作图。

(3) 确定 DNA 的二级结构,如 B-DNA 和 Z-DNA 间的接合部位或双链 DNA 中共价与非共价修饰的位点。

(4) 在制备重组 RNA 时,从双链 RNA 上去除核苷酸。

2. S1 核酸酶

S1 核酸酶来源于米曲霉(*Aspergillus oryzae*),能降解单链 DNA 或 RNA,产生带 5′ 磷酸的单核苷酸或寡核苷酸。双链 DNA、双链 RNA 及 DNA∶RNA 杂交体对此酶相对不敏感。然而如果所用 S1 核酸酶的酶量非常大,则双链核酸可被完全消化。中等量的 S1 核酸酶可在切口或小缺口处切割双链核酸。S1 核酸酶可用于以下方面。

(1) 分析 DNA∶RNA 杂交体的结构。

(2) 去除 DNA 片段中突出的单链尾以产生平头末端。

(3) 打开双链 cDNA 合成中产生的发夹环。

3. 核糖核酸酶 A(RNA 酶 A)

核糖核酸酶 A 来源于牛胰,是内切核糖核酸酶,可特异地攻击 RNA 上嘧啶残基的 3′ 端,切割与相邻核苷酸形成的磷酸二酯键,反应终产物是嘧啶 3′ 磷酸及末端带嘧啶 3′ 磷酸的寡核苷酸。在没有辅因子及二价阳离子存在时,RNA 酶 A 的作用可被胎盘 RNA 酶抑制剂或氧钒-核糖核苷复合物所抑制。核糖核酸酶 A 可用于以下方面。

(1) DNA∶RNA 杂交体中去除未杂交的 RNA 区。

(2) 确定 DNA 或 RNA 中单链碱基诱变的位置。

4. 核糖核酸酶 T1(RNA 酶 T1)

核糖核酸酶 T1 来源于米曲霉,是内切核糖核酸酶。它特异地作用于鸟嘌呤核苷酸 3′ 端磷酸并切割与相邻核苷酸相连的磷酸二酯键,反应的终产物为鸟嘌呤核苷 3′ 磷酸及末端带鸟嘌呤核苷 3′ 磷酸的寡核苷酸。该酶主要用于去除 DNA∶RNA 杂交体中未杂交的 RNA 区。

5. 脱氧核糖核酸酶 I(DNA 酶 I)

脱氧核糖核酸酶 I 来源于牛胰,是内切核酸酶。它优先从嘧啶核苷酸的位置水解双链或单链 DNA,产物为 5′ 端带磷酸基团的单链核苷酸及寡核苷酸的混合物。在 Mg^{2+} 存在下,

DNA酶I可独立地作用于每条DNA链,且切割位点随机分布。

在Mg^{2+}存在下,DNA酶I可在两条链的大致同一位置上切割DNA,产生平头末端DNA片段或者在单链突出端上只带有1~2个核苷酸的DNA片段。该酶可用于以下方面。

(1) 切口平移法进行放射性标记时在双链DNA上产生随机切口。

(2) 在进行亚硫酸氢盐介导的诱变前,在闭环DNA上引入单切口以便将分子截短。

(3) 建立随机克隆,以便在M13噬菌体上进行测序。

(4) DNA酶I分析蛋白——DNA复合物。

6. 外切核酸酶Ⅲ

外切核酸酶Ⅲ来源于大肠杆菌,可催化从双链DNA的3'羟基端逐一去除单核苷酸的反应,其底物为线状双链DNA及带切口或缺口的环状DNA。该酶作用的结果是在双链DNA上产生长的单链区,此外该酶还有对无嘌呤DNA特异的内切核酸酶活性、RNA酶H活性及3'磷酸酶活性。

外切核酸酶Ⅲ持续作用能力不强,因此产物一般为大小相近的DNA分子集群,此特性使分离所需长度的DNA产物的工作更为简化。该酶可用于以下方面。

(1) 制备部分截短的DNA,作为大肠杆菌DNA聚合酶I Klenow片段的底物。

(2) 在双链线状DNA上产生末端序列嵌套缺失的成套缺失体。

7. λ噬菌体外切核酸酶

λ噬菌体外切核酸酶可以催化双链DNA中持续地逐一释放5'单核苷酸的反应。尽管该酶的最适底物为5'端带磷酸末端的双链DNA,但它还可作用于单链DNA。带切口或缺口的双链DNA不能作为λ噬菌体外切核酸酶的底物。λ噬菌体外切核酸酶在早期一度用途较广,目前,它主要用于修饰DNA 5'磷酸末端,以便为其他酶提供作用底物。

第四节 基因工程的主要步骤

一、DNA的制备

制备完整、纯净、高质量的DNA,是基因工程的首要和关键环节。微生物基因工程育种中DNA的制备包括质粒DNA的制备和细菌染色体DNA的制备。

(一) 质粒DNA的制备

从细菌中提纯质粒DNA包括三个主要步骤,即细菌培养物的生长,细菌的收获和裂解,质粒DNA的纯化。

1. 细菌培养物的生长

从琼脂平板上挑取一个单菌落,接种到培养物中(在含有适当抗生素的液体培养基中生长),然后从中纯化质粒。许多质粒载体(如pUC系列)都能复制很高的拷贝数,只要将培养物放在标准LB培养基中生长到对数晚期,就可以大量提纯质粒。

2. 质粒DNA的纯化

利用质粒DNA相对较小及共价闭合环状结构这样两个性质,可以用氯化铯-溴化乙锭(ethidium bromide, EtBr)梯度平衡离心的方法将质粒纯化。由于溴化乙锭与线状DNA分子及与闭环 DNA 分子的结合量有所不同,使得线状和闭环 DNA 分子在含有饱和溴化乙锭的氯化铯梯度中的浮力密度也有所不同。多年来,氯化铯-溴化乙锭梯度平衡离心已成为制备大量质粒 DNA 的首选方法。然而该方法既昂贵又费时,为此发展了许多替代方法。其中主要包括利用离子交换层析、凝胶过滤层析、分级沉淀等分离质粒 DNA 和宿主 DNA 的方法。

质粒 DNA 是分子质量较小的闭环超螺旋 DNA,其分子质量和空间结构与染色体 DNA 有很大的区别,理化性状也有很大的不同。当细胞用碱裂解时,线状 DNA 发生变性,而环状 DNA 却不发生变性。在高盐浓度下将裂解液 pH 恢复至中性时,变性的染色体 DNA 交织成网状而发生沉淀,可以用离心的方法除去,而不发生沉淀的环状质粒 DNA 会留在离心上清液中。将上清液用酚处理使蛋白质发生变性而除去,再用乙醇等有机溶剂可将质粒 DNA 沉淀出来。

下面是质粒 DNA 小量制备的方法。

(1) 将单菌落细菌接入 2ml 含相应抗生素的 LB 培养基中培养过夜,取 1ml 培养物于 1.5ml 微量离心管中,在微量离心机上离心 15s 后吸去上清液;

(2) 加 100μl Tris-Cl 缓冲液于离心管中,剧烈振荡使细菌充分悬浮,0℃放置 5min;

(3) 加 200μl 新配制的含 1%SDS 的 0.2mol/L NaOH 溶液于离心管中,轻轻倒置几次使溶液充分混合,0℃放置 5min;

(4) 加 150μl 预冷的冰乙酸-乙酸钾溶液,迅速混匀,0℃放置 15min;

(5) 微量离心机 12 000r/min 离心 15min,吸取上清液于清洁离心管中,弃沉淀;

(6) 加等量酚-氯仿(1:1),振荡混匀,微量离心机 12 000r/min 离心 2min,吸取上层水相于洁净离心管中;

(7) 加等量氯仿抽提,微量离心机 12 000r/min 离心 2min,吸取上层水相于洁净离心管中;

(8) 加入 2 倍体积乙醇沉淀 DNA,振荡混匀,室温放置 5min;

(9) 微量离心机 12 000r/min 离心 5min,弃上清液,小心除净离心管中残留液体,将离心管置于真空干燥器中干燥片刻;

(10) 用 50μl TE 溶液溶解 DNA,贮存于 -20℃。

(二) 细菌染色体 DNA 的制备

染色体 DNA 为高分子物质,在制备过程中要尽量避免因机械剪切力作用而引起 DNA 分子断裂,还要防止胞内 DNA 酶将 DNA 降解。

下面是染色体 DNA 制备的一般方法。

(1) 收集 200ml 过夜培养物,在 4℃ 6000r/min 离心 10min,收集菌体;

(2) 用 1mol/L NaCl 溶液洗涤菌体,同上离心;

(3) 将菌体悬浮于 40ml 含 50mmol/L 葡萄糖的 10mol/L Tris-Cl 缓冲液(pH7.6)中;

(4) 加入 4ml 10% SDS 溶液,混匀后于 50℃保温 10min;

(5) 加入 5ml 不含 DNA 酶的 RNA 酶,37℃保温 10min;

(6) 加入 2ml 0.5mol/L EDTA,50℃保温 10min;

(7) 加入 5mg 蛋白酶 K,37℃保温 4h;

(8) 向细菌裂解液中加入等量 SS-酚,缓慢倒转离心管,使酚与裂解液混合,静置片刻,加

入与酚等量的氯仿,缓慢倒转离心管数次,于 8000r/min 离心 20min 使溶液分层;

(9) 将上清液再用等体积的氯仿抽提一次,用大口径移液管将离心后的上层水相转移至烧杯中;

(10) 加入 1/10 体积的 3mol/L 醋酸钠,混匀,缓慢加入 2 倍体积的 95% 乙醇,同时用小玻璃棒缓缓搅动,使析出的 DNA 丝状沉淀物绕在玻璃棒上,直至 2 倍体积乙醇全部加完为止;

(11) 将玻璃棒有 DNA 的一端朝上竖立于试管架上,让 DNA 上的残液顺玻璃棒流去,让 DNA 在空气中干燥片刻(勿干透,否则 DNA 很难溶解);

(12) 将有 DNA 的玻璃棒插入装有 4.5ml TE 缓冲液的 10ml 离心管中,置 4℃ 冰箱过夜,使 DNA 溶解到 TE 缓冲液中。

二、目的基因的产生与分离

从菌体中获得染色体 DNA 后,必须从中克隆出所需的目的基因。克隆目的基因的方法很多,包括早期使用的基因文库法、cDNA 文库法和后来发展起来的 PCR 法。

(一) 基因文库法

将基因组 DNA 用限制酶消化成大小不等的片段,然后将所有片段与载体连接,再进行噬菌体包装与转染或质粒 DNA 转化,构建含基因组全部遗传信息的文库,即基因文库(gene library)。利用放射性同位素探针或其他筛选方法可以在文库中将目的基因筛选出来。

1. 鸟枪法

利用限制酶消化基因组 DNA,其消化产物不经过凝胶电泳分部分离,就直接同载体分子做连接反应,这种方法叫做"鸟枪法"或"散弹法"。"鸟枪法"最明显的缺点是,所形成的重组体分子实际上是一群带有大小不同插入片段的重组体的混合群体。由于生物体的基因组一般都十分庞大,限制酶消化后的 DNA 片段的数目就可想而知。而这些片段都分别插入到一个个载体分子上,经过扩增之后,就会形成更加庞大的不同重组体分子组成的克隆群体。要从其中的每一个群体中筛选出带有目的基因的克隆,其工作量之大可想而知。

2. 双酶消化

Maniatis 等 1978 年提出了利用两种限制酶混合消化基因组 DNA 的实验策略。应用这种方法可以获得适于克隆的随机片段化的 DNA 群体。他们所选用的是具有 4 个核苷酸识别位点的限制酶,因此,对基因组 DNA 具有较高的切割频率。在极限的双酶消化条件下,所产生的 DNA 片段平均大小不会超过 1kb;但若是进行局部的双酶消化反应,所产生的大部分 DNA 片段都比较大,可达 10～30kb,它们之间存在着有效的随机序列重叠现象。通过蔗糖梯度离心或是凝胶电泳技术,可以把这些片段群体按大小分开,得到大小约为 20kb 的随机的 DNA 片段群体。这样大小的 DNA 片段适于 λ 噬菌体载体的克隆能力,经体外重组、包装和转化之后,可以获得足够数量的独立的重组体转化子克隆,构成几乎是完全的、代表性的基因文库。

（二）cDNA 文库法

cDNA 文库法是以 mRNA 为模板，在反转录酶作用下形成互补 DNA，这种 DNA 与载体连接后，进行噬菌体的包装与转染或质粒 DNA 的转化而构建 cDNA 文库。再利用探针将目的基因从文库中"钓"出来。由于从细胞中提取的 mRNA 的数目要比全基因组小得多，因此利用此法可以大大地减少工作量。如果能够从 mRNA 中直接提纯目的 mRNA 进行反转录，则可直接得到相应的目的 cDNA 用于克隆。mRNA 的分离纯化是一项十分精细的工作，整个过程要极其小心地避免 RNA 酶的降解作用。

（三）PCR 法

单链 DNA 在互补寡核苷酸片段的引导下，可以利用 DNA 聚合酶按 $5'\rightarrow 3'$ 方向复制出互补 DNA，这时单链 DNA 称为模板 DNA，寡核苷酸片段称为引物（P），合成的互补 DNA 称为产物 DNA。双链 DNA 分子经高温变性后成为两条单链 DNA，它们都可以作为单链模板 DNA，在相应引物的引导下，用 DNA 聚合酶复制出产物 DNA。PCR 技术应用上述的基本过程，分别在待复制的已知序列 DNA 分子两端各设计一条引物，其中在 DNA $5'$ 端的引物（P1）对应于前导链 DNA 单链的序列，$3'$ 端的引物（P2）对应于后随链 DNA 单链序列，P1 和 P2 按 $5'\rightarrow 3'$ 方向相向配置。在含有引物、DNA 合成底物 dNTPs 的缓冲液中，通过高温变性，使双链 DNA 变成单链 DNA 模板，降低温度复性，使引物与模板 DNA 配对，利用 DNA 聚合酶便可合成产物 DNA。引物和 dNTPs 过量，则在同一反应体系中可重复高温变性、低温复性和 DNA 合成这一循环，使产物 DNA 重复合成，并且在重复过程中，前一循环的产物 DNA 可以作为后一循环的模板 DNA 参与 DNA 的合成，使产物 DNA 的量按 2^n 方式扩增，所以这一反应称为聚合酶链反应（polymerase chain reaction，PCR）。理论上只要引物及 dNTPs 的量能够满足，则这一过程可以无限重复，使模板 DNA 无限扩增。利用 PCR 反应，可以使几个 DNA 模板分子通过数小时的扩增后增加到百万倍以上，因此，能用微量的样品获取目的基因，同时也完成了基因在体外的克隆。

常规 PCR 反应的反应循环数为 25～35，变性温度为 94℃，复性温度为 37～55℃，合成延伸温度为 72℃，DNA 聚合酶为 Taq 酶，DNA 扩增倍数为 10^6～10^9。

引物的设计在 PCR 反应中十分重要。它是保证 PCR 反应准确、特异、有效地对模板 DNA 进行扩增的最为重要的一环，目前已开发出一些计算机软件来帮助引物的设计。通常引物设计要遵守以下几条原则：

(1) 引物长度：15～25 个核苷酸；
(2) C-G 含量：40%～60%；
(3) T_m 值：高于 55℃；
(4) 引物与模板非特异性配对位点的碱基配对率小于 70%；
(5) 两条引物之间配对碱基数小于 5 个；
(6) 引物自身配对形成的茎环结构，茎的碱基对数不大于 3。

三、DNA 的 连 接

获得目的 DNA 片段和质粒载体 DNA 后，要把两者连接起来形成重组体。外源 DNA 片段和线状质粒载体的连接,也就是在双链 DNA 5′磷酸和相邻的 3′羟基之间形成新的共价键。例如,质粒载体的两条链都带有 5′磷酸,可生成 4 个新的磷酸二酯键,但如果质粒 DNA 已去磷酸化,则只能形成 2 个新的磷酸二酯键。在这种情况下产生的 2 个杂交体分子带有 2 个单链切口,当杂交体导入感受态细胞后可被修复。

相邻的 5′磷酸和 3′羟基间磷酸二酯键的形成在体外可由两种不同的 DNA 连接酶催化,这两种酶就是大肠杆菌 DNA 连接酶和 T4 噬菌体 DNA 连接酶。实际上在所有克隆用途中,T4 噬菌体 DNA 连接酶都是首选酶。这是因为在正常反应条件下,它能够有效地将平头末端 DNA 片段连接起来。

DNA 一端与另一端的连接可认为是双分子反应,在标准条件下,其反应速度完全由互相匹配的 DNA 末端的浓度所决定。不论末端位于相同 DNA 分子(分子内连接)还是位于不同分子(分子间连接)都是如此。如果连接混合物中只含有一种 DNA,也就是用可产生黏性末端的单个限制酶切割而制备的磷酸化载体 DNA。在反应的第一阶段,反应中 DNA 浓度低,则配对的两个末端同属于相同 DNA 分子的概率较大。这样,在 DNA 浓度低时,质粒 DNA 的重新环化将占主导地位。如果连接反应中 DNA 浓度有所增高,则在分子内连接反应发生以前,某一种 DNA 分子的末端碰到另一种 DNA 分子末端的可能性也有所增大。因此,在 DNA 浓度高时,连接反应的初产物将是质粒二聚体和更大一些的寡聚体。

两种 DNA 连接成重组体一般使用 T4 噬菌体连接酶来催化完成。连接缓冲液使用含 Mg^{2+}、ATP 的缓冲液,同时也有些保护和稳定酶活性的物质,如二硫苏糖醇(DTT)、小牛血清白蛋白(BSA)等。虽然温度在 37℃时有利于连接酶的活性的最大限度发挥,但是在这个温度下黏性末端的氢键结合不稳定,所以在实际操作时,DNA 分子黏性末端的连接反应的温度通常采用折中的温度,即 12~15℃,反应时间为 12~16h。

四、重组体导入大肠杆菌

把重组的 DNA 引入到受体细胞,使受体菌转化为具有重组 DNA 的新的遗传特性,从中筛选出重组转化子(transformant)。受体菌一般选用大肠杆菌,将重组体(recombinant)转入大肠杆菌的方法有多种,这里介绍经典的转化法和高压电穿孔法。

1. 大肠杆菌感受态细胞的制备和转化

大多数细菌转化方法都使用 Mandel 和 Higa 提出的 $CaCl_2$ 法。用冰预冷的 $CaCl_2$ 溶液处理细菌,然后做短暂加热后,可用 λ 噬菌体 DNA 转染细菌。用同样的方法也可以使质粒 DNA 和大肠杆菌染色体 DNA 对细菌进行转化。经过 $CaCl_2$ 处理的受体细菌会被诱导而产生短暂的"感受态"(competence),在此期间它们能够摄取各种不同来源的 DNA。

感受态细菌可以自己制备,也可以从商业途径购买,一般每微克超螺旋质粒 DNA 可产生 $\geq 10^8$ 菌落的转化体。

以下介绍的是用 $CaCl_2$ 处理受体菌的转化法:

将斜面菌落接种入 5ml LB 液体培养基
↓37℃振荡培养过夜
取 0.2ml 转接入 50ml LB 液体培养液中
↓37℃振荡培养 2h

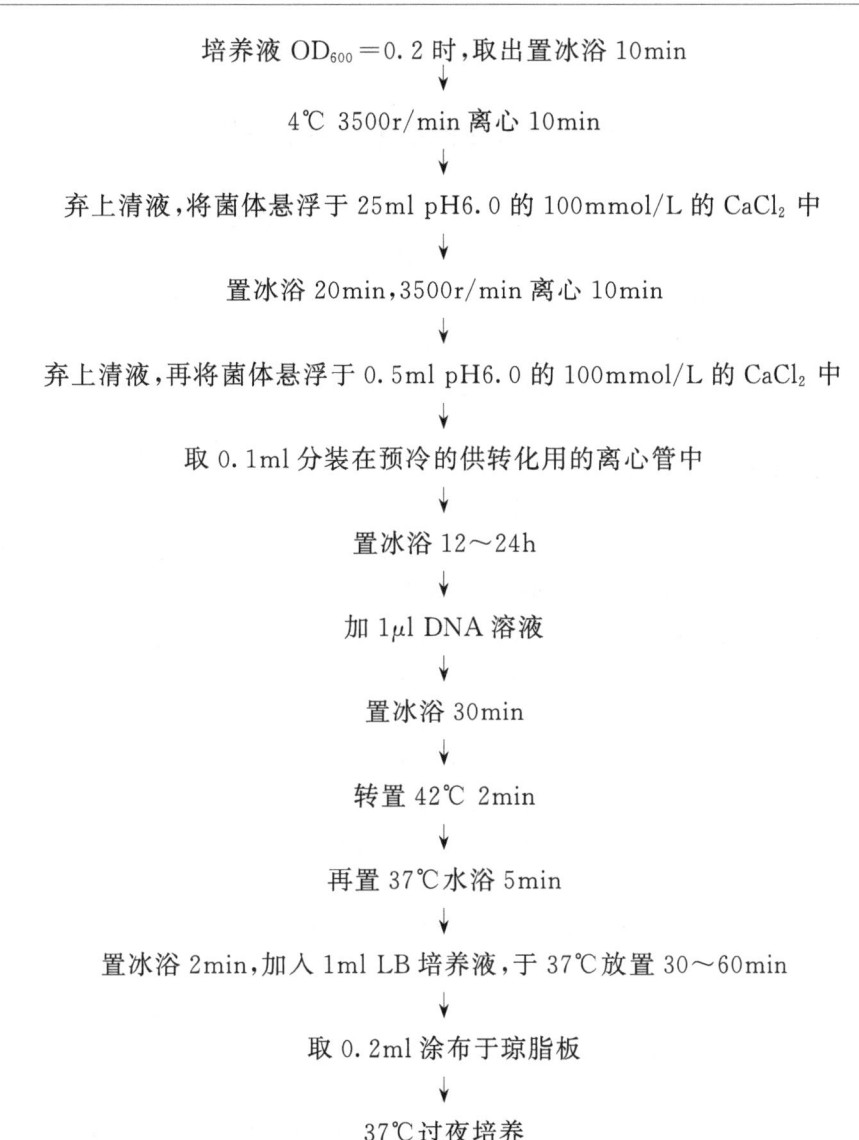

培养液 OD$_{600}$=0.2 时,取出置冰浴 10min
↓
4℃ 3500r/min 离心 10min
↓
弃上清液,将菌体悬浮于 25ml pH6.0 的 100mmol/L 的 CaCl$_2$ 中
↓
置冰浴 20min,3500r/min 离心 10min
↓
弃上清液,再将菌体悬浮于 0.5ml pH6.0 的 100mmol/L 的 CaCl$_2$ 中
↓
取 0.1ml 分装在预冷的供转化用的离心管中
↓
置冰浴 12~24h
↓
加 1μl DNA 溶液
↓
置冰浴 30min
↓
转置 42℃ 2min
↓
再置 37℃水浴 5min
↓
置冰浴 2min,加入 1ml LB 培养液,于 37℃放置 30~60min
↓
取 0.2ml 涂布于琼脂板
↓
37℃过夜培养

2. 高压电穿孔法转化大肠杆菌(电转化法)

电穿孔法最初用于将 DNA 导入真核细胞,后来也用于转化大肠杆菌和其他细菌。通过优化电压强度、脉冲的长度和 DNA 浓度等参数,每微克 DNA 可得到 10^9~10^{10} 转化体。电转化的效率要比化学转化高得多,据报道一般可以达到化学转化法制备的感受态细胞转化率的 10~20 倍。

制备用于电穿孔的细胞要比制备感受态细胞容易得多。细菌生长到对数中期后加以冷却,离心,然后用低盐缓冲液充分清洗以降低细胞悬液的离子强度,然后用 10%甘油重新悬浮细胞,使其浓度为 3×10^{10} 个/ml,分装成小份在干冰上速冻后置于-70℃贮存。每小份细胞溶解后即可用于转化,其有效期至少为 6 个月。电转化在低温下(0~4℃)进行,如果在室温下操作,转化效率可能会降低到原来的 1%。按常规操作,可将 DNA 和冷却的细胞悬液混合,然后转移到一个预冷的小槽内。

由于细菌细胞相对较小,因此与 DNA 导入真核细胞相比较,大肠杆菌的电转移要求很高的电场强度,并且体积要小。

五、含重组质粒的细菌菌落的鉴定

含重组体质粒的筛选和鉴定的方法有遗传学直接筛选法和分子生物学间接筛选法。前者利用可选择的遗传表型和功能,如抗药性、营养缺陷型、噬菌斑等可以简便快速地在大量群体中进行筛选,但结果由于插入重组分子的方向,多聚假阳性等原因而可靠性较差;后者根据目的基因的大小、核苷酸序列、基因表达产物的分子生物学特性,如酶切分子质量的大小、分子杂交、核苷酸序列分析、放射免疫等进行筛选,这些方法要求较高,难度较大,但灵敏度高,结果可靠性强。下面具体介绍几种方法。

1. 小规模制备质粒 DNA 进行限制酶切分析

挑取一些独立的转化菌落进行小规模培养,采用前面所述的方法分离质粒 DNA,然后用限制酶进行消化,通过凝胶电泳进行分析。这个操作虽然比较费事,但是如果从少数随机挑选的转化菌落中找到目标重组体的概率很高时,如载体和外源 DNA 区段连接后产生的转化菌落比任一组对照连接反应都明显多时,这是首选的方法。在实际应用中,有可能在 2~3h 内提取和分析 36 份小量制备的质粒 DNA。其过程如下。

将转化子菌液涂布在含有抗生素的 LB 平板上
↓37℃培养 16~18h
用灭菌牙签将平板上长好的菌落刮入装有 50~100μl 破碎细胞
缓冲液的 Eppendorf 管中
↓37℃水浴保温 15min
高速台式离心机 15 000r/min 离心 15min
↓
吸取 25~30μl 上清液点样于预先准备好的 0.8%琼脂糖凝胶板上,
同时点上完整质粒 DNA 和外源基因 DNA
↓
100~150V(4~6V/cm)电泳至溴酚蓝迁移到凝胶板的 2/3 处
↓
取出凝胶板置含有 0.5μg/ml EB 电泳缓冲液中染色 15~30min
↓
取出凝胶板,置紫外灯下观察电泳带,拍照

2. α 互补

pUC 等许多载体都带有一个大肠杆菌 DNA 的短区段,其中含有 β-半乳糖苷酶基因的调控序列和头 146 个氨基酸的编码信息。这个编码区中插入一个多克隆位点,它并不破坏读码框,但可使少数几个氨基酸插入到 β-半乳糖苷酶 C 端部分序列的宿主细胞。虽然宿主和质粒编码的片段各自都没有酶活性,但它们可以融为一体,形成具有酶学活性的蛋白质。这样,lacZ 基因上缺失近操纵基因区段的诱变体与带有完整的近操纵基因区段的 β-半乳糖苷酶阴性的诱变体之间实现互补,这种互补现象叫 α 互补。由 α 互补而产生的 Lac$^+$ 细菌易于识别,因为它们在生色底物 5-溴-4-氯-3-吲哚-β-D-半乳糖苷(X-gal)存在下形成蓝色菌落。然而外源

DNA 片段插入到质粒的多克隆位点后,会产生无 α 互补能力的氨基端片段。因此,带重组质粒的细菌形成白色菌落。这一简单的颜色试验大大简化了在这种质粒载体中鉴定重组体的工作。仅仅通过目测就可以轻而易举地筛选数千个菌落,并识别可能带来有重组质粒的菌落。然后通过小量制备质粒 DNA 进行限制酶切分析,就可以确证这些质粒的结构。

3. 菌落原位杂交(*in situ* hybridization)

Grunstein 和 Hogness 于 1975 年介绍了一种在硝酸纤维素滤膜上原位裂解细菌菌落并使释放出的 DNA 非共价结合于滤膜的方法,结合于滤膜上的 DNA 可与相应的放射性标记核酸探针进行杂交,通过放射自显影可将转化重组体鉴别出来。常用的滤膜有硝酸纤维素滤膜、尼龙膜和 Whatman541 滤纸,其中尼龙膜是最耐用的,可以承受几轮杂交及高温洗膜操作。下面是进行菌落原位杂交的基本过程。

在培养皿中涂布转化菌液,使菌落均匀分布在培养基上。如菌落生长不均匀,可进行二次筛选,即用灭菌牙签在两个培养皿上各点种 50~100 个菌落,并分别做好标记。然后通过影印方法将其中一皿的菌落转移到滤膜上,用碱液处理滤膜使细菌细胞壁破裂并使菌落中的双链 DNA 变性,拆开成单链 DNA。将滤膜进行适当的处理后,用载体 DNA 进行预杂交,再以 ^{32}P 标记的同位素探针 DNA 杂交,最后进行放射自显影。如果在底片上获得黑点,即可证明该菌落中有 DNA 存在,且有与探针 DNA 同源性的基因片段,因而可筛选出相应的转化子菌落。

六、目的基因的表达过程

目的基因与载体重组后通过转化作用使重组体进入到受体细胞,以不同方法将转化子分离,经扩增可获得大量的转化子。这些转化子获得了目的基因的遗传信息,通过同源重组等不同方式,目的基因可以与受体菌的染色体重组,成为受体菌遗传信息的永久性组成部分,在适当的培养基和培养条件下便可将目的基因的遗传信息永久性地表达出来,获得所需的结果。在另外一些情况下,受体菌虽然接受了外源基因,但外源基因(尤其是真核基因)不能长期地存在于受体菌中,经过若干代的培养,外源基因在受体菌中的比例被逐渐稀释,最后将丢失殆尽。在这种情况下,目的基因只能在受体菌中进行瞬时表达,这时需要构建表达载体,使目的基因能在一次性培养中获得高的产量。基因工程药物大多数是通过这种方式来生产的。

根据遗传信息流动的"中心法则",在基因表达过程中有三个主要环节,即 DNA 的复制、RNA 的转录和蛋白质的翻译。

1. DNA 复制

瞬时表达系统中外源 DNA 一般没有与宿主染色体 DNA 发生重组,而是通过表达载体来实现基因表达,宿主细胞仅作为基因表达场所予以利用。表达载体包含有 DNA 复制起始点 *ori* 和一个以上的抗性基因(如 amp^r、tet^r 等),目的基因插入到载体中其中某一抗性基因的部位并使之失活而不能表达,这样将重组后的表达载体转入受体菌后,通过载体的自主复制而合成目的基因的产物。在构建表达载体时,选择松弛型 *ori* 位点能使载体借用宿主的 DNA 复制体系大量复制载体 DNA,克隆的目的基因也同时得以大量复制,为高水平转录提供足够多的模板。如果载体还装有其他生物的 *ori*,则可在不同生物宿主中进行载体 DNA 复制,这类载体称为穿梭载体。载体上的抗性基因赋予宿主细胞特殊的抗性,使其能在含有抗生素的培养条件下正常生长,而不含载体的宿主细胞由于缺乏抗性不能在含抗生素的培养基中生长而被筛除。

P_LP_R启动子表达载体是基因工程中常用的高效表达载体。该载体所含的P_LP_R启动子是大肠杆菌λ噬菌体中控制早期转录的启动子,具有极强的起始 RNA 转录的功能,该启动子受抑制物 CI 蛋白的负调控。在实际中 CI 蛋白被改造成温度敏感型(Cits),由 DNA 片段 $Cits857$(857bp 长)编码。Cits 在 30℃时具有抑制启动子的活性。在 42℃时失活而失去抑制启动子的活性,因此,改变工程菌的培养温度即可控制目的基因的表达。有些表达载体本身带 $Cits857$ 片段,能自身编码 Cits 蛋白,对宿主的选择范围较宽,而另一些表达载体自身不带 $Cits857$ 片段,选择宿主时要求宿主是有缺陷的原噬菌体溶源化的菌株。

2. 目的基因的转录

目的基因转录系统至少包括启动子、抑制物基因和转录终止子等部分。启动子位于目的基因上游,负责启动 mRNA 的转录,如 P_LP_R 启动子。抑制物基因产物对启动子起始功能产生抑制,抑制失活后启动子功能重新恢复,是一种控制启动子功能的蛋白质。通过它可以使目的基因在宿主细胞培养到最佳状态时进行转录,保证转录有效进行,尤其是表达产物对宿主有害时,对转录时机的控制显得尤为重要。转录终止子是一段终止 RNA 聚合酶转录的 DNA 序列,使转录在目的基因之后立刻停止,避免做多余的转录,节省宿主内 RNA 的合成底物,提高目的基因的转录量。启动子和终止子因宿主不同而有差别,在不同宿主中表达的效率也不一样,而原核生物和真核生物宿主中则完全不同,相互间不能通用。

3. 蛋白质的翻译

翻译系统包含核糖体识别位点(SD 序列)、起始密码子和终止密码子。大肠杆菌的 SD 序列的碱基组成为 AGGA,SD 序列与核糖体 16S rRNA 特异配对而与宿主核糖体结合,这种结合的亲和力的大小与蛋白质翻译的效力有密切的关系。起始密码子是蛋白质翻译的起始位点,该点由三个核苷酸组成,通常为 ATG,该序列不仅是蛋白质合成的起始密码子,而且还编码一个氨基酸,该氨基酸在原核生物中是甲酰甲硫氨酸(fMet),在真核生物中为甲硫氨酸(Met)。在极少数生物中也有利用其他密码子作为翻译起始点。终止密码子也是由三个核苷酸序列组成,它与核糖体相遇能使核糖体从 mRNA 模板上脱落,从而终止蛋白质的翻译。SD 序列、起始密码子和终止密码子联合作用,可指导宿主的蛋白质翻译系统高效、准确地合成外源目的基因编码的蛋白质。

根据翻译系统位点的不同构造,宿主细胞所表达的蛋白质可分为完整蛋白和融合蛋白两大类。目的基因克隆后利用自身的起始密码表达编码蛋白,且中间没有插入序列,这样表达出来的蛋白质的氨基酸序列与目的基因的编码完全一致,称为完整蛋白。如果载体启动子后连有 SD 序列和起始密码子并表达另外一种多肽,目的基因按这个多肽的三联体密码子可读框插进多肽基因中的某一位点,这样表达出来的蛋白质为部分多肽与目的蛋白的杂合体,称为融合蛋白。

4. 宿主菌的选择

良好的表达系统不仅与表达载体和目的基因有关,选择合适的宿主也非常重要。第一,表达载体的启动子应在宿主中具有很强的启动效率。不同的启动子对应的宿主往往不同,如大肠杆菌的启动子宜选用大肠杆菌宿主,而枯草杆菌启动子宜选用枯草杆菌宿主,这样有利于充分发挥强启动子的效率。第二,有些表达载体自身不带抑制物基因,使用这类载体时最好选择能产生抑制物蛋白的宿主菌,否则目的基因的表达不能调控,不利于高效表达。第三,宿主菌往往含有蛋白酶,会对表达产物产生降解作用。因此,用作基因表达的宿主菌一般都要经过改造,使宿主菌蛋白酶基因缺失或失活,以便于表达产物的积累。第四,如果表达产物对宿主菌有毒害作用,应考虑换另外一种宿主菌。

第五节 基因的表达系统

基因的表达是工业微生物育种领域的重要内容之一,随着分子生物学的不断发展,基因的表达技术有了很大的提高。人们利用基因的表达制备重组蛋白及代谢产物。按照微生物宿主菌的类型,可将基因表达系统分为原核表达系统和真核表达系统。原核表达系统中有大肠杆菌表达系统、枯草芽孢杆菌表达系统、链霉菌表达系统等,其中大肠杆菌表达系统被广泛应用。真核表达系统比较复杂一些,包括酵母表达系统、丝状真菌表达系统、哺乳动物细胞表达系统等。

一、原核表达系统

在各种表达系统中,最早采用的是原核表达系统。该项技术是将含有目的基因的载体转化宿主菌,通过表达、纯化获得所需的目的蛋白。由于细菌培养简单、繁殖快、价格低廉,外源基因表达产物的水平高,基因背景和表达特性清楚等因素,使得细菌表达系统成为最受欢迎的异源蛋白表达系统之一。此表达系统中最为常用的是大肠杆菌和枯草芽孢杆菌。本节将着重介绍大肠杆菌表达系统。

目的基因在原核中的表达包括两个主要过程——DNA 转录成 mRNA 和 mRNA 翻译成蛋白质。与真核表达相比,原核的基因表达有以下特点:①原核细菌只有一种 RNA 聚合酶(真核细胞有 3 种)识别原核细菌的启动子序列,催化 RNA 的合成。②原核细菌基因表达以操纵子为单位。操纵子是数个相关的结构基因及其调控区的结合,是一个基因表达的协同单位。调控区主要分为三个部分——操纵基因、启动子及其他有调控功能的部位。③原核细菌没有核膜,转录与翻译是偶联且连续进行的。原核生物染色体 DNA 是裸露的环形 DNA,转录成 mRNA 后,可直接在细胞质中与核糖体结合翻译形成蛋白质。④原核基因一般不含有内含子,在原核细胞中缺乏真核细胞的转录后加工系统。⑤原核生物基因的表达调控主要是在转录水平。这种调控比对基因产物的直接调控要慢。对 RNA 合成的调控有两种方式:一种是启动子调控方式;另一种是衰减子调控方式。⑥在大肠杆菌 mRNA 的核糖体结合位点上,含有一个翻译起始密码子及同 16S rRNA 3′端碱基互补的序列,即 SD 序列。

自 20 世纪 70 年代以来,大肠杆菌一直是基因工程中应用最为广泛的表达系统。人们已经掌握了关于其遗传学、分子生物学、生物化学及普通生物学的大量信息,特别是基因表达调控的分子机制,基因组测序也已经完成。大肠杆菌具有培养条件简单、生长繁殖快、安全性好、可以高效表达不同外源基因产物等特点,是许多外源基因表达系统中最好的一种,是目前研究最深入、发展也最完善的表达系统,大量有价值的多肽和蛋白质已在大肠杆菌中获得了超量表达。

一个完整的大肠杆菌表达系统至少要由表达载体和宿主菌两部分组成,为了改善表达系统的性能和对各类外源基因的适应能力,表达系统有时还需要带有特定功能基因的质粒或溶源化噬菌体参与。到目前为止已经成功发展了许多表达载体和相应的大肠杆菌宿主菌,现重点介绍一些工业微生物生产上比较成熟的、有特色和应用价值的大肠杆菌表达系统。

(一) Lac 和 Tac 表达系统

Lac 表达系统是以大肠杆菌 lac 操纵子调控机制为基础设计构建的表达系统。lac 操纵子具有多顺反子结构,基因的排列顺序为:启动子(lacP)-操纵基因(lacO)-结构基因(lacZ、lacY、lacA)。lac 操纵子的转录受正调控因子 CAP 和负调控因子 lacI 的调控,cAMP 激活 CAP 形成 CAP-cAMP 复合物,与 lac 操纵子上专一位点结合后,能促进 RNA 聚合酶与 -35、-10 序列的结合,进而促进 lacP 介导的转录。在无诱导物情况下,lacI 基因产物形成四聚体阻遏蛋白,与启动子下游的操纵基因紧密集合,阻止转录的起始。IPTG 等乳糖类似物是 lac 操纵子的诱导物,它们与阻遏蛋白结合后使其构象发生改变,导致与操纵基因的结合能力降低而解离出去,lac 操纵子的转录被激活。基因工程中使用的 lac 启动子均为抗葡萄糖代谢阻遏的突变型,即 lacUV5 突变体,它能够在没有 CAP 存在的条件下有效地起始转录,受它控制的基因在转录水平上只受到 lacI 的调控,因此用它构建的表达载体在使用时比野生型 lacP 更容易操作。

用 tac 启动子代替 lacUV5 启动子构建的表达系统称为 tac 表达系统。tac 启动子是由 trp 启动子的 -35 序列和 lacUV5 的 Pribnow 序列拼接而成的启动子,调控模式与 lacUV5 相似,但是 mRNA 转录水平高于 trp 和 lacUV5 启动子。在要求有较高基因表达水平的情况下,tac 启动子比用 lacUV5 启动子更优越。

在大肠杆菌中,lacI 阻遏蛋白仅能满足细胞染色体上 lac 操纵子转录调控的需要。随着带有 lacUV5 或 Tac 启动子的表达质粒转化进入大肠杆菌后,细胞内 lacO 的拷贝数增加,lacI 与 lacO 的比例下降,无法保证每一个 lacO 都能获得足够的阻遏蛋白参与转录调控。在无诱导物存在的情况下,lacUV5、Tac 启动子有较高的本底转录。为了使 Lac 表达系统、Tac 表达系统具有严紧调控目的基因转录的能力,一种能产生过量的 lacI 阻遏蛋白的基因突变体 $lacI^q$ 被应用于表达系统。大肠杆菌 JM109 等菌株的基因型均为 $lacI^q$,常被选用为 Lac 和 Tac 表达系统的宿主菌。但是这些菌株也只能对低拷贝的表达载体实现严紧调控,在使用高拷贝复制子构建表达载体时,仍能观察到较高水平的本底转录,还需要在表达载体中插入 $lacI^q$ 基因以保证有较多的 LacI 阻遏蛋白产生。目前不少商品化的表达载体和表达系统都是在 Lac 和 Tac 表达系统基础上加以改进和发展起来的,如 pGEX 表达载体等,如图 13.10 所示。

(二) P_L 和 P_R 表达系统

该表达系统是以 λ 噬菌体早期转录启动子 P_L 和 P_R 构建的。λ 噬菌体 P_E 启动子控制的 cI 基因表达产物是 P_L 和 P_R 启动子转录的阻遏物,而它的表达取决于宿主与噬菌体因子之间的复杂平衡关系。通过细胞因子调节 cI 在细胞中的量很难操作,所以在构建表达系统时,选用温度敏感突变株 Ci857(ts)的基因产物来调控 P_L 和 P_R 启动子的转录,在较低温度下阻遏物以活性形式存在,在较高温度下阻遏作用失去活性。由于普通的大肠杆菌中不含有 cI 基因表达产物,含有 P_L 和 P_R 启动子的表达载体会发生过度表达现象而导致不能稳定存在于宿主菌

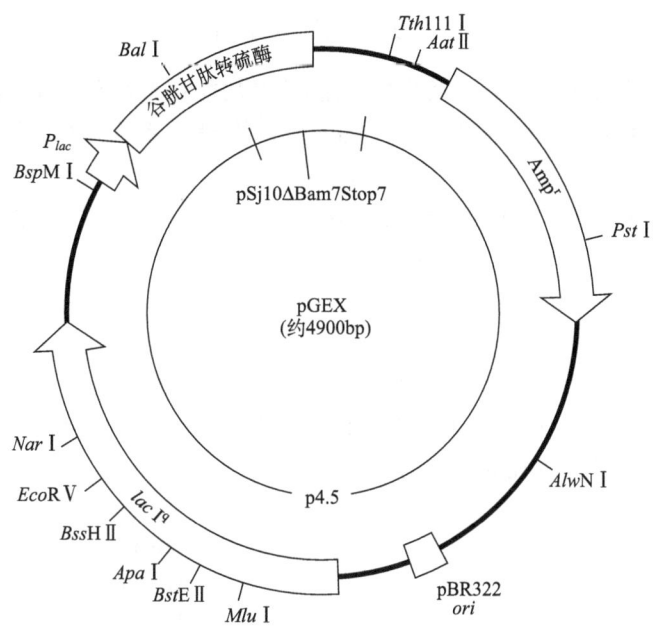

图 13.10　pGEX 系列表达载体

中。因此必须对大肠杆菌或表达载体进行遗传改造,将基因整合在宿主染色体上或组装在表达载体上。

由于 P_L 和 P_R 表达系统在诱导时不加入化学诱变剂,成本又低廉,因此在大肠杆菌中制备的药用重组蛋白质都采用 P_L 和 P_R 表达系统。目前这一表达系统的发展已经比较成熟,有一系列商品化的表达载体和宿主菌供选用。例如,pBV220 是我国预防医学科学院病毒研究所自行构建的 P_L 和 P_R 双启动子表达系统,在国内得到了广泛的应用。

pBV220 使用了 P_L 和 P_R 双启动子,如图 13.11 所示,含有编码温度敏感阻遏蛋白的基因,在 30~32℃时产生的阻遏蛋白能阻止 P_L 和 P_R 双启动子转录,细菌可以正常的生长繁殖,42℃时该阻遏蛋白发生构象变化而失活,基因开始转录表达。

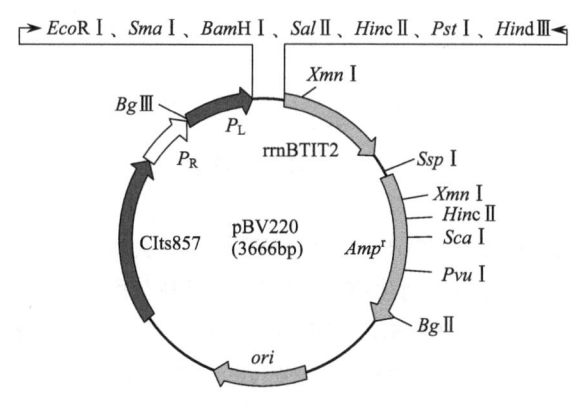

图 13.11　pBV220 表达系统

（三）T7 表达系统

T7 启动子是当今大肠杆菌表达系统的主流，这个功能强大兼专一性高的启动子经过巧妙的设计而成为原核表达的首选，尤其以 Novagen 公司的 pET 系统为杰出代表。如图 13.12 所示，强大的 T7 启动子完全专一受控于 T7 RNA 聚合酶，而高活性的 T7 RNA 聚合酶合成 mRNA 的速度比大肠杆菌 RNA 聚合酶快 5 倍。当二者同时存在时，宿主本身基因的转录竞争不过 T7 表达系统，几乎所有的细胞资源都用于表达目的蛋白，诱导表达后仅几个小时目的蛋白通常可以占到细胞总蛋白的 50% 以上。由于大肠杆菌本身不含 T7 RNA 聚合酶，需要将外源的 T7 RNA 聚合酶引入宿主菌，因而 T7 RNA 聚合酶的调控模式就决定了 T7 系统的调控模式。非诱导条件下，可以使目的基因完全处于沉默状态而不转录，从而避免目的基因毒性对宿主细胞及质粒稳定性的影响。通过控制诱导条件控制 T7 RNA 聚合酶的量，就可以控制产物表达量，某些情况下可以提高产物的可溶性部分。

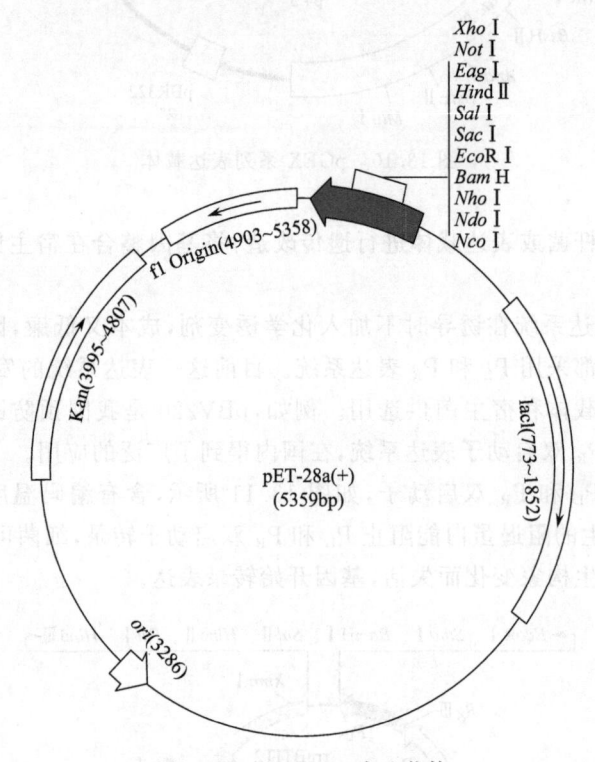

图 13.12　pET-28a 表达载体

有以下几种方案可用于调控 T7 RNA 聚合酶的合成，从而调控 T7 表达系统。

(1) 噬菌体 DE3 是 λ 噬菌体的衍生株，含有 *lacI* 抑制基因和位于 *lacUV*5 启动子下的 T7 RNA 聚合酶基因。DE3 溶源化的菌株，如 BL21(DE3) 就是最常用的表达菌株，构建好的表达载体可以直接转入表达菌株中，诱导调控方式和 *lac* 一样都是 IPTG 诱导。

(2) 另一种策略是用不含 T7 RNA 聚合酶的宿主菌克隆目的基因，即可完全避免因目的蛋白对宿主细胞的潜在毒性而造成的质粒不稳定。然后用 λCE6 噬菌体侵染宿主细胞。CE6 是 λ 噬菌体含温度敏感突变基因（*cI*857*ts*）和 P_L/P_R 启动子控制 T7 RNA 聚合酶的衍生株，在热诱导条件下可以激活 T7 RNA 聚合酶的合成。

（3）除噬菌体之外，还可以通过共转化质粒提供 T7 RNA 聚合酶。例如，有研究人员用受溶氧浓度控制的启动子调控 T7 RNA 聚合酶合成，比较适合工业化发酵的条件控制。

由于 T7 RNA 聚合酶的调控方式仍可能有痕量的本底表达，控制基础表达的手段之一是培养基外加葡萄糖，有助于控制本底表达水平。二是采用带有 T7 lac 启动子的载体——在紧邻 T7 启动子的下游有一段 lacI 操纵子序列编码表达 lac 阻遏蛋白（lacI），lac 阻遏蛋白可以作用于宿主染色体上 T7 RNA 聚合酶前的 lacUV5 启动子并抑制其表达，也作用于载体 T7 lac 启动子，以阻断任何 T7 RNA 聚合酶导致的目的基因转录。

（4）在宿主菌中表达另一个可以结合并抑制 T7 RNA 聚合酶的基因——T7 溶菌酶基因，降低本底。常用的带溶菌酶质粒有 pLysS 和 pLysE，相容的 ori 不会影响后继的表达质粒转化，前者表达的溶菌酶水平要比后者低得多，对细胞生长影响小；而 pLysE 会明显降低宿主菌的生长水平，容易出现过度调节，增加蛋白表达的滞后时间，从而降低表达水平。

T7 噬菌体表达系统表达目的基因的水平是目前所有表达系统中最高的，但也不可避免地出现相对较高的本底转录，如果目的基因产物对大肠杆菌宿主有毒性，会影响细胞的生长。

（四）大肠杆菌表达系统宿主菌

大肠杆菌表达系统所表达的目的基因一般都是异源基因，某些甚至是真核生物基因，当外源基因表达时，在细胞内积累大量的异源蛋白很容易被细胞自身的蛋白酶降解，造成重组异源蛋白在大肠杆菌内不稳定，为了使目的基因得到高效表达，必须构建能够作为基本表达受体菌的大肠杆菌工程菌株。目前，常用于目的基因表达的大肠杆菌工程菌株如表 13.4 所示。

表 13.4 常见的大肠杆菌基因表达受体工程菌

菌 株	基因型
BL21(DE3)	$hsdS, gal, dcm$
HMS174	$RecA1, hsdR, Rif^r$
M5219	$lacZ, trpA, rpsL$
RB791	$W3110, lacI^q, L8$
CJ236	$dut1, ung1, thi\text{-}1, relA1$
C600	$SupE44, hsdR, thi\text{-}1, thr\text{-}1, leuB6, lacY1, tonA21$

二、真核生物表达系统

真核生物表达系统易于表达来自高等生物的外源基因，常用的真核生物表达系统主要包括真菌、酵母、昆虫、动物和哺乳类细胞等。本文主要介绍真核生物表达系统中的酵母表达系统。

一般而言，用原核细胞作宿主表达真核基因操作简单、成本低，但有时会因为所表达的外源基因的产物不能正确折叠或缺少翻译后的修饰导致产物没有生物活性，而且原核细胞中的有毒蛋白或有抗原作用的蛋白可能会混杂在终产物中。采用哺乳类细胞作宿主可以解决以上问题，但操作困难、产率低，且有时会导致病毒感染。酵母作为单细胞低等真核生物，具有易培养、繁殖快、便于基因操作等优点，渐渐地被开发作为真核外源基因表达系统。

（一）酵母表达系统

酵母表达系统是最近发展起来的新型表达系统，酵母系统表达外源基因的优点在于：①酵母长期广泛应用于酿酒和食品工业，不会产生毒素，安全性可靠。②酵母是真核生物，能进行一些表达产物的加工，有利于保持生物产品的活性和稳定性。③外源基因在酵母中能分泌表达，表达产物分泌至胞外不仅有利于纯化，而且避免了产物在胞内大量蓄积对细胞的不利影响。④遗传背景清楚，容易进行遗传操作。⑤较为完善的表达控制系统，如 PMA1 和 PDR5 等强启动子可以介导目的蛋白高水平表达，表达蛋白的丰度可以达到膜蛋白的 10％；此外，采用诱导表达启动子可以在时间上严格控制目的蛋白的表达，如 GAL1-10（半乳糖诱导）、PH05（胞外无机磷诱导）和 HSE（37℃温度诱导）。⑥生长繁殖迅速、培养周期短、工艺简单、生产成本低。酵母菌用于真核基因的表达、分析，既具有原核表达系统生长迅速、操作简单、价格便宜等优点，又具有类似哺乳动物细胞的翻译后修饰过程，因而特别适用于大量生产真核重组蛋白，正是由于有这些优点，酵母功能基因组的研究得以走在生物功能基因组研究的前列，是应用最为普遍的真核表达系统之一。

酵母表达载体是由酵母野生型质粒、原核生物质粒载体上的功能基因（如抗性基因、复制子等）和宿主染色体 DNA 上自主复制子结构（ARS）、中心粒序列（CEN）、端粒序列（TEL）等一起构建而成的。酵母基因表达系统的载体一般是一种穿梭质粒，能在酵母菌和大肠杆菌中进行复制。

1）自主复制型质粒载体（YRp 型载体）　该质粒含有酵母基因组的 DNA 复制起始区、选择标记和基因克隆位点等关键元件。由于含有酵母基因组复制起始区，能够在酵母细胞和大肠杆菌中进行自主复制，所以能在两种细胞中存在和复制。载体的克隆位点序列来源于大肠杆菌的质粒载体，如 PBR322 等。自主复制型质粒在酵母细胞中的转化效率较高，每个细胞中的拷贝数可达 200。但由于质粒载体在细胞分裂过程中不能均匀地分配到子细胞中，因而质粒容易丢失，遗传性能不稳定，如图 13.13 所示。

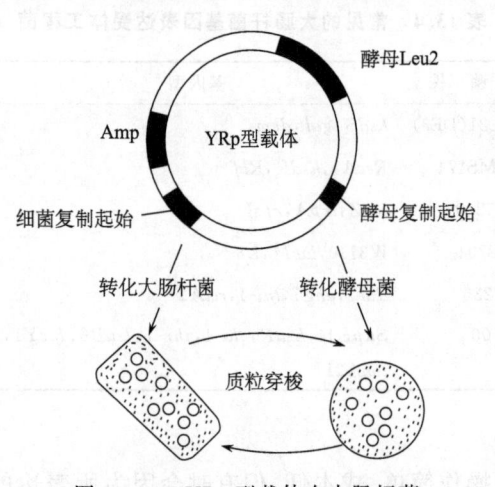

图 13.13　YRp 型载体在大肠杆菌及酵母菌中"穿梭"模式

2）整合型质粒载体（YIp 型载体）　该质粒不含酵母 DNA 复制起始区，不能在酵母中进行自主复制。但该质粒含有整合介导区，可以通过 DNA 的同源重组将目的基因整合到酵母染色体上并随染色体一起进行复制。如图 13.14 所示 Yip5 上有尿嘧啶原养型基因 $Ura3+$，在酵母菌染色体上有 $Ura3+$ 的同源序列，在细菌中复制、扩增，进入酵母菌后通过交换可以将 YIp 整合到酵母染色体中，进行整合表达。整合型载体的特点是转化效率低，但转化子遗传稳定性高，多用于遗传分析工作。

3）着丝粒型质粒载体（YCp 型载体）　该质粒载体是在自主复制型质粒载体的基础上构建而成的，增加了酵母染色体有丝分裂稳定序列元件，因而能保证质粒载体在细胞分裂时平均地分配到子细胞中去，同时提高质粒在宿主细胞中的稳定性。由于 DNA 的复制受到限制，

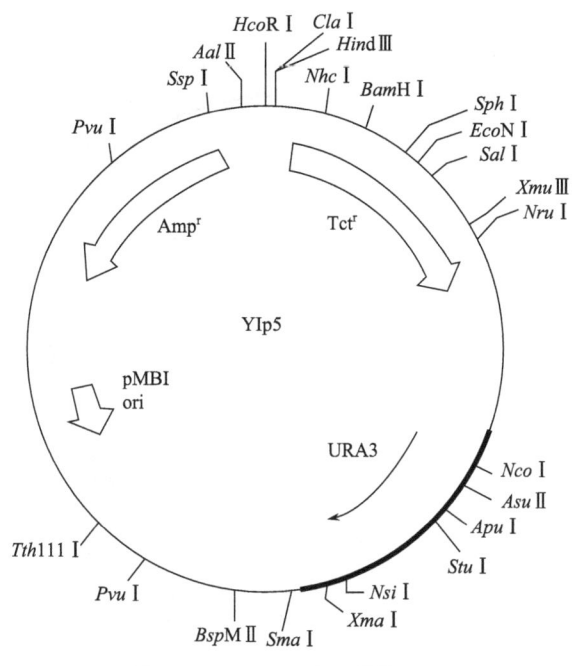

图 13.14　YIp 型表达载体 Yip5

细胞中质粒载体的拷贝数远不如自主复制型质粒载体，通常只有 1~2 个。YCp 质粒常用于构建基因文库，它特别适用于克隆和表达那些多拷贝时会抑制细胞生长的基因，如图 13.15 所示。

4）附加体型质粒载体（YEp 型载体）

这类载体含有酿酒酵母 2μm 质粒 DNA 复制有关的序列，因而具有很高的转化效率。野生型的 2μm 质粒在酵母细胞中非常稳定，每个细胞中的拷贝数可达 70~200 个。这是因为 2μm 质粒的复制除了需要 ORI-STB 区之外，还需要自己编码的 REP1 和 REP2 基因的配合。另外，野生型 2μm 质粒由于存在 FLP-FRT 位点特异重组系统，使它可以具有超越染色体 DNA 复制周期而增加 DNA 复制的机会，这是野生型 2μm 质粒在细胞中拷贝数高的主要原因。初期 YEp 型载体仅仅含有 2μm 质粒的 ORI-STB 区，当它转化带有内源性 2μm 质粒的宿主细胞（cir+）时，质粒相当稳定，质粒拷贝数也比较高。但是，当它转化不带 2μm 质粒的宿主（cir-）时，载体就很不稳定，拷贝数也很低。由此可见野生型 2μm 质粒中其他编码基因的作用。大量研究表明 2μm 质粒的 SnaB I 位点附近为一非必要区。将构建酵母载体的所有其他构件都插入这个位点，就能保持 2μm 质粒的完整功能，从而使其成为一个高稳定、高拷贝的 YEp 型载体。如图 13.16 所

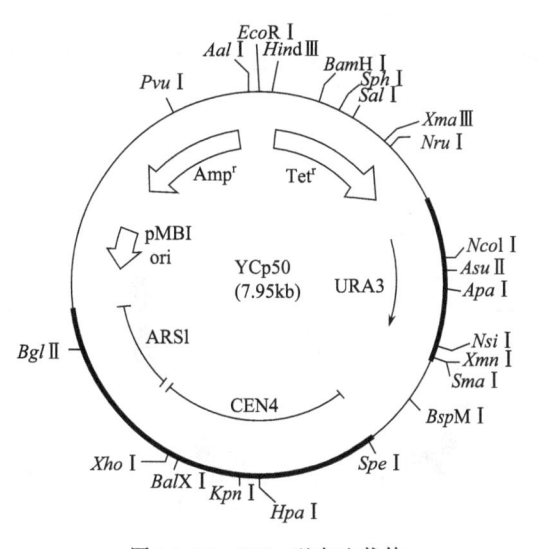

图 13.15　YCp 型表达载体

示 YEp 型表达载体 YEp24。

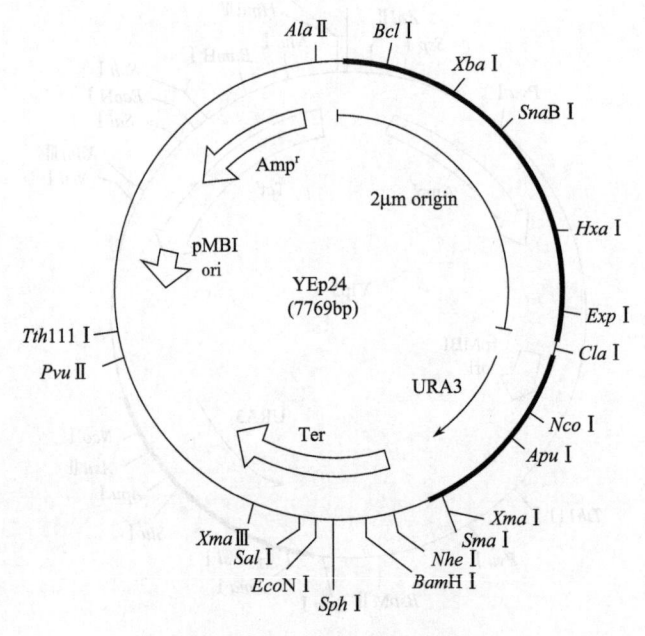

图 13.16 YEp24 表达载体

5）酵母人工染色体（YAC 型载体）　该载体包含酵母染色体自主复制序列、着丝粒序列、端粒序列、酵母菌选择标记基因（SUP_4、TRP_1 和 URA_3 等）以及大肠杆菌的复制子和选择标记基因（如 Amp^r）等。YAC 载体在酵母细胞中以线性双链 DNA 的形式存在，每个细胞内只有单拷贝。由于 YAC 含有着丝粒，在细胞分裂过程中能将染色体载体均匀地分配到子细胞中。而端粒序列可以防止染色体载体与其他染色体相互粘连，并避免在 DNA 复制过程中造成基因的缺失，因而保证了染色体载体在细胞分裂和遗传过程中的相对独立性和稳定性。YAC 载体可插入 200～500kb 的外源 DNA 片段，因此特别适合高等真核生物基因组的克隆与表达。如图 13.17 所示 YAC 型载体 $pYAC_4$：两个可在酵母菌中利用的选择基因，URA_3 和 TRP_1（色氨酸合成基因）；酵母菌着丝粒序列（CEN_4）；一个自主复制序列（ARS_1）；两个嗜热四膜虫末端重复序列（TEL）保持重组 YAC 为线状结构；在两个末端序列中间，有一段填充序列（His_3），使 $pYAC_4$ 在细菌细胞能稳定扩增；Amp 抗性及细菌质粒复制原点；一个 EcoRⅠ克隆位点，位于酵母菌 Sup_4 基因内。在克隆外源 DNA 时，用 BamHⅠ和 EcoRⅠ双酶切，得到两个人工染色体臂，与 EcoRⅠ酶切的外源 DNA 片段连接，构成重组的酵母人工染色体，用于转化酵母菌。

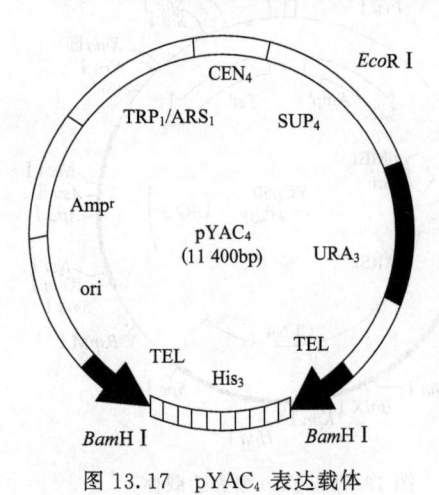

图 13.17 $pYAC_4$ 表达载体

（二）酵母基因表达系统宿主菌

酵母是一类最简单的真核生物，其生长代谢与原核生物如大肠杆菌等很相似，但在基因的表达与调控方面类似于高等的真核生物。酵母种类繁多，已知有 80 个属约 600 多种、数千个分离株，是一类巨大的、很有应用前景的生物资源。目前，作为表达目的基因的宿主菌主要包括酿酒酵母、巴斯德毕赤酵母、乳酸克鲁维酵母和多型汉逊酵母等。

1) 酿酒酵母　　是最早应用于酵母基因克隆和表达的宿主菌。酿酒酵母作为表达系统的宿主具备下列有利的条件：①安全无毒，不致病；②遗传背景清楚，遗传操作容易；③易导入载体 DNA；④培养简单，可高密度发酵；⑤有蛋白翻译后的修饰功能。因此酿酒酵母被最早发展成为基因表达系统的宿主，用于真核目的基因的表达。用酿酒酵母表达的乙型肝炎疫苗、人粒细胞集落刺激因子等都已成为正式上市的基因工程产品。

但酿酒酵母在表达目的基因的过程中存在一些缺陷：①发酵时会产生乙醇，乙醇的积累会影响菌体生长；②蛋白质的外分泌能力较差；③蛋白质的糖基化修饰和高等真核生物相比所形成的糖基侧链太长，可能会引起副反应。针对酿酒酵母上述问题，人们一方面对其进行遗传改造，改善其特性；另一方面从酵母菌中寻找更好的宿主。

2) 巴斯德毕赤酵母　　是一种甲基营养菌，可以在相对廉价的甲醇培养基中生长。培养基中的甲醇可诱导甲醇代谢途径中的基因表达，其中催化该途径第一步反应的是乙醇氧化酶基因 $AOX1$，在甲醇培养基中生长的巴斯德毕赤酵母细胞可积累占总蛋白 30% 的 $AOX1$ 酶。因此，生长迅速、$AOX1$ 基因的强启动子及其表达的可诱导性是该酵母菌作为目的基因表达受体的三大优势。目前，使用的巴斯德毕赤酵母受体菌大多是组氨醇脱氢酶的缺陷株，这样表达质粒上的 His 标记基因可用来正向筛选转化子。尽管两个自主复制序列 PARS1 和 PARS2 已从毕赤酵母菌属基因文库中克隆并鉴定，但由此构建的自主复制型质粒在该菌属中不能稳定维持，因而通常将目的基因表达序列整合入宿主细胞的染色体 DNA 上，构建稳定的毕赤酵母工程菌。

研究表明，巴斯德毕赤酵母在异源蛋白的分泌表达方面优于酿酒酵母系统。例如，含有单拷贝乙型肝炎表面抗原编码基因的重组巴斯德毕赤酵母可产生 0.4g/L 的重组抗原蛋白，而酿酒酵母必须拥有 50 多个基因拷贝才能达到相同的产量。酿酒酵母细胞中的乙醇积累是导致重组异源蛋白合成不足的主要原因，而由 AOX1 启动子介导的目的基因高效表达足以使单一拷贝获得较为理想的表达率，但建立多拷贝整合型的重组毕赤酵母菌具有更大的潜力。甲醇代谢基因依然存在，但由于没有合适的前体分子，从而丧失了其合成阻遏物的能力。总之，相对于酿酒酵母来说，毕赤酵母的分泌表达能力更强，即使目的基因在细胞中为单拷贝，其表达效果也较为理想。

经过多年的研究和应用，毕赤酵母表达系统已相当成熟。该系统有较强的真核蛋白修饰功能，也不存在原核表达系统中重组蛋白无法正确折叠和糖基化修饰等问题。但毕赤酵母表达系统也有不足之处：毕赤酵母的表达周期较长，增加了被污染的可能性；外源蛋白的过度糖基化；利用有毒的甲醇作原料，表达产物难通过有关卫生鉴定等。但我们仍然相信，随着人们对其认识的不断加深和对该表达系统的不断完善，毕赤酵母表达系统将在生物工程领域发挥着巨大的作用。

3) 克鲁维酵母菌属　　长期用于发酵生产半乳糖苷酶。分离出来的双链环状质粒 pKD1

已广泛用作重组异源蛋白生产的高效表达载体。由 pKD1 构建的各种衍生质粒,即使在没有选择压力的情况下,也能在克鲁维酵母菌中稳定遗传。例如,一个乳酸克鲁维酵母在无选择压力的培养基中生长 40 代后,90% 以上的细胞仍携带有质粒。此外,乳酸克鲁维酵母的整合系统也相继建立起来,其中以高拷贝整合型质粒 pMIRK1 最为常用,它能特异性地整合在受体菌的核糖体 DNA 区域内。当目的基因插入到该载体后,pMIRK1 的多拷贝整合能使目的基因获得更高的表达水平,转化子也更趋稳定。乳酸克鲁维酵母表达分泌型和非分泌型的重组异源蛋白,均优于酿酒酵母系统。在重组凝乳酶原的生产中,含有单拷贝目的基因的重组乳酸克鲁维酵母可在其培养基中分泌 345U/ml 的重组蛋白,而酿酒酵母重组菌仅为 18U/ml。因此,克鲁维酵母系统在分泌表达高等哺乳动物来源的蛋白质方面具有较高的应用前景。目前已有多种外源蛋白在乳酸克鲁维酵母系统中得到表达,如人白细胞介素-1 和 β-牛凝乳酶等。

4) 多型汉逊酵母 也是甲基营养型酵母。在培养基中,加入甲醇后迅速诱导甲醇代谢途径中的一些酶类,而在含葡萄糖的培养基中生长时,这些酶是受抑制的。当用甲醇诱导后,三个关键酶,即甲醇氧化酶、甲酸脱氢酶和双羟丙酮合成酶,可达菌体胞内总蛋白的 20%~30%。若该培养基中在含有低于 0.3% 的甘油情况下,这些酶可达 30% 以上。目前编码这些关键酶的基因已被克隆,并用于调控目的基因的表达。Gellissen 等将酵母的葡萄糖淀粉酶目的基因,其中包括信号肽克隆到多型汉逊酵母表达载体 pFMD22a 的 FMD 启动子和 MOX 终止子之间的多克隆位点,在 FMD 启动子的控制下,目的基因被有效地分泌表达,表达量为 1.4g/L。此外,多型汉逊酵母中,目的基因可以通过非同源重组以首尾相接排列,整合到多型汉逊酵母染色体 DNA 中形成多拷贝基因的重组菌。与巴斯德毕赤酵母相比,多型汉逊酵母对目的基因的表达可以受强启动子 FMD 和 MOX 的调控,而且在含甘油的培养基中加入甲醇也可以诱导目的基因的高表达,从而避免了两步发酵工艺。

真核细胞表达系统相对于原核表达系统有许多优点,外源基因可以在酵母等细胞中实现表达,也可以在其他真核细胞中表达。本章详细介绍了几种酵母表达系统的原理及其应用。但目前利用真核细胞表达系统表达外源基因还存在一些问题,如外源基因导入效率偏低、无法有效控制外源基因整合的位置和拷贝数等。相信随着人类对于原核基因和真核基因表达的分子机制了解的加深,克隆基因表达的成功率会越来越高。

思 考 题

1. 简述基因工程育种的原理和基本步骤。
2. DNA 聚合酶有哪些类型,各有什么活性?
3. 限制性内切核酸酶可分为哪几种类型,各有何特点?
4. 简述原核表达系统与真核表达系统的区别。

第十四章　分子定向进化育种

蛋白质是生命活动的重要组成部分,它们经过长期的自然选择,自然界赋予其精美的结果和复杂的生物学功能,生物体中绝大部分的生化反应是由蛋白质中的酶进行催化的。酶的高催化效率、严格的底物专一性是大多数传统的化学催化剂无法比拟的。随着科学技术的发展和人们对酶的结构和功能认识的不断深入,酶在食品、轻工、化工、医药、环保、能源等领域得到广泛的应用。

虽然酶经过了数亿年的自然进化,在生物体内具有特定生物学功能,然而在酶的应用过程中,人们注意到酶的一些不足之处,未能满足工业使用的要求。当它们处于机体外复杂的环境时,遇到了许许多多的实际问题。例如,酶蛋白在生物体内的含量不高,难于被提取和制备;酶的稳定性较差,对热、强酸、强碱、有机溶剂等不够稳定;还有代谢产物对酶的抑制作用等。工业生产中通常需要具备以下特性的酶:半衰期长,在极端环境中能保持高活性,能够催化不同底物(包括人工合成的自然界中不存在的底物)等。

自然界中存在至少 7000 种天然酶,目前已经鉴定的酶有 3000 多种,其中具有商品价值的常规酶约有 500 种,DNA 限制性内切核酸酶和 DNA 甲基转移酶有 350 多种,多酶混合物约 100 种以上。由于天然酶十分昂贵,且大多数酶由于非常"娇嫩"而难以实际应用。为了得到能满足实际生产所需要的酶,科学家们需要对天然酶进行酶学性质的改造或是寻找新的具有理想性质的酶。近年来,生物信息学和基因操作技术的发展,使得科学家能够对酶分子结构进行有效的改造,从而改变酶的某些特性和功能,甚至开始了理性和非理性的方法为"目的"而设计,从而导致分子酶工程学(molecular enzyme engineering)的飞速发展。分子酶工程学就是采用基因工程和蛋白质工程的方法和技术,研究酶的基因克隆和表达、酶蛋白的结构和功能的关系及对酶进行再设计和定向加工,以发展性能更加优良的酶或者是新功能的酶。分子酶工程的研究热点包括以下三个方面:一是利用基因工程技术大量生产酶制剂;二是通过基因定点突变技术(site directed mutagenesis)和酶分子定向进化技术(molecular directed evolution)对天然酶蛋白进行改造;三是通过基因和基因片段的融合构建具有多功能的融合酶(fusion enzyme)。

本章主要阐述通过基因定点突变技术和体外分子定向进化技术对酶分子进行改造,把酶分子改造后的信息储存在 DNA 中,经过基因的克隆和表达,就可通过生物合成的方法不断获得具有新的特性和功能的酶,这些方法相对传统的酶工程通过酶的化学修饰和固定化等方法来改造酶蛋白所需的时间短,目的性和方向性更加明确,而且有些酶的结构和功能研究必须利用现代基因工程密切相关的分子酶工程方法来解决。

现代分子酶工程学对酶蛋白的改造方法分为两大类,即理性设计(rational design)和非理性设计(directed evolution,又称为定向进化)。

第一节 理 性 设 计

在理性蛋白质设计中,一般需要知道目标蛋白质的编码序列及对应的空间结构、功能和机制等详细资料。再依据所推测的催化部位和催化机理,对氨基酸序列中要突变的位点进行精确设计,然后通过取代、插入或缺失核苷酸序列等方法来改变蛋白质分子中特定的氨基酸,从而获得与酶特性相关的关键残基和结构元件。理性设计具体表现形式为定点突变(site-directed mutagenesis)或区域性突变,其主要方法有寡核苷酸引物介导的定点突变、PCR 介导的定点突变、盒式突变法和化学合成法。与使用化学、物理和自然因素导致突变的方法相比,理性设计具有目的性明确、突变效率高、简单易行、重复性好的特点。近年来,随着结构生物学和生物信息学的发展,这些技术在优化酶特性方面占了重要的地位。

一、寡核苷酸引物介导的定点突变

(一)寡核苷酸引物介导的定点突变原理和方法

利用合成的含有突变碱基的寡聚核苷酸片段作为引物,启动单链 DNA 分子进行复制,该寡聚核苷酸引物作为新合成 DNA 子链的一部分,所产生的新链具有突变的碱基序列。为了使目的基因的特定位点发生突变,对突变引物的要求除了含有突变的碱基外,其余的碱基与模板完全互补配对。采用化学合成法合成引物,长度一般为 15~30 个核苷酸,突变碱基应设计在寡核苷酸引物的中央部位,特点是每一轮 PCR 均需要加入引物。

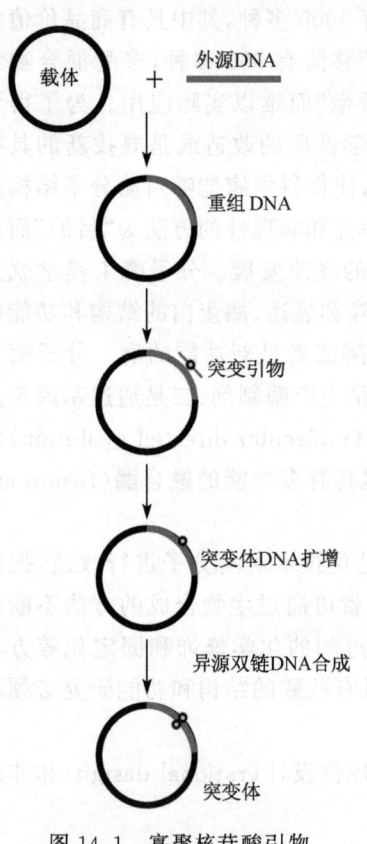

主要过程如图 14.1 所示。

(1) 将目的基因克隆到突变载体上;

(2) 制备含有待突变基因的单链 DNA 模板;

(3) 引物与模板发生退火,5′端磷酸化的突变寡聚核苷酸引物,与待突变的模板形成一小段碱基错配的双链 DNA;

(4) 突变链合成:在 DNA 聚合酶的催化下,引物以单链 DNA 为模板合成全长的互补链,然后由连接酶封闭缺口,产生闭环的异源双链 DNA;

(5) 突变基因的初步筛选:将突变的质粒转化到大肠杆菌,利用限制性酶切法、斑点杂交法(利用 T₄ 多核苷酸激酶使突变寡聚核苷酸引物带上 ^{32}P 或地高辛作为探针,进行斑点杂交,由于探针同野生型的 DNA 之间存在着碱基错配,同突变型却完全互补,于是便可依据两者杂交的稳定性差异,筛选出阳性突变体)或者用其他生物学方法来初步筛选突变的基因;

(6) 对突变体进行 DNA 测序鉴定。

图 14.1 寡聚核苷酸引物介导的定点突变

（二）改良后寡核苷酸引物所介导的定点突变方法

传统的寡核苷酸引物所介导的定点突变方法，由于在转化扩增质粒中含有未突变的野生型质粒，且在大肠杆菌中存在着甲基介导的错配修复系统，将细胞中那些尚未被甲基化的新合成的 DNA 链错配的碱基修复，从而阻止了突变的产生，降低了定点突变率。针对这种情况，Kunkel 在 1985 年对其进行了改进，他在新生的 DNA 中引入尿嘧啶，降低突变体的修复作用，提高突变效率。近年来，人们对该方法又进行了进一步完善，采用多轮热循环 PCR 扩增，将全长双链质粒 DNA 以线性形式扩增，产生一种 DNA 双链上带交错缺口的突变质粒。

下面介绍目前国内外普遍使用的简易定点突变技术。

(1) 采用甲基修复酶缺失的菌株作为受体菌，降低突变修复能力；

(2) 以改进后的质粒为模板，并改进引物的设计条件；

(3) 增加了多个抗生素筛选标记和相对应的多对敲除/修复引物，可在该质粒上进行多次的突变反应。

简易定点突变技术主要过程如图 14.2 所示，分为如下 4 个步骤。

(1) 将待突变的目的基因连接到表达质粒中，构建模板质粒。

(2) 加入所设计的含突变位点的 PCR 引物，进行 PCR 反应。

(3) 反应完毕后，加入 $Dpn\ I$ 酶消化未突变的野生型模板。$Dpn\ I$ 酶能特异性地消化完全甲基化的序列 $G^{met}ATC$，而大部分克隆用的大肠杆菌菌株可以将 DNA 甲基化，而体外合成的 DNA 则是未甲基化的，所以可选择性地消化甲基化的 DNA，而体外合成的 DNA 则不受影响。

(4) 将经 $Dpn\ I$ 酶处理的质粒进行生物转化，可以通过筛选带有抗生素抗性的大肠杆菌来提取其质粒进行测序验证，再转化至表达宿主中。

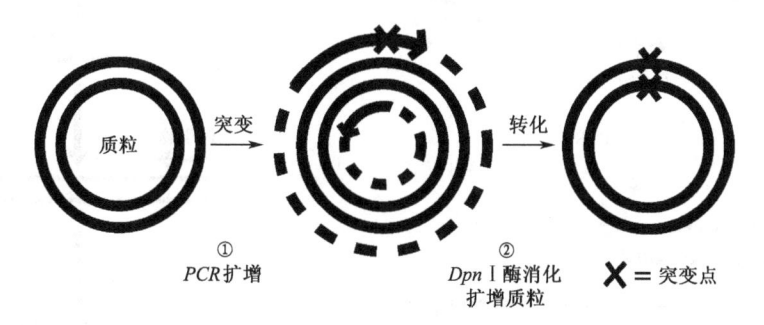

图 14.2　简易定点突变技术

该方法与一般 PCR 介导的定点突变方法相比，其优点在于以下几点。

(1) 操作简单，任何质粒 DNA 均可作为模板，而不需要把目的基因克隆到 M13 产生的单链 DNA 载体内，省去制备单链 DNA 模板这一步；不需要特殊的克隆载体和特殊的限制酶酶切位点；不需要进行连接反应，可直接将带有缺口的 PCR 产物转化到宿主细胞，即可得到突变克隆，且不必多次转化及进一步的亚克隆。

(2) 快速，突变反应只需数小时，整个突变过程只需 1~2d 就可以完成。

(3) 高效，该方法的突变效率一般大于 90%，可以直接用测序来筛选阳性克隆，其成功的关键取决于引物设计和选择恰当的热稳定性 DNA 聚合酶。

二、PCR 介导的定点突变

聚合酶链反应的出现推动了定点突变法的发展,为基因的修饰、改造提供了另一条途径。如在设计引物时,在其 5′端加入合适的限制酶位点,为 PCR 产物后续的克隆提供便利。同时可以通过改变引物中的部分碱基而改变基因序列,为有目的地改造基因序列、研究蛋白质结构和功能之间的关系奠定了基础。

1. 重叠延伸 PCR(over-lap extension PCR)

图 14.3 为 PCR 介导定点突变的基本过程。该法可在 DNA 区域的任何部位进行定点突变,需要 4 种扩增引物,共进行三轮 PCR。前两轮分别扩增出两条彼此部分重叠的 DNA 片段,第三轮 PCR 把这两条片段融合起来。它在前面两轮 PCR 反应中,用两个互补的并在相同的部位具有相同突变碱基的内侧引物,扩增形成两条有一端可重叠的双链 DNA 片段,且在重叠区段具有同样的突变碱基。由于具有重叠的序列,所以在去除了多余引物之后,这两条双链 DNA 片段经变性和退火处理,便可形成两种不同形式的异源双链分子。其中一种具 5′凹末端的双链分子,不能作为 Taq DNA 聚合酶的底物;另一种具有 3′凹末端的双链分子,可通过 Taq DNA 聚合酶的延伸作用,产生具有两条重叠序列的双链 DNA 分子。再用两个外侧引物进行第 3 轮 PCR 扩增,就可获得一种突变点远离片段末端的突变体 DNA。

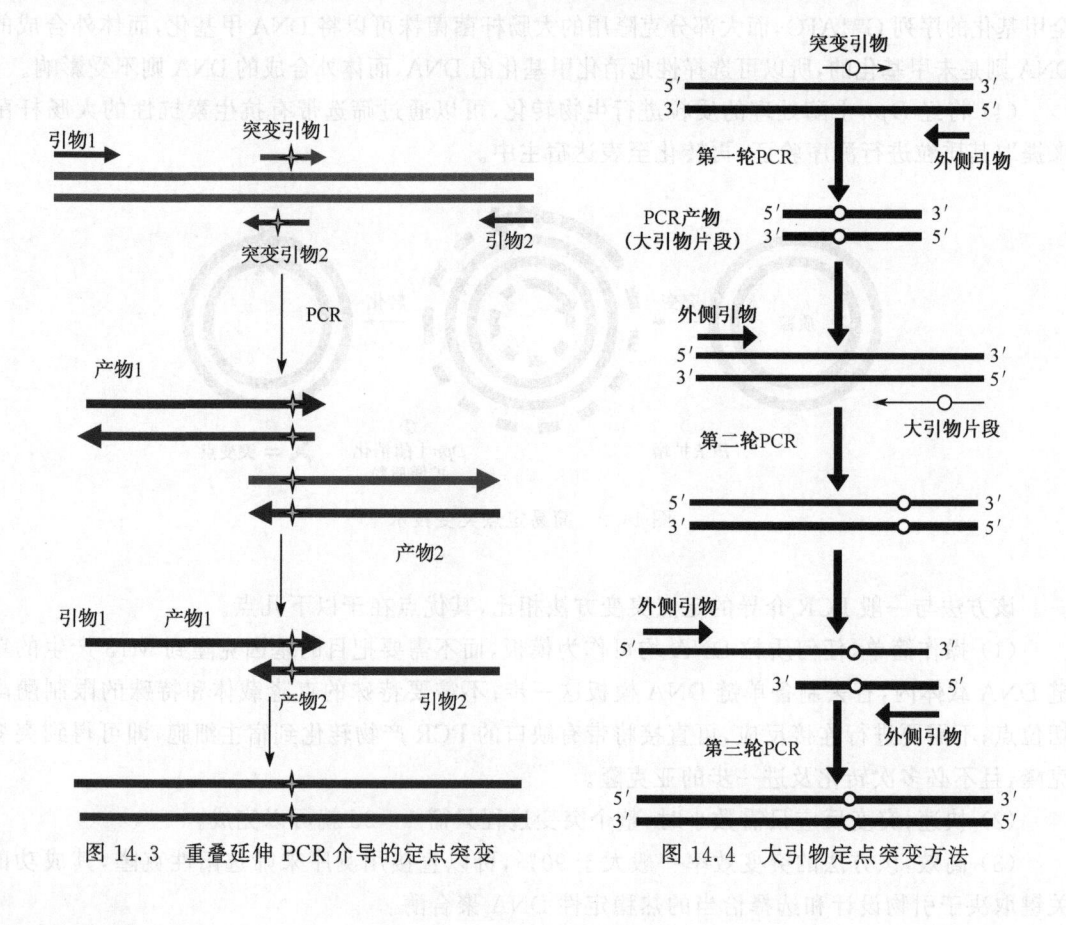

图 14.3 重叠延伸 PCR 介导的定点突变

图 14.4 大引物定点突变方法

2. 大引物突变法(megaprimer PCR method)

经典的大引物 PCR 定点突变技术(图 14.4)需要三条寡核苷酸引物(包括两条外侧正向和反向引物及内部突变引物)和两轮 PCR 循环,模板通常是克隆到载体中的野生型目的基因。先由突变引物和相对应的外侧引物进行第一轮的 PCR 扩增,产物纯化后作为引物与另一外侧引物进行第二轮的 PCR 反应,最后用两个外侧引物扩增出含突变位点的终产物,如此含突变序列的 DNA 片段,可进一步克隆到表达载体中进行测序或表达。

三、盒式突变

盒式突变是指利用一段人工合成的含有突变序列的寡核苷酸片段,取代野生型基因中的目标序列。突变的寡核苷酸片段是由两条寡核苷酸链组成的,当它们退火后,会按照设计的要求产生克隆所需要的限制性内切核酸酶黏性末端,这样就会取代野生型目标序列上相同酶切位点的片段。由于不存在异源双链的中间体,因此重组的质粒全部都是突变体,大大减少了突变所需要的次数。该方法对于确定蛋白质分子中不同位点氨基酸的功能是很有效的。

利用定点突变技术对天然酶的催化活性、热稳定性、底物特异性、提高表达量、优化代谢途径等方面已进行了成功的改造。例如,朱国萍等用寡核苷酸引物介导的定点突变方法对葡萄糖异构酶基因进行了体外的定点突变,以 Pro138 代替 Gly138,在酶的比活相近的情况下,其酶的热半衰期比野生型增加 1 倍,最适反应温度提高 10~12℃。Hakamada 等用定点突变的方法将细菌碱性纤维素酶的 Glu137、Asn179 和 Asp194 突变为 Lys,其热稳定性得到提高。莫秋华等利用大引物 PCR 的方法对中国人 β 地中海贫血基因进行突变,获得 16 种稀少突变类型。Gloria 等用 Phe 或 Tyr 来替代 *B. stearothermophilus* α-淀粉酶 289 位的 Ala,使其具有了催化醇化反应的能力。

虽然理性设计的方法获得了一定的发展,但它仅适用于三维空间结构、结构和功能关系比较清楚的蛋白质。由于蛋白质的结构和功能的相互关系极其复杂,目前对这类关系的理解仍然比较肤浅所以当对研究的蛋白质分子结构了解很少时,定点突变技术就显得束手无策。且定点突变技术只能对酶蛋白中少数的氨基酸残基进行替换,酶蛋白的高级结构基本维持不变,因此对酶的改造较为有限。理论上蛋白质分子仍然蕴藏着巨大的进化潜力和改造空间,于是人们开始考虑使用非理性设计——酶分子定向进化的方法来进行酶蛋白的分子改造。

第二节 非理性设计——蛋白质(酶)分子定向进化技术

在不了解酶分子结构信息、结构和功能之间关系的情况下,通过对酶基因的随机突变和基因片段的重组等方法来构建酶的突变库,然后通过高通量筛选来获得有益突变的方法,称为非理性设计(directed evolution)。

酶分子定向进化技术(molecular directed evolution of enzyme)属于蛋白质非理性设计的主要范畴。它们不需要了解酶的空间结构和催化机制,在实验室人为创造特殊的进化条件,模拟自然进化机制(随机突变、基因重组和自然选择),在体外进行酶基因改造,并定向筛选所需特性的突变酶。简而言之,定向进化=随机突变+正向重组+选择(筛选),这样就能在较短的时间内完成漫长的自然进化过程,甚至可以在几周的时间内创造出优化的酶,而在天然的进化过程中,得到这个结果需要几千万年之久。酶分子定向进化的实质就是达尔文的进化论思想在 DNA 分子水平上的延伸和应用。

一、蛋白质(酶)分子定向进化的发展

分子定向进化由 Spiegelman 及其同事在 20 世纪 60 年代利用 RNA 噬菌体 Qβ 进行初次试验。当时它们的目的是为了证明达尔文的进化论也可以发生在非细胞体内。这个分子进化的经典实验在体外模拟了自然进化的过程,为分子水平的定向进化奠定了基础。

改造酶分子性质的定向进化是 Hall 等在 1981 年报道的关于定向改变大肠杆菌 K12 中的第二半乳糖苷酶的底物专一性,开发出对几种糖苷键具有水解能力的酶。他们利用 lacZ 缺陷型菌株为宿主,分别在含有不同碳源的培养基中培养,从酶的突变库中筛选出可以分别水解半乳糖、乳果糖、乳糖酸的突变酶。1986 年,Hageman 等进行了提高常温生物中酶分子热稳定性的实验,在高温条件下,对携带卡那霉素核苷酸转移酶的突变基因库进行筛选,最终获得 63℃和 70℃下稳定的突变株。Eige 及 Kauffman 分别在 1984 年、1993 年提出了分子进化的理论。张今等 1991 年为解决空间结构未知蛋白的改造问题,建立了"随机-定位诱变"的定向进化方法。

这些早期具有开创性的实验,提出了在 DNA 分子水平上用非理性设计的方法来改造酶分子的新思想,但是由于随机引入突变的技术还不成熟,所以这些实验技术并没有被广泛推广。直到 1993 年 Arnold 研究小组应用分子进化的原理,创造性地提出易错 PCR(error-prone PCR)技术和 1994 年 Stemmer 等发展的 DNA 改组(DNA shuffling)技术,才标志着酶分子定向进化技术趋向成熟。

近十几年来由于科学家们的不断探索,创建了许多分子定向进化的新途径和新方法,如外显子改组、家族改组、体外随机引发重组、交错延伸改组等。这些新方法的建立,可以在较小的同源基因库中形成序列信息的多样性和快速产生有益的突变,这在改善酶的性能、优化代谢途径和提高酶的产量等方面具有重大的意义。

二、蛋白质(酶)分子定向进化策略

下面将介绍目前国内外普遍使用的几种定向进化方法和策略,这些方法的侧重点都有所不同,任何方法都不是万能的,我们应在实际工作中,针对具体问题选择合适的方法或者是不同方法的组合,完成对酶分子的定向进化。

(一)易错 PCR 技术

所谓的易错 PCR 技术是指在体外扩增目的基因时,利用 *Taq* 酶的低保真度,同时调整反应条件,如提高镁离子浓度、加入锰离子、改变 dNTP 的比例浓度等方法,以一定的频率向目的基因随机引入碱基错配,导致目的基因的随机突变构成突变库,然后选择或筛选出需要的突变体,如图 14.5 所示。易错 PCR 技术的关键就是控制目的基因的突变频率。如果 DNA 突变频率过高,很多酶将失去活性,如果突变频率太低,野生型的基因背景太高,基因的突变库容

量就太小,获得的中性突变就太多。对于一般 1000bp 左右的 DNA 序列来说,合适的碱基突变数是 2~5 个。理想的碱基突变率和易错 PCR 条件,则依赖于随机突变的目的基因序列大小。

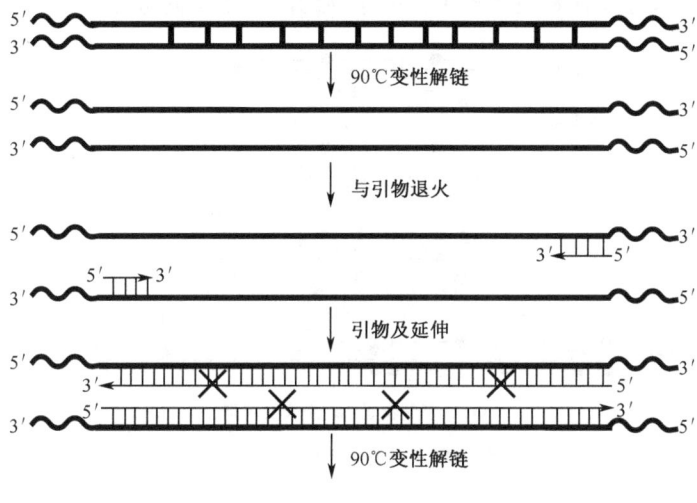

图 14.5 易错 PCR

通常,经过一次易错 PCR 获得的突变基因很难达到理想的结果,因此进一步发展了连续易错 PCR 技术(sequential error-prone PCR)。就是将一轮易错 PCR 扩增获得的有益突变基因作为下一轮 PCR 的模板,连续多代地进行随机突变,就能快速积累有益突变,从而获得酶活性质改良的突变体。Arnold 等应用该方法成功提高了枯草杆菌蛋白酶 E 在有机溶剂二甲基甲酰胺(DMF)中的活性。通过连续多轮的突变后,所获得的突变体 PC3 与野生酶相比,在 60%的二甲基甲酰胺溶液中,对多肽底物的水解效率提高了 256 倍。将 PC3 再进行 2 轮的随机突变,产生的突变体 13M 在 60%的 DMF 溶液中催化效率比 PC3 高 3 倍,比野生酶高了 471 倍。

由于在易错 PCR 的方法中,遗传变化只发生在单一 DNA 分子内部,所以属于无性进化(asexual evolution)。该方法简单且易操作,但是其能力有限,因为与序列的大小相比,突变库中所含有的突变体数量少,且容易出现同型碱基转换,产生大量的中性突变,从而导致了大量、烦琐的定向筛选和选择过程。

(二) DNA 改组技术

在酶分子易错 PCR 进化策略中,一个具有正向突变的基因在下一轮 PCR 过程中引入的突变是随机的,而且后引入的新突变中有益突变比率仍然很小,在一轮突变后,在突变库中可能产生几个正向突变,其中只有那些被筛选出来的正向突变才能作为下一轮进化模板而传入下一代。因此,科学家们发展出 DNA 改组等基因重组策略,将已经获得的存在于不同基因中的正突变结合在一起形成新的突变基因库。

DNA 改组技术又称为有性 PCR 技术(sexual PCR),是运用基因重组原理来提高酶改造效率的一种定向进化方法,其基本原理如图 14.6 所示。该方法是将正向突变库中分离出来的 DNA 片段或同源有差异的基因,用 DNase I 随机切割成小片段,这些小片段之间均有部分序列同源,在不加引物的情况下可以互为模板和引物进行 PCR 扩增,然后加入扩增全长序列的引物进行 PCR,获得全长基因。这样就可以使原本存在于不同小片段上的正向突变通过 PCR 重组到同一 DNA 链上,最终结果是酶分子的某一性质得到改造或者多个优化性质产生组合。因此,DNA 改组技术可以有效地进行单基因序列的酶分子定向进化。

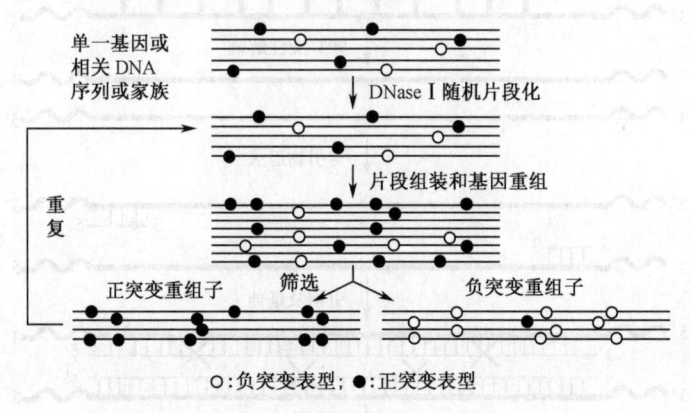

图 14.6 DNA 改组(引自 Stemmer,1994)

Stemmer 在 1994 年首先采用 DNA 改组技术对 β-内酰胺酶进行定向进化,经随机突变获得 β-内酰胺酶基因的突变库,然后再进行三轮 DNA 改组和两轮亲本回交,筛选出一株比野生型抗性提高 32 000 倍的突变体。Yano 等利用 DNA 改组技术对天冬氨酸氨基转移酶进行改造,结果表明其中 6 个氨基酸对保持酶活是必需的,但是仅有一个位于酶的活性中心。有科技工作者也用同种方法对水母的绿色荧光蛋白进行定向进化,在三轮的改组循环后,得到突变蛋白的荧光信号强度提高 45 倍的突变体。从 1994 年到现在,DNA 改组技术快速发展,已经成功运用于酶分子改造、药物蛋白、小分子药物和基因治疗等领域。

在 DNA 改组技术的使用中,发现改组过程中伴随较高的点突变效率会阻碍突变库中已经存在的正向突变组合。由于绝大多数的突变是有害的,有利突变组合和稀少的有利突变点会被有害突变所掩盖。于是 Huimin 和 France 利用高保真酶 Pfu 代替 Taq 酶,并结合 Lorimer 和 Pastan 所报道的用 Mn^{2+} 代替 Mg^{2+} 进行 DNA 改组,其所伴随的点突变效率仅为 0.05%。

人们在 DNA 改组的基础上提出家族改组(family shuffling)技术,就是将天然存在的同源序列、不同种的同一基因或者是同种内的同源基因序列作为 DNA 改组的模板进行 DNA 改组。由于不同的同源蛋白在漫长的自然进化中已经具有不同的优良性状,这样获得具有多种有益性状的嵌合蛋白可能性更高。但是当异源重组基因的同源性过高时,由于母本背景太高,导致重组子产率很低。而同源性过低(<70%)又难以发生重组。Kikuchi 等于 1999 年和 2000 年提出了家族改组的两种改良方法:一种是使用限制性内切核酸酶代替 DNase I 处理 DNA 片段,重组率由原来的不到 1% 提高到几乎 100%;另外一种是采用单链 DNA(ssDNA)来代替双链 DNA(dsDNA)进行片段化,降低同源复合体的形成,以提高重组率。

目前家族改组是各种来源的同源基因重组的首选技术,已应用于多种同源基因产生功能嵌合蛋白库。Hsu 等 2004 年对棒状链霉菌的脱乙酰氧基头孢菌素 C 合成酶的 8 种异源基因进行家族改组,得到 k_{cat}/K_m 比原始菌株提高 118 倍的突变体。还有 Hopfner 等从 20 多个人工分离的人干扰素-α基因,通过家族改组产生的嵌合蛋白库中,获得了对抗病毒和抗增殖活性均提高的正向突变体。

(三)外显子改组

外显子改组(exon shuffling)是在 DNA 改组基础上发展的一项新技术。真核生物的进化是通过亲本基因组之间的有性重组来实现的,其基因的重组是随机的,但是在同源的位置发生。在真核基因中,编码区序列被内含子间隔分开,且外显子仅占基因组的小部分,更多的有性重组是发生在外显子之间而不是外显子内部。因此认为不同分子的内含子间的同源重组可以导致不同的外显子组合,从而获得编码新蛋白的基因序列,此过程即是外显子改组。该方法是产生新蛋白质的有效途径之一。与 DNA 改组的不同之处在于外显子改组是在同一种分子间内含子同源性的条件下发生的,而 DNA 改组不受条件限制,可以发生在基因片段的任何位置。

体外进行外显子改组的方法,如图 14.7 所示。首先使用嵌合寡核苷酸引物分别扩增编码结构域的外显子或外显子组,然后混合这些 PCR 产物,经过无引物 PCR,使这些混合物连接成不同组装形式的全长基因,形成外显子改组文库。人们可以通过控制参与改组的外显子浓度和不同的混合比例来获得不同特性的突变库。关于外显子改组技术的体外研究报道比较少,Rijk 等通过外显子改组技术将仓鼠热激蛋白 αA-晶体蛋白基因进行改组,获得了超 αA-晶体蛋白。Kumagai 等通过外显子改组技术获得了新功能蛋白质。这些都说明了通过外显子交换可以产生新功能的蛋白质。因此,人为地模仿外显子改组的自然进化过程来定向改造酶

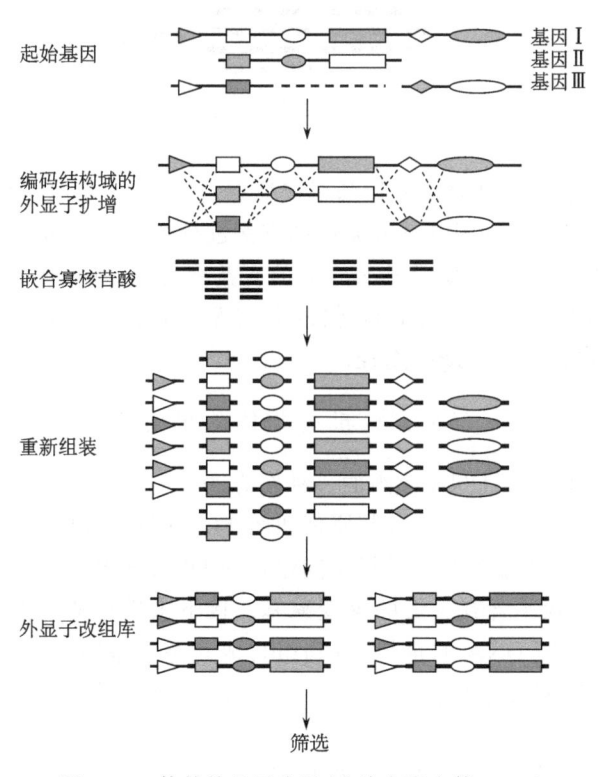

图 14.7 体外外显子改组(改绘自张今等,2004)

分子将是获得新酶的普遍应用方法。

（四）交错延伸重组

Zhao 等于 1998 年建立了一种新的体外 DNA 重组技术——交错延伸重组技术(stagger extension process, Step)，其原理如图 14.8 所示。它是在 PCR 反应中将含不同突变位点的模板混合，把常规的退火和延伸合并为一步，并极度缩短其反应时间(5s)，这样只能合成非常短的新生 DNA 片段，经变性，新生链根据序列的互补性与体系内的不同模板退火，并进一步延伸。此过程不断地反复进行，直到获得完整的基因序列。由于在 PCR 循环过程中模板的不断转换，大多数的新生 DNA 含有不同亲本的序列信息。

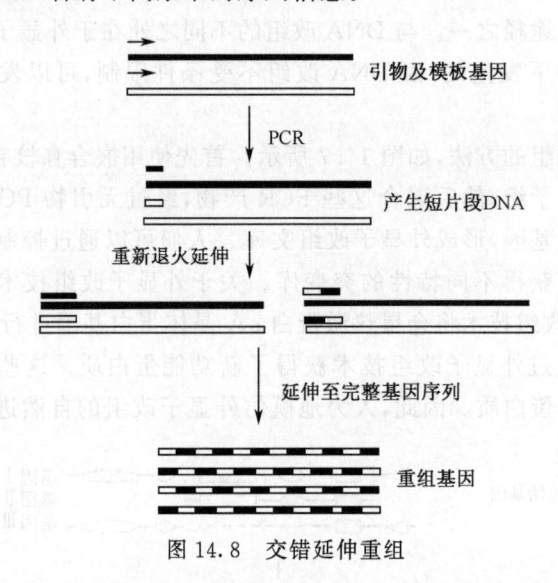

图 14.8 交错延伸重组

Zhao 等利用连续易错 PCR 技术获得随机突变点，再用交错延伸重组 DNA 筛选热稳定性高的枯草杆菌蛋白酶，采用连续提高培养温度的方法进行突变菌株的筛选，最终获得一株最适反应温度提高 17℃，在 65℃半衰期延长 200 倍的有益突变株。Bluster 等也利用该技术对真菌漆酶进行改造，筛选出酶活力提高 1160 倍的突变株。由于该技术简单方便，为重组 DNA 序列进行酶分子改造提供了一条新的途径。

（五）随机引物体外重组

Shao 等于 1998 年建立了 DNA 改组的一种新方法——随机引物体外引发重组(random-priming in vitro recombination, RPR)，其原理如图 14.9 所示：以单链 DNA 为 PCR 模板，用一套随机序列的引物产生大量互补于模板不同位点的 DNA 短片段。由于碱基的错配和错误引发，在这些 DNA 短片段中含有少量的突变碱基。接下来进行的 PCR 循环中，这些短片段可以互为引物和模板，进行 DNA 的重组，直到组合成完整的基因序列。再经常规 PCR 进一步扩增基因序列，随后克隆筛选出阳性克隆子。与常规 DNA 改组技术相比，RPR 具有如下特点。

(1)可以直接利用单链 DNA、mRNA 或者 cDNA 为模板。进行常规 DNA 改组时，在基

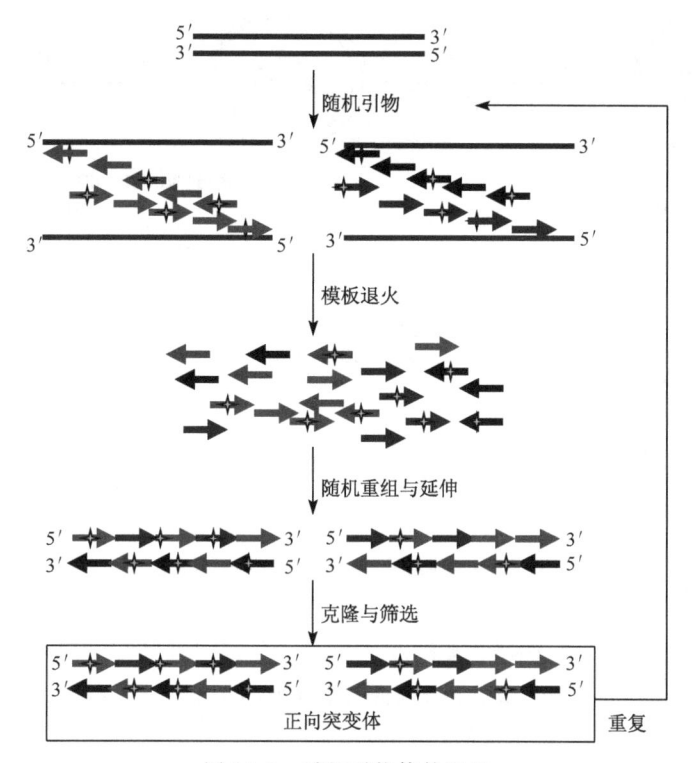

图 14.9　随机引物体外重组

因重组前必须将残留的 DNase I 去除干净,但 RPR 则不需要这个过程,可直接进行基因序列的重组。

(2) RPR 所使用的随机引物序列长度要一致,这样不会产生序列顺序的偏向性,使得模板上的碱基发生突变和重组的随机性增强;该方法介导的 DNA 改组不受 DNA 模板长度的限制,且模板所需的 DNA 量比常规 DNA 改组少很多$\left(仅为常规 DNA 改组的 \frac{1}{20} \sim \frac{1}{10}\right)$。

Arnold 等利用该方法成功地对耐热枯草杆菌蛋白酶 E 进行定向改造,获得热稳定性比野生型提高 8 倍的突变株,经序列测定分析其氨基酸 Asn181 突变为 Asp, Asn218 突变为 Ser。

(六) 酶法体外随机-定位诱变

张今等为了解决空间结构未知酶的蛋白质改造问题,建立了一种酶分子体外定向改造的新途径,即酶法体外随机-定位诱变(random and extensive mutagenesis, REM),其原理如图 14.10 所示。该方法与一般酶的体外定向进化方法类似,对目的基因采用随机突变引入突变位点,以快速产生一个突变库。但是其产生的突变点却受到一定限制,这样可减少筛选突变体的工作量。具体通过对 DNA 合成底物种类和浓度比例的控制,来实现碱基的错配,向目的基因引物突变。利用该技术成功提高了人参多肽基因和天冬氨酸酶基因的酶活力。

(七) 合 成 改 组

合成改组(synthetic shuffling)是定向进化的一种新方法。根据宿主细胞密码子的偏爱性

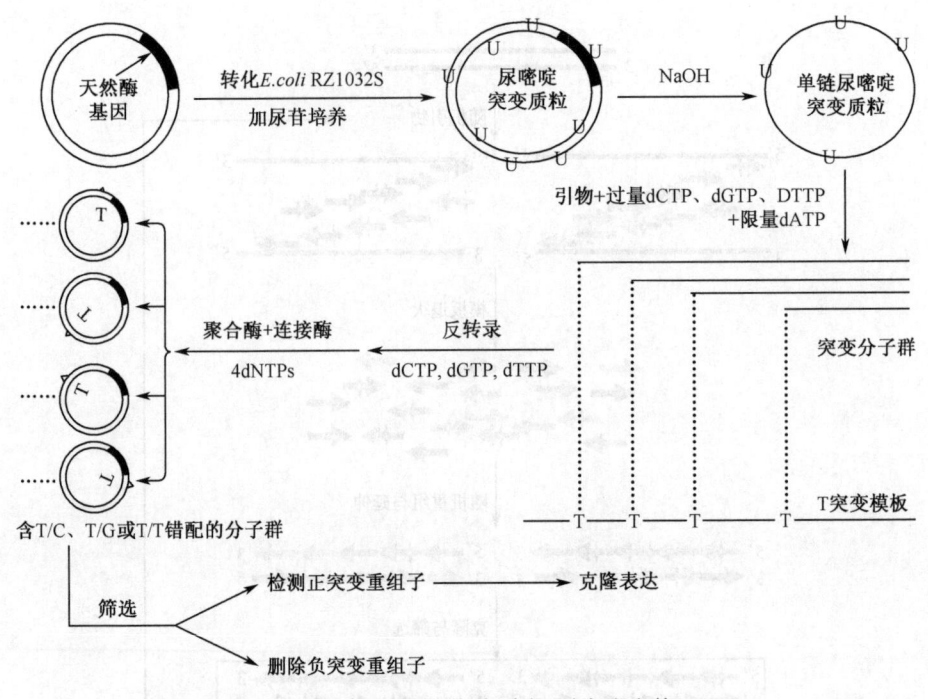

图 14.10　酶法体外随机-定位诱变（引自张今等，2004）

和同源基因的序列一致性，并尽量反映出同源基因中心区的多样性，组合成一系列简并寡核苷酸。通过多轮次的无引物 PCR 反应，将简并寡核苷酸装配成全长的目的基因。由于所有的基因都是人工合成的，其合成的多样性不受亲本基因的同源性所限制，改变氨基酸来自亲本的倾向性，使其产生的突变体彼此远离，不再簇集在亲本基因周围，大大增加突变体的多样性。所以大部分合成改组所产生的突变体仅 20% 是具有组合活性的嵌合酶。Ness 等在 2002 年利用合成改组方法对 15 种枯草杆菌蛋白酶基因进行定向进化，成功筛选出具有组合性质的嵌合酶，其设计策略如图 14.11 所示。来自 15 种枯草杆菌蛋白酶母体的多样性被全部编码在 30 个寡核苷酸中。图 14.11 中表示出 16 种骨架寡核苷酸（F1～F8 和 R1～R8）和 14 种"钉样"寡核苷酸（S1～S4）相对位置。

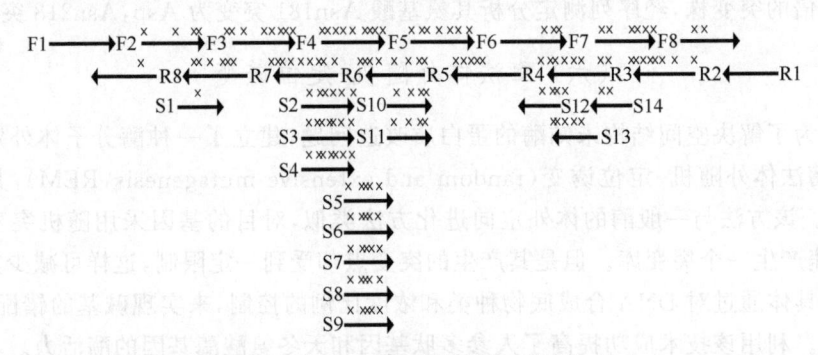

图 14.11　枯草杆菌蛋白酶合成改组的寡核苷酸设计策略（引自 Ness et al.，2002）

箭头指 5′到 3′方向，寡核苷酸位置用×表示

（八）截断状模板重组延伸

截断状模板重组延伸（recombined extension on truncated template，RETT）方法是 Lee 等于 2003 年建立的，其主要设计策略如图 14.12 所示。该技术是以单链为模板，通过单向延长的特异性引物在模板间的转换完成基因之间的重组。RETT 技术主要包括两个关键步骤：①亲本基因用于重组的单链 ssDNA 片段的制备；②以单链 ssDNA 为模板，利用 PCR 重组技术进行全长基因的重组合成。单链 ssDNA 片段可以通过随机引物对目标基因的 RNA 进行体外反转录或利用核酸外切酶Ⅲ对亲本基因连续切割而获得。

Kang、Lee 等利用该技术对同源性达 83% 的 S. marcescens ATCC 21074 和 S. liquefaciens GM1403 的几丁质酶进行定向改造，将筛选出来的重组基因进行序列分析，发现其重组率达 70%，且重组位点随机地分布在整个亲本基因序列上。

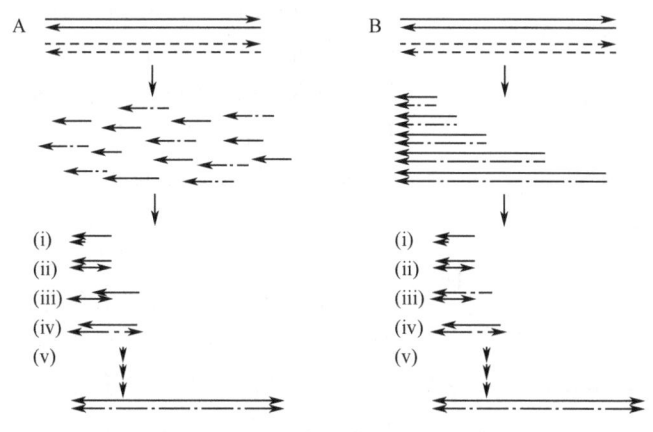

图 14.12　截断状模板重组延伸

（九）退火低核苷酸基因重排

由于 DNA 改组过程中，那些未经过重组的 DNA 序列也包含在突变库中，这样就使突变库的筛选工作增加难度。Gibbs 等应用碱基错配产生随机突变和 DNA 重排方法来定向改造酶，以退火低核苷酸基因重排法（degenerate oligonucleotide gene shuffling，DOGS）进行 DNA 重排，利用退火的引物控制已经重排的基因间的重组水平，并减少未经重排的亲本基因的产生。

（十）非依赖序列同源性的重组法

DNA 改组及其衍生的相关技术是进行蛋白质定向进化的有力工具。但其应用过程中对基因序列的同源性要求比较高，对于序列同源性低于 70%~80% 的基因就很难进行有效的重组，而在自然界中大多数的同源序列的相似性都低于这个水平。为了解决在非同源或者低同源基因进行有效重组的难题，近年来发展了许多非同源基因序列重组突变的方法，如 RID、RACHITT、ITCHY、SHIPRECA、RMPCR 及 SCRATCH 文库法等。下面将着重介绍 RID 和 RACHITT 这两个非依赖序列同源性的重组法。

1. 随机插入和缺失突变技术(RID)

Murakam 等在 2002 年模拟自然进化中基因的随意插入和缺失的突变过程时，建立了随机插入和缺失突变技术，主要步骤如图 14.13 所示。

(1) 用 EcoR I 及 Hind III 来消化目的基因，获取目的片段后，与链节连接。产物再用 Hind III 消化制成有缺口的线性 dsDNA，在 T₄ DNA 连接酶作用下环化目的片段，形成反义链有缺口的环状 dsDNA，然后在 T₄ DNA 聚合酶作用下，dsDNA 变成环状 ssDNA。

(2) 用 Ce(IV)-EDTA 复合物处理 ssDNA，在目的基因任意位置上进行断裂成线性的 ssDNA，在线性的 ssDNA 两未知末端分别连上一段锚序列，进行 PCR 扩增。5′端锚序列包括 Bci VI(GTATCC)和 Bgl II(AGATCT)及 10 个碱基的尾巴，3′端锚序列包括了 Bci VI(GTATCC)和 10 个任意碱基尾巴。由于 Bci VI 可以在识别位点下游数个碱基处进行酶切，所以扩增后的 PCR 产物用 Bci VI 处理后，5′端的 AG-ATCT 序列就没有切割下来，而 3′端的锚序列和目的基因上的 3 个碱基被消化掉。这样可以在任意位置上产生碱基序列的插入或者缺失，可用特殊的密码子或混合密码子来代替任意选择的碱基，甚至可用编码非天然氨基酸的 4 个碱基密码子。

(3) 将消化后的产物用 Klenow 片段处理成平末端，再用 T₄ DNA 连接酶环化，产物用 EcoR I 及 Hind III 处理，即可进行下一轮的亚克隆。

RID 技术独特的地方是删除位点随机，且外源 DNA 片段插入位点和删除位点相同，插入和删除片段大小可以控制。通过酶切位点特异性，还可以对特定部位进行突变，非常适合小范围变异的产生。

2. 过渡模板随机嵌合

过渡模板随机嵌合法(random chimeragenesis on transient template, RACHITT)与以往的 DNA 改组技术不同，其利用体外重组构建进化酶的基因库，但不包括热循环、链转移和交错延伸反应，而是将目的基因片段进行随机片段化后，这些小片段杂交到临时的模板上进行基因序列的排序、修剪、空隙填补和连接，如图 14.14 所示。临时模板是一条以一定间隙插入尿嘧啶的单链 DNA 分子，临时模板的降解，减少了对野生型序列的影响。且由于 RA-CHITT 通过悬垂切割步骤使其所产生的小片段比 DNase I 酶消化所获得的片段更小，其重

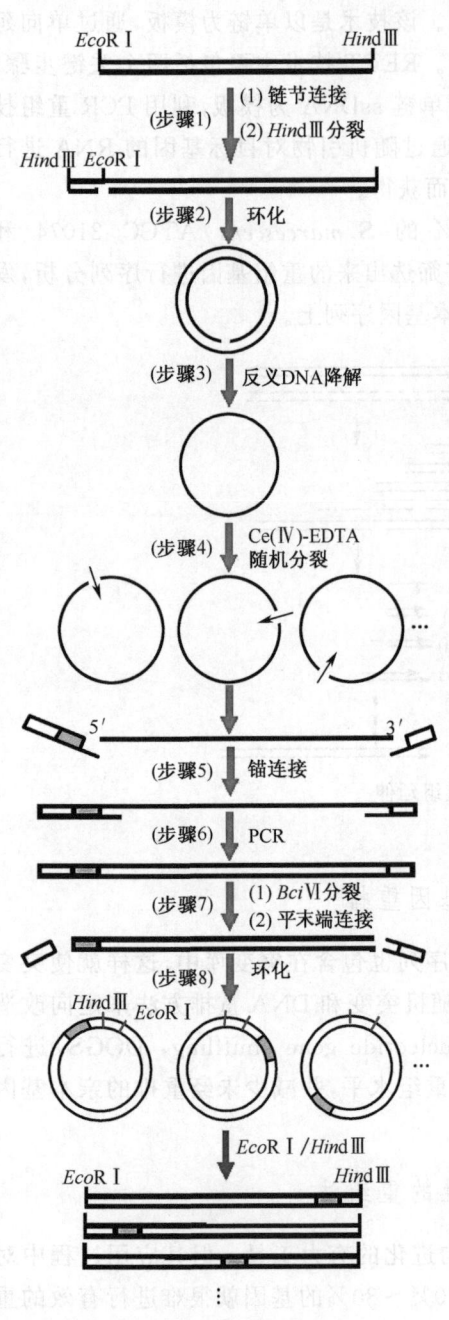

图 14.13 RID 原理图(引自 Murakami et al., 2002)

组效率和密度更高,所产生的突变库更具多样性。Coco 等于 2001 年利用该技术对来源不同的二苯丙噻吩单加氧酶进行定向改造,产生的突变库平均含有 14 个交换体,效率很高,并且可在 5bp 的序列区间内发生交换,最终筛选获得具有更高反应速率和更广泛底物氧化作用的突变株,对非天然底物的转换效率提高了 20 倍。

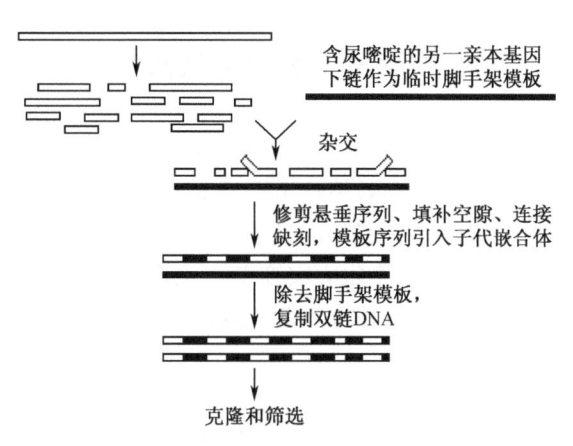

图 14.14　临时模板随机嵌合(引自 Coo et al.,2001)

（十一）载体诱变技术

为提高生产菌株的产量,人们一般采用传统的诱变育种技术进行目标菌株的诱变,由于化学诱变剂直接作用于细菌的 DNA 上,作用范围较宽、对菌体损伤严重、筛选工作量大。随着分子生物学基因重组技术的发展、菌株基因组序列的测定,将单个或者多个目标基因提取出来,单独或者组合起来直接进行诱变的方法逐渐被采用。

质粒直接诱变是在化学诱变的基础上建立起来的一种基因诱变技术。通过化学诱变剂的浓度与质粒反应时间的长短来控制突变率。利用化学诱变剂改变质粒上 DNA 的结构,然后用突变处理后的质粒转化宿主菌,构建菌株突变库,筛选目标突变菌株。

由于化学诱变剂的作用机制是直接与 DNA 发生化学作用,诱变效应和试剂的理化性质有很大关系。不同的化学诱变剂作用的碱基不同,所以在质粒诱变的时候一般采用复合诱变的方式,以获得更丰富的碱基突变组合。目前比较适用于质粒诱变的试剂有烷化剂、5-溴尿嘧啶、羟化剂、亚硝酸等。

构建的重组表达载体是否具有遗传稳定性是限制工程菌产量的重要因素。重组质粒的不稳定性主要指以下几点。

(1) 重组载体在培养过程中发生突变或者缺失,使重组菌失去原有的表型特征；

(2) 细胞含有的质粒拷贝数过高或带有对宿主细胞有毒副作用的基因；

(3) 以高密度培养或者连续培养的方式培养工程菌时质粒的丢失率会大大增加；

(4) 质粒载体含有启动子类型、par 功能区、复制起始点和启动子的强度等序列信息都会影响质粒的稳定性。

一般可以通过质粒诱变技术将质粒进行诱变来筛选获取遗传稳定性高的质粒序列。

质粒诱变技术的具体步骤如下。

(1) 利用 PCR 技术获取目的基因结构，构建诱变重组载体；
(2) 选用不同的化学诱变剂处理重组载体，获得理想的致死率及诱变条件；
(3) 将处理后的诱变质粒转化宿主细胞；
(4) 获取诱变质粒转化菌株，从中筛选高产变异株。

三、定向进化文库的筛选方法

随着定向进化技术的不断发展，人们构建突变基因文库越来越成熟而快速，在蛋白质文库构建好之后，如何从突变基因文库中高效筛选出有益突变体就成为酶体外定向进化实验成功与否的关键。由于所构建的突变库一般很大，且在蛋白质突变文库中大多数是中性或有害突变体，要获得有益突变，往往需要从一个很大突变基因文库群体中筛选。近年来，随着定向进化技术的不断发展，许多高通量筛选方法也不断涌现出来，下面将着重介绍蛋白质突变文库筛选方法的研究进展。

（一）常规筛选方法

当筛选到的突变体蛋白质可赋予宿主细胞或菌落易于观察的信号时，就能通过突变蛋白的酶促反应现象或者检测释放出来的能量、中间产物、抑制剂等，来筛选我们所需要的有益突变。目前，蛋白质突变文库的筛选一般是在固态（琼脂糖和滤膜）或者是液态条件下通过表型选择和筛选完成的。

（二）表型观察选择和筛选

表型观察选择和筛选（phenotype visual selection or screen）是建立在细胞生长率和生存率基础上所构建的蛋白质突变文库筛选方法。从细胞生长率考虑的话，主要是根据营养缺陷型互补和对细胞毒素的抗性进行有益突变体的筛选，如增加抗生素的浓度进行平板筛选。对于生存率而言，则是基于蛋白质突变库中其特异的酶促反应的筛选方法，主要依据强发色体底物（颜色变化）、容易观察的克隆表现（透明圈）或荧光产物来筛选突变体。例如，将分泌活性蛋白酶的转化菌涂布在琼脂糖平板上，可以产生底物分解圈，而分解圈的大小和酶水解活性成正比。Lee 等根据苏氨酸醛缩酶能催化苏氨酸分解成乙醛和氨基乙酸，再根据乙醛对细胞的毒性，对 L-苏氨酸醛缩酶进行定向筛选。菌落分泌出有活性的蛋白酶，可在含有酪蛋白的琼脂平板上产生透明圈。对于直接激发荧光的方法荧光共振能力转移（fluorescence resonance energy transfer，FRET），其最大的优势是可以实时地对细胞内蛋白质与蛋白质相互作用进行动态研究。FRET 的底物，通常由荧光团和淬灭剂两部分构成，在酶键断裂后，导致荧光团-淬灭剂或荧光团-荧光团对的分开，释放出荧光，从而进行酶活检测。Georgiou 等利用革兰氏阴性菌表面带有高负电荷，结合荧光共振能量转移底物的多阳性离子尾巴，使底物附着在大肠杆菌表面，展示在大肠杆菌表面的酶剪切底物的淬灭基团，从而产生相应的荧光，通过 FACS 进行检测，得到了活性提高了约 60 倍的突变体。

表型观察筛选法的优点是筛选速度快，省时省力，可以很快地获得优良的突变个体，缺点是具有很大的局限性，如不能达到定量、对蛋白质特性中的微小变化不灵敏等，因此不能用来筛选变化小的突变体。21 世纪初，数字影像分光光度计（digital imaging spectroscopy）的发展大大提高了在滤膜、琼脂糖平板上的筛选通量,并且可以定量筛选突变体产生的信号,提高筛选的灵敏度。

(三)微孔板筛选法

由于某些酶无法在琼脂平板上进行检测,所以微孔板悬浮筛选法(screen in plate format)也被广泛应用,但是液态酶活测定比固态酶活测定更消耗时间。96孔板微量滴定法(96 well microtitre plate)是液态酶活测定最常用的一种方法,并且已经从96孔发展到3824孔,甚至更多。它是当前和机器手臂(robotic arm)、液体处理系统(liquid handling system)、读板仪(plate reader)等最兼容的酶活测定方法,也是最适于自动化、高通量的筛选方法,筛选的结果非常可靠。该方法的优点是测量酶活所需体积较少,还可以从中区分低浓度、弱活性酶的表达克隆。1536孔板和3456孔板及多通道、多波长检测仪的出现,以及每秒钟分配几千滴样品(皮升级)的非接触式压电配样仪的问世大大提高了这种筛选方法的样品处理速度,从而增加了筛选的通量,节约筛选时间。这种方法的缺点就是细胞微量培养及处理存在误差,且受限于目前流体分配技术的发展,在开放体系中随着比表面积的增高,会导致蒸发作用和毛细现象等。

(四)新发展的高效筛选方法

各种表面展示技术已呈现出强大的发展势头,已经报道的噬菌体展示技术(phage display)、细胞表面展示技术、核糖体展示技术等比常规筛选方法具有很大的优势。

四、酶分子工程的应用和发展前景

定点突变和定向进化技术对酶分子工程的发展具有重大的影响,短短几年中,酶分子改造技术已成功应用于提高微生物酶在非天然环境中的催化活性、稳定性、底物专一性及表达水平等方面。随着构建突变库方法的不断发展,利用理性设计和非理性设计对微生物酶基因改造也越来越多,并取得了显著的成果,下面着重介绍酶分子工程的应用及发展前景。

(一)提高酶分子的催化活性

工业酶催化活性的高低直接影响工业生产的效率及生产成本,因此,提高酶分子的催化活性是酶分子定向进化的基本愿望之一。Okkels等在1995年通过定点突变使 Candida antarctica A 脂肪酶的比活力比野生型提高了4倍;You 和 Aronld 等在1996年利用易错PCR技术提高了枯草杆菌蛋白酶E的表达水平和在有机溶剂中的活性,酶的催化活性提高了500倍;Zhuo 等利用家族改组(family shuffling)技术,对分别来源于大肠埃希氏菌(Escherichia coli)、嗜柠檬酸克吕沃尔氏菌(Kluyvera citrophila)和雷氏普罗威登斯菌(Providencia rettgeri)的DNA同源性在62.5%~96.9%的青霉素G酰化酶(PGA)DNA进行改组,从构建的种间青霉素G酰化酶杂合基因库中筛选获得酶活力提高40%的突变株。Liu 等将D-内酯水解酶基因经过三轮的易错PCR和一轮的DNA改组后,从中筛选获得酶活力提高5.5倍的突变体Mut E-861,该突变体含有三个点的突变:A352C、G721A 和1038处的一个同义突变。

（二）提高酶分子稳定性

对于工业生产来说,首先要求酶必须具备足够的稳定性,其稳定性包括热稳定性、抗蛋白酶稳定性、在有机溶剂中的稳定性及不同 pH 的耐受性等。但是我们从自然界获得的天然酶大都是中温酶,不能耐受各种极端工艺条件而导致应用受到限制。运用酶分子改造技术,在人工模拟的环境条件下进行酶分子的定向改造,已经成功得到了具有各种特性和功能的工业用酶。

Kim 等对 *Thermus* sp. IM6501 的麦芽糖淀粉酶采用 DNA 改组技术,进行 4 轮的定向改造,筛选获得了耐热麦芽糖淀粉酶,其最适作用温度比野生型提高 15℃;在 80℃的半衰期是 172min,而野生型淀粉酶在此温度下不到 1min 就完全失去活性;Yamaguchi 等将 Cys 二硫键引入 *Humicola lanuginsa* 脂肪酶中,突变体的热稳定性提高 12℃,最适作用温度提高了 15℃;Zhao 等将枯草杆菌蛋白酶基因经 5 代的随机诱变后,筛选获得的重组子所产生的枯草杆菌蛋白酶 E,在 65℃的半衰期为野生型的 200 倍以上,最适作用温度提高了 17℃;Bessler 等利用易错 PCR 技术和 DNA 改组技术对 *Bacillus amyloliquefaciens* 的 α-淀粉酶进行定向改造,在碱性环境中筛选具有耐受性的 α-淀粉酶,获得了一株在 pH10 条件下,酶活力比原酶提高 5 倍的突变株;Patka 等发现将 *Candida antarctica* B 脂肪酶 72 位的甲硫氨酸(M)利用定点突变技术置换成亮氨酸(L)后,其抗过氧辛酸氧化作用得到提高。

（三）酶分子对底物专一性的定向改造

利用定向改造技术可以提高或者改变酶分子对底物的专一性,但是要得到完全具有新的底物专一性的酶却是一项极具挑战性的工作,增加酶对底物的专一性,可以使酶更加适应于工业化的生产。

Zhang 等利用定向进化技术对 β-半乳糖苷酶的底物专一性进行改造,经 7 轮的 DNA 改组,从构建的突变库中采用岩藻糖的发色底物进行筛选,获得岩藻糖苷酶活性提高 66 倍的突变体。与原来酶相比有 6 个氨基酸发生改变,其中仅有 3 个突变位点位于底物结合位点附近。该突变体对邻-硝基苯岩藻吡喃糖苷(ONPE)的专一性比邻-硝基苯半乳吡喃糖苷(ONPG)提高了 1000 倍。筛选获得的改良岩藻糖苷酶对底物的 K_{cat}/K_m 比值,比大肠杆菌自身的岩藻糖苷酶提高了 10~20 倍;Zhang 等研究了 *T. fusca* 纤维素酶 Ce16A 表面残基对底物专一性的影响,结果突变体 R237A、K259H 对羧甲基纤维素的活力得到显著提高。Hsu 等对棒状链霉菌的脱乙酰氧基头孢菌素 C 合成酶 8 种异源 DNA 进行家族改组,得到了 K_{cat}/K_m 值比原始菌株提高了 118 倍的突变体。另外,通过 DNA 改组技术对底物专一性进行改造的还有脂肪酶、核酶、细胞色素 c 过氧化酶、磷酸酯酶和 β-内酰胺酶等。

如今,酶分子改造技术已经被广泛应用于 DNA 的体外定向进化,并出现了一系列具有重要工业价值或商业意义的蛋白质,大大加速了 DNA 进化的进程。酶分子定向进化更被认为是"一场达尔文做梦也没有想到的进化革命,是再设计生命世界的开端"。其不仅在农业、石油化工、人类基因治疗、小分子药物、疫苗研究等领域具有广阔的应用开发前景,而且也非常适合于基础理论的研究。通过对定向进化技术得到的突变体进行分析,来研究蛋白质的结构和功能的关系,可为蛋白质的理性设计提供理论依据,使理性设计更能发挥其应有的作用,以实现蛋白质的有效改造。

国际上已提出了蛋白质全新设计的概念，即从氨基酸一级序列出发，设计自然界中不存在的全新蛋白质，使之具有特定的空间结构或预期的功能。由于该技术尚未成熟，还处于探索阶段。而 2003 年 Kuhlman 等成功地设计了一个 93 个残基的具有全新拓扑结构的 α+β 结构蛋白质，向人们展示了这一研究领域的美好前景。分子体外定向改造技术的发明和发展将为人类带来巨大的福音，但同时也可能创造出危害人类和自然平衡的物质，因此人们必须在保证安全性的基础上进行 DNA 改组的研究和应用。

思 考 题

1. 简述分子定向进化育种的原理。
2. 理性定向进化育种利用哪些技术手段，各有何特点？
3. 非理性定向进化育种利用哪些技术手段，各有何特点？

第十五章 基因敲除育种

第一节 基因敲除育种原理

微生物菌种是发酵工业的基础,对微生物菌种的选育可以有效提高目的产品的产量和质量。微生物育种技术的发展先后经历了自然选育、诱变育种、杂交育种、代谢控制育种和基因工程育种五个阶段。传统的育种手段由于工作量大、效率低、遗传稳定性差等缺点已经不能满足人们的需求。随着生物化学、细胞生物学、应用分子生物学、遗传工程的发展,基因工程育种定向性更强,筛选更加方便,越来越受到人们的青睐。

本章主要介绍基因敲除育种技术,这是一种通过定向敲除菌株的目标基因,快速、高效地获得性能提升的细胞表型的重要技术。

一、基因敲除育种概述

微生物基因敲除技术是 20 世纪 80 年代发展起来的,是遗传工程研究的重大飞跃之一,是通过一定的方法使细胞中特定的基因失活或缺失的技术。它具有定位性强、插入基因随染色体 DNA 稳定遗传、操作方便等优点。它为定向改造细菌、放线菌、酵母菌、霉菌等工业微生物、培育微生物新品种提供了重要的技术支持。基因敲除需要依赖于同源重组、特异位点重组和转座重组等 DNA 重组系统。

基因敲除(gene knockout)又称基因打靶(gene targeting),其传统概念是指同源重组敲除技术,即利用 DNA 转化技术,将构建的打靶载体导入靶细胞后,通过载体 DNA 序列与靶细胞内染色体上同源 DNA 序列间的重组,将载体 DNA 定点整合入靶细胞基因组上某一确定的位点,或与靶细胞基因组上某一确定片段置换,从而达到基因敲除的目的。所以,基因敲除的基本原理是通过一定的途径使机体特定的基因失活或缺失的一种分子生物学技术。利用基因敲除技术,能够对细胞染色体进行精确地修饰和改造,而且经修饰和改造的基因能够随染色体 DNA 的复制而稳定地复制。它克服了随机整合的盲目性和偶然性,是一种理想的修饰、改造生物遗传物质的方法。这项技术的诞生可以说是分子生物学技术上继转基因技术后的又一革命。尤其是条件性、诱导性基因打靶系统的建立,使得对基因靶位时间和空间上的操作更加明确,效果更加精确、可靠。它的发展将为发育生物学、分子遗传学、免疫学等学科提供了一个全新的、强有力的研究和治疗手段,具有广泛的应用前景和商业价值。

目前基因敲除技术可分为如下阶段:完全基因敲除、条件基因敲除、特定组织基因敲除及特定时间基因敲除的可调控敲除。完全基因敲除是通过同源重组直接将靶基因的活性完全消除,而条件基因敲除则是将某个基因的修饰限制于特定类型的细胞或个体发育特定的阶段,即通过位点特异的重组系统实现特定基因敲除等。随着遗传学和分子生物学理论的发展,新的基因敲除原理也在不断地发掘和发现。最具代表性的就是 RNA 干扰 (RNA interference, RNAi) 技术。RNAi 是指通过利用短片段的双链 RNA 促使特定基因的 mRNA 降解来高效、特异地阻断特定基因的表达,诱使细胞表现出特定基因沉默的表型。由于少量的双链 RNA 就能阻断基因的表达,并且这种效应可以传递到子代细胞中,所以 RNAi 的反应过程也可以用于基因敲除。到目前为止,RNAi 技术作为基因沉默的工具,被研究人员广泛应用到真核生物细胞的功能基因组学、药物靶点筛选、细胞信号转导通路分析、疾病治疗等研究领域。与传统的基因敲除技术相比,RNAi 技术具有投入少、周期短、操作简单等优势,具有良好的发展前景。

二、基因重组系统

(一)同源重组系统

同源重组(homologous recombination,HR)是多种生物体内普遍存在的一种生理现象,它是生物体用于纠正自身(DNA 复制过程中产生)或因外界因素诱导所致 DNA 突变的一种内在机制,主要是依赖于片段或是载体与目标基因组存在一定相同的同源 DNA 序列,经过同源区的配对和链断裂、再产生交换,完成 DNA 重组。同源重组是最基本的重组方式,可以发生在任何一个菌株中,其中,同源片段越长越利于发生重组。在基因工程中,在抗性基因两侧添加目的基因,以两侧 DNA 片段作为同源臂,通过同源重组,目的基因由于两侧同源臂的重组交换而被抗性基因替代。同源重组是指两个 DNA 分子之间,通过精确地相互交换片段达到序列重排的目的。通常意义上的基因敲除主要是应用 DNA 同源重组原理,利用限制性内切核酸酶、连接酶及 PCR 技术等对线性 DNA 片段或质粒等基因工程载体进行改造,并导入目标宿主中,宿主完成对目的基因或基因簇的诸如片段缺失、插入突变、定点突变等一系列的修饰操作。同源重组流程如图 15.1 所示。

(二)Cre/loxP 重组系统

在细菌中,应用比较广泛的特异位点重组包括 Cre/loxP、FLP/FRT 特异重组系统。Cre/loxP 重组系统发现于 P1 噬菌体,包括重组酶和重组位点两部分,其中,Cre 是隶属于 λInt 酶超基因家族的重组酶,可以接到重组位点间的基因序列被删除或重组;loxP 位点是可供 Cre 重组酶识别的重组位点。loxP 位点由两个 13bp 反向重复序列和 8bp 中间间隔序列共同组成,8bp 的间隔序列同时也确定了 loxP 位点的方向。

loxP 序列为

5′-ATAACTTCGTATAatgtatgcTATACGAAGTTAT-3′
3′-TATTGAAGCATATtacatacgATATGCTTCAATA-5′

其中,小写部分为间隔序列,其左右两侧 13bp 即为反向重复序列。

当两个 loxP 位点位于一条 DNA 链上并且方向相同时,Cre 重组酶能切除两个 loxP 位点间的序列;当两个 loxP 位点位于一条 DNA 链上但方向相反时,Cre 重组酶能导致两个 loxP 位点间的序列倒位;当两个 loxP 位点分别位于两条不同的 DNA 链或染色体上,Cre 酶能介导两条 DNA 链的交换或染色体易位。Cre 酶活性具有可诱导的特点,将 *Cre* 基因置于可诱导的启动子控制下,通过诱导表达 Cre 重组酶而将 loxP 位点之间的基因切除,可实现特定基因在特定时间或者组织中的失活。通过对诱导剂时间的控制或利用 *Cre* 基因定位表达系统中载体的宿主细胞特异性和将该表达系统转移到动物体内的过程在时间上的可控性,从而在

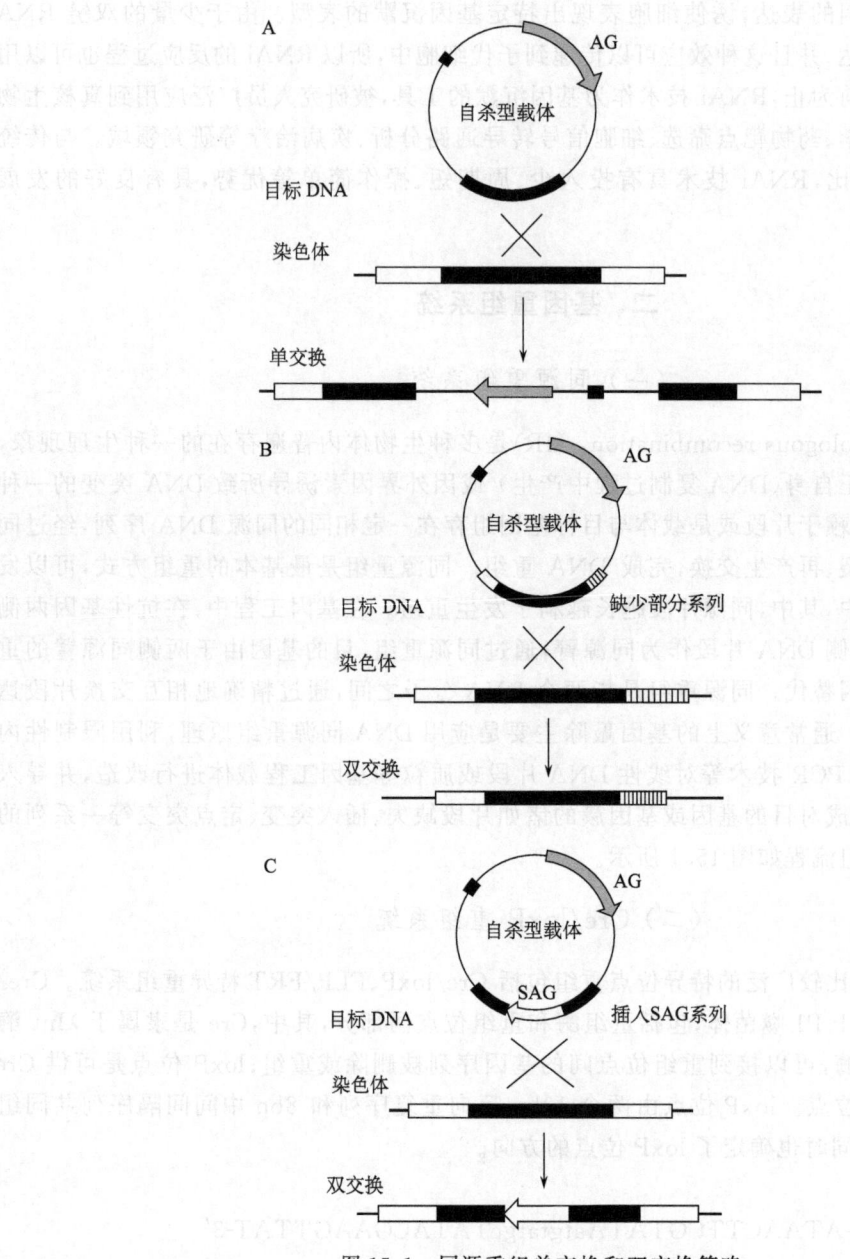

图 15.1　同源重组单交换和双交换策略

loxP 动物的一定发育阶段和一定组织细胞中实现对特定基因进行遗传修饰的基因敲除技术。

Cre/loxP 重组系统能够不借助任何辅助因子作用于多种结构的 DNA 底物，如线形、环状，甚至超螺旋 DNA，目前已经广泛应用于动物细胞、植物细胞和细菌细胞的遗传操作。

（三）FLP-FRT 重组系统

FLP-FRT 系统的作用机制与 Cre/loxP 系统的机制类似，FLP 也是位点特异的重组酶，它可在 FLP 识别位点对基因进行切割重组。FLP-FRT 系统与 Cre/loxP 系统相同，也是由一个重组酶和一段特殊的 DNA 序列组成。从进化的角度上考虑,FLP-FRT 系统是 Cre/loxP 系统在真核细胞内的同源系统。其中,重组酶 FLP 是酵母细胞内的一个由 423 个氨基酸组成的单体蛋白。与 Cre 相似,FLP 发挥作用也不需要任何辅助因子,同时在不同的条件下具有良好的稳定性。该系统的另一个成分 FLP 识别位点(flp recognition target,FRT)与 loxP 位点非常相似,同样由两个长度为 13bp 的反向重复序列和一个长度为 8bp 的核心序列构成。在该系统发挥作用时,FRT 位点的方向决定了目的片段的缺失还是倒转。这两个系统比较明显的区别是它们发挥作用的最佳温度不同,Cre 重组酶发挥作用的最佳温度为 37℃,而 FLP 重组酶的为 30℃(图 15.2)。

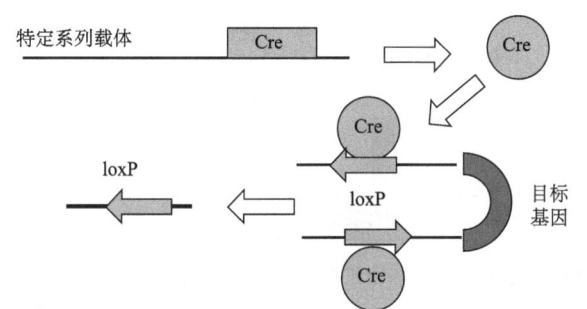

loxP 位点 ATAACTTCGTATAGCATACATTATACGAAGTTAT Cre Cre 重组
FRT 位点 GAAGTTCCTATTCTCTAGAAAGTATAGGAACTTC Cre Cre 重组

图 15.2 利用 Cre-loxP 或 FLP-FRT 技术实现基因敲除的原理

(四)转 座 重 组

基因转座子(transposon,Tn)是一种 DNA 序列单元,它能够随机插入到细菌染色体的许多位点上,使得插入位置的基因失活或突变。转座子能够启动不同类型的重组事件发生,还可从插入位点脱落下来。在脱落时,可携带宿主基因组的一部分 DNA 片段,造成基因缺失。利用该特性,转座子被广泛应用于基因敲除研究中,成为改良菌种的新技术。典型的转座子其两端多为两个颠倒重复序列(IS 序列),在重复序列之间有编码抗生素的基因及转座酶。常见的转座子有 Tn5、Tn10、Tn916 等。其中,Tn916 具备广泛的寄主范围,可以应用于多种革兰氏阳性菌与革兰氏阴性菌。转座子插入后稳定性好,不容易发生回复突变。采用基因转座子对目标基因组进行随机敲除,构建基因敲除突变库,然后对目标突变库进行高通量筛选,获得所需要的表型,是近来反向代谢工程研究热点之一,如图 15.3 所示。

复杂转座子除了带有必需基因外还携带抗性基因或标记基因。如果转座子插入必需基因内部,菌体就会因为该基因的失活而死亡,所以转座子主要应用于细菌细胞必需基因的研究。转座重组是指转座因子从染色体的一个位置转移到另外一个位置。细菌中的转座子分为两类:插入序列(IS)和复杂转座子(Tn)。插入序列是只含有转座所需基因的最小转座子。转座子基因敲除系统的缺陷是,基因插入过程基本上是随机的,一般不能用于某一特定基因的敲除,也很难在基因组范围内突变所有的基因。因此,通常将转座子突变系统与直接突变的方法进行互补。

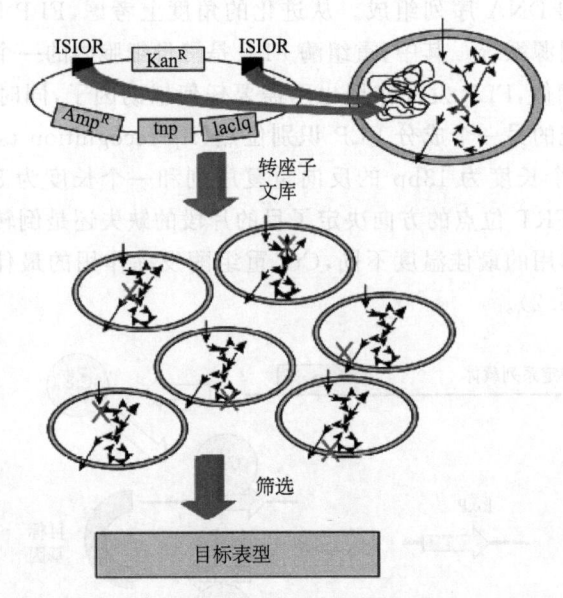

图15.3 采用基因转座子进行基因组随机敲除突变库构建和目标表型筛选示意图

(五) 基因捕获重组

基因捕获法是近些年发展起来的利用随机插入突变进行基因敲除的新型方法。用常规方法进行基因敲除需耗费大量的时间和人力，研究者必须针对靶位点在染色体组文库中筛选相关的染色体组克隆，绘制相应的物理图谱，构建特异性的基因敲除载体并筛选中靶胚胎干细胞（ES细胞）等，通常一个基因剔除纯合子小鼠的获得需要一年或更长的时间。面对人类基因组计划产生出来的巨量功能未知的遗传信息，传统的基因敲除方法显得有些力不从心。因此，基因捕获法应运而生，利用基因捕获可以建立一个携带随机插入突变的ES细胞库，节省大量筛选染色体文库和构建特异打靶载体的工作及费用，更有效和更迅速地进行小鼠染色体组的功能分析。基因捕获载体包括一个无启动子的报道基因，通常是 neo 基因，neo 基因插入到 ES 细胞染色体组中，并利用捕获基因的转录调控元件实现表达的 ES 克隆可以很容易地在含 G418 的选择培养基中筛选出来。从理论上讲，在选择培养基中存活的克隆应该100%含有中靶基因。中靶基因的信息可以通过筛选标记基因侧翼 cDNA 或染色体组序列分析来获得。单种的细胞类型中表达的基因数目约为104，现在的基因捕获载体从理论上来讲应能剔除所有在 ES 细胞表达的基因，因此，在 ES 细胞中进行基因捕获还是大有可为的，基因捕获法进行基因敲除的缺点是无法对基因进行精细的遗传修饰。

据同源重组的基本原理出发，分别针对同源重组的敲除组件的类型（如单链/双链和线性/环状）、参与同源重组的功能蛋白（RecA 酶和 RecBCD 酶等及噬菌体中具有相似功能的酶），以及功能位点（Chi 位点）等进行分子设计，即可衍生出各种不同的基因敲除方法。例如，在大肠杆菌中，基因的替换敲除系统有 RecBCD-sacB 重组系统、RecA 依赖的重组敲除体系、Chi 特异位点的重组策略等。在酵母中常用的进行基因敲除的策略主要有两种：一是基于 PCR 介导的基因删除系统；二是转座子标记的突变系统。噬菌体的重组系统包括 RecET 系统和 Red 重组系统及噬菌体退火蛋白介导的短链基因介导系统。其他微生物中的基因敲除策略主要有转座子突变系统及自杀质粒介导的基因缺失策略。

第二节　工业微生物基因敲除育种技术及应用

一、基因敲除育种技术

（一）传统基因敲除技术

传统的基因重组技术程序，主要包括以下几个方面。

1. PCR 引物的设计

根据所需要敲除目标基因的侧翼序列或起止序列及特异性的筛选标记（如氯霉素、卡那霉素抗性标记等）序列设计特异性的敲除组件引物（可根据敲除体系的需要设计侧翼同源序列的长度，也可设计侧翼序列的上下游序列获得长同源序列的敲除组件），此外，为方便后期的筛选需设计多对的验证引物。

2. 敲除组件的 PCR 扩增及敲除载体的构建

采用两轮次的 PCR 进行侧翼同源序列及重叠序列和筛选标记序列等敲除组件的线性扩增，或利用重叠的序列黏端构建环状质粒载体实现目标基因重组交换。

3. 敲除组件导入受体细胞

在微生物系统中，一般采用电穿孔的方式将线性敲除组件或环状的敲除载体导入受体细胞，但具体的电穿孔的条件根据不同的细胞而定。

4. 同源重组的筛选与鉴定

由于在微生物中发生同源重组的频率比较低，所以同源重组的筛选和检测是基因敲除技术所要解决的关键问题。载体本身或线性组件所携带的抗性筛选标记是筛选的标准之一，同时可以通过 PCR 进行进一步的筛选鉴定。经 PCR 筛查到的候选转化子必须经过 Southern 分析确证，最终确定是否是已经替换或缺失的阳性细胞。另外，对于敲除的目的基因可以引起形态变化的细胞，形态的观察和记录也是确定基因缺失或替换的重要筛选方法。

传统的基因重组技术是在基因同源重组的基础上进行的，基因敲除传统的重组载体主要有插入性载体系统和替换性载体系统。插入性载体系统构建载体时主要包括要插入的基因片段、同源序列片段、标志基因片段等成分；替换性载体系统主要包括同源序列片段、替换基因启动子、报道基因等成分。需要满足的条件如下：提取所需菌株的基因组 DNA 并扩增所需目的基因用于构建载体；基因打靶区两侧序列需具有特异性和足够长度的同源序列片段；便于用其作为探针进行 Southern 印迹验证；重组基因需要有合适的酶切位点便于在 Southern 印迹验证过程中出现特异大小的目的条带等。这些都限制了研究工作的进行。近年在 FLP-FRT 重组系统、Cre/loxP 重组系统、转座子系统及基因捕获等技术基础上发展起来的基因敲除技术，分别从不同方面解决了上述问题。下文着重介绍 RED 基因敲除系统。

（二）RED 基因敲除系统

自 1995 年第一个细菌，即流感嗜血杆菌（*Haemophilus influenzae*）的全基因组序列被发表以来,已经完成了包括大肠杆菌、痢疾杆菌在内的42种微生物基因组序列的测定。这些全基因组序列的测定为进一步研究各种微生物的基因功能奠定了基础。研究基因功能的重要方法之一是构建基因的突变体来检测其表型的变化,以推测某个基因在生长过程中起到怎样的作用。最直接的方法是将目标基因敲除,这样可以保证被研究的基因完全失活。微生物基因敲除的传统方法是利用微生物本身的 RecA 重组系统,但是 RecA 重组系统操作复杂,重组效率低。由 Murphy 和 Stewart 等用噬菌体 Red 重组系统在大肠杆菌中建立的快速敲除原核基因的方法简化了实验操作,使实验周期大大缩短。Red 系统介导的基因敲除技术是最近研究较热的技术方法,对研究微生物基因的功能具有重要的促进作用。它与传统的基因敲除方法相比,重组效率明显提高。

Red 同源重组系统由 λ 噬菌体的 *exo*、*bet*、*gam* 三个基因组成,它们分别编码 Exo、Beta、Gam 三种蛋白质。Exo 蛋白是一种外切核酸酶(Exo)。可以结合在双链 DNA 的末端,从 $5'\to 3'$ 降解 DNA 单链,产生 $3'$ 端单链悬突。Beta 蛋白是一种单链退火蛋白,结合在由外切核酸酶外切产生的 $3'$ 端单链悬突上,促进 DNA 互补链的退火,以便同源片段与目的基因的重组,Beta 蛋白在 Red 同源重组过程中起着决定性的作用。Gam 蛋白是一种 Exo、Beta 的辅助蛋白,可与 RecBCD 外切核酸酶结合,抑制 RecBCD 外切核酸酶活性,抑制细胞体内核酸酶对外源 DNA 的降解。另外,Stewart 等在 1998 年还报道了一种通过在大肠杆菌中诱导表达 Rac 噬菌体的 RecE 和 RecT 蛋白来介导同源重组的 ET 重组系统。其中,RecE 和 Exo 蛋白的作用相似,RecT 和 Beta 蛋白的作用相似,所以经常和 Red 重组一起被称为 Red/ET 重组系统。随着分子生物技术手段的发展,基因敲除的技术也趋向于简易化。Datsenko 和 Wanner 等以 Red 重组系统为核心开发了一套辅助质粒基因敲除程序,以其诸多优点和较为广泛的普适性被大量运用到基因敲除的研究中去。使用的辅助质粒共有三个:第一个是带有两个翻转酶结合区域(FRT)及抗性片段的模板质粒(pKD3/pKD4/pKD13 等);第二个是可以表达 Red 重组酶的同源重组辅助质粒 pKD46;第三个是带有 FLP 酶表达系统的抗性消除辅助质粒 pCP20。其中,pKD46 和 pCP20 辅助质粒都是温敏型复制子。

使用辅助质粒的 Red 重组系统一般包括 4 个主要步骤(图 15.4)。

(1) 先合成一对引物,每一条引物的 $5'$ 端有 35~60bp 与靶基因同源,$3'$ 端与筛选基因(如抗药性基因)同源,以抗药性质粒为模板,通过 PCR 获得中间为一个筛选基因,其两端为 35~60bp 同源臂(图 15.4A 和 B)的线性打靶 DNA,且带有 FRT 位点的抗性敲除组件。

(2) 同源重组蛋白的诱导,包括将携带 Red 重组酶的质粒 pKD46 转入目标细胞、Red 重组酶的诱导及感受态细胞的制备、同源片段的电转化导入,以及同源重组发生

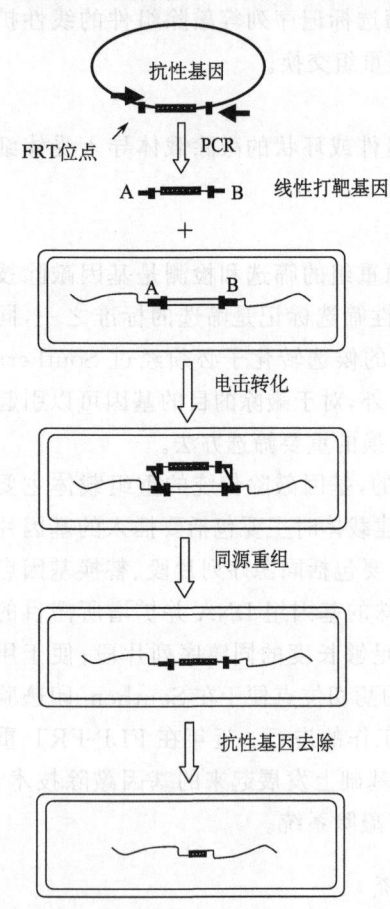

图 15.4 Red 重组系统

等几个关键步骤。

(3) 进行成功敲除的阳性重组子的筛选和验证。

(4) 在阳性重组子的细胞中转入表达 FLP 重组酶的辅助质粒 pCP20，并进行细胞染色体的残留抗性片段的切除。FLP 重组酶直接作用于重组片段抗性基因外侧两端的两个对应 FRT 区域（FLP 蛋白识别靶位点），用一个 FRT 片段代替原有的两个 FRT 片段及中间的抗性基因，从而达到去除残留抗性基因的目的。质粒 pCP20 的丢失则采用高温（42℃）热激培养，配合抗生素抗性负筛选的策略。

Red 重组已经发展成为一套比较成熟的重组系统，以重组效率高和方法简便著称，已成功敲除了 5000 多个基因。在靶基因两翼序列已知的条件下就可以通过 Red 重组介导对该目标基因进行敲除、截取或点突变等操作，还可在目标基因的上下游加入适当的增强启动功能和终止子序列以调节基因的表达。实验证明，Red 介导的基因打靶技术是大肠杆菌基因功能研究和新菌株构建的有力工具之一。

二、基因敲除育种技术的应用

（一）基因敲除技术在基础生物学上的应用

基因敲除技术作为研究基因功能和结构的最直接、最有效的方法之一，从分子水平研究工业生产菌株代谢途径中各相关基因的结构和功能，为下一步改造打下坚实的基础；同时利用基因敲除技术可对病原菌致病、耐药机制，并为最终防治病害提供了强有力的基因支持。基因敲除技术常常用于建立某种特定基因缺失的生物模型，从而进行相关的研究。

丁醇除了是重要的有机化工原料外，还是一种极具潜力的新型生物燃料。Green 等通过非复制性质粒，对乙酰乙酸脱羧酶 *aad* 基因进行阻断试验，发现丁醇合成显著下降，转化子经过 25 次传代，此性仍稳定存在，证实了 *aad* 基因在丁醇合成中起着重要作用。而其进一步的研究发现，敲除磷酸转乙酰酶基因 *pta* 或丁酸激酶基因 *buk*，丁酸合成会减少，而丁醇产量明显提高。烟曲霉（*Aspergillus fumigatus*）是曲霉属中最常见的致病真菌，在免疫受损的患者中常引起有致命危险的侵袭性肺曲霉病。Alcazar 等研究了烟曲霉 *erg*3A 和 *erg*3B 两个基因在固醇合成和对抗真菌药物耐受性中的作用，分别敲除 *erg*3A 基因、*erg*3B 基因和将两个基因共同敲除，结果显示 *erg*3B 编码 C25 固醇脱氢酶，而 *erg*3A 对烟曲霉麦角固醇合成没有明显的作用。

红曲菌是一种重要的丝状真菌，广泛应用于食品和医药领域中。但人们对其遗传背景了解很少，有关它的重要功能基因的研究报道也很少。邵彦春等采用根癌农杆菌介导的转化技术对红色红曲菌中的 G 蛋白信号调节子 *mrfA* 基因的 RGS 功能域进行定点缺失研究，构建了敲除载体 pC805S 左右同源臂，将其转入红曲菌，得到的 138 株转化子中，有 26 株转化子发生了同源重组，重组率达 18.8%。实验结果表明基于同源重组的方法在红曲菌基因功能鉴定中是切实可行的。

丙酸盐可以作为丝状真菌的碳源，但是将它添加到含葡萄糖的培养基时又会抑制真菌生长。为解释这一现象，人们对构巢曲霉进行了研究，发现了柠檬酸甲酯循环。Brock 等进一步研究了这一机制，他们从构巢曲霉基因组序列中确定了上述循环中的一个关键酶——异柠檬甲酯酸裂合酶的编码基因，并将其敲除。得到的缺失株在以丙酸盐为碳源的培养基上不生长，在以其他物质为主要碳源且含有丙酸盐的培养基上受抑制。由此推论，柠檬酸甲酯循环的产物异柠檬甲酯是潜在的细胞代谢毒物。

（二）RED基因敲除系统在氨基酸工程菌上的应用

大肠杆菌的芳香族氨基酸生物合成过程是个复杂的生物学酶促反应过程，生物合成途径可分为共同途径和分支途径，其中，共同途径为分支途径提供前体物质，其前体物质主要为戊糖磷酸途径的中间产物 4-磷酸赤藓糖（E4P）及糖酵解过程的中间产物磷酸烯醇式丙酮酸（PEP）。通过一个七步骤的共同途径到达分支酸，再经过末端途径利用分支酸分别合成 L-苯丙氨酸、L-色氨酸和 L-酪氨酸三种氨基酸。

在大肠杆菌中，PEP 是许多酶的竞争性底物，特别是负责葡萄糖转运的糖磷酸化转运系统（PTS 系统）。PEP 通过丙酮酸激酶（pykA 和 pykF 基因编码的同工酶）的去磷酸化转化为丙酮酸，PEP 羧化酶（ppc 基因编码）将 PEP 和 CO_2 转化为草酰乙酸，从而进入三羧酸循环。福建麦丹生物集团有限公司研究小组通过敲除磷酸烯醇式丙酮酸-磷酸转移酶系统（PTS 系统）的研究，降低 PEP 消耗量，不仅提高了目的产物 L-苯丙氨酸的产率，使得糖酸转化率达到 33%，接近理论最高转化率 60%，同时通过代谢转录分析，获得改造后的菌株多方位的基因应答信息，为进一步的细胞改造和基因功能研究奠定了很好的基础。

在 L-苯丙氨酸、L-酪氨酸、L-色氨酸的支路中，为了使前体物质预苯酸最大程度上转化为 L-色氨酸，可以阻断分支酸向 L-苯丙氨酸及 L-酪氨酸的流向。福建麦丹生物集团研究中心通过敲除菌株 tyrA 基因获得了酪氨酸营养缺陷型菌株。应用这种营养缺陷型，可使代谢支路的中间体预苯酸不流向酪氨酸生成的方向，使色氨酸的合成有充足的原料。发酵试验结果显示：工程菌株的发酵液中没有酪氨酸的存在，同时 L-色氨酸的产量较原始菌株提高近 1 倍。

在微生物芳香族氨基酸的生物合成中，至少有 17 种酶参与，且具有复杂的调控机制。在大肠杆菌中，发现了苯丙氨酸合成的中心代谢途径及其他生理特性的调控因子——储碳因子 CsrA 基因，敲除 CsrA 可增强糖质新生，降低糖酵解，因此提高了芳香族氨基酸的前体物质的量，整体水平上实现对芳香族氨基酸的中心代谢途径的调控，福建麦丹生物集团有限公司研究小组敲除 CsrA 基因并优化发酵工艺条件后 L-色氨酸的产量是出发菌株的 2 倍。

（三）基因敲除系统在酵母菌株上的应用

发酵是酵母菌最主要的功用，在食品工业上常见的酵母菌有啤酒酵母和葡萄酒酵母。前者用于生产啤酒、白酒和酒精，以及制作面包。后者也称酿酒酵母，用于酿造葡萄酒和果酒，也用于啤酒和白酒的酿造。其中，啤酒酵母是食品工业上应用最为广泛的微生物之一，啤酒酵母菌体内维生素、蛋白质含量很高，其药用价值也很高，可提取核酸、麦角醇、谷胱甘肽、凝血质和三磷酸腺苷等，还可以用作饲料。

酵母基因敲除技术是研究酵母基因功能的重要手段，自 20 世纪 80 年代初诞生以来经历了不断的改进和发展。PCR 介导的酵母基因中断技术，实现了酵母基因的精确缺失；酵母基因的多重中断技术，可在酵母内实现多个基因的中断；可进行大规模基因中断和功能分析的酵母基因中断技术，适应了在酵母全基因组测序完成的情况下进行功能基因组学研究的要求。

乙醇的生物合成过程中，酵母菌等乙醇生产菌除生成乙醇外还生成乙酸、甘油等副产物，可以通过敲除副产物合成有关基因从而增加乙醇产量。从酵母代谢途径可知，与乙醇合成和分解相关的是5个乙醇脱氢酶的同工酶,而控制乙醇含量的2个酶是乙醇脱氢酶Ⅰ(ADH Ⅰ)和乙醇脱氢酶Ⅱ(ADH Ⅱ)。ADH Ⅰ的作用是将乙醛变成乙醇,ADH Ⅱ的作用是将乙醇转变为乙醛。赵丽娟等通过敲除 *ADH* Ⅱ基因,使改造后菌株发酵产乙酸的含量大幅下降,而乙醇含量得到升高。酵母菌乙醇发酵中甘油的合成是受 GPD1 和 GPD2 编码的两个同工酶控制,许多科学家希望通过敲除这两个基因来降低甘油含量,进而提高乙醇产量。但敲除甘油合成基因后会导致细胞耐渗透性下降及 NADH 积累还不能达到预期效果。Bro 等利用生物信息学手段分析酿酒酵母的基因组水平代谢模型,并对其基因组进行修饰,综合模拟与评估菌株的生物量和副产物的形成,成功构建了降低甘油产量提高乙醇产率的酿酒酵母工程菌株。

质量优异的啤酒起泡能力优良,形成洁白细腻的泡沫,泡沫高度可达酒液量的1/3甚至1/2,且长久不消。酵母细胞中由 *pep*4 基因编码的蛋白酶 A 可以消化有助于啤酒泡沫稳定性的蛋白质,同时产生的多肽没有起泡性或者导致泡沫蛋白质分子的分解,最终使啤酒中泡沫稳定性变弱。周建中等利用基因敲除技术构建酵母 *pep*4 基因缺陷株,得到一株蛋白酶 A 失活且遗传性能稳定的工业酿酒酵母,通过对这株突变株进行初步的酶活测定,显示酵母蛋白酶 A 已失活。

微生物基因敲除技术是遗传工程研究的重大飞跃之一,它为定向改造细菌、放线菌、酵母菌、霉菌等工业微生物,培育微生物新品种提供了重要的技术支持。不仅克服了传统诱变方法的盲目性和偶然性,而且敲除后被改变的基因会随染色体 DNA 进行复制,稳定遗传,改良的菌种可稳定地用于后续的研究和生产。随着分子生物学技术的丰富和发展及对代谢网络的日益了解,代谢工程的内容也更加丰富。应用代谢工程技术对微生物细胞内的代谢通量进行重新设计,是获得高产高效的工业菌株的重要手段之一。

随着大量模式生物及重要功能微生物全基因组序列测定及功能基因的定位,人们从基因水平上更加清楚地认识微生物的代谢规律,同时敲除载体及相关技术的完善可进一步推动代谢工程的广泛应用,通过基因敲除手段改变微生物细胞的代谢流向,阻断有害代谢产物积累,可望降低成本,大幅度提高生产水平及产品纯度。随着后基因组时代的到来及各种生物学实验方法的日益进步,基因敲除技术作为一种强而有力的工具,必将继续在生物能源、生物材料、生物化学品及环境保护等重要领域作出重大贡献。

思 考 题

1. 简述基因敲除技术的原理。
2. 简述基因敲除技术的基本步骤。
3. 简述基因敲除育种技术的应用及发展前景。

第十六章　全局转录机器工程育种

工业微生物育种技术的应用,在医药卫生、化工、生物材料和生物能源等领域产生了多个新型产业,对我国经济转型和增加新的经济增长点,提高我国的国际竞争力具有重大的历史意义。

回顾工业微生物育种的发展史,从传统的诱变育种、杂交育种、代谢调控育种、原生质体融合育种,一直到现代的基因组改组、定向进化和基因工程育种等数种育种技术,笔者认为其本质有两个层面:一是通过不同方法改变工业微生物的一个或多个遗传基因,二是根据人类的工业需要进行定向筛选。数种育种技术的不同只是不同角度的操作和论述。我们深信随着生物技术的发展今后将会有更多新技术出现。

本章主要介绍全局转录机器工程(global transcription machinery engineering,gTME)育种技术,这是美国 Stephanopoulos G 实验室近几年发展起来的一种通过引入全局转录扰动来获得多尺度细胞表型突变库的新方法,可以快速、高效地获得性能显著提升的细胞表型的重要新技术。

第一节　全局转录机器工程育种的原理

分子生物学的"中心法则":生物的遗传信息储存在 DNA 中,从基因到蛋白质的生物合成经历了复制、转录和翻译三个基本步骤(图 16.1)。基因是一段具有特定功能和结构的连续 DNA 序列,是编码蛋白质或 RNA 分子遗传信息的基本单位。

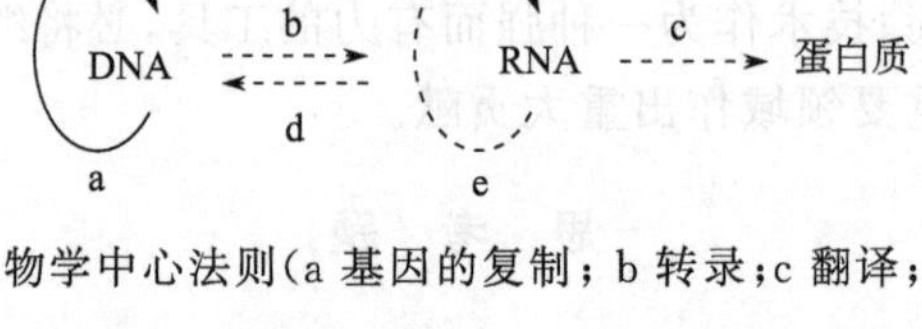

图 16.1　分子生物学中心法则(a 基因的复制;b 转录;c 翻译;d 反转录;e 复制)

基因的复制可以实现遗传信息的扩增,转录则将遗传信息从 DNA 传递给 RNA,翻译则进一步将 mRNA 携带的遗传信息编码生成功能蛋白质。在基因的复制过程中需要 DNA 解链酶、DNA 拓扑异构酶、DNA 聚合酶和 DNA 连接酶等多种酶的复杂协同作用才能实现。翻译生成功能蛋白质同样具有非常复杂的作用机制,涉及 70 多种核糖体蛋白、20 多种氨基酸前体活化蛋白、12 种或更多辅助蛋白和特殊蛋白因子、40 多种转运 RNA 和核糖体 RNA 的共同作用,还有 100 多种蛋白质参与后加工过程。基因的转录过程则相对简单明确,是在 RNA 聚合酶(RNA polymerase,RNAP)的作用下,以 DNA 为模板合成信使 RNA 的过程。在转录水平上对特定基因编码的蛋白质的合成进行调控,是一种快速而经济的方式。

在真核细胞中有三类不同的 RNA 聚合酶,它们的功能各不相同。而通过对细菌 RNA 聚合酶的广泛研究人们发现:细菌的 RNA 聚合酶是一种由多个亚基组成的复合酶,参与合成各种信使 RNA(mRNA)、转运 RNA(tRNA)和核糖体 RNA(rRNA)。RNA 聚合酶参与的转录过程大致如下:首先识别 DNA 双链上的启动子序列;然后使 DNA 在启动子处解链成单链形态;通过阅读启动子序列,RNA 聚合酶确定它自己的模板链和转录方向;接着以核糖核苷三磷酸(rNTP)为底物,以 DNA 的模板链为模板,在无需引物的情况下按 5′→3′方向互补延伸;最后达到终止子时,通过识别终止子序列停止转录。

细菌的 RNA 聚合酶由 5 种不同的亚基构成。首先包含一个由 α、β、β′和 ω 亚基组成的 $\alpha_2\beta\beta'\omega$ 核心酶,核心酶只能使已经开始合成的 RNA 链延长,但不具有起始合成 RNA 的作用,必须加入 σ 亚基才表现出全部聚合酶的活性。σ 亚基与 RNA 聚合酶核心酶结合后形成 RNAP 全酶(holoenzyme),如图 16.2 所示。

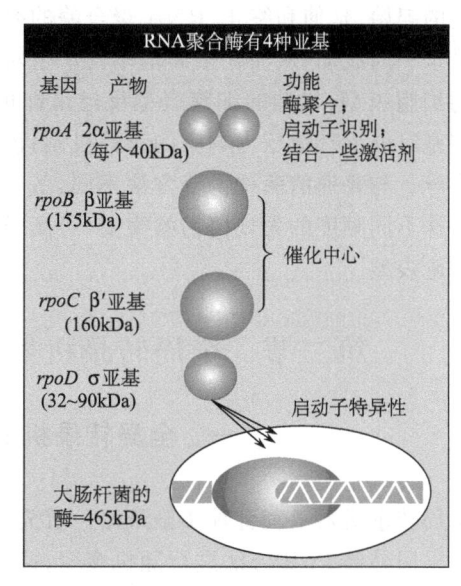

图 16.2 细菌 RNA 聚合酶

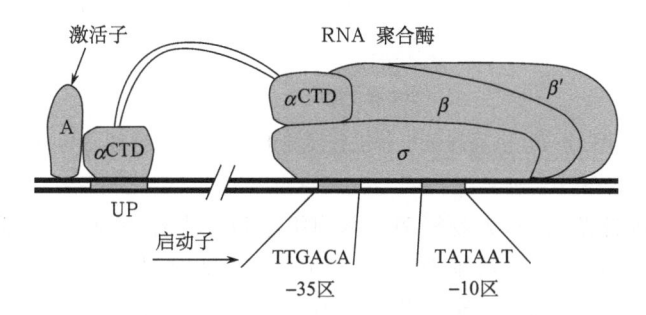

其中,α 亚基的功能主要是进行 RNAP 的连接与装配,同时可能参与全酶与启动子上游序列和激活子的识别与牢固结合;β 亚基负责与底物结合,并进行催化反应;β′亚基则负责与 DNA 模板结合;ω 亚基的功能尚不清楚;而 σ 亚基则能够特异性地识别与结合基因启动子的－35 和－10 区,从而激活基因的转录过程(图 16.3)。σ 亚基也被称为 σ 因子(sigma factor),这一族调控蛋白的基本功能就是增加 RNAP 对特定启动子的特异性结合,并将封闭的启动子复合物转换成开放的状态;一旦转录起始,σ 因子即从全酶中脱离,因此也称其为起始因子。

图 16.3 RNA 聚合酶 σ 因子及亚基的功能示意图(引自于慧敏,2009)
其中,σ 因子特异性地识别基因启动子的－35 区和－10 区,并激活转录过程的开始;α 亚基则在 C 端结构域(CTD)牢固结合某些启动子的上游区域(UP element)或激活子(activator),在 N 端结构域(NTD)结合 RNA 聚合酶

传统的基因与代谢工程研究方法几乎完全依赖于单个目标基因或多个独立目标基因的敲除与高表达策略及对特定转录因子或 DNA 结合模体的重组修饰。鉴于细胞代谢途径的复杂性,这些方法往往局限于不能获得同步的、全局的最优结果。而且传统的细胞耐受性研究局限于大规模的诱变和筛选工作,研究周期长、工作量大,不能根据目标表型获得相应的基因型,即

不清楚突变发生的具体位置和机制。如上所述,细菌的 RNA 聚合酶负责细胞内所有基因转录过程的起始、延伸和终止;RNA 聚合酶的突变,就可能在全局范围内引起成百上千个受控基因转录水平的波动,从而在全局范围内产生转录突变库,经过有效的筛选就可以获得性能显著提升的细胞表型;优选的细胞表型反过来即可用于确定突变的 RNAP 基因型,从而更清楚地明确细胞对外界环境压力响应的调控机制;该调控机制又可进一步用于细胞表型强化研究的理论指导。与普通的菌株诱变方法不同,基于 RNAP 突变的全局转录机器工程方法首先赋予重组菌株不同频度的大规模初始突变,经高通量筛选后获得的优选重组子将具有全局强化的目标细胞表型。

第二节 全局转录机器工程育种实施策略及方法

一、全局转录机器工程育种实施策略

全局转录机器工程育种实施策略。首先对 RNA 聚合酶(RNAP)某一亚基序列进行分子克隆并采用易错 PCR 方法进行随机突变;插入选定的质粒载体,构建质粒突变库;进一步转入目标宿主菌株,构建重组菌株突变库,最后采用存活筛选方法或其他合适的高通量筛选方法对重组细胞的目标表型进行快速筛选,最终获得全局最优的目标表型,如图 16.4 所示。

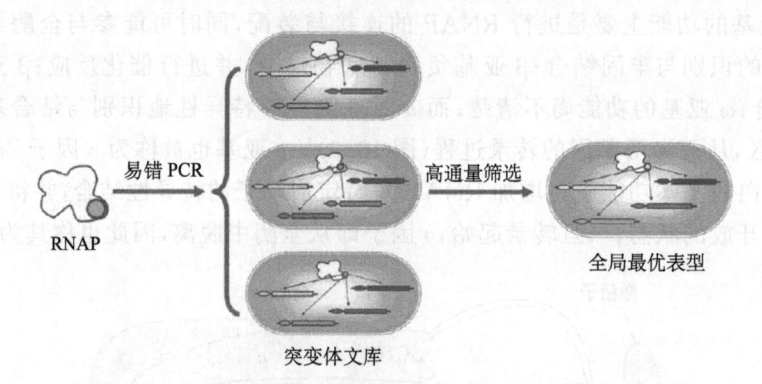

图 16.4 全局转录机器工程实施策略(引自于慧敏,2009)

以原核菌株大肠杆菌为例,大肠杆菌的基因组序列共含有 4000 多个基因。这些基因的转录特异性受到两步调控:第一步就是 RNAP σ 因子的转录识别,第二步才是 240~260 个其他特异性转录因子的识别。目前大肠杆菌中发现的 σ 因子有 7 种,分别为 $\sigma^D(\sigma^{70})$、$\sigma^N(\sigma^{54})$、$\sigma^S(\sigma^{38})$、$\sigma^H(\sigma^{32})$、σ^F、$\sigma^E(\sigma^{28})$ 和 $\sigma^{fecI}(\sigma^{24})$。其中,$\sigma^D$ 是最主要的 σ 因子(primary/housekeeping σ factor),负责与细胞生长相关的 1000 多个基因的转录控制;σ^S 则负责细胞稳定期与压力响应相关的 100 多个基因的转录调控;σ^H 调控细胞的热激响应与压力响应基因(约 40 个);σ^E 则控制约 5 个极端热激响应及外细胞质基因;其他几种 σ 因子的功能分别与 N 代谢调控与压力响应(σ^N)、鞭毛排列(σ^F)及柠檬酸铁代谢调控(σ^{fecI})等几十个基因相关。与大肠杆菌类似,在枯草芽孢杆菌、棒杆菌等其他模式菌株中 σ 因子的结构与功能研究也越来越深入。Gregory 等发现,σ^{70} R584A 突变可以使细胞有效识别原来不能识别的启动子。而 σ^S 的基因突变同样可以关闭某些稳定期表达基因的转录或强化另一些基因的表达,且 σ^{70} 和 σ^S 这两种不同的 σ

因子之间还存在着对于 RNAP 核心酶的竞争，一种 σ 因子的突变还会影响另一种 σ 因子控制的基因的转录。

二、全局转录机器工程育种实施方法

1. 目的基因 σ 因子的扩增

根据 GenBank 公布的 σ 因子基因序列设计引物，以细菌基因组为模板，进行 PCR 反应，扩增目的基因。上游和下游引物都加入适当的酶切位点。

2. 野生型重组质粒的构建

将纯化回收后的目的基因 σ 因子和表达质粒，于 37℃ 下双酶切，用 T_4 DNA 连接酶过夜连接，构建野生型基因 σ 因子的重组质粒。将重组质粒电转化至感受态原始菌中，复苏后涂布于抗性固体培养基，37℃ 过夜培养。挑取单菌落进行菌落 PCR 和提取质粒双酶切鉴定。

3. 突变库的构建

以野生型重组质粒为模板进行易错 PCR，用胶回收试剂盒回收 PCR 产物。易错 PCR 反应体系（20µl）：*Taq* DNA 聚合酶缓冲液 2µl，上下游引物各 0.4µl，模板 0.4µl，dATP 和 dGTP 0.2mmol/L，dCTP 和 dTTP 0.6~1mmol/L，Mg^{2+} 2~4mmol/L，*Taq* DNA 聚合酶 0.2µl。易错 PCR 反应参数为 94℃ 5min，94℃ 1 min，55℃ 1 min，72℃ 2 min，重复 30 个循环；72℃ 10min，16℃ 保存。1% 琼脂糖凝胶电泳鉴定 PCR 产物。将纯化的突变型因子基因和表达质粒于 37℃ 下用双酶解后，T_4 DNA 连接酶过夜连接，构建重组突变质粒得到突变库。

4. 重组突变质粒电转化构建突变库

将构建的重组突变质粒电转化至感受态细菌中，复苏后涂布于抗性固体培养基，37℃ 过夜培养。

5. 阳性克隆的筛选

按实验目的不同选择特异性的筛选，获得阳性克隆菌株。

6. 重组菌的发酵

对照菌及重组菌进行发酵，绘制生长曲线。

第三节 全局转录机器工程育种应用实例

美国的 Alper、Stephanopoulos 等的研究发现，对重组大肠杆菌的 $σ^{70}$ 基因 *rpoD* 进行突变，获得了对乙醇的耐受性提高到 70g/L 的优良突变株，同时该菌的番茄红素产量可提高到 7000µg/g 细胞干重以上，提高幅度超过原来多个基因敲除和基因高表达的总和。Alper 等进一步对重组酿酒酵母（*Saccharomyces cerevisiae*）中的 σ 因子进行随机突变，并以葡萄糖/乙醇耐受性为筛选目标，通过存活筛选方法在转录 σ 因子 *spt15p* 的随机突变库中，获得了耐受性显著提升的突变株，并通过反向测序分析了引起全局性能改变的 *spt15p* 基因的序列突变特征。上述方法为工业酒精的生物法高产策略提供了全新的改造方案。

我国学者清华大学于慧敏博士在国内首次推荐和介绍了全局转录机器育种的原理和方法。她带领的课题组成功应用不同突变频度的大肠杆菌 $σ^D$ 和 $σ^S$ 因子的随机突变库进行重组大肠杆菌高表达合成透明质酸的研究。高通量筛选结果表明，在 $σ^D$ 的全局转录突变库中，可以快速筛选获得透明质酸的高产重组菌株,表明全局转录机器工程新方法不仅可以有效应用于细胞耐受性的性能提高,也可以应用于重组细胞合成目标产物的产量提升。

南京工业大学的欧阳平凯院士和许琳教授课题组采用类似的思路,对酿酒酵母的σ因子 spt15 进行了全局转录突变研究,结果获得了木糖利用率从 0 提高到 98.2% 的突变株。Marcuschamer 等进一步提出,由于 RNA 聚合酶 α 亚基的功能可能参与 RNAP 全酶与启动子上游序列的牢固结合并结合某些活化因子,因此,对 α 亚基的突变同样可以在转录水平上产生对细胞表型调控的全局扰动,从而可以获得各种性能提升的细胞表型。为此,他们在高、中、低三个频度水平上构建了 RNA 聚合酶 α 亚基(rpoA)的随机突变库,并引入了重组大肠杆菌。结果表明,RNA 聚合酶 α 亚基的突变不仅可以提高重组菌株对丁醇的耐受性,同样可以显著促进透明质酸和 L-酪氨酸的重组合成。

北京化工大学田平芳教授等利用易错 PCR 技术构建了全局转录机器工程(gTME)关键元件 σ 因子(rpoD 基因)的突变文库,转化克雷伯氏菌 K. pneumoniae DSM 2026,筛选出一株 3-羟基丙酸(3-HP)高产菌。初步发酵试验表明,比携带野生型 rpoD 基因的对照菌提高 242.75%,甘油转化率、生产强度分别提高了 832.50%、239.39%。

北京化工大学谭天伟院士的学生吴哲等对克雷伯氏菌进行 σ 因子改造,使得该菌产 1,3-丙二醇的产量有所提高。近年来,中国科学院微生物所张立新研究员也采用全局转录机器工程育种策略,成功地将链霉菌 σ 因子(hrdB)基因构建了突变体库,经过高通量筛选,获得阿维菌素高产菌株,使得阿维菌素产量提高 50% 以上。

第四节 全局转录机器工程育种有关的其他菌种改造新方法

目前国际上和全局转录机器工程育种有关的研究情况也相当活跃,简要介绍如下。

(1) 基因启动子突变库:与 RNAP 的调控功能相反,基因的启动子是 RNAP 的识别和调控对象。当保持 RNAP 的序列不变,而对启动子序列进行突变修饰时,同样可以改变 RNAP 和启动子的识别与结合特异性,从而改变该启动子调控的目标基因的表达强度,乃至启动子诱导表达的方式。最新的启动子工程研究表明,构建启动子突变库筛选不同的启动子表型来精密调控基因的表达是非常有效的新方法。Alper 等的研究发现,对 P_L 启动子的突变可以大大强化 GFP 荧光蛋白基因、磷酸烯醇丙酮酸羧化酶基因(ppc)和磷酸脱氧木酮糖合成酶基因(dxs)的表达水平,同样的研究结论也在酿酒酵母系统内得到。Jensen 等则通过随机设计启动子-35 保守区和-10 保守区之间的间距,成功构建了 L. lactis 的人工启动子突变库。

(2) 转录后修饰因子突变库:近年来人工转录因子突变库的构建与应用也取得了明显的进展。Pfleger 等以转录后的修饰控制元素为对象,如 mRNA 二级结构、RNA 酶(RNase)的剪切位点等建立了突变库来优化调控人工操纵子内不同基因的表达,也取得了良好的效果。

(3) 在将来的研究中,除具有生长调控功能的 σ 因子 σ^{70}、σ^S 外,还可以对调控几十种热激响应基因的 σ 因子 σ^H 和 σ^E 等进行全局转录机器工程研究。对 RNAP 其他亚基进行随机突变研究的可行性也值得探索。而对应转录过程的起始、延伸和终止,乃至转录后修饰控制的各个关键环节,进行随机突变以产生全局扰动并进行全局转录调控研究,也将引起越来越多的兴趣。

(4) 抑制转录因子突变库:Park 等则面向与激活/抑制转录因子关联的锌指蛋白模体进

行突变,在酿酒酵母中筛选获得了耐热、耐渗透压及耐药性显著提高的突变表型。

面向 RNAP 的全局转录机器工程新方法可以改变 RNAP 对不同启动子的转录偏爱性,从而在强化某些目标基因转录的同时,抑制另一些非目标基因的转录,最终在全局转录水平上快速获得优选的目标表型。根据获得的目标表型,反过来即可获得实现该表型的基因型。在此基础上,进行新一轮的突变和筛选,即可进一步强化目标表型,包括细胞的产物耐受性、底物耐受性,热稳定性及合成目标产物的特性等。全局转录机器工程育种为重组细胞的改造提供了全新的思路和策略,使得快速、高效获得能够稳定遗传的全局最优目标表型成为可能。最重要的是,如果该方法得以成功实现,它将对众多不同的革兰氏阳性菌和阴性菌、蓝细菌乃至酵母菌都具有普适性。因此,面向 RNA 聚合酶的全局转录机器工程新方法,目前正开始成为生物催化领域的研究热点,并有望在工业生物技术领域获得全面和深入的推广应用。

思 考 题

1. 简述全局转录机器工程的原理。
2. 简述全局转录机器工程育种的主要步骤。

第十七章　工业微生物生产菌的培养基优化

　　当筛选到一个优良菌株时,要调整培养基配方和培养条件,使菌株优良特性完全发挥出来,即表型等于基因型＋环境的作用。基于这一道理,对诱变或基因工程改造后的优良工程菌株要进行培养基和培养条件的调整,使它们在短时间内的群体遗传结构占优势,从而表现出更高的生产性能,发酵单位达到最佳水平。发酵培养基合理优化和配置必须依靠科学的设计,这包括两个方面的内容:一是了解发酵培养基成分及原辅材料的特性;二是结合具体微生物的种类和发酵产品的代谢特点对培养基成分进行合理的选择和优化。

　　一般工业微生物菌株的培养基成分是多种多样的,这些成分往往不是独立影响发酵过程,而是它们之间存在交互作用。由于所涉及的参数太多,工作量很大,要想取得理想的优化结果必须采用科学的试验设计方案。试验设计方法是建立在数理统计学基础上通过合理的试验设计和试验数据的获得,然后对试验结果进行综合评价。试验是科研人员有目的地改变试验体系的输入变量,以了解体系的响应与输入变量之间的关系,利用统计分析手段研究输入与输出变量的关系,更清晰地阐述输入变量对试验体系的影响程度。合理试验设计对科学研究是非常重要的,它不仅节省人力、物力、财力和时间,更重要的是能够减少试验误差,提高试验的精度,取得可靠的试验数据,为统计分析得到正确结论打下基础。通过借助统计学方法,把优化过程中设计、试验、检查及分析联系在一起,提出用最好的方法做试验,用数理统计方法来处理数据。通过分析、检验结果的可信程度,从试验中提炼模型,用各种数学表达式来描述、评估试验结果。同时随着应用统计学及各种相应软件的飞速发展,更有效而快速的优化设计方案被科研人员采纳推广。

　　本章主要介绍工业微生物培养基优化中常用的几种方法。

第一节　单因素优化方法

一、单因素优化方法含义

　　单因素优化试验是假设各个试验因素间不存在交互作用的前提下,通过一次只改变一个因素且保证其他因素维持在恒定水平的条件下研究单个因素的不同试验水平对结果的影响,且逐个进行考察的优化方法,是试验研究中常用的优化策略之一。

　　单因素优化试验设计方法可分为两类——同时试验设计和序贯试验设计。同时试验设计就是一次给出全部试验水平,一次完成全部试验并得到最佳试验结果,如穷举试验设计。序贯试验设计要求分批进行试验,后批试验需根据前批试验结果进一步优化后序贯进行,直到获取最佳试验结果,如平分试验设计、黄金分割试验设计。

二、试验范围与试验精度

(一) 试 验 范 围

试验范围指试验水平的范围。试验设计时需预先确定试验范围,一般采用两种方法。①经验估计。可凭经验估计试验范围,并在试验过程中做调整。②预先试验。要求在较大范围内进行探索,通过试验逐步缩小范围。

(二) 试验间隔与试验精度

试验间隔是指试验水平的间距,试验精度是指试验结果逼近最佳水平的程度。显然,试验间隔与试验精度是一对矛盾,试验间隔越大,试验精度越低。在保证试验精度的条件下,试验水平变化而引起的试验结果变动必须显著地超过试验误差。

(三) 试 验 顺 序

在确定试验顺序时,往往习惯于按照试验水平高低依次做试验。这样,随着试验的进行,有些因素会发生缓慢变化甚至影响试验结果。因此,正确的做法是采用随机化方法来确定试验顺序。在试验工作量较少或者试验准确度要求较低时,也可以采用按水平高低或者选取中间试验点的方法来进行试验排序。

需强调指出,以上不仅对单因素试验设计适用,而且对所有试验设计方法都适用。

然而,对于大多数培养基而言,其中包含多种复杂的成分,考察的因素较多,需要较多的试验次数和较长的试验周期,这种试验方法往往需要大量的工作,而且还达不到预期效果。因此,单因素试验经常被用在正交试验之前或与均匀设计、响应面分析等结合使用。利用单因子试验和正交试验相结合的方法,可以用较少的试验找出各因素之间的相互关系,从而较快地确定出培养基的最佳组合,比较常见的是先通过单因素试验确定最佳碳源、氮源,再进行其他复合优化试验;或者通过单因素试验直接确定最佳碳氮比,再进行复合优化试验。

第二节 正交试验优化方法

一、正交的含义

正交在数学上是把各个因素(如培养基中各种组成成分)的不同水平(各组成成分的不同含量)相互只遇一次的搭配,而正交设计能够在任意两因素间保持因素水平的严密正交性。

正交试验就是一种适于考察多因素试验的试验设计方法,它通过使用正交表来安排试验和分析试验结果。由于它能使参与试验的各因素的不同水平之间保持严密的正交性,使试验全部因素的不同水平均衡地分布在有限的处理中,用少数几个处理就能获得比较丰富的试验信息,得出较全面的结论,并且能给试验因素间的交互作用及试验误差以恰当的估计,从而使人们根本无法进行的多因素试验成为可能。因此,它就成为现代科学研究中的一项重要试验设计方法。

正交试验不仅广泛用于工业、农业,而且可用于微生物的培养基和培养条件试验。不同微生物要求培养基的组成成分、配比及培养条件是不一致的,通过正交试验可以找出一个发挥菌种优良特性的最佳培养基组成和最优化的培养条件。

二、正交试验设计的方法

正交试验设计是通过正交表排列试验,并进行试验结果的统计分析。正交表是进行试验设计和进行试验结果计算的工具,现介绍最佳培养基组成的正交试验方案。

1. 确定试验的培养基组成成分(因素)和每种组成成分所取的含量(水平)

在正交试验之前首先通过试验确定该菌种最适的碳源、氮源、无机盐及其他生长因子,在全面分析影响试验指标的培养基各组成成分的基础上,排除已经明确作用不大的组成成分,让它们作为试验的基础条件,固定在同一水平上,抓住影响指标的限制因素(组成成分)进行试验,并根据实际可能和菌种的需要,确定各因素的水平组成成分(含量)。注意水平级差要适当,列出因素水平表。

2. 选用正交表

根据参与试验的因素水平数和客观条件选用适当的正交表,若每个因素都取二水平,应选用二水平正交表,即 $L_4(2^3)$;若都取三水平,应选三水平正交表,如 $L_9(3^4)$;若因素间水平数不等可选用混合水平型正交表,即 $L_8(4×2^4)$、$L_{12}(3×2^4)$ 等。

对于同类正交表,一般要求可选用处理数少的正交表,考虑交互作用时,应选大的正交表(列数多的),已知因素间交互作用小的或不准备考察交互作用的,可选用小的正交表。

3. 表头设计

根据正交表中基本列、交互作用列的位置及试验的要求,把要考察的各个因素间的交互作用放在正交表表头的适当列上,称为表头设计。对于要考察的交互作用列,在进行表头设计时应当空出,不要在上面排其他试验因素。后文中表 17.2 是正交表基本列的表头设计。

4. 列出试验方案

把各列按照表头设计排上培养基组成成分,各列对应的水平数字换上各组成成分所对应的实际水平,每一行就构成一个处理(一个培养基配方主要部分),各个培养基配方便组成整个试验方案。

5. 实施试验方案

根据所定试验方案,按照规定试验内容制备培养基。一般一个培养基要重复 2~4 瓶。各个培养基应采用同一细胞浓度的菌悬液接种,进行培养,测定产物的活性,最后按照正交表进行试验结果的统计分析。在整个方案实施过程中要精心操作,试验条件力求一致,以便取得正确的试验结果。

现以调整灰黄霉素产生菌 D-756 培养基配方为例,研究不同氯化物浓度和大米粉配比对灰黄霉素产生菌 D-756 变种发酵特性的影响。试验共三个因素,每个因素取三个水平(见表 17.1)。

表 17.1　试验因素和水平

水平＼因素	KCl 浓度/%	NaCl 浓度/%	大米粉配比/%
1	0.5	0.4	9
2	0.7	0.6	11
3	0.9	0.8	13

这项试验为了不使处理过多,暂不考虑交互作用,采用正交设计,选用 $L_9(3^4)$ 表,进行表头设计。

$L_9(3^4)$ 表共有 4 列,9 个配方,由于暂不考虑因素间的交互作用,可以任选其中三列安排试验因素。本例选用前三列安排,第四列任其空缺,表头设计如下(表 17.2)。

表 17.2　灰黄霉素产生菌发酵特性试验表头设计

因素	A-KCl	B-NaCl	C-大米粉
列号	1	2	3

表头设计以后便可着手编制试验方案,根据表头设计把 $L_9(3^4)$ 表中 1、2、3 列换成实际试验的三个因素,把每列中对应的 1、2、3 三个水平换成因素水平表中规定的实际水平(每一行便构成了一个处理,一个培养基主要部分),便构成一个 9 个处理的试验方案(表 17.3)。

表 17.3　正交试验方案

	1 A-KCl	2 B-NaCl	3 C-大米粉	4
1	1(0.5)	1(0.4)	1(9)	1
2	1(0.5)	2(0.6)	2(11)	2
3	1(0.5)	3(0.8)	3(13)	3
4	2(0.7)	1(0.4)	2(11)	3
5	2(0.7)	2(0.6)	3(13)	1
6	2(0.7)	3(0.8)	1(9)	2
7	3(0.9)	1(0.4)	3(13)	2
8	3(0.9)	2(0.6)	1(9)	3
9	3(0.9)	3(0.8)	2(11)	1

试验方案作出后,还要像其他试验方案实施的要求一样,进行试验方法设计,包括重复次数、试验条件等。本试验实施时,以培养基(%):大米 10、NaCl 0.4、KCl 0.1、$MgSO_4$ 0.1、$(NH_4)_2SO_4$ 0.1、$NaNO_3$ 0.1、$FeSO_4$ 0.1、$CaCO_3$ 0.8 为基础,选取大米、NaCl、KCl 的不同浓度进行正交试验。

三、正交试验结果

正交试验结果的统计分析仍然要在原正交表上进行,其分析方法有两种——极差分析和方差分析。极差分析方法简单,便于确定因素的主次和选择最佳条件,但不能给出误差估计,即不便判断试验因素间的差异是来自本质差异,还是来自随机误差。要对试验结果给出误差估计,就要通过方差分析解决。

1. 极差分析

现就上例结果,介绍利用正交表进行试验结果极差分析的方法(表17.4)。

表 17.4　D-756 变种发酵特性正交试验结果的极差分析

因素 处理号	1 A-KCl	2 B-NaCl	3 C-大米粉	4	重复试验结果 I	重复试验结果 II	Σ
1	1(0.5)	1(0.4)	1(9)		13 258	13 490	26 748
2	1(0.5)	2(0.6)	2(11)		13 672	14 100	27 772
3	1(0.5)	3(0.8)	3(13)		14 893	14 923	29 816
4	2(0.7)	1(0.4)	2(11)		13 765	13 920	27 685
5	2(0.7)	2(0.6)	3(13)		14 798	14 671	29 469
6	2(0.7)	3(0.8)	1(9)		14 926	15 000	29 926
7	3(0.9)	1(0.4)	3(13)		14 111	14 412	28 523
8	3(0.9)	2(0.6)	1(9)		13 986	14 025	28 011
9	3(0.9)	3(0.8)	2(11)		15 270	15 089	30 359
K_1	84 336	82 956	84 685				
K_2	87 080	85 252	85 816				
K_3	86 893	90 101	87 808				
K_1'	14 056	13 826	14 114		Σ258 309		
K_2'	14 513	14 208	14 302				
K_3'	14 482	15 017	14 634				
R	457	1 191	520		$A_2B_3C_3$ $R_B>R_C>R_A$		

计算方法如下所述。

(1) 统计试验结果。按照各处理的对应关系填入正交表的试验结果栏内,计算试验结果的总和。

(2) 计算 K 值。K 值是指对应于各因素出现次数的试验结果总和,K'(K 的平均值)和极差 R(各列不同水平中最大值与最小值之差的关系)

$$R = \max\{x\} - \min\{xi\}$$

K_1 表示每列中第一水平对应的试验结果之和,如

第一列的 $K_1 = 26\ 748 + 27\ 772 + 29\ 816 = 84\ 336$

第三列的 $K_2 = 27\ 772 + 27\ 685 + 30\ 359 = 85\ 816$

以此类推。

K_i' 为每列第一水平对应试验结果总和的平均数,如

第一列 $K'_1 = K_1/6 = 84\,336/6 = 14\,056$
第三列 $K'_2 = K_2/6 = 85\,816/6 = 14\,302$
以此类推。

R 为同一列中不同水平所得平均结果中的最大值与最小值之差，称为极差。它反映了试验因素的水平变化对试验指标的影响，R 越大，说明试验指标的反应越敏感，因素作用就越大。

由此可以看出，正交设计由于具有均衡分散和整齐可比的特点，即在每个因素都变化的情况下，仍然可以分出每个因素及其不同水平对试验指标的影响。

（3）作因素与试验结果的关系图。以各因素的不同水平作横坐标，以 K 值作纵坐标，把每个因素不同水平与所对应的 K 值作曲线图（图 17.1）。

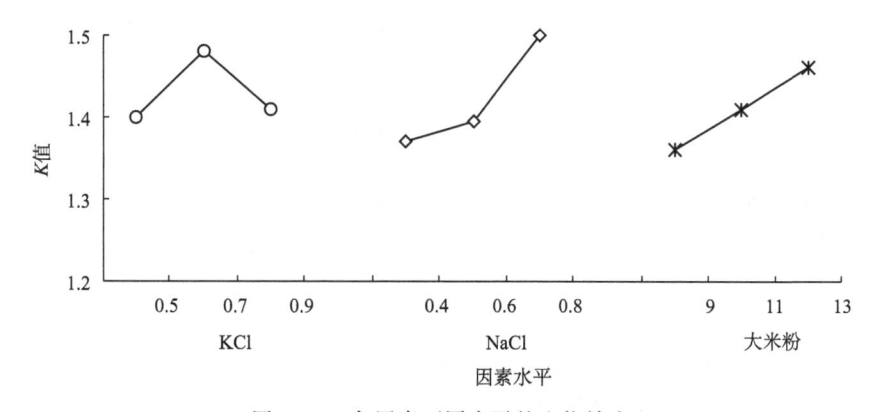

图 17.1　各因素不同水平的生物效应
因素指 KCl、NaCl、大米粉；水平即为上述图表中的实验水平

因素与试验结果关系图可以使人们更加直观地看到各因素不同水平效应的变化范围，根据其变幅大小便可判断因素作用的大小，变幅越大作用越大。

由此便可根据极差 R 的大小排出因素作用的主次顺序，本试验为

$$B > C > A$$
$$\text{NaCl} > \text{大米粉} > \text{KCl}$$
$$\text{主} \qquad\qquad\qquad \text{次}$$

说明该菌种对 NaCl 的浓度改变反应敏感，对 KCl 浓度改变的反应低于 NaCl。

（4）比较各因素作用。选取最好水平组合，由各列 K 值看出 KCl 以 0.7% 最好，NaCl 以 0.8% 最好。这表明该菌种氯化物最适浓度为 KCl + NaCl = 0.7% + 0.8% = 1.5%，而其中主导因子应为 NaCl，另外大米粉配比以 13% 最佳，其最好水平组合为 $A_2B_3C_3$，即

$$\text{KCl } 0.7\%,\ \text{NaCl } 0.8\%,\ \text{大米粉 } 13\%$$

这个组合不在原试验方案中。由此可看出，利用正交设计试验结果，可以分析出一个最优处理组合，作为选优的参考。

2. 方差分析

为了判断实验因素之间的差异是来自于随机误差，还是来自于其本质的差异，可以通过计算方差得出 F 比值。统计分析的结果可列成方差分析表。

若在正交表中总的试验次数为 n，n 次试验的结果分别记为 $y_1, y_2, \cdots, y_n$。调节因素有

m 个,每个因素有 a 个水平,每个水平作了 r 次试验,则 $n = ra$,总平方和为

$$SS_T = \sum_{i=1}^{n}(y_i - \bar{y})^2$$

式中,$\bar{y} = \frac{1}{n}\sum_{i=1}^{n} y_i$,为试验数据的总平均。

单因素平方和计算公式为

$$SS_A = r\sum_{j=1}^{a}(K_{Aj} - \bar{y})^2$$

式中,K_{Aj} 为因素 A 的第 j 水平的试验值之和。

如前所设共有 m 个因素,可以得到 m 个平方和 $SS_1, SS_2, SS_3, \cdots, SS_m$,可以用以下公式计算误差平方和 SS_E,即

$$SS_E = SS_T - \sum_{i=1}^{m} SS_i$$

以上完成平方和分解。记 f_T 和 f_E 分别为总平方和及误差平方和的自由度,用 f_i 表示第 i 个因子平方和的自由度,则各平方和的自由度分别为

$$f_T = 总试验次数 - 1 = n - 1$$
$$f_i = 因素水平数 - 1 = a - 1, i$$
$$f_E = f_T - 各因素自由度之和 = n - m(a-1) - 1$$

当第 i 个因素的各水平效应相等时

$$F_i = \frac{SS_i/f_i}{SS_E/f_E} \sim F_{a-1, n-m(a-1)-1}$$

于是 F_i 可以用作检验第 i 因素诸水平对试验指标 y 的影响有无显著差异的统计量。本试验方差分析表如表 17.5 所示。

表 17.5 D-756 变种发酵特性正交试验结果的方差分析

误差来源	平方和	自由度	方差	F 比
因素 A	783 486.3	2	391 743.2	14.27
因素 B	4 435 302.3	2	2 217 651.2	80.77
因素 C	833 353.0	2	416 676.5	15.18
误差	302 032.8	11	27 457.5	
总和	6 354 174.5			

查 F 分布表得临界值 $F_{0.05}(2,11) = 3.98$,F_A、F_B、F_C 的值均大于 3.98,说明因素 A、B、C 的各水平对灰黄霉素发酵特性的影响均有极显著的差异。

第三节 均匀试验设计优化方法

由我国专家方开泰、王元等在 20 世纪 70 年代末提出的均匀设计(uniform design),经过

近 40 多年的发展,已经有了一整套适合多因素多水平而试验次数又较少的设计和分析方法,并取得了一系列成果。均匀试验设计就是只考虑试验点在试验范围内均匀分布的一种试验设计方法,它适用于多因素、多水平的试验设计。

一、均匀设计的特点

均匀试验设计是一种只考虑试验点在试验范围内充分均匀散布的试验设计方法。其基本思路是尽量使试验点充分均匀分散,使每个试验点具有更好的代表性,不考虑试验设计的整齐可比,而仅考虑均匀分散。设计的重点是在试验范围内考虑试验点均匀散布,以求通过最少的试验来获得最多的信息,使每个因素的每个水平仅做一次试验,并通过多元统计方法来弥补实验次数少的缺陷,使试验结论准确可靠。这种设计较正交设计实验次数明显要少很多,适合于多因素、多水平的试验和系统模型完全未知的情况。

在试验中如果有 m 个因素,每个因素有 n 个水平时,如果进行全面试验,共有 n^m 种组合,正交设计是从这些组合中挑选出 n^2 个试验,而均匀设计是利用数论中的一致分布理论选取 n 个点试验,而且应用数论方法使试验点在积分范围内散布得十分均匀,便于计算机统计建模。均匀设计的最大特点是试验次数等于最大水平数,而不是等于实验因子数的平方,试验次数仅与需要考察的因素最多水平数有关。

由于每个因素每一水平只做一次试验,因此,当试验条件不易控制时,不宜使用均匀设计法。同时,在使用均匀设计法进行条件优化时,应注意几个问题。①正确使用均匀设计表,可参考方开泰制订的常用均匀设计表,每个均匀设计表都应有一个试验安排使用表,要注意变量、范围和水平数的合理选择。②不要片面追求过少的试验次数,试验次数最好是有 2~3 次的重复值。③要重视回归分析,在采用多项式回归时尽量考虑二次多项式的逐步回归方式。④善于利用统计图表,在均匀设计中,各种统计点图,如残差图、等高线图、正态点图、偏回归图等,对数据特性判定和建模满意度的判断非常有用。⑤均匀设计包的使用。均匀设计在计算上较为复杂,它无法用简单的直观分析和方差分析进行分析,只能利用回归分析方法建立回归函数模型。借助各种数据处理软件,如 DPS、SPSS、SigmaPlot、SAS 等,快捷、准确地对统计数据进行分析和处理。

二、均匀设计在培养基优化中的应用

均匀设计类似于正交设计,也是通过事先制订的标准表格形式或数据处理软件生成的设计表格来进行实验设计的,设计工作较为简单。均匀设计的步骤包括:①选择因素、因素水平;②选择适合于所选因素和水平的均匀设计表,并按表的水平组合编制出均匀设计试验方案;③用随机化的方法决定试验的次序,并进行试验;④进行试验数据的统计建模和有关统计推断;⑤用选中的模型求得因素的最佳水平组合和相应的理论预测最好值;⑥试验验证,如果因素的最佳水平组合不在试验方案中,要适当地追加试验。

均匀设计在多因素水平试验中得到了广泛的应用,如关亚鹏等采用均匀设计试验方法对生长咪唑立宾的发酵培养基配方进行优化,考察淀粉、麸皮、黄豆饼粉和葡萄糖对菌体生长和效价的影响,得到了 4 个因素的优化配比(淀粉 1.8%,麸皮 1.5%,黄豆饼粉 2.5%,葡萄糖

0.6%),发酵效价比对照培养基提高约21.3%。实验中用了4个因素,每个因素6个水平,如果全面试验需要64次,正交设计需要36次,而本试验只需6次试验就能完成。胡爱红等采用国产原料,利用均匀设计对菌株GL-7-ACA产生的酰化酶发酵培养基进行优化,取得了良好的效果,该试验对4种因素,每个因素7个水平进行均匀试验设计,对酰化酶的发酵培养基配方进行了优化,最终摇瓶效价达3919.03U/L,而试验次数仅为7次。

三、均匀设计优化应用实例

以裂殖壶菌FJU-512(*Schizochytrium limacinum* FJU-512)发酵生产DHA的发酵培养基成分优化为例进行具体说明。

(一)影响因子及水平的确定

通过相关研究文献,结合裂殖壶菌FJU-512发酵生产DHA的培养基组成的单因素试验,初步确定研究的主要因子包括葡萄糖(G)、蛋白胨(P)、酵母粉(Y)、海水晶(S)四个主要因素及其水平范围。

(二)均匀设计表的选择

根据试验需要,选用合适的均匀设计表格,建立具体的因素水平组合。现在开发出的众多的统计软件如DPS等,都可以方便快捷地根据需要,自动选择获取最优的试验设计表格。表17.6就是利用DPS6.5数据处理软件进行设计的最优化四因素九水平——$U_9(9^4)$的均匀设计表格。

表17.6 $U_9(9^4)$试验设计表

因素 实验号	A G/(g/L)	B P/(g/L)	C Y/(g/L)	D S/(g/L)
1	30	7	15	19
2	40	11	19	15
3	50	15	14	11
4	60	19	18	7
5	70	5	13	21
6	80	9	17	17
7	90	13	12	13
8	100	17	16	9
9	110	21	20	23

(三)试验结果及数据处理分析

本次试验每个水平进行三个平行样,结果取平行样均值,试验结果如表17.7所示。

表 17.7　均匀试验结果

因素 水平	A(X_1) G/(g/L)	B(X_2) P/(g/L)	C(X_3) Y/(g/L)	D(X_4) S/(g/L)	DHA 产量(Y) (均值)/(g/L)
N_1	30	7	15	19	0.2527
N_2	40	11	19	15	0.3405
N_3	50	15	14	11	0.6718
N_4	60	19	18	7	0.4758
N_5	70	5	13	21	0.6541
N_6	80	9	17	17	1.0709
N_7	90	13	12	13	0.9447
N_8	100	17	16	9	1.1471
N_9	110	21	20	23	0.6991

用分次试验的指标值和取得该指标值的各因素水平值建立实验指标——各因素水平关系的回归模型。所谓回归模型，就是依据实验数据和预定的设计方式，运用数理统计的方法进行参数估计，建立经验回归方程，并根据统计推断理论检验回归方程的准确性和可信性。借助回归方程和数学分析方法，对实际过程进行分析、预测和控制。在均匀试验设计中常用的回归分析有多元线性回归和二次多项式逐步回归两种方式。通过建立 DHA(docosahexaenoic acid, 二十二碳六烯酸)产量(Y)和各因素(X_1、X_2、X_3、X_4)不同水平试验的回归方程，采用 DPS 数据处理软件，对试验结果进行多元回归分析，回归方式为二次多项式的逐步回归模型。在进行二次多项式逐步回归模型的建立过程当中需要引入多个参数，从而尽量使影响 DHA 产量的各因素及交互影响因素逐步引入方程，相关系数 R 值也趋近于 1。

建立模型之后数据处理系统会对提交的数据进行一系列的回归与显著性分析，分析整个试验过程中的各因素对试验结果的影响程度。表 17.8 为回归模型中的不同因素对 DHA(Y)影响的显著性分析。

表 17.8　各因素对 DHA 产量的显著性分析

因　素	回归系数	偏相关系数	t 检验	显著水平
X_1	−2.1842	−0.9923	11.36	0.0015
X_4	−0.3675	0.9979	21.57	0.0002
X_4^2	0.5564	−0.9980	22.10	0.0002
X_1X_3	−0.1265	0.9963	16.47	0.0138
X_1X_4	0.2244	0.9209	3.34	0.0443
X_3X_4	−0.1379	−0.9966	17.16	0.7855

回归方程为

$Y = -2.1842 - 0.3675 \times 10^{-1} X_1 + 0.5564 X_4 - 0.1265 \times 10^{-1} X_4^2 + 0.3000 \times 10^{-2} X_1 X_3 + 0.2244 \times 10^{-3} X_1 X_4 - 0.1379 \times 10^{-1} X_3 X_4$

从上述表格中的显著水平及偏相关系数可以大致看出不同因素对 Y 值的影响，以及因素交互作用对 Y 影响的显著性。

数据处理结果显示，实验相关系数 $R = 0.99958$，$F = 393.3414$，剩余标准差

$S=0.01817$,显著水平 $P=0.0025$,说明该方程能较好地拟合不同培养基配方对该菌发酵生产富含 DHA 的单细胞油脂的过程,所建模型准确有效。

(四) 理论优化验证

根据对试验结果的要求,综合考虑回归方程中各变量的符合、取值范围和极值,即可确定各因素的最佳水平值。逐步回归分析的计算工作多而繁琐,精确度要求又高,往往需要结合一些辅助软件完成。本例是采用 DPS 数据处理软件计算出的一组最优化的理论培养基配方(表 17.9)。

表 17.9 理论最佳的各因素水平

Y DHA 产量/(g/L)	X_1 G/(g/L)	X_2 P/(g/L)	X_3 Y/(g/L)	X_4 S/(g/L)
2.2254	110.0	14.5	20.0	12.0

可以根据不同水平的目标产物的产值选取其中最好的配方数据与理论优化最佳因素水平配方对比,然后选取一组实验水平,同时与理论优化水平一起进行验证,确认试验优化的结果是否可靠。

若验证试验成功了,则进一步缩小各因素的试验范围,重新选择均匀设计表,进行各因素范围缩小和水平划分更为细致的新一轮试验,进一步寻找最优试验条件组合。

四、均匀设计的注意事项

均匀设计考察的水平数较多,数据处理过程一般较复杂。相比而言,单因素试验法或正交设计法则具有容易掌握、数据处理直观的优点。因此,对于水平数较多、较细的影响因素,可采用单因素试验法或正交试验法进行初筛,快速划定考察范围,再利用均匀设计进行较为仔细的研究,以此达到较好的效果。

水平数与因素数应有适当的比例,至少水平数大于因素数的 2 倍以上,才能使试验结果正确进行回归计算处理。因为如果水平数设计不合理,若与因素数相等,即使因素与水平间毫无关系也会得出相关系数很高(如 $r=1$)的计算结果。同时,分析的时候也要重视回归分析,在采用回归模型时尽量考虑二次多项式的,逐步回归的方式能更好地展现各因素的影响水平。

第四节 响应面优化设计方法

一、响应面法的含义及特点

响应面法(response surface methodology, RSM)是利用合理的试验设计,采用多元二次回归方程拟合因素与响应值之间的函数关系,通过对回归方程的分析来寻求最佳工艺参数,解决多变量问题的一种统计方法。它是数学方法与统计学方法相结合,通过试验设计、建立数学模型、数据分析了解系统研究中的响应与输入因子之间的关系,并且通过最大化或最小化响应以达到优化该响应。它采用逐步回归的方法来筛选变量,逐步回归的显著特点是它不仅以模型集为基础求解模型中各系数的最小二乘估计,还能以试验数据为依据,通过统计检验和分析比较对模型集进行修正,去除那些对试验结果影响不显著的因素,只挑选影响显著的自变量构造回归方程。RSM 使得参数间的交互作用通过有限次试验来评估成为可能。RSM 在科研和生产领域得到广泛的应用,逐渐受到众多科研工作者的青睐。目前该方法被广泛应用于化工、冶金、环境、矿业、生物、机电航空、水利、建筑、医药卫生、军事工程、生态等诸多方面。

RSM 主要有三种常用的试验设计方案:Box-Behnken 设计(BBD)、中心组合设计(central composite design,CCD)及均匀外壳设计(uniform shell design,USD)。

BBD 是 Box 和 Behnken(1960)将二水平因析设计与平衡的和不平衡的不完全区组设计结合在一起发展的一类三水平的二阶设计。BBD 的优点是每个因素只有三水平,实验次数少,在发酵工业中得到较大关注,但同样由于其因素个数限制(一般少于 5 个)使其应用范围有一定局限。

CCD 是国际上较为常用的响应面法,是一种五水平的实验设计法。采用该法能够在有限的实验次数下,对影响生物过程的因子及其交互作用进行评价,而且还能对各因素进行优化,以获得影响生物过程的最佳条件。CCD 对因素和水平的组合具有广泛的适用性,并且得到的回归方程与实际结果具有良好的拟合性。由于诸多优点,中心组合设计(CCD)在发酵工业中得到了广泛的应用。

USD 是另一类的二阶设计。它适合于球形区域,其主要特征是均匀性,保证了每个设计点的覆盖区域有相同的球形范围。但其缺点是缺乏对原点和球壳之间区域的覆盖,在发酵工业中很少使用。

二、响应面法的应用实例

利用响应面法进行发酵过程优化,通常包括以下几个步骤。
(1) 影响因子的初步确认;
(2) 影响因子的筛选,确定重要影响因子;
(3) 选择试验设计方案;
(4) 对试验结果进行数学分析,以确定最佳条件;
(5) 最佳条件的验证。
以下结合苏云金芽孢杆菌 FS140 耐温蛋白酶液体发酵培养基优化来进行具体说明。

(一) 影响因子的初步确认

通常一个配方可以通过参考相关文献设计而得。但由于微生物发酵的多样性与独特性,需要对相关因子进行分别考察,因此需要采用单因素转换优化设计,用于初步确定进一步的研究因子。通过该阶段优化确定 FS140 蛋白酶发酵最佳碳源为葡萄糖,氮源为酵母粉+豆饼粉,初始 pH 及它们的初步取值。

(二) 主要影响因素的确定

由于一个发酵配方或条件所涉及的参数较多，不可能完全做到了解各因素相互作用的结果，但如果能够在众多影响因素中筛选到重要因素，并对重要因素进一步地分析研究，就可以大大加快优化过程。利用 Plackett-Burman 设计法和部分因子设计法（FFD）都能实现从大量影响因子中筛选到重要的影响因子。本文主要对前者设计进行论述。

1. Plackett-Burman 设计法

Plackett-Burman 设计（简称 P-B 设计）试验法是一种二水平的试验优化方法。由 Plackett 和 Burman 在 1946 年提出，为多因素二水平试验设计，以不完全平衡块为设计原理，这种设计用于估计主效应，将主效应或者是主要输入因素优化到很少时，就可以估计各效应之间的交互作用。其优点是从众多发酵条件快速高效的筛选到接近优化响应面的因素。经过这种试验设计优化后得到各输入因素的显著性的排列，挑选出最显著因子进入到二阶优化，进一步精确接近最大的响应。P-B 试验设计是响应面设计方法的前期步骤。研究人员将其与随机平衡试验和部分因子试验比较发现，P-B 设计可以更为有效准确地筛选显著性输入因子，并且具有不受因子数限制的优点。

2. Plackett-Burman 设计筛选重要因子的具体实例

在影响因子初步确认的基础上，采用 P-B 设计进行重要影响因子实验。选用试验次数 $N=12$ 的设计，对影响 FS140 发酵产酶的 8 个因素（包括培养基成分与培养条件）进行考察，分别对应于表 17.10 中 A、B、D、E、G、H、J 和 K 列。每个因素取低水平"-1"和高水平"1"。另设 3 个虚拟列，对应表 17.10 中的 C、F 和 I 列，以考察试验误差。试验设计与结果见表 17.11。

表 17.10　因素与水平设计

因素		水平	
代码	参数	低(-1)	高(+1)
A	初始 pH	7.2	7.5
B	装量/(ml/250ml△[①])	35	45
C	虚拟项	—	—
D	葡萄糖/%	0.1	0.15
E	酵母粉/%	0.2	0.3
F	虚拟项	—	—
G	黄豆饼粉/%	1.4	1.6
H	KH_2PO_4/%	0.25	0.35
I	虚拟项	—	—
J	$MgSO_4$/%	0.035	0.045
K	$CaCO_3$/%	0.05	0.06

①△代表三角瓶，下同。

表 17.11　N=12 的 Plackett-Burman 试验设计与结果

实验点	A	B	(C)	D	E	(F)	G	H	(I)	J	K	酶活/(U/ml)
1	−1	1	1	−1	1	−1	−1	−1	1	1	1	678.8
2	1	−1	1	1	−1	1	−1	−1	−1	1	1	675.3
3	−1	−1	1	1	1	−1	1	1	1	1	−1	747.8
4	1	1	1	−1	1	1	1	1	1	1	1	645.3
5	1	1	−1	1	−1	1	1	−1	1	1	−1	678.2
6	−1	1	1	1	1	1	1	1	1	1	1	681.6
7	−1	−1	1	−1	1	1	1	1	1	1	−1	612.3
8	−1	−1	1	1	1	1	1	1	1	1	1	701.4
9	−1	1	1	−1	1	−1	1	1	1	1	1	678.2
10	1	1	1	1	−1	1	1	1	1	1	1	741.3
11	1	1	−1	1	1	1	−1	1	−1	1	1	798.3
12	1	−1	−1	1	−1	1	1	−1	1	1	1	736.4

用 SAS 软件的二水平设计分析各因素的主效应，即其他因素不变时，某个因素的变化对响应值的影响，结果见表 17.12。从表 17.12 中可以发现，可信度大于 80% 的几个因素均为培养基组分。它们对产酶的影响顺序为：黄豆饼粉＞酵母粉＞葡萄糖＞$CaCO_3$。因此，利用响应面分析对黄豆饼粉、酵母粉、葡萄糖三个培养基组分进一步优化组合。

表 17.12　各因素的主效应

	因　素	F 检验	大于 $|F|$ 值概率	重要性排列
A	初始 pH	0.23	0.6627	7
B	装量/(ml/250ml△)	0.51	0.5253	6
D	葡萄糖/%	3.58	0.1549	3
E	酵母粉/%	5.74	0.0962	2
G	黄豆饼粉/%	15.21	0.0299	1
H	KH_2PO_4/%	0.01	0.9307	8
J	$MgSO_4$/%	1.96	0.2564	5
K	$CaCO_3$/%	2.91	0.1864	4

（三）Box-Behnken 设计响应面法

响应面法（RSM）是一种寻找多因素系统中最佳条件的数学统计方法。其中，Box-Behnken 设计法每个因素取三个水平，以（−1，0，1）编码。获得试验数据后，进行二次回归拟合，得到带交互项和平方项的二次方程，分析各因素的主效应和交互效应，最后在一定的水平范围内求出最佳值。

在 Plackett-Burman 设计基础上，确定三个重要因素，即黄豆饼粉、酵母粉、葡萄糖，分别

表 17.13 三因素和三水平取值

因素	水平		
	−1	0	1
X_1豆饼粉/%	1.4	1.6	1.8
X_2酵母粉/%	0.2	0.4	0.6
X_3葡萄糖/%	0.1	0.2	0.3

记为变量 X_1、X_2、X_3，以发酵酶活作为响应值，记为变量 Y。采用 Box-Behnken 的设计，三因素各取三水平列表（表 17.13），设计了三因素三水平共 15 个试验点。试验设计及结果见表 17.14。从表 17.14 中可以发现实测值与拟合值平均拟合误差＜1.8%，表明拟和较好。

表 17.14 发酵优化实验 Box-Behnken 设计矩阵和响应数据的实测值与拟合值

试验号	因素			酶活/(U/ml)		
	X_1	X_2	X_3	实测值	拟合值	拟合误差
1	−1	−1	0	621.19	622.59	0.22
2	−1	0	−1	680.95	666.94	2.06
3	−1	0	1	632.19	624.98	1.14
4	−1	1	0	676.11	695.94	2.93
5	0	−1	−1	625.76	638.90	2.10
6	0	−1	1	588.64	593.93	0.90
7	0	1	−1	655.61	650.32	0.81
8	0	1	1	624.49	611.35	2.10
9	1	−1	0	804	784.17	2.47
10	1	0	−1	763.43	769.59	0.81
11	1	0	1	712.57	727.63	2.11
12	1	1	0	741.05	739.66	0.19
13	0	0	0	763.38	759.36	0.53
14	0	0	0	727.83	759.36	4.33
15	0	0	0	786.86	759.36	3.50

（四）实验结果数学分析与最佳配伍的获得

1. SAS 软件

SAS(statistical analysis system,统计分析系统)是国际上通用的数据分析软件,20 世纪 60 年代,由美国北卡罗来纳州州立大学的 A. J. Barr 和 J. H. Goodnight 开发。SAS 是用于决策支持的大型集成信息系统。随着时代的进步,该软件系统不断地完善和发展,已经发展为大型集成应用分析软件,是国际统计分析领域的标准软件。目前广泛应用于金融分析、医药卫生业、生产制造业、交通运输业及教育科研领域,可以用于统计分析、图表分析、数理分析、预测分析和运筹决策等较多领域。SAS 是一个完整可靠的统计分析软件,主要功能包括方差分析、回归分析、属性数据分析、多元分析、生存分析、聚类分析、判断分析及非参数分析等。本研究的 Plackett-Burman 试验设计和响应面分析由该软件进行数据处理。

2. 建立二次响应面回归模型

通过 SAS 的 RSREG（响应面回归）过程进行数据分析，建立二次响应面回归模型，并进而寻求最优响应因子水平。回归方程中回归系数的估算值见表 17.15。得到拟合二次回归方程如下，即

$Y = 759.36 + 51.33 \times X_1 + 7.21 \times X_2 - 20.98 \times X_3 + 12.45 X_1 \times X_1 - 61.21 X_2 \times X_2 - 74.52 X_3 \times X_3 - 29.47 X_1 \times X_2 + 1.50 X_2 \times X_3 - 0.53 X_1 \times X_3$。

表 17.15　回归方程中回归系数的估计值

参　数	自由度	标准误差	T 值	大于 $\lvert t \rvert$ 的概率	系数估计值
Intercept	1	15.209 520	49.93	<0.0001	759.356 667
x_1	1	9.313 891	5.51	0.0027	51.326 250
x_2	1	9.313 891	0.77	0.4739	7.208 750
x_3	1	9.313 891	−2.25	0.0740	−20.982 500
$x_1 \times x_1$	1	13.709 676	0.91	0.4056	12.445 417
$x_2 \times x_1$	1	13.171 831	−2.24	0.0755	−29.467 500
$x_2 \times x_2$	1	13.709 676	−4.47	0.0066	−61.214 583
$x_3 \times x_1$	1	13.171 831	−0.04	0.9697	−0.525 000
$x_3 \times x_2$	1	13.171 831	0.11	0.9138	1.500 000
$x_3 \times x_3$	1	13.709 676	−5.44	0.0029	−74.517 083

通过表 17.16 可知，二次响应面回归模型是显著的（决定系数 $R^2 = 0.9472$），模型拟合程度很好，说明这三个因素及其二次项能解释 Y 变化的 94.72%；模型回归 $P = 0.0104$；拟合不足 $P = 0.6561$，说明模型失拟不显著，回归显著，所以该模型可以用于 Bt 产酶发酵优化的理论预测。回归方程中线性项和二次项也是显著的（显著水平分别为 0.0101 和 0.0052），交叉项不显著，说明响应面分析所选三个因素之间的交互效应较小。

表 17.16　模型方程方差分析表

回　归	自由度	平方和	R 平方	F 值	P 值
线性	3	25 013	0.3805	12.01	0.0101
平方项	3	33 766	0.5137	16.22	0.0052
交互项	3	3 483	0.0530	1.67	0.2866
总模型 1	9	62 263	0.9472	9.97	0.0104

残　差	自由度	平方和	均　方	F 值	P 值
拟和不足	3	1 703.391 175	567.797 058	0.64	0.6561
纯误差	2	1 766.551 267	883.275 633		
总误差	5	3 469.942 442	693.988 488		

3. 培养基组分最适浓度的获取

在获得回归非线性模型和响应面之后，对已回归的非线性模型方程求一阶偏导，并令其等

于零,得到三元一次方程组,可以得到曲面的最大点。求解此方程组得到最大产酶水平的最佳培养基浓度,即 $X_1=1(1.8\%)$,$X_2=-0.1898(0.36\%)$,$X_3=-0.1459(0.14\%)$,预测值为 826.66U/ml,即产酶水平最高时培养基最适组成 $(m/V)\%$ 为黄豆饼粉 1.8,酵母粉 0.36,葡萄糖 0.14,KH_2PO_4 0.25,$MgSO_4 \cdot 7H_2O$ 0.035,$CaCO_3$ 0.05,初始 pH 为 7.0。

（五）最佳条件的验证

以响应面法选出的最适宜培养基浓度进行发酵试验,发酵产酶水平达到 837.71U/ml,试验值与模型计算值相差 $\pm1.34\%$,可见该模型可以较好地预测实际发酵情况。通过以上优化,由最初产酶水平 263.43U/ml 提高到 837.71U/ml,证明了响应面分析法优化 Bt FS140 菌产酶发酵培养基是有效可行的。

发酵优化过程是一项非常复杂的工作,借助于统计学方法可以在有限的实验次数下就能探清影响微生物代谢过程各因子的作用。现在许多研究工作表明 Plackett-Burman 和 RSM 在微生物培养的优化工作中取得良好的效果。同时利用 SAS 软件能迅速、可靠和简易地进行优化实验的安排和数据分析,最终实现机制分析、统计优化和计算机软件三者灵活结合起来,更科学地安排实验,快速寻找影响发酵过程的最佳条件。

第五节 人工神经网络优化方法

一、人工神经网络优化的含义及特点

人工神经网络(artificial neural network,ANN)也简称神经网络或连接模型,是一个模拟人脑及其活动的数学模型,是基于对人脑或自然神经网络若干基本特性的抽象和模拟。人工神经网络具有很强的非线性映射能力,它通过网络内部权值的调整来拟合系统的输入输出关系,网络的统计信息储存在连接权矩阵内,可以反映十分复杂的非线性数据关系,网络的输入输出点个数不限。因此就可以在发酵生产中实时监测和预测发酵产品的产量,可以通过实时监测发酵培养基各个因素指标预测或者改进发酵过程,这是一般的培养基优化方法,如正交设计、均匀设计及响应面优化等所做不到的。同时,在建模完成以后可以根据变量来预测结果,这对于工业化的连续发酵具有很高的指导意义,这样就可以通过实时监测变量指标,调整发酵过程的补料和预测发酵产量。

二、人工神经网络优化在培养基优化中的应用

人工神经网络需要通过学习训练才能准确地描述实际对象输入输出变量间的映射关系,也就是说,必须利用一个或多个具有代表性的样本数据集对 ANN 进行训练,使 ANN 的实际输出不断逼近期望输出,从而使模拟对象的动力学特性达到预期效果。其训练过程可简述如下。

(1) 利用正交设计或是均匀设计等来得到一批准确的实验数据,或是以往实验过程中积累的大量数据作为神经网络的学习样本;

(2) 设计神经网络的拓扑结构,选用合适的初始权值及学习速率,设定结束训练的条件;

（3）用实验数据对神经网络进行训练；

（4）通过神经网络建立发酵培养基与目标参数的模型；

（5）建立模型后验证模型精确度。

训练结束后，在保证模型符合实验精度的要求下，就可以结合一定的优化方法，如目前比较常用的遗传算法对训练好的神经网络模型进行最佳培养基组成的预测，然后再进行实验验证。运用人工神经网络进行培养基优化不仅可以提高产物浓度，而且可以减少繁琐的试验工作量，并缩短研究周期。

人工神经网络和遗传算法的结合可以通过引入非线性的模型来描述各因素间复杂的关系，并在遗传算法的基础上，通过全局寻优找出最佳值。罗剑飞等利用神经网络和遗传算法结合的优化方法优化了培养基组成，并获得了最高"性价比"的培养基，通过发酵经济学的初步统计发现，优化后的培养基比初始培养基"性价比"提高了27.36%。试验表明，通过优化可以大大减少生产中的成本消耗。宋文军等应用人工神经网络优化了 L-ILe 发酵培养基组成，并对发酵过程进行建模并预测，取得了良好效果。实验发现，ANN 对 L-ILe 发酵的模拟和预测是一种快速可行的方法。

培养基优化是现代发酵工业一个重要的课题，它直接关系到发酵产品的成本，也关系到人们的日常生活。在发酵培养基优化工作中根据每种优化方法的优缺点及实际情况，可以在试验中选择合适的培养基优化方法，来满足具体需要。当然，各种统计学优化方法在培养基优化中的应用并不是孤立的，更不能绝对地为每种方法划分适用范围，现在许多研究工作表明，只要合理地使用优化方法，就能在微生物培养基的优化工作中减少工作量，取得良好的效果。

思 考 题

1. 培养基优化的原则包括哪些？
2. 几种不同优化方法的优势、劣势和大致适用范围是什么？

第十八章 工程菌的高密度发酵技术

工业微生物发酵的目标是体积产率最大化,即在特定的发酵规模下用最短的时间实现产物的最大产出量。高密度发酵培养正是为此目标发展起来的一种微生物高效培养技术。

利用DNA重组技术构建、筛选获得高产的工程菌,往往携带有含外源基因的重组载体,而且还涉及宿主本身的基因型变化。要实现高产工程菌目标产物高水平表达和积累,不仅涉及宿主、载体和外源基因产物三者之间的相互关系,而且与细胞所在环境、培养方式等息息相关,其发酵工艺也与传统菌种的发酵工艺有所不同,因此仅按传统的发酵工艺进行生产是远远不够的,还需要对影响外源基因表达的因素进行分析,探索出适于工程菌外源基因表达及产物积累的最佳发酵工艺。

第一节 工程菌高密度发酵技术及其工程学基础

一、高密度发酵技术概述

基因工程技术和大规模培养技术的有机结合,使得许多原来无法获得的天然蛋白能够大量生产。而发酵产物或基因产物大多积累于细胞内部,要想获得这些产物高生产强度或获得高活性产物,理想的方法是在维持产率系数和比生产率不降低的同时,尽可能提高发酵液中细胞的密度,促进细胞的高密度发酵。

高密度发酵(high cell density cultivation,HCDC),又称高细胞密度培养,是在传统发酵技术上改进的发酵技术,利用一定的培养技术和装置,改进发酵工艺,使菌体密度较普通培养有显著提高,增加对数期的生长时间,相对缩短衰亡时间来提高菌体的发酵密度,最终提高产物的比生产率(单位体积单位时间内产物的产量)。不仅可减少培养体积、强化下游分离提取,还可以缩短生产周期、减少设备投资,从而降低生产成本,提高市场竞争力。

工程菌高密度培养主要是通过增加工程菌的给养实现的。仅靠简单的培养基加富并不足以实现高密度培养的要求,其中还应考虑多方面的问题,包括培养基成分的影响、代谢副产物的抑制作用、供氧的限制、外源蛋白表达量及活性、质粒的稳定性,以及外源基因表达对宿主本身的生理负担等,如何较好地解决这些问题是工程菌能否成功实现高密度发酵的关键。

二、高密度发酵的工程学基础

要实现工程菌的高密度发酵,前提条件是必须具备相适应的发酵方式。目前,应用最为广泛、效果最好的一种高密度发酵的方式——流加发酵技术,其使用几乎遍及整个发酵行业。

(一) 概 述

所谓流加发酵(fed-batch fermentation),有时也称半连续发酵或补料分批发酵,是在分批发酵过程中,间歇或连续地补加新鲜的部分或全部营养成分的发酵方式。其应用可追溯到100年前,人们在利用麦芽汁培养酵母时,容易使酵母菌体生长过旺,造成体系供氧不足,产生过多乙醇。后来,人们采取向初始培养基中补加营养源,使碳氮比更为合理,从而抑制乙醇产生,提高了酵母产量。然而,在早期的工业生产中,补料的方式很简单,一般是根据经验,在发酵进行到一定时间,定量投入营养物到发酵液中,该法虽简单,但效果往往不是很好,对发酵的控制有限。近年来,随着理论研究和应用的不断深入,流加发酵的内容和手段逐渐丰富。

与传统发酵方式相比,现代的流加发酵具有明显优势,可以解除或减弱底物抑制、代谢阻遏和葡萄糖效应等,而且流加的方式较连续发酵方式减少染菌的概率,也不易使菌种变异和老化。有研究者从成本、工艺调控、环境影响等方面对几种常见的发酵方式进行了比较(表18.1),认为流加分批发酵具有更多的好处,应用范围更广。

表 18.1 分批、连续、流加分批三种发酵方式的比较

发酵方式	优 点	缺 点
分批发酵	1. 投资小,生产灵活 2. 分批发酵中某一阶段可获得高的转化率 3. 周期一般较短,菌种退化率小	1. 每批均需处理,非生产时间延长 2. 经常灭菌降低仪表寿命 3. 前培养和种子的花费大 4. 需较多的操作人员或自动控制系统 5. 接触有害物质的可能性大
连续发酵	1. 可实现有规律的机械化和自动化 2. 反应体积小,生产时间长 3. 产品质量稳定,测量仪器使用寿命时间长 4. 操作人员少,接触毒害物质机会小	1. 需较高的原料质量 2. 连续操作,投资大 3. 发酵过程需不断排出非溶性固形物 4. 易染菌,发酵过程菌株易退化 5. 操作不灵活
流加分批发酵	1. 操作、生产灵活,可实现优化控制 2. 染菌、退化概率小 3. 每批质量较为稳定,可获得高转化率	1. 非生产时间长,仪表使用寿命减低 2. 较依赖自动控制系统 3. 操作人员接触毒源的可能性大

(二) 流加发酵的适用范围

1. 培养基中含对菌体生长、发酵有抑制作用的发酵体系

在某些发酵体系中,以乙醇、甲醇、乙酸等有机酸或各类芳香族化合物作为培养基的基质,这些物质在较低浓度下也会对微生物生长带来较强的抑制作用,因此采用流加的补料方式,可以使这些物质维持在一个适宜的浓度,从而缩短延迟期,减少其对菌体生长的抑制,提高发酵效率。

2. 发酵产物为菌体本身的体系

通过流加全面、高浓度的营养物质,发酵液中的细胞浓度可以达到一个相当高的程度,如大肠杆菌的菌体浓度可以达到 $125kg/m^3$(以干重计),酵母的流加培养甚至可以比分批培养的菌体浓度高 10 倍。因此,流加发酵十分适合于菌体本身或是收获细胞内产品的生产过程。

3. 过量积累次级代谢产物的发酵体系

在微生物的发酵过程中,次级代谢产物对菌体本身不是必需的,但它们往往是发酵生产的目标产物。在进行类似这些产物发酵生产的过程中,流加培养可以控制菌体在发酵前期的繁殖水平;当微生物达到一定浓度进入稳定期,逐渐减少料液的供给量,减缓生长速度;后期继续流加一定量的料液,达到既保证菌体正常生理活性所需的营养,又能满足较大量目的代谢产物合成的要求。

4. 酶酵解效应较强的发酵体系

此类微生物的酶酵解系统较强,争夺葡萄糖的能力很突出,有时造成细胞过多利用葡萄糖,产生较多的发酵副产物。例如,酵母中,糖浓度过高时,即使溶氧充足,酵母菌也会将糖酵解成乙醇,从而使菌体得率下降;大肠杆菌中,若糖浓度过高,同样会产生副产物乙酸、乳酸等,抑制菌体的生长和目标代谢产物的合成。在具有这种效应的培养系统中,无疑需要将糖浓度降低到不至于使其对菌体得率或目标产物合成有影响的程度,流加培养是最适宜的发酵培养方式。

5. 存在分解代谢阻遏的发酵体系

在众多的微生物发酵中,都存在分解代谢阻遏效应。例如,当易被细胞利用的碳源——葡萄糖作为碳源时,细胞会产生阻遏葡萄糖分解代谢的酶,使葡萄糖产生分解代谢阻遏。在这种系统中,一般其底物的浓度控制是个关键,在整个发酵过程中,合理的供给也是必需的,流加培养方式一般可以使易受阻遏的成分处于较低的水平,有效控制阻遏现象的发生。

6. 某些营养缺陷型的突变菌株培养体系

在工业发酵生产过程中,经常使用的微生物菌株往往是经过某些处理使其表现某种营养物质合成的缺陷,从而高效生长或提高代谢合成某类物质的能力,但这类微生物在进行实际生产时必须补充其不能合成的物质以供其基本生长所需。然而这些物质过剩,又可能产生抑制菌体生长或是反馈阻遏的效应。采用流加培养方式可使这些必需但又限量的物质保持在一个较好的水平,从而获得较高的发酵效率。

7. 高黏度的发酵体系

流加不仅增加营养物质,而且补入的营养源也会降低培养液的黏度,因此,流加的方式常用于高黏度的发酵系统。

总之,流加式分批发酵培养技术是目前最为有效的高密度发酵方式,进行生产和研究的领域也十分广泛,包括单细胞蛋白、氨基酸、抗生素、酶制剂、核苷酸及有机酸等各个领域,随着对影响流加发酵方式中各个因素的优化研究和完善,以及发酵过程中计算机控制的应用和合理动力学模型的建立,流加分批发酵方式将为发酵工业发展发挥更大的作用。

第二节 工程菌高密度发酵的主要影响因素及其控制

一般工程菌的构建过程大体是将外源基因克隆到质粒载体中,然后导入宿主细胞。由于外源质粒的存在,很大程度上改变了宿主细胞的生理特性,而且还存在外源基因与宿主细胞自身基因表达互相影响、互相制约的问题,从而增加宿主的代谢负担,用一般的发酵工艺培养含有特定外源基因的重组菌,生物量低,难以获得理想的生产效率和经济效益。应用高细胞密度发酵技术,可显著提高生物量,从而提高外源基因的表达量,促进相关产物的合成。影响工程菌高密度发酵的条件非常多,如营养成分、培养条件、溶氧参数、生长抑制物及副产物的积累、诱导体系、发酵方式等。这些因素对工程菌的高密度发酵体系的影响具体体现在以下 4 个方面。

(1) 代谢副产物的积累,如乙酸的积累,会抑制菌体生长和产物表达;
(2) 发酵体系的供氧限制,造成半厌氧发酵,影响细胞生长和产物表达;
(3) 外源基因的表达过程成为宿主细胞的代谢负担;
(4) 质粒在培养过程中的不稳定性,影响目标产物表达。

那么,在进行高密度发酵工艺优化时,就需要有针对性地考虑这些限制因素并想办法消除或缓解这些不利影响,以实现细胞高密度培养和产物的高表达。

一、营养成分的影响及其控制

营养成分不仅提供微生物细胞的成分,同样也是提供微生物细胞繁殖和合成代谢的能量来源。因此,要想在发酵中获得高细胞密度和高浓度目的产物,就必须在培养环境中给予细胞充足全面的营养物质。

微生物高密度发酵由于所用菌株种类的不同,或发酵产品的不同,所使用发酵培养基也不尽相同,但是一个适宜大规模发酵的培养基应该具有以下共同的特点。

(1) 能够最经济地满足合成产物的需要;
(2) 尽可能减少发酵副产物的产生;
(3) 原料来源丰富、价格低廉、质量稳定、适合于大规模储藏,且保证生产水平稳定;
(4) 能满足高密度发酵整体工艺的要求,不影响发酵通气、目的产物的提取、废水和废物处理等。

高密度发酵的培养基中,常用的碳源有糖类、油脂、有机酸和低碳醇等。葡萄糖是碳源中易利用的糖,常被用作培养基的主要成分。在高密度发酵过程中往往需要不断地加入碳源成分,以保持葡萄糖的浓度,并要对残糖进行合理控制,使其既有利于产物合成,又可限制副产物(如乙酸)产生,同时便于实际的大生产控制,减少下游分离的难度。常用的氮源可分为有机氮源和无机氮源,微生物对无机氮源的吸收一般比有机氮源快,但在含有有机氮源的培养基中常表现出生长更加旺盛、菌体浓度增长迅速的特点。工业生产中常用流加氨水进行氮源的补充,做到既调节 pH 又补充氮源的双向作用。除碳源、氮源外,微量元素及各种无机盐也对高密度发酵有很大影响,特别是一些金属离子,往往是多种酶的活性中心。总之,高密度发酵生产中,培养基各组分的浓度和比例要适当,尤其是碳源和氮源的比例,了解如何调控中心代谢下氮限制及碳限制是非常重要的。如果碳源、氮源浓度过高,虽然比例合适,发酵起始会导致菌体的大量繁殖,但发酵后期菌体生长缓慢,代谢废物过多,增大发酵黏度,影响溶解氧浓度,容易引起菌体代谢异常,产物合成降低。

一般单纯增加营养物质用量的方法并不能实现高密度发酵。因此,设计一种平衡的培养基更有利于实现工程菌的高密度培养及产物的表达。工程菌的高密度发酵培养基设计包括以下原则。

(1) 使用最稀的培养基以便精确设计营养成分之间的定量关系,同时应避免任何不利于微生物细胞生长的营养限制性因素;
(2) 利用碳源限制的方法直接阻断细菌对数生长期间抑制性代谢产物的合成;
(3) 依据细菌细胞的元素组成确定培养基各成分的精确配比。

总之,为了满足工程菌高密度发酵需要,合适的培养基的开发要在多年工作经验的基础上进行,还必须反复地进行试验验证。鉴于培养基中影响菌体生长的因素太多,任何培养基的开发都将是一个试验密集型的过程,Plackett-Burman 技术、响应面分析方法、遗传算法和神经网络控制模型等常用来辅助培养基的优化过程,而且都取得显著效果。

二、温度的影响及其控制

培养温度是影响微生物生长和合成代谢的重要因素。发酵过程中,维持适当的温度,才能使菌体生长和代谢产物合成顺利地进行。温度的变化对发酵过程产生的影响主要包括两个方面:一方面是影响各种酶反应的速率和蛋白质的性质,温度的变化往往涉及各种酶的催化效率的变化,继而影响代谢产物的合成,最终导致目的产物合成效率的降低;另一方面是影响发酵液的物理性质,如发酵液的黏度、基质和氧在发酵液中的溶解度及传递效率、某些基质的分解和吸收效率等,从而影响发酵的动力学特性和产物的生物合成。所以,在发酵过程中,一般选择最适发酵温度,使得其既适合菌体的生长,又适合代谢产物的合成,如何权衡和选择是控制好温度影响的关键。

发酵温度的确定与菌种、外源基因的调控元件、培养基及培养条件等都有一定关系。理论上应该在整个发酵过程中选用不同温度进行,根据不同发酵阶段选择不同温度。在生长阶段,选择菌体最适生长温度,在产物合成和分泌阶段选用最适产物合成的温度,这样的变温发酵所得产物的产量是比较理想的,有利于提高细菌的生长密度和重组产物的量,并能缩短培养周期。例如,工业发酵中用于青霉素生产的菌株,最适生长温度是 30℃,而最适于青霉素合成和分泌的温度是 20℃,究竟选择哪一个温度为宜,则要看在当时生长和生物合成这一对矛盾中哪一个为主要方面。在发酵初期,青霉素还未合成,主要目的是为了进行菌丝生长,因此这时应优先考虑最适于生长的温度;到菌丝长到一定浓度,青霉素合成分泌增多,这时主要矛盾转化到青霉素的生产上,故要把满足生物合成的最适温度放在首位。但大多数微生物发酵时前后期温度相差不大,所以在整个发酵过程中,往往采用一个比较适合的培养温度,或是在可能的条件下进行适当的微调,使产物产量达到最理想的目的。

另外,对于温度诱导表达的重组菌来说,诱导的起始及持续时间都会对重组蛋白的表达量和生产率有影响。例如,P_L 和 P_R 启动子调控的热诱导程序,外源基因受温度的调控,温度的影响和控制更要格外小心。温度较低时,外源基因基本不表达,此时主要的能量、物质用于细菌的生长,在菌体浓度达到一定密度时,升高温度,促进外源基因的高效表达,保证目标代谢产物的积累。例如,生产苯丙氨酸的大肠杆菌基因工程菌,其菌体的最适生长温度为 37℃,同时也是外源基因诱导表达的温度。但在实际生产中,初期应考虑菌体生长的需要,相应减少外源基因表达带来的代谢负担,一般选择较低温度(33℃)进行;待菌体生长进入对数生长中期,菌体达到一定浓度,可以提高温度至 35℃,进一步促进菌体的生长,同时控制外源基因开始少量表达;菌体继续生长到对数生长的后期,菌体密度基本达到最高,升高温度至 37℃,增强工程菌外源基因的表达,促进目的产物的合成和累积。

工业生产中,发酵过程会产生大量的发酵热,可采用冷冻盐水进行循环式降温,或是建立冷冻站,降低冷却介质温度,实现发酵体系的迅速降温,以保证正常温度下的发酵生产。当然,温度的控制并不是单一孤立的,还要考虑其他发酵条件。例如,通气条件较差的情况下,控制最合适的发酵温度也可能比正常良好通气条件下差一些,因为要弥补因通气不足而造成的代谢异常。又如培养基成分和浓度也会对改变温度的效果有一定的影响,在使用较稀或较易利用的培养基时,提高培养温度则往往导致养料过早耗竭等。在发酵过程中,最合适发酵温度的优化和控制可以提高发酵产物的产量,挖掘生产潜力。

三、pH 的影响及其控制

发酵培养基的 pH 不仅对微生物生长有很大的影响,还影响各种酶的活性。不同的微生物对 pH 的要求不同,甚至同一种微生物由于 pH 的不同,也可能形成不同的代谢产物。每种微生物都有自身的最适生长和产物合成 pH,而且这两者往往不一定相同。因此,应根据不同微生物的特性、pH 的变化规律,选用适宜的方式,对 pH 进行适当的调节和控制。

为什么 pH 的变化能对代谢活性产生如此影响呢？主要表现在 pH 的变化影响细胞内酶蛋白的解离度和电荷情况,改变酶的结构和功能,继而影响酶活性。另外,pH 还影响微生物细胞对基质的吸收利用速度,有时会改变细胞膜结构,影响菌体对营养物质的吸收、产物的合成及产物的稳定性等。鉴于此,在工程菌高密度发酵过程中,维持最适的 pH 已成为生产成败的关键因素之一。

引起发酵过程中 pH 变化的因素很多,其变化主要取决于菌种、培养基成分及培养条件。在各类型的发酵过程中,最适 pH 在微生物生长与产物合成阶段是不同的,在实际生产中,需要根据不同 pH 的要求,采用各种方法进行调控。首先要考虑的是发酵培养基的基础配方、浓度、比例要合理配置,使发酵全过程中的 pH 变化在最佳的范围内。

为了更好地实现高密度发酵过程中的 pH 控制,往往通过直接流加弱酸、碱和补料的方式,特别是兼性补料及调酸碱的方式,效果比较明显,如通过流加氨水或硫酸铵来达到补充氮源及调节 pH 的目的。此外,如果仅用酸碱调节不能改善发酵状况,进行补料是个较好的办法,既调节发酵 pH,又可补充营养,增加培养基的浓度和减少阻遏作用,可进一步提高发酵产率。通过这种方式来提高发酵产率已在酶制剂和氨基酸发酵生产中取得明显的效果。

如果用细菌进行氨基酸发酵,一般调节培养基起始 pH 为 7.0 左右。在斜面培养、种子培养和发酵的菌体生长阶段,由于产物很少,pH 变化不大,一般不用调节 pH;而在发酵阶段,由于消耗碳源、氮源和累积氨基酸,pH 变化较大,必须予以调节和控制。例如,在利用大肠杆菌基因工程菌进行谷氨酸发酵的过程中,不同的时期对 pH 的要求不同,发酵前期,幼龄菌体对氮的利用率高,pH 的变化波动大。如果前期 pH 偏低,菌体生长迅速,消耗营养成分快,待转入正常代谢产酸阶段,谷氨酸量减少;若 pH 偏高,则对菌体生长不利,糖代谢缓慢,发酵时间延长,但是,发酵前期 pH 稍高(7.5~8.0)对抑制杂菌生长有利。因此,在操作中,发酵前期应控制 pH7.5 左右,发酵中、后期控制 pH7.2 左右,有利于谷氨酸的合成。在谷氨酸发酵过程中,主要是通过流加尿素的方式补充氮源和调节 pH,当流加尿素后,尿素被尿酶分解放出氨使 pH 上升,氨被利用和谷氨酸生成又使 pH 下降,这样反复进行 pH 的合理调控。

四、溶氧的影响及其控制

溶解氧浓度是好氧微生物高密度发酵过程中影响菌体生长和产物合成的最重要因素之

一。溶氧的多少对菌体生长、产物的性质及产量都会产生不同的影响。特别是对含有较大外源质粒的重组菌来说,随着高密度发酵的进行,菌体密度不断增大,外源基因持续表达,整个发酵体系处于一个极其好氧的阶段,发酵罐中溶解氧浓度急剧下降,此时若不能及时提高供氧,将导致外源蛋白的表达水平降低,致使发酵代谢效率严重下降。因此,维持较高水平的溶解氧浓度能改善重组菌的生长,也有利于外源基因的表达。

发酵液的溶氧浓度,是由供氧和需氧两方面所决定的,也就是说,当发酵供氧量和需氧量不平衡时,就会出现发酵生产中的溶氧浓度的变化。因此,要控制发酵过程中溶氧浓度就需从这两方面着手。表18.2列出了发酵过程中影响溶氧的主要因素。

表 18.2 影响溶氧的因素

项 目	影响因素
菌种特性	菌株的好气程度;菌龄、数量;菌的聚集状态(絮状或小球状等)
培养基性能	培养基的组成及配比;基质的性质(黏度、表面张力等)
补料或糖流加	补料的配方及补料的方式、次数;糖的流加次数及浓度等
温度	恒温或变温发酵的时间及升温时间
其他添加物质	发酵增效剂、消泡剂或表面活性剂等

发酵过程中,在已有设备和正常发酵条件下,供氧量多少应根据菌种、发酵条件和发酵阶段等具体情况而定。每种产物发酵的溶氧浓度变化都有自身的规律,对于不同类型的微生物,要掌握它各个阶段的氧气需要情况,并在生产过程中加以优化控制,才能获得良好的发酵结果。例如,采用同一类型的菌株——黄色短杆菌进行L-缬氨酸和L-异亮氨酸的发酵时,其发酵的溶氧需求也相差较大,在L-异亮氨酸发酵过程中,溶氧一般控制在20%~30%,而在L-缬氨酸的发酵过程中,溶氧需求相对较低,一般控制在5%~10%。Hopkins等研究了重组大肠杆菌AB1157(pKN401)在分批培养中供氧对质粒稳定性的影响。在复合培养基中,无论培养基是否加入氨苄青霉素,工程菌都比较稳定,但当发酵过程中断通气使溶氧降到5%,则造成工程菌比例迅速下降。在发酵0.5h停止通气后,经1.6h溶氧缓慢降到5%,然后恢复通气,此后丢失pKN401质粒的宿主细胞比例大大增加,表明低溶氧会引起该菌株的质粒不稳定。

改变搅拌转速和通气流速是发酵工业中最常用的调节溶氧的方法。搅拌主要是通过增加气液接触面积,降低气液传质阻力,从而增加发酵液中的氧溶解度。但是也应合理控制搅拌速度,避免剪切作用过大,对细胞造成损伤(特别是丝状菌类的发酵),同时,过于强烈的搅拌对于能源也是一种浪费。此外,通气还必须维持合适的通气量,过大的通气流速,并不利于空气在罐内的分散和停留,影响氧的传递,也容易导致染菌。因此,单纯增大通气量来提高溶氧系数并不一定能取得好的效果,常采用的方法是提高搅拌功率与适当的通气相结合的方式来提高发酵罐的供氧能力。

除了传统的改变转速和通气速率的方法之外,现在已开发出多种改善溶解氧供应的方法,现简述如下。

(1)采用空气与纯氧混合通气,增加通气中氧的绝对浓度,增加溶解氧推动力;

(2)在发酵体系中添加双氧水,在细菌过氧化氢酶的作用下,释放出氧气供菌体使用;

(3)采用与小球藻等微藻类进行混合培养,实现微生物与光能异养生物的共生发酵;

(4) 添加吐温-80等表面活性剂,增加发酵液中氧的溶解度,提高氧在发酵液中传递;

(5) 在培养基中添加血红蛋白或氟化烃乳剂,作为氧载体,提高培养基中的氧含量(表18.3);

(6) 在宿主菌中表达血红蛋白,增强细胞本身的氧摄取能力(表18.4)。

表 18.3　添加氧载体或表面活性剂对发酵的影响

菌　种	产　物	影　响
三孢布拉氏霉菌	番茄红素	适当添加正十二烷,使番茄红素产量提高72.84%
黑曲霉	赤霉素	添加硅油使发酵产物产量提高6.7倍
大肠杆菌 H9-2	L-苯丙氨酸	添加豆油、油酸分别可以使 L-Phe 产量提高 21.1%和 39.5%
红发夫酵母	类胡萝卜素	添加正十六烷,使类胡萝卜素产量提高58%
土曲霉 ATCC20542	洛伐他丁	适当添加正十二烷,产量提高140%,发酵过程中溶氧明显提高

表 18.4　透明颤菌血红蛋白对不同微生物发酵的影响

菌　种	产　物	影　响
西方许旺酵母	α-淀粉酶	增加 α-淀粉酶产量和总的蛋白质分泌
大肠杆菌	L-色氨酸	显著提高 L-色氨酸发酵水平,产量提高 28.6%
毕赤酵母 CBS5773	植酸酶	低氧诱导启动,植酸酶 APPA 活性提高了3倍
谷氨酸棒杆菌	谷氨酸	显著改善细胞的耐低氧发酵能力,谷氨酸产量提高32%
枯草芽孢杆菌 P43	碱性蛋白酶	生物量提高20%以上,产量提高30%以上

发酵是一个复杂的生化反应过程,有很多影响因素。溶氧是发酵的参数之一,发酵过程中应结合其他条件,综合考虑进行调节。控制溶氧在适当水平对于优化发酵结构是十分必要的,既可以提高目的产物量,减少杂质的量,还可以节省动力消耗,节约能源,避免浪费。

五、泡沫的影响及控制

在多数微生物发酵过程中,由于培养基中蛋白质类等物质的存在,在通气和搅拌条件下,培养液中会形成泡沫,甚至有些培养基在灭菌过程中,由于高温高压的影响,也会导致培养基产生较多的泡沫。总之,这些泡沫的出现与基质的种类、通气搅拌强度和灭菌条件等因素有关。其中,培养基质中的有机氮源(如黄豆饼粉、蛋白胨等)是气泡生成的主因。

发酵过程中产生少量泡沫主要是空气溶于发酵液和产生二氧化碳的结果,是发酵的正常表现。但过多的气泡会给发酵带来许多不利影响,如发酵罐的装料系数减少,发酵液中实际氧浓度降低,严重时甚至造成发酵过程中逃液,从而增加染菌的可能。泡沫产生有时造成通气搅拌无法进行,影响氧的传递,菌体呼吸受到阻碍,导致代谢异常或菌体自溶。所以说,控制泡沫过多生成和及时消除是保证正常发酵的基本条件。

泡沫的控制一般采用以下两种途径。

(1) 根据发酵要求,合理调整培养基成分,特别是对于容易起泡的培养基质;改变某些物理化学参数(如 pH、温度、通气等);改变发酵工艺(如采用分次投料的方式,将易起泡的物质缓加等)来控制,以减少泡沫形成的机会。

(2) 采用机械消泡或消泡剂这两种方法来清除已经形成的泡沫,这是公认的比较好的方法。机械消泡的特点是节省原料,减少染菌机会,但消泡效果不理想,一般生产中仅作为消泡的辅助方法。消泡剂都是表面活性剂,具有较低的表面张力,利用加入的特定物质降低泡沫液膜的机械强度,或者是降低液膜的表面黏度,或者是两者兼而有之,最终达到泡沫破裂的目的。常用的消泡剂主要有四类:①天然油脂类;②聚醚类;③高碳醇、脂肪酸类;④硅酮类。目前,消泡剂的选择和实际使用还存在一些问题,应结合生产实际加以解决和选择。

六、抑制性代谢副产物的影响及其控制

工程菌高密度发酵需投入大量的基质以满足重组菌的生长和外源基因表达的需要。而基质中营养物质的浓度过高,超过一定限度,菌体在代谢过程中会积累多种抑制细胞生长代谢的物质。副产物的积累是抑制重组菌细胞生长和产物表达的重要因素,它会导致细胞过早老化自溶,影响外源基因的正常表达。

在重组工程菌的高密度发酵过程中,由于不恰当的控制,造成多种的代谢副产物(如乙酸、二氧化碳等)的积累。其中,乙酸是主要代谢副产物,在以葡萄糖作为主要碳源时,残糖控制过高,常常造成细胞生长过快,碳源代谢速率大于细胞同化速率,尤其在供氧不足的情况下,致使乙酸大量积累。研究表明,发酵液中乙酸的积累,会抑制细胞的生长、外源基因的表达及产物合成,从而降低细胞得率。此外,乙酸的大量生产也造成碳源的分流,势必提高生产成本。

影响乙酸积累的两个最直接的因素是比生长速率和氧传递速率。那么,在工程菌的高密度培养过程中,可以从内因(即宿主菌株及其代谢网络)和外因(培养基种类和配比、供氧条件以及控制比生长速率)两个方面考虑进行乙酸的控制。外因方面的控制主要指工艺水平的控制,包括合理的发酵配方和发酵温度、底糖的浓度及限制补料的速率、控制残糖水平等,这些都建立在适当降低菌体的比生长速率的基础上的,在很大程度上增加了工艺及设备的复杂性,也增加了成本和人力负担。内因方面的控制主要是从细胞和基因水平上对乙酸的代谢源进行限制,采用代谢工程手段对工业微生物进行改良,优化细胞代谢系统,切除或减弱乙酸生成的相关途径,从而减低副产物乙酸的积累并提高细胞的代谢水平。Aristidou等通过对大肠杆菌糖酵解途径的修饰,使多余的丙酮酸转化为非酸性的、毒性较小的副产物3-羟基丁酮,从而消除了乙酸的抑制作用,细胞浓度增加了35%,重组蛋白的表达量也提高了2.2倍。

随着发酵产品的多元化,应用范围及市场需求不断扩大,传统的发酵工业越来越不能满足需求,势必被以基因工程为基础的新兴发酵工业所代替。新兴发酵工业利用DNA重组技术,结合代谢工程改造思路,不断优化代谢流,提高工程菌的高密度发酵水平和效率,增加收益。可以预见,运用基因工程菌高密度发酵的方式进行各类工业微生物目标蛋白或代谢产物的生产将成为未来的趋势,也是整个发酵工业的发展趋势。

思 考 题

1. 什么是高密度培养?
2. 对于基因工程菌而言,高密度培养的优势是什么?
3. 影响工程菌高密度发酵的主要限制因素包括哪些?
4. 如何在高密度发酵中通过糖氮控制达到外源基因的高效表达,并最大化地提高转化率和收率。

第十九章　工业微生物菌种的复壮与保藏

工业微生物发酵所使用的菌种,几乎都是由低产的野生种通过人工诱变、杂交或基因工程育种手段获得的。一个优良高产菌株的获得往往要花很长时间,付出大量的人力、物力。但它为发酵法生产抗生素、氨基酸、酶制剂、酿造产品及现代生物技术药物等产品做出了巨大的贡献,成为人类的宝贵财富,受到极大的重视。因此,人们一直都在想方设法保持其重要的优良性状。

微生物菌种在传代繁殖过程中将不断地受环境条件的影响,多数情况下会出现退化现象。菌种退化对产量性状来说,实际上就是负变。退化不是突然发生的,而是从量变到质变的逐步演变的过程。开始时,在群体细胞中仅出现产量下降的个别负变细胞,不会使群体菌株性能明显改变。经过连续传代,负变细胞达到一定的数量,在群体中占了一定的优势,从整体上反映出产量下降及其相关的一些特性发生了变化,这就是出现了退化。

要求一个菌种永远不退化是不可能的,但积极采取措施,使菌种优良特性延缓退化。在了解菌种退化原因之后,首先要减少传代,科学保藏,经常纯化分离。

由于各种微生物菌种生理生化特性不同,对环境条件适应能力各异,保藏方法也不一样。通常分两大类。一类是保藏时间较短的,如琼脂营养斜面、麸皮、大米斜面、液体石蜡斜面等,这些方法使菌种在保藏期间不能完全停止代谢活动,只能使代谢活动降至较低水平。另一类方法,保藏时间较长,如沙土法、冷冻干燥法、液氮法等,采用这些方法保藏,使菌种完全处于休眠状态,代谢活动停止,但它在生理、生化的潜在能力并没有变化,一旦移接到琼脂斜面,其典型的形态特征就表现出来。总体来说,保藏方法的基本原理是抑制菌种的代谢活动,使之停止繁殖,处于休眠状态。为此,保藏要在绝氧、干燥、低温等条件下。若是斜面保存,要求培养基营养成分较贫乏。

菌种保藏要求不染杂菌,使退化和死亡降低到最低限度,从而达到保持纯种及其优良性能的目的。

第一节　菌种的退化与复壮

所谓菌种退化,主要指生产菌种或选育过程中筛选出来的较优良菌株,由于进行移接传代或保藏之后,群体中某些生理特征和形态特征逐渐减退或完全丧失的现象。集中表现在目的代谢产物合成能力降低,产量下降,有的是发酵力和糖化力降低。以生长代谢来说,孢子数量减少或变得更多、部分菌落变小或变得更大、生长能力更弱、生长速度变慢,或者恰好相反。例如,土霉素产生菌(*Streptomyces rimosus*)正常高产菌的菌落为草帽型,在不断的移接传代过程中由于遗传等因素引起自发突变或回复突变,使菌落的形态变为龟鳖开形或梅花形,产量下降为原先的1/2;生物杀虫剂苏云金杆菌(*Bacillus thuringiensis*),由于菌种退化芽孢和伴孢晶体变得更小,而且数量也少了,从而毒性降低。又如,产生放线菌毒素的放线菌在平板培养基上的菌苔变薄、生长缓慢,不再产生典型而丰富的橘红色分生孢子层,有时甚至只长基内菌丝。

一、菌种退化的原因

菌种退化不是突然发生的,而是从量变到质变的逐步演变过程。开始时,在群体细胞中仅出现产量下降的个别突变细胞,不会使群体菌株性能明显改变。经过连续传代、负变细胞达到一定数量,在群体中占了优势,从整体菌株上反应产量下降及其相关的一些特性发生了变化,表型上便出现了退化。据分析导致这一演变过程发生的起因有以下几个方面。

(一) 基 因 突 变

菌种退化主要是基因突变引起的生产能力下降,其中包括细胞内控制产量的基因突变或质粒脱落等。

1. 基因突变导致菌种退化

微生物菌种在移接传代过程中,会发生自发突变,结果引起菌体本身的自我调节和 DNA 的修复。不少突变细胞由于完整的修复而恢复原型;但也有的细胞是由于错误的修复而造成突变基因型,其中包含回复突变和新的负变菌株,它们都是一些低产菌株。由于环境条件的饰变作用,不管是回复突变还是新的负变,开始时是个别细胞,以后由于细胞不断繁殖,在群体中比例逐渐加大。特别在合适的外界环境条件下,负变细胞繁殖的速率大于正常细胞,导致退化细胞在数量即整体遗传结构上占优势,最后表现出退化现象。

在诱变育种过程中,经常会发现初筛时产量较高,当重复筛选时产量下降了,这也是一种退化现象。其主要原因是表型延迟现象。若用细菌或单核孢子进行诱变,由于一般突变都发生在 DNA 的单股链上某个位点,复制后二股 DNA 链各自形成一个子细胞,其结果一个为突变细胞,一个为正常细胞(图 19.1)。随着繁殖传代,正常细胞(通常指野生型)在生长速率上一般比高产的突变细胞快,经数代后,这些正常细胞在数量上占了多数,表型上就出现了产量下降的现象。因此,在对单细胞微生物(如细菌)的诱变处理中,要进行后培养2~3代,才进行分离,以避免上述现象。

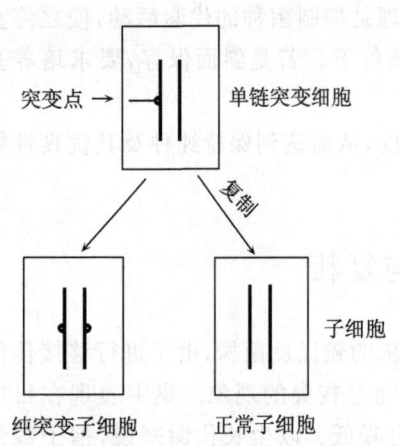

某些菌种孢子属双核或多核孢子,如果这种孢子在诱变过程中仅其中一个核出现高产基因突变,那么经过几代移植,整个遗传结构显然将出现不纯而使菌种发生退化。

图 19.1 单股链突变细胞繁殖后的子代

此外,假如突变后产生的是非整倍体或部分双倍体,在繁殖过程中就会发生性状分离,出现低产细胞,发生菌种退化。

2. 质粒脱落导致菌种退化

除基因突变外,细胞质中控制产量(一般指抗生素)的质粒脱落或者核内 DNA 和质粒复制不一致,即 DNA 复制的速率超过质粒,经过多代繁殖后,某些细胞中将出现不具有这一类对产量起决定作用的质粒,这些细胞出现的比例越来越大,以致产量下降,菌种退化。这种现象在抗生素生产中比较多,因为不少抗生素的合成是受质粒控制的。有的还伴随着对气生菌丝和色素形成的影响。当菌株细胞由于自发突变或外界条件的影响(如高温等),致使个别细胞某节段遗传密码不能转录,即质粒脱落,同时气生菌丝减少,色素也消失。经过多代移接,这种细胞数量比逐步提高以至达到优势,菌株表型上就出现减产退化现象。

以上由基因突变或质粒脱落造成的菌种退化,进一步分析其机制有下面三种情况:第一,自发突变结果使菌株细胞壁透性发生变化,对培养基中的营养吸收受到影响,或者使细胞内的代谢产物分泌被阻碍;第二,自发突变后,导致决定产物产量的基因转录速度变慢,或者控制产量的某种酶活力下降,甚至使酶不能合成;第三,突变导致初级代谢系统发生变化,使某些提供次级代谢产物合成的氨基酸、酶、前体等物质减少,或根本不能合成,造成次级代谢产物(如抗生素)产量下降。

有人在研究金霉素产生菌退化机制时发现,乙酰辅酶 A 是链霉菌合成金霉素不可缺少的。高产菌株在营养期和金霉素合成期菌丝细胞内一般不含有多磷酸异染质粒。但是在衰退的低产菌株中却含有相当数量这种物质,在前两个时期是由 ATP 转化成这些多磷酸异染质粒流向三羧酸循环,使乙酰辅酶 A 的活性比高产菌株高,致使低产菌株的菌丝生长旺盛,而金霉素产量却下降。自发突变产生的某些回复突变或负突变细胞,由于修复和自我调节能力不同,使某些用来合成抗生素的物质变成合成自身结构了,其结果是抗生素产量减少,而其生长繁殖却旺盛了。在群体细胞中,由于衰退细胞生长繁殖速度比正常的高产菌株快,两者比例的变化,随着移代次数增多,低产细胞数逐渐增加,最后在群体细胞中占了多数,导致了菌种退化。

(二) 连 续 移 代

虽然基因突变是引起菌种退化的根本原因,但是连续传代却是加速退化发生的直接原因。微生物自发突变都是通过繁殖传代出现的。DNA 在复制过程中,自发突变率为 $10^{-8} \sim 10^{-9}$,移接代数越多,发生突变的概率就越高。从另一角度说,基因突变开始时仅发生在极个别细胞,如果不传代,个别低产细胞并不影响群体表型,只有通过传代繁殖,才能使其在数量上逐渐占了多数,最终使得从群体表型上出现了退化。如表 19.1 所示,当链霉素产生菌尚未传代时,高产菌落类型占优势,就表现出链霉素产量高的特性。随着传代,高产菌落和低产菌落的百分比逐渐发生变化,产量也相应下降。到第 6 代,高产菌落类型显著减少,而低产菌落类型上升,因而产量也下降到最低水平。又如表 19.2 所示,产腺苷的黄嘌呤缺陷型菌株,保藏时间都是 147d,由于传代次数不同,产生回复突变体的数量和腺苷的产量具有明显差别。随着移接代数增加,回复突变率相应提高,而腺苷产量却明显降低。

表 19.1 链霉素产生菌传代后菌种退化情况(豌豆培养基上)

移接代数	生产能力/%	高产菌落类型/%	低产菌落类型/%
当代	100	95.2	4.8
第二代	95.2	94.2	3.8
第三代	87.9	84.4	15.6
第四代	71.1	82.1	17.9
第五代	64.7	67.3	32.7
第六代	60.7	54.3	45.5

表 19.2　产腺苷的黄嘌呤缺陷型菌株传代次数对回复突变体产生和腺苷产量的影响

实验编号	147d 保藏期间移接代数	回复突变体数	腺苷产量/(g/L)
1	0	$1/4.5\times10^6$	13.5
2	2	$1/2.4\times10^6$	14.9
3	6	$1/2.2\times10^5$	10.7
4	7	$1/3.5\times10^6$	13.1
5	9	$1/5.3\times10^3$	8.1
6	12	$1/1.0\times10^3$	7.4

（三）培养和保藏条件的影响

不良的培养条件（如营养成分、温度湿度、pH、通气量等）和保藏条件（如营养、含水量、温度、氧气等），不仅会诱发低产基因型菌株的出现，而且会造成低产基因和高产基因细胞的数量比发生变化。因为不同环境条件可以诱发不同功能的基因显性。一个菌株的亲代传给子代的遗传物质中，虽然携带着全部遗传信息，但要与外界环境条件相互作用后才能表现出种种的性状。也正因为环境条件的不同，由亲代传给子代的基因，仅部分起作用，即只有部分性状表现出来，这就是所谓的显性，没有表现出来的性状为隐性。生物体的显性和隐性不是绝对的，它们可以随着环境条件的改变而转化。例如，链孢霉的一个菌株，本来产孢能力是正常的，由于传代中环境条件恶劣，最后产生不产孢子的光秃型菌株。一个优良菌株在不良的培养条件或不良的保藏条件下，其高产的性状也会转化为隐性，变成一个低产菌株。这种转化与某些酶活性有关，因为酶是催化生物体一切生化反应的不可缺少物质，而酶的活性却严格受环境条件制约。

培养基条件影响着不同类型细胞或细胞核的数量。不同培养基组成影响着群体细胞中变异的低产细胞和未变异的正常细胞的繁殖速度，从而使细菌、酵母菌的数量比发生变化。而霉菌和放线菌是由菌丝体组成的，不同培养基种类会使不同类型细胞核数量发生变化，个别核的变异，不会使整个菌丝体发生表型改变。如果培养基有利于低产的变异细胞繁殖，不利于正常细胞生长，经过多代自然选择后的累积，负变细胞数量或核数超过正常细胞，使群体遗传结构发生了改变，从而就成为一株衰退菌株。例如，链霉素产生菌在同样的传代情况下，培养在黄豆培养基比豌豆培养基上出现的负突变率要低。

培养基也会影响菌种形态特征和培养特征。试验表明，培养基中含高氮不利于气生菌丝生长和孢子的形成；而适当增加碳水化合物则对两者均有益。对某些微生物来说，不同碳源对菌落形态有影响。例如，金霉素产生菌 SA-1，只用半乳糖作为碳源时，菌落形成多态型；而用半乳糖和葡萄糖作碳源时，菌落则呈单一形态。

除此之外，不良的环境，如温度、湿度、pH、氧气等都会引起不同程度的菌种退化。其中，高温对菌种极为有害。不少抗生素优良菌种，在高温下会引起控制抗生素合成的质粒脱落，导致减产。

二、菌种退化的防止

遗传是相对的，变异是绝对的。因此，要求一个菌种永远不衰退是不可能的，积极采取措施,使菌种优良特性延缓退化是可以做到的。在了解菌种衰退原因的基础上,首先要防止退化。采用减少传代、经常纯化、创造良好的培养条件、用单细胞移植传代及科学保藏等措施,不但可以使菌种保持优良的生产能力,而且还能使已退化的菌种得到恢复提高。

1. 尽量减少传代

尽量避免不必要的移种和传代,并将必要的传代降低到最低限度,以减少自发突变的概率。前已述及,微生物都存在着自发突变,而这种现象都是在繁殖过程中发生或表现出来的。菌种的传代次数越多,繁殖越频繁,产生突变的概率就越高,因而发生衰退的机会也就越多。所以,不论在实验室还是在生产实践中,必须严格控制菌种的传代次数。目前发酵工厂的生产菌种的传代基本上都按照图19.2的方法进行。这种方法,既限制了传代次数,防止自发突变和低产菌株进一步扩大;又能保证生产持续稳定地进行,是实际生产中防止菌种退化的有效措施。而采用良好的菌种保藏方法,也能大大减少不必要的移种和传代次数。

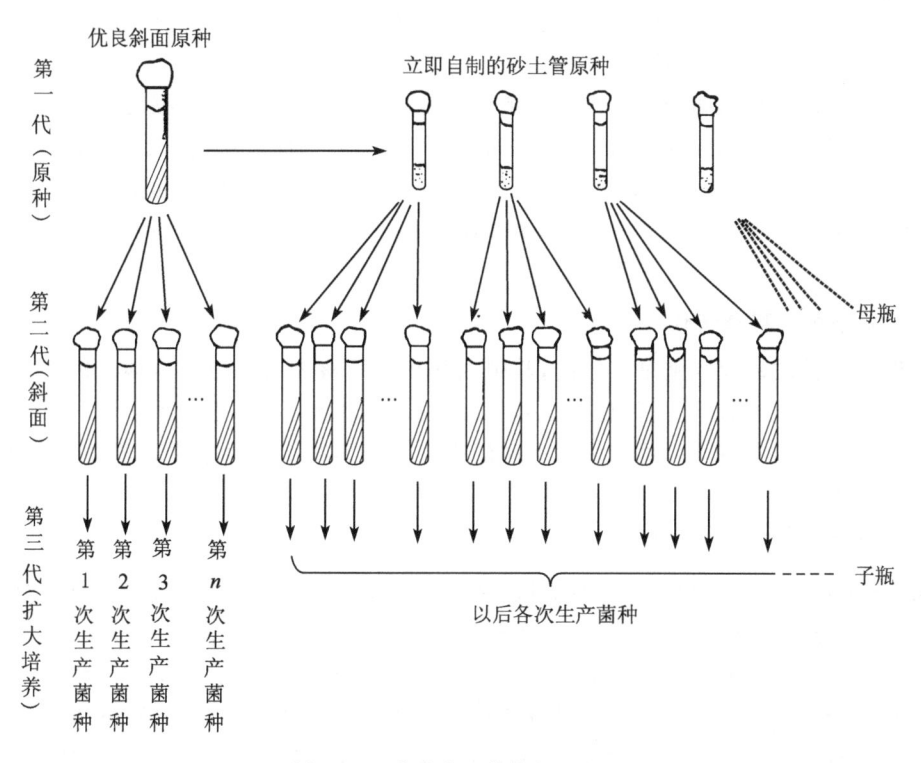

图 19.2 菌种合理传代方法之一

2. 菌种经常纯化

要经常进行菌种的复壮工作,包括所谓的广义的复壮和狭义的,这种复壮一般是采取常规的分离纯化方法来进行。该方法分为两大类。一类是注重菌落的纯化。一般都在琼脂平板上进行,如划线分离、涂布分离或倾注琼脂分离等,从中获得单菌落,进行摇瓶培养,测定产物的水平。该法纯化结果只能达到种的纯度。另一类是单细胞或单孢子分离法。通常简单的方法是利用培养皿或凹玻片等作为分离室,利用显微操作器来获得单细胞或单孢子,然后进行发酵检测。该法最终则能达到细胞纯,也就是菌株纯。对不产孢子的丝状菌的纯化分离,与以上两类方法不同,即将菌种的菌丝打成断片或碎片,分离于琼脂平板上,形成单个菌落,然后用灭菌小刀切取菌落周缘的顶端菌丝,进行分离培养;或用毛细管插入菌丝顶端以截取单细胞进行分离培养。

当获得一个优良菌种时,通过纯化分离,根据菌落形态特征,归纳成几个菌落类型。每种类型分别进行摇瓶培养和生产性能的测定,从中确认产量最高的、具有特定形态的菌落类型。以后每次移接时,有意识地挑选这种菌落类型进行传代,就可以较长时期地保持优良的性状。

3. 创造良好的培养条件

为了预防菌种退化,一定要选择合适的培养基和培养条件。对一个优良菌种来说,究竟什么样的培养基能保持菌种的优良特性,应进行专门的探讨。国外有一些专业保藏菌种的公司,对一些有价值的菌种都要设计 20 多种培养基,分别做成琼脂平板,接种后在一定温度下培养到菌落成熟,根据菌落形态变化,来确定哪一种培养基引起变异最大。而对变异最小或无变异的对应培养基进一步进行菌种移植传代试验,测定传代过程中菌种产量的稳定性。然后以此确定该菌种保藏的合适培养基。

在实践中有人发现,如创造一个适合菌种的生长条件,就可在一定程度上防止菌种退化。例如,在赤霉素生产菌(*Gibberella fujikuroi*)的培养基中,加入糖蜜、天冬酰胺、谷氨酰胺、$5'$-核苷酸或甘露醇等丰富营养物时,具有防止菌种衰退的效果;在栖土曲霉(*Aspergillus terricola*)3.942 的培养过程中,改变培养温度,即由 28～30℃提高到 30～34℃可防止其产孢子能力的衰退。

4. 用单核细胞移植传代

霉菌、放线菌的菌丝细胞是多核的,其中也存在着异核体或部分结合体。因此,用菌丝接种、传代易产生不纯细胞,经几代移植,必定会出现退化现象,故常用单核的孢子移植传代。为了避免移接孢子时带入菌丝,可以采用灭菌的小棉花团裹在接种针前端轻轻蘸取菌落表面孢子进行传代,效果较好。

5. 采用有效的菌种保藏方法

在用于工业生产的菌种中,重要的性状都属于数量性状,而这类性状恰好是最易退化的。即使在较好的保藏条件下,仍然存在这种现象。例如,链霉素生产菌(*Streptomyces griseus*)JIC-1 的孢子以冷冻干燥法经过 5 年的保藏,在菌群中退化菌落的数目仍有所增加;而在同样情况下,另一菌株773#只经过 23 个月就降低 23％的活性。即使在－20℃下进行冷冻保藏,经 12～15 个月后,上述773#菌株和另一株环丝氨酸生产菌908#的发酵水平还是有明显降低。由此说明,有必要研究和采用更有效的保藏方法以防止菌种生产性状的退化。

对保藏菌种来说,良好培养基是极其重要的。首先作为培养保藏菌种的培养基,一般应该和生产菌种的培养基成分基本相同。而用于斜面保藏菌种的培养基,其组成则有所不同,一般含较多有机氮,少含或不含糖分,总量不超过 2％,以防止 pH 的变化。对产腺苷的黄嘌呤缺陷型菌株,在培养基中加入黄嘌呤、鸟嘌呤、组氨酸和苏氨酸等,可使其回复突变率下降,生长繁殖速度减缓,延缓出现退化现象。总之,保藏菌种的培养基的成分,既要有益于菌种生长繁殖,又要有利于菌种保藏期间保持优良性状。

三、菌种的复壮及其方法

（一）菌种复壮的原理

从菌种退化的演变过程看,开始时所谓"纯"的菌株,实际上其中已包含着一定程度的不纯因素;同样,到了后来整个菌种虽已退化了,但其不纯中仍有少量保持优良性状的细胞,即还有少数尚未衰退的个体存在着。这样,人们就可以通过人工选择法从中分离筛选出那些原有优良性状的个体,使菌种获得纯化,这就是复壮。很明显,这种"狭义的复壮"是一种消极措施,它是指在菌种已发生退化的情况下,通过纯化分离和测定生产性能等方法,从退化的群体中找出少数尚未衰退的个体,进一步繁殖,以达到恢复该菌种原有典型性状的一种措施。而目前生产中提倡的"广义的复壮"应是一项积极措施,即在菌种的生产性能尚未退化前就经常有意识地进行纯种分离与生产性能的测定工作,以保持菌种稳定的生产性状,甚至使其逐步有所提高。

（二）菌种复壮的主要方法

1. 纯种分离

通过纯种分离,可以把退化菌种的细胞群体中一部分仍保持原有典型性状的单细胞分离出来,经过扩大培养,就可恢复原菌株的典型性状。常用的分离纯化方法很多,一类较粗放,一般只能达到"菌落纯"的水平,即从种的水平上来说是纯的;另一类是较精细的单细胞或单孢子分离方法,它可以达到细胞纯,即"菌株纯"的水平。概括如下：

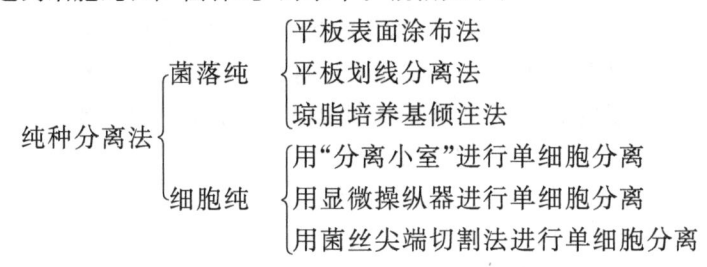

$$
\text{纯种分离法}\begin{cases}\text{菌落纯}\begin{cases}\text{平板表面涂布法}\\\text{平板划线分离法}\\\text{琼脂培养基倾注法}\end{cases}\\\text{细胞纯}\begin{cases}\text{用"分离小室"进行单细胞分离}\\\text{用显微操纵器进行单细胞分离}\\\text{用菌丝尖端切割法进行单细胞分离}\end{cases}\end{cases}
$$

2. 淘汰法

淘汰已衰退的个体。有人曾对产生放线菌素的 *Streptomyces microflavus* 的分生孢子,采用$-10\sim-30$℃的低温处理$5\sim7$d,使其死亡率达到80%。结果发现,在抗低温的存活个体中,留下了未退化的健壮个体,从而达到了复壮的目的。

3. 宿主体内复壮法

通过宿主体内生长进行复壮。对于寄生性微生物的退化菌株,可通过接种至相应的昆虫等动、植物宿主体内的措施来提高它们的活性。例如,经过长期人工培养的 *Bacillus thuringiensis*,会发生毒力减退和杀虫效率降低等现象。这时,可将已退化的菌株去感染菜青虫等的幼虫(相当于一种活的选择性培养基),然后可从病死的虫体内重新分离出典型的产毒菌株。如此反复进行多次,就可提高菌株的杀虫效率。

第二节 工业微生物菌种的保藏

菌种是一个国家拥有的重要生物资源,研究和选择良好的菌种保藏(preservation)方法具有重要的意义。优良的工业生产菌种,无疑是国家的重要财富。如前所述,有效的菌种保藏方法,是防止菌种退化极其必要的措施。为此,国际上许多发达国家,都设有相应的菌种保藏专门机构,如美国典型菌种保藏中心(ATCC)、美国"北部地区研究实验室"(NRRL)、荷兰的霉菌中心保藏所(CBS)、英国的国家典型菌种保藏所(NCTC)、原苏联的全苏微生物保藏所(UCM)、日本的大阪发酵研究所(IFO)及我国的中国微生物菌种保藏委员会(CCCM)等。

一、一般菌种保藏

菌种保藏是指在广泛收集实验室和生产菌种、菌株(包括病毒株甚至动、植物细胞株和质粒等)的基础上,将它们妥善保藏,使之达到不死、不衰、不污染,以便于研究、交换和使用的目的。而狭义的菌种保藏的目的是防止菌种退化、保持菌种生活能力和优良的生产性能,尽量减少、推迟负变异、防止死亡,并确保不污染杂菌。

菌种保藏的具体方法很多,原理却大同小异。首先,要挑选典型菌种(type culture)的优良纯种,最好采用它们的休眠体(如分生孢子、芽孢等);其次,还要创造一个适合其长期休眠的环境条件,诸如干燥、低温、缺氧、避光、缺乏营养及添加保护剂或酸度调节剂等。

水分对生化反应和一切生命活动至关重要,因此,干燥尤其是深度干燥,在菌种保藏中占有首要地位。五氧化二磷、无水氯化钙和硅胶是良好的干燥剂,当然,高度真空则可以同时达到驱氧和深度干燥的双重目的。

低温是菌种保藏中的另一重要条件。微生物生长的温度低限约在-30℃,可是在水溶液中能进行酶促反应的温度低限则在-140℃左右。这或许就是为什么在有水分的条件下,即使把微生物保藏在较低的温度下,还是难以较长期地保藏它们的一个主要原因。在低温保藏中,细胞体积较大者一般要比较小者对低温敏感,而无细胞壁者则比有细胞壁者敏感。其原因是低温会使细胞内的水分形成冰晶,从而引起细胞结构尤其是细胞膜的损伤。如果放到低温-70℃下进行冷冻时,适当采用速冻的方法,可使产生的冰晶小而减少对细胞的损伤。当从低温下移出并开始升温时,冰晶又会长大,故此时快速升温也可减少对细胞的损伤。不同微生物的最适冷冻速度和升温速度是不同的。例如,酵母菌的冷冻速度以每分钟 10℃ 为宜,而红细胞则相应地为 20℃。另外,在适宜的介质中冷冻,可以减少对细胞的损伤。例如,0.5mol/L左右的甘油或二甲基亚砜可透入细胞,并通过强烈的脱水作用而保护细胞;大分子物质,如糊精、血清白蛋白、脱脂牛奶或聚乙烯吡咯烷酮(PVP)虽不能透入细胞,但可能是通过与细胞表面结合的方式而防止细胞膜受冻伤。

在实践中,发现用极低的温度进行保藏时效果更为理想,如液氮温度(-195℃)比干冰温度(-70℃)好,-70℃又比-20℃好,而-20℃比 4℃ 好。

由于各种微生物遗传特性不同,适合采用的保藏方法也不一样。一种良好的有效保藏方法,首先应能保持原菌的优良性状不变,同时还须考虑方法的通用性和操作的简便性。下面介绍几种常用的菌种保藏方法。

(一) 斜面保藏方法

斜面保藏方法是一种简单常用的方法,即采用斜面菌种结合定期移接,直接在 4℃ 下保藏的方法。对科研与教学工作中不要求长期保藏的菌种更为适用方便,特别对那些不宜用冷冻干燥保藏的菌种,斜面保藏是最好的方法。

影响菌种斜面保藏效果的因素有许多,主要是菌种保藏培养基和培养条件。保藏培养基的营养成分贫乏一些,氮源略多,而糖类少,以减少因培养基 pH 下降而对菌种性能的影响。经验表明,保藏斜面在传代过程中,营养贫乏和丰富的培养基交替使用,有利于保持菌种的优良特性。英联邦真菌研究所(CMI),对真菌的保藏提出两项意见。第一,斜面保藏培养基的营养成分以控制既有利于菌丝体生长又有利于孢子形成为原则。第二,采用贫乏和丰富培养基交替培养和保藏,此后又同样进行间隔交替培养,可以延缓菌种衰退。日本谷长川也认为,斜面保藏培养基采用营养贫富交替培养是防止菌种衰退的良好措施。另外,配制斜面保藏培养基时,要选择那些不易引起菌种回复突变的碳源和氮源。例如,泡盛曲霉(Aspergillus awamori)是高产淀粉葡萄糖苷酶的产生菌,它在麦芽汁酵母膏培养基上易产生回复突变,而在马铃薯葡萄糖琼脂斜面上则不易产生。斜面保藏培养基最好用植物等天然有机物浸出汁配制,有利于保持菌种活性。各类微生物菌种保藏的培养基见表 19.3。

表 19.3 常见微生物菌种保藏培养基

菌 类	保藏培养基
好气性细菌	TYC 琼脂:胰蛋白胨 5g/L,酵母汁 5g/L,葡萄糖 1g/L,K_2HPO_4 1g/L,琼脂 20g/L,水 1000ml
有孢子杆菌(Bacillus)	土豆汁琼脂:蛋白胨 5g/L,牛肉汁 3g/L,豆汁 250ml,琼脂 15g/L,水 750ml,pH7.0(此为形成孢子用,若加入 $MnSO_4$ 5mg/L 左右,能促进长孢子)
	酵母汁 7.0g/L,葡萄糖 10g/L,pH7.0
醋酸细菌(Acetobacter)	胰蛋白胨 5g/L,肝酶汁 100ml,琼脂 20g/L,蒸馏水 900ml,待琼脂溶化后加葡萄糖 20g/L,$CaCO_3$ 10g/L,并使 $CaCO_3$ 悬浮于整个培养基中
	麦芽汁、$CaCO_3$ 0.5%
乳酸细菌(Lactobacillus)	MRS 培养液:蛋白胨 10g/L,肉汁 10g/L,酵母汁 5g/L,K_2HPO_4 2g/L,柠檬酸钠 2g/L,葡萄糖 20g/L,吐温 80g/L,乙酸钠 5g/L,盐溶液($MgSO_4·7H_2O$ 11.5g/L,$MnSO_4·2H_2O$ 2.45ml,蒸馏水 100ml)5ml,蒸馏水 1000ml,pH6.2~6.6
嫌气性有孢子细菌	糖蜜培养基:糖蜜(黑色)100g/L,大豆粕 100g/L,$(NH_4)_2SO_4$ 1.0g/L,蛋白胨 5g/L,蒸馏水 1000ml,pH7.2,灭菌后加入 $CaCO_3$ 5g/L
放线菌(Srteptomyces)	天冬酰胺-葡萄糖琼脂:天冬酰胺 0.5g/L,K_2HPO_4 0.5g/L,牛肉膏 2.g/L0,葡萄糖 10g/L,琼脂 17g/L,水 1000ml,pH6.8~7.0
	Emerson 培养基:NaCl 2.5g/L,蛋白胨 4.0g/L,酵母汁 1.0g/L,牛肉汁 4.0g/L,蒸馏水 1000ml,pH7.0(用 KOH 调节)
	高氏合成琼脂:可溶性淀粉 20g/L,KNO_3 1g/L,K_2HPO_4 0.5g/L,$MgSO_4·7H_2O$ 0.5g/L,NaCl 0.5g/L,$FeSO_4$ 0.01g/L,琼脂 20g/L,蒸馏水 1000ml,pH7.2
丝状真菌(Filamentous fungi)	玉米粉琼脂:玉米粉 6.0g/L,水 1000ml,同水混合成奶油状,文火烧 1h,用布过滤,加入琼脂并加热至溶化,恢复原体积;10lb① 灭菌 30min。此培养基特别适于暗色霉菌的保藏
	马铃薯浸汁琼脂:25% 马铃薯浸汁 1000ml,葡萄糖 10g/L,琼脂 20g/L

续表

菌 类	保藏培养基
曲霉 (*Aspergillus*)	察氏琼脂：$NaNO_2$ 3g/L, K_2HPO_4 1g/L, $MnSO_4 \cdot 7H_2O$ 0.05g/L, KCl 0.5g/L, $FeSO_4 \cdot 7H_2O$ 0.01g/L, 蔗糖或葡萄糖 30g/L, 琼脂 15~20g/L, 蒸馏水 1000ml, pH6.0
青霉 (*Penicillium*)	麸皮培养基：新鲜麸皮与水，以 1∶1 混合，121℃灭菌 30min
毛霉 (*Mucor*)	菠菜-胡萝卜琼脂培养基：菠菜(薄切)200g/L, 胡萝卜(去皮薄切)200g/L, 琼脂 20g/L, 蒸馏水 1000ml, 菠菜(不要新鲜的)和胡萝卜放在水中，煮沸 1h 后用布过滤，加琼脂，0.1MPa 灭菌 20min
酵母 (yeast)	GM 培养基：蛋白胨 3.5g/L, 酵母汁 3.5g/L, K_2HPO_4 2g/L, $MgSO_4 \cdot 7H_2O$ 1.0g/L, $(NH_4)_2SO_4$ 1.0g/L, 葡萄糖 20g/L, 琼脂 20g/L, 水 1000ml
	MY 培养基：酵母汁 3g/L, 麦芽汁 3g/L, 蛋白胨 5g/L, 葡萄糖 10g/L, 琼脂 20g/L, 水 1000ml
	麦芽汁琼脂：麦芽汁 1000ml, 琼脂 15, pH6.0

① 1lb=0.453 592kg。

斜面保藏除选择良好的培养基之外，还要注意保藏条件。经过移接、培养后的斜面，置于 4℃冰箱保藏。每隔 1~3 个月后移接一次，继续保藏。移接代数最好不超过 3~4 代。每次移接时，斜面数量可以多一些，以延长使用期。有的保藏斜面的试管棉塞可以改为橡胶塞，再用石蜡密封，置于 4℃冰箱保存。这样不仅可以避免斜面培养基水分蒸发，还可以克服棉塞受潮而被污染。该法对细菌、霉菌、酵母保存 5~10 年后，存活率达 75% 以上。研究中发现，某些蕈菌(如姬松茸)的斜面菌丝体在 4℃冰箱保藏易于死亡，一般于 20℃才能保持其活性。

斜面保藏法，简便有效，特别适合于非长期保藏的菌种及不能采用低温干燥方法保藏的菌种。但也有其不足之处。首先在保藏期间，由于斜面含有营养和水分，菌种生长繁殖还没有完全停止，代谢活动尚可微弱进行，因此，还存在自发突变的可能。而且根据菌种不同，一般每 1~3 个月就要转接一次，移植代数比其他保藏方法要多，这样就易发生变异和引起退化。由于传代频繁，每次制备斜面时，因原料、水质、pH、配制方法、灭菌、培养温度及湿度等的差异，不仅影响菌种质量，也容易造成杂菌污染。斜面菌种在保藏期间培养基的水分易于蒸发而收缩、干涸，使其浓度增高，渗透压加大，因而将引起菌种退化甚至死亡。

(二) 液体石蜡油保藏法

用石蜡油保藏菌种是由法国的 Lumiere 于 1914 年创造的，也是工业微生物菌种保藏的常用方法。石蜡油保藏法其实是斜面保藏的一种方式，它比斜面保藏的好处是因为在斜面中加入石腊油，保存期间可以防止培养基水分蒸发并隔绝氧气，克服了斜面保藏的缺点。该法加石腊油后，置 4℃低温保存，进一步降低代谢活动，推迟细胞退化，效果比一般斜面保藏好得多。通常菌种保存 2~3 年，甚至 5 年转代移接一次，几乎能够保持其原有活性。

石蜡油保藏法中斜面培养基的选择、配制方法及保藏条件与斜面保藏法几乎相同。其具体方法如下所述。取新鲜斜面，移接菌种，培养至菌体健壮、成熟，加入经灭菌的石蜡油，液面高出斜面培养基顶部 1~2cm，加塞并用固体石蜡封口，置于低温保存。但有报道，某些蕈菌菌丝用石蜡油保藏法，在 3~6℃低温保藏时菌丝易于死亡；而在室温下反而较理想，这是值得注意的。

石蜡油是无色透明的矿物油，用于菌种保藏前，应于 121℃蒸汽灭菌 60~80min。然后置于80℃烘箱中烘干,除去水分。石蜡油多为化学纯,若含有杂质,尤其是有毒物质,应用于菌种保藏则会影响菌种生产性能。石蜡油保藏法的应用较为广泛,特别适用于一些在固体培养基上不能形成孢子的丝状担子菌,如大型食用真菌和药用真菌,以及镰刀霉、红曲霉等微生物菌种。此外,一些酵母菌、霉菌及少数细菌也可采用。有的学者用石蜡油保藏部分细菌、酵母、霉菌,5年后其中米曲霉、黑曲霉和枯草杆菌、八叠球菌等存活率高,生活力强,效果良好。但本法不适用于能以石蜡为碳源的或者对石蜡十分敏感的微生物保藏。为了确保菌种活性,采用该法保藏之前要做预备试验。菌株保藏期间要定期做存活率和活性试验,一般2~3年做一次,以考察该法的保藏效果与菌种的适应性。根据中国科学院微生物研究所有关曲霉和青霉菌种保藏试验(表19.4)结果表明,石蜡油对该表中菌类的保藏效果是良好的,但是曲霉中的 *Aspergillus flavus*、*Aspergillus gracilis*、*Aspergillus japonicus*、*Aspergillus terricola* 和 *Aspergillus ustus* 等菌株经石蜡油保藏6~7年后,少量菌株有失活现象。

表19.4 液体石蜡油保藏法的效果

菌 名	保存数	保存年限/年	存活率/%
曲霉	5种7株		100
曲霉	41种115株	11	94.5
青霉	39种61株	6~7	100
拟青霉	4种10株	6~10	100
子囊菌	26属55种292株	6	78
红曲霉	165株	10	82
红曲霉	7株高酶活力菌株	10	与定期移植法比较,酶活未下降

(三) 干燥保藏法

自然界中不少微生物,如产孢子的放线菌类、霉菌类和产芽孢的细菌类,因为产生的孢子或芽孢,在干燥环境中抵抗力强,不易死亡。干燥能使这些微生物代谢活动水平降低但不会死亡,而处于休眠状态。因此,把菌种接种到一些适宜的载体上,人为创造一个干燥环境,就能达到菌种保藏的目的。可以作为干燥保藏的载体材料有细砂土、滤纸片、麦麸、硅胶等。把接有菌种的孢子或芽孢的载体置于低温下保藏,或抽真空密封保藏,效果很好。下面介绍几种常用的干燥保藏法。

1. 砂土保藏法

砂土保藏菌种的历史相当久远,1934年就已有报道(Greeke法)。它是利用细砂创造的干燥条件,使那些能产生孢子或芽孢的微生物达到菌种保藏目的的方法。砂土保藏法经济简便,保存时间长,不易变异,效果好,是目前国内外广泛应用的菌种保藏方法,是一些抗生素产生菌常用的也是最重要的保藏方法之一。保存期一般为2~5年,有的甚至更长,具体制作方法如下所述。

1)砂土制备 取河、海黄砂1000~1500g,放入容器内,加入10%盐酸溶液浸泡24h,倾去溶液,置于自来水下冲洗至pH为中性,烘干。通过60目筛,并用磁铁石除去黄砂中的铁质。另取未被污染的较瘠薄的地表以下土壤(最好是山坡上,或深挖30cm以下的非耕作层土壤),于自来水浸泡冲洗,直至pH中性,烘干、碾细,通过120目筛子,将以上经过处理的砂和土以1:1或3:2混合均匀,装入100mm×10mm的试管内,每管装量1.5~2.0g。加棉塞,包上牛皮纸,于121℃灭菌1～1.5h,间歇灭菌3次。在50℃以下烘干(温度不必过高,否则土壤有机质被高温分解后,产生有害物质,影响菌种性能),经检查无误后备用。

2) 菌种和砂土管制备　供砂土保存的菌种质量要高,首先使斜面菌体生长健壮,孢子丰满。有些菌种,如红霉素、四环素、金霉素生产菌的斜面,接种时不要过密,使菌落有充分生长和长孢子的余地。菌种培养时间,即菌龄或孢子龄要适宜。一般是选择对生产性能和变异率影响都小的菌龄,不宜过长。据试验,龟裂链霉菌第一代孢子用于制备砂土管最理想,死亡率低,生产性能稳定。除此之外,供保藏的菌种要采用分离纯化后的纯种,并且要测定其生产力,绝不能污染杂菌。

3) 埋砂土

(1) 湿埋法:取培养好的新鲜斜面,加入适量灭菌的无菌水,轻轻刮下孢子或菌苔(严防菌丝和培养基带入),使细胞浓度为 10^8～10^{10} 个/ml。每支砂土管中加入 0.2～0.3ml 菌悬液,搅拌混匀,然后抽真空干燥约 4h,不宜过长,否则会造成菌体细胞死亡。把制备好的砂土管放入干燥器内,置于冰箱低温保存。

(2) 干埋法:从斜面培养物上直接取孢子或菌苔,移入到砂土管中(不能带入培养基),混匀,抽真空 1～2h,或者将砂土管扎成一捆,在管口上覆上一包用纱布袋包装的变色硅胶,然后放入含有干燥剂的干燥器里;或者把单支砂土管放入装有变色硅胶的大号试管内,塞上橡皮塞,用石蜡密封,置于 4℃ 冰箱保存。

很多微生物可用砂土管保藏,如产孢子的霉菌、放线菌及芽孢细菌。土霉素、链霉素产生菌用砂土管保存 18 年,成活率仍然很高;新霉素产生菌保存 22 年,移后生长良好;青霉素、灰黄霉素、四环素等产生菌保存 5～7 年,生产能力无明显变化。但某些易发生变异的抗生素产生菌,如力复霉素、卡那霉素、麦迪霉素和头孢霉素等产生菌用砂土保存效果不够理想。

2. 滤纸条保藏法

将菌体细胞或孢子吸附在湿的无菌滤纸条上,干燥后置于低温保藏,称滤纸保存法。该法适合丝状真菌、酵母菌和细菌保藏。根据 Hopwood 等报道,滤纸条菌种保存具体制作法如下所述。①取 3 号滤纸裁成 0.5cm×5cm 的细条,置空培养皿中,高压蒸汽灭菌,烘干备用。②取未加棉塞的 0.6cm×10cm 的安瓿管若干个,瓶口朝下,放在金属罐里灭菌。③加入灭菌过的脱脂奶粉溶液(10%)于培养成熟的斜面中,制成菌悬液;用灭菌的不锈钢镊子将 6 条滤纸条浸入菌悬液中,待吸饱菌液后取出滤纸条,每只安瓿瓶内放一条。④在离安瓿瓶口 3cm 处用喷灯加热,拉管径至 1/4,然后立即插入冷冻干燥器的分歧管上,进行抽真空冷冻干燥,真空度为 0.01Torr[①],约干燥 4h,熔封管口,低温保存。

3. 无水硅胶保藏法

无水硅胶保藏法是一种以无水硅胶为载体的菌种干燥保藏法,其方法是取无水纯硅胶,通过 6～20 目筛,装入 100mm×10mm 的试管内,于 160～180℃ 干热灭菌 90～120min,在干燥条件下保存备用。

在菌体成熟的斜面中,加入灭菌的脱脂牛奶,轻轻刮下孢子或菌体,制成细胞浓度为 10^7～10^{10} 个/ml 的菌悬液。先将装有硅胶的试管置于冰浴中,然后将菌悬液加入到试管内,其量约湿透硅胶的 3/4。此时由于硅胶吸水而放热。试管在冰浴中浸置并摇动 30min,以防热量不

---

① 1Torr=1.333 22×10^2Pa。

均灼伤菌体。接着抽真空干燥，或将试管于室温干燥。将数支试管捆在一起，管口覆一包变色硅胶，放到含干燥剂的干燥器内，置于冰箱中保存。过数天更换一包干的变色硅胶，直到管内硅胶干燥(全部变为蓝色)为止。该法适用于一些丝状真菌和酵母菌的菌种保藏。

4. 麸皮保藏法

麸皮保藏法即以麸皮作载体，吸附接入的孢子，然后在低温干燥条件下保存。其制作方法如下所述。麸皮和水以 1:0.8~1:1.5 的比例混合后，装入试管体积的 2/5 左右，塞上棉塞，高压蒸汽灭菌。待冷却后，接入新鲜培养的菌种搅动均匀，适温培养至孢子成熟。放入装有变色硅胶干燥剂的干燥器内，先于室温干燥 7~10d，后移入到冰箱内保藏。该法适合于产孢子的霉菌和放线菌。中国科学院微生物研究所用麸皮保藏法保藏曲霉，如 *Aspergillus oryzae*、*Aspergillus usamii*、*Aspergillus niger*、*Aspergillus awamori*、*Aspergillus cinnamomeus*、*Aspergillus ficuum*、*Aspergillus terricola* 等 7 种 9 株，17 年后存活率达 100%；另有 39 种 127 株，保存 7~8 年存活率为 87.4%；青霉 32 种 56 株，保存 7~8 年后存活率达 75%；拟青霉 5 种 13 株，保存 7~8 年失活 9 株；保存帚霉 2 种 2 株，7 年未失活。但其中曲霉中的 *Aspergillus conicus*、*Aspergillus restrictus*、*Aspergillus flavipes* 等菌种用麸皮保藏效果不良。

此外，还有大(小)米保藏法。一些能大量产生孢子的曲霉、青霉等生产菌种，如灰黄霉素、青霉素生产菌种，都是采用大(小)米制备孢子保藏的。

(四) 冷冻干燥保藏法

冷冻干燥法通常是用保护剂制备菌悬液，然后将含菌样快速降至冰冻状态，减压抽真空，使冰升华成水蒸气排出，从而使含菌样脱水干燥。并在真空状态立即密封瓶口隔绝空气，造成无氧的真空环境，然后置于低温下保存。冷冻干燥法是在干燥、缺氧、低温条件下保藏菌种。几乎无化学变化，微生物代谢活动基本停止而处于休眠状态。因此，不易发生变异，保藏时间长，一般达 5~10 年。除一些不产孢子的丝状真菌不宜采用冷冻干燥法保藏外，大多数微生物都可以采用，其中特别对那些不宜用移代保藏的抗生素生产菌种，如春雷霉素、麦迪霉素、头孢霉素、卡那霉素等生产菌种，采用冷冻干燥保藏法保藏期长、生产性能稳定、保藏效果良好。另外，我国大多数生物制品菌种都是采用该法保藏。

冷冻干燥保藏法已具有几十年的历史，是保藏菌种较理想的方法，也是国内外保藏菌种普遍采用的方法。中国科学院微生物研究所采用冷冻干燥法保存曲霉和青霉，结果见表 19.5。表 19.5 说明冷冻干燥法对这两类菌的保藏具有良好的效果。但曲霉中 *Aspergillus candidus*、*Aspergillus flavus*、*Aspergillus terreus* 等菌种，以及青霉 *Penicillium herquei*、*Penicillium nigricans* 等菌种，经 11 年冷冻干燥法保存全部失活。

表 19.5 冷冻干燥法保藏菌种情况

菌 名	保存菌株数	保存年限/年	存活率/%
曲霉	33 种 67 株	12	100
曲霉	22 种 45 株	11	91.1
青霉	13 种 19 株	12	100
青霉	18 种 26 株	11	92.3
拟青霉	2 种 2 株	11	未失活
拟青霉	1 种 10 株	10	仅 1 株失活
帚霉	2 种 2 株	4	未失活

冷冻干燥法保藏所用的设备——冻干机,可以购买进口或国产的定型成套的专业设备,但也可以采用自己加工的简易真空干燥设备进行保藏,其原理与成品冻干机基本相同(图19.3)。

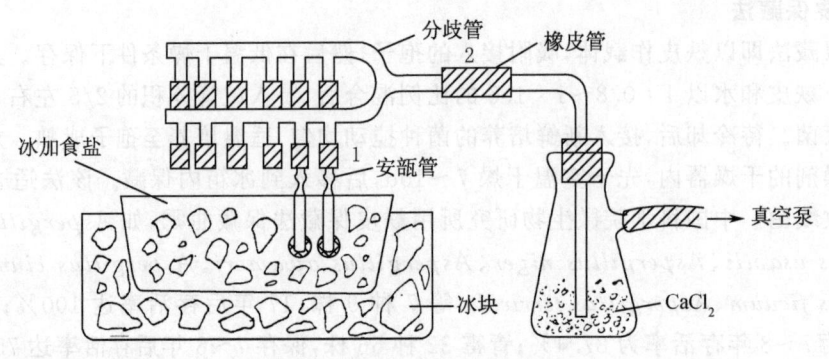

图 19.3 简易冷冻干燥装置

冷冻干燥法的操作步骤见图 19.4。

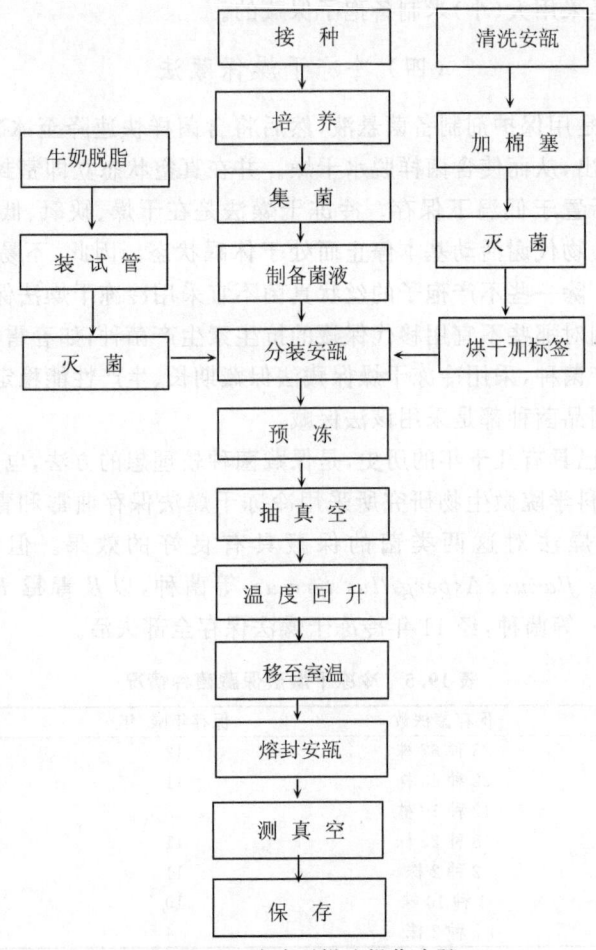

图 19.4 冷冻干燥法操作步骤

1. 安瓿瓶

选用中性玻璃制作的安瓿瓶,规格 80mm×100mm。将安瓿瓶洗净,并用 2%盐酸浸泡 7~10h,用自来水和蒸馏水冲洗干净,烘干。瓶内放入印有菌号和日期的标签。塞上棉塞,松紧适宜(以免抽真空时成为阻力),灭菌后备用。

2. 保护剂

为了防止冷冻干燥过程和保存期间细胞易于损伤和死亡,需要加保护剂。低分子和高分子化合物及一些天然化合物,都是良好的保护剂。其中以高分子和低分子化合物混合使用效果最好。脱脂牛奶实际应用较多,其制备方法:取新鲜牛奶于 2000r/min 离心 15min,除去脂肪;再离心 1~2 次后,装入已经灭过菌的带塞瓶内,进行高压蒸汽灭菌(常采用 115℃灭菌 15~20min,以防高温分解变质)。此时牛奶应保持乳白色,不能变色。经检查确认无菌后,置冰箱备用,一般可以存放 1 个月。

保护剂的保护作用包括三个方面:①可以减少细胞在冷冻和真空干燥过程中的损伤和死亡;②对保存过程中菌种细胞的构型维持稳定作用,并减少死亡;③使固形化的含菌样重新培养时,加入培养液易于溶解。保护剂的种类很多(表 19.6),不同微生物适合的保护剂不同,尤其是对那些不易保存的菌种对保护剂种类的选择更为严格。不适宜的保护剂在保存过程中造成菌种的死亡率很高。例如,脱脂牛奶是普遍采用的保护剂,对枯草杆菌等菌种保藏,死亡率不到 10%;而用于青霉素产生菌保藏时,死亡率则高达 90%以上。

表 19.6 冷冻干燥保藏法中常用的保护剂

保护剂类别		保护剂名称
天然混合物		脱脂牛奶、血清蛋白
高分子化合物		明胶、白蛋白、酵母膏、蛋白胨、可溶性淀粉、葡聚糖、糊精、羧甲基纤维素、阿伯胶、聚乙烯氮戊环
低分子化合物	酸性化合物	谷氨酸、天冬氨酸、苹果酸
	中性化合物	葡萄糖、乳糖、蔗糖、山梨醇、肌醇、甘油
	碱性化合物	赖氨酸、精氨酸

用 1%明胶加 10%蔗糖用作链霉菌的保护剂,其效果比牛奶或血清更好,1.5%~2.0%的谷氨酸、0.2%的白蛋白和明胶用作保护剂比脱脂牛奶要好。

细胞在冰冻和真空干燥过程中的损伤和死亡原因还不十分清楚,一般认为在冷冻条件下细胞内部水分和外围水分结冰,导致冰晶对细胞挤压或冰晶刺破细胞而使之损伤或死亡。另外,在干燥过程中由于细胞失去自由水,使细胞质浓度增大而死亡。保护剂的作用机制与保护剂化合物的化学结构有密切关系。在冰冻和真空干燥过程中保护剂化合物中某些化学结构与细胞稳定地结合,取代了细胞表面束缚水的位置,可以避免冷冻干燥对细胞带来的损伤或死亡。

3. 菌种制备和分装

作为保藏菌种,一定要选用生长良好的、健壮的斜面菌种;菌龄控制在稳定期,这时期细胞对外界抵抗能力较强,容易忍耐冷冻和干燥的环境。另外要求较高的细胞浓度,以弥补因冷冻干燥过程中部分细胞的死亡而造成的密度下降。一般细菌浓度为 $10^7 \sim 10^8$ 个/ml,孢子浓度

为 10^6 个/ml 以上为宜。

取稳定期的细菌或成熟的孢子斜面,加入 2.5ml 左右的灭菌的脱脂牛奶,轻轻刮下菌体或孢子,尽可能不带菌丝和培养基。用灭菌的长形滴管或毛细管,以最快的速度分装到安瓿瓶内,并立即抽真空干燥(不超过 2h),菌悬液加入的量,控制在安瓿瓶球部的一半(约0.2ml),因为该部位升华面积最大。分装完毕,塞上棉塞,剪去露出瓶口外的棉花,并将棉花推入到瓶口下 0.5cm 处,以免插管时被带出瓶外。接着把安瓿瓶逐个插入冻干机的分歧管上,用石蜡密封连接处,再将分歧管用橡皮管与真空泵相连接。

4. 预冻和真空干燥

为了防止抽真空初期泡沫溢出,同时为使菌液样品冻结,以便在真空状态下升华干燥,必须进行预冻。但是预冷的温度不能低于−20℃,否则会造成菌体死亡率增加,酵母菌类尤其敏感。把插入分歧管的所有安瓿瓶球部埋在盛有冰和食盐的冰槽中,在−18~−20℃预冻 30min 后,即可进行抽真空。整个干燥过程,先是升华干燥,然后蒸除去水分。当干燥程度达到使样品脱离瓶壁成为疏松的块状,此时可将安瓿瓶从冰槽中取出,于室温继续抽真空 1h 左右,直到样品内部水分绝大部分除去(细菌残余水为 1%、病毒在 0.5%~1.0%、抗生素产生菌在 3% 左右)。用手指轻弹管壁,可见瓶内样品疏松、转动时,即可熔封。封口时常在真空状态下,在安瓿瓶凹处熔封,使瓶上产生一个小窝,然后用高频电火花测定仪检查真空度,如管内出现蓝色光则符合要求;若是红色光说明尚未真空。因为冷冻干燥后的菌体接触空气后易于死亡,因此,封口后的安瓿瓶内的真空度是十分重要的。封口时应注意火焰要射向安瓿瓶管上方,而不能朝着样品,以防污染和损伤。真空干燥过程中,抽真空的时间不宜过长,一般为 4~8h,否则会提高菌种死亡率和影响活性。影响干燥时间的因素很多,首先与安瓿瓶数量有关,瓶少干燥时间短,瓶多则反之;其次与安瓿瓶口棉塞松紧、连接管道粗细和长短及其连接气密性有关。冷冻干燥过程温度下降不能太快,要逐步下降,否则会引起菌体大量死亡。用产生金霉素的金色链霉菌和产生青霉素的青霉菌进行冷冻干燥速度对菌种死亡率影响的试验,结果表明真空干燥慢速比快速效果好。安瓿管密封后,置于 4℃ 避光保藏。

冷冻干燥法保存菌种,要定期检查菌种死亡率。一般保存 6 个月、2 年、5 年、10 年分别检查一次。通过活菌计数,计算其存活率。如果为确证菌种对该法保存的效果,可以保存 1 个月的菌种,进行平皿活计数,确定是否可采用该法保存。

要恢复培养时,以无菌操作打开安瓿瓶,加入 0.3~0.5ml 最适培养液,轻轻摇动,溶解样品,然后移接到斜面上培养。恢复培养时要注意安瓿从 4℃ 取出后,先放置于室温少许时间,使菌液温度与倒入的培养液温度几乎平衡。同时注意溶化样品的速度不要太快,以免影响菌种活性。由于安瓿瓶是真空状态,开瓶时要缓慢并注意紧靠火焰,以避免空气冲入而造成染菌。

(五) 真空干燥法

真空干燥法即菌种不经冷冻,在常温下直接真空干燥的保藏方法。保藏菌种不需传代,不易发生退化,可以达到较好保藏效果。适用于细菌、放线菌、酵母菌和噬菌体的保藏,但不适用于丝状真菌。

有人采用真空干燥法和冷冻真空干燥法对放线菌 22 种 30 株菌进行保藏研究。结果表明,在 5℃ 下采用真空干燥法保藏,不管是刚刚干燥完毕还是保存 11 个月之后,其成活率均比冷冻真空干燥法高。用10%脱脂牛奶粉作为保护剂时,其中20株菌株保存11个月的成活率为90%;用30%谷氨酸钠作保护剂时,有16个菌株的成活率为90%。因此,对大多数放线菌来说,用10%脱脂牛奶粉作保护剂的真空干燥法,是一种较为有效的方法。它具有设备相对简单、操作方便的优点。

(六) 液氮超低温保藏法

菌种以甘油、二甲基亚砜等作为保护剂,在液氮超低温(-196℃)下保藏的方法。从20世纪70年代以来,国外已经采用液氮保藏微生物菌种。因为一般微生物在-130℃以下新陈代谢活动就完全停止了,因此它比其他任何保藏方法都要优越,被世界公认为防止菌种退化的最有效方法。该法适用于各种微生物菌种的保藏,甚至连藻类、原生动物、支原体等都能用此法获得有效的保藏。

液氮超低温保藏菌种的原理,主要是菌种细胞从常温过渡到低温,并在降到低温之前,使细胞内的自由水通过细胞膜外渗出来,以免膜内因自由水凝结成冰晶而使细胞损伤。美国ATCC菌种保藏中心采用该法时,把菌悬液或带菌丝的琼脂块经控制制冷速度,以每分钟下降1℃的速度从0℃直降到-35℃,然后保藏在-150℃到-196℃液氮冷箱中。如果降温速度过快,由于细胞内自由水来不及渗出胞外,形成冰晶就会损伤细胞。据研究认为降温的速度控制在每分钟1~10℃,细胞死亡率低;随着速度加快,死亡率则相应提高。

液氮低温保藏的保护剂,一般是选择甘油、二甲基亚砜、糊精、血清蛋白、聚乙烯氮戊环、吐温-80等,但最常用的是甘油,因为它可以渗透到细胞内,并且进入和游离出细胞的速度比较慢,通过强烈的脱水作用而保护细胞;二甲基亚砜的作用和甘油相似;糊精、血清蛋白、聚乙烯氮戊环等则是通过和细胞表面结合而避免细胞膜被冰晶损伤。不同微生物要选择不同的保护剂,再通过试验加以确定保护剂的浓度,原则上是控制在不足以造成微生物致死的浓度,一般甘油为10%~20%、二甲基亚砜为5%~10%、聚乙烯氮戊环0.4mmol/L。下面是液氮超低温保藏法的操作方法。

1. 安瓿瓶的选择

一般选用95料或GG 17的玻璃管制成的安瓿瓶,因为它们能承受强烈的温差变化而免遭破裂。其规格常用70mm×10mm,瓶底最理想的是半球形,容量以1.2ml左右为宜。要求在安瓿瓶口下方3cm处有一个凹陷,以便菌液加入后作为封口用。将安瓿瓶洗净、干燥后,在瓶壁上用记号笔书写菌号和日期,在160℃烘干,加棉塞灭菌,烘干后备用。

2. 菌种制备和冻结保藏

取新鲜培养的健壮菌体斜面,加入20%甘油或其他保护剂,刮下孢子或菌体,制成孢子或菌悬液,取0.2~0.5ml加入安瓿瓶中,在安瓿瓶凹处用火焰封口;如果是不产孢子的丝状菌,可以用菌丝体进行保藏。通常把菌种分离在平皿上,待菌落成熟后,用直径0.5cm不锈钢打孔器,打取粗壮的、均匀的菌丝连同培养基的菌块,然后以无菌操作将琼脂块移入到事先已加入0.8ml左右保护剂的安瓿瓶中,立即用火焰熔封瓶口,检查瓶口严密不漏气,将它们置于慢速冻结器上,控制温度下降速度为1℃/min,待温度逐渐下降到-35℃时,把安瓿瓶迅速放入液氮罐内保藏。

在保藏期间,液氮会缓慢蒸发,不同结构的液氮罐,蒸发量不同,一般10d的蒸发量为15%。因此,要注意及时补充液氮。

据前苏联 СИ. ПЯКNHQ. Т. М 等对 4 种酿酒酵母亚种采用液氮低温法和冷冻干燥法保藏进行对比试验。结果表明,液氮法比冷冻干燥法活细胞的相对数量大大提高,其存活率为 55%～100%,经过 6 个月的保藏仍然保持这个水平。

液氮法保存酵母菌的最有效条件为:用 20%甘油作为保护剂,以每分钟温度下降 1℃的速度缓慢冷冻。在这种条件下酵母的存活率接近 100%,长期保存液氮中可仍然维持这个水平。而冷冻干燥法的酵母菌存活率仅为 0.06%～0.3%,在 4℃下最多只能保藏 3 年。因此,对酵母菌来说,液氮超低温保藏比冷冻干燥保藏具有更大的优越性。

3. 恢复培养

要使用菌种时,从液氮罐中取出安瓿瓶,并迅速放到 35～40℃温水中,使之冰冻熔化,以无菌操作打开安瓿瓶,移接到保藏前使用的同一种培养基斜面上进行培养。从液氮罐中取出安瓿瓶时速度要快,一般不超过 1min,以防其他安瓿瓶升温而影响保藏质量。并且取样时一定要戴专用手套以防止意外爆炸和冻伤。

(七)液相保藏法

液相保藏法包括蒸馏水保藏、磷酸盐缓冲液保藏、食盐溶液保藏等。其方法如下所述。将新培养的菌种直接接入其中,置于室温或稍低温度保藏。由于液相保存法操作简单,效果也较好,国外已有不少的应用和研究报道,但在我国实际应用并不多,特别是工业发酵菌种很少采用该法保藏。

1. 蒸馏水保藏法

待斜面菌种培养到孢子或菌丝体成熟之后,加入 5ml 左右无菌蒸馏水,轻轻刮下孢子或菌体,制成菌悬液,取一定量移入到无菌小瓶子中,加盖,石蜡密封。置室温保存,一般可保存 1～5 年。

有人进行了 66 个属、147 个种的 417 株菌的蒸馏水保藏试验,经过 1～5 年保藏,真菌和放线菌存活率为 92%～94%,酵母菌存活率为 100%。特别是对一些采用常规法保藏效果不佳的酵母菌更适用该法保藏。

采用蒸馏水保藏法时,一方面要设法使斜面菌种生长良好,并且要有尽可能多的孢子或菌体细胞,制备菌悬液的菌体密度要大,以防保藏过程中部分死亡。

如要恢复培养,可从小瓶内吸取 0.2ml 左右的菌液,移接到新配制的培养基斜面上,于适宜的温度下培养即可。

2. 磷酸盐缓冲液保藏法

该法采用 0.2mol/L,pH7.0 的磷酸缓冲液,取 2ml 加入到 100mm×12mm 试管内,常规灭菌后,接入 2～3 环新鲜的生长良好的斜面菌种,塞上无菌胶塞,于 10℃左右保藏。

有关学者采用该法保藏 24 个属、54 个种,与以胶塞斜面保藏法和胶塞矿油保藏法同时进行 3 年的保藏比较实验,结果见表 19.7。

表 19.7 三种菌种保藏方法的存活率比较

保藏方法 \ 保藏菌类	霉 菌	酵 母	细 菌
胶塞斜面保藏	55.00	57.69	93.55
胶塞矿油保藏	86.67	68.00	80.00
磷酸盐缓冲液保藏	90.00	92.30	96.88

很明显,采用磷酸盐缓冲液保藏法,霉菌、酵母菌或细菌的存活率均比其他两种方法高,特别是酵母菌和霉菌效果更好。

(八) 基因工程菌的保藏

1. 常规保藏法

目前常用的工程菌宿主是大肠杆菌和毕赤酵母,它们构建成基因工程菌之后需要妥善保藏,否则易造成质粒脱落或其他退化现象,常用的保藏方法如下。

1) 甘油保藏　取灭菌分析纯甘油(在 $1.0×10^5$ Pa 高压蒸汽灭菌 20min),浓度一般为 15%,有的菌种用 8%~10%,甘油用高纯水或双蒸水配制。

甘油管制备:菌种先在一定抗性压力的斜面中培养 10~12h,在灭菌的菌种管内加入一定浓度的灭菌甘油及菌体或菌悬液,摇匀,将菌种甘油管置于 −70℃ 或 −80℃ 冰箱保藏。

2) 斜面保藏

(1) 斜面保存时要在制备培养基中加入一定浓度的相应抗性物质,以保证菌种稳定性。

(2) 从甘油管接到斜面后,经培养,有时需要置于 4℃ 冰箱保藏,此时一般存放时间 15~20d,超过 20d 后,产量易于下降。但各种工程菌保存于 4℃ 冰箱的时间略有不同,事先需要试验才能确定。

3) 液体培养物保藏　取工程菌液体培养物,加入灭菌甘油,浓度达到 15%,振荡培养物使甘油分布均匀,然后转移至标记好的、带有螺口和空气密封圈的保存管内,在乙醇-干冰或液氮中冻结后转至 −70℃ 或 −80℃ 长期保存。复苏菌种时,用灭菌的接种针刮拭冻结的培养物表面,然后立即把黏附在接种针上的菌体划于含有适当抗生素的 LB 琼脂斜面表面,置于适当温度培养过夜。

2. 穿刺保藏法

使用 EP 管或带有螺口旋盖和橡皮垫圈的玻璃小瓶,加入约 1/2 体积的 LB 琼脂培养基,经高压灭菌后,冷却至室温,备用。保藏工程菌时,用灭菌的接种针从新的培养斜面中挑取菌落,把针穿过 LB 琼脂培养基直达瓶底,约 3 次,用 8 层纱布盖上瓶口,在适当温度下培养过夜,然后除去纱布,盖上瓶盖,并加封口膜,置于 4℃ 冰箱保藏。

甘油管冷冻保藏法可保藏 5 年以上,若实验室没有 −70℃ 冰箱,也可以把菌种放入 −40℃ 冰箱中保藏,可保藏 1 年左右。穿刺法可保藏工程菌 2 年之久。

二、菌种保藏注意事项

(1) 保藏的菌种要用良好的培养基,采用新鲜培养的菌种,健壮的菌体、丰满的孢子、适宜的菌龄,细菌要求在稳定期,孢子要充分成熟,以便能抵抗保藏过程中的干燥、缺氧、冷冻的环境,以减少死亡。对四环素、土霉素、金霉素、红霉素等产生菌的菌种,移接斜面要控制孢子量,不宜过多、过密,需使每个孢子长成的菌落有充分的营养和空间,以便获得健壮的菌体或丰满的孢子。

(2) 在各种保藏方法的操作过程中,都要进行严格的无菌操作。而且保藏过程也要防止杂菌污染,要定期做无菌检查。

(3) 要注意保藏菌种的制备质量。如果采用冷冻干燥法,成品冷冻干燥机虽然一次能冻干数百个安瓿瓶,但不能一次就制备这么多数量,要分期分批进行,先制备的要随即放入冰箱,最后集中置于冻干机上干燥,否则制备的菌悬液放在室温时间太长,不仅会影响菌种活性,有时还会使孢子发芽,严重影响保藏效果。

(4) 为了防止菌种退化,在保藏期间,要为菌种创造最适宜的保藏条件,如选择适合的培养基,严格控制保藏的温度、湿度和氧气等。

(5) 严格控制传代次数,这一点对斜面低温保藏的菌种尤为重要。因为该法保存时间短,移代是不可避免的,但要尽量做到科学、合理。一次移接的斜面数量多一些,然后进行传代,一方面减少自发突变,另一方面最大限度地防止退化细胞扩大繁殖,以维持菌种的优良特性。

(6) 保藏菌种恢复培养时,要移接到保藏以前所用的同一培养基上进行培养,以维持优良性能的稳定性。

思 考 题

1. 菌株退化的原因是什么?如何防止菌株的退化?最常用的菌种复壮方法有哪些?
2. 最常用的菌种保藏方法有哪些?各适用什么范围?

主要参考文献

陈继红,张利平,郭立格等.2008.多杀菌素产生菌株航天育种效果研究.安徽农业科学,36(12):4951～4952
陈劲春,尉渤,周代福.1997.原生质体技术在工业微生物育种中的应用.工业微生物,27(4):34～36
陈其军,肖玉梅,王学臣.2004.植物功能基因组研究中的基因敲除技术.植物生理学通讯,40(1):121～126
陈蔚青,孟莉英.2005.噬菌体展示技术研究进展.科技通报,21:275～279
陈欣,李寅,堵国成等.2004.应用响应面方法优化 Coniothyrium minitans 固态发酵生产生物农药.工业微生物,34(1):26～29
崔旭,张利平.2009.谷胱甘肽产生菌株航天育种初探.河北农业大学学报,32(3):50～52
崔玉,杨军,孙平等.2005.酶的体外定向进化策略研究进展.国外医学遗传学分册,28(5):274～276
方柏山,洪燕,夏启容.2005.酶体外定向进化(Ⅱ)文库筛选的方法及其应用.华侨大学学报,26(2):113～116
方柏山,郑媛媛.2004.酶体外定向进化(Ⅰ)突变基因文库构建技术及其新进展.华侨大学学报,25(4):337～342
高年发,王淑豪,李小刚等.2000.酿酒酵母与粟酒裂殖酵母属间原生质体融合选育降解苹果酸强的葡萄酒酵母.生物工程学报,16(6):718～722
关亚鹏,娄忻,张莉等.2008.均匀设计法优化咪唑立宾发酵培养基配方.中国抗生素杂志,33(8):471～473
郭晓贤,宋浩雷,江贤章等.2006.ADH2等位基因缺失的酿酒酵母杂合子的构建.中国医学研究与临床,4(9):7～11
郝学财,余晓斌,刘志钰等.2006.响应面方法在优化微生物培养基中的应用.食品研究与开发,27(1):38～41
黄发荣.2000.环境可降解塑料的研究与开发.材料导报,14(7):10～14
黄国庆,姚泉洪.2004.高通量筛选蛋白质突变体库方法的研究进展.上海农业学报,20(2):20～23
黄文树.2000.碱性脂肪酶产生菌扩展青霉K40原生质体的制备和再生.福建师范大学学报,16(1):77～82
雷肇祖,钱志良,章健.2004.工业菌种改良述评.工业微生物,34(1):39～51
李樊,刘义,何钢.2008.基因敲除技术研究进展.生物技术通报,2:80～82
李阔斌.2004.可降解塑料与环境保护.化学教育,(1):2～4
李勤生,王业勤.2002.水产养殖与微生物.武汉:武汉大学出版社
李寅,高海军,陈坚.2006.高细胞密度发酵技术.北京:化学工业出版社:15～30
李钟庆.1989.微生物菌种保藏技术.北京:科学出版社
廖美德,谢秋玲,林剑等.2002.外源基因在大肠杆菌中的高效表达.生命科学,14(5):283～287
刘定燮,周晓巍,黄培堂.2003.哺乳动物细胞表达系统及其研究进展.生物技术通讯,14(4):308～311
刘文山,闫云君.2007.脂肪酶表面展示技术.中国生物工程杂志,27(9):97～102
刘向昕,展德文,张兆山.2005.细菌表面展示技术的应用研究进展.微生物学免疫学进展,33:70～74
刘子宇,李平兰,郑海涛等.2005.微生物高密度培养的研究进展.中国乳业,12:47～51
罗巅辉,方柏山.2006.酶定向进化的研究进展.生物加工过程,4(1):9～15
马旭光,张宗舟,蔺海明等.2006.黑曲霉产高酶活纤维素酶突变株ZM-8的筛选.饲料工业,27(24):11～13
欧宏宇,贾士儒.2001.SAS软件在微生物培养条件优化中的应用.天津轻工业学院学报,1:14～17
潘维锋,李师鹏.2006.酵母表达系统在植物功能基因组学研究中应用的局限性.植物生理学通讯,42(6):1168～1172
秦路平.2002.生物活性成分的高通量筛选.上海:第二军医大学出版社
阮桂海.2005.SAS统计分析实用大全.北京:清华大学出版社
瑞菲尔·努纳兹.2005.流式细胞术原理与科研运用简明手册.北京:化学工业出版社
沈萍.2000.微生物学.北京:高等教育出版社
史晓昆,王秀然,刘东波.2005.Genome shuffling 技术在微生物遗传种中的应用.农业与技术,25(1):145～147
孙博,王捷.2006.蛋白质分子体外定向进化研究进展.实用医学杂志,22(11):1335～1336
孙岩松,杨晓.2001.ENU诱变点突变——大规模基因突变和功能研究.生物工程学报,17(4):365～370
田雷,白云玲,钟建江.2000.微生物降解有机污染物的研究进展.工业微生物,30(2):46～49
汪天虹.2005.微生物分子育种原理与技术.北京:化学工业出版社
王凡强,马美荣,王正祥等.2000.枯草芽孢杆菌蛋白酶的基因工程改性.微生物学通报,27(3):218～220

王红远,周红霞,戴剑漉等.2007.必特霉素基因工程菌航天育种的研究.药物生物技术,14(1):10~13

王火喜.2002.国内外降解塑料的现状及发展方向.现代塑料加工应用,14(4):61~65

王康,葛喜珍,田平芳.2012.基于sigma因子全局代谢扰动提高克雷伯肺炎杆菌的3-羟基丙酸产量.北京化工大学学报,39(4):72~76

王楠,马荣山.2007.酶分子体外定向进化的研究进展.生物技术通报,2:63~66

王晓辉,窦少华,迟乃玉等.2009.海洋低温BS070623菌株选育及其发酵培养基优化(Ⅰ).渤海大学学报,30(2):97~100

王颖,Nie L,Ma K.2003.极端嗜热菌 Thermotoga hypogea 生长条件的研究.新疆农业大学学报,26(1):51~54

王永菲,王成国.2005.响应面法的理论与应用.中央民族大学学报(自然科学版),14(8):236~240

闻玉梅.2000.微生物基因组的研究.科学,52(2):51~54

吴华昌,邓静,吴晓莉等.2004.蛋白质工程在改造工业酶中的应用.四川轻工业学院学报,17(2):79~82

吴江,刘子贻,朱寿民.2001.烷化剂NTG诱变虾青素产生菌红法夫酵母的研究.微生物学通报,28(2):33~37

吴乃虎.1998.基因工程原理.2版.北京:科学出版社

吴雯峰,王双,孙志伟.2007.噬菌体展示抗体库筛选技术研究进展.生物技术通讯,18(3):476~479

吴梧桐,丁锡申,刘景晶.1996.基因工程药物-基础与临床.北京:人民卫生出版社

肖怀秋,李玉珍.2010.微生物培养基优化方法研究进展.酿酒科技,1:90~94

谢承佳,何冰芳,李霜.2007.基因敲除技术及其在微生物代谢工程方面的应用.生物加工过程,5(3):10~14

谢磊,孙建波,张世清等.2004.大肠杆菌表达系统及其研究进展.华南热带农业大学学报,10(2):16~20

辛忠涛,薛沿宁,柳川.2003.流式细胞分选技术在微生物表面展示文库筛选中的应用进展.微生物学免疫学进展,31(3):62~66

徐成勇,袁野,黎丹辉.1999.选择性分离放线菌.无锡轻工大学学报,18(2):45~49

徐金森.2004.现代生物科学仪器分析入门.北京:化学工业出版社

严萍,梁海秋,杨辉等.2004.分子酶工程的研究进展.生物技术通讯,15(3):275~277

杨莉莉.2005.PHO1信号肽在毕赤酵母中引导分泌表达天然N端rBPT1.吉林大学学报(医学版),31(6):830~832

杨晟,黄鹤,李士云等.2000.定点突变提高青霉素G酰化酶的稳定性.生物化学与生物物理学报,32(6):581~585

叶群.2005.发酵过程原理.北京:化学工业出版社:106~109

于慧敏,王勇.2009.全局转录机器工程——工业生物技术新方法.生物产业技术,4(7):40~46

余荔华,刘祖同.1994.米曲霉与黑曲霉原生质体种间电融合杂交育种.清华大学学报,34(6):7~11

张广臣,雷虹,何欣等.2010.微生物发酵培养基优化中的现代数学统计学方法.食品与发酵工业,5(36):110~113

张今.2004.进化生物技术——酶定向分子进化.北京:科学出版社

张今,李正强,张红缨等.1992.人参多肽基因的酶法体外随机定位诱变.生物化学杂志,8(1):115~119

张克旭,陈宁.1998.代谢控制发酵.北京:中国轻工业出版社

张玲华,田兴山.2004.微生物空间诱变育种的研究进展.核农学报,18(4):294~296

张锐,曾润颖.2001.极端微生物产碱性蛋白酶菌株的筛选及发酵条件研究.微生物学通报,28(4):5~9

张秀艳,何国庆.2006.蛋白质突变体基因库构建方法的研究进展.中国生物工程杂志,(10):52~58

张秀艳,何国庆,陈启和.2007.理性和非理性蛋白质设计策略在酶工程中应用.科技通报,23(2):191~197

张延平,刘铭,曹竹安.2005.醛脱氢酶基因敲除的 Klebsiella pneumoniae 重组菌的构建.中国生物工程杂志,25(12):34~38

章文贤,蒋咏梅,周晓兰等.2001.抗性突变株筛选法选育碱性脂肪酶高产菌.工业微生物,31(2):14~16

章越.2003.重组大肠杆菌高密度表达TRAIL蛋白的发酵工艺优化.华东理工大学硕士学位论文:6~26

赵允麟,赵莉.2001.黑曲霉复合酶系组成的调节与控制.工业微生物,31(3):19~22

赵子如,梅琴,高雅英等.2007.一株嗜热厌氧菌的分离及其耐高温淀粉酶基因的克隆和表达.南京农业大学学报,30(1):55~60

郑光宇.2004.真核生物表达系统研究进展.喀什师范学院学报,25(6):33~36

郑珩,吴江,吴梧桐.1999.脱落酸产生菌的遗传育种.菌物系统,18(2):164~167

周传奇,王敬иг,钱忠等.2006.腾冲嗜热厌氧菌6-磷酸果糖激酶的克隆、表达及其生物活性.微生物学报,46(2):249~254

周东坡,平文祥,孙剑秋.1999.通过灭活原生质体融合选育啤酒酵母新菌株.微生物学报,39(5):454~459

主要参考文献

周日韦,王里. 2006. 均匀设计的原理与应用. 研究与探讨,5:47~48

周亚凤,张先恩. 2002. 分子酶工程学研究进展. 生物工程学报,18(4):401~406

Alper H, Moxley J, Nevoigt E, et al. 2006. Engineering yeast transcription machinery for improved ethanol tolerance and production. Science, 314: 1565~1568

Alper H, Stephanopoulos G. 2007. Global transcription machinery engineering: a new approach for improving cellular phenotype. Metab Eng, 9: 258~267

Anupama C, Jiaqi S, Yongmei F, et al. 2007. Haploinsufficiency of the cdc21 gene contributes to skin cancer development in mice. Carcinogenesis, 28 (9):2028~2035

Arjo L de Boer, Claudia Schmidt-Dannert. 2003. Recent efforts in engineering microbial cells to produce new chemical compounds. Current Opinion in Chemical Biology,7:273~278

Banas J A, Vickerman M M. 2003. Glucan-binding proteins of the oral Streptococci. Crit Rev Oral Biol Med, 14 (2): 89~99

Bro C, Regenberg B, Forster J, et al. 2005. In silico aided metabolic engineering of *Saccharomyces cerevisiae* for improved bioethanol production. Metab Eng, (9):1~10

Bulter T, Alcalde M, Sieber V, et al. 2003. Functional expression of a fungal laccase in *Saccharomyces cerevisiae* by directed evolution. Appl Envir Microbiol, 69:987~995

Cesaro T S, Lagos D, Honegger A, et al. 2003. Turnover-based *in vitro* selection and evolution of biocatalysts from a fully synthetic antibody library. Nat Biotechnol, 21:679~685

Chang C C, Chen T T, Cox B W, et al. 1999. Evolution of a cytokine using DNA family shuffling. Nature Biotechnology,17(8):793~797

Chatterjee R, Ling Y. 2006. Directed evolution of metabolic pathways. Trends in Biotechnology,24(1): 28~38

Chen W, Georgiou G. 2002. Cell surface display of heterologous proteins: from high-throughput screening to environmental applications. Biotechnol Bioeng, 79:496~503

Chua A S, Takabatake H, Satoh H, et al. 2003. Production of polyhydroxyalkanoates(PHA) by activated sludge treating municipal wastewater: effect of PH, sludge retention time (SRT), and acetate concentration in influent. Watet Res, 37: 3602~3611

Cohen H M, Tawfik D S, Griffiths A D. 2004. Altering the sequence specificity of *Has* Ⅲ methyltransferase by directed evolution using *in vitro* compartmentalization. Protein Eng Des Sel,17:3~11

Dai M H, Copley S D. 2004. Genome shuffling improves degradation of the anthropogenic pesticide pentachlorophenol by *Sphingobium chlorophenolicum*. ATCC 39723 Applied and Environmental Microbiology,70(4): 2391~2397

Del Cardayre S B. 2002. Evolution of whole cells and organisms by recursive sequence recombination. United States Patent, No, 6379964

Edan Y, Zhi-Nan X, Pei-lin C. 2008. Medium optimization for enhanced production of cytosine-substituted mildiomycin analogue(MIL-C) by *Streptoverticillium rimofaciens* ZJU 5119. J Zhejiang Univ Sci B,9(1):77~84

Frances H A, George G. 2003. Directed Enzyme Evolution: Screening and Selection Methods. Totowa:Humana Press:19

Fuchs C, Koste D, Wiebusch S, et al. 2002. Scale-up of dialysis fermentation for high cell density cultivation of *Escherichian coli*. Biotechnol,93:243~251

Gao W Z, Xing B G, Tsien R Y, et al. 2003. Novel fluorogenic substrates for imaging β-lactamase gene expression. Am Chem. Soc,37:11146~11147

Gibbs M D, Nevalainen K M, Bergquist P L. 2001. Degenerate oligonucleotide gene shuffling(DOGS):a method for enhancing the frequency of recombination with family shuffling. Gene, 271(1):13~20

Gillespie D E, Brady S F, Bettermann A D, et al. 2002. Isolation of antibiotics turbomycin A and B from a metagenomic library of soil microbial DNA. Appl Environ Microbiol,68(9):4301~4306

Griffiths A D, Tawfik D S. 2003. Directed evolution of an extremely fast phosphotriesterase by *in vitro* compartmentalization. EMBO J,22:24~25

Hakamada Y, Hatada Y, Ozawa T, et al. 2001. Identification of thermostabilizing residues in a *Bacillus alkalin* cellulase by construction of chimeras from mesophilic and thermostable enzymes and site-directed mutagenesis. Japan FEMS Microbiology Letters,195:67~72

Hal A, Curt F, Elke N,et al. 2005. Tuning genetic control through promoter engineering. PNAS, 102(36):12678~12683

Henke E,Bornscheuer U T. 2003. Fluorophoric assay for the high-throughput determination of amidase activity. Anal Chem, 75:255~260

Hermamdez-Montalvo V, Valle F, Bolivar F, et al. 2001. Characterization of sugar mixtures utilization by an *Escherichia coli* mutant devoid of the phosphotransferase system. Appl Microbiol Biotechnol , 57:186~191

Hsu J S, Yang Y B, Deng C H, et al. 2004. Family shuffling of expandase genes to enhance substrate specificity for penicillin G. Appl Environ Microbiol, 70: 6257~6263

Isar J, Agarwal L, Saran S, et al. 2007. A stastical approach to study the interactive effects of process parameters on succinic acid production from *Bacteroides fragilis*. Anaerobe,13:50~56

Jestin J L, Kaminski P A. 2004. Directed enzyme evolution and selections for catalysis based on product formation. Journal of Biotechnology,113:85~103

John C, Katalin K, Drew W. 2002. Inhibition of HIV-1 infection by small interfering RNA-mediated RNA interference. The Journal of Immunology, 169:5196~5201

Kalil S J, Maugeri F, Rodrigues M I. 2000. Response surface analysis and simulation as a tool for bioprocess design and optimization. Process Biochemistry,35:539~550

Kim Y W, Choi J H, Kim J W, et al. 2003. Directed evolution of thermos maltogenic amylase toward enhanced thermal resistance. Appl Environ Microbiol, 69(8):4866~4874

Kitamoto K, Oda L, Gomi K, et al. 1991. Genetic engineering of sake yeast producing no urea by successive disruption of arginase gene. Appl Environ Microbiol , 57(1): 301~306

Klein-Marcus chamer D, Santos C N S, Yu H M, et al. 2009. Mutagenesis of the bacterial RNA polymerase alpha subunit for improving complex phenotypes. Appl Environ Microbiol, 75(9): 2705~2711

Koffas M, Cardayre S. 2005. Evolutionary metabolic engineering. Metabolic Engineering,7:1~3

Kohl T G, Heinze K, Kuhlemann R, et al. 2002. A protease assay for two-photon crosscorrelation and FRET analysis based soley on fluorescent proteins. Proc Natl Acad Sci, 99:12161~12166

Kolkman J A, Stemmer W P. 2001. Directed evolution of proteins by exon shuffling. Nat Biotechnol, 19: 423~428

Kong X D, Liu Y, Gou X J, et al. 2001. Directed evolution of operon of trehalose-6-phosphate synthase/phosphatase from *Escherichia coli*. Biochem Biophys Res Commun, 280:396~400

Lee S J, Kang H Y, Lee Y H. 2003. High-throughput screening methods for selecting L-threonine aldoases with inproved activity. Journal of Molecular Catalysis(B), 26:265~272

Lee S W, Won K, Lim H K, et al. 2004. Screening for novel lipolytic enzymes from uncultured soil microorganisms. Appl Microbiol Biotechnol,65(6):720~726

Lee S Y, Lee D Y, Kim T Y. 2005. Systems biotechnology for strain improvement. Trends in Biotechnology,23(7):349~358

Li J, Zhang S, Shi S, et al. 2011. Mutational approach for N 2-fixing and P-solubilizing mutant strains of *Klebsiella pneumonia* RSN19 by microwave mutagenesis. World Journal of Microbiology and Biotechnology, 27(6):1481~1489

Li S, Xu L, Hua H, et al. 2007. A set of UV-inducible autolytic vectors for high throughput screening. J Biotechnol,127: 647~652

Lima N, Moreira C, Teixeira J A, et al. 1995. Introduction of flocculation into industrial yeast, *Saccharomyces cerevisiae* saké, by protoplast fusion. Microbios, 81:187~197

May O, Nguyen P T, Arnold F H. 2000. Inverting enantioselectivity by directed evolution of hydantoinase for improved production of L-methionine. Nature Biotechnology,18:317~320

Mo Q H, Xu X M, Zhong X L, et al. 2002, An improved PCR-based megaprimer method for Site-directed mutagenesis. Chin J Med Genet, 19, 68~71

Murakami H, Hohsaka T, Sisido M. 2002. Random insertion and deletion of arbitrary number of bases for condon-based random mutation of DNAs. Nat Biotechnol, 20:76~81

Ness J E, Kim S, Gottman A, et al. 2002. Synthetic shuffling expands functional protein diversity by allowing amino acids to recombine independently. Nat Biotechnol, 20: 1251~1255

Nolan R D. 1986. Partly automated systems in strain improvement and secondary metabolite detection. In: Vanek Z, Hostalek Z. Overproduction of Microbiol Metabolites. Boston: Bwtterworths: 215~230

Olsen M, Lverson B, Georgiou G. 1997. High-throughput screening of enzyme libraries. Current Opinion in Structural Biology, 7: 480~485

Olsen M, Iverson B, Georgiou G. 2000. High throughput screening of enzyme libraries. Curr Opin Biotechnol, 11: 331~337

Pan J G, Shin S A, Park C K. 2002. Pta ldhA double mutant *Escherichia coli* SS373 and the method of producing succinic acid therefrom. US Patent 6, 448, 061

Parekh S, Vinci V A, Strobel R J. 2000. Improvement of microbial strains and fermentation processes. Appl Microbiol Biotechnol, 51: 287~301

Park K S, Lee D K, Lee H, et al. 2003. Phenotypic alteration of eukaryotic cells using randomized libraries of artificial transcription factors. Nat Biotechnol, 21: 1208~1214

Patnaik R, Louie S, Gavrilovic V, et al. 2002. Genome shuffling of *Lactobacillus* for improved acid tolerance. Nature Biotechnology, 20 : 707~712

Petri R, Schmidt-Dannert C. 2004. Dealing with complexity: evolutionary engineering and genome shuffling. Current Opinion in Biotechnology, 15: 298~304

Pfleger B F, Pitera D J, Smolke C D, et al. 2006. Combinatorial engineering of intergenic regions in operons tunes expression of multiple genes. Nat Biotechnol, 24: 1027~1032

Pozo C, Martinez-Toledo M V, Rodelas B, et al. 2002. Effects of culture conditions on the production of polyhydroxyalkanoates by *Azotobaeler chroococcum* H23 in media containing a high concentration of alpecin(waetwater from olive oil mills)as primary carbon source. Biotechnol, 97: 125~131

Ranjan R, Grover A, Kapardar R K, et al. 2004. Isolation of novel lipolytic genes from uncultured bacteria of pond water. Biochem Biophys Res Commun, 335(1): 57~65

Santos C N, Stephanopoulos G. 2008. Combinatorial engineering of microbes for optimizing cellular phenotype. Curr Opin Chem Biol, 12: 168~176

Santos V L, Heilbuth N M, Braga D T. 2003. Phenol degradation by a *Graphium sp*. FIB4 isotated from industrial effluents. J Basic Microbiol, 43: 238~248

Sascha R, Alexander S. 2004. Towards *in vivo* application of RNA interference-new toys, old problems. Arthritis Res Ther, 6 (2): 78~85

Sehiraldi C, De Rosa M. 2002. The production of biocatalysts and biomolecules from extremophiles. Trends Biotechnol, 20 (12): 515~521

Shimizu S, Akimoto K, Shinmen Y, et al. 1991. Sesamin is a potent and specific inhibitor of delta 5 desaturase in polyunsaturated fatty acid biosynthesis. Lipids, 26: 512

Shiraga S, Ishiguro M, Fukami H, et al. 2005. Creation of *Rhizopus oryzae* lipase having a unique oxyanion hole by combinatorial mutagenesis in the lid domain. Appl Microbiol Biotechnol, 68(6): 779~785

Shiraga S, Ueda M, Takahashi S, et al. 2002. Construction of the combinatorial library of *Rhizopus oryzae* lipase mutated in the lid domain by displaying on yeast cell surface. Journal of Molecular Catalysis B: Enzymatic, 17(3): 167~173

Stemmer W P. 1994. DNA shuffling by random fragmentation and reassembly *in vitro* recombination for molecular evolution. Proc Natl Acad Sci USA, 91: 10747~10751

Stemmer W P. 1994. Rapid evolution of a protein *in vitro* by DNA shuffling. Nature, 370: 389~391

Stephanopoulos G. 2002. Metabolic engineering by genome shuffling. Nature Biotechnology, 20: 666~668

Strobel H, Ladant D, Jestin J L. 2003. *In vitro* selection for enzymatic activity: a model study using adenylate cyclase. J Mol Biol, 332: 1~7

Takahashi T T, Austin R J, Roberts R W. 2003. mRNA display: ligand discovery, interaction analysis and beyond. Trends in Biochemical Sciences, 28(3): 159~165

Tyagi R, Lai R, Duggleby R G. 2004. A new approach to 'megaprimer' polymerase chain reaction mutagenesis without an intermediate gel purification step. BMC Biotech, 4:1~6

Van Rijk A F, Van den Hurk M J, Renkema W, et al. 2000. Characterists of super A-Crystallin, a product of *in vitro* exon shuffling. FEBS Lett, 480:79~83

Wang F, Lee S Y. 1997. Poly(3-hydroxybutyrate) production with high productivity and high polymer content by a fed-batch culture of lcaligenes tatus under nitrogen limitatior. Appl Environ Microbiol, 63:3703~3706

Wang L Y, Huang Z L, Li G, et al. 2010. Novel mutation breeding method for *Streptomyces* avermitilis using an atmospheric pressure glow discharge plasma. Journal of Applied Microbiology, 108(3):851~858

Ward P G, de Roo G, O'Connor K E. 2005. Accumulation of polyhydroxyalkanoate from styrene and phenylacetic acid by Pseudomonas Putida CA-3. Appl Environ Microbiol, 71:2046~2052

Xu L, Li S, Ren C, et al. 2006. Heat-inducible autolytic vector for high-throughput screening. Biotechniques, 41:319~323

Yamamoto T, Omoto S, Mizuguchi M, et al. 2002. Double-stranded nef RNA interferes with human immunodeficiency virus type replication. Microbiol Immunol, 46 (11):809~817

Yansch-Perron C, Vieira J, Messing J. 1985. Improved M13 phage cloning vector and host strains: Nucleotide sequence of the M13mp 18and ρ uc19 vectors. Gene, 33:103

Zhang H Y, Zhang J, Lin L, et al. 1993. Enhancement of the stability and activity of aspartase by random and site-directed mutagenesis. BBRC, 192(1): 15~19

Zhang J H, Glenn D, Stemmer W P C. 2002. Directed evolution of a targeted bpyA region to engineer biphenyl dioxygenase. Journal of Bacteriology, 184(4):3794~3800

Zhang Y X, Perry K, Vinci V A, et al. 2002. Genome shuffling leads to rapid phenotypic improvement in bacteria. Nature, 415 : 644~646

Zhao H, Giver L, Shao Z, et al. 1998. Molecular evolution by staggered extension process (StEP) *in vitro* recombination. Nat Biotechnol, 16:258~261

Zhao K, Deng T, Chun C J, et al. 2003. Polyhydroxyalkanoate(PHA) scaffolds with good mechanical properties and biocompatibility. Biomaterls, 24:1041~1045

Zheng B J, Hong P W, Yu S M, et al. 2006. Characterization of two novel lipase genes isolated directly from environmental sample. Applied Microbiology and Biotechnology, 70(3): 327~332

Zhou Z, Zhang A H, Wang J R, et al. 2002. Genome shuffling leads to rapid phenotypic improvement in bacteria. Nature, 415 (6872):644~646

Zhuo Y, Zhang W, Chen D, et al. 2010. Reverse biological engineering of hrdB to enhance the production of avermectins in an industrial strain of *Streptomyces avermitilis*. PNAS, 107(25):11250~11254

Zong H, Zhan Y, Li X, et al. 2012. A new mutation breeding method for *Streptomyces albulus* by an atmospheric and room temperature plasma. African Journal of Microbiology Research, 6(13):3154~3158

Zubay G. 1984. Biochemistry. Massachusetts: Addison-Wesley Publishing Company, Inc. 403~416